COURS

D'ASTRONOMIE

OUVRAGE DESTINÉ

AUX OFFICIERS DE LA MARINE IMPÉRIALE

AUX ÉLÈVES DE L'ÉCOLE POLYTECHNIQUE, DE L'ÉCOLE NORMALE
DE L'ÉCOLE CENTRALE, ETC.

ET AUX LICENCIÉS ÈS SCIENCES,

PAR

EDMOND DUBOIS ✠

Ancien officier de marine, Professeur d'Hydrographie de 1re classe,
chargé d'un cours d'Astronomie et de Navigation à l'École navale impériale.

DEUXIÈME ÉDITION

CORRIGÉE ET CONSIDÉRABLEMENT AUGMENTÉE

renfermant plus de 230 figures intercalées dans le texte
et plusieurs planches gravées.

PARIS

ARTHUS BERTRAND, ÉDITEUR

LIBRAIRIE MARITIME ET SCIENTIFIQUE

21, rue Hautefeuille.

COURS

D'ASTRONOMIE.

BRAVAIS, lieutenant de vaisseau, professeur à l'École polytechnique, membre de l'Institut. — **ASTRONOMIE, HYDROGRAPHIE ET PHYSIQUE** *des Voyages en Islande, Scandinavie, Laponie, au Spitzberg et aux Féroé.*

MÉTÉOROLOGIE. 3 vol. grand in-8 accompagnés d'un atlas de 6 planches, in-fol. 55 fr.

Observations météorologiques faites à terre pendant les relâches et pendant l'hivernage. — Comparaisons barométriques faites dans le nord de l'Europe. — Variations et état moyen du baromètre. — Sur la température de l'air, ses variations et son état moyen. — Des températures par rayonnement. — Hygrométrie. — Nuages et vents dans le nord. — Mesure des hauteurs par le baromètre optique astronomique.

ASTRONOMIE, HYDROGRAPHIE ET MARÉES. 1 vol. grand in-8 accompagné d'un atlas de 9 planches in-folio. 40 fr.

Longitudes et latitudes déterminées. — Marées observées. — Dépression de l'horizon et phénomène du mirage. — Sur les températures de la mer. — Sondages et courants dans les mers du Nord. — Phénomènes crépusculaires. — Étoiles filantes. — Densité de l'eau de la mer.

MAGNÉTISME TERRESTRE. 3 vol. grand in-8 accompagnés d'un atlas de 8 planches in-folio. 60 fr.

Variations et mesure de la déclinaison magnétique, ainsi que l'intensité magnétique horizontale, etc.

AURORES BORÉALES. 1 vol. grand in-8 accompagné d'un atlas de 12 planches grand in-folio. 42 fr.

Description de toutes les observations avec leurs résultats.

HISTORIQUE DES HYPOTHÈSES FAITES SUR LA NATURE ET LA CAUSE DES AURORES BORÉALES. In-8. 2 fr.

SUR LES MARÉES OBSERVÉES. In-8 avec 2 planches gravées. 6 fr.

GÉOGRAPHIE PHYSIQUE. 2 vol. grand in-8 accompagnés d'un atlas de 4 planches in-folio. 35 fr.

Observations sur les glaciers du Spitzberg comparés à ceux des Alpes, de la Suisse et de la Norwége. — Mémoires sur la limite des neiges perpétuelles sur les glaciers du Spitzberg, ainsi que sur les phénomènes diluviens et les théories où on les suppose produits par les glaciers. — Observations sur la direction qu'affectent les stries des rochers de la Norwége. — Note sur le phénomène erratique du nord de l'Europe et sur les mouvements récents du sol scandinave, etc.

Ouvrage publié par ordre du Gouvernement.

DUPERREY, capitaine de frégate, membre de l'Institut. — **OBSERVATIONS HYDROGRAPHIQUES ET PHYSIQUES** recueillies pendant son voyage autour du monde sur la corvette *la Coquille*. 3 vol. in-4 et atlas grand in-folio. 250 fr.

HYDROGRAPHIE. 1 vol. grand in-folio composé de 52 cartes et 12 feuilles de texte. 200 fr.

PHYSIQUE. 1 vol in-4 de 294 pages, 7 planches, dont 6 cartes. — **HYDROGRAPHIE.** 1 vol. in-4 de 163 pages. — **HYDROGRAPHIE ET PHYSIQUE.** 1 vol. in-4 de 333 pages. 60 fr.

N. B. Ces trois parties ne se vendent pas séparément

Tous les savants connaissent les travaux si justement estimés de *M. Duperrey* sur le pôle nord et l'intensité magnétique; c'est le seul ouvrage où ils se trouvent consignés.

Ouvrage publié par ordre du Gouvernement.

DELAMARCHE, ingénieur hydrographe. — **OBSERVATIONS HYDROGRAPHIQUES, PHYSIQUES ET MAGN.TIQUES** recueillies pendant la campagne dans les mers de l'Inde et de la Chine, à bord de la frégate *l'Érigone*. 4 vol. in-8. 64 fr.

Cet ouvrage, où se trouvent consignées toutes les observations faites pendant le cours de ces campagnes, comprend l'itinéraire de la frégate, la liste des instruments employés et les tableaux des observations météorologiques, barométriques, thermométriques, magnétiques, d'inclinaison, de variation diurne, de déclinaison, d'intensité, etc., etc.

Ouvrage publié par ordre du Gouvernement.

Paris. — Imprimé par E. THUNOT et Ce, 26, rue Racine.

PRÉFACE.

Cette seconde édition s'adresse, encore plus que la première, aux personnes qui possèdent les connaissances mathématiques que l'on enseigne dans nos grandes écoles du gouvernement.

Aujourd'hui que, grâce à des revues scientifiques avidement lues, à des ouvrages vulgarisateurs habilement conçus, les connaissances scientifiques tendent à se répandre de plus en plus, ceux qui ont été initiés à un certain nombre de vérités *mathématiques* et à celles de la *mécanique rationnelle* peuvent désirer entrer plus avant que les autres dans le domaine des sciences naturelles.

Si l'on excepte les cours de certaines facultés et ceux du collége de France, l'astronomie n'est guère enseignée en France qu'au point de vue *descriptif* et nullement au point de vue *mathématique*.

Les personnes qui veulent donc étudier l'astronomie à ce dernier point de vue, ne peuvent, en général, le faire qu'en abordant les grands traités spéciaux qui, comme celui de DELAMBRE, dépassent habituellement, par leur étendue, le but que se propose le lecteur.

C'est pour combler cette espèce de lacune que j'ai rédigé ce « COURS D'ASTRONOMIE » que l'on peut aussi considérer comme une Introduction à l'Étude des questions astronomiques traitées complétement dans la « THÉORIE DES MOUVEMENTS DES CORPS CÉLESTES » de GAUSS, et dans les « ANNALES DE L'OBSERVATOIRE IMPÉRIAL. »

J'ai donc fait en sorte, tout en laissant à l'ouvrage sa forme didactique, de condenser dans un seul volume un grand nombre de questions astronomiques importantes, développées d'une manière succincte au point de vue théorique et pratique.

J'ai conservé dans l'étude des phénomènes apparents le même ordre que dans la première édition; seulement, j'ai cru utile de faire précéder cette étude d'une description rapide de l'univers astronomique.

Cette description, en faisant immédiatement connaître au lecteur la disposition et les mouvements des corps célestes, *dégagés de tout phénomène apparent*; en lui montrant dès l'origine quelle est la loi simple et universelle qui règle tous ces mouvements, ne peut que lui faciliter l'*étude de ces phénomènes apparents* dont la complication, principalement due aux mouvements de notre globe, a si longtemps empêché la *vérité* de se faire jour au milieu de toutes les *théories astronomiques*.

Je crois inutile d'indiquer ici les nombreuses questions traitées dans cette *seconde* édition et qui ne l'ont pas été dans la *première*. L'énoncé de ces questions est précédé d'un *astérisque* dans la table des matières.

Brest, 2 février 1865.

ERRATA.

Page	*Ligne*	*Au lieu de :*	*Lisez :*
xx,	18,	du Soleil,	du Soleil et de la Lune.
xxxvii,	11,	demi-grandeur,	demi-grand axe.
177,	7,	$nt = \frac{e}{\sin 1''} \sin u,$	$nt = u - \frac{e}{\sin 1''} \sin u.$
363,	11,	$m^2 \sin(M - N),$	$m^2 \sin^2(M - N).$
413,	14, 16 et 17,	⛢	♁
418,	1,	plante,	planète.
2[illegible]	27	$+14'47'',0832$	$-14'47'',0832$

INTRODUCTION

A L'ÉTUDE

DE L'ASTRONOMIE.

DESCRIPTION SUCCINCTE DE L'UNIVERS ASTRONOMIQUE.

L'*espace* s'étend autour de nous à l'*infini!* Cet espace est peuplé de corps célestes, immenses globes de matière, sphériques pour la plupart, isolés les uns des autres et arrivés à certains degrés de formation ou de condensation.

Tous les corps célestes, la Terre comprise, qui peuplent l'espace infini sont *perpétuellement en mouvement;* la matière n'est en repos nulle part.

Ce mouvement, dont la vitesse est en général tellement grande que nous avons de la peine à la concevoir, est perpétué par des forces occultes qui ne sont pas du domaine de notre intelligence, mais qui peuvent se résumer en un principe unique découvert par Newton vers la fin du XVIIe siècle. Ce principe, connu sous le nom de PRINCIPE DE LA GRAVITATION UNIVERSELLE, est celui-ci :

Chaque molécule de matière attire toutes les autres en raison de sa masse et réciproquement au carré de sa distance à la molécule attirée.

Il est bien entendu que ce principe veut simplement dire que les corps *tendent* l'un vers l'autre suivant la loi que nous venons d'énoncer.

Puisque la science nommée Astronomie traite principalement du *mouvement* des corps célestes, je crois convenable, pour l'intelligence de ce qui va suivre, de rappeler d'une manière succincte certains principes de *mécanique*, relatifs au mouvement des corps.

On nomme *mouvement absolu* d'un point, le *lieu géométrique* des positions qu'occupe successivement ce point dans l'espace.

Pour connaître et étudier un mouvement absolu, il faudrait pouvoir comparer la position qu'occupe le point, à chaque instant de son mouvement, à celle de certains points de repères *fixes*.

Comme d'après le principe de la gravitation, nous ne concevons pas qu'il puisse exister dans l'espace des corps en *repos absolu*, pouvant nous fournir ces points *fixes,* il est de toute impossibilité, quelle que soit la puissance de l'analyse mathématique, que nous puissions jamais connaître les *mouvements absolus des corps célestes.*

Nous ne pouvons donc étudier et connaître, en Astronomie, que les *mouvements relatifs*, c'est-à-dire, les mouvements des corps comparés à des points de repères en mouvement, mais que par abstraction *on considère comme fixes.*

Le mouvement *relatif* d'un corps par rapport à un autre, dans le cas où ces deux corps ne sont soumis qu'à leurs attractions mutuelles, s'effectue suivant *les mêmes lois* d'après lesquelles s'effectuerait le mouvement *absolu* dont le premier corps serait animé si le second était fixe et qu'il exerçât sur le premier corps la même force attractive.

Comme les corps célestes sont très-petits par rapport aux distances qui les séparent, et de plus, comme il est problable que dans chacun d'eux la matière, à partir d'une très-petite distance relative de la surface, est disposée en couches à peu près sphériques et de même densité dans toute leur étendue, on peut admettre que les *mouvements des centres de gravité* des différents corps célestes sont sensiblement les mêmes que si la *masse de chacun* d'eux était concentrée à son centre de gravité.

Les mouvements relatifs des corps célestes par rapport à des centres fixes sont subordonnés aux principes suivants de la mécanique rationnelle, principes qui renferment les lois astronomiques connues sous le nom de LOIS DE KÉPLER :

1° Lorsqu'un point matériel, animé d'une vitesse initiale, est attiré, suivant les lois de la gravitation, vers un centre *supposé fixe,* le point décrit une *section conique dont le centre fixe occupe un des foyers ;*

2° Les *aires* parcourues par le rayon vecteur *sont proportionnelles aux temps* employés à les parcourir ;

3° Dans le cas où deux ou plusieurs corps, animés de vitesses initiales, sont attirés vers un centre, *supposé fixe,* suivant les lois de la gravitation, ils sont encore soumis à la loi suivante, lorsque leurs trajectoires sont des *ellipses* et qu'on néglige leurs attractions mutuelles ainsi que la différence de leurs masses : *les carrés des temps des révolutions autour du centre fixe sont entre eux comme les cubes des grands axes de leurs orbites.* Ceci posé, nous pouvons commencer la description de l'Univers astronomique.

Des Nébuleuses. — A prendre dans son ensemble, on admet aujourd'hui généralement, que l'Univers astronomique se compose de *groupes* de corps célestes, groupes situés à des distances immenses les uns des autres, dont le nombre est *infini.* Nous désignerons ces groupes par le nom de NÉBULEUSES OU AMAS STELLAIRES, nom qui tire son origine de l'aspect sous lequel ces immenses réunions de globes se présentent à nous.

Les corps célestes de certains groupes paraissent à l'heure qu'il est si peu avancés dans leur condensation qu'ils sont encore réunis en un seul tout de matière diffuse et lumineuse; peut-être est-ce simplement leur immense éloignement de nous qui fait que nous ne voyons ces amas stellaires que sous la forme d'un petit nuage lumineux, quelle que soit la puissance des télescopes employés.

« D'après des calculs qui ne sont point dépourvus de vraisemblance, dit M. de Humboldt, les rayons lumineux qui nous viennent des nébuleuses mettent *des millions d'années* à venir jusqu'à nous (*); puisque nous les voyons, il y a donc plus d'un million d'années qu'elles existent! »

Chaque amas stellaire est une incommensurable réunion de soleils, dans le genre du nôtre, et qui obéissent tous aux lois de la gravitation.

Nous désignons ces *soleils* si éloignés de nous par le nom d'étoiles; ces corps célestes brillent de leur lumière propre.

Chaque étoile ou plutôt chaque soleil d'un amas stellaire, doit être le centre d'un système de corps célestes que nous nommerons planètes et qui décrivent autour de lui, supposé fixe, des sections coniques, suivant les lois de Képler. Ces planètes sont généralement des centres de systèmes de corps célestes que nous nommerons satellites, et qui décrivent aussi autour d'elles, supposées fixes, des ellipses suivant les lois de Képler.

La Terre, la Lune, le Soleil, les planètes et la plupart des étoiles que nous apercevons font partie du même groupe, c'est-à-dire de *notre amas stellaire*. On suppose que ce groupe a, dans son ensemble, la forme aplatie d'une meule, autrement dit, que sa largeur est énorme relativement à son épaisseur.

En étudiant les apparences que présentent les nébuleuses, on trouve que bien qu'elles affectent des formes très-variées, la forme circulaire est celle qu'elles possèdent le plus généralement. Il est probable que cette *forme circulaire apparente* doit répondre, le plus ordinairement, à une *forme sphérique réelle*.

Il est évident que plus les corps célestes sont à des distances considérables de nous, plus les notions que l'on peut acquérir sur leur constitution, soit d'ensemble soit de détails, sont superficielles, et moins aussi pouvons-nous avoir conscience de leurs mouvements.

C'est pour cela que nous ne savons encore rien sur le mouvement des nébuleuses, et que nos connaissances astronomiques se bornent à ce sujet aux résultats que l'observation a pu nous fournir sur leur figure et leur répartition autour de nous.

(*) On sait que la lumière parcourt 77 000 lieues environ par seconde.

Nous renvoyons donc cette question dans la partie de ce cours désignée par *Étude des phénomènes apparents.*

Des étoiles de notre groupe stellaire. — Ainsi que je l'ai déjà dit, il est admis que toutes les étoiles *brillent de leur lumière propre* et sont par conséquent des soleils analogues au nôtre.

Le nombre des étoiles ou de soleils qui forment notre groupe stellaire est tellement considérable que le dénombrement en est impossible ; c'est par centaines de millions que ces globes immenses gravitent dans notre nébuleuse.

Ces astres sont à des distances énormes les uns des autres, bien qu'en apparence certaines étoiles nous semblent très-rapprochées.

La distance des étoiles à la Terre est plus grande que 200000 fois la distance du Soleil à la Terre. La distance à laquelle nous sommes de l'étoile la plus voisine de nous est de 6720000 millions de lieues, c'est-à-dire que la lumière de cette étoile doit mettre 3 ans 7 mois et 14 jours environ à venir jusqu'à nous. La lumière de l'étoile qui nous paraît la plus brillante du ciel, l'étoile *Sirius,* met environ 22 ans à nous parvenir ; et tout porte à croire que les dernières étoiles de notre nébuleuse ne doivent pas mettre moins de 2700 ans à nous envoyer leur lumière. Ainsi que nous pouvons le voir dès à présent, les distances mutuelles de tous ces soleils sont tellement considérables que notre esprit est incapable de se figurer ces immenses longueurs, aussi sommes-nous forcés de chercher nos termes de comparaison dans l'excessive vitesse de la lumière.

Il existe dans notre nébuleuse des systèmes stellaires formés de deux, de trois, de quatre ou d'un plus grand nombre de soleils gravitant les uns autour des autres.

Ces systèmes prennent le nom d'étoiles *doubles, triples, quadruples* ou *multiples* parce qu'avec des télescopes d'une faible puissance ils ne présentent l'aspect que d'une seule étoile.

Dans les systèmes d'étoiles doubles, les astres qui en font partie effectuent leur mouvement de gravitation suivant les lois de Képler ; c'est-à-dire que les deux étoiles se meuvent elliptiquement autour de leur centre de gravité commun, de telle sorte que l'une de ces étoiles, supposée fixe, est le foyer de l'ellipse que l'autre décrit autour d'elle en suivant la loi des aires. Il est probable que ces corps célestes n'en sont pas moins des centres lumineux et échauffants autour desquels gravitent, ainsi que cela a lieu pour notre Soleil, des corps célestes arrivés à divers états géologiques.

De notre Soleil. — Parmi toutes les étoiles qui composent notre amas stellaire nous n'avons de notions certaines que sur celle autour de laquelle nous gravitons et que nous appelons notre Soleil. Par analogie, nous devons néanmoins admettre que toutes les autres étoiles sont constituées, à peu de chose près, comme celle qui nous entraîne dans les profondeurs de l'immensité, et qui est le centre de nos mouvements.

Cet immense globe lumineux qui échauffe et éclaire tous les corps célestes assujettis à se mouvoir autour de lui, a la forme d'une *sphère* parfaite dont le rayon a environ 178000 lieues.

Il paraît démontré que le Soleil se compose d'un *noyau* ou corps central, solide ou liquide et incandescent, enveloppé à une certaine distance d'une *atmosphère* moins lumineuse et composée d'une couche continue de nuages opaques et réfléchissants.

Une seconde atmosphère lumineuse enveloppe la première; on la nomme *photosphère*.

Au delà de la photosphère se trouve une *troisième atmosphère* qui ne reçoit de lumière que par la photosphère et qui, à cause de l'intensité considérable de la lumière solaire, ne peut-être aperçue de nous que lorsque la photosphère est cachée par notre satellite; ce qui arrive dans les *éclipses totales* de Soleil.

Dans cette dernière atmosphère flottent des nuages que nous apercevons sous une couleur rose au moment d'une éclipse totale.

La densité moyenne du Soleil est environ 1,37, celle de l'eau étant prise pour unité.

Notre Soleil a un *mouvement de rotation* sur lui-même autour d'un diamètre que nous nommerons l'*axe* solaire. Dans l'étude des phénomènes apparents nous verrons quelle est la direction de cet axe dans l'espace, relativement aux autres soleils de notre amas stellaire.

Le grand cercle de la sphère du Soleil qui est perpendiculaire à cet axe de rotation se nomme l'*équateur solaire*.

Une rotation complète du Soleil sur lui-même s'effectue dans $25^{j}\ 8^{h}\ 9^{m}\ 36^{s}$ (*).

La vitesse des points de l'équateur solaire est environ de 2105 mètres par seconde, c'est-à-dire qu'elle est à peu près 4 fois 1/2 la vitesse d'un boulet au sortir de la pièce.

Autour du Soleil circule, probablement à une certaine distance, une sorte d'*anneau gazeux* qui ne fait pas partie des enveloppes solaires. Cet anneau, dont la partie qui est la plus près du Soleil a le plus d'épaisseur, se trouve situé à peu près dans le plan de l'équateur solaire et s'étend en se raréfiant et en diminuant d'épaisseur jusqu'à l'orbite de la Terre. Nous

(*) Nous considérons ici le jour et les heures dont nous faisons usage à la surface de la Terre; nous verrons, dans l'Étude des mouvements apparents, comment on obtient la durée de ce *jour moyen*.

verrons dans l'étude des phénomènes apparents l'aspect de cet anneau connu sous le nom de *lumière zodiacale.*

L'action attractive des étoiles de notre amas stellaire sur notre Soleil lui donne un mouvement de translation dans l'espace dont la nature n'est pas déterminée, mais dont nous connaissons la direction tangentielle actuelle.

La vitesse de ce mouvement de translation, auquel prend part tout le système solaire, est environ de 2 lieues par seconde, ou de 172800 lieues par jour!...

Du système planétaire ou des satellites du Soleil. — Nous avons dit que le Soleil est le corps céleste autour duquel un certain nombre d'autres corps célestes, infiniment plus petits, effectuent leurs mouvements de circulation, en obéissant aux lois de la gravitation.

Ces satellites du Soleil circulent autour de lui à des distances inégales.

En partant de la plus voisine du Soleil il existe, en fait de *planètes :*

Mercure, Vénus, la Terre, Mars, un nombre inconnu de petites planètes, qui sont agglomérées dans une sorte de zone s'étendant sur une largeur de 90 millions de lieues; c'est-à-dire que la largeur de cet anneau de petits corps célestes est, ainsi que nous le verrons, plus du double du rayon de l'orbite de la Terre;

Jupiter, Saturne, Uranus et *Neptune;* on n'a pas encore découvert de planètes au delà de Neptune, si tant est qu'il en existe.

Tous ces corps célestes, dont la forme est à peu près sphérique, du moins en laissant de côté la zone des petites planètes, sont soumis dans leurs mouvements aux lois de la gravitation. Ils agissent donc tous par attraction les uns sur les autres; mais en raison de l'énorme différence de la masse du Soleil à la masse des planètes, celles-ci obéissent sensiblement, dans leurs mouvements, aux lois de KÉPLER; c'est-à-dire que chaque planète décrit, à peu près, *une courbe plane elliptique* dont le Soleil, supposé fixe, occupe un des foyers et qu'elle parcourt en obéissant à *la loi des aires.* Ces mouvements s'effectuent pour toutes les planètes, *dans le même sens,* qui est celui suivant lequel le Soleil effectue son mouvement de rotation sur lui-même.

Les actions individuelles des planètes entre elles se résument en une modification lente qu'elles font subir à chaque ellipse relativement à sa position dans l'espace et à sa forme.

Nous pourrions rapporter la position des plans des orbites planétaires au plan de l'équateur solaire; mais comme la position de ce dernier plan n'est pas déterminée avec la dernière précision, nous rapporterons, ainsi qu'on le fait habituellement, tous les plans des orbites au plan de l'orbite de la Terre, que l'on nomme *plan de l'écliptique.*

Pour mieux faire comprendre la disposition du système planétaire, je crois utile d'indiquer brièvement ce que l'on nomme *éléments elliptiques* d'une planète; nous reviendrons néanmoins sur cette question dans l'étude des phénomènes apparents.

La position du plan d'une orbite est déterminée par deux quantités :

1° Par l'angle que le plan de l'orbite de la planète fait avec l'écliptique, angle que l'on nomme *inclinaison;*

2° Par la direction, dans le plan de l'orbite terrestre, de la ligne d'intersection des plans des deux orbites.

Cette ligne prend le nom de *ligne des nœuds*, et sa direction est donnée par l'angle qu'elle fait avec la ligne menée du Soleil à la Terre vers le 21 mars, c'est-à-dire au moment de l'*équinoxe* du printemps. Cet angle prend le nom de *longitude du nœud.*

Dans son mouvement autour du Soleil toute planète traverse deux fois le plan de l'orbite de la Terre. Quand ces circonstances se présentent on dit que la planète est *à ses nœuds.*

Celui qui répond au passage de l'astre de la région *Sud* dans la région *Nord* s'appelle *nœud ascendant;* l'autre *nœud descendant.* C'est la longitude du nœud ascendant qui détermine habituellement la direction de la ligne des nœuds.

Ainsi la *position relative* du plan de l'orbite d'une planète est fixée pour nous dans l'espace au moyen de son *inclinaison et de la longitude du nœud ascendant.*

Une ellipse peut être plus ou moins aplatie; elle est très-allongée, si son *grand axe* est *très-grand* par rapport à son petit axe; elle devient au contraire un cercle, quand son grand axe est *égal* à son petit axe.

La forme de l'orbite d'une planète, autrement dit la forme de l'ellipse qu'elle décrit, est déterminée par le rapport qui existe entre la distance d'un des foyers au centre de l'ellipse et la grandeur du demi grand axe : ce rapport s'appelle *excentricité.*

Dans les ellipses planétaires, l'excentricité est généralement faible, c'est-à-dire que la forme de leurs orbites s'écarte peu de la forme circulaire. La forme d'une orbite elliptique est donc connue par son *excentricité.*

L'extrémité du grand axe de l'ellipse qui est le plus près du Soleil se nomme *périhélie;* sa distance au Soleil se nomme *la distance périhélie;* c'est la plus courte des distances des points de la courbe au foyer considéré. Ainsi, quand on dit qu'une planète est à son périhélie, cela veut dire qu'elle est à sa plus grande *proximité* du Soleil. L'autre extrémité du grand axe s'appelle *aphélie.*

La position de l'ellipse d'une planète, dans le plan de son orbite, est déterminée par l'angle que fait le grand axe de cette ellipse avec la ligne des nœuds.

Cet angle *ajouté à la longitude du nœud ascendant* donne ce que l'on appelle la *longitude du périhélie;* c'est, par le fait, la somme de deux angles qui ne sont pas dans le même plan.

La grandeur de la courbe est obtenue au moyen de la grandeur de son demi grand axe, c'est-à-dire d'après la *distance moyenne* (*) *de la planète au Soleil.*

Par suite, les quantités qui servent à faire connaître la *position*, la *forme* et la *grandeur* d'une orbite planétaire, quantités que l'on désigne sous le nom d'*éléments elliptiques*, sont :

1° *L'inclinaison*, } quantités qui *fixent la position* du plan de
2° *La longitude du nœud*, } l'orbite;

3° *La longitude du périhélie*, qui indique la *direction* de l'ellipse dans son plan;

4° *L'excentricité*, qui exprime la *forme* de l'ellipse;

5° *La distance moyenne*, exprimant la *grandeur*.

Pour que le mouvement de la planète sur cette courbe soit complétement déterminé, il faut que l'on connaisse en outre deux nouvelles quantités :

6° Le temps que la planète met à décrire son orbite, quantité que l'on nomme *temps de révolution;*

7° Et enfin, la position de la planète dans son orbite à un moment indiqué, moment que l'on nomme *Époque*.

Au lieu du *temps de révolution*, on donne souvent le *mouvement moyen* qui est l'angle décrit en moyenne par le *rayon vecteur* dans *un jour moyen*. Quant à la position de la planète sur son orbite, pour une *époque* donnée, nous verrons dans la suite du cours comment on lui substitue celle d'une planète *fictive*, liée à la première, et animée d'un mouvement angulaire *uniforme* autour du Soleil.

Au 1er janvier 1850, à midi moyen de Paris, les positions des plans des orbites des planètes *principales* étaient les suivantes :

	Inclinaison.	Longitude du nœud.
Mercure.	7° 0′ 8″,16	46° 33′ 3″,25
Vénus.	3 23 30 ,75	75 19 4 ,15
La Terre.	. . . .	. . . .
Mars.	1 51 5 ,08	48 22 44 ,75
. . . .	. . . .	. . . .
Jupiter.	1 18 40 ,31	98 54 20 ,45
Saturne.	2 29 28 ,14	112 21 43 ,96
Uranus.	0 46 29 ,91	73 14 14 ,35
Neptune	1 46 58 ,97	130 6 51 ,58

(*) Cette distance moyenne est la *moyenne arithmétique* entre la plus grande et la plus petite distance de la planète au Soleil.

D'après ce tableau on voit que les nœuds ascendants des orbites des sept planètes principales avec l'orbite de la Terre sont comprises dans un angle plus petit qu'un quadrant. La figure (1) fait encore mieux voir la disposition des intersections des orbites de ces planètes avec le plan de l'orbite de la Terre au commencement de 1850; la ligne *a* est l'intersection de l'orbite de Neptune avec le plan de l'*écliptique;* la ligne *b* est l'intersection de l'orbite de Saturne avec ce même plan; et ainsi de suite.

Fig. 1.

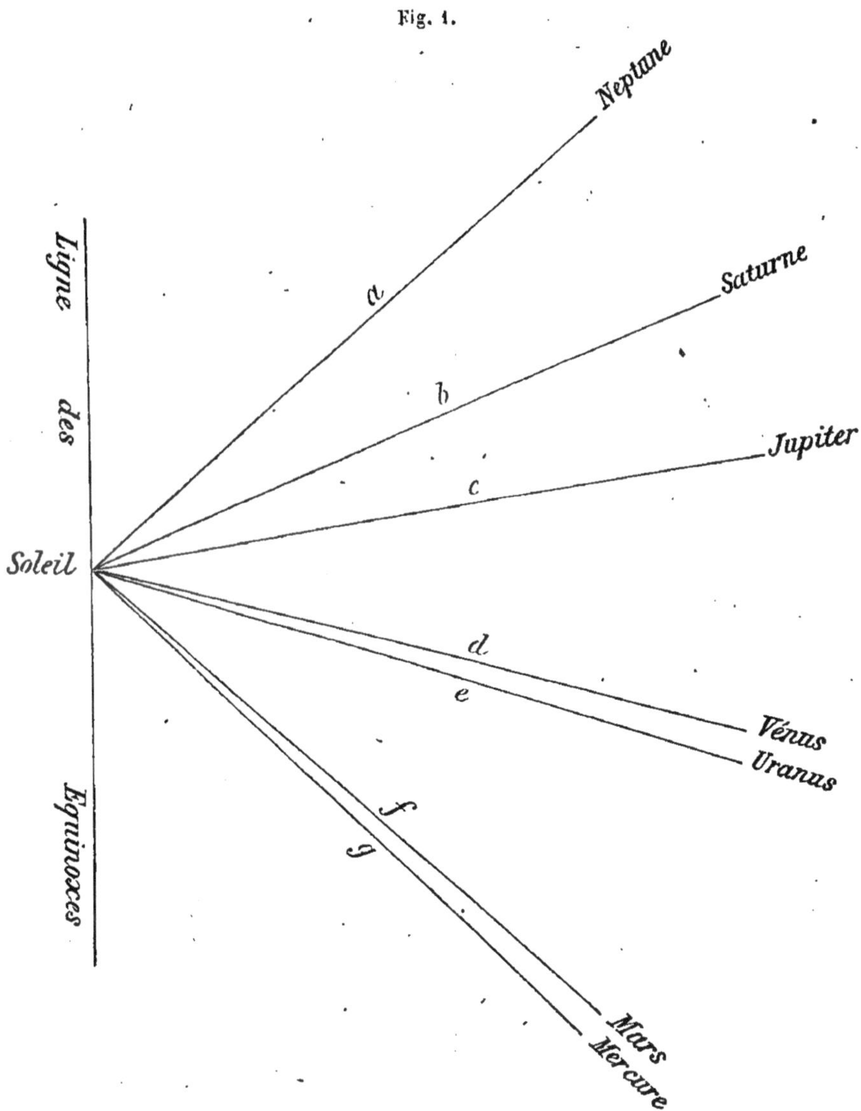

D'après le tableau précédent, on voit que les inclinaisons des plans sont peu considérables.

Les deux orbites qui ont entre elles la plus *grande* inclinaison sont celles de *Mercure* et de *Neptune;* cette inclinaison est de 7° 1′ 41″,62;

Les deux orbites qui ont entre elles la plus *petite* inclinaison sont celles de *Jupiter* et d'*Uranus;* cette inclinaison est de 0°41′55″,04.

La position *des orbites* dans leur plan est donnée dans le tableau suivant, qui contient les *longitudes des périhélies :*

Planètes.	Longitude du périhélie.		
Mercure.	75°	7′	0″
Vénus.	129	23	56
La Terre.	100	21	40
Mars.	333	17	50 ,5
. . . . . .	. . .	. . .	. . .
Jupiter.	11	54	53 ,1
Saturne	90	6	12
Uranus.	168	16	45
Neptune.	47	14	37 ,3

La forme et la grandeur des ellipses de ces mêmes planètes, c'est-à-dire les *excentricités* et les *demi-grands axes* sont donnés dans le tableau suivant; nous prenons pour unité linéaire le demi-grand axe de l'ellipse de la Terre déduit de l'observation, ainsi que nous le dirons dans la suite du Cours :

Planètes.	Excentricités.	Demi-grands axes.
Mercure.	0,2056179	0,3870987
Vénus.	0,0068334	0,7233322
La Terre.	0,01677046	1,0000000
Mars.	0,0932616	1,523691
. . . . . .	. . . . . .	. . . . .
Jupiter.	0,0482388	5,202798
Saturne.	0,0559956	9,538852
Uranus.	0,0465775	19,182639
Neptune.	0,0087195	30,03697

D'après ce tableau nous voyons que c'est *Vénus* qui, actuellement, a une orbite s'approchant le plus de la forme circulaire, et que *Mercure* a l'ellipse le plus aplatie. Relativement à l'orbite terrestre, on trouve facilement que la distance qui existe aujourd'hui entre le centre de l'ellipse de la Terre et le centre du Soleil est environ de 640780 lieues.

Enfin le tableau qui suit contient *les temps de révolution* (*) et les *mouvements moyens :*

(*) L'unité de temps est notre *jour moyen*.

Planètes.	Temps de révolution.	Mouvements moyens.
Mercure.	87^j,9692580	5381016″,2
Vénus.	224 ,700786	2106641 ,49
La Terre.	365 ,2563744	1295977 ,38
Mars.	686 ,9796458	689050 ,98
. . . .	. . . .	. . . . . .
Jupiter.	4332 ,5848212	109256 ,719
Saturne.	10759 ,2198174	43996 ,127
Uranus.	30686 ,8208296	15425 ,645
Neptune.	60126 ,72	7872 ,774

D'après ces deux derniers tableaux, et en sachant que la distance moyenne de la Terre au Soleil est environ de 38208000 lieues, on peut obtenir la *vitesse moyenne* de chaque planète autour du Soleil considéré *comme étant fixe;* on trouve ainsi que dans UNE SECONDE de temps,

Mercure parcourt en moyenne	12^lieues,3
Vénus.	8 ,9
La Terre.	7 ,6
Mars.	6 ,2
. . . .	. . . .
Jupiter.	3 ,3
Saturne.	2 ,5
Uranus.	1 ,7
Neptune.	1 ,3

Les vitesses sont plus rapides au *périhélie* et moins rapides à l'*aphélie.*

La vitesse avec laquelle la Terre est lancée autour du Soleil est donc prodigieuse, puisqu'elle est 1853 fois plus rapide que la vitesse du convoi de chemin de fer qui fait 15 lieues à l'heure. La vitesse de Vénus est encore plus considérable; cependant, quand nous apercevons cette planète, elle ne paraît pas bouger de place tant est grande la distance qui nous en sépare.

Pour compléter ce qui est relatif aux orbites des planètes, nous allons maintenant donner le tableau des *éléments elliptiques* de soixante-dix-neuf des 81 petites planètes découvertes jusqu'à présent et qui sont situées entre Mars et Jupiter; nous les mettons dans l'ordre de leurs distances au Soleil.

Tableau synoptique des éléments des petites planètes d'après leur distance moyenne au Soleil.

Nos d'ordre des découvertes.	NOMS.	INCLINAISON.	LONGITUDE du nœud ascendant.	LONGITUDE du périhélie.	EXCENTRICITÉ	DISTANCE moyenne au Soleil.	TEMPS de révolution.
							jours.
8	Flore	5°53′ 3″	110°20′53″	32°49′45″	0,1567	2,2017	1193,28
43	Ariane.	3 27 48	277 13 40	264 28 58	0,1675	2,2038	1195
40	Harmonia.	4 15 52	93 34 24	1 2 42	0,0463	2,2677	1247,33
72	Féronia	5 25 56	207 37 1	309 48 28	0,1165	2,2749	1253,31
18	Melpomène	10 9 17	150 3 50	15 5 31	0,2177	2,2956	1270,44
12	Victoria	8 23 19	235 34 42	301 39 25	0,2189	2,3328	1301,42
27	Euterpe.	1 35 31	93 44 35	87 39 0	0,1729	2,3473	1313,56
4	Vesta	7 8 16	103 22 5	250 46 29	0,0902	2,3606	1324,77
30	Uranie.	2 5 56	308 11 6	30 48 47	0,1264	2,3656	1328,94
51	Némausa	9 56 55	175 38 56	175 27 22	0,0664	2,3664	1329,67
7	Iris	5 27 53	259 48 13	41 19 33	0,2313	2,3860	1346,11
9	Métis	5 35 58	68 29 31	71 11 45	0,1229	2,3866	1346,73
61	Écho.	3 34 19	191 59 47	98 30 17	0,1847	2,3931	1352,18
63	Ausonia.	5 45 25	338 3 27	268 7 33	0,1273	2,3972	1355,64
25	Phocéa.	21 35 54	214 4 55	302 46 9	0,2525	2,4011	1358,95
20	Massalia.	0 41 7	206 42 29	98 36 35	0,1438	2,4093	1365,95
67	Asia.	5 59 27	202 40 10	306 18 48	0,1848	2,4203	1375,29
44	Nysa.	3 41 41	131 1 17	111 37 53	0,1493	2,4242	1378,61
6	Hébé.	14 46 32	138 31 55	15 15 26	0,2020	2,4254	1379,63
21	Lutetia	3 5 9	80 27 57	327 3 12	0,1620	2,4354	1388,23
42	Isis	8 34 30	84 31 7	317 59 39	0,2086	2,4400	1392,14
19	Fortuna.	1 32 31	211 25 39	30 21 50	0,1579	2,4413	1393,30
79	»	4 38 27	206 37 53	45 36 32	0,1963	2,4452	1396,62
11	Parthénope	4 37 1	125 1 1	316 3 7	0,0996	2,4516	1402,11
17	Thétis.	5 35 28	125 25 55	259 22 44	0,1268	2,4726	1420,13
46	Hestia.	2 17 49	181 26 47	354 31 21	0,1661	2,5303	1470,16
29	Amphitrite	6 7 50	356 26 52	56 39 7	0,0724	2,5549	1491,59
13	Égérie.	16 32 14	43 17 34	119 45 7	0,0891	2,5769	1510,89
5	Astrée.	5 19 23	141 27 48	135 42 32	0,1887	2,5774	1511,37
14	Irène	9 6 44	86 49 1	178 51 11	0,1687	2,5852	1518,29
32	Pomone.	5 29 3	220 48 33	194 21 32	0,0824	2,5868	1519,64
56	Mélété.	8 1 49	194 24 28	293 40 11	0,2369	2,5976	1529,22
53	Calypso	5 3 39	143 29 56	94 38 20	0,1802	2,6129	1542,70
78	Diane	8 39 47	334 2 52	121 14 17	0,2067	2,6263	1554,60
23	Thalie.	10 13 23	67 39 25	123 56 21	0,2323	2,6271	1555,34
70	Panopea.	11 31 57	48 16 28	299 47 32	0,1950	2,6291	1557,08
37	Fides	3 7 11	8 12 25	66 9 11	0,1750	2,6424	1568,87
15	Eunomia	11 44 17	293 52 15	27 52 0	0,1872	2,6437	1570,04
50	Virginia.	2 47 46	10 28 43	173 29 6	0,2871	2,6510	1576,56

Tableau synoptique. — (Suite.)

N°s d'ordre des découvertes.	NOMS.	INCLINAISON.	LONGITUDE du nœud ascendant.	LONGITUDE du périhélie.	EXCENTRICITÉ	DISTANCE moyenne au Soleil.	TEMPS de révolution.
							jours.
26	Proserpine.	3°35′40″	45°53′15″	235°17′27″	0,0875	2,6561	1581,10
66	Maïa.	3 2 25	8 13 12	38 13 5	0,1339	2,6635	1587,77
75	Eurydice	4 59 9	359 52 19	334 40 12	0,3054	2,6659	1589,84
73	Clytie	2 24 50	7 34 21	61 13 10	0,0440	2,6662	1590,12
3	Junon	13 3 21	170 57 46	54 9 41	0,2565	2,6686	1592,30
77	Frigga.	2 27 55	2 7 2	58 9 1	0,1358	2,6737	1596,90
64	Angelina.	1 19 52	311 4 47	123 43 50	0,1291	2,6805	1603,00
34	Circé	5 26 32	184 49 8	149 49 45	0,1056	2,6877	1609,46
58	Concordia.	5 2 38	161 19 57	179 16 36	0,0404	2,6950	1615,98
54	Alexandra.	11 46 58	313 49 27	294 10 0	0,1987	2,7093	1628,85
59	Olympia.	8 37 35	170 20 41	16 48 44	0,1175	2,7142	1633,27
45	Eugenia.	6 34 58	148 5 53	230 2 0	0,0824	2,7214	1639,81
38	Léda.	6 58 26	296 27 35	100 44 31	0,1555	2,7400	1656,60
36	Atalante.	18 42 9	359 9 29	42 23 48	0,2982	2,7499	1665,60
71	Niobé	23 18 30	316 18 48	221 58 47	0,1737	2,7562	1671,30
55	Pandore.	7 13 30	10 57 29	11 28 39	0,1420	2,7596	1674,45
1	Cérès	10 36 28	80 48 25	149 25 39	0,0795	2,7665	1680,75
41	Daphné	16 5 31	179 3 3	220 4 32	0,2703	2,7674	1681,53
2	Pallas.	34 42 41	172 38 28	122 5 27	0,2391	2,7696	1683,52
39	Lætitia.	10 20 58	157 19 22	2 3 7	0,1110	2,7706	1684,45
62	Léto.	7 58 20	44 49 44	346 15 37	0,1857	2,7748	1688,29
28	Bellone	9 22 33	144 42 58	122 18 20	0,1547	2,7751	1688,55
74	Galathée.	3 58 51	197 56 51	7 38 17	0,0665	2,7788	1691,97
33	Polymnie	1 56 19	9 6 44	342 27 54	0,3382	2,8651	1771,32
47	Aglaé	5 0 0	4 16 58	314 6 45	0,1310	2,8834	1788,38
22	Calliope.	13 44 52	66 36 55	58 8 0	0,1037	2,9090	1812,27
16	Psyché.	3 3 59	150 34 2	14 44 58	0,1341	2,9264	1828,49
60	Danaé.	18 17 10	334 18 35	341 34 56	0,1822	2,9854	1884,10
69	Hespéria.	8 28 25	186 59 4	111 8 42	0,1745	2,9949	1893,11
35	Leucothée.	8 10 32	355 51 21	201 26 27	0,2136	3,0060	1903,68
49	Palès	3 8 31	290 30 48	32 50 40	0,2378	3,0859	1980,04
52	Europa	7 24 35	129 56 57	102 14 26	0,1009	3,0999	1993,50
48	Doris.	6 29 43	185 14 2	77 37 41	0,0758	3,1045	1997,93
62	Érato	2 12 21	126 11 4	34 4 53	0,1711	3,1308	2023,41
24	Thémis.	0 49 26	35 49 29	134 20 19	0,1226	3,1416	2033,84
10	Hygie	3 47 11	287 38 27	228 2 29	0,1009	3,1514	2043,39
31	Euphrosine.	26 25 12	31 25 23	93 51 7	0,2160	3,1562	2048,02
57	Mnémosyne.	15 8 2	200 5 25	52 53 13	0,1041	3,1573	2049,13
76	Freya	2 13 3	212 30 13	67 10 59	0,0302	3,1889	2080,03
65	Maximiliana.	3 28 10	158 53 48	258 22 17	0,1202	3,4199	2309,98

D'après ce tableau, on peut voir que la moyenne des distances des petites planètes qui circulent entre Mars et Jupiter est environ 2645 rayons de l'orbite terrestre, c'est-à-dire 105 millions de lieues. Sur les soixante-dix-neuf orbites il y en a environ trente-huit dont le demi grand axe est inférieur à cette distance moyenne, et quarante et une dont le demi grand axe est supérieur.

La planète qui a la plus *petite excentricité* est *Freya;* celle qui a la *plus grande* est *Polymmie.*

La planète qui a la plus *petite inclinaison* sur le plan de l'orbite terrestre est *Massalia;* celle qui a la *plus grande* est *Pallas.*

Parmi toutes les orbites dont nous venons d'indiquer les éléments, nous devons en signaler deux dont les éléments ont beacuoup de ressemblance : ce sont celles de *Fides* et de *Maïa.*

Ainsi que M. Lespiault l'a fait remarquer, la distance entre les deux courbes que décrivent ces deux planètes ne dépasse, en aucun point, le *vingtième* du rayon de l'orbite terrestre.

Comme la distance qui existe actuellement entre ces deux astres va en diminuant par l'effet de leur mouvement sur leur courbe respective, il arrivera un moment, très-éloigné du reste, où ces deux planètes pourront exercer l'une sur l'autre une action assez considérable pour que ces deux astres tournent, comme les composantes d'une étoile double, autour de leur centre de gravité commun qui circulera, suivant les lois de Képler, autour du Soleil.

Perturbations planétaires. — Ainsi que nous l'avons déjà dit, les actions attractives des planètes entre elles font que non-seulement ces corps célestes ne décrivent pas leurs orbites rigoureusement suivant les lois de Képler, mais encore que leurs éléments elliptiques varient avec le temps; autrement dit, que les ellipses planétaires sont *perpétuellement variables.*

« La manière la plus simple, dit Laplace, d'envisager ces diverses per-
« turbations, consiste à imaginer une planète mue conformément aux lois
« du mouvement elliptique, sur une ellipse dont les éléments varient par
« des nuances insensibles, et à concevoir en même temps que la vraie pla-
« nète oscille autour de cette planète fictive, dans un très-petit orbe, dont
« la nature dépend de ses perturbations périodiques. »

Les variations des éléments elliptiques, en laissant de côté leurs expressions analytiques, sont surtout distinctes par la grande différence qui existe dans la durée de leur accomplissement.

Les *variations* ou changements qui exigent un grand nombre de siècles pour leur entière évolution, c'est-à-dire pour que l'élément reprenne la même valeur, sont appelées *inégalités séculaires.*

Celles dont le caractère révolutif se fait sentir dans des intervalles de temps *relativement* courts, et qui dépendent des positions relatives qu'occupent successivement les planètes dans leurs orbites, sont appelées *inégalités périodiques.*

Le *grand axe* des ellipses, et par conséquent la *durée* de la révolution de chaque planète, n'éprouve que des *inégalités périodiques;* c'est-à-dire que leur longueur éprouve des oscillations dont l'étendue et la durée sont renfermées dans des limites étroites.

On peut donc dire que les grands axes des orbites planétaires sont *constants*, et, d'après la troisième loi de Képler, qu'il en est de même de la durée de la révolution sidérale de ces corps célestes.

La forme des orbites, c'est-à-dire l'*excentricité,* est soumise à des inégalités *périodiques* et *séculaires,* mais renfermées aussi dans d'étroites limites. Par les formules de la mécanique céleste, on a trouvé que la *limite supérieure* de la valeur que pourra, avec le temps, acquérir l'excentricité, sera comprise :

entre	0,225	et	0,229	pour	Mercure,
»	0,07	»	0,09	»	Vénus,
»	0,06	»	0,08	»	Terre,
»	0,139	»	0,144	»	Mars,
»	0,061	»	0,062	»	Jupiter,
»	0,0847	»	0,0851	»	Saturne,
»	0,064	»	0,065	»	Uranus.

Les ellipses des planètes principales ne subiront donc jamais de déformations très-sensibles, le demi petit axe sera toujours très-peu différent du demi grand axe, et par conséquent les ellipses de ces planètes ont toujours été et seront toujours *à peu près circulaires.*

En ce qui concerne l'ellipse terrestre, on a pu déterminer que l'*excentricité* va actuellement en *diminuant,* c'est-à-dire que l'ellipse se *dilate* en se rapprochant de la forme circulaire. Toutefois elle n'atteindra jamais rigoureusement cette forme *circulaire.*

Dans 23 980 ans l'excentricité sera égale à 0,003314; le centre du Soleil sera à cette époque à sa distance *minimum* du centre de notre ellipse; cette distance sera de 126 564 lieues, elle est aujourd'hui de 640 780 lieues. D'après la grandeur du Soleil que nous avons donnée plus haut, le centre de notre ellipse se trouvera, à cette époque, en dedans du Soleil d'un peu plus du tiers de son rayon.

Après cela, l'ellipse terrestre s'allongera et continuera ainsi pendant des milliers d'années. Toutefois, le Soleil ne sera jamais distant du centre de l'ellipse d'une longueur qu'on ne peut assigner exactement, mais qui est comprise entre 6 fois 1/2 et 8 fois 1/2 le diamètre du Soleil.

En l'an 70000 l'augmentation de l'excentricité s'arrêtera, et pendant quelques mille ans cette excentricité diminuera pour augmenter de nouveau aux environs de l'an 100000 jusqu'à ce qu'elle atteigne *sa limite supérieure*, dont elle n'était pas très-éloignée *cent mille ans* avant Jésus-Christ.

La *situation des orbites* dans leurs plans, c'est-à-dire la longitude du *périhélie*, est aussi soumise à des inégalités séculaires et périodiques. Les périhélies ont un mouvement *séculaire* en longitude qui les fait successivement correspondre à tous les points de la circonférence, tout en étant modifié par des inégalités périodiques d'amplitudes restreintes.

Le périhélie de Saturne, dont le mouvement est le plus rapide, accomplit une révolution entière dans 57 786 années juliennes.

D'après Delambre, le mouvement séculaire du périhélie de Mercure est de 643",56; d'après M. Leverrier, il serait de 681",56.

Les *inclinaisons* des orbites éprouvent aussi des inégalités séculaires et périodiques, mais renfermées dans des limites étroites.

Les plans des orbites des sept planètes suivantes ne feront jamais avec la position du plan de l'orbite de la Terre, en 1800, des angles plus grands que

9°	16'	54"	pour	Mercure,
5	18	30	»	Vénus,
4	51	42	»	Terre,
7	9	10	»	Mars,
2	0	48	»	Jupiter,
2	32	39	»	Saturne,
2	33	18	»	Uranus.

Les plans des orbites des six planètes, Mercure, Vénus, Mars, Jupiter, Saturne et Uranus, ne feront jamais avec le *plan mobile* de l'orbite terrestre des angles plus grands que

8°	28'	24"	pour	Mercure,
4	7	38	»	Vénus,
7	12	44	»	Mars,
3	35	3	»	Jupiter,
3	49	33	»	Saturne,
4	16	20	»	Uranus.

Enfin, *les longitudes des nœuds* éprouvent des variations séculaires qui conduisent à des résultats différents pour les diverses planètes.

Pour *Mercure*, le *nœud* parcourt successivement tous les points de la circonférence des longitudes, et achève une révolution entière dans 2 703 617 années juliennes.

Pour *Jupiter*, *Saturne* et *Uranus*, leurs nœuds ne font qu'osciller, avec des amplitudes différentes, autour d'une droite dont la *longitude* sur le plan de l'orbite terrestre de 1800 est de 103° 8′ 18″.

Pour terminer ce rapide exposé des principales perturbations planétaires, donnons, d'après M. Leverrier, les éléments de l'orbite de la Terre pour 100000 ans avant 1800 et 100000 ans après. Le plan auquel on rapporte la position de l'ellipse est la position du plan de l'orbite terrestre en 1800.

Les longitudes sont aussi rapportées à l'équinoxe de cette époque.

ANNÉES.	EXCENTRICITÉ.	LONGITUDE du périhélie.	INCLINAISON.	LONGITUDE du nœud.
— 100000	0,0473	316° 18′	3° 45′ 31″	96° 34′
— 90000	0,0452	340 2	2 42 19	76 17
— 80000	0,0398	4 13	1 18 58	73 47
— 70000	0,0316	27 22	1 13 58	136 8
— 60000	0,0218	46 8	2 36 42	136 29
— 50000	0,0131	50 14	3 40 11	116 09
— 40000	0,0109	28 36	4 3 1	91 59
— 30000	0,0151	25 50	3 41 51	66 49
— 20000	0,0188	44 0	2 44 12	41 34
— 10000	0,0187	78 28	1 24 35	16 39
0	0,0168	99 30	0 0 0	0 0
+ 10000	0,0115	134 14	1 14 26	148 15
+ 20000	0,0047	192 22	2 7 46	124 29
+ 30000	0,0059	318 47	2 33 19	100 29
+ 40000	0,0124	6 25	2 27 53	75 31
+ 50000	0,0173	38 3	1 51 54	48 13
+ 60000	0,0199	64 31	0 51 52	10 47
+ 70000	0,0211	71 7	0 34 35	220 38
+ 80000	0,0188	101 38	1 45 40	170 15
+ 90000	0.0176	109 19	2 40 56	139 3
+ 100000	0,0189	114 5	3 2 57	109 57

En dehors de leur mouvement de *translation* autour du Soleil, les planètes ont encore un mouvement de *rotation* autour d'un de leurs diamètres.

Ce mouvement s'effectue *dans le même sens* que leur mouvement de translation, c'est-à-dire dans le sens de la rotation du Soleil.

Dans les notions que nous allons donner sur la forme et la constitution physique des planètes, nous parlerons de ces mouvements de rotation.

Mercure. — A cause de sa grande proximité du Soleil, les notions que l'on a pu acquérir sur la forme et la constitution physique de cette planète n'ont pas encore le dơgré de certitude qui distingue celles relatives à d'autres planètes plus facilement observables.

Mercure est un corps à peu près sphérique dont le rayon a environ 621 lieues; ce rayon n'est donc que les 31 dix-millièmes de celui du Soleil; il faudrait par suite 35426125 volumes, comme celui de Mercure, pour faire un volume égal à celui du Soleil.

Mercure tourne sur lui-même en 24 heures 5 minutes 30 secondes de temps moyen, c'est-à-dire un peu plus lentement que la Terre, ainsi que nous le verrons. Son axe de rotation fait un angle de 20° environ avec le plan de l'orbite, autrement dit, l'*équateur* de Mercure fait un angle de 70° avec le plan de son orbite.

D'après certaines bandes observées sur le disque de Mercure, et dont nous parlerons dans l'Étude des phénomènes apparents, plusieurs astronomes admettent que cette planète est douée d'une atmosphère. Il paraît démontré que sa surface est couverte de hautes montagnes.

On ne sait pas encore d'une manière certaine si Mercure est un corps parfaitement sphérique ou légèrement aplati. Si l'on nomme a le demi grand axe d'un *ellipsoïde de révolution*, b le demi petit axe, on sait que l'on nomme *aplatissement* de l'ellipsoïde le rapport de la différence $(a-b)$ au demi grand axe a.

D'après M. Daws, astronome anglais, Mercure aurait un aplatissement de $\frac{1}{27}$; cet aplatissement serait de $\frac{1}{150}$ d'après M. Hind; on voit que l'accord est loin d'être parfait.

La densité moyenne de Mercure est très-considérable, elle est égale à 15, celle de l'eau étant 1. Sa masse est environ $\frac{1}{3237876}$ de la masse solaire. Enfin, la pesanteur qui existe à la surface de cette planète est 29 fois moins considérable que celle qui existe à la surface du Soleil.

Vénus est un corps sphérique dont le rayon est de 1570 lieues ou environ les 85 dix-millièmes du rayon solaire. Son volume est donc à celui du Soleil comme 1 est à 1590398. On croit être assuré que Vénus n'a pas d'*aplatissement*.

Cette planète tourne sur elle-même en 23 heures 21 minutes 24 secondes de temps moyen, c'est-à-dire un peu plus vite que Mercure.

L'axe autour duquel s'effectue cette rotation formerait, d'après SHROETER, un angle de 72 degrés environ, avec le plan de l'orbite de la planète.

Il est prouvé qu'il existe à la surface de Vénus des montagnes d'une hauteur considérable; certains astronomes admettent que la hauteur de quelques-unes de ces montagnes atteint la 144e partie du rayon de la planète.

Il n'est pas encore parfaitement démontré que Vénus possède une atmosphère, cependant certaines observations dont nous parlerons dans l'Étude des phénomènes apparents, semblent l'indiquer. La densité de cette planète est égale à 5,41, celle de l'eau étant 1; sa masse est à celle du Soleil comme 1 est à 401847; enfin la pesanteur à sa surface est environ les 34 millièmes de celle qui existe à la surface du Soleil.

La Terre est un corps à peu près sphérique; on peut le considérer, dans son ensemble, comme un ellipsoïde de révolution aplati.

Le plus *grand* rayon du globe terrestre a pour grandeur 6377398m,1 ou environ 1594 lieues de 4 kilomètres; le plus *petit* rayon a pour grandeur 6356079m,9, ce qui donne pour différence des deux rayons 21318m,2 et pour aplatissement de l'ellipsoïde terrestre $\frac{1}{299,15}$.

La forme de la Terre n'est pas du reste encore déterminée avec la dernière exactitude. Nous donnerons dans la suite de ce cours quelques notions sur les travaux qui s'exécutent, en ce moment, pour obtenir les données les plus exactes sur la forme de la Terre et pour déterminer les différences qui peuvent exister, relativement à cette forme, avec celle de l'ellipsoïde de révolution aplati, dont nous venons d'indiquer l'*aplatissement.*

La *Terre* a un mouvement de rotation sur elle-même qui s'exécute dans 23 heures 56 minutes 4 secondes de temps moyen.

Son axe de rotation fait actuellement un angle de 66° 32′ 30″ avec le plan de son orbite; son *équateur*, c'est-à-dire le grand cercle de la sphère terrestre, perpendiculaire à cet axe, fait un angle de 23° 27′ 30″ avec le plan de l'orbite de cette planète; cet axe de rotation se trouve maintenant à peu près dirigé vers une étoile de notre amas stellaire, que l'on nomme l'*étoile polaire.*

L'axe de rotation de la Terre ne conservera pas toujours la même direction. Tout en gardant à peu près la même inclinaison sur le plan de l'orbite terrestre, il décrit en effet dans l'espace une *surface conique* dont l'axe est perpendiculaire au plan de l'orbite terrestre.

Ce mouvement de l'axe de la Terre produit un mouvement rétrograde des *nœuds de l'équateur* que l'on nomme *précession des équinoxes.* La durée de l'entier accomplissement de cette révolution conique de l'axe terrestre est d'environ 25 765 années. Dans 12 882 années cet axe fera donc, avec la position qu'il a actuellement, un angle de 46° 55′.

Ce mouvement de l'axe n'est pas *uniforme* et peut être considéré comme s'effectuant sur un *petit cône à base elliptique* dont l'axe décrirait, à peu près uniformément, la surface conique dont nous venons de parler. L'axe terrestre effectue une révolution entière sur le *petit cône* au bout de 18 ans 2/3 environ.

L'angle *maximum* que fait *l'axe de la Terre* avec l'axe du petit cône est de 9″,25; 6″,87 est la valeur de l'angle *minimum*. Cet angle maximum a lieu quand l'axe de la Terre est dans le plan de l'*axe* du petit cône elliptique et de l'*axe* du grand cône circulaire; l'angle minimum se présente quand l'axe terrestre se trouve dans un plan *perpendiculaire* au plan de ces deux droites.

Il en résulte donc que l'axe de la Terre n'effectue *sa révolution conique* autour d'une perpendiculaire au plan de son orbite, c'est-à-dire son mouvement de *précession*, qu'en décrivant environ 1 385 petites révolutions coniques, à bases elliptiques, et qui constituent ce que l'on nomme le mouvement de *nutation* de l'axe terrestre.

Le mouvement de *précession* est dû principalement à l'action attractive du Soleil sur le renflement équatorial terrestre, et le mouvement de *nutation* à l'action du satellite de la Terre sur ce même renflement.

Les trois quarts de la surface du globe terrestre sont recouverts par un élément liquide, les océans et les mers, qui sous l'influence de l'attraction du Soleil et du satellite de la Terre, éprouve des mouvements d'oscillations connus sous le nom de *marées*.

L'intérieur de la Terre, en raison de sa haute température, doit être très-probablement un liquide incandescent que recouvre une écorce solide relativement très-mince.

Cette écorce ne doit pas avoir une épaisseur de plus 40 000 mètres, c'est-à-dire égale à la six millième partie du rayon de la Terre.

La surface terrestre est parsemée de hautes montagnes dont les plus élevées ne dépassent pas la 720e partie du rayon de la Terre.

On admet généralement que ces montagnes ont été formées par voie de soulèvement, c'est-à-dire qu'elles sont sorties de l'intérieur de la Terre en brisant violemment la croûte terrestre.

Beaucoup de montagnes terrestres sont percées à peu près suivant le rayon de la Terre qui aboutit à leur sommet, et, sous le nom de *volcans*, établissent une communication, quelquefois permanente, entre l'intérieur de la Terre et l'atmosphère qui l'entoure.

On compte aujourd'hui 175 volcans environ qui lancent avec plus ou moins d'abondance des torrents de *laves*, de matières *incandescentes* et de *cendres*, et qui témoignent ainsi de l'action générale de la masse intérieure de la Terre contre son écorce solide.

Il est probable que la masse intérieure fluide, de même que les grandes masses liquides qui recouvrent la plus grande partie de la surface terrestre, doit subir l'influence des actions attractives du Soleil et de la Lune, et déterminer des espèces de marées intérieures qui peuvent produire des secousses, des ébranlements de l'écorce, c'est-à-dire ce qu'on nomme des tremblements de Terre.

La Terre est entourée d'un fluide élastique, rare et transparent, dont la hauteur probable est environ la 132e partie du rayon terrestre. Ce fluide, maintenu par la pesanteur à la surface terrestre, est d'autant plus rare qu'on considère des couches plus élevées au-dessus du sol.

Cette atmosphère, qui est une des parties intégrantes de la Terre, est soumise aux mouvements de *rotation* et de *translation* qui animent toutes les molécules du globe terrestre. L'action thermologique des rayons solaires sur l'atmosphère, action qui se fait sentir plus vivement sur l'équateur que sur les régions polaires, détermine des courants d'air *inférieurs* dirigés des pôles vers l'équateur, mais qui, en raison du mouvement de rotation de la Terre, prennent des directions obliques et symétriques par rapport à l'équateur terrestre; des courants d'air *supérieurs* qui affluent au contraire de l'équateur vers les pôles, viennent restituer aux régions polaires la partie de l'atmosphère terrestre qui se précipite incessamment vers les régions équatoriales. L'action calorifique des rayons solaires détermine aussi sur la partie liquide de la surface terrestre des évaporations que les courants atmosphériques entraînent sur les grandes surfaces solides où s'opère la condensation qui constitue l'arrosement du globe terrestre; cette partie liquide est restituée aux océans à l'aide de ces fleuves nombreux qui arrosent les terres et qui se jettent dans les différentes mers du globe.

La masse de la Terre est à celle du Soleil comme 1 est à 354 936; sa densité moyenne, à peu près égale à celle de Vénus, est 5,448, celle de l'eau étant prise pour unité; et enfin la pesanteur existant à la surface terrestre n'est que la 28e partie, environ, de celle qui existe à la surface solaire.

Du satellite de la Terre. — La Terre est accompagnée dans son mouvement de translation autour du Soleil, par un corps céleste, la Lune, qui décrit autour du Soleil une courbe sinueuse s'écartant, relativement très-peu, de l'orbite décrite par la Terre.

Le mouvement de la Lune considéré par rapport au centre de la Terre, supposé fixe, est soumis aux lois de Képler; c'est-à-dire que cette courbe *relative* est une ellipse dont la Terre occupe un foyer et que la Lune parcourt en obéissant à peu près à la loi des aires.

Le temps que met la Lune à décrire son orbite relative autour de la Terre, c'est-à-dire à effectuer sa révolution *sidérale*, est en moyenne de 27 jours 7 heures 43 minutes 11 secondes 5 dixièmes.

Le temps que la Lune met à reprendre la même position relativement au Soleil et à la Terre, c'est-à-dire à effectuer sa révolution *synodique*, est en moyenne de 29 jours 12 heures 44 minutes 2 secondes 9 dixièmes.

L'*inclinaison* de l'orbite lunaire sur le plan de l'orbite terrestre est en moyenne de 5° 8′ 47″,9.

L'orbite lunaire coupe en deux points à peu près opposés le plan de l'orbite de la Terre.

Ces points s'appellent les *nœuds* de la Lune; celui où se trouve cet astre quand il passe de la région *sud* de l'orbite terrestre dans la région *nord* s'appelle *nœud ascendant;* l'autre se nomme *nœud descendant.*

Les deux extrémités du grand axe de l'orbite lunaire s'appellent *périgée* et *apogée,* ce dernier s'appliquant à la plus grande distance de la Lune à la Terre.

Imaginons une sphère immense ayant son centre au centre de la Terre; sur cette sphère traçons un grand cercle CC′ (fig. 2), représentant le plan de l'orbite terrestre et un autre LL′, incliné de 5° 8′ 47″ sur le premier, représentant l'orbite lunaire; si ♈ est un des points où l'orbite terrestre est rencontré par le plan de l'équateur de la Terre, ♈☊ sera la *longitude du nœud de la Lune.*

Fig. 2.

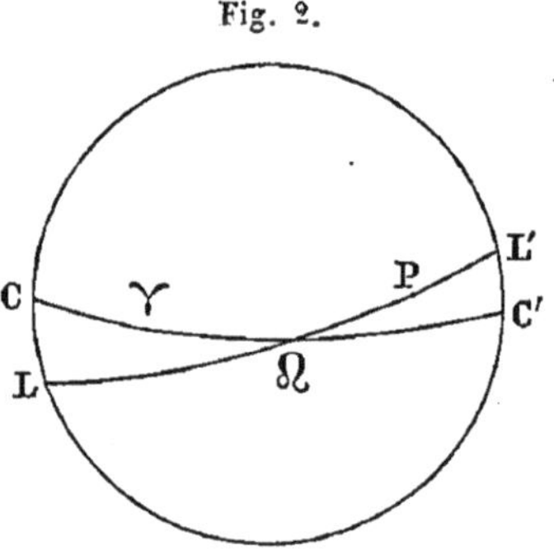

Cet arc se compte dans le sens du mouvement de *translation du satellite de la Terre.* Le 1er janvier 1801 la longitude du nœud de la Lune était de 13° 53′ 17″,7.

Appelons P (fig. 2), la position du périgée de l'orbite lunaire sur la sphère que nous avons imaginée, la somme des deux arcs ♈☊ et ☊P est ce que l'on nomme *la longitude du périgée* lunaire; le 1er janvier 1801, cette longitude était de 266° 10′ 7″,5.

L'excentricité de l'ellipse lunaire est de 0,0548442, et la distance moyenne de ce corps céleste à la Terre est égale aux 25 dix-millièmes de la distance de la Terre au Soleil. La distance de la Lune à la Terre est donc égale à 60 rayons terrestres environ, c'est-à-dire plus grande seulement de 4 rayons terrestres que *la moitié du rayon du Soleil.*

Les ellipses décrites par les planètes autour du Soleil restent à très-peu près les mêmes, quant à leurs positions et à leurs dimensions, après un grand nombre de révolutions successives, et ce que l'on nomme *perturbations* ou *inégalités* sont pour ces astres d'un ordre si petit que pendant quelques révolutions on peut les négliger.

Il n'en est pas de même pour les satellites des planètes, car l'action attractive du Soleil, principalement, produit des *perturbations considérables.*

Ainsi, en ce qui concerne la Lune, le plan de son orbite relative autour de la Terre se déplace rapidement. Le *nœud* éprouve un mouvement de rétrogradation *non uniforme* dont la valeur moyenne, par jour, est de 3′ 10″,64. Il accomplit donc une révolution entière sur le plan de l'orbite terrestre dans l'espace de 6793^j,39 ou 18 ans 2/3 environ. Nous pouvons dès à présent remarquer que cette période est exactement la même que celle de la *nutation* de l'axe terrestre dont nous avons parlé plus haut.

Le plan de l'orbite lunaire se déplace donc dans l'espace, et la perpendiculaire à ce plan menée par le centre de la Lune décrit en 18 ans 2/3 une surface conique autour d'une perpendiculaire menée au plan de l'orbite terrestre et en faisant avec cette droite un angle à peu près constant et dont la valeur moyenne est 5° 8′ 47″,9.

L'ellipse lunaire éprouve aussi un mouvement dans son plan; le grand axe change de direction en tournant dans le *sens du mouvement propre de la Lune*. Il effectue un déplacement angulaire d'un peu moins de 3° pour chaque révolution de l'astre; ce qui fait qu'en 3232^j,57, ou dans l'espace de 9 ans, *la ligne des apsides* de l'ellipse lunaire a fait un tour complet dans son plan, qui lui-même est en mouvement, ainsi que nous l'avons dit.

L'inclinaison de l'orbite lunaire sur le plan de l'orbite terrestre ne reste pas non plus constante et oscille, entre deux limites assez restreintes, autour de la valeur moyenne que nous avons donnée. C'est-à-dire que cette inclinaison augmente ou diminue d'environ 8′ 47″.

La période d'oscillation de la plus petite inclinaison à la plus grande est environ de 14 jours 1/2.

L'inclinaison atteint sa plus grande valeur quand l'angle formé par les deux droites menées par le centre de la Terre, au Soleil et à la Lune, *est à peu près droit*. Il faut évidemment comprendre que c'est *l'inclinaison de l'élément* de l'aire comprise entre deux rayons vecteurs de la Lune très-rapprochés, sur le plan de l'orbite terrestre, qui atteint à ce moment *sa valeur maximum*.

Le *mouvement moyen* de la Lune, autour de la Terre, éprouve aussi une équation *séculaire* qui est due à l'action du Soleil, et qui est produite par la *variation séculaire de l'excentricité* de l'orbite terrestre.

Si l'orbite terrestre restait invariable dans sa forme, l'équation séculaire n'existerait pas. L'analyse fait voir que le changement de forme de cette orbite produit actuellement une *accélération* dans le mouvement moyen de la Lune, qui se changera en *diminution* dans 23980 ans, époque à laquelle, ainsi que nous l'avons dit plus haut, l'orbite terrestre commencera à s'allonger de nouveau.

En poussant l'approximation plus loin qu'on ne l'avait fait précédemment, M. Delaunay a trouvé pour valeur de cette *accélération* séculaire, 6″,11. M. Hansen porte, dans ses tables lunaires, cette accélération à 12″,18. Cette dernière valeur, qui n'est nullement justifiée par la théorie, semble cependant mieux rendre compte des éclipses chronologiques.

L'action solaire détermine en outre, dans le mouvement de la Lune, plusieurs inégalités dont nous parlerons dans l'étude des phénomènes apparents.

La Lune est un corps à peu près sphérique ayant un allongement dans le sens de la ligne qui joint le centre de cet astre au centre de la Terre; c'est-à-dire que sa forme est celle d'un ellipsoïde allongé.

Ce corps céleste tourne sur lui-même, dans le même sens que son mouvement de translation autour de la Terre. L'axe autour duquel se fait cette rotation fait un angle d'environ 6° 37′ avec une perpendiculaire au plan de l'orbite lunaire.

Dans le mouvement de translation de la Lune, son axe de rotation se transporte de manière à rester toujours *dans le plan des deux perpendiculaires menées, par le centre de la Lune, au plan de l'orbite terrestre et à celui de l'orbite lunaire.*

L'axe de rotation fait toujours un angle de 1° 28′ 45″ avec la perpendiculaire à l'orbite terrestre, et celle-ci, ainsi que nous l'avons déjà dit, fait un angle de 5° 8′ 48″, en moyenne, avec la perpendiculaire au plan de l'orbite lunaire.

La Lune effectue un tour complet sur elle-même, au bout d'un temps *précisément égal* à la durée de sa révolution sidérale relative autour de la Terre, c'est-à-dire dans l'espace de 27 jours $\frac{1}{3}$ environ. Il s'ensuit que la Lune présente *toujours le même hémisphère à la Terre,* sauf quelques petites oscillations connues sous le nom de *librations* et dont nous caractériserons les effets et la cause dans l'étude des mouvements apparents de la Lune.

Le rayon de la Lune est égal à environ les $\frac{3}{11}$ du rayon de la Terre; son volume est à peu près 49 fois plus petit que celui de la Terre.

Le satellite de la Terre est un globe recouvert de hautes montagnes. La plus élevée des montagnes lunaires a environ 7600 mètres, c'est-à-dire $\frac{1}{227}$ du rayon de la Lune.

Les montagnes de la Lune présentent un caractère très-remarquable. Elles affectent presque toutes, la forme d'un *bourrelet circulaire* au milieu duquel se trouve une cavité dont le diamètre atteint quelquefois plus de 80000 mètres. Le fond de cette cavité se trouve parfois au-dessous du niveau des terrains lunaires qui environnent le bourrelet.

Au milieu de ces *cratères* lunaires il existe souvent une ou plusieurs *montagnes* d'une très-grande hauteur par rapport à leur largeur, c'es-tà-dire ayant la forme d'un pic très-élevé.

Tout porte à croire que la Lune est complétement privée d'atmosphère, ou du moins que, si cette atmosphère existe, elle est excessivement rare et très-peu étendue; aussi il ne se trouve pas d'eau sur la Lune, du moins à l'état liquide.

La masse de ce corps céleste est environ la 84e partie de la masse de la Terre; la *pesanteur* qui existe à sa surface n'est que les 16 centièmes de celle qui existe à la surface terrestre et sa densité est égale à 3,35, la densité de l'eau étant prise pour unité.

L'influence attractive du satellite de la Terre sur cette planète détermine un mouvement périodique des grandes masses liquides qui recouvrent sa surface.

« La Lune, dit M. de Humboldt, grâce à l'attraction qu'elle exerce en « commun avec le Soleil, déplace l'élément liquide sur la Terre, et par « le gonflement périodique des mers et les effets destructifs des marées, « change peu à peu les contours des côtes, favorise ou contrarie le tra- « vail de l'homme et fournit la plus grande partie des matériaux dont se « forment les grès et les conglomérats, recouverts à leur tour par les « fragments arrondis et sans cohésion des terrains de transport. Ainsi la « Lune agit sans cesse, comme source de mouvement, sur les conditions « géologiques de notre planète. »

Mars est un sphéroïde aplati dont le rayon moyen est environ le 218e du rayon solaire, et à peu près la moitié de celui de la Terre; celui-ci étant 1, le rayon de Mars est en effet 0,515.

Le volume de Mars est à celui du Soleil comme 1 est à 10419005.

D'après M. Hind l'aplatissement de cette planète est égal à $\frac{1}{50^e}$; d'après Arago cet aplatissement serait de $\frac{1}{37,8}$.

La planète Mars tourne sur elle-même en $24^h\ 37^m$ de temps moyen, autour d'un axe de rotation qui forme un angle de $28°\ 42'$ environ avec le plan de l'orbite de cette planète.

En raison du *renflement équatorial* de Mars, l'axe de cette planète doit avoir un mouvement de *précession* analogue à celui de la Terre; mais cette planète étant dépourvue de satellite, ce mouvement de précession doit être uniforme et affranchi du mouvement de *nutation* qu'éprouve l'axe terrestre.

D'après les variations observées dans des taches permanentes que présente le disque de Mars, on admet que les régions polaires de cette planète sont couvertes d'amas de neige et de glace. La chaleur solaire fait fondre en partie ces amas de neige quand, en raison du mouvement de translation de la planète autour du Soleil et de l'inclinaison de son axe de rotation sur le plan de son orbite, les pôles de Mars viennent alternativement se présenter plus directement à l'influence des rayons solaires. D'après cela, il n'est pas douteux que Mars ne soit enveloppée d'une atmosphère dans le genre de la nôtre.

La masse de Mars est à celle du Soleil comme 1 est à 2680337; sa densité est 3,8 fois celle du Soleil, 5,29 fois celle de l'eau ou les 971 dix-millièmes de la densité de la Terre. Enfin, la pesanteur à sa surface est 56 fois plus faible environ que celle qui existe à la surface solaire, ou la moitié de celle qui se fait sentir à la surface de la Terre.

Les planètes télescopiques. — On ne sait rien de bien certain relativement à la *forme*, la *grandeur* et la *constitution* physique des petites planètes qui circulent autour du Soleil, entre Mars et Jupiter. On peut toutefois être assuré que les dimensions de ces corps célestes sont relativement excessivement petites; c'est pour cela qu'ils ont reçu le nom d'*astéroïdes*.

D'après les différences que l'on remarque dans les mesures obtenues par plusieurs observateurs, on suppose que certaines de ces petites planètes ne sont pas sphériques, comme les planètes principales de notre système planétaire, mais qu'elles ont des formes *irrégulières* ou *polyédriques*.

En supposant, ce qui est probable, qu'elles sont animées d'un mouvement de rotation sur elles-mêmes, elles se présentent aux observateurs de la Terre, tantôt par une pointe, tantôt par une large face qui réfléchit brillamment la lumière du Soleil, ou qui même est peut-être douée d'une lumière propre.

Certains astronomes admettent que la plupart des petites planètes télescopiques sont entourées d'une nébulosité quelquefois très-fortement accusée. « Dans les planètes comme Mars, Jupiter et Saturne, dit Arago « on aperçoit des traces d'atmosphère; mais ce sont des traces seulement, « et l'on ne parvient à les faire ressortir qu'à l'aide des observations les « plus subtiles. Dans les planètes télescopiques, au contraire, les phéno-« mènes atmosphériques se développent sur une immense échelle. »

Quelques astronomes pensent que l'on doit simplement attribuer aux effets de l'irradiation les apparences vaporeuses de certaines planètes télescopiques; à l'appui de cette opinion on cite la planète *Pallas* qui, trouvée très-nébuleuse par Shroëter, présente un disque très-net avec *le grand réfracteur* de l'observatoire de Dorpat. Mais nous croyons devoir faire remarquer à ce sujet, que l'effet des objectifs puissants et des grossissements considérables est de diminuer l'intensité des lumières étendues et diffuses.

Jupiter. — La planète géante de notre système planétaire est un sphéroïde très-aplati dont la forme générale s'écarte peu de l'ellipsoïde de révolution. D'après Arago l'aplatissement est de $\frac{1}{17^e}$.

Le plus grand diamètre de Jupiter est de 35792 lieues de 4 kilomètres, c'est-à-dire que le rayon de cette planète est un peu plus grand que le *dixième* du rayon solaire. Son volume est seulement la 917e partie du volume du Soleil; il s'ensuit qu'il est plus de 1385 fois plus considérable que celui de la Terre. Jupiter tourne sur lui-même en $9^h\ 55^m$ environ autour d'un axe qui est incliné de 86° 54′ sur le plan de l'orbite de cette planète; il lui est donc à fort peu près perpendiculaire.

Le plan de l'*équateur* de Jupiter fait avec le plan de son orbite un angle de 3° 6′ seulement. A cause du renflement équatorial de cette planète, l'axe de rotation doit sans aucun doute avoir un mouvement de *précession*, dont la période ne peut encore être déterminée par l'observation, et qui doit être accompagné de mouvements de *nutation* assez compliqués, produits par l'action des quatre satellites qui accompagnent Jupiter dans son mouvement de translation autour du Soleil.

D'après la grandeur de Jupiter et la durée de son mouvement de rotation, on trouve facilement que la *vitesse* des points de son équateur, due à la rotation de cette planète, est à peu près égale à $3^{\text{lieues}},2$ par seconde, c'est-à-dire qu'elle est presque égale à la *vitesse moyenne* de Jupiter autour du Soleil. Il s'ensuit donc que la vitesse absolue dans l'espace (*) d'un point de l'équateur est à peu près *nulle* quand ce point reçoit perpendiculairement les rayons solaires, et qu'au contraire sa vitesse est de $6^l,5$ environ quand $4^h\ 57^m\ 30^s$ plus tard ce point se trouve à l'opposé, c'est-à-dire complétement privé de la lumière du Soleil.

Les phénomènes que l'on observe sur le disque de Jupiter, phénomènes dont nous parlerons dans la suite de ce cours, ont donné la certitude que cette planète possède une atmosphère dans laquelle circulent des courants rapides transportant des nuages autour de la planète.

La masse de Jupiter est à celle du Soleil comme 1 est à 1050, cette planète a donc 338 fois plus de masse que la Terre; sa densité moyenne est peu différente de celle du Soleil, elle est environ 1,16, celle de l'eau étant prise pour unité.

La pesanteur qui se fait sentir à la surface de Jupiter est égale à 2 fois et demie celle qui existe à la surface de la Terre, ou bien est 11 fois moins considérable que celle qui doit s'exercer à la surface solaire.

Des satellites de Jupiter. — Dans son mouvement de translation autour du Soleil, Jupiter est accompagné par *quatre* petits corps célestes, satellites de la grosse planète.

Les orbites relatives que décrivent ces quatre satellites autour du centre

(*) En ne tenant pas compte du mouvement général de tout le système planétaire.

de Jupiter, supposé fixe, sont décrites conformément aux lois de Képler.

La forme de ces orbites s'écarte peu de la forme *circulaire* pour les deux satellites qui sont les plus près de Jupiter, mais cette forme est *elliptique* pour les deux autres, principalement pour *le quatrième,* c'est-à-dire le plus éloigné de Jupiter.

En prenant pour unité le rayon de l'équateur de Jupiter, *les distances moyennes* des satellites au centre de la planète sont les suivantes :

1er satellite.	6,05	rayons de Jupiter,
2e	9,62	»
3e	15,35	»
4e	26,00	»

Le premier satellite circule donc à une distance de la surface de Jupiter, à peu près égale à celle à laquelle la Lune se trouve de la surface terrestre.

En prenant pour unité le *jour moyen,* on trouve pour *durée des révolutions sidérales* des quatre satellites :

1er satellite.	1j	18h	28m
2e	3	13	14
3e	7	3	43
4e	16	16	32

Il est facile de s'assurer que les distances moyennes et les durées des révolutions sidérales répondent bien à la 3e loi de Képler.

Les trois premiers satellites de Jupiter ne peuvent jamais se trouver à la fois dans le cône d'ombre situé derrière Jupiter et qui s'étend à une distance égale à 1222 fois le rayon de cette planète; ceci résulte de certaines lois que nous expliquerons dans l'étude des mouvements apparents des satellites de Jupiter.

Les orbites des satellites de Jupiter éprouvent des changements analogues aux perturbations des orbites planétaires; les mouvements de ces corps célestes sont pareillement assujettis à des inégalités séculaires ayant de l'analogie avec celles qu'éprouve la Lune.

L'aplatissement considérable de Jupiter a une très-grande influence sur le mouvement des nœuds de ses satellites; et l'observation de ces mouvements, réciproquement, a permis de calculer l'aplatissement de Jupiter, lequel s'est trouvé égal à celui déduit de mesures micrométriques.

Voici, d'après Laplace, les principaux résultats de sa théorie sur les satellites de Jupiter.

« L'orbite du 1er satellite se meut uniformément avec une inclinaison *constante* sur un *plan fixe* qui passe constamment entre l'équateur et l'orbite de Jupiter par l'intersection mutelle de ces deux derniers plans dont l'inclinaison respective est égale à 3°,4352.

« L'inclinaison de ce plan fixe sur l'équateur de Jupiter n'est que de 20″. L'inclinaison de l'orbite du satellite sur ce plan est pareillement insensible; ainsi l'on peut supposer le 1er satellite en mouvement dans le plan même de l'équateur de Jupiter.

« On n'a point reconnu d'excentricité propre à son orbe, qui seulement participe un peu des excentricités des orbes du troisième et du quatrième satellite; car en vertu de l'action mutuelle de tous ces corps, l'excentricité propre à chaque orbe se répand sur les autres, mais plus faiblement à mesure qu'ils sont plus éloignés.

« Les éclipses du 1er satellite de Jupiter ont fait découvrir le mouvement successif de la lumière qu'ensuite le phénomène de l'aberration a mieux fait connaître.

« L'orbe du second satellite se meut uniformément avec une inclinaison *constante*, sur un *plan fixe* qui passe constamment *entre l'équateur et l'orbite de Jupiter* par leur intersection mutuelle, et dont l'inclinaison à cet équateur est de 201″. L'orbite du satellite est inclinée de 5152″ à son plan fixe et ses nœuds ont sur ce plan un mouvement *rétrograde* dont la période est de 29^ans^,9142. L'observation n'a point fait connaître d'excentricité propre à cet orbe, mais il participe un peu des excentricités des orbes du 3e et du 4e satellite.

« L'orbe du troisième satellite se meut uniformément, avec une inclinaison *constante* sur un plan fixe qui passe constamment *entre l'équateur et l'orbite de Jupiter* par leur intersection mutuelle, et dont l'inclinaison sur cet équateur est de 931″. L'orbe du satellite est incliné de 2284″ à son plan fixe, et ses nœuds ont sur ce plan un mouvement *rétrograde* dont la période est de 141^ans^,739. L'excentricité de l'orbe du troisième satellite présente des anomalies singulières.

« Enfin, l'orbe du quatrième satellite se meut uniformément, avec une inclinaison *constante*, sur un plan fixe incliné de 4457″ à l'équateur de Jupiter et qui passe par la ligne des nœuds de cet équateur, *entre ce dernier plan et celui de l'orbite de la planète;* l'inclinaison de l'orbe à son plan fixe est de 2772″, et ses nœuds sur ce plan ont un mouvement *rétrograde* dont la période est de 531 ans.

« En vertu de ce mouvement, l'inclinaison de l'orbe du 4e satellite sur l'orbite de Jupiter varie sans cesse.

« L'excentricité de l'orbe du 4e satellite est beaucoup plus grande que celle des autres orbes. Son *perijove* a un mouvement annuel direct de 7959″.

« Chaque orbe participe un peu du mouvement des autres. Les plans fixes auxquels nous les avons rapportés ne le sont pas rigoureusement; ils se meuvent très-lentement avec l'équateur et l'orbite de Jupiter, en passant toujours par l'intersection mutuelle de ces derniers plans et en conservant sur l'équateur des inclinaisons qui, quoique variables, sont entre elles et avec l'inclinaison de l'orbite de la planète sur son équateur dans un rapport constant. »

Les satellites de Jupiter ont une forme analogue à celle du satellite de la Terre ; ils présentent toujours le même hémisphère à Jupiter, c'est-à-dire qu'ils effectuent une rotation sur eux-mêmes dans un temps égal à celui de leurs révolutions sidérales.

Si l'on prend pour unité le rayon du satellite de la Terre, on trouve que

Le 1er satellite a un rayon égal à. . . .	1,18
Le 2e.	1,00
Le 3e.	1,74
Le 4e.	1,22

Le 2e satellite a donc un volume à peu près égal à celui de la Lune ; les autres sont plus considérables, principalement le 3e.

En prenant pour unité la masse de Jupiter, on a trouvé que les masses de ses quatre satellites sont les suivantes :

1er satellite	0,0000173281
2e.	0,0000232355
3e.	0,0000884972
4e.	0,0000426591

Si l'on prend pour unité la masse de la Terre, on trouve pour valeur de ces masses :

1er satellite	$\frac{1}{172^e}$
2e.	$\frac{1}{128^e}$
3e.	$\frac{1}{33^e}$
4e.	$\frac{1}{71^e}$

Les deux derniers satellites et surtout le 3e ont donc une masse plus considérable que celle de la Lune.

En prenant pour unité la densité moyenne de la Terre, on trouve pour densité moyenne des quatre satellites :

1er satellite.	0,17
2e.	0,39
3e.	0,29
4e.	0,39

Saturne. — La planète la plus curieuse de notre système planétaire a la forme d'un ellipsoïde de révolution très-aplati; son aplatissement, d'après Bessel, est égal à $\frac{1}{9,198}$ un peu plus fort que $\frac{1}{10^e}$.

Le rayon de Saturne est environ les 8 centièmes de celui du Soleil; il est égal à 9,4714, si l'on prend pour unité le rayon de la Terre. Son volume est donc égal à 849,655, celui de cette planète étant 1.

Saturne a un mouvement de rotation sur lui-même autour de son plus petit diamètre; cette rotation s'effectue en $10^h\ 16^m$. Il en résulte que la vitesse d'un point de l'équateur de Saturne due à la rotation de cette planète a précisément la même grandeur que la vitesse qui anime ce point en vertu de la translation de Saturne autour du Soleil.

L'axe de rotation de cette planète est incliné d'environ 62° sur le plan de son orbite; son équateur fait donc un angle de 28° avec ce plan.

Dans le mouvement de translation de Saturne autour du Soleil, l'axe de rotation de cette planète se transporte parallèlement à lui-même; il en est par suite de même du plan de son équateur. Mais il est évident cependant que, en raison de l'aplatissement de Saturne, cet axe de rotation doit éprouver un mouvement de *précession* qui ne doit pas s'effectuer sans certains mouvements de *nutation* déterminés par l'action des nombreux satellites de Saturne sur le renflement équatorial de cette planète.

Saturne est entourée d'une atmosphère accusée par les taches et les bandes non permanentes que l'on observe à sa surface.

La masse de cette planète est à celle du Soleil comme 1 est à 3512, c'est-à dire environ cent fois plus considérable que la masse terrestre. Sa densité est les 47 centièmes de la densité du Soleil, ou égale à 0,648, celle de l'eau étant 1.

Arrivons enfin à la particularité qui fait de Saturne la planète la plus remarquable de notre système.

Ce corps céleste est entouré, à une distance relativement considérable, d'un ensemble d'*anneaux très-rapprochés les uns des autres*, d'une très-grande largeur, mais d'une très-petite épaisseur, et dont le plan se confond avec le plan de l'équateur de Saturne.

Dans le transport de la planète autour du Soleil, les anneaux se transportent parallèlement à eux-mêmes, ainsi que le fait l'équateur de Saturne, et par conséquent, dans une révolution de Saturne *la trace* du plan des anneaux sur le plan de l'orbite reste *à très-peu près parallèle à elle-même*.

Trois anneaux concentriques sont au moins parfaitement constatés. Celui qui est le plus voisin de Saturne n'est pas *opaque* comme les deux autres, mais est *transparent*.

Le centre des anneaux et celui de Saturne ne coïncident pas exactement.

Le diamètre	extérieur de l'anneau	extérieur est de	71174	lieues
»	intérieur	*id.* . . .	62643	»
»	extérieur	du milieu . . .	61198	»
»	intérieur	*id.* . . .	47339	»
»	extérieur	intérieur . . .	47339	»
»	intérieur	*id.* . . .	42682	»

L'intervalle qui sépare le bord *intérieur* de l'anneau intérieur de la surface de la planète est de 6986 lieues.

L'épaisseur des anneaux ne paraît pas être de plus de 100 lieues; Herschel la supposait de 36 lieues.

Les anneaux de Saturne ont un mouvement de rotation dans le sens du mouvement de rotation de cette planète, et dans un intervalle de 10 heures 30 minutes environ; il en résulte qu'ils tournent *un peu plus lentement* que la planète.

Les anneaux de Saturne sont des solides irréguliers qui doivent avoir une largeur inégale dans les différentes parties de leur contour, et leur centre de gravité ne coïncide pas avec leur centre de figure.

Ces anneaux peuvent être considérés comme autant de satellites dont chaque masse serait concentrée au centre de gravité de chaque anneau, et qui se mouvraient autour de Saturne avec des vitesses angulaires respectivement égales aux vitesses de rotation des anneaux, mais en subissant, dans leurs mouvements, des oscillations déterminées par l'attraction solaire, celle des satellites de Saturne et leur attraction mutuelle.

En outre de ses anneaux, la planète Saturne est accompagnée, dans son mouvement de translation autour du Soleil, par *huit* satellites dont les mouvements relatifs autour du centre de la planète sont des orbites elliptiques dont ce centre occupe un des foyers, et qui sont décrites suivant la loi des aires.

Les plans des orbites des *six* premiers satellites se confondent à peu près avec le plan des anneaux. Celui du septième satellite est incliné de 12° 14′ sur ce plan; le huitième n'a pas encore été suffisamment observé.

« L'extrême difficulté des observations des satellites de Saturne, dit La-
« place, rend leur théorie si imparfaite que l'on connaît à peine avec pré-
« cision leurs révolutions et leurs distances moyennes au centre de la
« planète; il est donc inutile, jusqu'à présent, de considérer leurs per-
« turbations. »

Toutefois l'illustre auteur de la *Mécanique céleste* a trouvé que les orbites des satellites de Saturne se meuvent, comme celles des satellites de Jupiter, sur des plans passant constamment entre *l'orbite de la planète et le plan de son équateur*, par la ligne d'intersection de ces deux plans, et qui sont d'autant plus inclinés à cet équateur que les satellites sont plus éloignés de Saturne.

Voici le tableau des durées des révolutions sidérales des huit satellites de Saturne, ainsi que leurs distances moyennes à cette planète, en prenant pour unité son rayon équatorial :

	Révolutions sidérales.				Distances moyennes.
1er satellite.		22h	36m	17s,71	3,36
2e »	1j	8	53	6,7	4,31
3e »	1	21	18	25,9	5,33
4e »	2	17	44	51,2	6,84
5e »	4	12	25	11,1	9,55
6e »	15	22	41	24,86	22,14
7e »	21	4	20	0,0	28
8e »	79	7	54	40,8	64

Les satellites de Saturne tournent sur eux-mêmes dans des temps égaux à leurs révolutions sidérales, c'est-à-dire qu'ils montrent toujours le même hémisphère à leur planète.

Ces corps célestes sont de différentes grandeurs; en prenant pour unité le rayon de la Terre, on a trouvé pour rayon des différents satellites de Saturne :

Pour le 1er	0,125
» 2e	»
» 3e	0,07
» 4e	0,07
» 5e	0,175
» 6e	0,42
» 7e	»
» 8e	0,26

C'est donc le sixième qui est le plus considérable; son volume est environ le $\frac{1}{14^e}$ de celui de la Terre.

Uranus est un corps sphérique, ou plutôt dont la forme ellipsoïdale n'est pas nettement établie. Son rayon est à celui du Soleil comme 1 est à 24,5, c'est-à-dire qu'il est égal à 4,577, celui de la Terre étant 1. D'après cela, son volume est égal à 95,914, en prenant celui de la Terre pour unité.

On ne sait rien de positif sur la rotation d'Uranus; toutefois, par analogie avec les autres planètes, on doit supposer qu'elle a un mouvement de rotation. Si l'on voulait déduire la direction de son axe de rotation de la position des plans des orbites des satellites de ce corps céleste, on arriverait à conclure que l'axe de rotation est à peu près dans le plan de l'orbite d'Uranus, c'est-à-dire que cette planète tourne tout différemment des autres planètes.

Il est évident qu'à cause de l'immense distance à laquelle nous sommes d'Uranus, on ne peut avoir aucune donnée élémentaire sur sa constitution physique. Mais l'analyse mathématique a fait savoir que sa masse est à celle du Soleil comme 1 est à 24000; que sa densité est égale à 0,84, celle de l'eau étant 1; et enfin, que la pesanteur à la surface de cette planète est égale aux 7 dixièmes environ de celle qui se fait sentir à la surface de la Terre.

Dans son mouvement de translation autour du Soleil, Uranus est accompagné par *huit* satellites dont les orbites font un angle de 78°12′ environ sur le plan de l'orbite de cette planète. Ces satellites parcourent des ellipses autour de la planète en suivant la loi des aires, mais d'un mouvement *rétrograde*, c'est-à-dire en *sens contraire* des mouvements de translation des planètes, des mouvements de circulation des satellites de la Terre, de Jupiter et de Saturne, et des mouvements de rotation de ces différents corps célestes. Le tableau suivant donne les durées des révolutions sidérales des satellites d'*Uranus* ainsi que leurs distances moyennes à cet astre, en prenant pour unité le rayon de cette planète :

	Durées des révolutions sidérales.				Distances moyennes.
1er satellite.	2j	12h	28m	48s	7,44
2e.	4	3	27	31,6	10,37
3e.	5	11	25	55,2	13,12
4e.	8	16	56	24,9	17,01
5e.	10	23	2	47	19,85
6e.	13	11	6	55,2	22,75
7e.	38	1	48	0,0	45,51
8e.	107	16	39	56	91,01

Neptune est un corps sphérique. Sa forme réelle n'a pu encore être déterminée à cause de la grande distance à laquelle cette planète se trouve de la Terre.

Son rayon est égal à la 25e partie environ du rayon du Soleil; son volume est à celui de cet astre comme 1 est à 159 641; autrement dit, ce volume est égal à 88,76, celui de la Terre étant 1.

On ne sait évidemment rien sur la rotation de Neptune. D'après la plus récente détermination, sa masse est comprise entre $\frac{1}{20334}$ et $\frac{1}{19744}$, celle du Soleil étant prise prise pour unité; c'est-à-dire que cette masse est égale à environ 17 fois la masse de la Terre. Sa densité est 1,073, celle de l'eau étant 1. Enfin la pesanteur à sa surface est égale 0,87, en prenant pour unité la pesanteur terrestre.

Neptune est accompagné d'un satellite qui circule autour de cette planète dans une orbite dont le plan est incliné d'environ 32° 20' sur le plan de l'orbite de Neptune. La durée de la révolution sidérale de ce satellite est d'environ $5^{j}\,20^{h}\,50^{m}\,45^{s}$, et sa distance à la planète est égale à 12, en prenant pour unité le rayon de Neptune.

Des comètes. — En dehors des planètes que nous venons de décrire et qui parcourent des orbites presque circulaires autour du Soleil, d'autres corps célestes, dont la nature est plus mystérieuse, circulent autour du centre radieux de notre système planétaire. Ces astres, soumis aux principes de la gravitation, obéissent aux lois de KÉPLER, mais décrivent des ellipses tellement excentriques que, pour la plupart, on n'a pu encore établir la différence qui existe entre la forme de leurs orbites et la forme parabolique.

Les comètes diffèrent des planètes de plusieurs manières :

1° Par leur nature physique;

2° Par l'excentricité de leurs orbites;

3° Par le sens et la direction de leurs mouvements.

Une comète se compose généralement :

1° D'un noyau;

2° D'une nébulosité, sorte d'auréole lumineuse qui entoure le noyau et dont la forme générale varie constamment; on nomme cette auréole la *chevelure* de la comète;

3° Et enfin d'une traînée lumineuse que l'on nomme la *queue*, et qui éprouve aussi constamment des modifications dans sa forme et sa grandeur.

D'après une discussion faite par ARAGO sur les observations effectuées sur les comètes paraissant avoir des noyaux, il résulte : « que le noyau des comètes considéré en masse est *diaphane* et que s'il existe dans ce noyau une partie solide et opaque, elle a des dimensions excessivement petites. » Beaucoup de comètes, du reste, ne possèdent pas de noyaux, et il paraît certain qu'il existe des comètes sans noyaux, des comètes dont le noyau est diaphane, et enfin des comètes plus brillantes que les planètes et ayant un noyau solide et opaque.

Les noyaux sont généralement situés entre le centre de la chevelure et le bord de cette nébulosité qui est le plus voisin du Soleil.

Le plus *grand* noyau cométaire que l'on ait mesuré avait 3 200 lieues, le plus *petit* avait 11 lieues. Les nébulosités ont au contraire des dimensions considérables; leur forme est généralement circulaire. Le diamètre de certaines nébulosités cométaires a atteint jusqu'à 450 000 lieues, c'est-à-dire beaucoup plus d'étendue que le diamètre du Soleil, ou plus de 140 fois le diamètre de la Terre. Du reste, dans le mouvement d'une comète autour du Soleil, le noyau, la chevelure et la queue éprouvent des variations considérables dans leur forme et dans leur grandeur.

Par des études faites sur les comètes de 1858, 1860 et 1861, M. Schmidt a reconnu que la nébulosité se formait d'une matière sortant du noyau sous les influences calorifiques, électriques ou magnétiques développées par le Soleil.

Cet astronome a pu déterminer la vitesse avec laquelle cette matière sort du noyau cométaire pour former la nébulosité et même la queue. Il a trouvé, par exemple, que pour la comète d'octobre 1858, la matière sortait du noyau avec une vitesse de 535 mètres par seconde.

Certaines queues de comètes ont des dimensions considérables. La queue de la grande comète de 1680 a eu, à un moment, plus de 41 millions de lieues d'étendue, c'est-à-dire qu'elle était plus grande que la distance du Soleil à la Terre.

D'après Arago les queues des comètes ont la forme d'un *cône* ou d'un *cylindre creux* dont les bords ont une certaine épaisseur. Quelquefois cependant elles se terminent en pointe, et l'axe du cône est courbe. Certaines comètes ont eu *deux* queues. Le plus généralement les axes des queues cométaires sont *opposées* au Soleil, c'est-à-dire suivant le rayon vecteur de l'orbite décrite par la comète.

Le nombre de ces corps célestes est inconnu; on sait seulement qu'il est très-considérable.

On peut classer ces astres en comètes *périodiques* ou à orbites elliptiques, et en comètes paraboliques.

Bien qu'on ait calculé un grand nombre d'orbites elliptiques, nous ne considérerons que celles dont l'*ellipticité* est dûment constatée par les apparitions périodiques des comètes qui les parcourent.

En les classant par ordre de leur distance moyenne au Soleil, ces comètes, appelées *périodiques*, sont :

Les comètes de Encke, de Brorsen, de d'Arrest, de Gambart, de Faye et de Halley.

Le tableau suivant donne la position des plans des orbites de ces corps célestes :

COMÈTES.	LONGITUDE du nœud ascendant.	INCLINAISON.	SENS.
Encke.	334° 23′	13° 8′	Direct.
Brorsen.	101 44	29 49	Direct.
D'Arrest.	148 27	13 56	Direct.
Gambart.	245 55	12 34	Direct.
Faye.	209 31	11 22	Direct.
Halley.	55 6	17 47	Rétrograde.

La forme, la grandeur et la position de ces ellipses dans leurs plans sont données dans le tableau suivant :

COMÈTES.	LONGITUDE du périhélie.	EXCENTRICITÉ	DEMI-GRANDEUR.	DURÉE des révolutions.
Encke.	157° 51′	0,8478	2,2148	3ans,3
Brorsen.	115 44	0,8019	3,1338	5ans,5477
D'Arrest.	322 60	0,6609	3,4618	6ans,44
Gambart.	109 2	0,7570	3,5245	6ans,62
Faye.	49 43	0,5550	3,8118	7ans,44
Halley.	304 30	0,9674	35,9	76ans,083

Parmi les 200 orbites paraboliques qui ont été calculées, il y en a environ la moitié qui ont un mouvement *direct* et l'autre moitié un mouvement *rétrograde;* il y en a environ 111 dont l'inclinaison est plus grande que 45°.

Il est probable que toutes ces orbites paraboliques sont des ellipses tellement allongées qu'il est impossible d'établir la différence qui existe entre elles et la forme parabolique, du moins pour l'arc qu'elles parcourent quand elles sont visibles de la Terre.

Ainsi que je l'ai dit plus haut, on a voulu calculer les orbites elliptiques d'un assez grand nombre de comètes; on en a trouvé *cinq* dont les durées des révolutions sont comprises entre 69 et 75 ans, mais en dehors de la comète de Halley il n'existe pas d'observations anciennes qui puissent justifier ces orbites elliptiques.

On a trouvé pour d'autres orbites des ellipses tellement allongées que les durées des révolutions sont considérables; ainsi on a trouvé, entre autres, des temps de révolutions égaux à 129 ans, 401 ans, 2611 ans, 8375 ans, 13866 ans et même 100000 ans.

Les excentricités des orbites correspondantes sont si peu différentes de l'unité qu'on ne peut être certain des résultats. Des astronomes ont en effet trouvé des ellipses fort différentes de forme et de grandeur avec des observations différentes qui étaient pourtant parfaitement représentées par une même orbite parabolique.

Les comètes sont soumises à des perturbations analogues à celles qu'éprouvent les orbites planétaires; mais lorsqu'elles passent dans le voisinage des planètes il arrive quelquefois que leurs orbites sont entièrement changées. C'est ce qui est arrivé à la comète dite de LEXELL. Cette comète ayant passé au milieu des satellites de Jupiter, éprouva de la part de cette planète des attractions si considérables que son ellipse en fut complétement changée. De très-peu excentrique qu'elle était auparavant, elle devint en effet tellement excentrique qu'elle a affecté une forme presque parabolique.

L'attraction de Jupiter a aussi fait changer notablement le mouvement moyen de la comète de d'ARREST; l'inclinaison du plan de l'orbite a varié de 2 degrés pendant une de ses périodes, et le passage au périhélie a été avancé de 49 jours.

Comme modification étrange apportée dans les comètes par suite des attractions exercées sur ces masses vaporeuses par les corps célestes de notre système planétaire, nous devons citer le *dédoublement* de la comète de GAMBART. En 1846 cette comète s'est divisée en deux parties qui ont suivi des orbites différentes.

Du 10 février au 22 mars 1846 les deux noyaux ont marché à une distance l'un de l'autre de 62160 lieues environ, distance qui allait en augmentant. A l'apparition de 1852 la distance des deux noyaux était d'environ 500000 lieues, c'est-à-dire 8 à 9 fois plus considérable qu'en 1846.

Les comètes périodiques de ENCKE et de FAYE éprouvent certaines perturbations qui n'existent pas dans les orbites planétaires.

Le *mouvement moyen* de ces deux comètes s'*accélère*, c'est-à-dire que la durée de leurs révolutions autour du Soleil va en *diminuant;* leur excentricité diminue aussi, c'est-à-dire que la forme de leur orbite se rapproche de la forme circulaire.

Leur distance moyenne au Soleil va donc en diminuant à mesure que leur orbite s'approche de la forme circulaire. A chaque période de la comète de ENCKE le mouvement moyen de cet astre augmente de 0'',1, l'angle d'excentricité (*) diminue d'environ 3'',5.

M. Alexandre MOLLER a trouvé qu'à chaque période de la comète de FAYE, le mouvement moyen de cette comète augmente de 0'',24 et son angle d'excentricité diminue de 34'',6.

Les perturbations que peuvent produire sur ces deux comètes les planètes

(*) On appelle *angle d'excentricité*, l'angle dont le *sinus* est égal à l'excentricité de l'orbite.

principales de notre système ne rendent nullement compte de celles que je viens d'indiquer. M. Encke a admis que ces perturbations proviennent d'un *milieu résistant* dans lequel graviterait tout le système planétaire et qui remplirait les espaces célestes.

M. Faye n'a pas adopté l'idée du milieu résistant, mais il admet la *force répulsive,* imaginée par Képler, et qui émanant de la surface incandescente du Soleil, produirait les étranges phénomènes observés sur les comètes de Faye et de Encke.

M. Faye voit en outre, dans la formation des queues cométaires, la manifestation de cette force répulsive. En appliquant à la comète de Encke les formules de la *Mécanique céleste* relatives à l'action de corpuscules incessamment lancés par le Soleil avec une vitesse de 77 000 lieues par seconde, vitesse égale à celle de la lumière, M. Faye a retrouvé *l'accélération* du mouvement moyen observé sur la comète de Encke ainsi que la *diminution* de son angle d'excentricité. Aussi il en conclut que *l'impulsion des rayons solaires* peut non-seulement rendre compte du *raccourcissement* de la période des deux comètes, mais aussi expliquer, chose que ne fait pas le milieu résistant, la formation des queues des comètes et leur direction à l'opposé du Soleil.

Pour terminer ce qui est relatif aux comètes, nous devons ajouter qu'on n'a aucune donnée certaine sur la valeur des masses cométaires, mais que leur *masse* est évidemment complétement insignifiante.

ASTRONOMIE.

ÉTUDE DES PHÉNOMÈNES APPARENTS.

PREMIÈRES NOTIONS SUR LA FORME DE LA TERRE.

1. *La surface des mers est convexe.*

Lorsque étant sur le bord de la mer, ou sur le pont d'un navire, on aperçoit un autre *navire* au large, tout le monde sait que l'on commence à voir ses *voiles hautes* avant de voir le *corps du bâtiment*, et qu'à mesure que ce bâtiment approche, on aperçoit successivement *les perroquets, les huniers, les basses voiles*, et enfin, *la coque.*

On sait aussi que, si l'on monte dans les *hunes* ou sur les *barres de perroquets*, on aperçoit plus vite le corps du *navire.*

C'est pour cela que lorsqu'un navire est en mer, on place un homme, *en vigie*, sur les barres du *petit perroquet*, pour qu'il prévienne de tout ce qu'il voit au loin; il découvre *la terre et les navires* bien avant les hommes qui sont sur le *pont.*

Fig. 1.

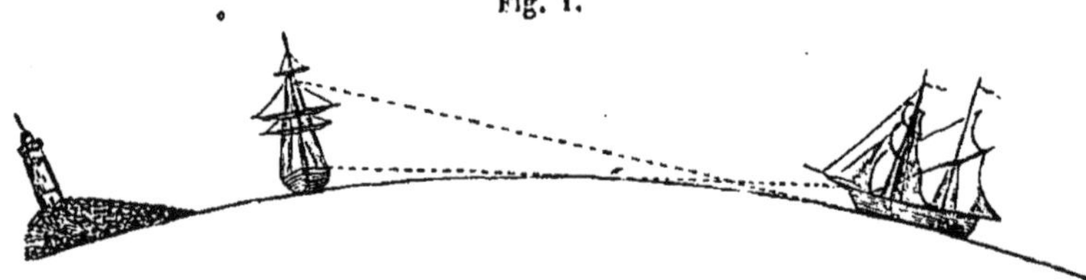

Cet effet provient de ce que la surface des mers est convexe : la figure 1 fait comprendre ce que nous venons de dire.

Si la surface des mers était plane, on verrait le navire en entier à quelque distance qu'il fût de *l'observateur.*

2. *La portion terrestre du globe est convexe.*

Les montagnes, les collines, les vallées et les plaines donnent, à la portion terrestre du globe, un aspect *d'irrégularité* qui ne permet pas de conclure, aussi promptement que pour la partie aqueuse, quelle est la forme de cette portion du globe.

Or, par des moyens que l'on donne dans les traités de Géodésie, on reconnaît que nulle part, les terres ne sont beaucoup élevées au-dessus du *niveau des mers voisines;* à l'exception des *chaînes de montagnes* qui, cependant, malgré l'élévation de leurs sommets, ne sont que très-peu élevées au-dessus de ce niveau, comparativement à la grandeur *du rayon terrestre.*

On observe, de plus, que les cours des fleuves et des rivières en général indiquent, par leur peu de rapidité, que la pente de leur lit est très-faible et que, par suite, la surface de leur eau est presque sur le prolongement de la surface des mers voisines.

Nous verrons, dans la suite, que la hauteur *des plus hautes montagnes est très-petite* par rapport au rayon terrestre, et que toutes les irrégularités du sol de notre globe peuvent être représentées par les rugosités de *la peau d'une orange,* quand on suppose la Terre réduite à *cette grosseur.*

3. *La Terre est isolée dans l'espace.*

Les nombreux voyages de circumnavigation effectués depuis un grand nombre d'années démontrent, de la manière la plus évidente, non-seulement cette convexité de notre globe, mais encore, qu'il ne tient *matériellement à rien,* et par suite, qu'il est complétement isolé dans l'espace.

Enfin, *un phénomène céleste* que tout le monde connaît et que nous étudierons plus tard, *les éclipses de Lune,* indique que la Terre a sensiblement la forme d'un globe sphérique, puisque l'ombre qu'elle projette sur la *Lune est toujours circulaire.*

Conclusion. — De tous ces faits, nous pouvons conclure, *que la Terre* est un globe *sensiblement sphérique,* isolé dans l'espace.

DÉFINITIONS ASTRONOMIQUES.

4. *Des astres.*

On désigne sous le nom général d'*astres,* cette foule de points lumineux, en y comprenant le *Soleil* et la *Lune,* que l'on aperçoit dans ce que l'on nomme communément, le *Ciel.*

L'éclat de la *lumière solaire* empêche d'apercevoir en plein jour à l'œil nu, les astres que l'on voit la nuit; mais, avec une lunette astronomique qui a pour effet de grossir les astres qui ne sont pas à une trop grande distance de notre globe, et d'augmenter l'intensité de *l'image de ceux qui sont à des distances immenses,* on peut apercevoir les astres en plein jour, et la nuit en voir un plus grand nombre que celui que l'on voit à l'œil nu.

Nous supposerons, dans les études astronomiques que nous allons faire, que, grâce à une *lunette*, on peut voir les astres aussi bien *le jour que la nuit.*

5. *De la sphère céleste.*

Si nous imaginons une *immense surface sphérique transparente* enveloppant notre globe de toute part, cette surface ayant, du reste, un rayon arbitraire, nous voyons que *tous les astres*, qu'ils soient en dedans ou en dehors de cette sphère, nous font le même effet que s'ils étaient fixés sur cette surface; autrement dit, sans avoir, pour le moment, égard à la distance à laquelle nous nous trouvons de ces astres, nous pouvons ne considérer que leur *projection perspective* sur cette *surface sphérique.*

Nous nommerons cette sphère idéale, *la sphère céleste.*

6. *De la verticale.*

Nous avons dit que la Terre est un globe isolé dans l'espace; nous verrons plus loin si ce globe est *immobile ou s'il est en mouvement.*

Cet isolement de la Terre et l'action de la pesanteur terrestre font que tous les habitants du globe, en quelque point *qu'ils soient placés*, ont toujours le Ciel au-dessus de leur tête et la Terre à leurs pieds.

Ainsi, les habitants de la *France* et ceux de la *Nouvelle-Zélande*, quoique presque diamétralement opposés, sont placés identiquement de la même manière par rapport à la Terre et au Ciel; c'est ce qui fait que lorsqu'on accomplit un voyage autour du monde, pour nous servir d'une expression vulgaire, le *navigateur* se trouve toujours *en dessus.*

On nomme *verticale d'un lieu,* la direction de la pesanteur dans ce lieu. Cette direction est perpendiculaire à la surface des *eaux tranquilles;* on l'obtient à l'aide du *fil à plomb.*

En supposant la Terre sphérique, la *verticale d'un lieu passe par le centre de la Terre.*

7. *Des antipodes.*

On nomme *antipodes*, deux points de la Terre diamétralement opposés. Les points *antipodes* ont la *même verticale.*

8. *Du zénith et du nadir.*

Si l'on prolonge dans les deux sens la verticale d'un lieu, elle rencontre la *voûte* ou sphère céleste en deux points; celui situé au-dessus de l'observateur de ce lieu prend le nom de *zénith*, l'autre celui du *nadir;* ces noms nous viennent de la *langue arabe.*

Pour deux lieux *antipodes*, le *zénith* de l'un est le *nadir* de l'autre et réciproquement.

9. BUT GÉNÉRAL DE L'ASTRONOMIE.

Si tous les astres que nous apercevons dans la *voûte céleste*, nous semblaient complétement immobiles, les *études astronomiques* se borneraient à constater leur position relative sur la sphère céleste, et à essayer de découvrir, *à l'aide d'instruments d'optique*, *quelques notions générales* sur la constitution intime de ces différents astres.

Ces notions, dans tous les cas, ne pourront être que fort incomplètes, attendu que le sens de la vision est le seul qui peut servir à *toute exploration astronomique*.

Or, il suffit de considérer quelques instants la voûte céleste pour être convaincu que *tous les astres ont un mouvement qui fait que l'aspect du Ciel change constamment*.

La science nommée *astronomie* a pour *but général* de connaître l'organisation de l'univers astronomique, les *lois* qui le régissent, et finalement de prévoir quelle sera, à un moment donné, la position *apparente* d'*un astre quelconque dans la voûte céleste*.

10. *Des Horizons.*

Pour arriver à ce *résultat*, il faut étudier le *mouvement des astres*, et pour cela, rapporter leur position *apparente* à des points qui nous semblent fixes.

Or, dans un même lieu, en pleine mer par exemple, l'eau forme autour du navire un cercle dont la circonférence est la limite des points aqueux que nos regards peuvent atteindre.

Si l'on imagine joints à notre œil tous les points de cette circonférence, on obtient une *surface conique* qu'on nomme *horizon visuel ou visible*.

La base de ce cône nous paraît fixe et immobile si nous ne changeons pas de position; elle peut donc servir de premiers points de repère dans l'étude du mouvement des *astres;* mais, attendu qu'en pleine mer, rien ne distingue les points de l'horizon entre eux, nous nous supposerons *en rade ou à terre*, de manière à avoir sur cet horizon plusieurs points *terrestres distincts ou faciles à reconnaître*.

Horizon sensible ou apparent. — Si l'on suppose que notre œil se rapproche des eaux, le cône s'ouvrira et aura pour limite un plan tangent à la surface de la mer à nos pieds. Ce plan tangent prend le nom d'*horizon sensible ou apparent;* il est évidemment perpendiculaire à la verticale du lieu.

Horizon rationnel. — On nomme *horizon rationnel* un plan parallèle à l'horizon sensible et passant par le *centre de notre globe*.

MOUVEMENT DIURNE OU MOUVEMENT GÉNÉRAL DE LA SPHÈRE CÉLESTE.

Si pendant une belle nuit, étant situé en un lieu tel que la rade de *Brest*, par exemple, où les limites de l'horizon sont indiquées par des points fixes à terre, nous contemplons l'ensemble du Ciel, nous voyons que tous les astres ont un *mouvement de gauche à droite*, quand, étant sur un navire en rade, *nous regardons l'île Ronde*, c'est-à-dire le *Sud*.

En suivant plus attentivement ce mouvement, nous voyons que *certains astres* apparaissent à gauche de l'horizon ou à l'*Orient*, en appelant *Orient* cette partie gauche ; ces astres s'éloignent ensuite graduellement de l'horizon jusqu'à une *élévation particulière à chacun d'eux*, et vont enfin disparaître à droite de l'horizon ou à l'*Occident*, en appelant *Occident* cette partie droite.

11. *Du lever et du coucher apparents.*

On nomme *lever apparent* d'un astre, l'instant où cet astre apparaît à l'horizon *visible*, et *coucher apparent*, l'instant où il disparaît *du côté opposé*.

En continuant nos observations, mais en tournant le dos à l'île Ronde, nous nous apercevons que *d'autres astres restent toujours au-dessus de l'horizon* dont chacun *s'éloigne, plus ou moins, entre deux limites déterminées*, en suivant toutefois, *un mouvement circulaire de droite à gauche.*

12. Si le lendemain et les jours suivants, en admettant que nous nous placions toujours dans le même lieu, nous continuons à examiner le ciel, nous voyons les astres effectuer toujours leur mouvement *d'Orient en Occident*, et nous faisons les remarques suivantes :

1° *Le plus grand nombre des astres qui ont un lever apparaissent toujours aux mêmes points de l'horizon ;*

2° *La période de temps qui s'écoule entre deux levers consécutifs de ces mêmes astres est toujours la même ;*

3° *Malgré les variations continuelles de l'aspect général de ces astres, ils conservent entre eux la même position relative ; c'est-à-dire, que ceux qui semblaient disposés en ligne droite, en triangle ou en trapèze présentent encore la même figure, mais vue dans une position différente.*

Ces astres sont ceux appelés ÉTOILES.

Ces remarques ne s'appliquent pas au *Soleil, à la Lune, ni à d'autres astres dont quelques-uns présentent le même aspect que les étoiles ; ces derniers, ainsi que la Lune et le Soleil, participent toutefois au mouvement général d'Orient en Occident*, comme il est facile de le constater.

13. Tout en reconnaissant ce fait important, que tous les astres, quels

qu'ils soient, *ont un mouvement continu d'Orient en Occident*, n'étudions *ce mouvement général que sur celui des étoiles*, qui, par les trois remarques que nous avons faites, nous semble le plus simple.

Voici l'ordre dans lequel nous allons étudier le mouvement-diurne :

1° *Lois du mouvement.* { 1° *Trajectoire décrite.* 2° *Vitesse du mouvement.*

2° *Cause du mouvement.*

14. *Lois du mouvement.*

1° *Étude de la trajectoire.* — Plaçons, *horizontalement, un cercle gradué* et muni d'une alidade à *pinnules* pouvant tourner horizontalement autour du centre de ce cercle.

Ce cercle peut être considéré comme étant concentrique à celui qui sert de base à *l'horizon visible.*

A l'aide de l'alidade, marquons sur ce cercle les directions CA et CB ; CA′ et CB′, CA″ et CB″, etc. (fig. 2), suivant lesquelles un astre semble *se lever et se coucher.*

Fig. 2.

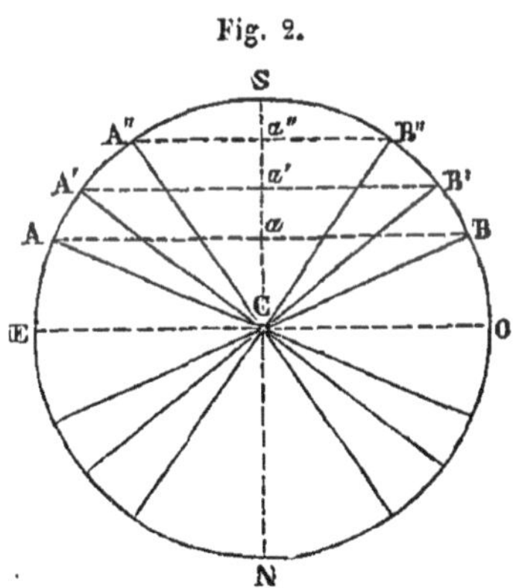

Nous reconnaîtrons que les cordes AB, A′B′, A″B″,... etc., *sont toutes rigoureusement parallèles.*

Ce parallélisme nous fait déjà considérer, sur l'horizon, deux directions perpendiculaires entre elles ; l'une EO parallèle aux cordes AB, A′B′,... etc., l'autre SN perpendiculaire à ces cordes.

Points cardinaux. — Ces directions déterminent sur la base de *l'horizon visible, quatre points particuliers* E, O, S, N, que l'on nomme *points cardinaux* (ou *principaux*).

Les points de lever ayant lieu dans la partie S E N et les points de coucher dans la partie SON, on a nommé :

Est ou *Orient*, le point E,

Ouest ou *Occident*, le point O,

Sud ou *Midi*, le point S,

Et *Nord* le point N.

La direction S N prend le nom de *méridienne ou vraie ligne Nord et Sud.*

La direction EO prend le nom de *vraie ligne Est ou Ouest.*

Si nous disposons, verticalement, un cercle gradué muni d'une lunette pouvant tourner autour du centre de ce cercle, nous voyons que tous ces *astres*, au moment de leur *élévation maximum*, sont contenus *dans un même plan vertical* passant par la *méridienne* NS. Nous nommerons ce plan, *plan méridien*.

Si pour chaque *étoile*, nous notons sur le cercle le point M (fig. 3), qu'indique la lunette au moment de l'élévation *maximum*, nous voyons que les plans déterminés pour chaque étoile, par les points A, M, B,... A', M' et B'... (fig. 2 et 3) sont parallèles. C'est-à-dire, que si a est l'intersection de la corde AB avec NS, les cordes Ma, $M'a'$, $M''a''$ sont toutes *parallèles*.

Fig. 3.

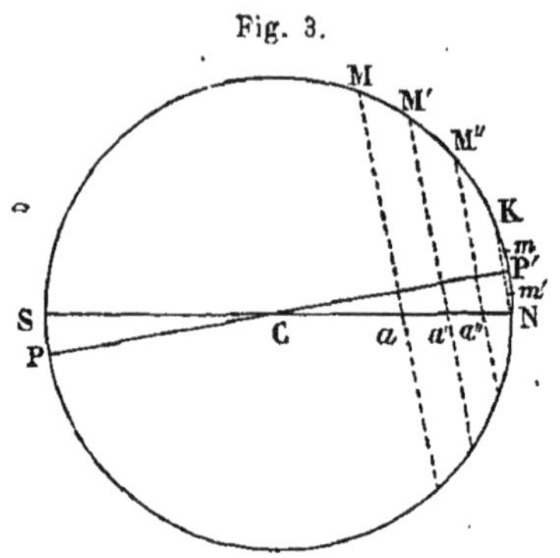

Ces cordes étant les traces des plans AMB, A'M'B',... etc., sur le plan vertical qui passe par la méridienne, on peut déjà supposer que les *étoiles effectuent leur mouvement diurne dans des plans parallèles;* ces plans sont tous *perpendiculaires à une direction fixe* PP', *qui passe par l'œil de l'observateur.*

Ainsi, pour les étoiles qui ont un lever et un coucher, *la sphère céleste semble tourner* autour d'une ligne fixe PP' qui passe par *l'œil de l'observateur.*

Nous voyons aussi, que si N (fig. 3), représente l'extrémité visible de la *méridienne sur l'horizon*, NK perpendiculaire à PP' représentera la trace, *sur le plan méridien*, du cercle de la sphère céleste comprenant les étoiles qui sont constamment visibles dans le lieu.

15. Les remarques que nous venons de faire ne peuvent évidemment pas s'appliquer aux astres qui n'ont ni *lever* ni *coucher* et qui restent constamment *au-dessus de l'horizon*. Mais, ces astres, ainsi que nous l'avons déjà dit, ont une *élévation maximum et une élévation minimum.* A l'aide du cercle vertical dont nous venons de nous servir, nous observons que ces deux *élévations extrêmes m et m'* (fig. 3) ont encore lieu quand l'étoile *est dans le plan méridien;* et nous remarquons de plus, que la corde *mm'* est *perpendiculaire à la direction fixe* PP', et par suite, que pour toutes *les étoiles, la sphère céleste semble tourner autour d'une ligne fixe passant par l'œil de l'observateur.*

16. *Détermination de la direction de l'axe* PP' *en un lieu.*

Les astres qui sont toujours visibles et que l'on nomme *circompolaires* permettent de déterminer, facilement, l'inclinaison de l'axe PP' sur l'horizon.

Nous voyons en, en effet, que si nous avons mesuré sur le cercle gradué les deux élévations extrêmes SM, SM′ (fig. 4), d'une étoile *circompolaire*, on aura

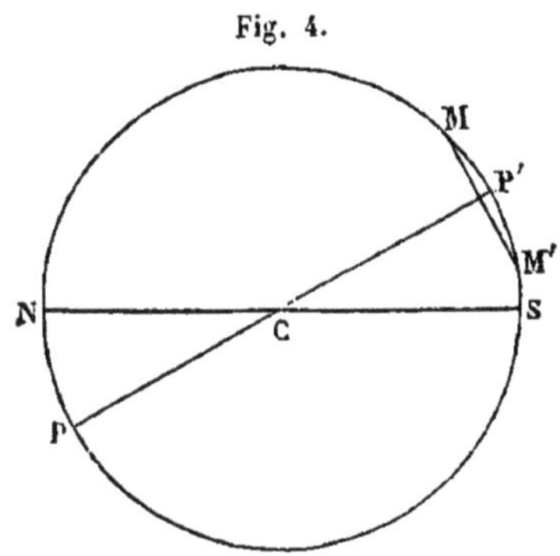

Fig. 4.

$$SP' = \frac{SM + SM'}{2}.$$

On peut aussi déduire

$$P'M = \frac{SM - SM'}{2}.$$

Nous pouvons faire la remarque que dans l'hémisphère *nord*, l'axe PP′ semble dirigé vers une certaine *étoile que nous reconnaîtrons facilement*.

17. Pour suivre plus particulièrement les étoiles dans leur mouvement autour *de l'axe* PP′, nous allons nous servir d'un des principaux instruments employés dans les *observatoires*. On le nomme *équatorial*.

DE L'ÉQUATORIAL.

Cet instrument se compose d'un axe AA′ (fig. 5), dirigé suivant *l'axe de rotation* PP′. Cet axe est supporté à sa partie inférieure par un massif de maçonnerie B, et à sa partie supérieure par une pièce de fonte C rendue aussi déliée que possible.

La pièce AA′ porte, latéralement, un cercle DD′ qui peut tourner dans *son plan, et autour de son centre;* ce cercle est armé d'une lunette E qui le suit dans son mouvement.

Perpendiculairement à l'axe AA′ est fixé un second cercle F″F′ qui suit le mouvement du cercle DD′ dans sa rotation autour de l'axe.

Des pièces G, G′ faisant corps avec AA′ supportent des pièces H, H′ avec *vis de pression et vis de rappel* qui ont pour but de fixer le *cercle* DD′, et par suite la *lunette* E, à l'axe.

I et I′ sont des *loupes* ou *micromètres* qui servent à la lecture des divisions que le cercle DD′ porte sur sa tranche. Ces micromètres sont adaptés à l'extrémité des tiges K et K′ fixées à l'axe AA′.

D'autres micromètres tels que L fixés au massif B permettent de lire la graduation du cercle F″F′.

On voit facilement qu'avec le *double mouvement* que peut avoir la lunette, on peut la diriger vers un point quelconque de la *voûte céleste*.

Fig. 5.

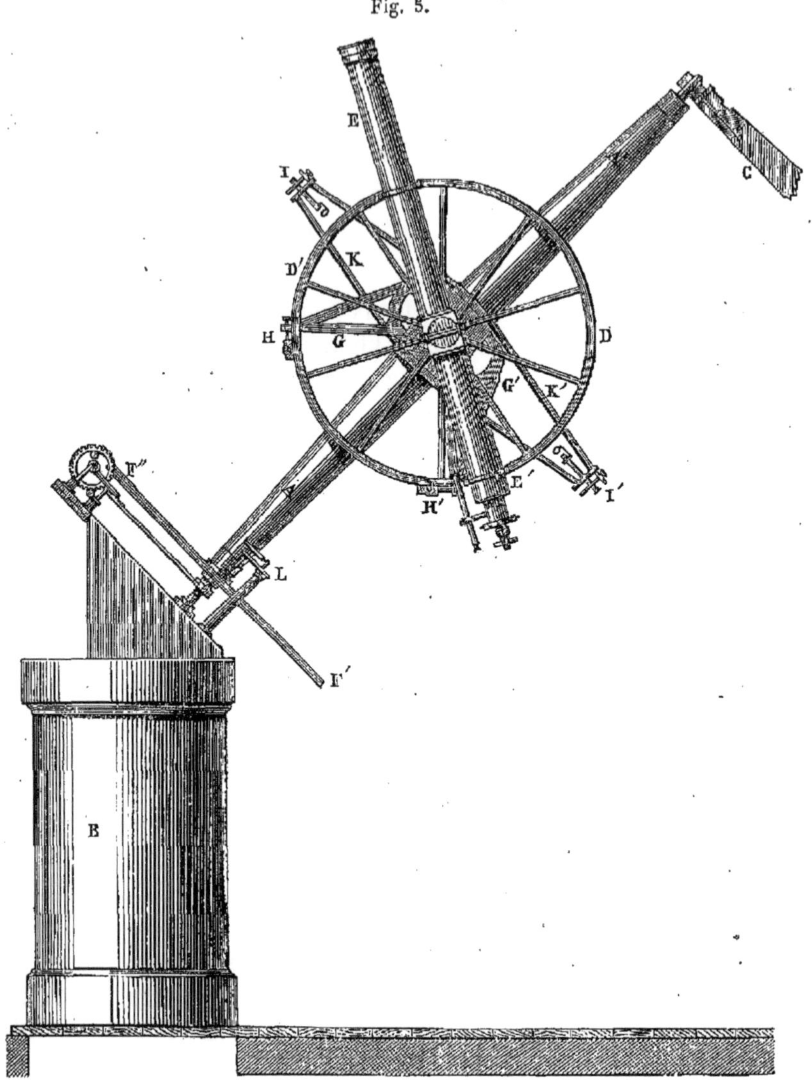

18. Les étoiles, dans leur mouvement, décrivent des circonférences dont les plans sont perpendiculaires a l'axe PP′.

Dirigeons, actuellement, la lunette de *l'équatorial* vers une étoile, nous voyons que pour apercevoir *toujours cette étoile dans le champ de la lunette*, il suffit, après avoir fixé le cercle DD′ et par suite la lunette à l'axe AA′ au moyen des pièces H, H′, de faire *mouvoir le cercle* F″F′, par conséquent, le cercle DD′ et la lunette E autour de l'axe.

Or, l'axe optique de la lunette, dans ce mouvement, engendre la surface d'un cône droit; donc, les étoiles *paraissent décrire des circonférences de cercles dont les plans sont perpendiculaires à l'axe de rotation* PP′.

19. L'AXE DE ROTATION PASSE PAR LE CENTRE DE LA TERRE.

Si maintenant, nous changeons de lieu, *en restant toujours dans l'hémisphère nord*, par exemple, nous trouvons encore :

1° *Que l'axe de rotation passe encore par l'œil de l'observateur, et est dirigé vers la même étoile ;*

2° *Que pour une même étoile, l'angle que fait la direction de l'axe optique de la lunette avec l'axe équatorial reste constant;*

3° *Que les étoiles conservent les mêmes positions relatives.*

Or, la sphère céleste ne pouvant effectuer sa rotation autour de plusieurs axes *passant par l'œil* de chaque observateur, les remarques que nous venons de faire nous conduisent à penser :

Que les étoiles sont excessivement éloignées de tous les points du globe; et par suite, que l'axe autour duquel la sphère céleste semble tourner doit passer par un point fixe de notre globe.

Ce ne peut être, évidemment, que le centre de la sphère terrestre. Ce point étant en effet peu éloigné de chaque observateur, eu égard à l'immense distance des étoiles, l'aspect du mouvement de la *sphère céleste, quant aux étoiles, est le même que si l'axe du mouvement passait par l'œil de l'observateur.*

20. *Des Pôles.* — Nous admettrons, alors, dès à présent, *que la sphère céleste est concentrique* à notre globe et nous nommerons *pôles*, les points où l'axe de rotation rencontre cette *sphère céleste.*

Celui qui correspond à l'étoile qui nous a servi de point de repère prend le nom de *pôle nord, boréal, arctique ou septentrional;* l'étoile prend le nom *d'étoile polaire;* l'autre se nomme *pôle sud, austral, antarctique ou méridional.*

L'axe de rotation s'appelle *ligne des pôles.*

21. COORDONNÉES ASTRONOMIQUES.

Pour pouvoir étudier, d'une manière convenable, le mouvement des astres, on a imaginé dans la *sphère céleste* et dans la *sphère terrestre plusieurs grands et petits cercles qui servent de plans de coordonnées aux astres* dont on veut étudier le mouvement *et à l'observateur;* ces cercles dépendent des *deux lignes fixes* dont nous pouvons déterminer la position; *la ligne des pôles et la verticale du lieu.*

Admettons que le cercle PZQP'Q' (fig. 6), représente la *sphère céleste*, et que le petit cercle concentrique *poqp'q'* représente le *globe terrestre.*

Pôles terrestres. — Si PCP' représente l'axe de rotation de la sphère céleste, *p* et *p'* seront les *pôles terrestres*. Chaque pôle prend un nom absolument semblable à celui du *pôle céleste* qui lui correspond.

Tous les grands et petits cercles qui découlent de la ligne nommée ligne des pôles *passent par cette ligne ou lui sont perpendiculaires.*

De l'Équateur. — Si par le centre C nous imaginons un plan perpendiculaire à l'axe PP', ce plan déterminera sur *la sphère céleste* un grand cercle QDQ'D' que l'on nomme *Équateur céleste*, et sur la *Sphère terrestre* un grand cercle *qdq'd'* que l'on nomme *Équateur terrestre.*

Fig. 6.

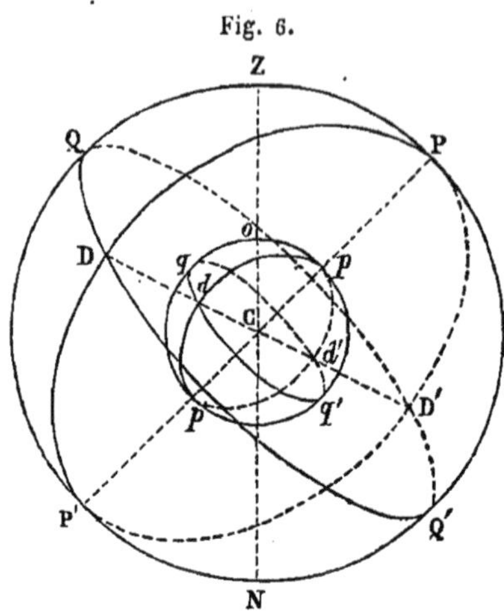

Des Hémisphères. — Le plan de *l'équateur* divise la Terre ainsi que la sphère céleste en deux parties appelées *Hémisphères;* ces hémisphères prennent le nom du *pôle* qu'ils contiennent.

Des Méridiens.—Des Cercles de déclinaison ou Plans horaires. — Tout plan passant par la ligne des pôles coupe la sphère céleste et notre globe suivant des *grands cercles* que l'on nomme *Méridiens*, s'ils servent à déterminer la position d'un lieu sur notre globe, et *Cercles de déclinaison ou Plans horaires* s'ils servent à déterminer la position d'un astre *sur la voûte céleste.*

On nomme *méridien d'un lieu,* celui qui passe par ce lieu.

Si *o* (fig. 6), représente la position d'un observateur sur notre globe, N*o*Z sera sa verticale et PZQP'NQ'P le méridien de cet *observateur.*

Du méridien supérieur et du méridien inférieur. — La ligne des pôles divise tout méridien en deux parties égales; la partie qui contient le *zénith, quoiqu'elle ne soit qu'un demi méridien,* prend le nom de *méridien supérieur;* l'autre s'appelle *méridien inférieur.*

Des Parallèles. — On nomme *parallèles,* les petits cercles de la sphère céleste ou de notre globe dont les plans sont parallèles au plan de *l'équateur.*

Fig. 7.

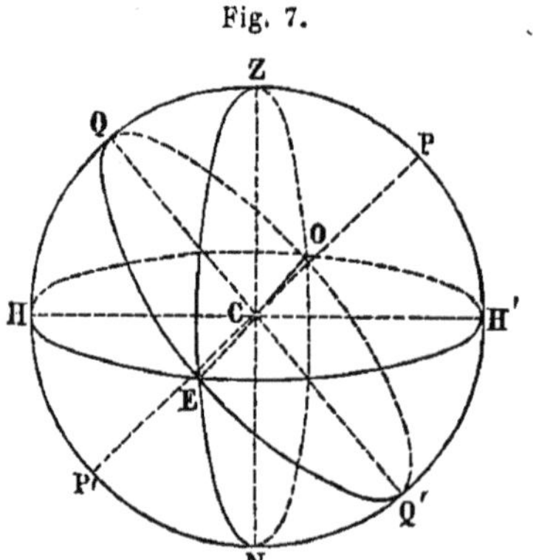

Deux parallèles correspondants de la sphère terrestre et de la sphère céleste se trouvent sur la surface d'un *cône droit* dont le centre de la sphère est le sommet et dont la base est le parallèle céleste.

Tous les grands et petits cercles qui découlent de la ligne nommée verticale, *passent par cette ligne ou lui sont perpendiculaires.*

De l'Horizon rationnel.— Le plan de l'horizon rationnel dont nous avons déjà parlé, détermine dans la sphère céleste un grand cercle HEH'O (fig. 7), que nous nommerons aussi *horizon rationnel.*

L'intersection de *l'horizon rationnel et de l'équateur* prend le nom de *vraie ligne Est et Ouest* et l'intersection de l'horizon et du méridien prend le nom de *vraie ligne Nord et Sud.* Nous voyons que ces lignes sont, en effet, parallèles aux lignes que nous avons déjà désignées ainsi :

De l'Almicantarat. — Tout parallèle à l'horizon rationnel se nomme *almicantarat.*

Du Cercle vertical.— Tout plan passant par la *ligne fixe* nommée *verticale du lieu,* est appelé *cercle vertical* ou simplement *vertical.* On voit que le méridien du lieu est un *vertical.*

Celui qui passe par la vraie ligne *Est* et *Ouest* prend le nom de *premier vertical.*

22. COORDONNÉES SERVANT A DÉTERMINER LA POSITION D'UN LIEU SUR NOTRE GLOBE OU DE SON ZÉNITH SUR LA SPHÈRE CÉLESTE.

Nous pouvons, immédiatement, remarquer que la position d'un lieu de notre globe est déterminée, dès que l'on connaît la position de son *zénith dans la voûte céleste; car, si un observateur se déplace, son zénith se déplace d'une même quantité angulaire sur la sphère céleste.*

Par conséquent, au lieu de considérer *les deux sphères,* pour la détermination *d'un lieu de notre globe et d'un astre,* nous pouvons tout rapporter *à la voûte céleste.*

Quand nous connaîtrons des arcs de *l'équateur, d'un méridien ou d'un parallèle célestes,* nous connaîtrons les arcs correspondants de *l'équateur, du méridien et du parallèle terrestres, et réciproquement.*

Les grands cercles servant de plans de coordonnées à un point de notre globe sont *l'équateur et un méridien fixe.*

Soient PP′ l'axe du monde (fig. 8), QDQ′D′ *l'équateur.* Considérons le zénith Z d'un certain lieu; *la verticale de ce lieu est* ZCN, et son méridien est le cercle PZP′NHP.

Fig. 8.

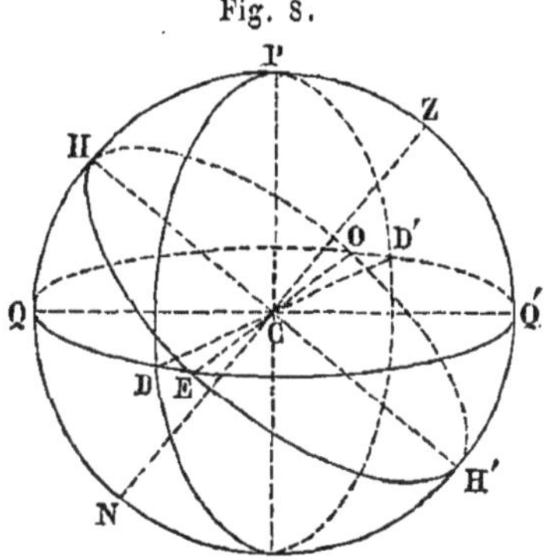

La position du point Z est déterminée si nous connaissons sa distance ZQ′ à l'équateur et la distance du point Q′ à un méridien fixe, tel que PDP′D′.

De la Latitude. — On nomme *latitude d'un lieu,* l'angle formé dans le plan du méridien par *la verticale du lieu et sa projection sur l'équateur.*

En supposant la Terre sphérique, cet angle a son sommet au centre de la Terre, cette *latitude* se nomme alors *géocentrique.* Cet angle se compte sur le méridien supérieur du lieu à partir de *l'équateur* jusqu'au lieu considéré, de 0° à 90° vers le Nord ou vers le Sud, suivant que le lieu est situé dans l'hémisphère *Nord* ou dans l'hémisphère *Sud*. On dit alors que la *latitude est Nord ou Sud*.

Ainsi la *latitude du lieu* Z (fig. 8), est l'angle ZCQ′ ou l'arc ZQ′.

Si HEH′O représente l'horizon rationnel, on voit que l'angle ZCQ′ est égal à l'angle PCH; par conséquent, *la latitude d'un lieu* est égale à *l'élévation du pôle élevé* au-dessus de *l'horizon;* en nommant *pôle élevé*, celui situé au-dessus de *l'horizon*, et *pôle abaissé*, celui situé au-dessous.

De la Colatitude. — Le complément de la *latitude* d'un lieu se nomme *la colatitude* de ce lieu; c'est la distance du *pôle élevé au zénith.*

De la Longitude. — On nomme *longitude* d'un lieu, l'angle formé au *pôle par le méridien supérieur* du lieu et un *méridien supérieur déterminé*, nommé *premier méridien*. Cet angle se compte sur *l'équateur* de 0° à 180°, à partir du *premier méridien* vers l'*Est* ou vers l'*Ouest;* on dit alors, que la longitude est *Est* ou *Ouest*. Ainsi, la longitude du lieu Z, (fig. 8), est l'angle sphérique DPQ′ ou l'arc DQ′, en supposant que PDP′ soit le *premier méridien.*

Du premier méridien. — Le méridien supérieur adopté comme *premier méridien*, par les Français, est celui de l'*observatoire de Paris.*

En *Angleterre*, le premier méridien est généralement celui de l'observatoire de *Greenwich;* quelquefois, cependant, on compte *les longitudes* à partir du méridien de l'*église de Saint-Paul de Londres.*

Quand on connaît la longitude d'un lieu par rapport *à un premier méridien*, il est facile d'avoir la longitude de ce même lieu par rapport à un autre premier méridien *dont la longitude* est connue.

En effet, si le nouveau premier méridien tombe à l'*Ouest de l'ancien, toutes les longitudes Est devront être augmentées de celle du nouveau premier méridien, et toutes les longitudes Ouest devront en être diminuées.* Ce serait l'inverse, *si le nouveau méridien* tombait à l'*Est de l'autre.*

Dans cette somme, il faut faire attention que la longitude d'un lieu ne doit pas dépasser 180°; si donc on la trouve plus grande que ce nombre, on prend le *supplément à* 360° *et on change la dénomination.*

Quand on ne peut pas retrancher la longitude du nouveau premier méridien de la longitude du lieu considéré, on fait la différence de ces *deux longitudes et l'on change la dénomination de la longitude du lieu que l'on considère.*

Exemple 1.

La longitude de *Brest* est de 6° 49′ 49″ Ouest, comptée du méridien de Paris, on demande la longitude du même lieu comptée du méridien de *Greenwich*, sachant que la longitude de ce lieu comptée de Paris est de 2° 20′ 24″ Ouest. On a

Longitude de Brest	= 6° 49′ 49″ Ouest.
Longitude de Greenwich	= 2° 20′ 24″ Ouest.
Différence.— Longitude de Brest, comptée du méridien de Greenwich	= 4° 29′ 25″ Ouest.

Exemple 2.

La longitude de *Copenhague* est de 10° 14′ 20″ Est, comptée du méridien de Paris; on demande la longitude du même lieu, comptée du méridien de *Greenwich*.

On a

Longitude de Copenhague	= 10° 14′ 20″ Est.
Longitude de Greenwich	= 2° 20′ 24″ Ouest.
Longitude de Copenhague comptée du méridien de Greenwich	= 12° 34′ 44″ Est.

Exemple 3.

La longitude française de *Brest* est de 6° 49′ 49″ Ouest; quelle est cette longitude comptée du méridien de *Boston* dont la longitude française est 73° 24′ 33″ Ouest?

On a

Longitude de Brest	= 6° 49′ 49″ Ouest.
Longitude de Boston	= 73° 24′ 33″ Ouest.
Longitude de Brest comptée de Boston	= 66° 34′ 44″ Est.

Exemple 4.

La longitude française de *Hobart-town* est de 145° 0′ 22″ Est, quelle est cette longitude comptée du meridien de Boston?

On a

Longitude d'Hobart-town	= 145° 0′ 22″ Est.
Longitude de Boston	= 73° 24′ 33″ Ouest.
D'où somme	= 218° 24′ 55″ Est.
Ou, longitude d'Hobart-town comptée de Boston	= 141° 35′ 05″ Ouest.

23. CONSTRUCTION D'UN GLOBE TERRESTRE.

Nous avons dit (22) que la *latitude* et la *longitude* d'un lieu suffisent pour déterminer sa position sur le globe. On peut, en effet, placer sur une sphère représentant la Terre tous les lieux du globe d'après leur position relative.

Traçons, d'abord, sur cette sphère, deux grands cercles *perpendiculaires entre eux; l'un représentant l'équateur, l'autre le premier méridien.* Déterminons quel est le pôle de l'équateur qui représentera le pôle Nord. A partir du *premier méridien,* et après avoir adopté la partie Est et la partie Ouest, prenons sur l'équateur, dans le sens convenable, un arc égal à la *longitude d'un lieu;* par l'extrémité de cet arc, faisons passer un méridien, et à partir de *l'équateur,* prenons sur ce méridien, et aussi dans le sens convenable, un arc égal à la *latitude du lieu;* l'extrémité de cet arc représente la *position de ce lieu.*

En agissant ainsi, pour tous les lieux *principaux* de notre globe, nous construirons ce que l'on nomme un *Globe terrestre.*

24. COORDONNÉES SERVANT A DÉTERMINER LA POSITION D'UN ASTRE DANS LA VOUTE CÉLESTE.

Il y a *trois systèmes de coordonnées sphériques* servant à fixer la position d'un astre sur la sphère céleste.

On peut, en effet, rapporter cette position à trois grands cercles principaux, qui sont :

L'équateur, l'horizon rationnel et l'écliptique.

Nous verrons plus loin l'origine de ce troisième grand cercle. Nous n'étudierons, pour *le moment,* que les deux *premiers systèmes.*

25. PREMIÈRES COORDONNÉES ASTRONOMIQUES.

Lorsque l'on rapporte à l'équateur la position d'un astre, les deux coordonnées sphériques qui servent à fixer la position de cet astre sur la sphère céleste, sont *sa déclinaison et son ascension droite.*

De la déclinaison. — La déclinaison d'un astre est l'angle formé au centre de la sphère et dans le plan du cercle de *déclinaison de l'astre* par le rayon qui passe par cet astre et sa *projection sur l'équateur.*

Cet angle se compte, à partir de l'équateur, de 0° à 90° vers le *Nord* ou vers le *Sud;* on dit, alors, que la déclinaison est *Nord* ou *Sud.*

Ainsi, si P et P′ (fig. 9), représentent les pôles du monde, QQ′ l'équateur, A la position d'un astre ; l'angle AOD ou l'arc AD sera *la déclinaison de cet astre*. P étant le pôle élevé, l'*arc* PA *s'appelle la* DISTANCE POLAIRE.

Fig. 9.

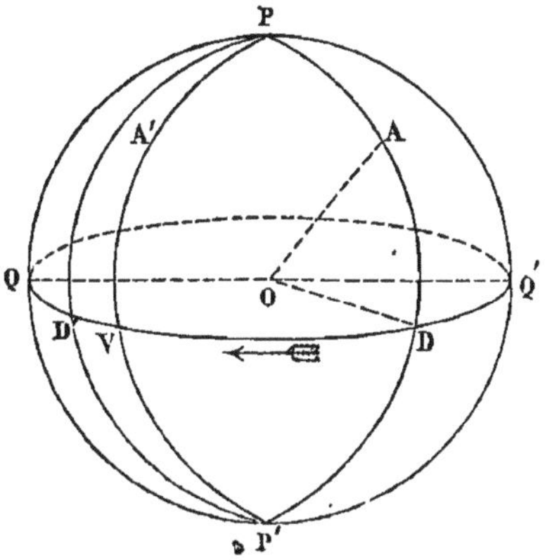

De l'ascension droite. — L'ascension droite d'un astre est l'angle formé au pôle par le cercle de *déclinaison de cet astre* et un cercle de *déclinaison* qui passe par un point particulier de l'équateur appelé *point vernal*, point dont nous nous occuperons plus loin.

L'ascension droite se compte *sur l'équateur à partir du point vernal* V *jusqu'au cercle de déclinaison de l'astre, de* 0 *à* 360°, *d'Occident en Orient*, c'est-à-dire dans le sens opposé au *mouvement apparent des étoiles*. Ainsi, si le mouvement de la sphère céleste a lieu dans le sens de la flèche (fig. 9), *l'ascension droite* de l'astre A sera VD et *l'ascension droite* de l'astre A′ sera VDQ′QD′.

On comprend, dès à présent, comment connaissant *les déclinaisons et les ascensions droites des astres*, on peut les placer sur un globe sphérique représentant la sphère céleste, d'après les positions relatives qu'ils occupent sur cette sphère.

26. DEUXIÈMES COORDONNÉES ASTRONOMIQUES.

Lorsque l'on rapporte la position d'un astre à l'horizon rationnel d'un lieu, les deux coordonnées qui servent à déterminer cette position sont *la hauteur et l'azimut*.

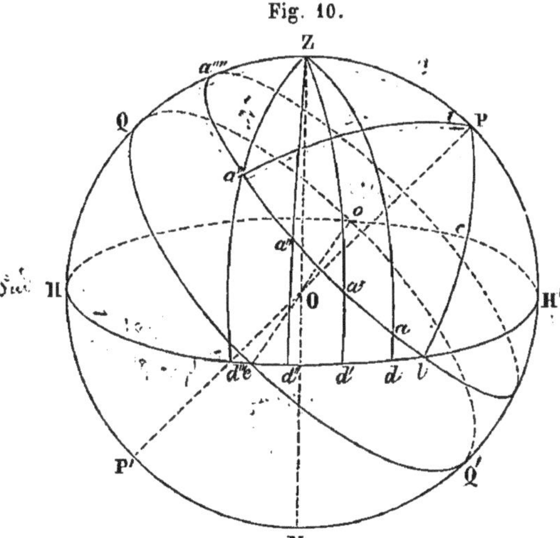

Fig. 10.

De la hauteur d'un astre. — La hauteur d'un astre est l'arc de son cercle vertical compris entre cet astre et *l'horizon rationnel*.

Cet arc se compte de 0 à 90°, à partir de l'horizon.

Si l'astre se trouve au-dessus de l'*horizon*, la hauteur est dite *positive*, elle a le signe +, si l'astre est au-dessous de l'horizon la hauteur est dite *négative*, elle prend le signe —. Ainsi, $a''d''$ (fig. 10) est la hauteur de l'astre a''.

De la distance zénithale. — La distance zénithale d'un astre est le complément de sa *hauteur ;* c'est l'arc du cercle *vertical de l'astre,* compris entre *l'astre et le zénith.*

LA HAUTEUR D'UN ASTRE VARIE CONSTAMMENT.

Considérons les positions successives, l, a, a',..... etc., (fig. 10), d'un astre sur son parallèle depuis le moment de son lever ; si, en une position quelconque, nous menons le plan horaire Pa''' de l'astre, nous obtiendrons un triangle $a'''ZP$ dans lequel nous aurons, en représentant par Δ la distance polaire Pa''', par C la colatitude PZ et par N la distance zénithale Za''',

$$\cos N = \cos C \cos \Delta + \sin C \sin \Delta \cos P.$$

Or, si l'on suppose *que la distance polaire de l'astre* Δ *reste constante* et que l'observateur ne change pas de latitude, on voit que la valeur de cos N ne dépend que de la variable P qui, dans le mouvement de l'astre, varie depuis la valeur ZPl qu'elle a au moment du lever de l'astre jusqu'à 0, valeur qu'elle acquiert quand l'astre passe au méridien supérieur. On a donc, en représentant $\cos C \cos \Delta$ par A et $\sin C \sin \Delta$ par B,

$$\cos N = A + B \cos P.$$

Si, dans cette expression, on fait varier P depuis une valeur $>$ ou $< 90°$ jusqu'à 0, cos N ira constamment *en augmentant,* et par suite, *la distance zénithale* N ira *en diminuant.*

La valeur maximum de cos N aura lieu quand l'astre passera au méridien, on aura alors

$$\cos N = A + B.$$

Une fois que l'astre aura quitté le méridien, les choses se passeront dans l'ordre inverse. On voit donc, *qu'en supposant la distance polaire d'un astre constante, sa distance zénitale* va en diminuant depuis l'instant de son lever jusqu'au moment de son *passage au méridien,* et en augmentant, depuis ce moment jusqu'à l'instant de son coucher ; donc, le complément de la distance zénithale, c'est-à-dire *la hauteur d'un astre,* dont *la distance polaire ne varie pas, va en augmentant* depuis l'instant de son lever jusqu'à celui de son passage au méridien, moment où cette hauteur est *maximum,* et va en diminuant depuis le *passage au méridien jusqu'au moment de son coucher.*

Si la distance polaire Δ n'était pas supposée constante, il en résulterait, ainsi que nous le verrons en étudiant *le Soleil et la Lune,* que la hauteur maximum n'aurait jamais lieu, rigoureusement, au moment du passage de l'astre au méridien.

Cette variation de la hauteur que nous venons d'expliquer rend bien compte du mouvement que nous avons remarqué dans la première ébauche que nous avons faite de l'étude du ciel.

De là nous voyons qu'on reconnaît, généralement, qu'un astre est dans *l'Est, quand sa hauteur va en augmentant*, et qu'il est dans *l'Ouest*, quand elle va en diminuant.

De l'azimut. — L'azimut d'un astre est l'angle formé au zénith par un vertical particulier qui est le *méridien supérieur* du lieu et le *cercle vertical de l'astre*. L'azimut se compte sur l'horizon de 0° à 180° à partir du méridien inférieur, ou du Nord si la latitude est Nord, et du Sud si la latitude est Sud; vers l'Est si l'astre est dans *l'Est*, et vers l'Ouest si l'astre est dans *l'Ouest;* ainsi, PZa''', (fig. 10), est l'azimut de l'astre a'''.

De l'amplitude. — On nomme quelquefois *amplitude*, l'angle formé au zénith par le cercle *vertical de l'astre et le premier vertical;* on voit que *l'amplitude* est le complément de *l'azimut*. On ne considère l'amplitude qu'au moment du lever ou du coucher.

Dans ce cas, l'amplitude se compte sur l'horizon à partir du *premier vertical* de 0° à 90°; c'est-à-dire à partir de *l'Est* ou de *l'Ouest*, selon que l'astre est dans l'Est ou dans l'Ouest; vers le Nord ou vers le Sud, suivant que *la déclinaison de l'astre est Nord ou Sud.*

On donne le nom d'*amplitude ortive* à l'amplitude d'un astre au moment de son lever, et d'*amplitude occase* à l'amplitude d'un astre au moment de son coucher.

27. INFLUENCE DE LA POSITION DE L'OBSERVATEUR SUR L'ASPECT DU MOUVEMENT DE LA SPHÈRE CÉLESTE.

Nous avons dit que, quelle que soit la position d'un observateur sur le globe, les étoiles conservent toujours les mêmes positions relatives; mais l'aspect du *mouvement des astres, par rapport à l'horizon*, change avec la position de l'observateur.

Jour et nuit des astres. — On nomme *jour d'un astre*, le temps que cet astre met à parcourir *l'arc* de son parallèle situé au-dessus de *l'horizon rationnel*, et *nuit*, le temps qu'il met à parcourir l'arc situé au-dessous de *cet horizon.*

La longueur de ces arcs, dont la somme fait toujours 360°, dépend de la *latitude du lieu* et de *la déclinaison de l'astre.*

Théoriquement, l'observateur peut occuper sur le globe *trois positions distinctes :*

1° Être *à l'un des pôles*, c'est-à-dire avoir sa latitude égale à 90°; sa verticale se confond alors avec l'axe de rotation de la voûte céleste, et son *horizon rationnel avec l'équateur.*

2° Être *sur l'équateur*, c'est-à-dire avoir sa latitude égale à zéro et son *horizon perpendiculaire à l'équateur.*

3° Enfin, être *en un point quelconque du globe*, c'est-à-dire avoir sa latitude comprise entre 0° et 90° et son *horizon incliné sur l'équateur.*

Ces trois positions principales déterminent, dans le mouvement de la sphère céleste, trois aspects correspondants que l'on désigne sous le nom de *sphère parallèle, sphère droite* et *sphère oblique.*

De la sphère parallèle. — Si l'observateur est situé au Pôle, tous les astres dont la distance polaire ne varie pas décrivent des *parallèles à l'horizon.*

On voit que, dans ce cas, la hauteur de chaque astre reste constante.

L'observateur n'aperçoit que les astres qui se trouvent dans le même *hémisphère* que lui, et pour ces astres il y a constamment *jour;* mais il n'aperçoit nullement les astres de l'autre hémisphère, en faisant toutefois abstraction de la *réfraction astronomique dont nous parlerons plus loin.*

De la sphère droite. — Lorsque l'observateur est situé sur l'équateur, son horizon est *perpendiculaire à ce cercle;* tous les parallèles décrits par les astres dans le mouvement de *la sphère céleste* ont leurs plans perpendiculaires à l'horizon et sont divisés par ce cercle en deux parties égales. L'observateur aperçoit donc tous les astres de la *voûte céleste*, et pour chacun d'eux il y a *égalité de jour et de nuit.*

De la sphère oblique. — Lorsque l'observateur n'est ni au *pôle* ni à *l'équateur*, il se présente deux cas :

1° *L'astre et l'observateur* sont situés dans le même hémisphère; c'est-à-dire, *la déclinaison et la latitude* sont de même dénomination.

2° *L'astre et l'observateur* ne sont pas dans la même hémisphère; c'est-à-dire, *la déclinaison et la latitude* ne sont pas de même dénomination.

Fig. 11.

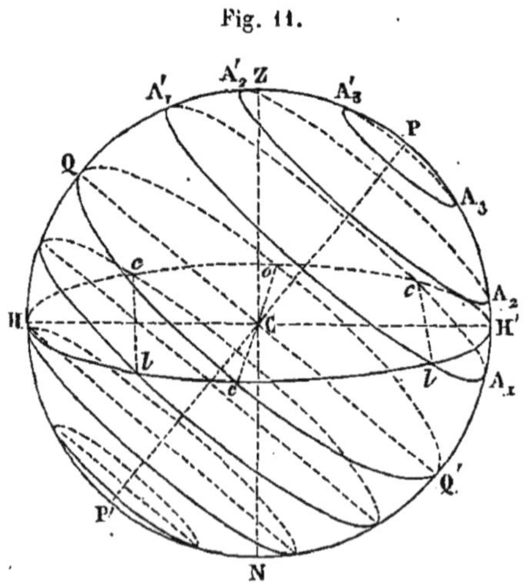

Premier cas. — Représentons la *latitude* par L, la *colatitude* par C et la *déclinaison de l'astre* par D.

Dans cette première hypothèse, il peut encore se présenter *trois cas:* ou $D < C$, ou $D = C$, ou $D > C$.

1° Si $D < C$, comme la colatitude du lieu est égale à l'arc Q'H' (fig. 11), le parallèle de l'astre passera en dessous du point H' et rencontrera l'horizon en deux points *l* et *c*. Il y a donc *lever et coucher.* *lc* sera perpendiculaire au plan du méridien et divisera le parallèle $A_1lA'_1cA_1$ en deux parties *inégales;* lA'_1c étant plus grand que cA_1l, le *jour* sera plus grand que la *nuit.*

2° Si $D = C$, le parallèle de l'astre passera au point H'; *le lever et le coucher* de l'astre se confondront en un même point H', c'est-à-dire que l'astre restera *constamment au-dessus de l'horizon* et viendra seulement toucher l'horizon au point H'.

3° Si $D > C$, l'astre restera toujours au-dessus de l'horizon; son parallèle sera $A_3A'_3$; l'astre est dit *circompolaire.*

Deuxième cas. — Si la latitude et la déclinaison sont de différentes dénominations, on voit facilement sur la figure 11 :

1° Que si $D < C$, l'astre aura un *lever et un coucher,* mais sera plus longtemps au-dessous de *l'horizon* qu'au-dessus ;

2° Que si $D = C$, l'astre viendra seulement toucher l'horizon en H pour rester toujours *invisible ;*

3° Et enfin, que si $D > C$, l'astre restera toujours sous l'horizon et sera, *par conséquent, constamment invisible.*

28. UNIFORMITÉ DU MOUVEMENT DIURNE.

Du jour sidéral. — Si nous observons, chaque jour, l'heure du passage d'une étoile au fil moyen du réticule d'une lunette fixée à un mur, lunette que l'on nomme, pour cette raison, *lunette murale,* nous voyons que, quelle que soit *l'orientation du mur* ou le plan vertical passant par l'axe optique de la lunette, *le temps écoulé entre deux passages consécutifs* de l'étoile au fil du réticule *est toujours le même.* Ce temps, qui est celui que la sphère céleste met à faire un tour entier, prend le nom de *jour sidéral.*

Ainsi, le jour *sidéral est une quantité constante;* il se divise en 24 parties égales que l'on nomme *heures sidérales;* chaque heure se divise en 60 minutes, chaque minute en 60 secondes, etc.

Supposons maintenant que nous dirigions sur une étoile *la lunette de l'équatorial,* et que nous suivions l'étoile dans son mouvement; nous remarquerons que, dans *des temps égaux, les arcs parcourus par le cercle perpendiculaire à l'axe de l'équatorial* sont égaux. Pour s'en assurer d'une manière plus complète, on met ce cercle en rapport avec le *mouvement d'une pendule décrivant ses 24 heures dans un jour sidéral,* pendule que l'on nomme, pour cette raison, *pendule sidérale.* Le mouvement de l'horloge entraînant tout le système de l'équatorial autour de son axe, on peut se convaincre que la lunette reste *constamment dirigée vers la même étoile,* en admettant toutefois que nous ne considérions pas une étoile *trop voisine de l'horizon,* parce que sa position serait altérée, ainsi que nous le verrons, par l'effet *de la réfraction.*

Donc, *le mouvement de la sphère céleste est rigoureusement uniforme.*

29. POURQUOI LES CERCLES DE DÉCLINAISON PRENNENT AUSSI LE NOM DE PLANS HORAIRES.

Nous pouvons comprendre, maintenant, pourquoi le cercle de déclinaison d'un astre prend le nom de *plan horaire*. On voit en effet, que, par suite du mouvement de la sphère céleste, le plan du cercle de déclinaison d'un astre tourne d'une manière uniforme autour de la ligne des pôles.

Ses différentes positions par rapport *au méridien du lieu dépendent donc du temps;* et par suite, le mouvement de ce plan est propre à mesurer le temps écoulé, c'est-à-dire à déterminer l'heure; on le nomme, pour cette raison, *plan horaire*.

La position de ce plan par rapport au méridien du lieu est fixé à l'aide de l'angle ZPA (fig. 12), qui varie d'une *manière uniforme*.

Fig. 12.

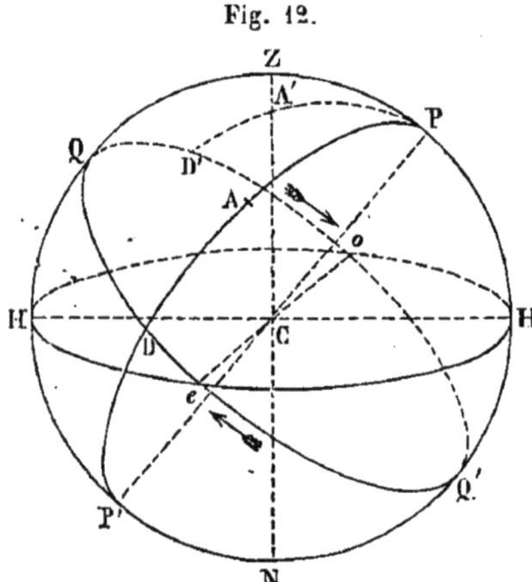

De l'angle horaire. — La grandeur de cet angle étant proportionnelle au temps, mesure le mouvement du *plan horaire*, et par suite, le temps écoulé; cet angle prend, pour cette raison, le nom d'*angle horaire*.

Des angles horaires. — On peut compter le mouvement du plan horaire, soit à partir du *méridien supérieur*, soit à partir du *méridien inférieur*, dans le sens du mouvement apparent de l'astre ou dans le sens opposé. Il en résulte trois sortes d'angles horaires.

1° *Angle horaire proprement dit.* — On nomme *angle horaire proprement dit* ou *angle au pôle*, l'angle formé au pôle par le méridien supérieur du lieu et le *plan horaire de l'astre*.

Cet angle se compte *sur l'équateur*, à partir du méridien supérieur de 0° à 180° *vers l'Est si l'astre est dans l'Est, vers l'Ouest si l'astre est dans l'Ouest.*

Ainsi, le mouvement diurne ayant lieu dans le sens de la flèche (fig. 12), *l'angle horaire proprement dit* de l'astre A sera mesuré par l'arc QD, et celui de l'astre A' par l'arc QD'.

2° *Angle horaire astronomique.* — On nomme *angle horaire astronomique*, l'arc de l'équateur compris depuis le *méridien supérieur* jusqu'au *plan horaire de l'astre*. Cet arc se compte à partir du méridien supérieur de 0° à 360° dans le *sens du mouvement diurne.*

Ainsi, *l'angle horaire astronomique* de l'astre A' est l'arc QD' et celui de l'astre A est l'arc QD'Q'D.

3° *Angle horaire civil.* — On nomme, enfin, *angle horaire civil*, l'arc de l'équateur compris entre le *méridien supérieur*, si l'astre est dans l'*Ouest* ou le *méridien inférieur* si l'astre est dans l'*Est, et le plan horaire de l'astre.* Cet arc se compte dans le sens du mouvement diurne de 0° à 180°; ainsi, QD' mesure l'angle horaire civil de l'astre A', et Q'D l'angle horaire civil de l'astre A.

Relation entre les trois angles horaires. — Désignons par A l'*angle au pôle*, par A_a l'*angle horaire astronomique*, et par A_c l'*angle horaire civil.* Il est évident, sur la figure 12, que si l'astre est dans l'Est, on a

$$A = 360° - A_a = 180° - A_c,$$

et que si l'astre est dans l'*Ouest*, on a

$$A = A_a = A_c.$$

30. RELATION ENTRE LE TEMPS ÉCOULÉ ET L'ANGLE DÉCRIT PAR LE PLAN HORAIRE D'UNE ÉTOILE EN RAISON DU MOUVEMENT DIURNE.

Nous avons dit que *le mouvement uniforme du plan horaire d'une étoile*, permet de déterminer le temps écoulé depuis une *certaine position de ce plan horaire.*

Nous voyons, en effet, que le mouvement étant uniforme, le plan horaire qui parcourt 360° de l'équateur dans 24 *heures sidérales*, parcourra dans t heures sidérales, un nombre A de degrés de l'équateur exprimé par la relation

$$(1) \qquad \frac{A}{360} = \frac{t}{24}.$$

On appelle *convertir un nombre d'heures en degrés ou du temps en degrés*, déterminer A connaissant t; on voit que la relation (1) nous donne

$$A = t \times \frac{360}{24} = t \times 15.$$

De là on déduit facilement la règle suivante pour déterminer le nombre de *degrés*, *minutes* et *secondes* qui correspond à un nombre d'heures, minutes et secondes : on multiplie les heures par 15, ce qui donne des degrés, on prend le quart des minutes de temps, ce qui donne encore des degrés, on multiplie le reste par 15, on a des minutes de degrés; on prend le quart des secondes de temps, ce qui donne encore des minutes de degrés, on multiplie le reste par 15, ce qui donne des secondes de degrés.

Exemple 1.

On demande *quel est l'arc de l'équateur parcouru par le plan horaire d'une étoile en* $4^h\ 23^m\ 55^s$.

4×15.	=	60°
Le quart de 23.	=	5°
Le reste 3×15.	=	» 45′
Le quart de 55.	=	» 13′
Le reste 3×15.	=	» » 45″
Somme.	=	65° 58′ 45″

La relation (1) permet de résoudre le problème inverse, c'est-à-dire déterminer le temps employé par le plan horaire d'une étoile à parcourir un arc donné de l'équateur; *c'est ce que l'on nomme convertir des degrés en temps;* la relation (1) nous donne, en effet,

$$t = \mathrm{A} \times \frac{24}{360} = \frac{\mathrm{A}}{60} \times 4.$$

D'où l'on voit que pour obtenir t, il suffit de faire exprimer à A des quantités 60 fois plus petites, et de multiplier le résultat par 4; pour arriver plus facilement au résultat, on réduit d'abord les secondes de degrés en dixièmes et centièmes de minutes.

Exemple 2.

On demande le *temps sidéral* que le plan horaire d'un étoile met à parcourir 65° 58′ 45″.

On a 65° 58′ 45″ = 65° 58′,75.

Donc $\frac{t}{4}$. . . . . = » $65^m\ 58^s,75$,

et t. . . . . = $4^h\ 23^m\ 55^s,00$.

31. CAUSE DU MOUVEMENT DIURNE.

Rotation de la Terre.— Le mouvement général de la sphère céleste, mouvement auquel prennent part tous les astres *quels qu'ils soient*, peut être expliqué de deux manières :

1° *En admettant que la Terre est immobile et que toute la sphère céleste tourne autour de la ligne des pôles, d'Orient en Occident;*

2° *En admettant que la sphère céleste est immobile et que la Terre tourne autour de la ligne des pôles dans le sens opposé, c'est-à-dire d'Occident en Orient.*

La première de ces hypothèses n'est pas admissible, d'abord parce qu'il faudrait supposer, entre les étoiles, une liaison intime, pour que dans ce mouvement général autour d'une ligne qui, sans motif apparent, passe par le centre de *notre globe*, elles conservassent leurs positions relatives; et ensuite, qu'en raison de l'immense distance à laquelle nous avons déjà reconnu que nous nous trouvons de ces astres, il faudrait leur supposer une vitesse *inouïe* de translation dans l'espace, relativement aux vitesses que nous connaissons.

La seconde hypothèse, au contraire, est toute rationnelle; car comme nous avons vu que la Terre est un globe isolé dans l'espace, tout porte à croire qu'il n'est pas immobile; le mouvement diurne, tel que nous l'avons étudié, est, alors, complétement expliqué, en admettant que la Terre a un *mouvement uniforme autour de la ligne des pôles, dans le sens d'Occident en Orient.*

Nous verrons, du reste, dans la suite de ce cours, la preuve irrécusable du mouvement *de rotation de la Terre,* mouvement qui nous servira à expliquer l'aplatissement du globe dont nous allons parler.

NOTIONS PLUS PRÉCISES SUR LA FORME DE LA TERRE.

32. Les premières observations faites sur la forme de notre globe, ont fait penser qu'il est à peu près sphérique.

Mais, dès la fin du XVIIe siècle, on soupçonna qu'il n'en était pas rigoureusement ainsi. Le progrès des sciences a permis d'en déterminer la véritable forme vers le milieu du XVIIIe siècle, et de confirmer ainsi le résultat des travaux de Newton qui annonçait, d'après des considérations théoriques, que la Terre a la forme d'un *ellipsoïde de révolution aplati.*

Si la Terre n'est pas sphérique, les normales à sa surface, c'est-à-dire les verticales de tous ses points, ne peuvent pas aboutir à un point commun qui est le centre de la sphère supposée.

De la latitude géographique. — On nomme alors, *latitude géographique d'un lieu, l'inclinaison de la normale de ce lieu sur le plan de l'équateur.*

Ainsi OAQ (fig. 13), est la latitude géographique du point O.

On nomme, dans ce cas, *parallèle,* le lieu géométrique de tous les points ayant une même *latitude,* et *méridien* le lieu intersection de la surface de la Terre avec *un plan passant par la ligne des pôles.*

Dans le cas où la Terre a la forme d'un *ellipsoïde de révolution aplati, l'équateur et les parallèles sont des cercles et les méridiens sont des ellipses.*

Il suffit donc, pour vérifier cette forme ellipsoïdale, de s'assurer de la forme elliptique *de tous les méridiens* et de la constance de leur grand axe; puisque la *théorie newtonienne* indique la ligne des pôles comme *étant le petit axe commun de toutes ces ellipses.*

Fig. 13.

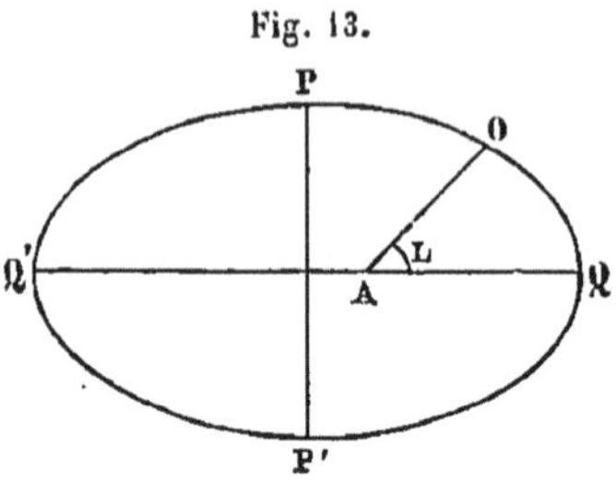

Cette vérification de la forme elliptique d'un méridien s'obtient en mesurant *en divers points la courbure de ce méridien.*

Pour donner une idée de la manière dont on peut obtenir cette courbure, considérons deux arcs très-petits du méridien; l'un aa' voisin de l'*équateur* (fig. 14), l'autre cc' voisin du *pôle.*

Soient ab, $a'b$ les normales aux points a et a'; cd, $c'd$ les normales aux points c et c'.

Fig. 14.

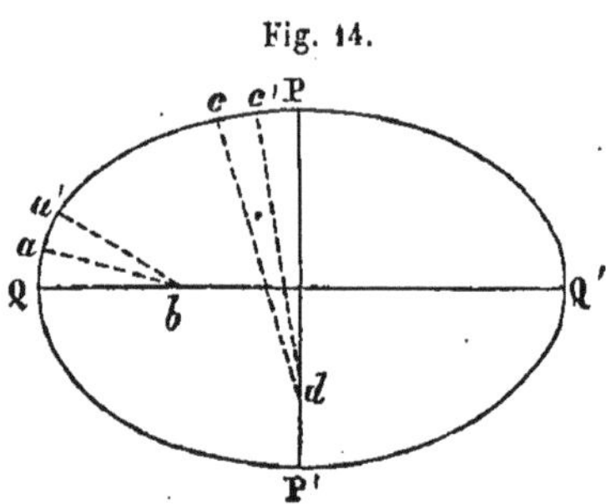

Nous pouvons supposer que l'arc aa' se confond avec l'arc de cercle qui aurait b pour centre et ba pour rayon; et que l'arc elliptique cc' se confond avec l'arc de cercle dont d serait le centre et $c'd$ le rayon.

Il est alors évident, que si notre globe est aplati au pôle, dans le cas où les deux angles cdc' et $a'ba$ sont égaux, l'arc cc' *doit être plus grand que l'arc* aa'; c'est-à-dire, que *la distance de deux points situés sur une même méridienne et dont la différence en latitude est constamment de* 1°, *par exemple, doit aller en augmentant quand on considère les deux points de plus en plus voisins du pôle.*

La variation de la longueur de cet arc, dont les normales menées aux extrémités forment un angle constant, suit une loi que des *considérations analytiques déduites de l'ellipse établissent facilement.*

Ainsi, la vérification de la théorie de *Newton* s'effectuera en mesurant sur une méridienne, un arc *d'un degré* par exemple, c'est-à-dire, un arc dont *les latitudes géographiques des deux extrémités diffèrent de* 1°.

La courbure d'un méridien terrestre ne variant pas d'une manière très-sensible, on peut, dans de *certaines limites,* regarder la longueur d'un arc de méridien, comme étant proportionnelle à la différence des *latitudes géographiques des extrémités de cet arc.*

Il suffit alors de mesurer la longueur l d'un petit arc de méridien, puis de déterminer la différence d en latitude de ses extrémités; cette différence d étant exprimée en degrés, $\frac{l}{d}$ *donnera la longueur de l'arc d'un degré.*

La vérification de *l'ellipticité du méridien exige donc deux opérations distinctes :*

1° *Mesure de la longueur d'un arc du méridien ;*

2° *Détermination de la différence en latitude des extrémités de cet arc.*

Nous indiquons dans notre cours de *Géodésie*, quels sont les moyens que l'on emploie pour résoudre ces deux problèmes.

Avant d'avoir soupçonné la non-sphéricité de notre globe, on avait essayé de déterminer le rayon de la Terre en concluant la longueur de la circonférence d'un grand cercle de la mesure d'un arc déterminé. On voit, en effet, que si l est la longueur d'un arc a de méridien, la relation $\frac{2\pi R}{l} = \frac{360^0}{a}$, nous donnera

$$R = \frac{360^\circ}{a} \times \frac{l}{2\pi},$$

c'est-à-dire le rayon du globe.

Un des premiers qui se soient occupés de résoudre *ces deux problèmes*, est le Hollandais *Snellius*, en 1617. Après avoir déterminé la différence *en latitude* des trois villes, *Alcmaer, Leyde et Berg-op-Zoom*, il calcula les distances méridiennes des trois parallèles, après avoir mesuré, dans une plaine, une base de 630 *toises;* il trouva de cette manière, que la valeur du degré terrestre, par ces latitudes, est de 55 021 toises.

En 1635, l'astronome anglais *Norwood* détermina la longueur de l'arc méridien qui sépare les *parallèles de Londres et d'York*, et après avoir constaté que leur différence en latitude est de 2° 28′, il conclut que le *degré du méridien terrestre* est, par ces latitudes, de 57 300 toises.

En 1651, *Riccioli* mesura, par des *procédés semblables*, un arc du méridien terrestre dans les environs de *Bologne*, et trouva que la valeur du degré terrestre est de 62 900 toises.

La divergence de ces valeurs détermina l'Académie des sciences qui venait d'être créée, à charger l'abbé *Picard* d'opérer une nouvelle mesure.

En 1669, Picard choisit pour établir sa mesure du degré terrestre, l'espace compris entre *Sourdon en Picardie et Malvoisine dans les confins du Gâtinois et du Hurepoix;* il trouva alors, que la longueur d'un degré terrestre, par une latitude de 49° 23′, vaut 57 060 toises.

Toutes ces opérations furent effectuées lorsqu'on admettait la Terre comme sphérique; dès que le doute sur la sphéricité de notre globe fut lancé, on comprit que les mesures que nous venons de donner étaient insuffisantes; le gouvernement français ordonna alors, de vérifier les opérations de *Picard* et de prolonger sa méridienne jusqu'à *Dunkerque* vers le Nord et jusqu'à *Collioure* vers le Midi. *Lahire* fut chargé de la *partie nord*, et *Dominique Cassini* de la *partie sud*.

Il résulta de ces opérations, que la longueur du degré en France est de

57061 toises, c'est-à-dire plus grande d'environ une toise que celle de Picard.

Ces mesures étant encore insuffisantes pour constater *la forme ellipsoïdale* de notre globe, le gouvernement décida, en 1734, que deux expéditions de savants iraient mesurer le degré du méridien, l'une *au Pérou, dans le voisinage de l'équateur*, l'autre *en Laponie, sous le cercle polaire.*

La première expédition, composée de *Godin, Bouguer* et *La Condamine*, partit en 1735 pour le Pérou; la seconde, composée de *Maupertuis, Clairaut, Camus* et *Le Monnier*, partit l'année suivante.

Ceux-ci terminèrent promptement leurs opérations et revinrent en France au bout de *quinze mois;* les premiers ne revinrent qu'au bout de *sept ans.*

Le résultat de ces deux expéditions fut que l'arc de 1° était sensiblement plus petit au *Pérou que dans la Laponie. L'aplatissement de la Terre était donc démontré.*

Pour la détermination de la longueur exacte du *mètre, Delambre* et *Méchain* ont effectué la mesure de l'arc de méridien compris entre *Dunkerque* et *Barcelonne.*

Depuis, on a mesuré deux arcs de la même méridienne, l'un qui s'étend de *Dunkerque* au parallèle de *Greenwich,* et l'autre qui s'étend depuis *Barcelonne* jusqu'à la *petite île de Formentera;* la mesure de ce dernier arc a été déterminée par *Arago* et *Biot.*

Des mesures très-exactes d'*arcs de méridiens* ont aussi été effectuées par la *Prusse*, le *Hanovre* et le *Danemark.* D'autres mesures ont été obtenues en *Angleterre,* en *Russie* et dans le *Piémont.* Enfin, deux déterminations ont été faites dans les *Indes occidentales.*

Le résultat des opérations effectuées dans ces différents pays est mis en évidence dans le tableau suivant :

NOMS DES LOCALITÉS.	LATITUDES moyennes.	LONGUEUR DE L'ARC DE 1°.	
		En toises.	En mètres.
Pérou	1° 31′ 1″	56736,81	110479,04
Inde	12 32 21	56762,30	110586,48
France et Espagne	46 8 6	57024,64	111141,02
Angleterre	52 2 20	57066,06	111221,75
Laponie	66 20 10	57196,16	111475,31

On voit, d'après ces valeurs, que plus on s'éloigne de l'*équateur*, plus l'arc de 1° a d'étendue.

On peut de plus constater par ce tableau, au moyen de considérations analytiques, ainsi que nous l'avons déjà dit, *que la loi de variation de la longueur du degré terrestre* suit bien la loi de *variation qui convient à un arc d'ellipse* dont la différence des latitudes de ses extrémités *reste constante.*

Nous pouvons donc conclure de là que la Terre, *abstraction faite des aspérités* de sa surface, affecte à très-peu près la forme d'un *ellipsoïde de révolution aplati.*

33. *Aplatissement.* — On nomme *aplatissement de la Terre, le rapport de la différence des deux demi-axes au rayon de l'équateur;* en appelant ρ cet aplatissement, a le rayon de l'*équateur*, b celui des pôles, on a la relation

$$\rho = \frac{a - b}{a}.$$

M. *Puissant* a déduit des mesures trouvées sur la longueur de l'arc d'un degré,

$$\rho = \frac{1}{305,74}.$$

Depuis, les astronomes *Airy* et *Bessel* ont reconnu, par *la discussion des mesures anciennes et modernes* effectuées en divers lieux de la Terre, que l'on devait avoir à très-peu près

$$\rho = \frac{1}{299}.$$

D'après ces mêmes discussions, on a déterminé que *le rayon de l'équateur*, ou. $a = 6377398$ mètres,
et *le rayon polaire*, ou. . . . . $b = 6356080$

Il y a donc, entre ces deux rayons, une différence de 21318 mètres, c'est-à-dire un peu plus de 5 lieues de 4 kilomètres.

34. Nous devons signaler que depuis qu'on a multiplié les mesures géodésiques sur la surface du globe, certaines irrégularités se sont présentées et ont donné de l'incertitude aux résultats.

Ainsi, en déterminant la forme elliptique d'un méridien, d'après *différents arcs* mesurés sur ce méridien, on n'a pas toujours obtenu un accord complet. Telle partie indique un *aplatissement différent* de celui trouvé en un autre point. Par la *même* latitude on n'a pas trouvé que l'arc de 1° eût toujours la même longueur; et des arcs de 1° mesurés par certaines latitudes, ont donné des longueurs *inférieures* à celles d'arcs de 1° mesurés par des latitudes moins élevées.

Les opérations géodésiques faites sur les parallèles ne donnent pas non plus des *cercles* parfaits, ce qui est contraire à ce qu'on doit attendre de l'ellipsoïde de *révolution.*

Le lieutenant général russe SCHUBERT a publié un travail sur la figure de la Terre, dans lequel il essaye de démontrer que beaucoup d'irrégularités observées sont plutôt dues à des *attractions locales* faisant dévier le fil à plomb, qu'à des erreurs d'observations ou à des irrégularités réelles dans la forme du sphéroïde terrestre.

Ces attractions locales, en faisant dévier le fil à plomb de sa direction ou en changeant la position de la bulle des niveaux adaptés aux instruments d'astronomie ou de géodésie, doivent évidemment produire des altérations dans les mesures effectuées ainsi que dans les positions géographiques.

Bouguer et La Condamine ont essayé, sans succès, d'avoir égard à l'influence attractive du *Chimboraço;* il en a été de même des recherches faites dans l'Inde sur la chaîne de l'*Hymalaya*. Maskelyne a été un peu plus heureux dans sa recherche de l'influence de la montagne *Shehallien*, en Écosse; des résultats assez satisfaisants ont été obtenus pour le mont *Mimet* par le baron de Zach; pour le mont *Cenis* par Carlini et Plana, et pour l'*Arthur seat* à Édimbourg, dernière recherche faite à ce sujet par l'*Ordnance survey*.

Ainsi qu'on peut le voir, l'influence attractive du relief du terrain n'est pas encore suffisamment prouvée.

Pour justifier l'influence *nulle* de l'Hymalaya et du Chimboraço, on a été jusqu'à supposer que les flancs des montagnes volcaniques devaient cacher d'immenses cavités, ce qui est en opposition avec les observations du pendule effectuées sur les îles volcaniques de la mer du Sud.

Par compensation, des attractions, que M. Faye nomme *négatives*, se sont produites dans des pays plats.

Pour rendre compte de ces attractions, on admet que dans un pays relativement *plat*, des inégalités de terrain moins apparentes, mais très-étendues en superficie et surtout plus voisines de l'observateur, peuvent produire des déviations sensibles.

Dans les travaux de l'*Ordnance survey*, en Angleterre, on a eu égard, dans les déterminations des latitudes, au relief du sol visible au-dessus de l'horizon, et l'on a obtenu des corrections, qui ont varié depuis — 4",55 jusqu'à + 2",08.

D'après ce que nous venons de dire, on comprend que la forme de notre globe n'est pas encore déterminée avec la dernière exactitude, et quels soins minutieux exige cette détermination. Aussi est-ce dans le but d'arriver à une précision que l'on peut maintenant attendre des progrès réalisés dans les sciences d'observations, et surtout de l'*emploi de l'électricité*, que l'Europe entière se couvre depuis quelques années d'un réseau de triangles géodésiques, et que l'on reprend un grand nombre de déterminations géographiques.

RÉFRACTIONS ATMOSPHÉRIQUES.

PREMIÈRES NOTIONS SUR LA PARALLAXE.

---

35. *Division générale de l'astronomie.* — Ainsi que nous pouvons déjà l'entrevoir, l'*astronomie* se divise en deux parties bien distinctes :

1° La Géométrie céleste, *dont l'objet est de connaître la forme et la grandeur des astres, d'étudier les lois géométriques suivant lesquelles leurs positions varient, sans considérer ces variations de position au point de vue des forces qui les produisent;*

2° La Mécanique céleste, *dont l'objet est de déterminer à priori, par des calculs de* mécanique, *et en empruntant à* l'observation *directe le moins de données possible, les positions des astres; en faisant toutefois dépendre cette détermination d'une* loi *physique découverte par* Newton, *et que nous déduirons à l'aide d'une analyse logique des mouvements* effectifs des astres.

La géométrie céleste doit donc se déduire d'une suite d'*observations* directes faites sur les astres; ces observations servant aussi à vérifier les positions déterminées *à l'aide de la Mécanique céleste.*

Avant de commencer l'étude de *la Géométrie céleste,* nous croyons devoir rappeler que *l'observateur* est soumis à des influences qui peuvent altérer les positions des astres, et auxquelles il faut évidemment avoir égard. Ces causes d'altérations sont :

1° La *réfraction atmosphérique*, déviation qu'éprouve tout rayon lumineux en entrant dans notre *atmosphère;*

2° La *parallaxe,* qui provient de la nécessité de ramener au centre du globe toute observation angulaire des points de la voûte céleste;

3° { La *précession,* } qui proviennent du balancement de l'axe de la
   { La *nutation*, } Terre;

4° L'*aberration*, changement de direction qu'éprouve un rayon lumineux, venant de l'espace et rencontrant l'œil de l'observateur qui est animé des mouvements de rotation et de translation de la Terre.

Nous allons seulement considérer, pour le moment, *le changement apporté* dans la position apparente de tous les objets que notre œil perçoit, eu égard au milieu dans lequel nous vivons.

Nous donnerons aussi une première notion sur les *parallaxes* et sur le moyen à l'aide duquel on peut obtenir une approximation de la distance des astres à la Terre.

NOTIONS SUR LES RÉFRACTIONS ATMOSPHÉRIQUES.

36. *Loi générale de la réfraction.* — On prouve en physique que tout rayon lumineux qui passe d'un milieu dans un autre, change de direction tout en restant dans le *plan normal à la surface de séparation des deux milieux*, plan passant par la première direction du rayon lumineux.

Ainsi, AB (fig. 15), étant l'intersection de ce plan normal avec le plan tangent à la surface, le rayon ab, au lieu de continuer suivant ab', prendra la direction ab'', généralement *plus rapprochée* de la normale xx', si le second milieu est plus dense que le premier, *plus éloigné* si c'est celui-ci qui est le plus dense.

Fig. 15.

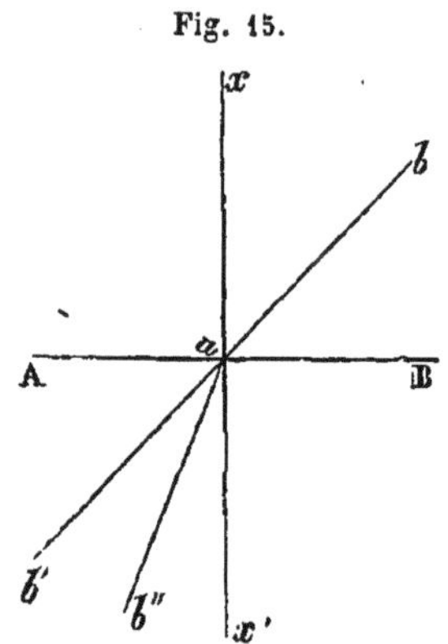

L'angle bax s'appelle *angle d'incidence*, et l'angle $b''ax'$, *angle de réfraction*.

En appelant α *le premier et* β *le second, la loi générale de la réfraction est que pour deux mêmes milieux le rapport*

$$\frac{\sin \alpha}{\sin \beta}$$

est une quantité constante.

L'angle $b'ab'' = bax - b''ax'$ est ce que l'on nomme *la réfraction*. — *La réfraction* est nulle quand $\alpha = 0$, et elle augmente avec α.

De la réfraction atmosphérique. — Puisque l'air est un milieu *pesant et compressible*, il est évident que les *couches d'air qui avoisinent le sol* sont plus denses que celles situées dans des *régions plus élevées*; cette densité suit une certaine loi de décroissance.

On peut considérer notre atmosphère comme composée de couches homogènes très-minces, dont la densité décroît à mesure que l'on considère *des couches de plus en plus distantes du sol.*

Cette décroissance fait qu'à une certaine distance, qui ne dépasse pas 50 000 mètres, *la densité de l'atmosphère devient inappréciable.*

Tout rayon lumineux qui arrive à l'œil de l'observateur, *soit d'un astre, soit d'un objet terrestre,* traverse donc toutes ces différentes couches atmosphériques d'inégales densités, ou seulement une partie de ces différentes couches.

Le rayon lumineux éprouve alors une déviation qu'on nomme *réfraction atmosphérique*; laquelle prend le nom de *réfraction astronomique* dans le premier cas, et de *réfraction terrestre* dans le second.

37. *Réfraction astronomique.*

Considérons d'abord le premier cas.

Parmi tous les rayons qui émanent de l'astre A (fig. 16), l'un d'eux, A*a*, situé dans le plan *zo*A, rencontre la première couche en *a*, se réfracte en se rapprochant de la normale *x* et prend la direction *ab*, rencontre la seconde couche, se réfracte en se rapprochant de la normale, et ainsi de suite.

Fig. 16.

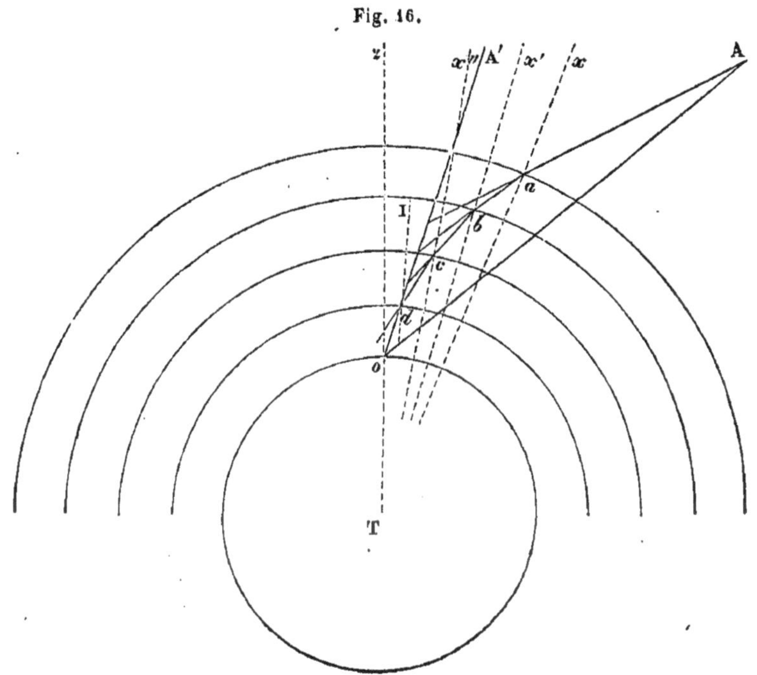

De telle sorte que le rayon lumineux A*a* arrive à l'œil *o* de l'observateur en suivant un *contour polygonal* situé évidemment dans *le plan* Z*o*A *du vertical de l'astre.*

L'observateur reçoit alors le rayon lumineux suivant *od* et *croit voir l'astre en* A'.

L'angle A*o*A' est ce que l'on nomme *la réfraction astronomique.*

On voit donc, *que la réfraction astronomique* a lieu dans le vertical de l'astre, et a pour effet *de faire paraître les astres plus élevés qu'ils ne le sont.*

On peut voir facilement, sur la figure 16, que la réfraction A*o*A' est la somme des réfractions *successives* qu'éprouve le rayon lumineux *en traversant les différentes couches.*

On comprend, immédiatement, que chaque réfraction partielle étant plus petite à mesure *que la distance zénithale diminue,* il en est de même de la *réfraction totale.*

La réfraction astronomique est donc fonction de la distance zénithale.

Elle est évidemment *nulle* pour tout astre situé au *zénith*.

Toute distance zénithale observée doit être augmentée de la réfraction qui convient à cette distance.

38. *Détermination des réfractions.*

La réfraction astronomique étant fonction de la *distance zénithale*, on a cherché à déterminer des formules donnant *la réfraction qui convient à une distance zénithale observée.*

D'après la loi générale de la réfraction que nous avons donnée plus haut, il est facile de voir qu'un rayon de lumière, en traversant un nombre quelconque de milieux à faces parallèles, est dévié de sa direction de la même manière qu'il l'eût été en entrant sous la même incidence dans le dernier milieu.

Si l'on considère les couches atmosphériques comme *planes et horizontales*, on pourra donc supposer que le phénomène de la réfraction atmosphérique se passe comme s'il n'existait que la couche dans laquelle se trouve l'œil de l'observateur.

Fig. 17.

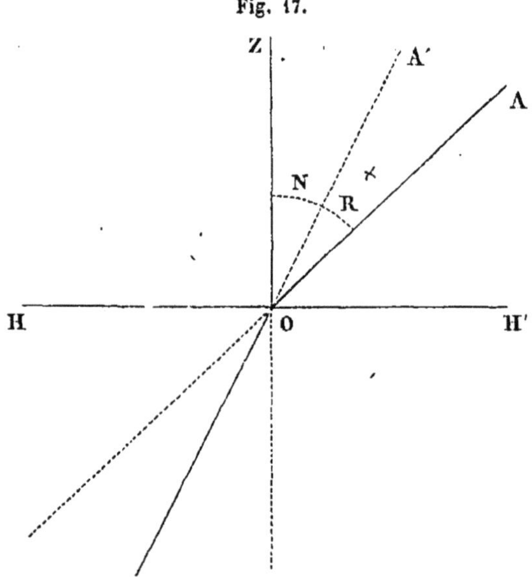

En appelant N la distance zénithale apparente ZoA' (fig. 17) d'un astre A, et $R = AoA'$ la réfraction qu'il éprouve, on doit avoir, dans l'hypothèse des couches atmosphériques horizontales,

$$\frac{\sin(N+R)}{\sin N} = m. \tag{1}$$

m représente l'indice de réfraction de l'air $= 0{,}000294$.

De la relation (1), on déduit facilement

$$\frac{\text{tang}\,\frac{R}{2}}{\text{tang}\left(N+\frac{R}{2}\right)}=\frac{m-1}{m+1}.$$

En résolvant cette équation par rapport à $\frac{R}{2}$, on obtient

$$\text{tang}\,\frac{R}{2}=\frac{1}{(m+1)\,\text{tang}\,N}\left[1\pm\left(1-(m^2-1)\,\text{tang}^2 N\right)^{\frac{1}{2}}\right].$$

En développant la puissance $\frac{1}{2}$ d'après le binôme de Newton, en ne considérant que le signe — et posant $\text{tang}\,\frac{R}{2}=\frac{R}{2}\sin 1''$, il vient

$$R=\frac{(m^2-1)}{\sin 1''(m+1)}\text{tang}\,N+\frac{1}{4\sin 1''}\cdot\frac{(m^2-1)^2}{(m+1)}\text{tang}^3 N+\frac{1}{8}\frac{(m^2-1)^3}{\sin 1''(m+1)}\text{tang}^5 N\ldots$$

On voit donc, que la réfraction se trouve développée suivant les puissances croissantes impaires de tang N.

Si l'on ne veut pas admettre l'hypothèse des couches horizontales, on peut toujours supposer que la réfraction soit représentée par une série contenant les puissances croissantes impaires de la tangente de la distance zénithale apparente; on a alors :

$$R = A\,\text{tang}\,N + B\,\text{tang}^3 N + C\,\text{tang}^5 N\ldots\ldots$$

La question se réduit alors à obtenir les coefficients indéterminés A, B, C, pour un certain état de l'atmosphère; on a adopté celui qui correspond à la température zéro et à la pression barométrique 0,760.

Nous désignerons par R_0 cette réfraction particulière.

On a donc :

$$R_0 = A_0\,\text{tang}\,N + B_0\,\text{tang}^3 N + C_0\,\text{tang}^5 N\ldots\ldots$$

Les formules de Laplace sont les seules qui permettent de calculer les réfractions d'une manière suffisamment exacte; ce sont celles *usitées en France.*

Sans entrer dans aucun détail au sujet de ces formules, nous dirons que dans l'hypothèse *où la température de l'atmosphère est* 0° *et la pression atmosphérique* 0,760, la formule qui, d'après Laplace donne les réfractions pour *les distances zénithales* N plus petites que 74°, se réduit à

$$(\alpha) \qquad R = 60'',567\,\text{tang}\,N - 0'',067\,\text{tang}^3 N.$$

Pour tout autre état atmosphérique, l'une des deux formules données par Laplace, indique que la réfraction *varie proportionnellement à la densité de la couche où se trouve l'observateur*, lorsque la distance zénithale ne dépasse pas 74°; la seconde formule, qui est la plus générale, montre qu'au delà cette proportionnalité n'existe plus que d'une manière approchée.

39. En ne considérant pas les distances zénithales plus grandes que 74°, nous pouvons trouver une formule servant à passer des *réfractions déterminées pour un état atmosphérique, aux réfractions qui conviennent à un autre état.*

Appelons D et D′ les densités *d'une même masse d'air sec*, soumise à des pressions p et p' et à des températures t et t'. On démontre, en physique, que l'on a la relation

$$(\alpha) \qquad \frac{D}{D'}=\frac{h_\theta(1+\eta\theta')(1+\varepsilon t')}{h'_{\theta'}(1+\eta\theta)(1+\varepsilon t)}.$$

dans laquelle h_θ et $h'_{\theta'}$ *sont les hauteurs de la colonne de mercure, prises aux températures* θ *et* θ'.

η *est le coefficient de dilatation du mercure*. . . . . . . $=0{,}00018018$
ε *est le coefficient de dilatation de l'air*. . . . . $=0{,}003665$

Mais, d'après ce que nous venons de dire, on a, en appelant R et R′ les réfractions correspondantes des densités D et D′,

$$\frac{R}{R'}=\frac{D}{D'}.$$

Il vient donc,

$$(\beta) \qquad \frac{R}{R'}=\frac{h_\theta(1+\eta\theta')(1+\varepsilon t')}{h'_{\theta'}(1+\eta\theta)(1+\varepsilon t)}.$$

40. *Réfractions moyennes.*

Si l'on suppose, dans cette formule :

$$\theta'=t'=0, \qquad \theta=t=+10^\circ$$
$$h_\theta=h'_{\theta'}=0{,}760,$$

R′ sera la réfraction donnée par la formule (α) et R la formule qui convient à l'état moyen de l'atmosphère en *France*. En nommant R_m *cette réfraction moyenne* et R_0 celle donné par la formule (α), il vient

$$(\delta) \qquad R_m=R_0\frac{1}{(1+10\eta)(1+10\varepsilon)}.$$

Remplaçant R_0 par sa valeur (α), et les constantes η et ε par leurs valeurs numériques, on obtient

$$R_m = (60'',567 . \text{tang}\, N - 0'',067 \,\text{tang}^3 N) \frac{1}{1,0018018 \times 1,0367}.$$

En représentant $\frac{1}{1,0018018 \times 1,0367}$ par $\frac{1}{A}$, on a

$$\log \frac{1}{A} = \bar{1},9835860,$$

et l'on peut écrire

$$R_m = 60'',567 \,\text{tang}\, N \frac{1}{A} - 0'',067 \,\text{tang}^3 N \frac{1}{A},$$

ou, en posant

$$B = 60'',567 \,\text{tang}\, N \frac{1}{A} \quad \text{et} \quad C = 0'',067 \,\text{tang}^3 N \frac{1}{A},$$

il vient

$$R_m = B - C.$$

Les deux termes de R_m se calculent au moyen des logarithmes.

Exemple.

On demande la réfraction moyenne qui convient à une distance zénithale apparente de 53° 43'.

Calcul de B.	*Calcul de* C.
log tang 53° 43' = 0,1342298	log tang³ 53° 43' = 0,4026894
log 60'',567. . . = 1,7822361	log 0'',067. . . . = $\bar{2}$,8260748
log $\frac{1}{A}$. . . . . . = $\bar{1}$,9835860	log $\frac{1}{A}$. . . . . . = $\bar{1}$,9835860
log B. . . . . . = 1,9000519	log C. . . . . . = $\bar{1}$,2123502
B. . . . . . = 79'',4423	C. . . . . . = 0,163062

R_m. . . . . = 79'',4423 − 0,163062 = 79'',279238 = 1' 19'',28

Tables de réfractions moyennes.

La table VIII de Callet et la table I de la Connaissance des temps donnent les réfractions moyennes calculées d'après les formules de Laplace, *par M. Caillet,* examinateur de la marine; on y entre avec le complément de la distance zénithale apparente, c'est-à-dire avec *la hauteur apparente.* Ces réfractions sont aussi données dans la XXVIe des tables de M. Caillet,

1re édition, et dans la XVIe, 2e édition; ainsi que dans la partie de la table V de *Guépratte* intitulée : Réfraction des *.

Exemple.

On demande la réfraction moyenne qui convient à une distance zénithale apparente de 53° 43′.

Le complément de 53° 43′ = 36° 17′.

En cherchant (table VIII de Gallet) dans la colonne verticale intitulée hauteur apparente, le nombre 36° 17′, on trouve qu'il est compris entre

36° 00′ *dont la réfraction correspondante est* 1′ 20″,1
0″,48
et 36° 30′ *id.* *id.* 1′ 18″,7

Ainsi, la réfraction qui convient à 36° 17′ est comprise entre 1′ 20″,1 et 1′ 18″,7; à droite de ces nombres, on trouve vis-à-vis de leur intervalle, et dans une colonne intitulée *différence pour* 10′, le nombre 0″,48 qui exprime la variation de la réfraction pour 10′ d'augmentation dans la *hauteur apparente;* en supposant que *cette variation de la réfraction soit, dans un petit intervalle, proportionnelle à la variation de la hauteur,* on aura 0,816 pour la variation qui correspond aux 17′ d'augmentation *de la hauteur apparente.*

Retranchant 0,816 de 1′ 20″,1, on trouve 1′ 19″,28 pour réfraction correspondant à 36° 17′ de *hauteur apparente.*

Pratique. — Dans les calculs qui ne demandent pas une précision extrême, on prend la réfraction moyenne qui correspond à la hauteur apparente qui approche le plus de la hauteur apparente donnée.

Exemple.

Ainsi, 36° 30′ étant la hauteur apparente qui approche le plus de 36° 17′; on prend 1′ 18″,7 ou plutôt 1′ 19″ pour la *réfraction moyenne cherchée.*

41. *Réfractions quelconques.*

Si dans la formule (β), nous supposons

$$R' = R_m \text{ et par suite, } \theta' = t' = +10° \text{ et } h'_{\theta'} = 0{,}760,$$

cette formule devient

$$R = R_m \times \frac{h_0(1+10\eta)(1+10\varepsilon)}{0{,}760(1+\eta\theta)(1+\varepsilon t)} = R_m \times \frac{h_0}{0{,}760} \cdot \frac{(1+10\eta)(1+10\varepsilon)}{(1+\eta\theta)(1+\varepsilon t)};$$

relation qui permettra de passer *des réfractions moyennes aux réfractions quelconques.*

Si l'on suppose que la température du baromètre est la même que celle de l'air, on a

$$(\gamma)\qquad R = R_m \times \frac{h_t}{0,76} \times \frac{(1+10\eta)(1+10\varepsilon)}{(1+\eta t)(1+\varepsilon t)} =$$
$$= R_m \times \frac{h_t}{0,76} \cdot \frac{A}{(1+\eta t)(1+\varepsilon t)}.$$

En remplaçant R_m par sa valeur en fonction de R_0, on a

$$R = (60'',567 \text{ tang } N - 0'',067 \text{ tang}^3 N)\frac{h_t}{0,760}\frac{1}{(1+\eta t)(1+\varepsilon t)},$$

formule composée de deux termes calculables par logarithmes.

Exemple.

On demande la réfraction qui convient à une distance zénithale apparente de 53° 43′ *quand le thermomètre indique* + 25° *et le baromètre* 0,785.

En décomposant la formule que nous venons de donner en deux termes, on a

$$R = \frac{60'',567 \text{ tang } 53°43' \times 0,785}{0,760(1+25\times 0,00018018)(1+25\times 0,00367)}$$
$$- \frac{0'',067 \text{ tang}^3 53°43' \times 0,785}{0,760(1+25\times 0,00018018)(1+25\times 0,00367)}.$$

Calcul du 1er terme.		*Calcul du 2e terme.*	
log 60″,567 =	1,7822361	log 0″,067 =	$\bar{2}$,8260748
log tang 53° 43′ =	0,1342298	log tang³ 53° 43′ =	0,4026894
log 0,785 =	$\bar{1}$,8948697	log 0,785 =	$\bar{1}$,8948697
c' log 0,760 =	0,1191864	c' log 0,760 =	1,1191864
c' log 1,0045045 =	$\bar{1}$,9980481	c' log 1,0045045 =	$\bar{1}$,9980481
c' log 1,09175 =	$\bar{1}$,9618943	c' log 1,09175 =	$\bar{1}$,9618943
	1,8904644		$\bar{1}$,2027627
1er terme =	1′ 17″,70	2e terme =	0,1596

d'où $R = 1'17'',70 - 0,16 = 1'17'',54.$

Table des corrections. — Le facteur $\frac{h_t}{0,760}$ ne dépend que du *baromètre* et diffère peu de l'unité ; posons

$$\frac{h_t}{0,76} = 1 + C.$$

Le facteur $\frac{(1+10\eta)(1+10\varepsilon)}{(1+\eta t)(1+\varepsilon t)}$ est, aussi lui, peu différent de l'unité ; posons

$$\frac{(1+10\eta)(1+10\varepsilon)}{(1+\eta t)(1+\varepsilon t)} = 1 + C'.$$

La formule (γ) devient alors

$$R = R_m(1 + C)(1 + C') = R_m + CR_m + C'R_m + C'CR_m.$$

ou

$$R = R_m + CR_m + C'(R_m + CR_m).$$

La table VIII (*bis*) de Callet donne :

1° *La correction* CR_m *qui convient au baromètre;*

2° *La correction* $C'(R_m + CR_m)$ *qui convient au thermomètre.*

Ainsi, quand on a déterminé la réfraction moyenne, on entre dans la table VIII (*bis*) avec la hauteur du baromètre et la réfraction moyenne pour arguments, et l'on trouve la première correction CR_m, qui convient à la hauteur baromètre; on entre de nouveau dans la même table avec $(R_m + CR_m)$ et la hauteur du thermomètre; et l'on trouve la seconde correction $C'(R_m + CR_m)$ qui convient à *la hauteur thermométrique.*

La table II de la Connaissance des temps donne les facteurs $(1 + C)$ et $(1 + C')$ par lesquels il faut multiplier les *réfractions moyennes* données par la table I. La XXVIIe et la XXVIIIe des tables de M. Caillet, 1re édition, et la XXIe de la nouvelle édition donnent les corrections CR_m et $C'(R_m + CR_m)$. Les tables VI et VII de Guépratte donnent aussi ces quantités.

Exemple.

On demande la réfraction qui convient à une distance zénithale apparente de 53° 43′ *quand le thermomètre indique* + 25° *et le baromètre* 0,785.

I. *En se servant de la Table VIII* (*bis*) de Callet.

Réfraction moyenne calculée précédemment. . . . . = 1′ 19″ 28

Correction barométrique pour 0,7833 et. . . .	1′ de R_m. . . .	= + 1″,84
	10″ *id.*	= + 0 ,30
	9″ *id.*	= + 0 ,20
	Somme	= + 2 ,42
Correction barométrique pour 0,7863 et. . . .	1′ de R_m. . . .	= + 2 ,08
	10″ *id.*	= + 0 ,32
	9″ *id.*	= + 0 ,31
	Somme	= + 2″,71

Pour 0,0030 de différence dans les hauteurs barométriques il y a 0″,29 = 2,71 — 2,42 dans les corrections; pour 0,0017 = 0,785 — 0,7833 il y aura 0″,16; d'où, correction barométrique cherchée = 2″,42 + 0,16. . . . . = + 2″,58

Réfraction moyenne corrigée de CR_m, ou $R_m + CR_m$ . . . . = 1′21″,86

Correction thermométrique pour + 25° et.	1′ de $(R_m + CR_m)$	= — 3″,19	— 4″,38
	20″ *id.* . . .	= — 1 ,1	
	1″ *id.* . . .	= — 0 ,05	
	0,8 *id.* . . .	= — 0 ,04	

d'où, réfraction corrigée. . . . . = 1′17″,48

Pratique. — Dans les calculs qui ne demandent pas une trop grande précision, on néglige le terme $C'CR_m$ et l'on prend :

1° Pour argument *horizontal*, la réfraction de la table donnée *en minutes et dizaines de secondes* qui approche le plus de la réfraction moyenne calculée ;

2° Pour argument *vertical*, les hauteurs *thermométriques et barométriques* de la table qui approchent le plus des hauteurs données.

Exemple.

Réfraction moyenne	1′19″,28
Correction thermométrique. Pour + 25° et 1′.	— 3″,19
Idem et 10″.	— 0″,50
Correction barométrique. Pour 786,3 et 1′.	+ 2″,08
Idem et 10″.	+ 0″, 3
Somme algébrique ou réfraction corrigée.	1′17″,70

II. *En se servant de la table II de la Connaissance des temps.*

Réfraction moyenne calculée précédemment. . . . = 1′19″,28

1° Facteur *barométrique* . . = 1,033
2° Facteur *thermométrique.* = 0,947 } produit = 0,978251

D'où réfraction corrigée. = 0,978251 × (1′19″,28) = 1′17″,55

Remarque. — Les tables de réfraction que nous venons d'indiquer sont construites dans l'hypothèse que la température du *baromètre* est la même que celle de *l'air libre.* Lorsque le baromètre est dans un appartement, *cette hypothèse n'est pas exacte;* il faut alors, rapporter *la hauteur barométrique observée à la température* θ, *à ce qu'elle serait observée à la température* t *de l'air extérieur.*

De plus, l'échelle sur laquelle on évalue la longueur de la colonne barométrique, étant ordinairement *en laiton,* éprouve des dilatations plus ou moins grandes, d'après les variations de la température; de telle sorte que le nombre h_θ de millimètres que l'on a lu sur l'échelle, représente réellement un nombre h'_θ de millimètres qu'il faut obtenir.

Or, en appelant $\lambda = 0,00001878$ le coefficient de *dilatation du laiton,* chaque millimètre, pour la température θ, sera devenu $(1 + \lambda\theta)$; donc on a la relation

$$h'_\theta = h_\theta (1 + \lambda\theta);$$

telle sera la véritable longueur déduite de celle lue sur l'échelle.

Si nous supposons, maintenant, que le baromètre soit renfermé dans un appartement qui est à la température θ, il faudra déterminer quelle serait la hauteur h_t du baromètre s'il était soumis à la température t de l'air extérieur, ainsi que nous l'avons précédemment admis.

En appelant h_0 la hauteur du baromètre à la température zéro, on aura

$$h'_\theta = h_0(1 + \eta\theta) \quad \text{et} \quad h_t = h_0(1 + \eta t),$$

d'où

$$(\beta') \qquad h_t = h'_\theta \frac{1 + \eta t}{1 + \eta\theta},$$

ou, en remplaçant h'_θ par $h_\theta(1 + \lambda\theta)$,

$$h_t = h_\theta \frac{(1 + \lambda\theta)(1 + \eta t)}{(1 + \eta\theta)},$$

et la formule des réfractions pour un état quelconque de l'atmosphère devient alors

$$\mathrm{R} = \mathrm{R}_m \frac{h_\theta(1 + \lambda\theta)(1 + \eta t)}{0{,}760(1 + \eta\theta)} \cdot \frac{\mathrm{A}}{(1 + \eta t)(1 + \varepsilon t)} =$$
$$= \mathrm{R}_m \frac{h_\theta}{0{,}760} \cdot \frac{(1 + \lambda\theta)}{(1 + \eta\theta)} \cdot \frac{\mathrm{A}}{(1 + \varepsilon t)},$$

ou, en remplaçant R_m par sa valeur en fonction de R_0,

$$\mathrm{R} = (60'',567 \operatorname{tang} \mathrm{N} - 0{,}067 \operatorname{tang}^3 \mathrm{N}) \frac{h_\theta}{0{,}760} \cdot \frac{(1 + \lambda\theta)}{(1 + \eta\theta)(1 + \varepsilon t)},$$

quantité qui pourra facilement se calculer par logarithmes.

On peut *construire une table* donnant *la hauteur barométrique* que l'on eût obtenue si *le baromètre* avait été exposé à *l'air extérieur*, en tenant aussi compte de *la dilatation de l'échelle du baromètre*.

Pour cela, remplaçons dans (β'), h'_θ par sa valeur $h_\theta(1 + \lambda\theta)$; on a, en effectuant la division $\frac{1 + \eta t}{1 + \eta\theta}$ et s'arrêtant au second terme,

$$h_t = h_\theta(1 + \lambda\theta) + h_\theta(1 + \lambda\theta)\eta(t - \theta),$$

ou en négligeant le terme en $\eta\lambda$ qui est toujours très-petit,

$$h_t = h_\theta + h_\theta\lambda\theta + h_\theta\eta(t - \theta) = h_\theta + h_\theta(\eta - \lambda)(t - \theta) + h_\theta\lambda t.$$

La table XXIX de *Callet* ne donne que la première correction $h_\theta(\eta - \lambda)(t - \theta)$.

L'argument horizontal *est la différence de température du baromètre avec celle de l'air libre,* et l'argument vertical est la hauteur que *l'on a lue sur l'échelle du baromètre.*

La seconde correction est donnée dans les tables de *M. Caillet.*

Résumé pratique au moyen des tables. — Ainsi, pour déterminer d'une manière suffisamment *rigoureuse, la réfraction* qui convient à une *distance zénithale observée,*

Au moment où l'on prend la distance zénithale, on note :

1° *La température* t *de l'air extérieur ;*

2° *La température* θ *du baromètre ;*

3° *La hauteur* h_θ *du baromètre.*

Au moyen de h_θ et de $(\theta - t)$, on entre dans la table XXIX de Callet, et l'on obtient la correction que doit subir h_θ pour devenir h_t.

Avec le complément de *la distance zénithale apparente,* on entre dans la table VIII de Callet ou dans la table I de la Connaissance des temps, et l'on obtient *la réfraction moyenne.*

Avec cette *réfraction moyenne*, la température t et la hauteur h_t, on détermine, à l'aide de la table VIII *bis* de Callet, les deux corrections que doit subir *cette réfraction moyenne,* pour devenir celle qui convient à *la température et à la pression de l'air;* ou plus simplement, à l'aide de la table II de la Connaissance des temps, les deux facteurs par lesquels il faut multiplier *la réfraction moyenne* pour obtenir *la réfraction demandée.*

42. On peut déterminer, par l'observation des *distances zénithales* des étoiles circompolaires, les coefficients A_0, B_0 de la réfraction R_0, ainsi que la *colatitude du lieu.*

Nous avons trouvé, en effet,

$$R = R_0 \frac{h_t}{0,760} \frac{(1+\lambda t)}{(1+\eta t)(1+\varepsilon t)}$$

en supposant la température du baromètre la même que celle de l'air extérieur.

Posons

$$H = \frac{h_t}{0,760} \frac{(1+\lambda t)}{(1+\eta t)(1+\varepsilon t)}.$$

En faisant une observation de distance zénithale méridienne maximum N d'une étoile circompolaire, on aura, si t est la température,

$$R = A_0 H \operatorname{tang} N + B_0 H \operatorname{tang}^3 N;$$

d'où

$$N + R = N + A_0 H \operatorname{tang} N + B_0 H \operatorname{tang}^3 N.$$

Pour la distance zénithale méridienne minimum n de la même étoile, en supposant que t' soit la température, on aura

$$n + R' = n + A_0 H' \operatorname{tang} n + B_0 H' \operatorname{tang}^3 n;$$

d'où, en faisant la somme ou la différence,

$$(N+R)\pm(n+R')=N\pm n+A_0(H\tang N\pm H'\tang n)+B_0(H\tang^3 N\pm H'\tang^3 n).$$

C'est-à-dire, en remarquant que $(N+R)\pm(n+R')=2C$, C étant la colatitude du lieu,

$$2C=(N\pm n)+A_0(H\tang N\pm H'\tang n)+B_0(H\tang^3 N\pm H'\tang^3 n).$$

Dans cette équation il y a trois inconnues, C, A_0 et B_0. Si l'on fait des observations semblables pour deux autres étoiles, ou même pour un plus grand nombre, on aura un nombre suffisant d'équations de condition pour trouver ces trois inconnues.

43. RÉFRACTIONS TERRESTRES.

Considérons deux points O et O' (fig. 18), situés à une certaine distance l'un de l'autre, mais visibles, et supposons que la différence de hauteur de ces deux points soit O''O'.

Fig. 18.

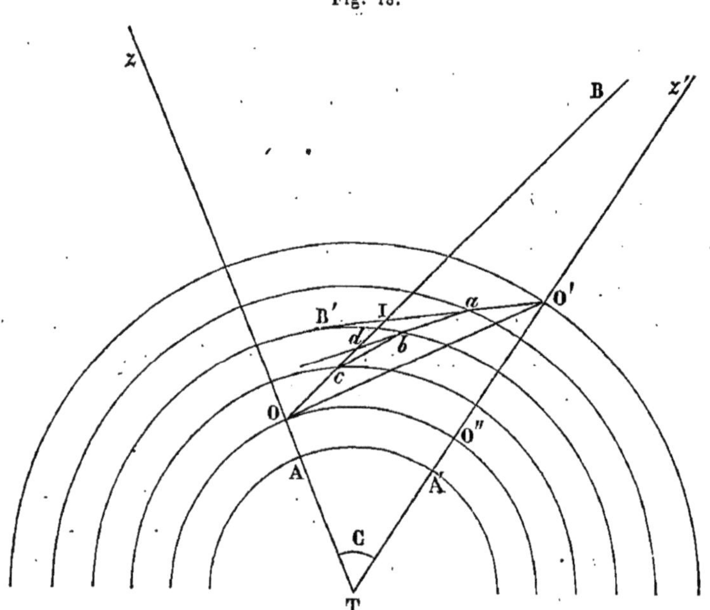

Le rayon lumineux qui va du point O au point O' traversant des couches *atmosphériques d'inégales densités* suit la ligne polygonale O*cba*O', d'après les réfractions successives qu'il éprouve.

Réciproquement, le rayon lumineux *a*O' qui part du point O' suit la ligne polygonale O'*abc*O et arrive en O suivant le dernier élément *c*O.

D'après ce que nous avons dit plus haut, la ligne polygonale O*cba*O' est comprise dans le plan zTz' des deux verticales des points O et O'. Donc, un observateur placé en O croira voir le point O' en B suivant la tangente à la ligne courbe O'*abc*O; il éprouvera l'effet de la réfraction $BOO' = r$.

De même, un observateur situé en O' apercevra le point O en B' et éprouvera l'effet de la réfraction $B'O'O = r'$.

Les réfractions r et r' prennent le nom de *réfractions terrestres*.

A cause du triangle OIO', on voit facilement que $B'IO = r + r'$.

On voit de même, à cause des petits triangles I*ad*, *dbc*..... etc., que B'IO ou $(r + r')$ est égal à *la somme des réfractions successives qu'éprouvent les rayons lumineux* OcB *ou* O'aB'.

On comprend immédiatement que, eu égard *aux changements atmosphériques continuels*, les couches qui avoisinent la surface du globe doivent éprouver constamment des variations dans leurs densités.

Il s'ensuit alors que $(r + r')$ ne doit pas être constant pour deux mêmes points.

A l'aide de deux distances zénithales réciproques faites aux points O et O', on peut déterminer la valeur $(r + r')$.

Appelons, en effet, N et N' les distances zénithales réciproques observées zOB et $z'O'B'$, on aura

$$zOO' = N + r, \qquad z'O'O = N' + r',$$

mais

$$zOO' = C + 180 - z'O'O,$$

donc

$$N + N' + r + r' = C + 180;$$

d'où

$$r + r' = 180^\circ + C - (N + N').$$

On donne, dans les traités de *Géodésie*, le moyen de déterminer l'angle C; donc $(r + r')$ est déterminé.

44. *Du coefficient de réfraction terrestre.* — Si l'on suppose, d'après M. Biot, que r et r' soient proportionnelles à l'angle C, pour un certain état de l'atmosphère, on aura

$$r = \alpha C \quad \text{et} \quad r' = \alpha' C,$$

en appelant α et α' des facteurs dépendants de l'état de l'atmosphère.

Si les observations sont faites simultanément et que l'on admette qu'à l'instant de l'observation, l'état atmosphérique est le même en O et en O', on aura $\alpha' = \alpha$; il vient alors

$$2\alpha C = 180 + C - (N + N'),$$

d'où

$$\alpha = \frac{180 + C - (N + N')}{2C}.$$

α est ce qu'on nomme *le coefficient de réfraction terrestre*.

Un grand nombre d'expériences ont donné 0,08 pour valeur moyenne de α, c'est-à-dire pour la valeur de α qui correspond à un état moyen de l'air; la valeur minimum qui a lieu *en été* a été trouvée égale à 0,05, et sa valeur maximum qui a lieu *en hiver* égale à 0,15.

45. Puisque toute distance zénithale d'un point de la voûte céleste est altérée par la *réfraction* relative à cette distance zénithale et à l'état atmosphérique, la réfraction doit altérer aussi les coordonnées équatoriales d'un astre de quantités faciles à déterminer.

Fig. 19.

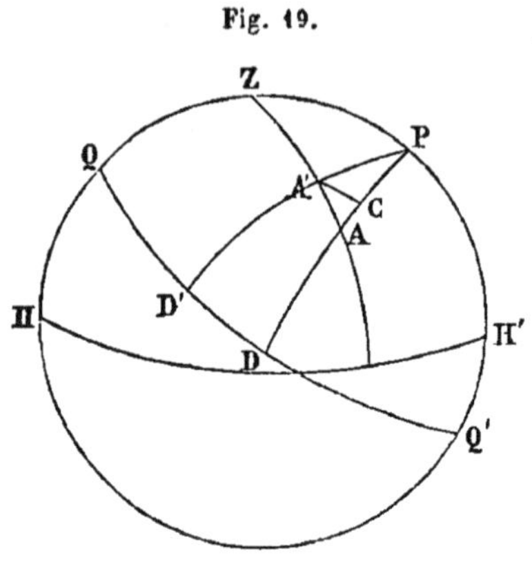

Soient P (fig. 19) le pôle, Z le zénith, HH' l'horizon, QQ' l'équateur.

Soient aussi A la position vraie d'un astre et A' sa position apparente. En menant l'arc de parallèle A'C, il est clair que AC sera la *réfraction* en *déclinaison* et DD' la *réfraction* en *ascension droite.*

Du triangle AA'C, qu'on peut considérer comme rectiligne, on a, en nommant R la réfraction en hauteur,

$$\begin{aligned} AC &= A'A \cos A = R \cos A \\ A'C &= \ldots\ldots\ldots\ R \sin A\,; \end{aligned}$$

d'où

$$\text{réfraction en déclinaison} = R \cos A$$
$$\text{réfraction en ascension droite} = \frac{R \sin A}{\cos D},$$

car les arcs semblables A'C et DD' sont entre eux comme leurs rayons, c'est-à-dire comme cos D est à 1, en désignant par D la déclinaison de l'astre.

Les astres qui se présentent à nous sous la forme d'un *disque* lumineux éprouvent, dans leurs différentes parties, des *réfractions* qui sont *différentes* en raison de l'inégale distance de chaque point du disque au zénith. Il s'ensuit que l'astre éprouve dans sa forme une altération qu'il est utile de connaître.

EFFET DE LA RÉFRACTION ATMOSPHÉRIQUE SUR LE DEMI-DIAMÈTRE DES ASTRES.

46. Soient ABA'B' (fig. 20), le disque réel d'un astre dans la voûte céleste, *aba'b'* son disque apparent déformé par la réfraction.

Soient aussi *zo*O le vertical du centre de l'astre, AA' et *aa'* les intersections des deux disques par des grands cercles de la sphère céleste *perpendiculaires au vertical* zoO.

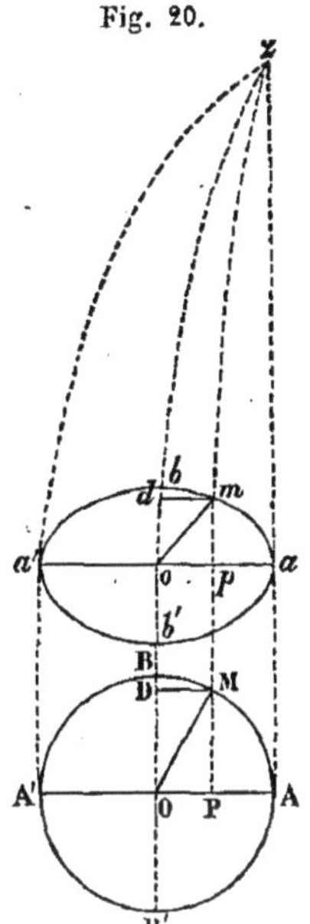

Fig. 20.

Eu égard au peu d'étendue des disques par rapport à la voûte céleste, on peut regarder les lignes AA' et BB' du disque réel, aa' et bb' du disque apparent, comme étant des lignes droites, et nous pouvons les prendre comme axes de *coordonnées des contours des deux disques.*

Considérons un point M du disque O; ce point, en raison de la réfraction, paraît en m sur le vertical zM.

Posons

$$\mathrm{PM} = y,\quad \mathrm{OP} = x,\quad pm = y',\quad op = x'.$$

En appelant d le demi-diamètre réel OM de l'astre, on a la relation évidente

$$d^2 = x^2 + y^2.$$

Cherchons une relation entre x et x' et entre y et y'. Les triangles sphériques ozp et $\mathrm{O}z\mathrm{P}$ donnent

$$\mathrm{tang}\, ozp = \frac{\mathrm{tang}\, x'}{\sin oz},\quad \mathrm{tang}\, \mathrm{O}z\mathrm{P} = \frac{\mathrm{tang}\, x}{\sin \mathrm{O}z},$$

d'où

$$\frac{\mathrm{tang}\, x'}{\sin oz} = \frac{\mathrm{tang}\, x}{\sin \mathrm{O}z},$$

ou, en remarquant que x' et x sont très-petits,

$$x = x' \frac{\sin \mathrm{O}z}{\sin oz}.$$

Mais Oz est égal à la distance zénithale apparente oz augmentée de la réfraction Oo. On a donc, en posant $oz = \mathrm{N}$,

$$x = x' \frac{\sin(\mathrm{N} + \mathrm{O}o)}{\sin \mathrm{N}} = x' \left(\frac{\sin \mathrm{N} + \cos \mathrm{N} . \mathrm{O}o \sin 1''}{\sin \mathrm{N}}\right),$$

c'est-à-dire,

$$x = x' + x' \,\mathrm{cotang}\, \mathrm{N} . \mathrm{O}o \sin 1'',$$

d'où

$$\frac{x}{x'} = 1 + \mathrm{cotang}\, \mathrm{N} . \mathrm{O}o \sin 1''.$$

Mais la réfraction Oo (38) est égale à $60'',567$ tang N, en négligeant le second terme; donc, en représentant $60'',567$ par α, on a

$$(\alpha) \qquad x = x' + \alpha x' \sin 1''.$$

Cherchons une relation entre y et y'.

On a évidemment, d'après la figure 20,

$$y' = mM + y - Pp,$$

d'où

$$y = y' + Pp - mM,$$

mais

$$Pp = Oo = \alpha \text{ tang } N,$$
$$mM = \alpha \text{ tang } (N - y');$$

on a donc

$$y = y' + \alpha [\text{tang } N - \text{tang } (N - y')],$$

c'est-à-dire

$$y = y' + \frac{\alpha \sin y'}{\cos N \cos (N - y')},$$

ou, sensiblement,

$$(\beta) \qquad y = y' + \frac{y' \alpha \sin 1''}{\cos^2 N}.$$

Remplaçons dans $d^2 = x^2 + y^2$, x et y par leurs valeurs (α) et (β), on a

$$(\gamma) \qquad d^2 = x'^2 (1 + \alpha \sin 1'')^2 + y'^2 \left(1 + \frac{\alpha \sin 1''}{\cos^2 N}\right)^2,$$

N étant la distance zénithale apparente du centre du disque.

Cette équation est celle d'une *ellipse*.

Donc, *la réfraction, en élevant le disque d'un astre, le rend sensiblement elliptique.*

Si, dans l'équation (γ), on fait $y' = 0$, on aura pour demi grand axe de l'ellipse, c'est-à-dire pour *demi-diamètre horizontal* d' *réfracté*,

$$d' = \frac{d}{1 + \alpha \sin 1''},$$

d'où l'on peut déduire *l'accourcissement produit sur le demi-diamètre horizontal* d. On a, en effet,

$$\frac{d}{d'} = 1 + \alpha \sin 1'',$$

d'où

$$\frac{d - d'}{d} = \frac{\alpha \sin 1''}{1 + \alpha \sin 1''} = \alpha \sin 1'',$$

puisque le dénominateur diffère peu de l'unité; c'est-à-dire

$$(1) \qquad d - d' = \alpha d \sin 1'' = A'.$$

On voit que l'accourcissement A' du demi-diamètre horizontal est indépendant de la distance zénithale.

Si, dans l'équation (γ), on fait $x' = 0$, on a le demi petit axe de l'ellipse ou le demi-diamètre vertical d'' réfracté

$$d'' = \frac{d}{1 + \frac{\alpha \sin 1''}{\cos^2 N}},$$

d'où l'on déduit l'accourcissement produit sur une demi-corde verticale

$$\frac{d - d''}{d} = \frac{\alpha \sin 1''}{\cos^2 N},$$

ou

(2) $$d - d'' = \frac{\alpha d \sin 1''}{\cos^2 N} = B'.$$

Dans l'équation (γ) du disque elliptique, nous pouvons remplacer x' par $r \cos \varphi$ et y' par $r \sin \varphi$; φ étant l'angle *mop* sensiblement égal à MOP, et r représentant le demi-diamètre incliné *mo*, il vient alors, en introduisant A' et B',

$$d^2 = r^2 \cos^2 \varphi \left(1 + \frac{A'}{d}\right)^2 + r^2 \sin^2 \varphi \left(1 + \frac{B'}{d}\right)^2,$$

d'où

$$\frac{d^2}{r^2} = \cos^2 \varphi + 2 \cos^2 \varphi \frac{A'}{d} + \cos^2 \varphi \frac{A'^2}{d^2} + \sin^2 \varphi + 2 \sin^2 \varphi \frac{B'}{d} + \sin^2 \varphi \frac{B'^2}{d^2},$$

ou bien

$$\frac{d^2}{r^2} = 1 + 2\left(\cos^2 \varphi \frac{A'}{d} + \sin^2 \varphi \frac{B'}{d}\right) + \cos^2 \varphi \frac{A'^2}{d^2} + \sin^2 \varphi \frac{B'^2}{d^2}.$$

Mais

$$1 + 2\left(\cos^2 \varphi \frac{A'}{d} + \sin^2 \varphi \frac{B'}{d}\right)$$

sont les deux premiers termes du développement de l'expression

$$\left[1 + \left(\cos^2 \varphi \frac{A'}{d} + \sin^2 \varphi \frac{B'}{d}\right)\right]^2.$$

On peut donc écrire, en négligeant les termes en α^2,

$$\frac{d}{r} = 1 + \left(\cos^2 \varphi \frac{A'}{d} + \sin^2 \varphi \frac{B'}{d}\right),$$

d'où, sans erreur sensible,

$$\frac{d - r}{d} = \cos^2 \varphi \frac{A'}{d} + \sin^2 \varphi \frac{B'}{d},$$

c'est-à-dire,

$$(3) \qquad d - r = \cos^2 \varphi \, A' + \sin^2 \varphi \, B' = C'.$$

Telle est la relation qui donne *l'accourcissement* C′ *du demi-diamètre* d ayant *une inclinaison* φ *sur l'horizontale.*

Supposons donc qu'à l'aide d'un micromètre, disposé à cet effet, nous mesurions le demi-diamètre incliné r; nous pourrons prendre pour N distance zénithale du centre, la distance zénithale observée, augmentée ou diminuée de r.

Maintenant, pour déterminer d' et d'' on déduit des relations (1). (2) et (3), les équations

$$(4) \qquad d' = d\,(1 - \alpha \sin 1'') = d.a,$$

$$(5) \qquad d'' = d\left(1 - \frac{\alpha \sin 1''}{\cos^2 N}\right) = d.b,$$

et enfin

$$(6) \qquad r = d - \cos^2 \varphi \, \alpha d \sin 1'' - \sin^2 \varphi \, \frac{\alpha d \sin 1''}{\cos^2 N} =$$

$$d\left(1 - \cos^2 \varphi \, \alpha \sin 1'' - \sin^2 \varphi \, \frac{\alpha \sin 1''}{\cos^2 N}\right) = d.c.$$

Des relations (4) et (6) on déduit

$$d' = \frac{a \times r}{c}.$$

De (5) et (6) on déduit

$$d'' = \frac{b \times r}{c}.$$

On connaîtra donc les demi-diamètres horizontal et vertical réfractés, c'est-à-dire tels qu'on doit les considérer dans l'observation à la *lunette méridienne* et au *cercle mural.*

Réciproquement, si, connaissant d, on veut avoir d' d'' et r, on déduira ces trois valeurs des relations (1), (2) et (3).

On peut mettre en table la formule (3), laquelle devient, lorsque l'on remplace A′ et B′ par leurs valeurs

$$(e) \qquad C' = \cos^2 \varphi \, \alpha d \sin 1'' + \sin^2 \varphi \, \frac{\alpha d \sin 1''}{\cos^2 N}.$$

Cette table a pour arguments φ et N; *d est supposé égal à* 16′. Elle est la XVe des tables de M. Caillet (1re édition) et la XXIIIe de la seconde édition.

Pour la calculer, mettons la relation (3) sous la forme

$$C' = A' \frac{(1 + \cos 2\varphi)}{2} + B' \frac{(1 - \cos 2\varphi)}{2},$$

d'où

$$C' = \frac{A' + B'}{2} - \frac{B' - A'}{2} \cos 2\varphi.$$

Le premier terme, indépendant de φ, est la valeur de C' pour $\varphi = 45°$.

Pour toute autre valeur, on a $\varphi = 45° \pm \varphi'$, d'où

$$C' = \frac{A' + B'}{2} \mp \frac{B' - A'}{2} \sin 2\varphi'.$$

Ce qui donne pour chaque valeur de φ' deux nombres de la table.

Lorsque d est égal à $16' \pm \delta$, la relation (e) devient évidemment, en remplaçant d par $16' \pm \delta$,

$$C' = \cos^2\varphi . \alpha 16' . \sin 1'' + \sin^2\varphi \frac{\alpha 16' . \sin 1''}{\cos^2 N} \pm \cos^2 \varphi \alpha \delta \sin 1'' \pm \sin^2 \varphi \frac{\alpha \delta \sin 1''}{\cos^2 N},$$

$$= 16' \left(\cos^2\varphi \alpha \sin 1'' + \sin^2\varphi \frac{\alpha \sin 1''}{\cos^2 N} \right) \pm \frac{\delta}{16} \left(\cos^2\varphi \alpha \sin 1'' + \sin^2\varphi \frac{\alpha \sin 1''}{\cos^2 N} \right) 16'$$

le premier terme est celui donné par les tables.

En l'appelant C, on voit que le second terme est $\frac{C\delta}{16}$; on a donc, dans ce cas,

$$C' = C \pm C \frac{\delta}{16}.$$

Une annexe de la table XXIII, seconde édition des tables de M. Caillet, donne la correction

$$\frac{C\delta}{16}.$$

Pour construire la table XIV de Callet, dans laquelle on ne donne que le demi-diamètre vertical et le demi-diamètre incliné, on a simplement considéré, dans la première partie, l'accourcissement du diamètre vertical comme étant le résultat de la différence des réfractions relatives à la distance zénithale N du bord et à celle ($N \pm d$) du centre, d étant le demi-diamètre en hauteur; et l'on a admis que dans un petit intervalle, la *variation de la réfraction* est proportionnelle à la *variation de la distance zénithale*.

La seconde partie ne donne que le terme $B' \sin^2 \varphi$ de l'équation (3); on néglige donc le terme $A' \cos^2 \varphi$, ce qui est peu important pour les observations faites à la mer.

La table XXI de Guépratte ne donne que l'accourcissement vertical.

DE LA PARALLAXE.

47. La différence qui existe entre les positions d'un astre A (fig. 21), vu de la surface de la Terre en B, et vu du centre en o, est nettement caractérisée par la différence des distances zénithales ZBA et ZoA, dont l'une ZBA est appelée *distance zénithale apparente* N et l'autre ZoA la *distance zénithale vraie* n.

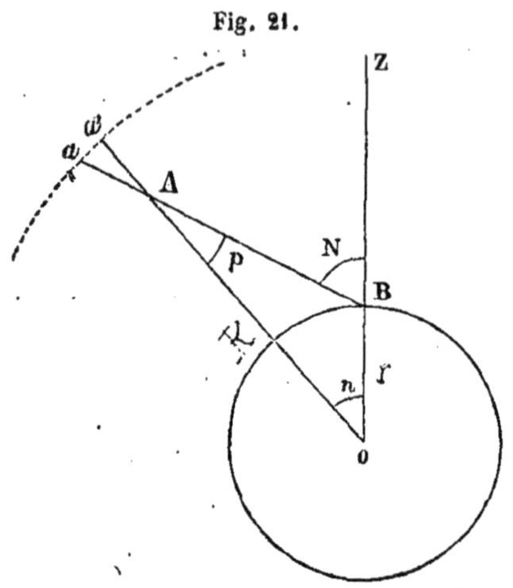

Fig. 21.

La différence BAo de ces deux distances zénithales est ce que l'on appelle la *parallaxe*. On appelle parallaxe d'un astre, en général, à un moment donné, *l'angle sous lequel on verrait le rayon de la Terre qui passe par l'observateur si l'on était situé au centre de l'astre*.

La valeur de la parallaxe BAo, que nous appellerons p, se déduit du triangle BAo, dans lequel on trouve, en représentant par r le rayon de la Terre et par R la distance du centre de l'astre au centre de la Terre,

$$\frac{\sin p}{\sin N} = \frac{r}{R}$$

ou

$$\sin p = \frac{r}{R} \sin N.$$

48. *Parallaxe horizontale.* — La valeur de p étant fonction de N, varie pendant toute la durée d'un jour ; la valeur maximum P de p dans cet intervalle de temps, pendant lequel on peut considérer R comme constant, a lieu lorsque N = 90°, c'est-à-dire lorsque l'astre est à l'horizon ; elle est alors appelée, pour cette raison, *parallaxe horizontale* ; p est nommé *parallaxe de hauteur*. La valeur de P est donnée par la relation

$$\sin P = \frac{r}{R}$$

que l'on peut écrire, en général, $P = \frac{r}{R \sin 1''}$.

Ce qui nous fait voir que lorsque l'on connaîtra à une époque quelconque la *distance de l'astre au centre* de la Terre, on en conclura facilement *sa parallaxe horizontale*.

Si dans la relation

$$\sin p = \frac{r}{R} \sin N$$

nous remplaçons $\frac{r}{R}$ par sin P, on a la relation

$$\sin p = \sin P \sin N,$$

qui existe *entre la parallaxe en hauteur et la parallaxe horizontale.*

On peut simplifier cette relation en remarquant que p et P étant généralement très-petits, on peut remplacer leur sinus par les arcs eux-mêmes; on a alors

$$p = P \sin N.$$

49. *Détermination approchée de la parallaxe horizontale, et par suite de la distance d'un astre à la Terre.* — Soit $qAA'q'$ (fig 22), un méridien terrestre sur lequel nous supposons que deux observateurs soient situés en A et A'.

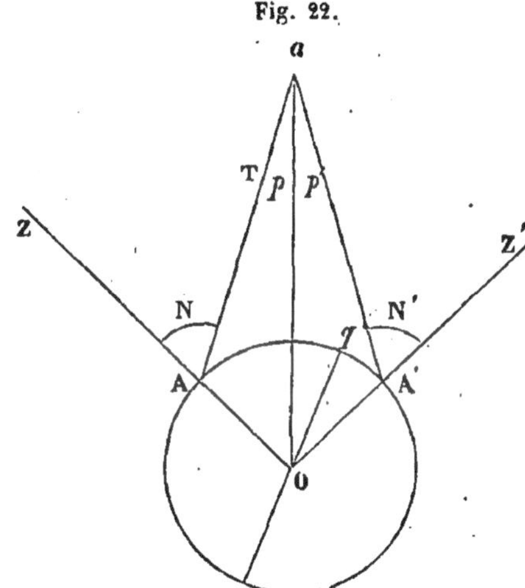

Fig. 22.

Soient Z et Z' les zéniths de ces observateurs.

Admettons qu'ils prennent simultanément la distance zénithale $ZAa = N$ et $Z'A'a = N'$ de l'astre au moment où il passe au méridien en a.

Les parallaxes de hauteur sont à ce moment $p = AaO$ et $p' = A'aO$.

L'angle $AOA' = l$ est évidemment égal au changement en *latitude des deux lieux.*

Dans le quadrilatère $AaA'O$, on a

$$360° = AOA' + OAa + AaO + OaA' + aA'O.$$
$$360° = l + 180 - N + p + p' + 180 - N'.$$

D'où l'on déduit, en supprimant 360° aux deux membres,

$$0 = l + p + p' - (N + N').$$

Remplaçons p et p' par leurs valeurs

$$P \sin N \text{ et } P \sin N',$$

on a

$$0 = l + P(\sin N + \sin N') - (N + N'),$$

d'où l'on obtient pour valeur de la parallaxe horizontale P

$$P=\frac{\sin N+\sin N'}{(N+N')-l}.$$

Avec cette valeur de P et au moyen de la relation

$$P=\frac{r}{R\sin 1''},$$

on déduira la distance approchée de l'astre à la Terre,

$$R=\frac{r}{P\sin 1''}.$$

Appelons P une parallaxe horizontale, R la distance correspondante de l'astre à la Terre, P' la parallaxe horizontale de l'astre à un autre moment, R' sa distance correspondante à la Terre, on aura les deux relations

$$P=\frac{r}{R\sin 1''},\quad P'=\frac{r}{R'\sin 1''},$$

d'où

$$P'=\frac{P\times R}{R'}.$$

Si l'on veut maintenant calculer la parallaxe en hauteur correspondante p' qui convient à la distance zénithale apparente N, on aura en supposant P, R et R' connus,

$$p'=\frac{P\times R}{R'}\sin N.$$

50. *Du demi-diamètre d'un astre ayant un disque.*

Dans l'observation des astres ayant un *disque*, on doit considérer la position du centre de leur disque; ce sont les coordonnées de ce point que l'on détermine habituellement.

Si de la Terre nous considérons le demi-diamètre ATO $= d$ d'un astre ayant un disque, nous déduisons du triangle ATO (fig. 23),

$$\sin d=\frac{AO}{TO},$$

ou, comme on trouve toujours d très-petit,

$$d=\frac{AO}{TO\sin 1''}.$$

Donc, le demi-diamètre varie en *raison inverse* de la distance de l'astre à l'observateur, que nous pouvons, eu égard au grand éloignement de ces astres en général, considérer comme étant situé au centre de la Terre, puisqu'on trouve que le diamètre du Soleil, par exemple, mesuré à un même instant de différents points du globe, a la même valeur.

Fig. 23.

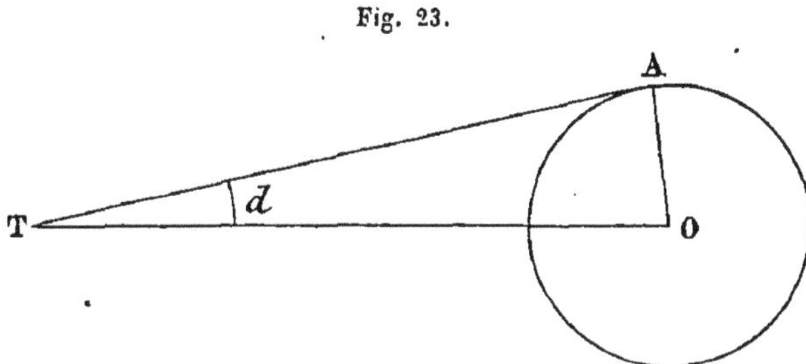

Nous verrons cependant, en étudiant la Lune, qu'il y a une distinction à faire pour cet astre entre le diamètre vu de la *surface* et celui qui serait vu du *centre* de la Terre.

INSTRUMENTS D'OBSERVATIONS.

51. Toutes les observations astronomiques se réduisent à *trois* principales :

1° *Mesurer des temps écoulés;*

2° *Déterminer l'instant précis du passage d'un astre au méridien;*

3° *Mesurer des distances angulaires.*

INSTRUMENTS PROPRES A MESURER LES TEMPS.

52. *Temps égaux.* — On dit que deux temps ou deux intervalles de temps sont égaux lorsqu'ils servent à l'accomplissement de deux phénomènes identiques accomplis dans des conditions identiques.

Mesurer le temps, c'est déterminer combien de fois, dans un temps donné, pourrait avoir lieu un phénomène connu.

Le phénomène qui sert à l'évaluation du temps est le *mouvement uniforme* d'un corps. La mesure du temps est, par suite, ramenée à la mesure de l'espace parcouru par un corps qui se meut.

Or nous avons vu que la Terre est douée d'un mouvement de *rotation uniforme;* le mouvement d'une étoile dans la *voûte céleste* peut donc servir à l'évaluation du temps.

Le *temps* ainsi mesuré prend le nom de *temps sidéral.*

Une étoile n'étant pas toujours visible et, lorsqu'elle l'est, la détermination de la position dans le cercle qu'elle décrit n'étant pas d'un usage prompt et facile, on a dû rechercher dans les mouvements des corps à la surface de la Terre, un mouvement uniforme qui permît de suppléer au *mouvement type de la Terre.* Nous n'entrerons pas dans le détail historique des instruments inventés pour la mesure du temps, nous nous bornerons à étudier, dans ce cours, ceux qui sont le plus en usage aujourd'hui.

Le mouvement, dans les instruments propres à mesurer le temps, est déterminé soit par l'action de la *pesanteur*, soit par l'action d'un *ressort qui se détend;* ces deux causes de mouvement font, à l'aide de roues dentées, décrire à l'extrémité d'un index appelé *aiguille* un mouvement circulaire. Le poids ou le ressort qui détermine ce mouvement prend le nom de *moteur.*

Les instruments qui servent à la mesure du temps et qui sont soumis à l'action de la pesanteur s'appellent *horloges* ou *pendules.*

Ceux qui agissent sous l'action d'un *ressort* qui se détend prennent généralement le nom de *montres* ou de *chronomètres;* ce dernier nom s'applique surtout à ces sortes d'instruments arrivés à un grand degré de perfection.

Mais on voit, en mécanique, que la *pesanteur* ou la détente d'un *ressort* ne détermine pas un mouvement *uniforme* sur le corps que l'un ou l'autre entraîne; de plus, chacun de ces mouvements *initiaux* ne se communique à l'*aiguille* qu'à l'aide de roues dentées déterminant des résistances qui ne restent pas constamment les mêmes; il en résulte que le mouvement circulaire de l'index ne peut *pas être uniforme d'une manière continue.*

On le rend, alors, *alternativement uniforme* à l'aide d'un mécanisme particulier, indépendant du rouage, appelé *régulateur*, lequel a un mouvement déterminé, soit par l'action de la *pesanteur* dans les horloges, soit par un *ressort* dans les chronomètres; ce *régulateur* est mis en communication avec le rouage à l'aide d'un autre mécanisme appelé *échappement;* la roue du rouage qui est en contact alternatif avec l'échappement prend le nom de *roue d'échappement.*

Le mouvement dû à la pesanteur ou au ressort ne pouvant se continuer indéfiniment, il faut que l'on puisse rétablir entièrement, de temps en temps, l'action de la force motrice sur le rouage, *sans toutefois arrêter le mouvement;* cette condition est remplie à l'aide d'un nouveau mécanisme appelé *remontage.*

Ainsi, toute *horloge* ou tout *chronomètre* se compose de cinq parties principales :

1° *Le Moteur,*
2° *Le Rouage,*
3° *Le Régulateur,*
4° *L'Échappement,*
5° *Le Remontage.*

Nous n'étudierons, maintenant, chacune de ces parties que dans l'*horloge* ou *pendule astronomique;* nous renvoyons l'étude du mécanisme d'un chronomètre dans le Cours de navigation.

Fig. 24.

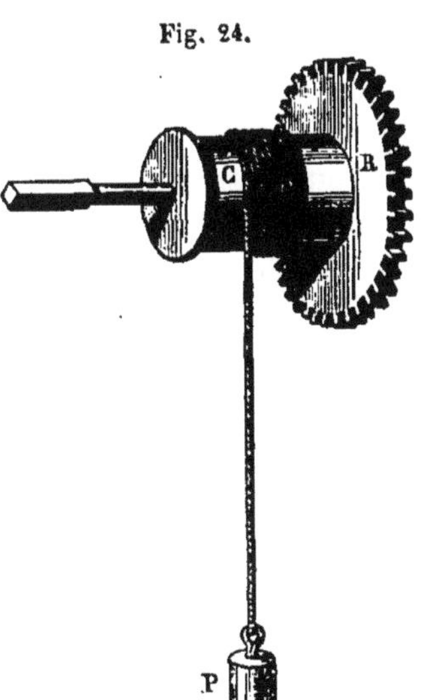

53. DE LA PENDULE ASTRONOMIQUE.

Du Moteur. — Le moteur dans une horloge ou pendule est un poids P (fig. 24), suspendu à l'extrémité d'une corde qui est fixée sur la surface d'un cylindre C et qui s'enroule sur ce cylindre, lequel peut tourner autour de son axe. Le poids P qui tend à descendre communique au cylindre C un mouvement de rotation; ce mouvement est communiqué au mécanisme à l'aide d'une roue dentée R fixée perpendiculairement à l'axe du cylindre.

La plupart des pendules astronomiques sont aujourd'hui généralement mises en mouvement à l'aide d'un *ressort* que l'on enroule sur lui-même et qui, en se détendant, produit la force nécessaire à faire tourner le cylindre C. Nous en donnons la description dans notre Cours de navigation.

Du Rouage. — Le rouage d'une pendule se compose d'un certain nombre de pièces composées d'un système de roues dentées, une grande et une petite, qui *sont fixées sur un même axe;* généralement, la petite roue dentée prend le nom de *pignon*, et ses dents s'appellent *les ailes du pignon.*

Comment le poids moteur donne le mouvement à l'aiguille des secondes, c'est-à-dire à la roue d'échappement.

Considérons une section verticale passant par l'axe du cylindre sur lequel agit directement le moteur.

Le poids moteur P (fig. 25), agit à l'extrémité d'une corde qui est enroulée sur le cylindre A, auquel est fixé, comme nous l'avons dit plus haut, la roue dentée B.

Fig. 25.

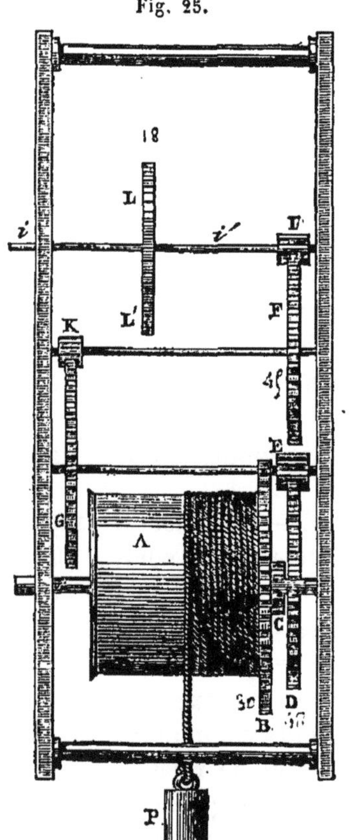

Par suite, le poids P tend à faire tourner la roue B.

Cette roue engrène avec un pignon C qui, dans cette figure, est en partie cachée par la roue B, et dont l'axe porte une seconde roue D.

Cette roue D engrène avec un nouveau pignon E sur l'axe duquel est fixée la troisième roue G.

Cette troisième roue G engrène avec le pignon K sur l'axe duquel se trouve une quatrième roue F.

Enfin cette roue F engrène avec un quatrième pignon I, dont l'axe *ii'* fait tourner l'aiguille des secondes et porte une roue LL', *qui est la roue d'échappement*, c'est-à-dire la roue qui est en communication avec *le régulateur.*

Le poids P doit être tel que son mouvement descendant qui est uniformément accéléré, fasse, en ayant égard aux résistances développées par les engrenages, décrire à l'axe *ii'*, et par suite à la roue LL', un tour dans un intervalle de temps déterminé.

Du Régulateur. — Comme on ne peut faire que le mouvement de la roue d'échappement soit uniforme, on le rend alternativement uniforme à l'*aide d'un pendule* dont les oscillations, de peu d'amplitude et par conséquent pouvant être considérées comme *isochrones*, mettent en mouvement la pièce appelée *échappement*, qui vient à intervalles égaux arrêter le mouvement continu de la *roue d'échappement*.

Du Pendule. — On sait, en effet, que si l'on suspend un corps pesant P (fig. 26), à l'extrémité d'un fil délié AP, la direction AP est celle de la verticale du lieu; si actuellement on écarte le poids P de cette position pour venir le placer suivant AP′ et qu'on l'abandonne ensuite à la pesanteur, il se met immédiatement en mouvement pour se rapprocher de sa première position AP; mais, en vertu de sa vitesse acquise, il s'en écarte pour venir en AP″, position symétrique de AP′. Là le pendule, ayant perdu toute sa vitesse, revient en sens contraire passer par tous les points intermédiaires entre P″ et P′, et ainsi de suite; seulement la résistance de l'air agissant sur le poids P, et des résistances se faisant sentir aux points de suspension A, les oscillations finissent par être de plus en plus petites et cessent complétement au bout d'un certain temps.

Fig. 26.

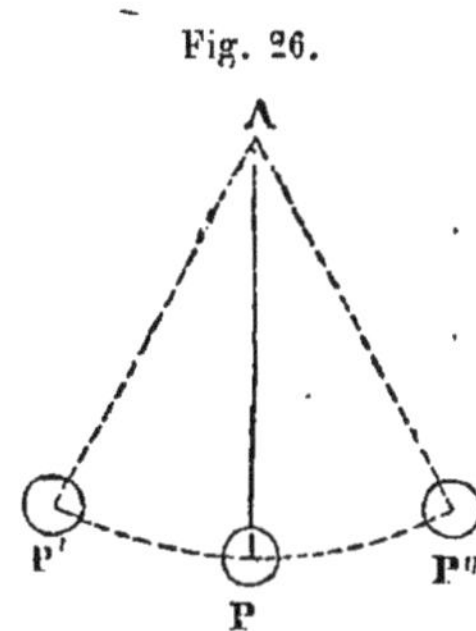

On démontre, en mécanique, que les durées des oscillations d'un *pendule sont isochrones*, c'est-à-dire d'égale durée, quel que soit l'écart de la verticale, lorsque la courbe P′PP″ est une cycloïde, et qu'elles peuvent être considérées comme *isochrones*, la courbe P′PP″ étant un cercle, si l'écart de la verticale est petit.

Comme l'essai de l'emploi d'un pendule cycloïdal, pour les horloges, n'a pas été heureux, on se sert du pendule circulaire à *petite amplitude*.

On a dû chercher à disposer *le pendule* de manière à diminuer autant que possible la résistance occasionnée par l'air, ainsi que celle qui provient de son mode de suspension.

Pour diminuer la résistance due à l'air, on donne ordinairement au poids P la forme d'une *lentille* dont les plus grandes dimensions sont dirigées dans le plan du mouvement oscillatoire du pendule. De cette manière, la lentille rencontrant l'air par sa *tranche* en écarte facilement les molécules.

Fig. 27.

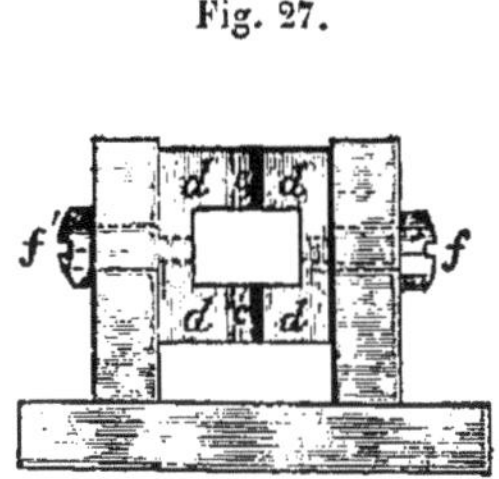

Fig. 27 *bis*.

Deux dispositions sont adoptées dans le mode de suspension du pendule : ce sont *la suspension à couteau et la suspension à ressort*.

Dans la suspension à couteau, la tige du pendule porte à son extrémité supérieure une pièce en acier *a* (fig. 27 et 27 *bis*) qui fait saillie de chaque côté; l'arête inférieure de cette pièce est fine mais *non tranchante;* cette arête repose au fond d'un sillon *c* pratiqué sur la face supérieure d'un support *d*, espèce de cadre porté par les pivots qui sont au bout des vis *f*, *f'*, et formé d'une matière dure, telle que de l'*acier* ou de l'*agate*.

Le pendule en oscillant tourne autour de cette arête comme autour d'un axe, et l'on voit qu'il ne doit pas sensiblement en résulter de *frottement*.

Dans la suspension à ressort, la tige T du pendule (fig. 28 et 28 *bis*) est accrochée à la partie inférieure d'une pièce RR formée de deux lames minces d'acier dont les extrémités supérieures sont fortement serrées entre les parties d'une pièce fixe A.

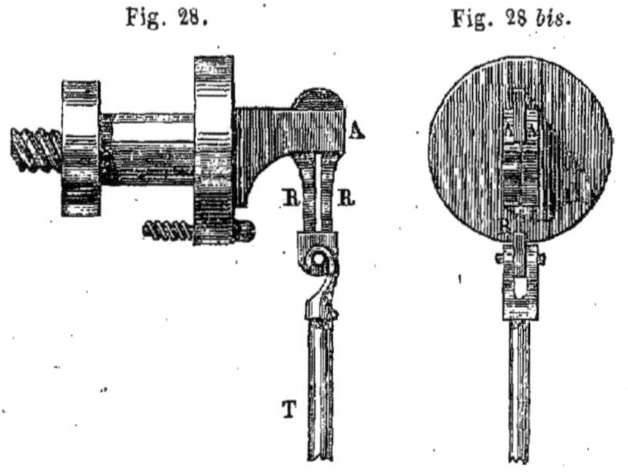

Fig. 28. Fig. 28 *bis*.

Il est clair, alors, que le pendule en oscillant fera fléchir les ressorts RR d'un côté et de l'autre.

On voit que, dans ce cas, il n'y a nul frottement et que la résistance des ressorts à la flexion ne peut diminuer progressivement l'amplitude des oscillations, puisque cette résistance vient aussi, lorsque les ressorts se détendent, c'est-à-dire lorsque le pendule se rapproche de la verticale, accélérer son mouvement; il en résulte donc, une compensation telle, que lorsque le pendule vient à passer par la verticale, il a la même vitesse que si les ressorts de suspension n'avaient nullement agi sur lui.

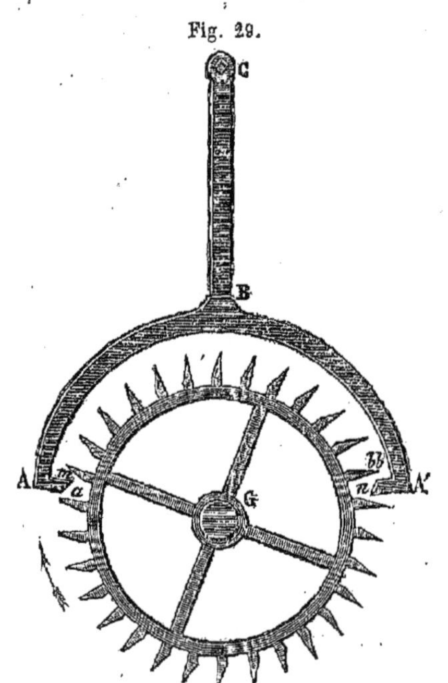

Fig. 29.

De l'Échappement. — On a imaginé plusieurs mécanismes appelés *échappements* pour établir une liaison entre les *rouages de l'horloge et le pendule;* pour ne pas trop nous étendre, nous ne décrirons que *l'échappement dit à ancre*, qui est, du reste, un de ceux que l'on emploie le plus souvent.

A un axe horizontal C est suspendue (fig. 29), une pièce ABCA', dont la partie ABA' a quelque analogie avec les becs d'une ancre.

Cette pièce ABCA', que l'on nomme pour cette raison *l'ancre*, peut tourner autour du point C. Elle reçoit un mouvement d'oscillation par suite du mouvement du pendule FF′ (fig. 30), qui, passant entre les branches d'une fourchette EE′, faisant partie d'une pièce DEE′ fixée à l'axe C, communique son mouvement à cette pièce, par suite à l'axe C et, par conséquent, à l'ancre ABCA′.

Fig. 30.

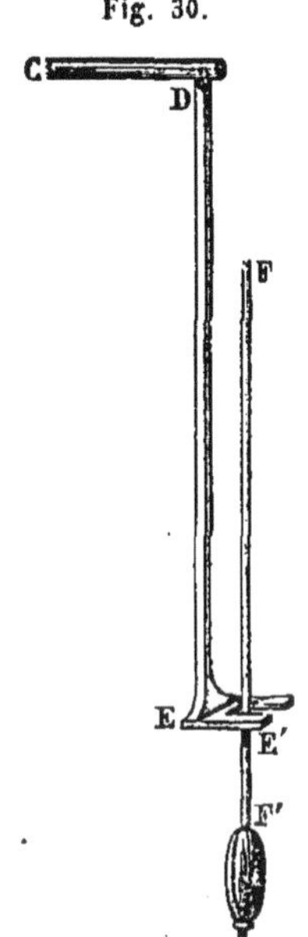

Entre les deux extrémités A et A′ se trouve placée la *roue d'échappement* G. Cette roue, en raison de l'action du *moteur*, tend à tourner dans le sens de la flèche; mais par suite du mouvement oscillatoire de l'ancre, les dents de la roue d'échappement viennent alternativement s'appuyer sur la *face inférieure* A*a* de la partie A et sur la *face supérieure bb′* de la partie A′; or, *ces deux faces étant taillées suivant des arcs de cercle concentriques à l'axe* C, il s'ensuit que pendant tout le temps qu'une dent de la roue est en contact avec l'une des extrémités de l'ancre, cette dent et par suite la roue d'échappement restent immobiles. Le mouvement de la roue G (fig. 29), est donc alternatif.

Mais, en raison des résistances dues *à l'air, au mode de suspension du pendule, et au frottement des dents de la roue d'échappement sur les faces de l'ancre*, l'amplitude des oscillations du pendule finirait par décroître progressivement; pour obvier à cet inconvénient et restituer au pendule la vitesse que ces résistances lui font perdre, on a imaginé de tailler en biseau et en *sens contraires*, les extrémités *am* et *bn* des parties A et A′; par suite, lorsque la dent de la roue est en contact avec le point *a*, au lieu d'échapper complétement, elle glisse sur la partie *am* et accélère, par sa pression, le mouvement de l'ancre, de même, la dent de l'ancre qui est en contact avec la face supérieure de A′, au lieu *d'échapper en b*, glisse sur la partie *bn* et accélère le mouvement de l'ancre qui réagit sur le pendule et entretient son mouvement.

On fait voir, en mécanique, que les durées des oscillations de divers pendules sont entre elles dans le même rapport que les racines carrées des distances qui séparent *les points de suspension des centres d'oscillation;* or les changements de température déterminent des variations dans les dimensions d'un pendule, et par suite dans la durée des oscillations. Pour combattre cet effet qui altérerait l'uniformité de la marche d'une horloge, on rend *les pendules compensateurs* en les formant de plusieurs parties composées de matières différentes et dont les dilatations agissent différemment sur les variations de leur longueur. Nous ne nous occuperons pas de la théorie des *pendules compensateurs* qui est donnée dans les cours de *physique*.

Régler une horloge. — Puisque la durée des oscillations d'un pendule dépend de sa longueur, il faut pouvoir augmenter ou diminuer cette longueur de manière à ce que chaque oscillation se fasse dans *l'unité* de temps que l'on veut devoir être indiquée par l'horloge; cela s'appelle *régler la pendule*. On y parvient en ne fixant pas *la lentille* à la tige, mais en la traversant seulement par cette tige qui étant terminée en forme de vis et garnie d'un écrou, permet de faire monter ou descendre la lentille, et par suite, d'abaisser ou d'élever le *centre d'oscillation*.

D'après la formule $T = \pi\sqrt{\frac{l'}{g}}$, donnée en mécanique, on voit que plus l' est grand plus les oscillations ont de durée, et par suite, si l'horloge retarde, il faut faire remonter la lentille afin de *raccourcir la longueur* l' *du pendule; on fait le contraire si elle avance*.

Dans les horloges ordinaires, la lentille est fixée à la tige, mais celle-ci est accrochée par son extrémité supérieure à un fil de soie qu'on raccourcit ou qu'on allonge à volonté, en faisant tourner un petit cylindre sur lequel ce fil est enroulé.

Combinaison des roues dentées d'une horloge. — Voyons actuellement, comment la roue d'échappement peut, en décrivant une circonférence en une *minute de temps sidéral*, par exemple, faire marcher les aiguilles des *minutes* et des *heures*. Afin de mieux faire comprendre le mécanisme, nous supposerons que les axes des aiguilles des heures et des minutes ne se confondent pas, comme cela a généralement lieu, à l'aide d'un cylindre creux servant d'axe à l'une des aiguilles, afin que les engrenages occupent le moins de place possible.

Fig. 31.

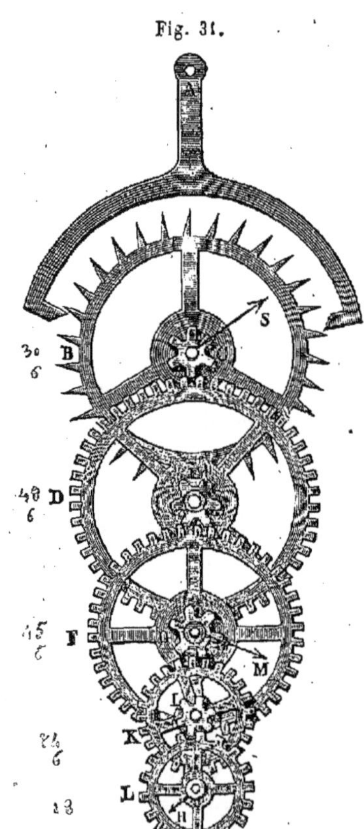

La roue *d'échappement* B (fig. 31), porte 30 dents; si un pendule battant la seconde lui sert de *régulateur*, cette roue fait évidemment un tour en 60 secondes ou en 1 minute, puisque chaque dent est arrêtée *deux fois*.

Si *à l'axe* de la roue B on adapte une aiguille S, cette aiguille indiquera les secondes et fera le tour de la circonférence en une minute.

Le pignon C, fixé à la roue B et qui porte 6 dents, engrène avec la roue D qui porte 48 dents; par conséquent, quand celle-ci a fait un tour, le pignon C ou l'aiguille des secondes en a fait huit; le pignon E, fixé à la roue D, porte 6 dents et engrène avec la roue F qui en porte 45; donc quand cette roue a fait un tour, le pignon E en a fait $\frac{45}{6}$, et le pignon C 8 fois plus ou $\frac{45 \times 8}{6}$, c'est-à-dire 60 tours. Si donc à l'axe de la roue F, on adapte une aiguille M, elle marchera 60 fois moins vite que l'aiguille des secondes et *indiquera bien les minutes.*

Le pignon G fixé à la roue F est armé de 6 dents et engrène avec la roue K qui porte 24 dents; donc, quand cette roue K aura fait un tour, le pignon G ou l'aiguille des minutes en aura fait 4, par conséquent la roue K va 4 fois moins vite que le pignon G.

Le pignon I fixé à la roue K porte 6 dents et engrène avec la roue L qui porte 18 dents; donc, cette roue marche trois fois moins vite que le pignon I et, par suite, douze fois moins vite que le pignon G ou l'aiguille des minutes.

Si donc, on adapte une aiguille H à l'axe de la roue L, cette aiguille ne décrira que le douzième de son cadran pendant que l'aiguille M fera un tour complet du sien; *elle indiquera donc bien les heures.*

REMONTAGE D'UNE HORLOGE ASTRONOMIQUE A POIDS.

Lorsque le poids moteur a fait dérouler toute la corde qui était enroulée sur le cylindre, il faut, pour que la pendule continue à marcher, rendre au *poids* toute son action en l'enroulant de nouveau sur le cylindre, et cela, sans faire rétrograder les aiguilles ni faire arrêter momentanément le mouvement des rouages.

Fig. 32.

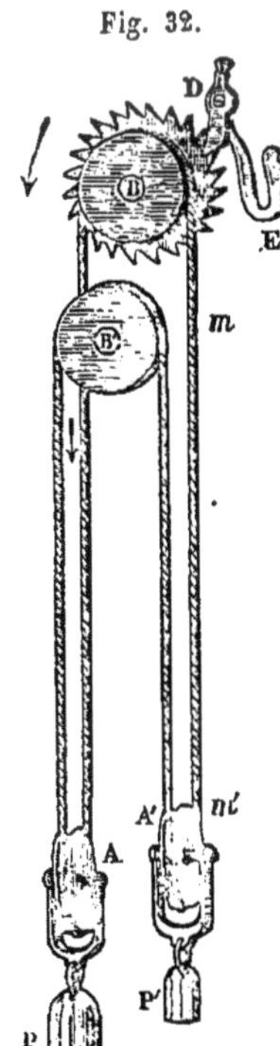

Voici l'une des dispositions les plus simples qui aient été imaginées dans ce but.

Deux poulies mobiles A et A' (fig. 32), sont soutenues par une corde sans fin qui s'enroule autour de *deux poulies fixes* B et B'.

Deux poids P et P' sont suspendus à la chape de chaque poulie mobile.

Le plus fort P des deux poids tend à entraîner la corde et, par suite, à faire tourner les poulies B et B' dans le sens de la flèche.

La poulie B est garnie d'une roue à rochet, dans les dents de laquelle s'engage un doigt D pressé constamment contre la roue par le ressort E; par suite, la roue B sous l'action du poids P ne peut pas tourner; *la roue* B' *tourne donc seule et donne le mouvement aux rouages en agissant sur la première des roues dentées.*

Le poids P', qui n'est que suffisant seulement pour tendre la corde, monte pendant que le poids P descend.

Lorsque *l'on veut remonter l'horloge*, on tire de haut en bas sur le cordon *mm'*; ce cordon fait tourner la poulie B sans que le doigt D l'en empêche et le poids P remonte sans cesser d'agir sur la poulie B', par suite, le mouvement de l'horloge n'éprouve aucune interruption.

INSTRUMENTS PROPRES A PRÉCISER L'INSTANT DU PASSAGE D'UN ASTRE AU MÉRIDIEN.

54. *De la lunette méridienne.*

Description. — La lunette méridienne est un instrument destiné spécialement à connaître *l'heure, la minute et la seconde d'une pendule sidérale*

Fig. 33.

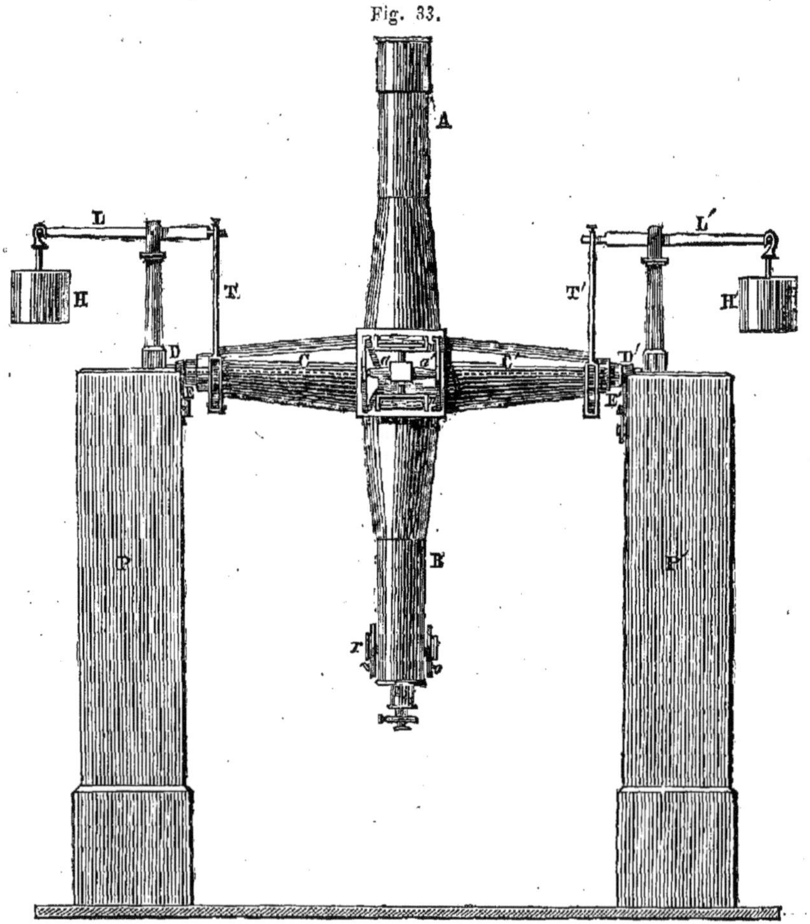

à laquelle un astre passe au méridien. Cet instrument appelé, par cette raison, *instrument des passages*, se compose essentiellement d'une *lunette astronomique* pouvant se mouvoir de telle sorte que son axe optique prenne toutes les directions possibles dans le plan du méridien et *ne puisse pas sortir de ce plan.*

Voici comment on y parvient :

La *lunette astronomique* AB (fig. 33), dont la théorie est complétement développéé dans les Cours de physique, est enchâssée entre deux cônes tronqués creux C, C′ identiques et *ayant même axe*, lequel est perpendiculaire à l'axe optique de la lunette.

Chacun de ces troncs de cône, *sorte d'essieu solide*, est terminé par un petit tourillon cylindrique D et D′ ayant même axe que l'essieu.

Ces deux tourillons, qui sont parfaitement égaux, reposent dans des coussinets E et E′ portés par de forts piliers P et P′ en maçonnerie qui ont leurs fondations propres, afin d'être entièrement indépendants du bâtiment où se trouve placée la lunette.

Les tourillons D et D′ peuvent se mouvoir facilement à l'intérieur de ces coussinets qui sont formés de deux plans inclinés en forme de V, afin que chaque tourillon y prenne une position *bien déterminée.*

Pour éviter l'usure qui pourrait résulter du frottement des tourillons sur les faces des coussinets, on fait équilibre à une grande partie du poids de la lunette au moyen des contre-poids H, H′ suspendus à une extrémité des leviers horizontaux L, L′, dont l'autre extrémité supporte une tringle T, T′ qui porte inférieurement un collier à galets entourant l'essieu C, C′ de la lunette.

Si nous supposons la lunette située dans le plan du méridien, l'axe optique de la lunette pourra prendre toutes les positions dans ce plan; et comme tous les astres, en vertu du mouvement diurne, viennent passer dans le plan du méridien, on pourra déterminer l'instant précis de ce passage en visant l'astre par l'oculaire et en voyant à quel moment le centre de l'astre se trouve sur l'axe optique.

Du Réticule. — Pour déterminer cet instant *d'une manière précise*, la lunette porte au foyer de l'objectif un réticule.

Ce réticule (fig. 34), est généralement composé de *cinq fils équidistants et parallèles*, que l'on nomme *fils horaires;* celui du milieu mm' prend le nom de *fil méridien.*

Fig. 34.

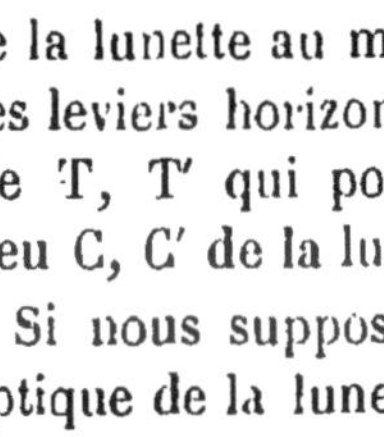

Il est clair, d'après ce que nous avons supposé, que lorsque l'on verra l'astre coïncider avec le milieu o du fil mm', il se trouvera dans le méridien; mais si les fils sont verticaux, le fil mm' se trouvera tout entier dans le méridien, *il suffira donc d'observer le passage de l'astre en un point quelconque de ce fil.*

Afin de se garantir de l'erreur de parallélisme des fils verticaux, le réticule porte deux autres fils équidistants du centre et perpendiculaires aux premiers; c'est dans la portion nn' du fil méridien, comprise entre les deux fils horizontaux, que doit s'effectuer la coïncidence de l'astre avec les fils.

C'est pour déterminer d'une manière plus précise l'instant du passage des astres, que, malgré la perfection donnée à la construction des instruments et l'habitude des observateurs, on a placé deux fils de part et d'autre du fil méridien et équidistants entre eux.

Lorsque l'on veut observer l'instant du passage de l'astre au fil méridien, on détermine l'heure du passage de l'astre à chacun des fils, et l'on prend pour l'heure cherchée, comme nous le verrons plus loin, *l'heure moyenne de ces passages.*

Pour les observations de nuit on éclaire les fils du réticule; pour cela, *l'un des troncs de cône qui forment l'essieu est creux* ainsi que *le tourillon qui le termine.*

Une lampe placée en face de l'ouverture de ce tourillon envoie de la lumière dans la direction de l'axe; cette lumière arrive jusqu'au tuyau de la lunette, y rencontre un miroir incliné qui la réfléchit et la renvoie au réticule. Quand le tourillon creux est à l'Est on dit que la lunette est dans la position *directe*, et qu'elle est dans la position *inverse* quand le tourillon creux est à l'Ouest.

D'après le but que l'on se propose et la description que nous venons de donner, nous voyons que la lunette, dans son installation, doit remplir les conditions suivantes :

Avoir : 1° *l'axe de rotation horizontal,*
2° *l'axe optique de la lunette perpendiculaire à l'axe de rotation,*
3° *l'axe optique de la lunette dans le plan méridien,*
et enfin, 4° *les fils horaires dans une position verticale.*

Voyons donc quelles sont les opérations à l'aide desquelles on vérifie que ces conditions sont bien remplies.

RECTIFICATIONS DE LA LUNETTE MÉRIDIENNE.

1° *Pour vérifier l'horizontalité de l'axe de rotation*, on se sert d'un niveau à bulle d'air AA′ (fig. 35), dont la monture se termine par deux crochets de forme angulaire *et parfaitement égaux;* ces crochets sont distants l'un de l'autre de telle sorte qu'ils puissent se placer sur les tourillons de la lunette dans la petite portion de ces tourillons qui se trouve entre chaque coussinet et la partie conique de l'essieu de la lunette (fig. 33).

Fig 35.

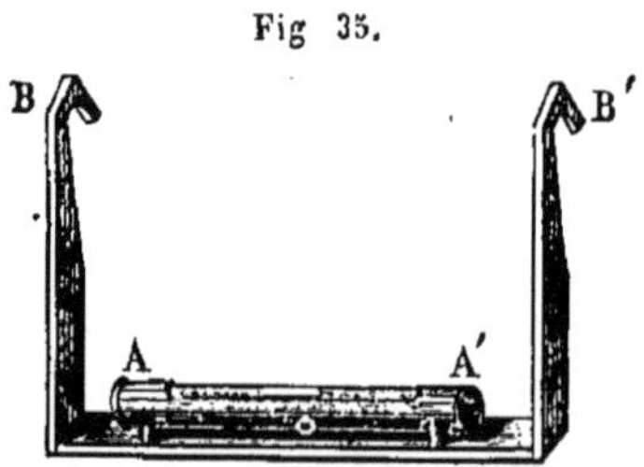

Le niveau ainsi suspendu, on observe les points d'arrêt des extrémités de la bulle d'air, puis on retourne le niveau en mettant à gauche le crochet qui était à droite, et réciproquement.

On observe ensuite les points du tube où s'arrête la bulle; ces deux points doivent être les mêmes quand l'axe est horizontal.

Lorsque ces deux points ne sont pas les mêmes, l'axe de rotation n'est pas horizontal; pour l'amener à cette position on élève ou l'on abaisse l'un des tourillons cylindriques de la lunette à l'aide *de son coussinet* A, représenté figure 36, auquel est adaptée une vis D, à l'aide de laquelle on peut faire monter ou descendre le coussinet.

Fig. 36.

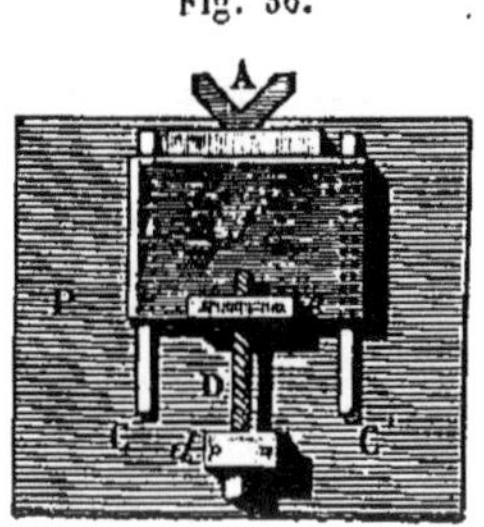

La vis D passe dans une douille *d*, fixée à la maçonnerie P, et dans un écrou *e*, fixé à la pièce *f* qui supporte le coussinet A et qui peut glisser dans les coulisses C et C' qui sont fixes sur le massif P.

La monture de la lunette porte deux petits niveaux à bulle d'air *n*, *n'* (fig. 33) montés sur un axe *aa'* faisant corps avec cette monture et complétement parallèle à l'axe de rotation CC'.

Cet axe *aa'* est suffisamment éloigné du corps de la lunette pour que les niveaux *n*, *n'* tournent librement autour de lui, de manière que, quelle que soit la direction de la lunette, ces niveaux puissent être amenés verticalement l'un au-dessus de l'autre.

Leur but est de constater à chaque instant l'horizontalité de l'axe de rotation.

2° *Pour s'assurer que l'axe optique est bien perpendiculaire à l'axe de rotation*, on place sur le terrain, et à une grande distance, une mire pouvant être aperçue avec la lunette.

Fig. 37.

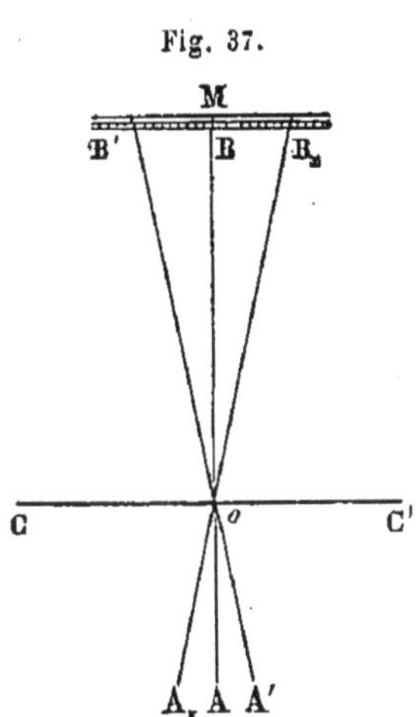

Soient M cette mire (fig. 37), CC' l'axe de rotation et A*o*B l'axe optique de la lunette. On note sur la mire M le point B, c'est-à-dire celui dont l'image se cache derrière *le fil méridien*.

On enlève ensuite la lunette de ses coussinets, on la retourne, et l'on place le tourillon de droite dans le coussinet de gauche, et réciproquement.

On vise de nouveau la mire M. Si c'est encore l'image du point B qui se cache derrière *le fil méridien*, l'axe optique est bien perpendiculaire sur l'axe de rotation puisque l'angle C*o*B = C'*o*B; mais si après le retournement c'est le point B' qui se trouve derrière le fil méridien, l'axe optique est alors dirigé suivant A'*o*B', et comme l'angle C*o*B' est plus petit que C'*o*B', avant le retournement l'axe optique était dirigé suivant A_1oB_1, de telle sorte que $B_1oC' = B'oC$.

Pour rectifier cette erreur il faut faire mouvoir latéralement, dans l'intérieur de la lunette, le *réticule* à l'aide de deux vis dont il est armé, de manière à amener le fil méridien sur le point B, point intermédiaire entre B' et B_1.

3° *Mettre l'axe optique de la lunette dans le plan méridien.* — Puisque l'axe optique de la lunette est perpendiculaire à l'axe de rotation, et que cet axe est *horizontal*, dans le mouvement de la lunette son axe optique décrit un cercle vertical; il faut actuellement s'assurer *si ce plan vertical coïncide bien avec le plan méridien.*

Pour cela on observe à la lunette méridienne les heures des passages successifs, *supérieurs et inférieurs*, d'une des étoiles qui restent toujours au-dessus de l'horizon; si l'axe optique de la lunette est bien situé dans le plan du méridien, on doit trouver que *l'intervalle de temps compris entre un passage supérieur et le passage inférieur suivant est le même que l'intervalle compris entre ce passage inférieur et le passage supérieur qui le suit.*

Dans le cas où ces deux intervalles ne sont pas égaux, *l'axe optique de la lunette ne décrit pas le plan méridien;* pour l'y amener on fait mouvoir horizontalement *le second coussinet*, celui auquel on n'a pas touché lorsque l'on a rendu horizontal l'axe de rotation. Dans ce but, ce coussinet A est fixe sur une plaque *f* (fig. 38), qui peut glisser horizontalement dans deux coulisses C, C', fixées au massif P; cette plaque porte un écrou *e* dans lequel s'engage une vis B qui est passée dans une douille *d* fixée aussi au massif; on comprend, d'après cela, qu'en faisant mouvoir la vis, la plaque *f*, et par suite le coussinet A, prennent *un mouvement horizontal.*

Fig. 38.

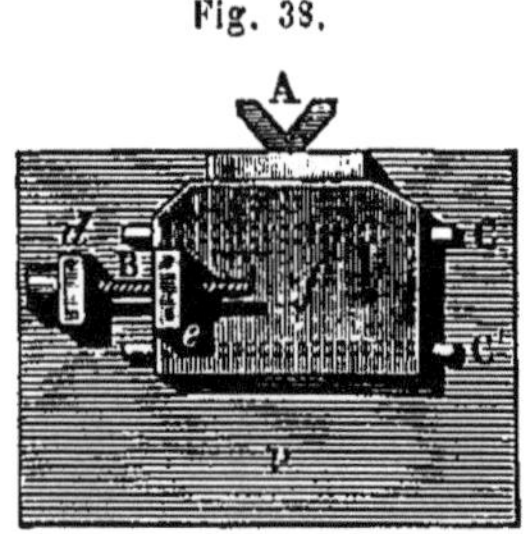

4° *S'assurer que les fils du réticule sont verticaux.* — On vise une mire placée à grande distance, et l'on voit si, en faisant tourner la lunette autour de son axe de rotation, *les fils horaires couvrent toujours les mêmes points de la mire;* si cela n'arrive pas, on tourne le réticule de manière à l'amener à remplir cette condition qui indique aussi que les fils sont *tous parallèles.*

Lorsque l'axe optique de la lunette méridienne est dans le plan du méridien, *pour s'assurer qu'elle ne se dérange pas de cette position,* on dispose sur le terrain, à une grande distance, une mire sur laquelle on indique *la trace du méridien par un trait vertical.*

Pour voir si la lunette ne s'est pas dérangée, il suffit de voir si le fil méridien couvre toujours ce trait.

53. USAGE DE LA LUNETTE MÉRIDIENNE.

La lunette méridienne est toujours accompagnée d'une horloge très-précise, destinée à indiquer le temps qui correspond à chaque observation.

Cette horloge est disposée de manière à indiquer le *temps sidéral;* c'est donc ce que nous avons nommé une *pendule sidérale.*

Un cadran divisé en 24 parties égales est parcouru par une aiguille dans l'espace d'un *jour sidéral;* un autre cadran divisé en 60 parties égales est parcouru par deux aiguilles, dont l'une fait *un tour entier en une heure* et l'autre *un tour entier en une minute.*

Chaque oscillation du pendule s'effectuant un une *seconde de temps sidéral,* le commencement des secondes successives est marqué par le bruit que fait l'échappement à chaque oscillation; de manière que si, avant de mettre l'œil à la lunette méridienne, l'observateur a noté les divisions que marquaient les aiguilles, *en comptant les bruits de l'échappement* il peut connaître, sans se déranger, *l'heure, la minute et la seconde de son observation.* Entre chaque battement de l'échappement, les astronomes parviennent, à l'aide de moyens qui leur sont propres, à évaluer les *dixièmes de seconde.*

Nous avons dit que pour obtenir aussi exactement que possible l'heure du passage d'une étoile au méridien, on observait les heures des passages à chacun des fils, et que la moyenne de ces heures donnait l'heure du passage au fil méridien.

Fig. 39.

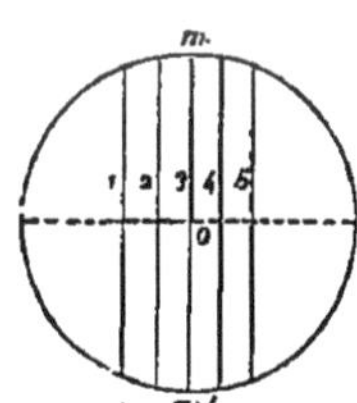

Soient en effet, t_1, t_2, t_3, t_4, t_5 les heures des passages de l'étoile aux fils 1, 2, 3, 4, 5 (fig. 39), et supposons que l'on commette sur ces heures les erreurs e_1, e_2, e_3, e_4, e_5. En appelant θ l'intervalle de temps sidéral qu'une étoile met à avancer d'un fil à l'autre et T *l'heure exacte du passage de l'étoile au fil méridien mm',* on aura, en supposant les fils équidistants, ce qu'il est facile de vérifier,

$$
\begin{aligned}
T &= t_1 + 2\theta \pm e_1 \\
T &= t_2 + \theta \pm e_2 \\
T &= t_3 \pm e_3 \\
T &= t_4 - \theta \pm e_4 \\
T &= t_5 - 2\theta \pm e_5
\end{aligned}
$$

d'où, en faisant la somme et divisant par 5,

$$T = \frac{t_1 + t_2 + t_3 + t_4 + t_5}{5} + \frac{\pm e_1 \pm e_2 \pm e_3 \pm e_4 \pm e_5}{5}.$$

On voit alors que l'erreur totale est *au plus égale à la somme des er-*

reurs divisée par 5. Cette quantité sera généralement beaucoup plus faible parce que quelques-unes de ces erreurs partielles doivent être de signes contraires.

Lorsque l'astre dont on veut avoir le passage au fil méridien a un diamètre sensible, comme le *Soleil*, la *Lune* ou les *Planètes*, c'est l'heure du passage du centre de l'astre au fil méridien qu'il faut obtenir; or il est presque impossible de voir quand cet instant a exactement lieu. On note alors les heures de la pendule au moment des contacts des bords occidental et oriental du disque avec chacun des fils du réticule, *la moyenne de ces heures donne l'heure du passage du centre de l'astre au fil méridien.* En effet, en appelant t_1, t_2, t_3, t_4, t_5 les heures des contacts du bord occidental, t'_1, t'_2, t'_3, t'_4, t'_5 les heures des contacts du bord oriental, et T_m l'heure du passage cherché, et en admettant que le mouvement de l'astre soit uniforme dans le petit intervalle de temps pendant lequel il traverse le champ de la lunette, on obtient les relations suivantes :

$$\begin{aligned}
T_m - t_1 &= t'_5 - T_m \\
T_m - t'_1 &= t_5 - T_m \\
T_m - t_2 &= t'_4 - T_m \\
T_m - t'_2 &= t_4 - T_m \\
T_m - t_3 &= t'_3 - T_m.
\end{aligned}$$

En faisant la somme on a

$$10T_m = t_1 + t_2 + t_3 + t_4 + t_5 + t'_1 + t'_2 + t'_3 + t'_4 + t'_5,$$

d'où

$$T_m = \frac{t_1 + t_2 + t_3 + t_4 + t_5 + t'_1 + t'_2 + t'_3 + t'_4 + t'_5}{10}.$$

Si l'astre ne se présente que comme un point, on a

$$t_1 = t'_1, t_2 = t'_2, t_3 = t'_3, t_4 = t'_4, t_5 = t'_5,$$

et par suite, il vient

$$T_m = \frac{t_1 + t_2 + t_3 + t_4 + t_5}{5}.$$

Lorsque l'on veut observer à la lunette méridienne une étoile connue de position, comme à l'œil nu on pourrait ne pas apercevoir cette étoile, on agit de la manière suivante : *Connaissant la déclinaison de l'astre et la latitude du lieu*, on peut obtenir à très-peu près, ainsi que nous le dirons, la hauteur de l'astre *au-dessus de l'horizon;* par suite, si l'on donne à l'axe de la lunette une inclinaison égale à cette hauteur angulaire, l'étoile viendra traverser le champ de la lunette. A cet effet, le tube de la lunette porte aux environs de l'oculaire un petit cercle gradué *r* (fig. 33); une alidade mobile autour du centre de ce cercle porte un petit niveau à bulle d'air, à l'aide duquel on peut rendre cette alidade horizontale. On fait marquer au vernier de cette alidade la *Hauteur méridienne* de l'Étoile et après avoir serré la vis de pression qui lie l'alidade au cercle, on fait mouvoir la lunette jusqu'à ce que la bulle du niveau soit dans ses repères.

La lunette a alors la direction voulue pour qu'on puisse apercevoir l'Étoile au moment de son passage.

56. DÉTERMINATION DES ASCENSIONS DROITES DES ASTRES A L'AIDE DE LA LUNETTE MÉRIDIENNE.

Notons les heures t et t' de la pendule sidérale qui accompagne *la lunette méridienne*, au moment où deux *étoiles* A et A' (fig. 40), viennent passer au méridien.

Fig. 40.

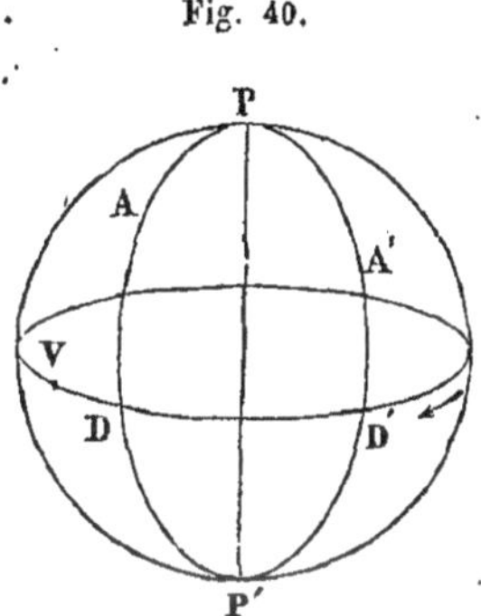

D'après ce que nous avons dit sur la *pendule sidérale*, il est clair que *la différence* $t' - t$ *des heures sidérales* exprime *le temps* que le méridien du lieu d'observation a mis à parcourir l'arc DD' qui sépare les cercles de déclinaison des deux étoiles, c'est-à-dire leur différence en *ascension droite*. $t' - t$ converti en temps, exprimera donc cette *différence d'ascension droite.*

On voit alors que si l'on connaît *l'ascension droite d'une seule étoile* A, il faudra, *pour avoir les ascensions droites des autres astres*, noter simplement l'heure h à laquelle l'étoile dont l'ascension droite est connue passe *au méridien* et les heures t, t'....., etc., auxquelles les autres astres effectuent leurs passages.

Les différences $t - h$, $t' - h$....., etc., *réduites en degrés,* donneront les différences d'ascensions droites de chaque astre considéré avec l'étoile A, aux moments t, t'....., etc.

Nous voyons de plus que si nous connaissons le moment du passage du méridien sur le point que nous avons nommé *point vernal* et qui est *l'origine des ascensions droites*, en faisant marquer $0^h\ 00^m\ 00^s$ à la pendule sidérale à ce moment, *les heures des passages des astres au méridien* nous donneront immédiatement leurs *ascensions droites apparentes* exprimées en temps.

La disposition d'une *lunette méridienne,* telle que nous venons succinctement de l'indiquer, n'est pas celle adoptée dans tous les observatoires; aussi croyons-nous devoir donner un aperçu de l'installation et du mode d'observation qui ont été adoptés à l'Observatoire impérial.

Installation de la LUNETTE MÉRIDIENNE *de l'Observatoire impérial.*

57. L'idée fondamentale qui domine dans l'installation de cette lunette méridienne, est que la STABILITÉ doit être atteinte aussi près que possible; vis-à-vis de celle-ci, les autres qualités de l'instrument ne sont pour ainsi dire que secondaires.

Pour obtenir le plus grand degré de rigidité possible, on a supprimé les mécanismes à l'aide desquels s'effectuait autrefois la rectification en *azimuth* et en *déclinaison*.

Les tourillons de la lunette reposent sur des *coussinets en bronze* d'une seule pièce, SCELLÉS à la partie supérieure des piliers en pierres. Leur forme est celle de la lettre V.

Pour éviter, aux points de contact, des pressions trop considérables qui auraient pour résultat de chasser l'huile et de produire une déformation des tourillons, on a pratiqué dans les coussinets *deux* surfaces cylindriques concentriques à l'axe de rotation et d'une petite amplitude.

Ces surfaces ont été obtenues à l'aide d'un cylindre *d'acier fondu* dont les deux extrémités ont été tournées et *amenées* au diamètre des tourillons; en *rodant* au moyen de ce cylindre, en employant de la pierre pulvérisée mêlée avec de l'huile, on est parvenu à donner un même axe de figure aux surfaces cylindriques mises en place, et de plus, on a pu disposer l'*axe de ces surfaces horizontalement* et *perpendiculairement* au méridien.

De cette manière, l'axe des tourillons de la Lunette, quand celle-ci repose sur ses coussinets, n'éprouve plus d'autres mouvements que les mouvements lents dus à l'inégalité de dilatation des piliers et aux inflexions du sol.

Quand, avec le temps, l'amplitude des déplacements est devenue gênante, il suffit de passer le *cylindre rodeur* sur les coussinets pour ramener la Lunette dans une position plus convenable.

La *Lunette* de l'instrument est pourvue, à son foyer, d'un *fil micrométrique*, c'est-à-dire *mobile* qui sert à déterminer la *collimation*, autrement dit l'écart de l'axe optique relativement à une ligne perpendiculaire à l'axe de rotation, et aussi la position des *fils fixes*.

Fig. 41.

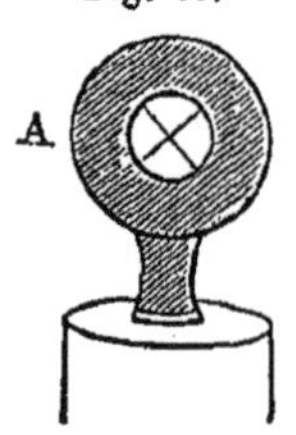

Une *seule mire méridienne* consistant en un objectif de près de 86 mètres de foyer, est posée sur un pilier en dehors de la salle. Cet objectif peut avoir un petit mouvement latéral, c'est-à-dire parallèle à l'axe des tourillons, et qu'on mesure avec une échelle divisée en quarts de millimètre.

Au foyer de cet objectif est placée, sur un autre pilier, une plaque A (fig. 41), percée d'un trou circulaire traversé par deux fils *croisés* et éclairés par derrière.

Les rayons venant de la croisée des fils et qui tombent sur l'objectif de la mire en sortent après l'avoir traversé, dans une direction parallèle à la ligne que joint cette croisée des fils avec le centre optique de l'objectif de la mire.

Ces rayons viennent former une image de *la mire* dans le plan focal même de la lunette méridienne, et la ligne qui joint cette image avec le centre optique de la lunette est *parallèle* à l'axe de la mire.

La *collimation* s'obtient en pointant le fil mobile sur l'image de la mire dans les deux positions *directe* et *renversée* de l'axe de rotation de la lunette.

La moyenne des lectures de la *vis micrométrique* donne la position du *fil idéal* pour lequel la collimation serait *nulle*, c'est-à-dire la position du *fil mobile* au moment où l'axe optique est *perpendiculaire* à l'axe de rotation de la lunette. La distance de ce fil au fil moyen des fils fixes donne la *collimation* de ce fil moyen exprimée en parties de la vis micrométrique.

La tête de la vis micrométrique qui fait marcher le fil mobile porté par un châssis établi aussi près que possible de la plaque des fils fixes, est divisée en *cent* parties égales, et un *tambour* qui, au moyen de petites roues dentées, suit le mouvement de rotation qu'on imprime à la vis micrométrique, sert à *compter les tours*.

58. Pour faire comprendre comment avec l'instrument ainsi disposé, on peut obtenir finalement *l'heure exacte* du passage des étoiles au méridien, nous allons indiquer succinctement les opérations que doit, à ce sujet, effectuer un astronome.

Ces opérations se divisent en *trois* distinctes :

1° Faire un *nivellement;*

2° Déterminer, à l'aide de la mire, la *position du fil idéal dont* la *collimation serait nulle;*

3° *Observer* le passage de l'étoile.

1° *Faire un nivellement.*

59. On prend, avec précaution, la base du niveau (fig. 35), par en dessous, en renversant les ongles en l'air, puis on vient placer les crochets sur les tourillons de la lunette, en plaçant un des crochets d'abord et l'autre ensuite; *éviter les chocs.* On donne ensuite un *petit* mouvement de balancement au niveau autour des tourillons et on le laisse un instant prendre son assiette.

On lit et l'on inscrit, au dixième près, les indications a_1 et a'_1 des divisions du niveau fournies par les extrémités de *la bulle.* On retourne ensuite le niveau; pour cela on le prend de la même manière que précédemment, on l'enlève de dessus les tourillons, on fait le tour de la lunette et l'on vient le replacer sur les tourillons, en mettant le crochet V où était le crochet V′ et réciproquement ; on le balance légèrement, et après quelques instants on lit et l'on inscrit les points b et b' où sont arrêtées les extrémités de *la bulle*. On fait un *second* retournement et l'on obtient deux nouvelles indications a_2 et a'_2 ; l'inclinaison I de l'axe de rotation, *en parties du niveau*, sera donnée par l'expression

$$I = \frac{\left(\frac{a_1 + a_2}{2} + \frac{a'_1 + a'_2}{2}\right) - (b + b')}{4},$$

c'est-à-dire en retranchant de la moyenne des deux indications fournies par le niveau dans les deux mêmes positions, la somme des deux indications fournies par la position intermédiaire et en divisant par 4 cette différence ; nous supposons ici que dans les lectures b et b' ces nombres augmentent de l'Ouest à l'Est ; il faudrait changer le signe de I, si le contraire existait.

2° *Déterminer la position du fil sans collimation.*

60. Il s'agit simplement de trouver la *position du fil mobile* au moment où l'axe optique est *perpendiculaire* à l'axe des tourillons, c'est-à-dire qu'il faut *connaître* le nombre de tours *de la vis micrométrique* qui correspond à cette position du fil ; c'est ce nombre de tours que l'on désigne par V_0.

On vise à la *mire* dans la *position directe* (c'est-à-dire le tourillon creux à l'Ouest), et l'on amène le fil mobile sur la *croisée* des fils ainsi que le montre la figure 42.

Fig. 42.

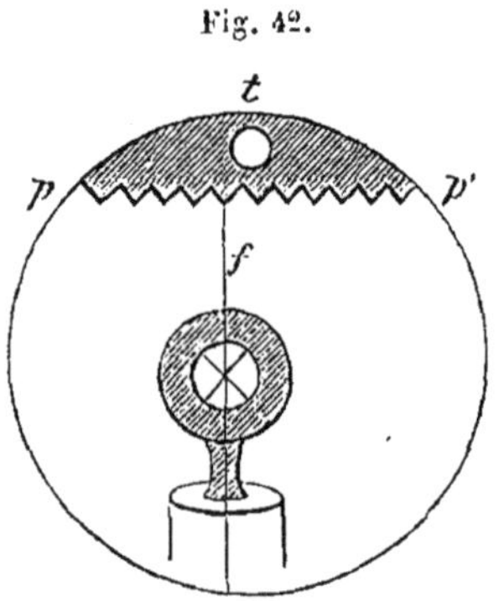

Le trou t du peigne pp' indique 10 tours de la vis micrométrique, quand le fil mobile le traverse suivant son milieu ; chaque dent du peigne correspond à un tour.

Une fois le fil sur la *croisée* des fils de la mire, on lit sur la *graduation* du tambour les centièmes de tour. On déplace, à l'aide de la vis micrométrique, le fil mobile et on le ramène sur la *croisée des fils ;* on note le *nombre de tours* et de centièmes de tour de la vis, nombre qui est un peu différent de celui précédemment obtenu à cause des défauts de vision, on agit ainsi *cinq fois de suite* et l'on prend la moyenne M des cinq lectures ; on a ainsi le nombre de tours correspondant à la position du fil mobile sur la croisée des fils.

On RETOURNE LA LUNETTE et l'on fait sur la mire les mêmes opérations que nous venons de décrire. On obtient alors cinq nouvelles lectures qui donnent un nombre M′ analogue à M.

La moyenne de ces nombres donne la quantité

$$V_0 = \frac{M + M'}{2}$$

que l'on voulait obtenir.

On termine ensuite cette opération par un nouveau *nivellement.*

3° *Observation du passage d'une étoile.*

61. On détermine d'abord la hauteur H de l'étoile au-dessus de l'horizon du lieu, au moyen de la relation

$$90 - H = l \pm D,$$

ou

$$H = 90 - l \mp D,$$

l étant la latitude du lieu et D la déclinaison de l'étoile.

On fait marquer au zéro du vernier du petit cercle que porte la lunette, *ce nombre* H si la lunette est dans la position *directe,* ou son *supplément* si elle est dans la position *inverse.*

Puis on incline la lunette de manière que la bulle du *niveau* du petit cercle soit dans ses repères. On est alors certain que la lunette est dirigée vers l'étoile que l'on veut observer.

Fig. 43.

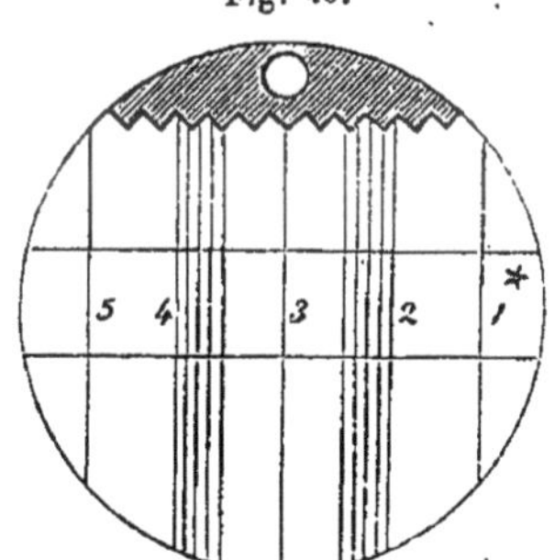

Deux minutes environ avant le passage, on se dispose à l'observation, en comptant *les battements* de la pendule sidérale.

Au moyen de la vis de *l'oculaire,* qui permet de le faire marcher latéralement, on amène (en apparence du moins) le fil 1 (fig. 43) au milieu du champ, puis on suit de l'œil *l'étoile* qui entre *à droite* entre les deux fils horizontaux. On *compte* toujours mentalement les *secondes* de la pendule.

On note la seconde et dixièmes de seconde qui correspondent à l'instant où l'étoile est *bissectée* par le fil 1.

Fig. 44.

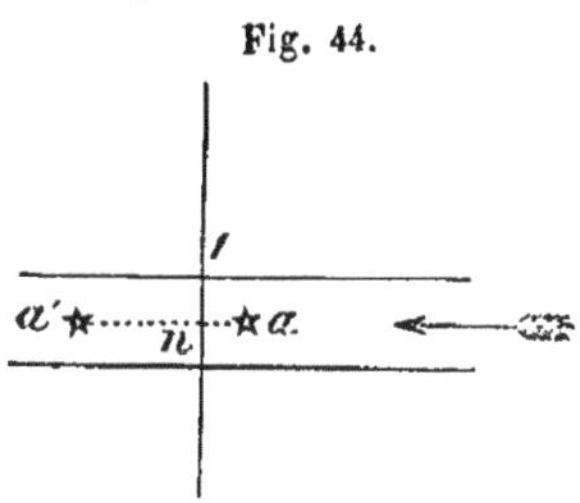

Voici comment on peut procéder pour obtenir les dixièmes de seconde quand le mouvement de l'étoile a une certaine rapidité. Supposons que l'on ait compté 45ˢ, quand l'étoile était en a (fig. 44), à droite du fil 1, et 46ˢ quand l'étoile était en a' à gauche du même fil; avec un peu d'habitude, on estimera facilement que la distance an est, par exemple, la moitié de la distance $a'n$ et par conséquent que l'étoile a dû passer en n, sur le fil

1 à $45^s + \frac{1}{3}$, c'est-à-dire 45,3 environ. Pour être bien assuré qu'on ne se trompe pas de seconde, avant d'inscrire on jette un coup d'œil à la pendule et l'on voit s'il y a bien accord entre la seconde que l'on compte et celle marquée à la pendule au même instant. On amène ensuite successivement les fils 2, 3, 4 et 5 au milieu du champ, et l'on note la seconde et dixièmes de seconde qui correspondent à chaque *bissection* de l'étoile par un des fils; quand le dernier passage est effectué, on regarde à la pendule la *minute* qu'elle indique et l'on voit alors celle qui correspond à chaque bissection; on inscrit *l'heure commune* à gauche.

On a ainsi cinq nombres :

$$t_1, \quad t_2, \quad t_3, \quad t_4, \quad t_5,$$

qui sont les heures marquées par la pendule sidérale au moment du passage de *l'étoile derrière chaque fil;* il faut maintenant en conclure l'heure du *passage de l'étoile au méridien.*

62. Il est d'abord facile, à l'aide *du fil mobile*, de connaître, en *tours* de la vis micrométrique, la distance des *cinq* fils du réticule; il suffit, en effet, d'amener le fil mobile à être successivement tangent au bord *Ouest* par exemple des fils fixes. En prenant la moyenne des cinq positions on obtient, en tours de vis, un nombre V qui représente la position d'un fil fictif, qu'on nomme *fil moyen.*

On peut aussi déterminer par des mesures que nous n'indiquerons pas ici la valeur en *temps d'un tour* de la vis micrométrique, c'est-à-dire le temps qu'une étoile équatoriale mettrait à traverser l'espace qui sépare les deux positions du fil mobile *séparées par un seul tour de vis;* ce nombre k est pour la lunette méridienne de l'Observatoire impérial égal à

$$2^s,87.$$

En multipliant par cette quantité les nombres de *tours de vis* qui séparent les fils fixes du fil idéal *moyen*, on a, *en temps, les distances équatoriales* de ce fil à chaque fil fixe; pour la lunette de l'Observatoire impérial on a trouvé, en prenant l'ordre des fils selon la manière dont se succèdent les passages dans la position directe,

Intervalle du fil *moyen* au fil		I	$+ 34^s,438$
»	»	II	$+ 17^s,222$
»	»	III	$- 00^s,04$
»	»	IV	$- 17^s,19$
»	»	V	$- 34^s,431$

On voit donc d'après cela que la distance équatoriale

du fil I	au fil II	. . . .	$= 17^s,216$
» II	» III	. . . .	$= 17^s,262$
» III	» IV	. . . .	$= 17^s,15$
» IV	» V	. . . .	$= 17^s,24$

Les fils sont donc presque équidistants.

Ayant observé, ainsi que nous l'avons dit précédemment, l'heure marquée par la pendule au moment du passage derrière chaque fil, nous pouvons réduire chaque passage à un fil, à celui effectué *au fil moyen idéal*.

C'est-à-dire que t_1 désignant l'heure du passage au fil 1, nous allons en déduire t heure du passage *au fil moyen*.

Fig. 45.

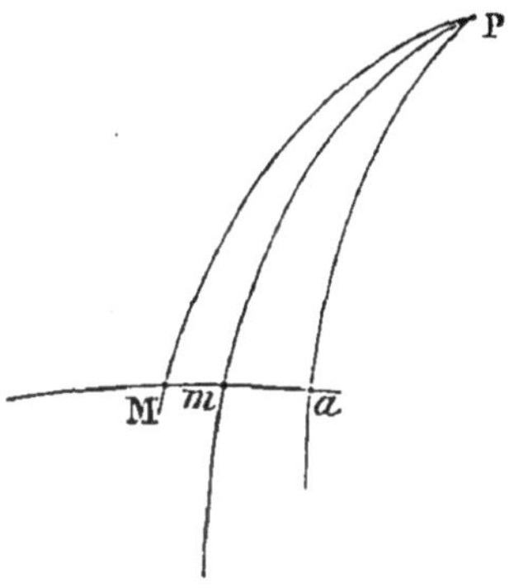

Soit a (fig. 45), la position de l'étoile quand elle est derrière le fil 1.

Soient Pa, Pm, les plans horaires passant par l'étoile a et le *fil idéal moyen;* soit aussi PM le méridien, et enfin amM un grand cercle passant par l'étoile a et perpendiculaire au méridien.

En désignant par P_1 l'angle horaire de l'étoile au moment considéré, et par D sa déclinaison, le triangle sphérique rectangle aMP donne

$$\sin aM = \pm \sin P_1 \cos D;$$

d'où, en développant aM en série suivant les puissances croissantes de P_1, on aura, en supposant aM et P_1 exprimés en secondes de temps,

$$(1) \qquad aM = \pm \cos D . P_1 \mp \frac{\sin^2 D \cos D}{6} . P_1^3 \sin^2 15'' \ldots\ldots$$

En considérant le triangle sphérique rectangle mMP, on aura de même

$$(2) \qquad mM = \pm \cos D . P_m \mp \frac{\sin^2 D \cos D}{6} . P_m^3 \sin^2 15'' \ldots\ldots$$

d'où, en retranchant (2) de (1),

$$\begin{aligned} am &= \pm \cos D (P_1 - P_m) \mp \frac{\sin^2 D \cos D}{6} (P_1^3 - P_m^3) \sin^2 15'' \\ &= \pm \cos D (P_1 - P_m) \mp \frac{\sin^2 D \cos D}{6} (P_1 - P_m)^3 \sin^2 15'' \\ &\quad \mp \frac{\sin^2 D \cos D}{2} (P_1 - P_m) P_1 P_m \sin^2 15''. \end{aligned}$$

En raison de la disposition donnée à la lunette, P_m est toujours excessivement petit, et l'on peut négliger le troisième terme ; on a donc en s'arrêtant au terme du 3ᵉ ordre,

$$am = \pm \cos D (P_1 - P_m) \mp \frac{\sin^2 D \cos D}{6} (P_1 - P_m)^3 \sin^2 15''.$$

Si l'on considère le passage d'une étoile et qu'on néglige la marche de la pendule dans l'intervalle $P_1 - P_m$, on peut écrire

$$P_1 - P_m = (t_1 - t),$$

d'où l'on obtient

$$am = \pm \cos D (t_1 - t) \mp \frac{\sin^2 D \cos D}{6} (t_1 - t)^3 \sin^2 15'';$$

mais la distance en temps du fil 1 au fil moyen a été trouvée de $34^s,438$; on a donc

$$t_1 - t = \pm \frac{34^s,438}{\cos D} \pm \sin^2 D (t_1 - t)^3 \frac{\sin^2 15''}{6}.$$

Si dans le second membre nous substituons à $(t_1 - t)$ la valeur approchée

$$\pm \frac{34^s,438}{\cos D}$$

donnée par le premier terme, nous aurons enfin

$$t = t_1 \mp \frac{34^s,438}{\cos D} \mp \sin^2 D \left(\frac{34^s,438}{\cos D}\right)^3 \frac{\sin^2 15''}{6};$$

les signes inférieurs se rapportent aux passages qui précèdent le passage au fil moyen, et les signes supérieurs à ceux qui le suivent.

En faisant une semblable réduction pour les 4 autres fils, on aura 4 autres valeurs de t. La *moyenne* des *cinq valeurs* ainsi obtenues donnera *l'heure de la pendule* au moment du passage de l'étoile à ce *fil moyen*.

63. Pour déduire maintenant de l'heure t, *l'heure sidérale* du passage de l'étoile au méridien, c'est-à-dire son *ascension droite apparente*, il faut faire subir à cette heure t des corrections relatives :

1° Au retard τ de la pendule ;

2° A la *déviation azimutale* de la lunette vers le S.-E. ;

3° A *l'inclinaison* de l'axe de rotation, inclinaison que l'on considère comme positive quand le tourillon *Ouest* est le plus élevé ;

4° Enfin, à la collimation du fil moyen.

Nous savons d'abord que V étant le nombre *de tours* de la vis micrométrique qui correspond à la position du *fil moyen*, et V_0 le nombre *de tours* qui correspond à la position du fil *sans collimation*, $(V_0 - V)$ sera le nombre de tours qui séparent ces deux fils ; en multipliant donc cette quantité par la valeur en temps d'*un* tour de vis, que nous avons désignée par k et qui, pour la lunette méridienne de l'Observatoire impérial, est égal à $2^s,87$, ainsi que nous l'avons déjà dit, on aura

$$\text{collimation du fil moyen } c = \pm k(V_0 - V).$$

Le signe $+$ correspondant à la position *directe* de la lunette et le signe $-$ à la position *inverse*. Pour une déclinaison D la collimation du fil moyen sera

$$\frac{c}{\cos D}.$$

Nous avons dit comment un *nivellement* peut donner *l'inclinaison* β de l'axe des tourillons, en supposant l'instrument sans défaut.

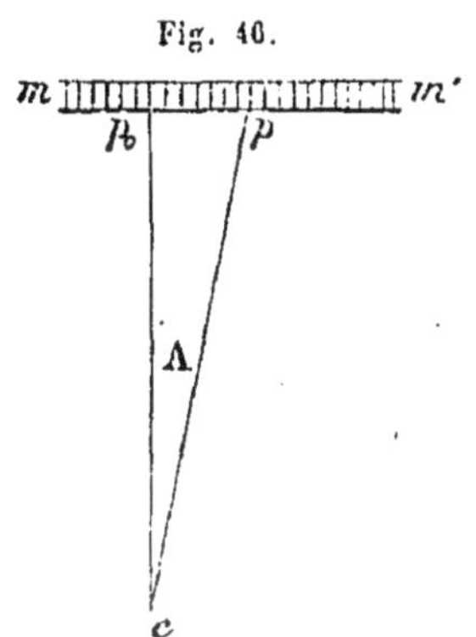

Fig. 46.

Pour obtenir la déviation azimutale α de la *lunette méridienne*, appelons p (fig. 46), la position de la mire *en dehors* du méridien et p_0 la position de cette mire dans le méridien. L'angle $p_0cp = A$ est la déviation azimutale de l'axe de la mire, en supposant que c soit le centre optique de l'objectif de la mire; et en appelant *axe de la mire* la droite qui joint la *croisée* des fils avec le *centre optique* de l'objectif. Nous admettons, bien entendu, que les fils de la mire sont bien placés au foyer de l'objectif.

Le triangle p_0cp donne

$$\text{tang } A = \frac{p_0p}{p_0c} \quad \text{ou} \quad A = \frac{p_0p}{p_0c \sin 1''}.$$

On connaît $p_0c = 86^m,29$ pour la lunette de l'Observatoire impérial; il suffit donc de connaître p_0p. La position p se lit sur l'échelle graduée au moment des observations, et la position p_0 se déduit des azimuts, nivellements et observations *de la polaire;* nous le supposerons *connu*. On a donc ainsi l'azimut A de la mire. Pour obtenir maintenant l'angle α, c'est-à-dire la déviation azimutale de la lunette, nous ferons remarquer que cette *déviation azimutale* est l'angle formé par la ligne Sud et Nord *du méridien* avec l'axe optique de *collimation nulle.*

Si donc nous pointons la lunette sur la mire et que M soit le nombre de tours de vis qui correspond à la coïncidence du fil mobile avec la croisée des fils, l'axe optique sera à ce moment dans la position MCM' (fig. 47), et comme il est parallèle à l'axe de la mire, on a

$$SCM' = A.$$

L'axe optique de *collimation nulle*, c'est-à-dire perpendiculaire à l'axe ACA' de rotation a la position $V_0CV'_0$, la déviation *azimutale* de la lunette est donc l'angle

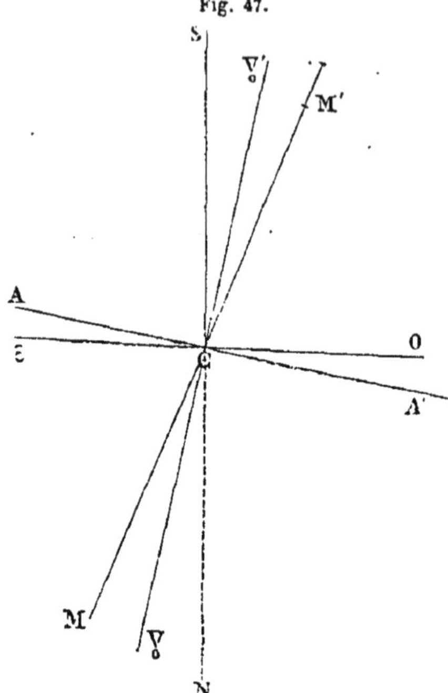

Fig. 47.

$$SCV'_0 = \alpha.$$

Il est alors évident que l'angle formé par les deux axes optiques, c'est-à-dire l'angle A — α exprimé en temps de passage, sera égal à $k(V_0 - M)$; on aura donc, si la lunette est dans la position directe,

$$A - \alpha = + k(V_0 - M);$$

d'où

$$\alpha = A - k(V_0 - M);$$

A, k, V_0 et M étant déterminés, on aura α.

Voyons maintenant comment on peut corriger l'heure t que nous avons précédemment obtenue.

Soient Z (fig. 48), le zénith de l'observateur, P le pôle, HH' l'horizon et CO la vraie ligne Est et Ouest.

Fig. 48.

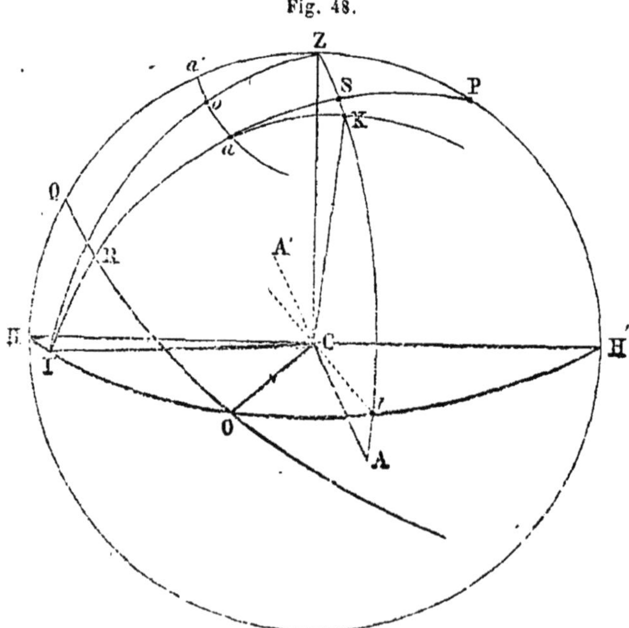

Soit maintenant A'CA la direction de l'axe de rotation de la lunette, axe qui est incliné sur l'horizon du lieu de l'angle $nCA = \beta$, et qui est dévié vers le N.-O. de l'angle nCO égal à α, *déviation azimutale de la lunette.*

Si nous supposons le grand cercle IaK *perpendiculaire* à l'axe A'CA, ce grand cercle passera par le *fil sans collimation.*

Soit a la position de l'étoile sur ce fil; en menant par l'étoile a un petit cercle aa' parallèle à l'Équateur nous aurons, en aa', le chemin que l'étoile a encore à faire pour arriver au méridien du lieu. L'angle P, différence horaire entre les deux passages en a et en a', est donné par la relation évidente

$$P = \frac{aa'}{\cos D},$$

D étant la déclinaison de l'étoile.

Menons l'arc de grand cercle ZI; ce cercle coupe aa' en o; joignons KC. Nous pouvons remarquer que CK est perpendiculaire à CA, donc l'angle ZCK ou l'arc $ZK = \beta$.

De même le plan de l'arc IaK et celui de l'horizon étant tous deux perpendiculaires au plan ZKA, leur intercession IC est perpendiculaire à ce plan; et, par suite, ICn étant égal à 90°, ainsi que HCO, l'angle HCI, c'est-à-dire l'angle $Z = OCn = \alpha$, *déviation azimutale de la lunette méridienne.*

On a maintenant,

$$a'a = a'o + oa.$$

Mais en considérant $a'o$ comme un arc de grand cercle perpendiculaire sur $a'Z$, le triangle sphérique rectangle $a'oZ$ donne, en appelant L la latitude du lieu,

$$\sin a'o = \sin Zo \sin Z = \sin (L - D) \sin \alpha;$$

d'où, approximativement,

$$a'o = \alpha \sin (L - D).$$

Comme le point I est le pôle de l'arc ZSK, on a aussi,

$$oa = ZK \cos Zo,$$

ou sensiblement

$$oa = \beta \cos (L - D).$$

Il vient donc

$$aa' = \alpha \sin (L - D) + \beta \cos (L - D);$$

d'où

$$P = \frac{\alpha \sin (L - D)}{\cos D} + \beta \frac{\cos (L - D)}{\cos D};$$

ou

$$P = \alpha \sin L - \alpha \cos L \operatorname{tang} D + \beta \cos L + \beta \sin L \operatorname{tang} D.$$

En posant

$$(1) \qquad \begin{cases} m = +\alpha \sin L + \beta \cos L \\ n = -\alpha \cos L + \beta \sin L, \end{cases}$$

il vient

$$P = m + n \operatorname{tang} D.$$

On a donc alors, pour heure sidérale du passage de l'astre au méridien,

$$(2) \qquad h_s = Æ = t + \frac{c}{\cos D} + \tau + m + n \operatorname{tang} D.$$

Cette expression aurait encore besoin d'être corrigée de l'*aberration diurne* des étoiles dont nous parlerons dans la suite du cours; en appelant $\frac{-x}{\cos D}$ cette correction, on aura enfin

$$Æ = t \pm \frac{c - x}{\cos D} + m \pm n \operatorname{tang} D + \tau,$$

le signe + s'appliquant aux passages supérieurs.

Cette équation permet de déterminer m. Si, en effet, nous observons le passage d'une étoile équatoriale ayant une ascension droite apparente connue, le terme $n \operatorname{tang} D$ disparaîtra, puisque $D = 0$, et l'on aura

$$m = Æ - t \mp (c - x) - \tau.$$

Avec cette valeur de m on pourra avoir n, il suffira d'observer la *polaire* par exemple, et si l'on suppose son ascension droite apparente connue, on aura, en considérant le passage supérieur,

$$n = \frac{Æ}{\operatorname{tang} D} - \frac{(t + \tau + m)}{\operatorname{tang} D} - \frac{c - x}{\sin D}.$$

Ces valeurs de m et de n auraient besoin de corrections provenant de l'erreur commise sur les ascensions droites.

INSTRUMENT PROPRE A MESURER LES DISTANCES POLAIRES.

64. *Du Cercle mural.*

Son but. — La lunette méridienne est, ainsi que nous venons de le voir, uniquement destinée à la détermination des ascensions droites des astres.

Le cercle mural a pour destination spéciale la détermination de leurs distances polaires, et par suite, de leurs *déclinaisons.*

Description. Du pilier et des supports de l'axe de rotation. — Un pilier très-solide, en pierres de taille, reposant sur le roc et n'ayant de contact avec aucune partie du bâtiment qui le contient est percé à $1^m,68$ au-dessus du parquet d'une ouverture destinée à recevoir l'enveloppe de l'axe de rotation du cercle mural et ses supports.

Cette ouverture, qui traverse complétement le pilier, reçoit une *enveloppe* en *fonte de fer* disposée de manière à assurer le plus de solidité possible à l'*axe* de rotation, tout en permettant de donner à cet axe, au moyen de quatre vis, les petits mouvements nécessaires à sa rectification.

Le cercle mural se compose principalement :

1° *De l'axe de rotation;*

2° *Du cercle proprement dit;*

3° *De la lunette.*

1° L'axe de rotation, dont on voit la projection en B (fig. 49), est fixé dans le moyeu du cercle; extérieurement au cercle l'axe est muni d'un collier sur le pourtour duquel est pratiquée une gorge qui reçoit les galets d'un système de contre-poids dont on voit la projection en T et F.

Fig. 49.

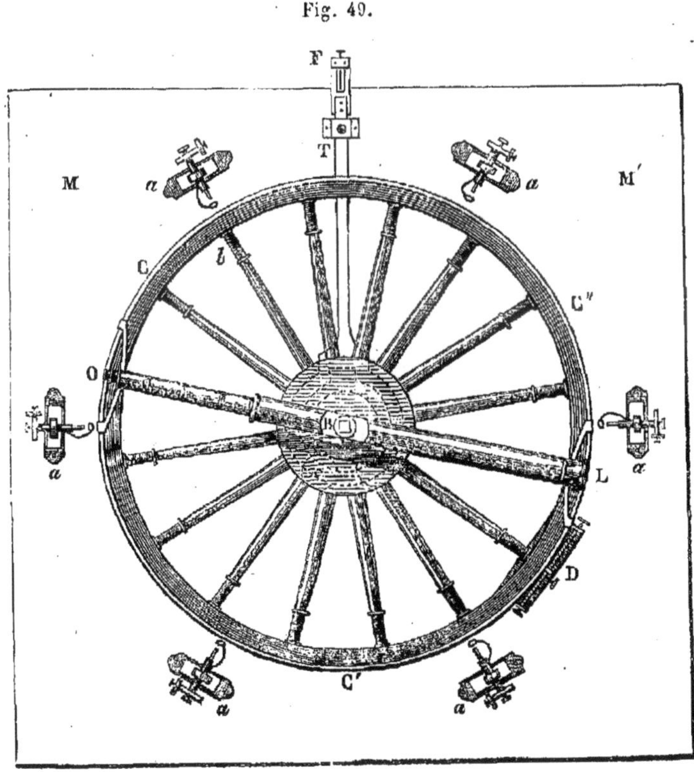

La forme de l'axe à partir du collier est celle de *trois surfaces* coniques ayant même axe, mais des rayons de bases différents. C'est par les deux cônes *extrêmes* seulement que l'axe s'appuie sur l'enveloppe en fonte de fer fixée dans le pilier.

Enfin l'axe est maintenu dans son enveloppe au moyen d'un écrou qui s'adapte à l'extrémité libre de l'axe terminé en forme de vis et qui presse un ressort appuyé sur l'enveloppe.

Du Cercle proprement dit. — Le cercle se compose principalement du *limbe*, de *ses rayons* et de *son moyeu.*

La *jante* du cercle présente extérieurement une surface cylindrique sur laquelle sont incrustées deux lames de *palladium* dont l'*une*, qui est le limbe, a reçu la *graduation ;* l'autre porte la *chiffraison.*

Le limbe est gradué de 5 en 5 minutes et chiffré de 15 en 15 minutes. Le sens de la graduation est tel que les lectures croissent en allant du zénith vers le sud.

Le cercle est muni de 16 rayons creux ayant la forme d'un cône tronqué. Ces rayons sont garnis d'une poignée habituellement en velours, pour saisir le cercle de manière à diriger sa lunette à peu près vers l'astre que l'on veut observer.

Le *moyeu* du cercle a la forme d'un prisme droit à 16 faces sur lesquelles s'appuient les bases des rayons. Sur ce moyeu est fixée une pièce métallique, sorte de *gouttière* hémi-cylindrique, qui reçoit le tube de la lunette en son milieu.

Le tube et la gouttière sont assemblés au moyen d'un système de vis.

De la Lunette. — La lunette ne se compose, comme les lunettes astronomiques, que d'un *objectif* et d'un *oculaire.*

Le système oculaire contient un réticule formé de deux fils *horizontaux* et de trois fils horaires.

Au cercle mural de l'Observatoire impérial, la distance angulaire des fils horizontaux, considérée du centre optique de l'objectif est de 25'',4 et la distance équatoriale en temps des fils horaires est de 10^s,5. Le champ de la lunette a une étendue de 16 minutes.

Le tube est pourvu intérieurement d'un réflecteur métallique qui renvoie sur le réticule la lumière d'une lampe qui pénètre dans la lunette par une ouverture circulaire faite dans le tube et fermée par un verre dépoli.

Une pince D garnie d'une vis *de pression et d'une vis de rappel* permet de fixer le cercle dans une position quelconque, pour le faire ensuite mouvoir lentement. Les cercles muraux portent généralement quatre vis de rappel distribuées sur le pourtour du cercle.

Six micromètres *a* sont disposés sur le mur autour du cercle pour faciliter la mesure de la quantité angulaire dont le cercle *et par suite la lunette* ont tourné; à l'aide de *ces micromètres* on peut pousser plus loin qu'on ne le ferait avec *un vernier*, l'exactitude de la lecture d'un angle.

Du Micromètre. — Le micromètre qui sert dans les instruments fixes des observatoires, tels que le *cercle mural*, etc., est une petite lunette A A' (fig. 50), portant un *réticule* dont les fils peuvent prendre un mouvement de translation perpendiculaire à l'axe de la lunette, à l'aide de la vis à tête graduée V.

Un petit miroir *g* fixé au micromètre, renvoie la lumière d'une lampe sur les divisions du limbe CC′ qui se trouve en face du micromètre; ce miroir *g* placé entre le limbe et l'objectif du micromètre est percé d'une fenêtre circulaire qui permet de laisser voir, quand l'observateur a son œil à l'oculaire, les divisions du limbe.

Fig. 50.

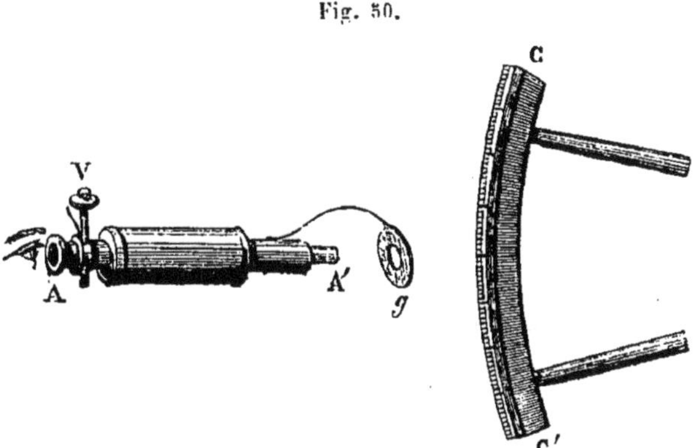

Lorsque les fils du limbe sont amenés, à l'aide de la vis V, au commencement de la course qu'ils peuvent décrire, *leur point de croisement n* (fig. 51), fixe la position de l'axe optique.

Fig. 51.

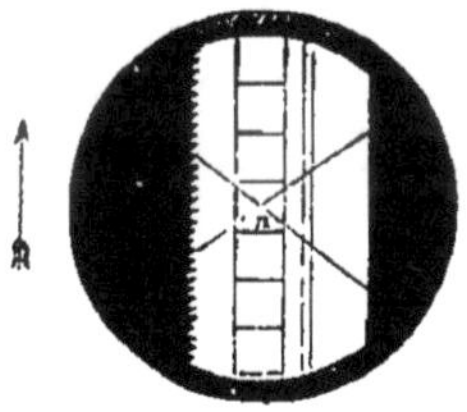

C'est ce point de croisement qui détermine l'arc décrit par le cercle mural.

Supposons qu'avant de faire mouvoir le cercle mural et lorsque les fils sont au commencement de leur course, le point de croisement *n* soit juste sur l'une des divisions du limbe. *Cette division devra être considérée comme le point de départ.*

Si après avoir fait tourner le cercle mural, le point de croisement des fils se trouve encore sur une division du limbe, il suffit de connaître le numéro de *la division de départ* et le numéro de *la division d'arrivée*, pour conclure l'angle parcouru.

Mais si le point de croisement des fils se trouve placé entre deux divisions du limbe et que ces divisions aient marché dans le sens de la flèche, il faudra déterminer la valeur de l'arc qui sépare le point *n* de la dernière division *mm′* (fig. 52), qui a passé sous ce point. A cet effet, on connaît le nombre de tours que la vis V, dont la tête est généralement divisée en 60 parties égales, doit faire pour que le point de croisement *n parcoure l'intervalle de deux divisions consécutives du limbe*, et comme on connaît en minutes la valeur de cet intervalle, on aura l'arc parcouru par le point *n* pour un soixantième de tour de la vis.

Fig. 52.

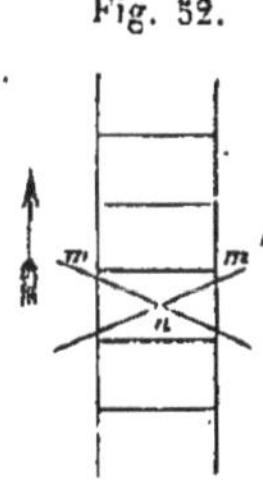

Si donc *on amène, au moyen de cette vis, le point* n *sur la division* mm′, *le nombre de tours et de soixantièmes de tour donnera l'arc compris entre ce point* n *et la division* mm'.

Supposons que l'intervalle des divisions du limbe soit de *cinq* minutes; s'il faut *dix* tours de la vis pour faire parcourir au point *n* cet intervalle, un soixantième de tour fait parcourir au point de croisement des fils un arc d'une *demi-seconde.*

Un seul des micromètres du *cercle mural* (fig. 49), indique le nombre entier de divisions dont le cercle a tourné.

La fraction d'une division qui doit être *ajoutée à ce nombre entier est donnée par la moyenne des indications fournies par les six micromètres.*

65. RECTIFICATIONS DU CERCLE MURAL.

Le cercle mural doit remplir trois conditions :

1° *L'axe optique de la lunette doit être parallèle au plan de l'instrument;*

2° *Le plan du cercle doit être perpendiculaire à l'axe de rotation;*

3° *Le plan que décrit l'axe optique de la lunette en tournant avec le cercle doit être le plan méridien.*

La première vérification se fait à l'aide d'une *lunette d'épreuve.*

De la Lunette d'épreuve. — La lunette d'épreuve est *une lunette astronomique ordinaire,* garnie vers les deux extrémités de son tuyau de deux *petits parallélipipèdes égaux p* et *p'* (fig. 53), dont les faces correspondantes sont deux à deux à égale distance de *l'axe optique de la lunette.*

Fig. 53.

On s'assure de ce parallélisme en posant la lunette sur une surface plane et en observant un point d'un objet *éloigné* se trouvant dans la direction de l'axe optique; on retourne la lunette en la faisant successivement reposer sur les quatre faces des parallélipipèdes, et dans chacune de ces positions, l'axe optique de la lunette doit toujours être dirigé vers le même point de l'objet éloigné.

D'après cela, pour reconnaître si l'axe optique de la *lunette* adaptée *au cercle mural* est bien parallèle au plan de ce *cercle,* on place *la lunette d'épreuve sur le cercle mural* et l'on voit si son axe optique et celui de la *lunette du cercle* peuvent être dirigés vers n'importe quel *point très-éloigné.* S'il n'en était pas ainsi, *on ferait mouvoir transversalement le réticule de la lunette du cercle mural* de manière à obtenir le parallélisme que nous venons d'indiquer.

La seconde condition doit être remplie par l'artiste qui a construit l'instrument; sans cela, les frottements irréguliers que l'on sentirait dans le mouvement du cercle indiqueraient la présence de ce défaut.

La troisième vérification se fait par la comparaison *du cercle mural à la lunette méridienne.*

Ces deux instruments étant mis simultanément en usage dans chaque observation, sont installés à côté l'un de l'autre

Lorsque *la lunette méridienne* est complétement rectifiée, on fait en sorte que *quelle que soit l'étoile vers laquelle on dirige l'axe optique de cette lunette,* on puisse au même instant y diriger *l'axe optique de la lunette du cercle mural.*

On est alors sûr que les axes optiques des deux lunettes décrivent bien des plans parallèles, qui peuvent être considérés *comme le même plan méridien,* eu égard à la *petite distance* qui sépare les deux instruments, relativement à *l'immense distance* à laquelle se trouve l'astre observé.

66. USAGE DU CERCLE MURAL.

Nous avons dit que le cercle mural servait à déterminer *la distance polaire des astres.*

Pour y parvenir, il faut commencer par déterminer la position du cercle mural au moment *où l'axe optique de la lunette est parallèle à l'axe du monde.*

On se sert pour cela des distances zénithales méridiennes d'une étoile circompolaire; mais, pour obtenir ces distances zénithales, il faut d'abord déterminer la position de la lunette du cercle mural quand son axe optique est vertical.

Rendre l'axe optique de la lunette normal à la surface des eaux stagnantes.

On remplace l'oculaire de la lunette L du cercle mural par un autre *oculaire* o (fig. 54), à plus long foyer.

Au-dessous de ce nouvel oculaire est placé en *mn* un miroir incliné, évidé vers son milieu et qui permet alors de *viser à travers.*

Une lampe *l* envoie de la lumière sur ce petit miroir *mn* qui la renvoie sur les fils du réticule *et les éclaire.*

Ces fils produisent par suite, dans un bain de *mercure* M *placé au-dessous de la lunette,* une image que l'œil perçoit.

On voit donc *deux images des fils*, l'une perçue *directement* et l'autre par *réflexion*. Or, d'après un principe de physique, ces deux images ne sont en contact que lorsque l'axe optique est *perpendiculaire au bain de mercure.*

Ce contact s'obtient à l'aide de vis qui donnent au cercle mural deux mouvements, l'un autour *son axe,* l'autre dans un plan perpendiculaire.

Une fois cette position rigoureusement obtenue, on note les indications des six micromètres; de manière que lorsque les micromètres indiqueront ces mêmes divisions, on sera certain que l'axe optique de la lunette est dirigé suivant la *verticale du lieu.*

Fig. 54.

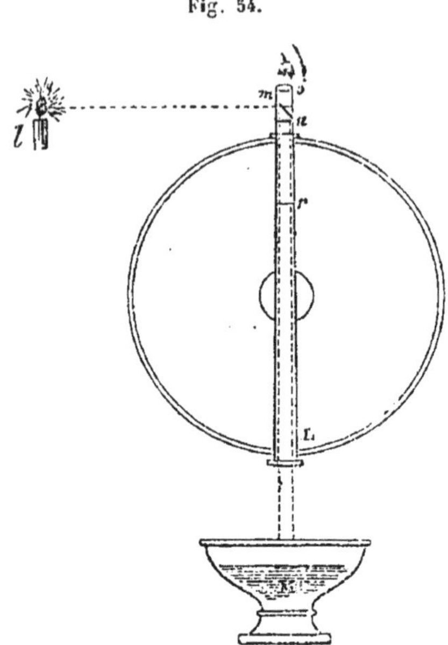

Pour observer, à l'aide du *cercle mural,* la distance zénithale d'une étoile, on amène, au moyen d'une vis de *rappel,* l'image de l'étoile à se trouver au milieu de l'intervalle des fils, ou, ce qui est préférable, à pointer l'étoile sous un fil; il y a alors, dans ce cas, à corriger la distance zénithale observée de la *moitié de la distance angulaire des fils.*

Comme le fil horaire situé au milieu du réticule est peu distant du méridien, on ne note l'heure de l'observation que lorsque l'on observe la Lune et les étoiles circompolaires.

67. *Corrections des lectures faites au cercle mural.* — Avant de pouvoir être transformées en distances zénithales *non corrigées de la réfraction,* la moyenne des lectures faites aux six microscopes a besoin de subir *trois* corrections :

1° Celle relative à la variation qu'éprouve, *suivant la température,* le nombre de tours que doit faire la tête de la vis d'un micromètre pour que le point de croisement des fils parcoure l'intervalle de deux divisions consécutives du limbe.

Fig. 55.

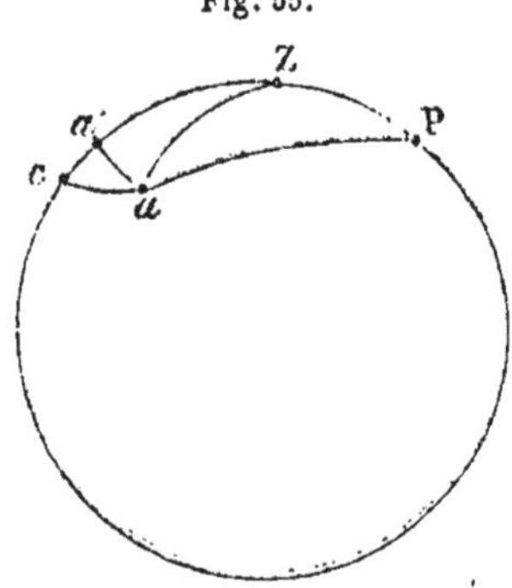

Cette correction s'effectue à l'aide de tables construites à cet effet, et en notant la température observée au moment de la lecture.

2° *La réduction au méridien.* — Supposons que l'étoile n'ait pu être observée au moment précis de son passage au méridien; appelons p l'intervalle de temps sidéral qui sépare l'instant de l'observation de celui du passage au méridien donné par la *lunette méridienne;* soit ca (fig. 55), un petit arc d'almicantarat et aa' un arc de parallèle. La distance zénithale méridienne est Za' et la distance zénithale donnée par l'instrument est $Za = Zc$; $ca' = x$ est donc la correction qu'il faut déterminer.

En considérant ca comme un arc de grand cercle perpendiculaire sur cP, le triangle sphérique rectangle caP donne

$$\text{tang}\, c\text{P} = \text{tang}\, a\text{P} \cos p$$

ou

$$\text{tang}\,(\Delta + x) = \text{tang}\,\Delta \cos p,$$

en appelant Δ la distance polaire de l'astre.

En développant, d'après le développement connu de $\text{tang}\, x = m\, \text{tang}\, a$, on trouve

$$x = \text{tang}^2 \frac{1}{2} p \frac{\sin 2\Delta}{\sin 1''} - \frac{1}{2} \text{tang}^4 \frac{1}{2} p \frac{\sin 4\Delta}{\sin 1''} + \text{etc...}$$

3° Enfin, il y a encore à faire une correction relative à *l'inclinaison des fils du réticule* sur la direction du mouvement diurne. Soit aa' (fig. 56), la direction du fil incliné, et a' la position de l'étoile au moment de l'observation; soient aussi ab l'*horizontale* et qq' l'équateur.

Fig. 56.

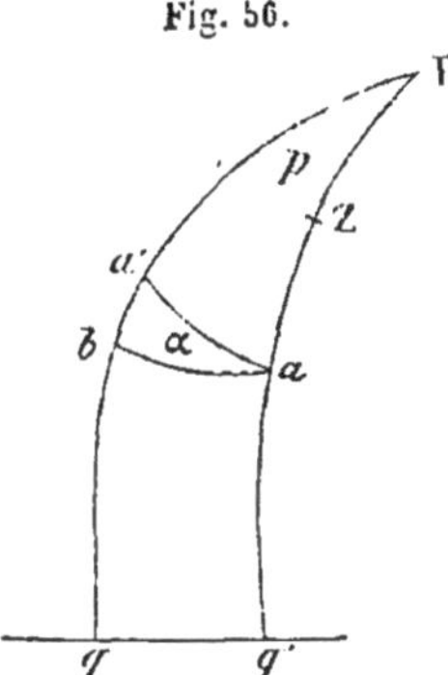

$a'b = y$ est l'erreur commise sur l'observation en raison de l'inclinaison $a'ab = \alpha$ du fil; or, dans le petit triangle $a'ba$, rectangle en b, et que l'on peut considérer comme rectiligne, on a

$$y = ba\, \text{tang}\, \alpha,$$

mais

$$ba = qq' \cos \text{D} = p \cos \text{D};$$

en appelant p l'intervalle qui s'écoule jusqu'au passage au méridien; il vient donc

$$y = p \cos \text{D}\, \text{tang}\, \alpha;$$

comme α est très-petit et que p est exprimé en temps, on a enfin

$$y = 15.p.\alpha \sin 1'' \cos \text{D}.$$

Telle est la valeur de cette dernière correction.

Le cadre que nous nous sommes imposé ne nous permet pas de considérer les erreurs qui peuvent provenir d'une rectification imparfaite du cercle mural et des défauts de construction des différents appareils de l'instrument. Nous renvoyons à ce sujet aux mémoires de M. *Yvon-Villarceau* insérés dans les Annales de l'Observatoire, ou au mémoire de M. *Laugier* sur la détermination des distances polaires des *étoiles fondamentales*.

68. *Déterminer la direction de l'axe du monde et par suite la latitude géographique du lieu.*

Considérons le cercle mural en *m* (fig. 57); si du centre C de la sphère céleste, nous menons les directions CA et CA' à une *étoile circompolaire* aux moments où, elle passe dans le plan du *méridien*, nous savons que l'axe du monde CP est la *bissectrice* de l'angle A'CA.

Fig. 57. Fig. 58.

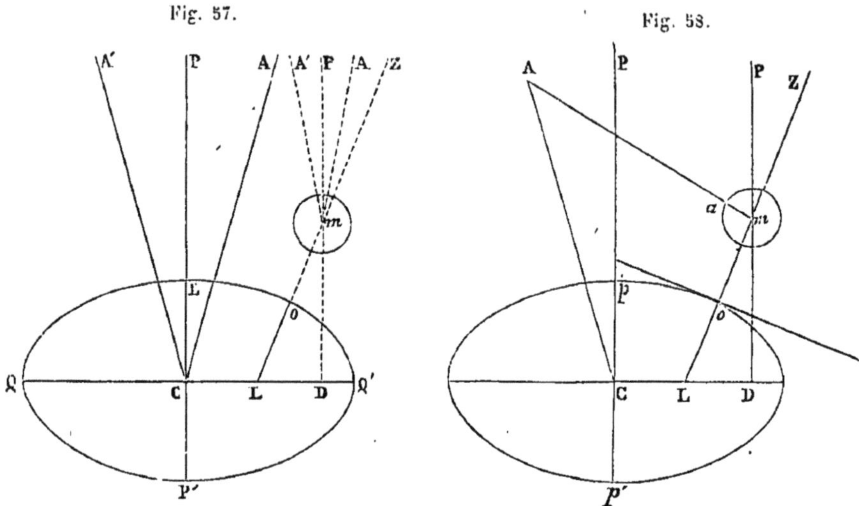

En visant l'étoile avec la lunette au moment où cette étoile se trouve en A et en A', nous savons aussi qu'en raison de l'immense éloignement de cette étoile, l'axe optique de la lunette prendra les directions *m*A et *m*A' respectivement *parallèles* à CA et CA'.

On voit alors que *la moyenne* Z*m*P des deux distances zénithales Z*m*A et Z*m*A' indiquera bien, ainsi que nous l'avons déjà dit, une parallèle à l'axe *du monde*. Ainsi, en plaçant la lunette de manière que depuis la position en Z que nous avons précédemment déterminée, le cercle ait marché d'une quantité angulaire égale à $\frac{ZmA' + ZmA}{2}$, on sera sûr que l'axe optique est dirigé *parallèlement à l'axe du monde*.

Nous voyons que l'angle Z*m*P = D*m*L est le *complément de la latitude géographique* du lieu *o*; la moyenne des *deux distances zénithales extrêmes obtenues de cette manière*, et corrigées de la réfraction, permettra donc d'avoir la *latitude géographique du lieu*.

69 *Détermination de la distance polaire des astres à l'aide du cercle mural.*

Si nous dirigeons actuellement la lunette *ma* du cercle mural sur un astre A (fig. 58), l'angle P*m*A indiqué par le cercle est égal à l'angle PCA, c'est-à-dire à la *distance polaire* de l'astre augmentée de l'angle mAC.

Lorsque l'astre est, comme les étoiles par exemple, à une distance considérable, l'angle mAC peut être regardé comme nul ; l'angle PmA donne, dans ce cas, immédiatement *la distance polaire*.

Lorsque l'astre considéré n'est pas à une distance infiniment grande de nous, l'angle PmA donné par le cercle mural doit être corrigé de l'angle parallactique mAC, pour devenir égal à la distance polaire telle qu'on la prendrait si l'on était situé au centre de la Terre, qui est le centre de la *sphère céleste*.

INSTRUMENT SERVANT A DÉTERMINER SIMULTANÉMENT L'ASCENSION DROITE D'UN ASTRE ET SA DÉCLINAISON A UN MOMENT DONNÉ.

70. L'ÉQUATORIAL, dont nous avons donné (17) une description succincte, est un instrument qui sert journellement aux astronomes pour déterminer *les ascensions droites* et *les déclinaisons* des astres, mais principalement des comètes et des petites planètes que l'on découvre en si grand nombre entre Mars et Jupiter.

Avec cet instrument on ne détermine pas directement les deux coordonnées équatoriales qu'on veut obtenir, mais simplement les *différences* en ascension droite et en déclinaison de l'astre considéré avec une *étoile* dite *fondamentale*.

Ces étoiles *fondamentales* auxquelles on *compare* l'astre dont on veut déterminer la position dans la voûte céleste, sont autant de repères relativement fixes que l'on a choisis dans le Ciel de manière à être convenablement distribués dans toute une zone céleste.

La connaissance des temps donne la position d'un certain nombre d'*étoiles fondamentales* pour chaque année ; nous verrons plus loin le moyen de ramener cette position à une autre époque, en tenant compte du déplacement qui s'opère dans les positions apparentes des étoiles par suite des mouvements de l'axe de la Terre, de l'aberration et du mouvement propre de l'étoile.

Voyons donc comment, avec l'équatorial, on peut obtenir *les différences* en ascension droite et en déclinaison d'un astre et d'une étoile fondamentale, prise comme étoile de *comparaison*.

Supposons l'*équatorial* disposé exactement comme il doit l'être, c'est-à-dire l'axe de figure de son axe polaire se confondant avec une *parallèle* à la ligne des pôles.

La lunette de l'instrument, qui peut prendre tous les mouvements possibles en ascension droite et en déclinaison, peut être dirigée de manière que le plan du cercle de la lunette (qui est un plan de déclinaison) vienne passer près de l'astre et de l'étoile, *mais à l'ouest* de chacun d'eux.

Supposons qu'on fixe la lunette en cette position, ce qui se fait au moyen des vis de pression qui maintiennent le cercle *équatorial* et le cercle de la lunette. Supposons aussi que cette position soit telle que l'astre qu'on veut observer et l'étoile de comparaison puissent tous deux traverser le champ de la lunette.

Le réticule de la lunette est garni de 3 fils horaires et d'un fil mobile perpendiculaire à ces fils horaires et qui, par conséquent, indique dans la voûte céleste la trace d'un parallèle.

Ne considérons qu'un des fils horaires, celui du milieu par exemple, qui nous représente la trace d'un cercle de déclinaison dans la voûte céleste.

Soit aa' (fig. 59), l'image de ce fil : à un moment donné on aperçoit l'astre en A et l'étoile en E.

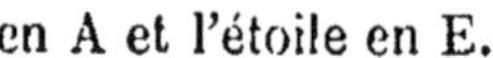

Fig. 59.

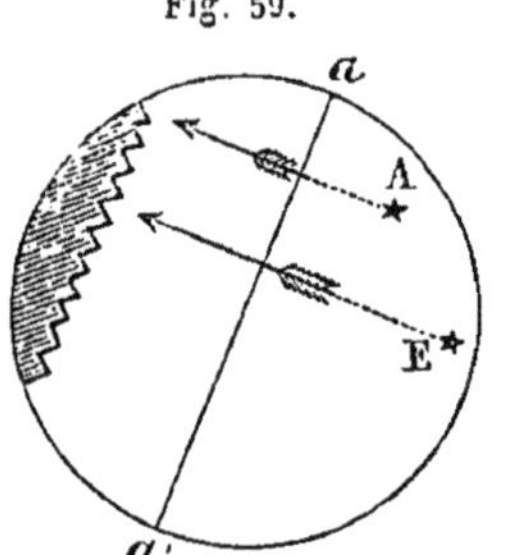

On note l'heure t à laquelle l'astre A passe derrière le fil aa', puis ensuite l'heure t' à laquelle l'étoile E passe à son tour derrière le même fil, il est clair que

$$t' - t = d\text{Æ}$$

est la différence en ascension droite des deux astres. Comme ils sont supposés très-voisins l'un de l'autre, il est évident qu'il est inutile de tenir compte de l'erreur en ascension droite due à la *réfraction*, puisque cette erreur est sensiblement la même pour les deux astres.

Une fois la différence en ascension droite obtenue, il suffira de *l'ajouter* ou de la *retrancher* de l'ascension droite de l'étoile fondamentale, *ramenée à l'époque considérée*, pour avoir l'ascension droite apparente de l'astre A à l'époque t.

La différence *s'ajoute* quand l'étoile passe la première derrière le fil, et elle se *retranche* dans le cas contraire.

Pour avoir la différence en *déclinaison* on amène, au moyen de la vis micrométrique qui accompagne le système oculaire, *le fil mobile bb'* (fig. 60) sur l'astre A au moment où il passe derrière le fil horaire aa'; on note l'indication du nombre de tours T fournie par *le tambour* de la vis ; dès que l'astre A a passé on amène le fil bb' sur l'étoile E; on note le nombre de tours T' indiqué par *le tambour*, la différence T — T' multipliée par la *valeur angulaire k* d'un tour de vis donne la *différence* en déclinaison que l'on combine avec la déclinaison apparente de l'étoile au moment considéré, pour avoir la déclinaison apparente de l'astre A.

Fig. 60.

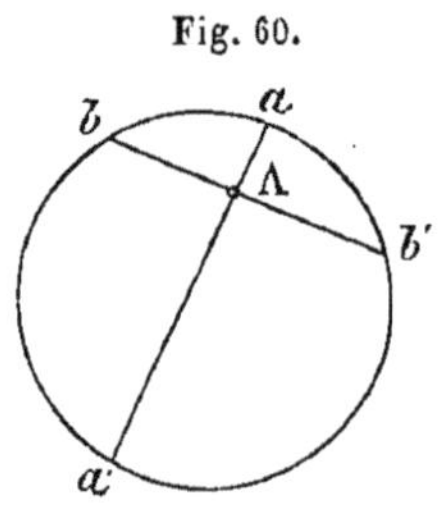

Pour s'assurer que le fil mobile est bien *parallèle* à l'équateur, on le met sur une étoile et l'on voit si dans le déplacement de l'étoile causé par *le mouvement diurne*, elle reste bien toujours *derrière* le fil ; dans le cas contraire on donne, à l'aide de vis disposées à cet effet, un mouvement de *rotation* à toute la boîte contenant les fils du système oculaire, de manière à faire remplir cette condition au fil mobile.

La détermination de l'ascension droite et de la déclinaison d'un astre, telle que nous venons de l'indiquer, n'exige pas que *l'axe* de l'équatorial soit dirigé avec une précision extrême suivant l'axe du monde. Toutefois, nous croyons utile de donner les moyens que l'on peut employer pour établir un *équatorial portatif*, tel qu'en construit M. Brunner, dans la position que doit avoir, autant que possible, cet instrument.

Fig. 61.

ÉQUATORIAL PORTATIF.

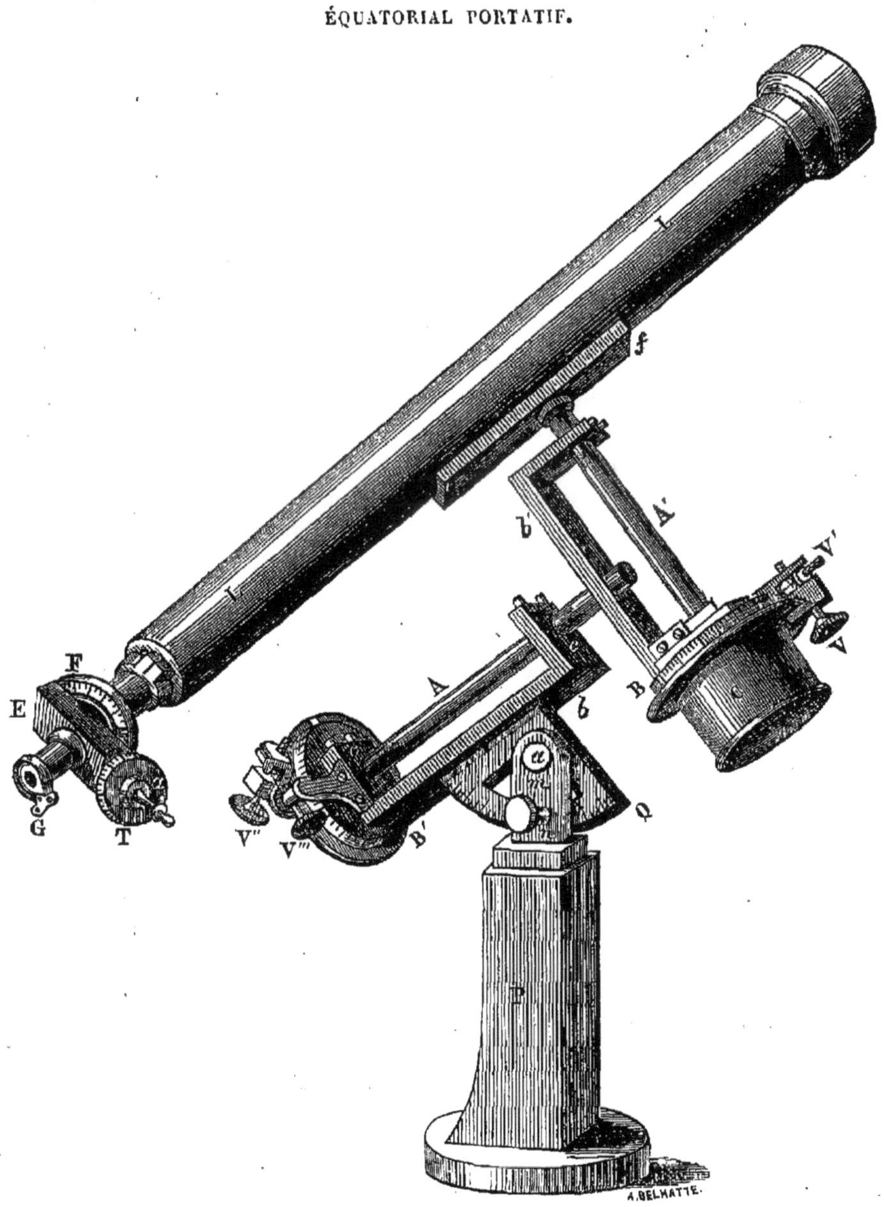

71. *Description et installation d'un équatorial portatif.*

Cet instrument se compose d'un pied massif P (fig. 61), *très-lourd* qui repose sur un pied de *théodolite* ou mieux, si l'on peut, sur un petit pilier en maçonnerie bâti sur le roc.

Un quart de cercle en cuivre Q peut tourner autour d'un axe *a* qui traverse deux montants *m* faisant corps avec le pied P; une vis *n* peut fixer ce quart de cercle en une position quelconque.

Une pièce rectangulaire *cbc* coudée à angles droits et qui est liée au quart de cercle, est traversée par un axe A qui supporte, à l'une de ses extrémités, un *cercle* B' (cercle parallèle à *l'équateur*) avec un système de vis de pression V'' et vis de rappel V''', au moyen desquelles on peut donner un mouvement de rotation très-lent à l'axe A et au cercle B'. L'autre extrémité de l'axe A supporte une seconde pièce rectangulaire *b'* coudée à angles droits et traversée par un axe A' qui doit être perpendiculaire à l'axe A.

Cet axe A' est terminé, *à l'une de ses extrémités*, par un support *f* qui fait corps avec lui et auquel est adapté le *tube* de la lunette L, et à *l'autre extrémité* par un cercle B (le cercle de déclinaison), qui lui est perpendiculaire et qui est muni d'un appareil de vis de pression et de vis de rappel à l'aide desquelles on peut faire tourner l'axe A' sur lui même, aussi lentement que possible. Un contre-poids C est aussi adapté à cette extrémité de l'axe A'.

La lunette L porte un système oculaire composé de l'oculaire, de la boîte E qui contient le réticule des fils fixes et le châssis du fil mobile, et d'un cercle gradué F qui permet de déterminer la quantité angulaire dont on fait tourner, dans certaines observations, les fils horaires et le fil mobile.

Ce fil est mis en mouvement à l'aide de la vis micrométrique *a'* à l'axe de laquelle est fixé le tambour T divisé en 100 parties égales, et qui sert à évaluer les centièmes de tour de la vis micrométrique.

Fig. 62.

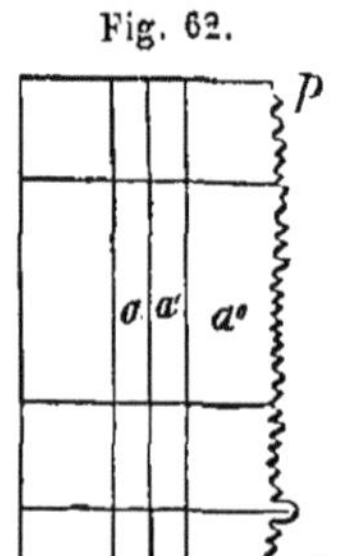

Le réticule porte trois fils horaires a, a', a'' (fig. 62) et deux fils perpendiculaires fixes.

Un peigne *pp'* dont chaque *dent* correspond à *un tour* de la vis micrométrique, permet d'obtenir facilement le nombre *entier* de tours compris entre *deux* positions du *fil mobile*.

On peut évaluer la valeur angulaire d'*un* tour de vis au moyen d'une mire graduée placée verticalement à une distance connue et suffisamment *grande*.

Si n est le nombre de tours nécessaires pour faire parcourir au *fil mobile* une longueur verticale l de la mire placée à la distance D, la quantité angulaire α correspondant aux deux positions du fil mobile sera donnée par la relation

$$\tang \alpha = \frac{l}{D}$$

ou, si la distance est suffisamment grande, par

$$\alpha = \frac{l}{D \sin 1''};$$

la valeur angulaire k d'un tour de vis sera donnée par la relation

$$k = \frac{l}{nD \sin 1''}.$$

En faisant un grand nombre de *déterminations* de la quantité k et prenant la *moyenne*, on aura une valeur suffisamment exacte de cette quantité.

On pourrait encore se servir du diamètre apparent du Soleil.

72. Voyons maintenant comment on peut établir *l'équatorial* que nous venons de décrire, dans la position qu'il doit avoir.

Ayant préalablement tracé une *méridienne* sur le terrain, on place l'instrument sur son pilier de manière que la *projection* de l'axe A se confonde avec la méridienne; ceci peut s'effectuer à l'aide du *fil à plomb*.

Desserrant ensuite la vis n du montant, on incline l'axe A jusqu'à ce que son inclinaison, mesurée sur l'arc du secteur Q, soit égale à la *latitude du lieu*; on serre ensuite la vis n.

Après ces deux opérations l'instrument est à *peu-près* disposé dans la position convenable; il s'agit maintenant de rectifier cette position et d'effectuer sur l'instrument quelques autres rectifications.

1° Pour s'assurer que l'axe A a la direction voulue, on desserre la vis de pression V″ du cercle équatorial et l'on fait tourner l'appareil autour de l'axe A jusqu'à ce que la ligne de foi du vernier se trouve sur une division du limbe égale à la valeur de l'angle horaire astronomique d'une étoile circompolaire et qu'on va observer très-près du *méridien;* nous verrons plus loin qu'on a la relation suivante :

angle horaire astron. de l'étoile = heure sidérale du lieu — asc. droite,

en appelant heure sidérale d'un lieu le temps écoulé à la pendule sidérale depuis que le point origine des ascensions droites a passé au méridien.

On desserre la vis de pression V du *cercle* de déclinaison et l'on fait tourner la lunette autour de l'axe A′ de manière que la division du limbe du cercle B′, qui se trouve sous *l'index* de ce cercle, marque la déclinaison de *l'étoile*. On serre la vis de pression V.

On est à peu près sûr que dans cette position de la lunette on apercevra l'étoile considérée, dans le champ de la lunette, aux environs de l'heure sidérale indiquée.

Quand l'étoile est sur un des fils horaires, on amène, au moyen de la vis de rappel V', l'un des fils fixes perpendiculaires aux fils horaires sur l'étoile et l'on ajoute ou l'on retranche de la lecture que l'on fait sur le cercle de déclinaison de l'instrument, la moitié de la distance angulaire des *deux fils équatoriaux*.

On desserre la vis V'' du cercle équatorial et l'on fait parcourir à tout l'appareil un angle de 180° autour de l'axe A.

Si l'étoile ne se trouve pas encore derrière le même fil équatorial, on l'y amène au moyen de la vis de rappel V'; on obtient alors une *seconde* lecture au cercle de déclinaison B. La moyenne des deux lectures est la *distance polaire instrumentale*.

On corrige cette distance polaire de *l'erreur* due à la réfraction et l'on compare le résultat à la *distance polaire apparente* tirée de la Connaissance des temps.

Si, l'étoile étant au-dessous du pôle, la distance polaire instrumentale est plus grande que celle de la Connaissance des temps, le *pôle* de l'axe A est au-dessous du *pôle céleste* et *vice versâ*.

On corrige cette erreur au moyen de la vis de rectification de l'axe polaire et l'on recommence les opérations que nous venons d'indiquer jusqu'à ce qu'on obtienne un accord satisfaisant.

2° L'*index* du cercle de déclinaison B doit marquer zéro lorsque la *ligne de collimation* est *parallèle* à l'axe polaire A; pour réaliser cette condition on prend la *demi-différence* des deux *lectures* précédentes et l'on a ainsi l'erreur de l'index que l'on rectifie avec la *vis* destinée à cet usage.

3° Pour s'assurer que l'*axe polaire* est établi dans le plan du méridien, on observe, ainsi que nous venons de le dire, la distance polaire d'une *étoile connue, lorsqu'elle est à six heures du méridien*, c'est-à-dire à l'heure sidérale $h_s = 6^h + Æ$.

On choisit une étoile ni trop voisine du pôle ni trop près de l'horizon.

On corrige la distance polaire de l'effet de la réfraction et on la compare à la distance polaire donnée dans la Connaissance des temps. Si l'étoile est dans l'est du méridien et si la distance polaire instrumentale *dépasse* la distance polaire vraie, le pôle de l'instrument est dans l'ouest du pôle céleste; on ramène alors l'*axe* A dans le plan méridien en donnant, avec précaution, un petit mouvement de rotation, dans le sens convenable, au pied de l'instrument ou à une vis disposée à cet effet. A l'aide de quelques tâtonnements on arrive à la position voulue.

4° La ligne *de collimation* doit-être *perpendiculaire* à l'*axe* du cercle de déclinaison.

Cette ligne de collimation est la ligne qui joint le centre optique de l'objectif au *fil moyen*.

On observe le passage d'une étoile *équatoriale* aux trois fils horaires et l'on prend la moyenne H_m des heures notées; on note la position P indiquée par le vernier du *cercle horaire*. On fait pivoter la lunette autour de l'axe A pour l'amener dans une position inverse et l'on répète l'observation des passages aux fils; on obtient une heure H'_m et une lecture P' au vernier du cercle horaire.

On doit évidemment avoir

$$\frac{P' - P}{15} = (H'_m - H_m).$$

S'il n'en est pas ainsi c'est que, relativement à l'axe optique *sans collimation,* l'un des passages a été observé *trop tôt* et l'autre *trop tard*, et cela à cause de la position erronée *du fil moyen,* c'est-à-dire de l'inclinaison de l'axe optique relatif à ce fil, sur l'axe A' du cercle de déclinaison. L'erreur de collimation E sera

$$E = \frac{P' - P}{15} - (H'_m - H_m),$$

et devra être ajoutée, *avec son signe,* aux lectures faites au cercle horaire, à moins qu'on ne préfère rectifier la position du réticule avec la vis qui y est adaptée.

5° L'axe de *déclinaison* A' doit être *perpendiculaire* à l'axe polaire A.

Pour s'en assurer on amène l'axe de déclinaison dans une position horizontale au moyen d'un niveau à bulle d'air dont les branches reposent sur les extrémités de l'axe; on note l'indication du cercle horaire. On place aux extrémités de l'axe A' une alidade à deux viseurs, à l'aide desquels on détermine un point très-éloigné; on fait tourner tout l'appareil optique autour de l'axe A, de manière à lui faire décrire 180°; on rectifie avec le niveau l'horizontalité de l'axe A' et l'on place de nouveau les *viseurs.* Si le rayon visuel, dans cette position, est encore dirigé vers le même point éloigné, l'axe A' est perpendiculaire sur l'axe A; dans le cas contraire, au moyen des vis de rectification de l'axe A' on fait parcourir à la ligne des viseurs la moitié de l'intervalle des deux points éloignés déterminés par les *deux positions* des viseurs.

6° Enfin l'index du cercle horaire doit marquer *zéro* quand l'axe optique est dans le plan du méridien. Pour voir si cette condition est remplie, on observe le *passage méridien* d'une étoile connue après avoir mis sur zéro l'index du cercle horaire.

Si l'heure moyenne H_m des passages aux fils horaires n'est pas égale à l'*ascension* droite Æ de l'étoile, la différence

$$H_m - Æ$$

donne la quantité dont il faut corriger l'index du vernier du cercle horaire.

Une fois l'instrument rectifié ainsi que nous venons de le dire, on doit n'en approcher qu'avec précaution pour éviter les chocs; il est bon qu'il soit mis à l'abri des injures de l'air au moyen d'un toit tournant et dans lequel est pratiquée une trappe qui permet de diriger la lunette vers tous les points du ciel.

GÉOMÉTRIE CÉLESTE.

---

73. Voici l'ordre que nous allons suivre dans l'étude de la *Géométrie céleste;* nous étudierons successivement :

Les *Étoiles,*
Le *Soleil,*
La *Lune,*
Les *Planètes,*
Les *Satellites des Planètes,*
Les *Comètes.*

Pour chacun de ces astres, nous allons étudier le *mouvement apparent,* en conclure leur *mouvement vrai* relatif, et les *lois* qui régissent ce mouvement vrai, pour déduire de ces lois le *principe de* NEWTON sur l'attraction universelle de la matière.

En même temps, nous étudierons, autant que les moyens d'observation le permettront, *ces astres en eux-mêmes,* c'est-à-dire au point de vue de leur *forme*, de leur *grandeur* et des *particularités* que l'on peut remarquer sur le disque de l'astre.

Rappelons-nous seulement, dans l'étude que nous allons faire, que, d'après ce que nous avons vu, *notre observatoire*, c'est-à-dire la Terre, est EN MOUVEMENT, et que son *mouvement de rotation* autour de son axe, en un jour sidéral, détermine un mouvement général apparent, *en sens inverse*, de toute la voûte céleste; mouvement qu'il ne faut pas confondre avec celui que peut avoir un astre, soit par suite d'un second mouvement propre à notre globe, soit par suite d'un mouvement propre à l'astre.

ÉTUDE DES ÉTOILES.

74. Nous avons désigné sous le nom d'*Étoiles*, les astres qui paraissent conserver, dans la voûte céleste, *les mêmes positions relatives*, tout en obéissant au *mouvement général apparent* produit par la rotation uniforme de la Terre.

Construction d'un Globe céleste. — Si, à l'aide de la *Lunette méridienne*, de sa *pendule sidérale* et du *Cercle mural*, nous déterminons l'*ascension droite* et la *déclinaison* de chaque étoile en prenant pour origine des ascensions droites le pied du cercle de déclinaison d'une étoile particulière, nous pourrons porter cette ascension droite et cette déclinaison sur une sphère sur laquelle nous aurons, préalablement, tracé *deux grands cercles perpendiculaires*, l'un représentant *l'équateur*, l'autre passant par *le point vernal.*

Nous aurons ainsi, une première représentation exacte de la voûte céleste quant aux étoiles.

Si nous déterminons, pendant quelque temps, les coordonnées des étoiles, sans pousser trop loin la rigueur de nos observations, nous remarquerons que presque tous ces astres conservent constamment la même *déclinaison* et la même *ascension* droite, sauf des *irrégularités* dont nous parlerons *plus loin.* Cette observation explique pourquoi les étoiles paraissent conserver les *mêmes positions relatives*, pourquoi elles semblent *se lever et se coucher aux mêmes points de l'horizon,* et enfin pourquoi elles ont toujours la même *élévation maximum au-dessus de cet horizon.*

75. *Des Catalogues d'Étoiles.*

Puisque, de prime abord, les coordonnées des étoiles ne semblent pas varier, on pourra dresser un tableau de *leurs ascensions droites et de leurs déclinaisons,* quand on aura donné le moyen de les reconnaître entre elles.

Ce tableau prend le nom de *Catalogue.*

76. *Classification des Étoiles suivant leur grandeur d'éclat.*

Les étoiles ne sont pas toutes également brillantes. La plupart des étoiles visibles nous présentent, dans la lumière qu'elles nous envoient, toutes les nuances d'intensité que l'on peut concevoir pour passer de la *plus brillante* à celle qui a le moins *d'éclat.*

On dit alors, qu'une étoile est de 1re, de 2e, de 3e....... grandeur, suivant qu'elle est plus ou moins *brillante.*

A l'œil nu, on ne peut pas, généralement, apercevoir celles dont l'éclat est plus faible que celui des *étoiles* de 6e grandeur.

Il est évident que les astronomes ne peuvent pas être d'accord, d'une manière rigoureuse, sur le nombre *d'étoiles qui sont de la même grandeur;* toutefois, il est généralement adopté que l'on en compte 15 à 20 de la première grandeur, 50 à 60 de la seconde, 200 de la troisième, 425 de la quatrième, 1100 de la cinquième, etc.

A mesure que l'on considère des intensités de plus en plus faibles, le nombre d'étoiles que contient chacun de ces ordres de grandeur augmente rapidement; ainsi, l'on compte, d'après M. Argelander,

3200 étoiles de 6ᵉ grandeur,
13000 étoiles de 7ᵉ,
40000 étoiles de 8ᵉ,
140000 étoiles de 9ᵉ....., etc.

77. *Moyen de se reconnaître dans la sphère étoilée.*

Il eût été impossible de donner un nom propre à chaque étoile; aussi les a-t-on réunies en *groupes nommés constellations ou astérismes*, auxquels on a donné des noms tirés de la *Fable*, *de l'histoire*, ou des *règnes de la nature*.

Pour distinguer entre elles les étoiles d'une même *constellation*, les astronomes sont convenus de les désigner par les *lettres grecques* α, β, γ..... etc., par des grandes lettres A, B, C, etc., et enfin par des numéros. L'étoile la plus brillante de la constellation est généralement désignée par α, celle qui vient après par β et ainsi de suite. Plusieurs des étoiles les plus remarquables, tout en conservant leur lettre grecque, ont été désignées par des noms particuliers, ainsi que nous le dirons.

Dans les catalogues, chaque étoile est désignée par la lettre grecque et par son numéro de la constellation à laquelle elle appartient; à côté sont écrites la *déclinaison et l'ascension droite*.

78. *Des Planisphères ou Cartes célestes.*

Pour l'étude de la sphère céleste, le globe dont nous avons parlé n'est pas suffisant. On serait obligé de donner des dimensions énormes à ce globe pour que les positions relatives de toutes les étoiles y fussent représentées d'une manière distincte. Pour cette raison, on préfère rapporter sur un plan les positions de toutes les *étoiles*.

La sphère n'étant pas développable, on est obligé d'adopter *un mode quelconque de projection*. Parmi les différents modes de projection que l'on peut employer, on préfère ceux qui conservent, à peu près, *aux constellations* la forme sous laquelle nous les voyons dans la *voûte céleste*.

L'ascension droite et la déclinaison étant les deux coordonnées qui déterminent la position des astres, lorsque l'on prend pour plans de coordonnées *l'équateur et un plan horaire*, il suffit, pour former les *cartes célestes*, une fois le système de projection adopté, de déterminer la position de *l'équateur et du méridien* et de placer chaque étoile *d'après son ascension droite et sa déclinaison*.

79. *Projection de Lorgna.* — Dans ce mode de projection, on conserve aux contours leur étendue superficielle.

Ainsi, pour représenter un hémisphère, on trace un cercle ayant *même aire* que celle de cet hémisphère. Si l'on veut représenter une portion de la sphère, l'aire de la portion de plan qui la représente doit être égale à celle de cette *portion de sphère.*

Les plans horaires sont représentés par les *diamètres du cercle* et forment entre eux des angles égaux à ceux *des plans horaires.*

Pour déterminer la grandeur du rayon du cercle qui doit représenter l'équateur, appelons r le rayon du globe céleste et R le rayon du cercle qui représente un *hémisphère;* on doit avoir

$$2\pi r^2 = \pi R^2,$$

d'où

$$R = r\sqrt{2}.$$

Ainsi R est la diagonale du carré dont r est le côté.

Si l'on trace, à volonté, un cercle de rayon R représentant la projection de l'hémisphère, le rayon r du globe qui correspond à cette projection sera

$$r = \frac{R\sqrt{2}}{2} = 0{,}7071\ R.$$

Déterminons maintenant le rayon ρ du parallèle ADA′ (fig. 63), qui est situé par une déclinaison donnée D.

La calotte sphérique qui y correspond aura pour aire

$$2\pi r \times PD.$$

L'aire de la projection de cette calotte sera

$$\pi\rho^2.$$

On devra donc avoir

$$\pi\rho^2 = 2\pi r . PD$$

ou

$$\rho^2 = 2r . PD.$$

Fig. 63.

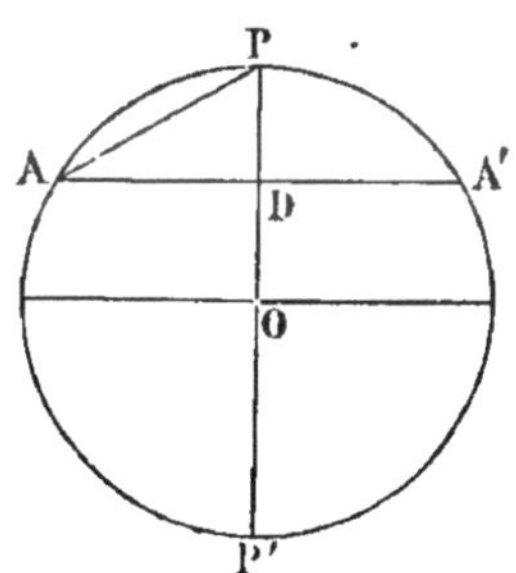

C'est-à-dire que ρ est une *moyenne proportionnelle entre le diamètre* PP′ et la partie PD; ρ est par suite égal à la corde PA.

Donc les rayons des parallèles, dans la projection de *Lorgna,* sont les cordes des arcs qui représentent les *distances polaires de ces parallèles* sur la sphère.

Il est alors facile de tracer les cercles de déclinaison et les parallèles, et, par suite, de placer chaque étoile d'après sa *déclinaison et son ascension droite.*

80. *Projections orthogonales.* — Un système plus simple de représentation de la sphère céleste est de projeter tous les astres sur un plan tangent à la sphère en un des pôles, c'est-à-dire perpendiculaire, en ce point, à l'axe du monde.

Projection polaire
équidistante cercles
cercles horaires.

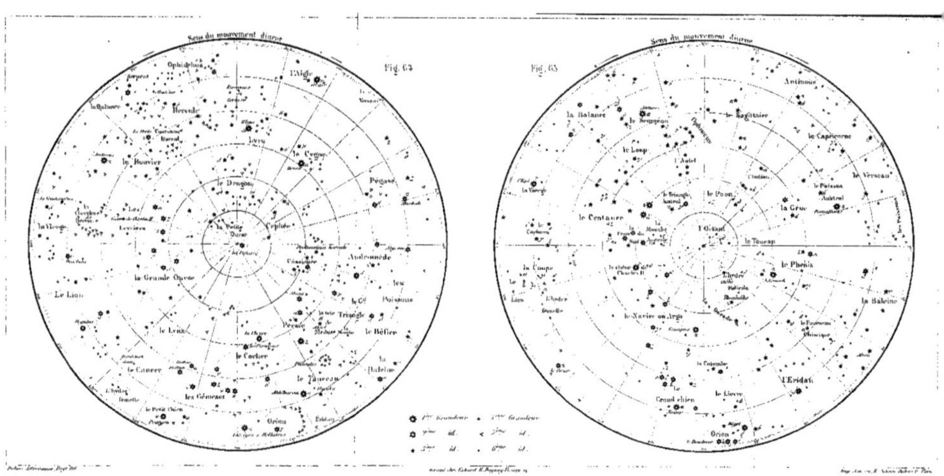

Projection polaire équidistante suivant les cercles de déclinaison (ou cercles horaires).

Les figures 64 et 65 représentent, d'après ce mode de projection, *l'hémisphère boréal et l'hémisphère austral.*

Cf Cartes 102 et 105 de l'Astronomie Populaire d'Arago et p. 335 du tome I, l'explication de cette projection simple.

81. CONSTELLATIONS PRINCIPALES DE L'HÉMISPHÈRE NORD.

En partant du pôle boréal et en marchant dans le *sens contraire au mouvement diurne apparent,* en nous rapprochant de l'équateur, on trouve les *principales constellations suivantes* (fig. 64) :

La *Petite Ourse ou le Petit Chariot*, dont α prend le nom de Polaire parce qu'elle est à environ 1° 1/2 du pôle nord ;

Le *Dragon*,

Céphée,

Cassiopée,

La *Grande Ourse*,

Les *Lévriers*, dont α prend le nom de *Cœur de Charles II*,

Le *Bouvier*, dont α prend le nom d'*Arcturus*,

La *Couronne Boréale*, dont α prend le nom de la *Perle*,

Hercule,

La *Lyre*, dont α prend le nom de *Wéga*,

Le *Cygne*, dont α prend le nom de *Déneb*,

Andromède,

La *Tête de Méduse*, dont β prend le nom d'*Algol*,

Persée, dont γ prend le nom de *Shéat*,

Le *Cocher*, dont α prend le nom de la *Chèvre*,

Le *Lynx*,

La *Chevelure de Bérénice*,

La *Vierge*, constellation en partie dans l'hémisphère austral et dont ε prend le nom de la *Vendangeuse* et α le nom d'*Épi*,

La *Balance*,

Le *Serpent*,

Ophiucus,

L'*Aigle*, dont α prend le nom d'*Ataïr*,

Le *Verseau*,

Pégase, dont α prend le nom de *Markab* et γ celui d'*Algénib*,

Les *Poissons*,

Le *Bélier*,

Le *Taureau*, dont α prend le nom d'*Aldébaran* ou *Œil* du Taureau,

L'*Éridan*, dont la plus grande partie est dans l'hémisphère austral,

Orion, constellation en partie dans l'hémisphère austral et dont α prend le nom de *Bételgeuse*, β celui de *Rigel* et γ celui de *Bellatrix*,

Les *Gémeaux*, dont α prend le nom de *Castor* et β celui de *Pollux*,

Le *Petit Chien*, dont α prend le nom de *Procyon*,

Le *Cancer*,
L'*Hydre femelle*,
Le *Lion*, dont α prend le nom de *Régulus* ou *Cœur de Lion*.

82. CONSTELLATIONS PRINCIPALES DE L'HÉMISPHÈRE SUD.

En partant du pôle austral dans l'hémisphère sud et marchant dans le sens contraire au mouvement diurne apparent, en nous rapprochant de l'équateur, nous trouvons les principales constellations suivantes (fig. 65) :

L'*Octant*,
La *Mouche australe*,
Le *Paon*,
L'*Indien*,
Le *Toucan*,
L'*Hydre mâle*,
Le *Réticule rhomboïde*,
La *Dorade*,
Le *Navire*, dont α prend le nom de *Canopus*,
Le *Chêne de Charles II*,
La *Croix du Sud*,
Le *Centaure*,
Le *Loup*,
Le *Triangle austral*,
L'*Autel*,
Le *Sagittaire*,
La *Grue*,
Le *Phénix*,
L'*Eridan*, dont α prend le nom d'*Achernard*,
La *Colombe*,
Le *Lièvre*,
Le *Grand Chien*, dont α prend le nom de *Sirius*,
La *Coupe*,
Le *Corbeau*,
La *Vierge*, en partie dans l'hémisphère boréal,
La *Balance*, en partie dans l'hémisphère boréal,
Le *Scorpion*, dont α prend le nom d'*Antarès* ou *Cœur du Scorpion*,
Ophiucus, en partie dans l'hémisphère boréal,
Antinoüs, en partie dans l'hémisphère boréal,
Le *Capricorne*,
Le *Verseau*, en partie dans l'hémisphère boréal,
Le *Poisson austral*, dont α prend le nom de *Fomalhaut*,
La *Baleine*,

Les *Poissons*, en partie dans l'hémisphère boréal,
Le *Fourneau chimique*,
Orion, en partie dans l'hémisphère boréal,
Le *Lion*.

Remarque. — Le mode de projection adopté dans les cartes célestes représentées figures 64 et 65, déforme les constellations qui sont voisines de *l'équateur*. On peut alors, si l'on veut, ne représenter, avec ce système de projection, que les étoiles dont la distance polaire ne dépasse pas 60°, et l'on remplace ce qui reste de la sphère, c'est-à-dire la *zone* embrassant 30° de part et d'autre de l'équateur, par une surface cylindrique qui a l'équateur pour directrice; surface que l'on peut développer sur un plan.

La ligne représentant *l'équateur développé* est divisée en 360 parties égales représentant des degrés *d'ascension droite;* par le point qui représente le point *vernal* on trace une droite perpendiculaire à l'équateur, et sur laquelle, à partir de ce point vernal, on porte 30 divisions de *l'équateur;* ces divisions représentent des degrés *de déclinaison.*

On place alors, à l'aide de ces coordonnées rectilignes, *chaque étoile d'après son ascension droite et sa déclinaison.*

On comprend que les *constellations* dont les *parallèles* s'approchent de celui de 30° doivent être un peu déformées par ce mode de représentation.

83. MÉTHODE DES ALIGNEMENTS.

Pour diriger l'axe optique d'une lunette vers une certaine étoile, il suffit de reconnaître à peu près sa position apparente dans la voûte céleste par rapport à d'autres étoiles faciles à reconnaître; cette situation approchée de l'étoile s'obtient au moyen d'une méthode appelée *Méthode des alignements.*

Dans la recherche de la position de certaines étoiles à l'aide de la *Méthode des alignements*, nous ne nous occuperons que de celles qui, grâce à l'ouvrage intitulé : *Connaissance des temps*, servent surtout dans la détermination de la position du *navire.*

Ces étoiles sont, dans l'hémisphère nord :

1° La *Polaire*, ou α de la *Petite Ourse*,
2° *Markab*, ou α de *Pégase*,
3° α du *Bélier*,
4° *Aldébaran*, ou α du *Taureau*;
5° *Pollux*, ou β des *Gémeaux*;
6° *Ataïr*, ou α de l'*Aigle*,
7° *Régulus*, ou α du *Lion*.

Et dans l'hémisphère sud :

1° *Fomalhaut*, ou α du *Poisson austral*,
2° L'*Épi*, ou α de la *Vierge*,
3° *Antarès*, ou α du *Scorpion*.

Voyons comment nous pourrons reconnaître ces *différentes étoiles*.

Lorsque l'on suppose que toutes les observations astronomiques se font en *Europe*, on peut, ainsi qu'on le voit dans les différents traités *d'astronomie*, rapporter la position des étoiles qui se trouvent dans l'hémisphère nord à la position d'une *seule constellation* principale, telle que la *Grande Ourse*, qui est située constamment *au-dessus de l'horizon*, puisque l'étoile la plus sud de cette constellation η, a une déclinaison de 50° environ.

Mais si l'on fait des observations en *un point quelconque du globe à un instant quelconque*, il peut se faire que la constellation *de la Grande Ourse ne soit pas visible* dans le lieu où se trouve l'observateur, ou si elle l'est, *qu'elle ne soit pas encore au-dessus de l'horizon*.

Il est donc utile de rapporter la *position des étoiles principales* dont nous nous occupons, à deux *constellations de chaque hémisphère*.

Pour donner une idée de la méthode des alignements, nous rapporterons les étoiles citées plus haut aux constellations de la *Grande Ourse* et de *Pégase* dans l'hémisphère nord, et à celle *de la Croix du Sud* dans l'hémisphère sud.

84. DÉTERMINATION DE CERTAINES ÉTOILES DE L'HÉMISPHÈRE NORD EN PARTANT DE LA CONSTELLATION DE LA GRANDE OURSE.

De la Grande Ourse ou Chariot de David. — Dans nos régions on aperçoit cette belle constellation dont les principales étoiles (fig. 66), sont sept belles étoiles α, β, γ, δ, ε, ζ, η, de deuxième grandeur, à l'exception de δ qui, ayant perdu de son éclat, n'est plus que de *troisième grandeur*.

Fig. 66.

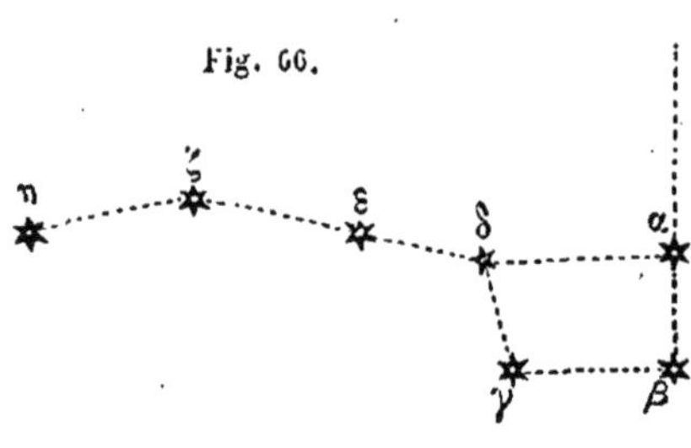

Les quatre étoiles α, β, γ, δ forment un *trapèze*, et les trois autres, ε, ζ et η sont sur une ligne courbe qui est la *queue de la Grande Ourse*.

Le *trapèze est le Chariot*, et les étoiles α et β sont appelées *Gardes de la Grande Ourse*.

1° *Détermination de l'étoile polaire*. — Si l'on prolonge la ligne βα des Gardes de la Grande Ourse d'une quantité égale à quatre fois la distance de β à α, on arrive près de α de la Petite Ourse ou de l'*étoile polaire* (fig. 67). Les sept principales étoiles de la constellation la *Petite Ourse* forment la même figure que les sept principales de la *Grande Ourse*, mais en *sens inverse*.

Fig. 67.

Le pôle nord est situé sur la ligne qui va de l'Étoile Polaire à la ligne de la *Grande Ourse*, du côté de cette étoile, à 1° 1/2 de la *Polaire*.

1° *Détermination de Markab ou α de Pégase.* — Nous ferons d'abord remarquer, d'après la figure 64, que dans les pays où *la Grande Ourse* a un lever et un coucher, la constellation *de Pégase* passant à peu près au méridien inférieur quand cette première constellation passe au méridien supérieur, ne sera pas sur l'horizon quand la *Grande Ourse y sera*, et réciproquement.

Dans nos *climats*, on déterminera *Markab* en prolongeant la ligne qui joint α de la Grande Ourse et α de la Polaire, jusqu'à ce que l'on rencontre *deux étoiles de seconde grandeur*.

La seconde de ces étoiles est *Markab* ou *α de Pégase*.

Détermination de α du Bélier. — Les deux étoiles dont nous venons de parler forment les extrémités du côté d'un quadrilatère qui appartient à un groupe de *sept belles étoiles de deuxième grandeur* (fig. 68), formant une figure semblable à celle de la Grande Ourse, mais dans de plus grandes dimensions. La queue de cette dernière figure est presque droite, tandis que celle de la Grande Ourse est oblique.

Fig. 68.

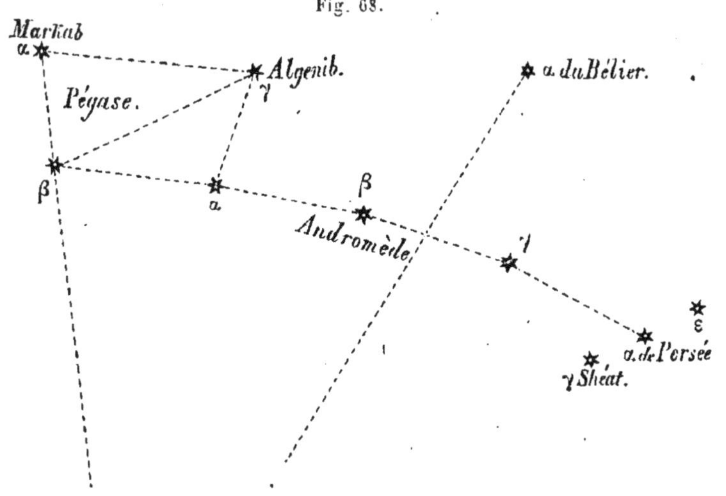

Ces sept étoiles sont α, β et γ de *Pégase*; α, β et γ d'*Andromède* et α de *Persée*.

Au sud d'*Andromède*, et à peu près sur la ligne qui joint η de la Grande Ourse à la Polaire, *se trouve α du Bélier*.

Détermination d'Aldébaran ou α du Taureau. — La ligne qui joint αδ de la Grande Ourse étant prolongée du côté de α, rencontre la belle constellation du *Cocher*, où se trouve une étoile de première grandeur; c'est α du *Cocher* ou la *Chèvre.* La ligne qui passe par α de la *Grande Ourse* et la *Chèvre* va passer par une étoile de première *grandeur* qui est α du *Taureau* ou *Aldébaran.*

Détermination de Pollux ou β des Gémeaux. — Sur le prolongement de la diagonale δβ de la Grande Ourse, se trouve la belle constellation des Gémeaux contenant, comme étoiles principales, sept étoiles de deuxième *grandeur;* l'étoile la plus à l'Est est *Pollux.*

Détermination d'Ataïr ou α de l'Aigle. — Si l'on prolonge βδ de la Grande Ourse du côté de δ, on va passer près d'une étoile de première grandeur qui est *Wéga* ou α de la *Lyre.*

En prolongeant la ligne qui joint α de la Grande Ourse à *Wéga* du côté de *la Lyre,* on passe auprès d'une étoile de *première grandeur,* qui est *Ataïr* ou α de l'*Aigle.*

Détermination de Régulus ou α du Lion. — Si l'on prolonge γδ de la Grande Ourse, du côté de γ, on rencontre deux étoiles; la première, de seconde grandeur, est γ du *Lion* et la seconde, de première grandeur, est *Régulus* ou α du *Lion.*

85. DÉTERMINATION DES MÊMES ÉTOILES EN PARTANT DE LA CONSTELLATION DE PÉGASE.

Ainsi que nous l'avons déjà dit, α, β, γ de *Pégase,* α, β et γ d'*Andromède* et α de *Persée* forment un groupe de *sept* belles étoiles dont l'aspect est à peu près le même que celui de la Grande Ourse, mais dans de plus grandes dimensions; nous remarquons en outre, que près de la dernière étoile de la queue de la Grande Ourse, il n'y a pas d'étoiles de seconde grandeur, tandis que de part et d'autre de α de *Persée* se trouvent deux belles étoiles de seconde grandeur qui sont *Sheat* ou γ et ε de *Persée.* Ainsi, le groupe des sept belles étoiles appartenant aux constellations *Pégase, Andromède et Persée est facile à reconnaître.*

Détermination de l'Étoile Polaire. — Il suffit de prolonger α et β de *Pégase* du côté de β pour rencontrer l'*Étoile Polaire.*

Détermination de Markab. — C'est l'étoile α de Pégase.

Détermination de α du Bélier. — On suivra l'indication que nous avons donnée plus haut.

Détermination d'Aldébaran. — Au Sud de Persée, se trouve *Algol* ou α *de la Tête de Méduse;* au Nord d'*Andromède* se trouve *Cassiopée* ou la *Chaise* qui a la forme d'un *y* à queue *recourbée;* en joignant α de Cassiopée à *Algol,* on trouve *Aldébaran.*

Détermination de Pollux. — En prolongeant la ligne qui joint βγ d'*An-*

dromède du côté de γ on passe au Sud de la *Chèvre;* et en prolongeant cette ligne, on rencontre deux belles étoiles qui sont *Castor* et *Pollux* de la constellation des *Gémeaux;* la seconde de ces étoiles est *Pollux.*

Détermination d'Ataïr ou α de l'Aigle. — La ligne qui joint *Algenib* à *Markab*, prolongée du côté de *Markab*, rencontre une étoile de première grandeur qui est *Ataïr.*

Détermination de Régulus. — La ligne qui joint *Algol* et *Castor* étant prolongée du côté de *Castor* rencontre *Régulus.*

86. DÉTERMINATION DE CERTAINES ÉTOILES DE L'HÉMISPHÈRE SUD EN PARTANT SOIT DE PÉGASE, SOIT DE LA GRANDE OURSE.

Détermination de Fomalhaut. — Si l'on prolonge la ligne qui joint *la Polaire* et *α de Pégase* du côté de *Pégase*, on rencontre une belle étoile de première grandeur qui est *Fomalhaut* ou *α du Poisson* austral.

Détermination de l'Épi ou α de la Vierge. — Si l'on prolonge αγ de la Grande Ourse du côté de γ, on rencontre un peu loin l'*Épi* ou α de la *Vierge* belle étoile de première *grandeur.*

Détermination d'Antarès ou α du Scorpion. — En prolongeant la queue de la *Grande Ourse*, on rencontre une étoile de première grandeur qui est *Arcturus* ou α du *Bouvier*. La ligne qui joint α de la *Grande Ourse* à *Arcturus* prolongée du côté d'*Arcturus* d'une quantité à peu près égale à elle-même rencontre une étoile de première grandeur qui est *Antarès* ou α du *Scorpion.*

87. DÉTERMINATION DES TROIS MÊMES ÉTOILES EN SE SERVANT DE LA CROIX DU SUD.

De la Croix du Sud. — Dès qu'en se rapprochant de l'Équateur on a dépassé la parallèle située par 25° de *latitude Nord*, on commence à voir, dans la voûte céleste, une belle constellation dont *quatre étoiles principales* forment une *Croix* (fig. 69); trois de ces étoiles sont de deuxième grandeur et la quatrième est de troisième grandeur; c'est la *Croix du Sud.* La ligne qui joint αγ de cette constellation prolongée du côté de α va passer près du pôle *Sud.*

Fig 69.

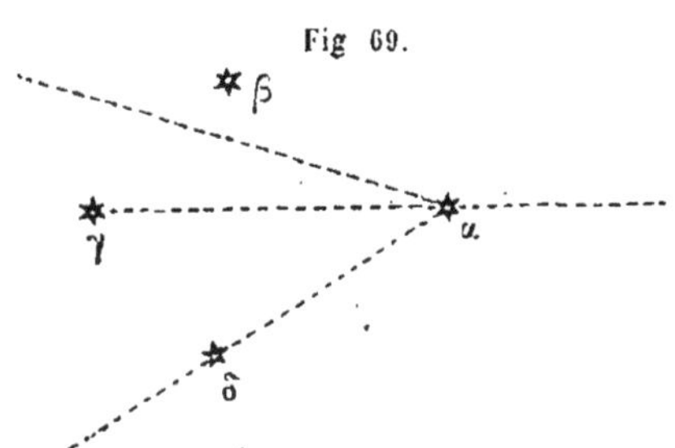

Détermination de Fomalhaut. — En prolongeant assez loin δα de la *Croix du Sud* du côté de α, on rencontre *Fomalhaut.*

Détermination de l'Épi. — La ligne qui joint $\alpha\delta$ de la *Croix du Sud* étant prolongée au delà de δ, à peu près *dix* fois la distance de α à δ, rencontre l'*Épi.*

Détermination d'Antarès. — En prolongeant la ligne $\delta\beta$ de la *Croix du Sud* du côté de β, on rencontre, très-près, *deux belles étoiles* de première grandeur qui sont β et α du *Centaure;* en prolongeant la ligne qui joint α de la Croix du Sud à β du *Centaure,* on passe près d'*Antarès.*

Remarque 1. — Deux des trois étoiles de l'hémisphère Sud que nous considérons étant situées du côté de la *Croix du Sud,* il est inutile de s'occuper de leur détermination en partant d'une autre constellation.

Remarque 2. — En étudiant le Ciel et les globes célestes, tout observateur trouvera, pour déterminer chaque étoile principale, des alignements qui lui seront propres; nous n'insisterons donc pas davantage sur une méthode qui n'a pas d'importance réelle, et dont les principes peuvent varier de beaucoup de manières.

DU MOUVEMENT DES ÉTOILES.

88. Tant que les instruments d'observation n'ont pas eu le degré de perfection qui les distingue aujourd'hui, les étoiles, ainsi que nous l'avons observé à l'œil nu, ont été considérées comme restant toujours dans les mêmes *positions relatives;* aussi leur avait-on donné le nom de *fixes.*

Mais depuis que les progrès réalisés dans les instruments d'optique et dans la *graduation des instruments d'observation* ont permis de déterminer les positions des astres avec une *exactitude presque mathématique,* les étoiles ont dû perdre le nom de *fixes*, et l'étude de leur *géométrie céleste* ne consiste plus en la simple construction d'un *Globe,* sur lequel chaque étoile est placée d'après sa *déclinaison* et son *ascension droite.*

En déterminant, depuis 1718, avec le plus de précision possible, les *ascensions droites* et les *déclinaisons des étoiles,* on trouve que ces quantités ne *restent pas constantes.*

Ces variations dans les coordonnées de ces astres analysées ainsi que nous le verrons plus loin, proviennent de plusieurs causes :

1° *D'un mouvement particulier de l'axe de rotation de la Terre;*

2° *De la vitesse de la lumière qui émane de l'étoile combinée avec la vitesse de rotation et de translation de la Terre autour du Soleil;*

3° *D'un mouvement général de tout le système solaire;*

4° *D'un mouvement propre à chaque étoile.*

Nous donnerons, dans la suite de ce Cours, des notions sur les trois premières causes; disons maintenant quelques mots de la quatrième.

89. DU MOUVEMENT PROPRE DES ÉTOILES.

« *Il est maintenant établi, dit* Arago, *que certaines étoiles ont un mou-*
« *vement propre angulaire apparent appréciable; qu'elles ne gardent pas*
« *les mêmes positions relatives, et qu'elles finiront, à la longue, par sortir*
« *des constellations où on les voit aujourd'hui, et par suite, que la dénomi-*
« *nation de fixes ne leur convient pas.* »

Voici, d'après ce savant, quelques-unes des *étoiles* dans lesquelles les mouvement propres *annuels* sont constatés avec le plus d'exactitude.

Noms des étoiles.	Grandeur des étoiles.	Valeurs des mouvements propres.
La 2151ᵉ *de la Poupe du Navire.* . .	6ᵉ.	7″,871
ε *de l'Indien.*	6ᵉ à 7ᵉ	7 ,740
La 1830ᵉ *du Catalogue des étoiles circompolaires de Groombridge.*	7ᵉ.	6 ,974
La 61ᵉ *du Cygne.*	5ᵉ à 6ᵉ	5 ,123
δ *de l'Éridan.*	4ᵉ à 5ᵉ	4 ,080
μ *de Cassiopée.*	4ᵉ.	3 ,740
α *du Centaure.*	1ʳᵉ.	3 ,580
Arcturus.	1ʳᵉ.	2 ,250
Sirius.	1ʳᵉ.	1 ,234

Les plus forts mouvements propres connus appartiennent à des étoiles très-peu *brillantes.*

Depuis 2000 ans environ, *Arcturus* a parcouru dans la voûte céleste, d'après son mouvement propre, un arc de grand cercle d'environ 1°17′30″; μ de Cassiopée a parcouru un arc de 1°48′30″; et enfin, la 61ᵉ *du Cygne* a décrit un arc de 3°6′, c'est-à-dire six fois environ le *diamètre* apparent de la *Lune.*

Les quatre Étoiles brillantes de la *Croix du Sud* marchent en sens contraire avec des vitesses différentes; à la longue cette constellation perdra donc cette forme particulière qu'elle a aujourd'hui et à laquelle elle doit son nom.

C'est en comparant les Catalogues de *Bradley* aux leurs, que *Bessel* et *Argelander* ont pu établir des données certaines sur la valeur numérique des mouvements propres des Étoiles.

D'après les distances à la Terre à laquelle on trouve que sont situées certaines étoiles, distances dont nous parlerons plus loin, on est en droit de supposer que :

Arcturus a une vitesse de	21^{lieues},34	par seconde,
61e *du Cygne*	17 ,90	id.,
La Chèvre.	10 ,47	id.,
Sirius.	9 ,89	id.,
ε *de la Grande Ourse*	6 ,75	id.,

Donc, *certains des corps célestes appelés* fixes *par les habitants de notre globe, sont précisément ceux qui possèdent les plus grandes vitesses dont on ait trouvé jusqu'ici la matière animée.*

90. PRÉDICTION DE LA POSITION D'UNE ÉTOILE PAR RAPPORT A L'HORIZON A UNE HEURE SIDÉRALE DONNÉE.

En ayant égard aux *causes* de variations des *coordonnées des étoiles* que nous avons signalées et après avoir, à l'aide d'*observations, déterminé les lois qui régissent ces variations,* on peut déterminer d'avance *les positions apparentes de ces astres.*

La Connaissance des temps donne de dix jours en dix jours les ascensions droites et les déclinaisons apparentes de 115 *étoiles principales,* classées par ordre de grandeur d'ascension droite.

Voyons donc maintenant, comment à l'aide de ces coordonnées on peut savoir sur quel point *diriger une lunette dans la voûte céleste* pour être certain d'apercevoir à un moment donné, dans un lieu, une certaine étoile derrière les fils du réticule de la lunette.

Pour cela, établissons d'abord une relation entre : *l'heure de la pendule sidérale que l'on suppose marquer zéro quand le point vernal passe au méridien, heure que l'on nomme* heure sidérale ; *l'angle horaire astronomique de l'astre, et enfin son ascension droite.*

Relation entre l'heure sidérale du lieu, l'angle horaire astronomique de l'astre et son ascension droite. — Soient P le pôle élevé (fig. 70), z le zénith du lieu, qmq' l'équateur et Pzq' le méridien supérieur.

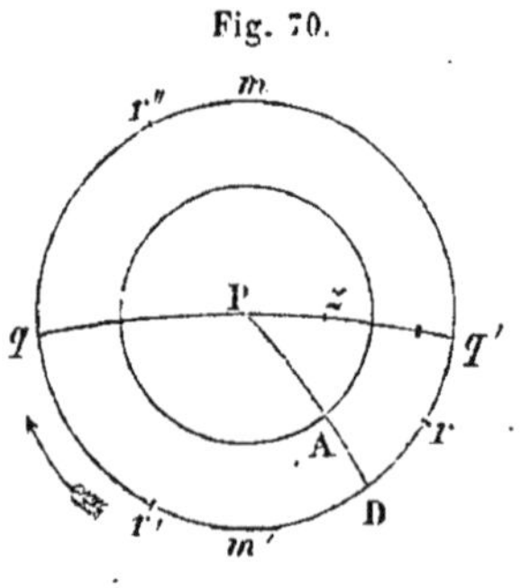

Fig. 70.

L'heure sidérale d'un lieu est alors représentée par l'arc de l'équateur, réduit en temps, compris entre *le point vernal et le méridien ;* cet arc se compte à partir du méridien supérieur vers le *point vernal,* de 0° à 360° dans le sens du mouvement apparent.

Soient A un astre, PAD son cercle de déclinaison.

Le point vernal peut se trouver en r, r' ou r''.

Si le mouvement apparent a lieu dans le sens de la flèche, l'angle horaire astronomique de l'astre sera égal à $q'D$; son *ascension droite* sera $rq'qD$, si le point vernal est en r, $r'D$ si le point vernal est en r' et $r''qD$ s'il est en r''.

On déduit de ces positions, les relations évidentes :

$$q'r = q'D - rD = q'D + rq'qD - 360°$$
$$q'r' = q'D + r'D$$
$$q'r'' = q'D + r''qD.$$

C'est-à-dire, en représentant par h_s *l'heure sidérale du lieu*, par h_a *l'heure astronomique de l'astre* et par Æ *son ascension droite :*

$$h_s = h_a + Æ - 24^h$$
$$h'_s = h_a + Æ'$$
$$h''_s = h_a + Æ''.$$

Donc, *l'heure sidérale d'un lieu est égale à l'angle horaire astronomique d'un astre réduit en temps, c'est-à-dire à l'heure astronomique de cet astre, augmentée de son ascension droite; en retranchant toutefois 24 heures de cette somme, si la soustraction peut se faire.*

Soit maintenant, A une étoile (fig. 71), dont on veut prédire la *hauteur et l'azimut*, c'est-à-dire, la position par rapport à l'horizon, quand *la pendule sidérale* marquera une certaine heure h_s, *un certain jour*.

Fig. 71.

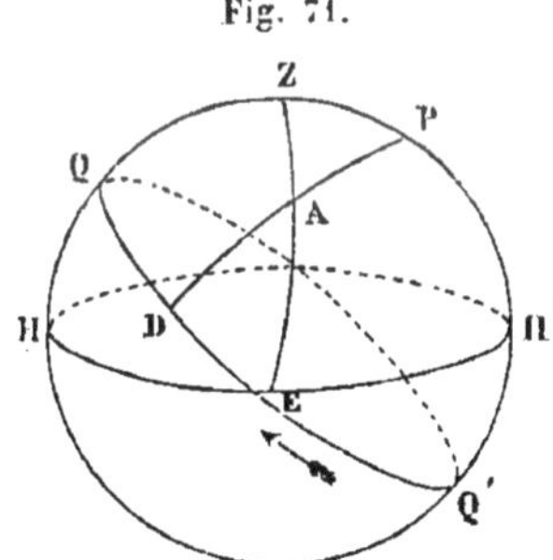

Puisque la pendule marque zéro quand le *point vernal* passe au méridien, h_s représente, ainsi que nous l'avons déjà dit, *l'heure sidérale du lieu.*

Soient D la déclinaison de l'étoile et Æ son ascension droite. Nous connaissons ces deux quantités.

De la relation

$$h_s = h_a + Æ,$$

nous déduirons

$$h_a = h_s - Æ.$$

Ainsi, en retranchant de l'heure sidérale *l'ascension droite de l'étoile réduite en temps*, nous aurons l'heure sidérale *astronomique de cette étoile.*

Cette heure réduite en degrés nous donnera l'angle horaire astronomique de l'étoile. De cet angle horaire astronomique, nous passerons à *son angle horaire proprement dit*, ainsi que nous l'avons dit (29); nous connaîtrons donc, dans le triangle PZA,

1° *L'angle* ZPA *ou l'angle au pôle*. . . . . = P

2° PZ *ou la colatitude du lieu*. . . . . $= C$
3° PA *ou la distance polaire de l'astre*. . . . . $= \Delta$

c'est-à-dire, *un angle et les deux côtés compris*.

Nous pourrons donc calculer

1° ZA *ou la distance zénithale*. . . . . $= N$
2° PZA *ou l'azimuth*. $= Z$

Si nous retranchons de la distance zénithale calculée, *la réfraction qui convient à cette distance zénithale* et à *l'état de l'atmosphère*, nous aurons la distance zénithale observée, et nous pourrons viser à l'étoile à l'aide d'une lunette dont l'axe est établi dans le plan vertical de l'astre au *moyen de l'azimuth*, en faisant faire à cet axe optique avec la verticale du lieu, un angle égal à la *distance zénithale apparente*.

Exemple.

On demande la position de Wéga, α de la Lyre, par rapport à l'horizon de Brest le 1er *janvier* 1857, *au moment où la pendule sidérale marquait* $3^h\,45^m\,25^s$; *autrement dit, à l'heure sidérale* $3^h\,45^m\,25^s$ *de Brest*.

On sait que la latitude de Brest $= 48°\,23'\,55''$ Nord. On trouve pour le 1er janvier 1857 : *déclinaison de Wéga* $= 38^c\,39'\,11''$ B, et Æ $= 18^h\,32^m\,5^s,7$.

1° *Détermination de* h_a *angle horaire astronomique de Wéga*, au moyen de la relation $h_a = h_s -$ Æ.

$$h_s = \ \ 3^h\ 45^m\ 25^s$$
$$Æ = 18^h\ 32^m\ \ 5^s,7$$

Différence en ajoutant 24^h à $h_s = \ 9^h\ 13^m\ 19^s,3 = h_a = h_p$

L'astre est dans l'Ouest.

Réduisant $9^h\ 13^m\ 19^s,3$ en temps, on a $P = 138°\ 19'\ 49'',5$.

2° *Calcul des coordonnées*. Nous employons les formules connues

$$\tan\varphi = \tan\Delta\cos P,\quad \cos N = \frac{\cos\Delta\cos(C-\varphi)}{\cos\varphi}$$

$$\text{et}\qquad \operatorname{cotang} Z = \frac{\operatorname{cotang} P \sin(C-\varphi)}{\sin\varphi}.$$

Calcul de φ.	*Calcul de* N.	*Calcul de* Z.
= 51° 20′ 49″ log tang = 0,0970193	log cos = 9,7936014	
C = 41° 36′ 25″		
P = 138° 19′ 49″,5 log cos = 9,8733155		log cotg = 0,0506024
log tg φ = 9,9703348		
φ = 136° 57′ 20″	c' log cos = 0,1361869	c' log sin = 0,1658557
C = 41° 36′ 25″		
C − φ = 95° 20′ 55″	log cos = 8,9694876	log sin = 9 9981050
	log cos N = 8,9012759	log cotg Z = 0,2145631
	N = 85° 25′ 50″	Z = 31° 23′ 22″

Ainsi, la distance zénithale vraie de Wéga est de 85° 25′ 50″ et son azimuth est *Nord* 31° 23′ 22″ *Ouest*.

Pour viser à l'astre avec la lunette, il faut ramener la distance zénithale calculée en distance *zénithale observée* au moyen de la réfraction que l'on détermine à l'aide d'un calcul de fausse position, puisque dans les *formules* ou dans les *tables* on se sert de la *distance zénithale apparente*.

Exemple.

Supposons qu'au moment considéré, la hauteur du *baromètre* soit de 0,765 et que la hauteur thermométrique soit + 3°.

Avec 4° 34′ 10″ complément de la distance zénithale vraie que nous venons de déterminer, considérée comme hauteur apparente, entrons dans la table I de la *Connaissance des temps* et prenons la *réfraction moyenne approchée* R_m = 10′ 39″,6.

Prenons aussi dans la table II les deux facteurs 1,007 et 1,027 qui conviennent aux hauteurs *barométriques* et *thermométriques*; en multipliant R_m par 1,007 et 1,027 nous trouvons

R approchée = 10′.43″,0 ajoutons cette quantité à
4° 34′ 10″

nous avons. . . . . 4° 44′ 53″,0.

Recalculons de nouveau la réfraction pour.	4° 44′ 53″
Nous trouvons pour réfraction plus approchée. . .	10′ 20″,2
Retranchons cette quantité de.	85° 25′ 50″
nous obtenons pour distance zénithale observée. . .	= 85° 15′ 29″,8

Remarque. — Cette correction ne peut évidemment se faire qu'au moment d'observer, puisque les états barométriques et thermométriques de l'atmosphère ne sont pas prédits à l'avance.

Pour apercevoir l'*étoile* quand on a une *machine équatoriale*, il suffit de faire *tourner le cercle passant par l'axe jusqu'à ce que l'axe optique* de la lunette fasse avec celui de l'équatorial un angle égal *à la distance polaire altérée par la réfraction;* et de faire tourner le cercle équatorial jusqu'à ce que le plan de l'axe optique et de l'axe de la machine fasse avec le méridien du lieu un angle égal à l'angle horaire proprement dit de l'astre altéré aussi de la réfraction.

DES ÉTOILES MULTIPLES.

91. On nomme *étoiles doubles*, *triples*, *quadruples*, etc., des groupes de deux, de trois, de quatre étoiles qui paraissent extrêmement *rapprochées les unes des autres*.

En visant avec des lunettes d'un très-fort grossissement *à des étoiles qui paraissent simples*, on reconnaît que ce sont *des étoiles multiples*. Parmi certaines *étoiles doubles* actuellement connues, il en est dont les éléments sont tellement voisins qu'il faut, en outre d'une excellente lunette, des *circonstances atmosphériques très-rares* pour opérer la séparation de leurs éléments.

Les systèmes d'étoiles *doubles* prennent le nom de systèmes *optiquement* doubles quand l'observation ne décèle aucun *mouvement relatif* dans les astres composant le système; on admet alors que ce rapprochement apparent des étoiles n'est dû qu'à une situation particulière de la Terre par rapport à ces astres situés dans des régions très-éloignées les unes des autres. On leur donne au contraire le nom de *systèmes physiquement* doubles quand l'observation indique un *mouvement relatif* prononcé des deux astres qui sont alors supposés sous l'influence de leur *attraction réciproque*.

Les mêmes désignations sont employées pour les systèmes triples, quadruples, etc.

Des étoiles doubles. — Le nombre des étoiles *physiquement* doubles signalées et cataloguées par M. *Struve*, dépasse 3057.

La séparation des deux éléments varie depuis moins d'1″ jusqu'à 32″.

Des étoiles triples. — M. Struve n'a encore enregistré qu'environ 52 étoiles triples comprises dans les limites des distances angulaires que nous venons de donner pour les *éléments des étoiles doubles*.

Parmi les étoiles triples, nous citerons :

α *d'Andromède*,
ζ *de l'Écrevisse*,
μ *du Loup*,
μ *du Bouvier*,
ξ *du Scorpion*.

Étoiles quadruples. — Les étoiles quadruples sont très-peu nombreuses; parmi ce genre d'étoiles, *la plus remarquable est ε de la Lyre.*

Au delà des étoiles quadruples, on peut citer, comme étoile multiple, θ *d'Orion* qui se compose de quatre *étoiles principales de quatrième, sixième, septième et huitième grandeurs,* disposées aux quatre angles d'un trapèze dont la plus grande diagonale a environ une longueur de 21″.

Chacun des éléments à la base est double et son second élément est une étoile de 11e ou 12e grandeur.

DU MOUVEMENT DES ÉTOILES MULTIPLES.

92. A l'exception de ζ *de l'Écrevisse* qui est une étoile triple dont on a étudié le mouvement, on ne connaît encore que les mouvements des étoiles doubles.

Les deux étoiles distinctes dont les étoiles doubles se composent ont, en général, des intensités fort différentes; de plus, l'étoile qui a le moins d'intensité se trouve tantôt à l'Est, tantôt à l'Ouest de *la grande*, et leur distance angulaire varie. Pour trouver la loi des variations de ce *mouvement angulaire relatif, on se sert d'un double appareil micrométrique.*

Cet appareil se compose d'une lunette astronomique montée comme celle de la machine équatoriale, dont le réticule placé au foyer de l'objectif porte deux fils très-fins. L'un passe par le centre du champ de la vision et est fixé au tuyau; l'autre peut, à l'aide d'une vis et d'un châssis circulaire, tourner autour du *même centre,* de manière à faire avec le fil fixe tous les angles depuis 0° jusqu'à 360°.

Quand on observe l'étoile au moment de son passage au méridien, d'après la manière dont la lunette est montée, le fil fixe *aa′* (fig. 72), est horizontal.

Si à ce moment on place, aussi exactement que possible, *l'étoile brillante* au point d'intersection O des deux fils et que l'on fasse tourner *le fil mobile* jusqu'à ce qu'il passe par la seconde étoile, *on connaîtra, pour le moment du passage au méridien,* l'angle que forme avec une horizontale partant de la grande étoile, la droite qui unit cette même étoile à la petite.

L'angle *aob* se nomme *angle de position.*

Le tableau des valeurs successives de cet angle fait voir :

1° *Si la petite étoile circule autour de la grande, de l'Est à l'Ouest ou de l'Ouest à l'Est;*

2° *Si le mouvement angulaire est uniforme ou non ;*

3° *A quel moment ont lieu les vitesses maximum et minimum.*

Le châssis circulaire mobile auquel est fixé le fil *bb′* porte *deux fils parallèles, dont l'un ff′* (fig. 72), est fixe et l'autre *mm′* mobile à l'aide d'une plaque à laquelle il est fixé et qui se meut au moyen d'une vis.

L'écart angulaire des fils, pour une fraction quelconque d'un tour de vis, est marqué sur la tête de cette vis ; de telle sorte que si, l'étoile brillante étant sur le fil fixe, on amène le fil mobile sur la petite étoile, on aura l'écart angulaire des deux étoiles et par suite, on pourra reconnaître si la distance apparente des deux étoiles est constante ou variable, et, quand il y a variation, entre quelles limites elle est renfermée.

Fig. 72.

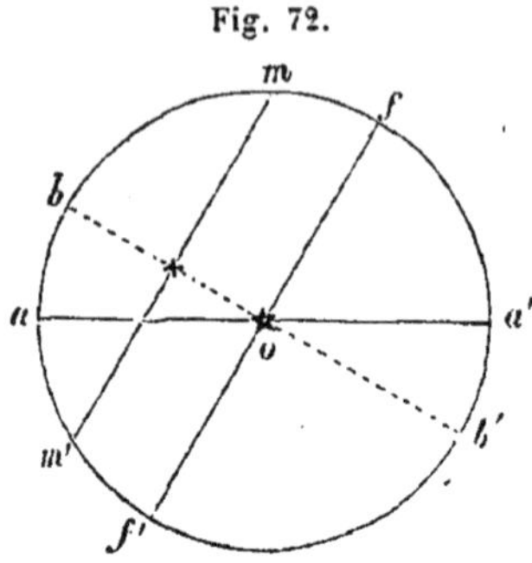

En étudiant ainsi le mouvement des étoiles doubles, *on a reconnu que la courbe relative que la petite étoile décrit autour de la grande* a la forme d'une *ellipse*, et satisfait, dans ce mouvement, aux lois auxquelles sont soumis les astres en mouvement, et que nous avons énoncées dans notre introduction.

C'est ainsi que, d'après MM. *Bessel*, *Encke*, *J. Herschel* et *Villarceau*, on trouve pour quelques étoiles doubles, les résultats suivants :

NOMS DES ÉTOILES DOUBLES.	TEMPS qu'emploie la petite étoile à faire une révolution entière autour de la grande.	DEMI-GRAND AXE de l'orbite.	EXCENTRICITÉ de l'orbite.
ζ d'Hercule.	36 ans	1″,2	0,44
ξ de la Grande Ourse.	58	3 ,8	0,42
α du Centaure.	78	12 ,1	0,71
70ᵉ d'Ophiucus.	88	4 ,4	0,47
Castor.	253	8 ,1	0,76
σ de la Couronne.	287	3 ,7	0,76
γ de la Vierge.	629	12 ,1	0,83

Des observations semblables ont fait voir que dans ζ de l'*Écrevisse*, les deux petites étoiles tournent autour de la grande.

93. A l'occasion des systèmes d'*étoiles doubles*, nous croyons devoir dire quelques mots des travaux et des observations auxquels a donné lieu la belle étoile *Sirius*.

En discutant les observations de cette étoile comparées pendant cent ans aux étoiles des constellations du *Taureau*, d'*Orion* et des *Gémeaux*, Bessel constata dans la brillante étoile des oscillations prononcées et extraordinaires autour *d'une position moyenne*, animée du mouvement propre que nous avons donné (89).

Les astronomes cherchèrent vainement à découvrir quelque astre voisin de la belle étoile, et causant, par son attraction, les mouvements observés.

Bessel en conclut alors que les irrégularités observées étaient dues à la présence d'un centre *obscur* attirant.

Combattue d'abord par M. Struve, et par un travail de M. Fuss, l'opinion de Bessel sembla confirmée par les résultats auxquels un examen attentif de la question conduisit M. Péters, directeur de l'observatoire d'*Altona*.

Cet astronome démontra en effet que les écarts observés dans la position de *Sirius* s'expliquaient parfaitement par l'hypothèse d'une orbite elliptique décrite par cette étoile autour du centre de gravité du système formé par cet astre et un autre astre invisible.

M. Auwers, de Kœnigsberg, M. Safford et enfin M. Schubert, en Amérique, obtinrent aussi eux des résultats qui donnèrent raison aux conclusions théoriques de M. Péters.

Ces résultats augmentèrent la préoccupation des astronomes au sujet de la brillante étoile ; cette préoccupation était telle, en 1854, que M. Le-verrier, en prenant la direction de l'observatoire impérial, signala dans son rapport au ministre de l'instruction publique, sur l'organisation de l'observatoire, le phénomène étrange observé dans l'étoile Sirius.

Pendant huit ans les astronomes ont cherché en vain le satellite de Sirius, enfin le 31 janvier 1862, M. Clark, astronome de l'observatoire de Harvard-College, à Cambridge (États-Unis), au moyen d'un objectif de 18 pouces, a pu contempler le mystérieux compagnon de la plus belle étoile du Ciel.

Depuis, plusieurs autres astronomes l'ont aussi observé et ont déterminé sa position relativement à Sirius. L'intensité du petit astre surpasse celle d'une étoile de 11e grandeur, il se trouve à une distance de 10″,4 environ de la brillante étoile. Il est probable que la non-visibilité de cet astre, jusqu'à l'observation de M. Clark, a tenu à l'éclat extraordinaire de Sirius, à sa vive scintillation et à la petite distance qui sépare les deux astres.

Nous croyons, en terminant, devoir toutefois faire remarquer qu'il se pourrait bien que le petit astre découvert par M. Clark, ne fût qu'une étoile *très-éloignée* du monde de Sirius et qui n'en est voisine qu'*optiquement*. Pour qu'on soit bien certain que ce corps céleste est le mystérieux compagnon entrevu par Bessel, il faut qu'une longue suite d'observations ait fait reconnaître le mouvement relatif des deux astres autour de leur centre de gravité, et que ce mouvement rend bien compte des phénomènes étranges observés dans la marche de *Sirius*.

DES ÉTOILES CONSIDÉRÉES EN ELLES-MÊMES.

94. Lorsque l'on veut étudier les étoiles en dehors des mouvements qu'elles peuvent avoir, toutes les observations se bornent à observer :

1° *L'intensité de leur lumière* (voir si elle est constante ou si elle est variable);

2° *Leur couleur.*

Dans la recherche de l'intensité relative et de la *couleur des étoiles*, on laisse évidemment de côté le phénomène connu sous le nom de *scintillation.*

95. On sait que ce phénomène se fait remarquer dans les étoiles par *des changements brusques d'éclat* et *des variations de couleurs* constamment répétés.

Arago a attribué ce phénomène à des *interférences* qui se produisent dans le mouvement vibratoire de *l'éther*, en raison des *retards différents* qu'éprouvent les sept rayons de la lumière émanée de l'étoile en traversant les couches atmosphériques qui sont soumises à des changements continuels produits par la température, la pression et le degré d'humidité de l'air.

La scintillation des astres se produit surtout quand l'atmosphère vient à se charger d'humidité après avoir été longtemps sèche.

Le phénomène de la scintillation ne se fait généralement pas remarquer d'une manière prononcée sur les *planètes*, parce que ces astres présentent un *disque* à l'œil de l'observateur; chaque *point* de ce disque se comporte comme une étoile, et s'il se produit pour certains *points* des *interférences*, les autres brillent de leur éclat ordinaire, c'est-à-dire que les scintillations des différents points du disque étant *discordantes*, l'ensemble général de l'astre paraît ne pas en éprouver.

96. A l'aide d'un appareil (inventé par *Arago*) qui opère sur *l'image polarisée d'une étoile*, M. *Laugier* a déterminé les intensités relatives de plusieurs étoiles, dont voici quelques-unes :

L'intensité de *Sirius* étant.	1000
Celle de α *de la Lyre* est.	617
α *de l'Aigle*.	450
Procyon.	445
Rigel.	439
l'Épi.	310
Béteigeuse.	411
Aldébaran.	220

97. *L'éclat de certaines étoiles diminue.* — D'après les catalogues très-anciens comparés aux catalogues modernes on peut voir que certaines étoiles qui étaient représentées par α le sont par β; toutefois, les observations antérieures n'ont pas été faites avec assez de soin, et le temps écoulé n'est pas assez considérable pour pouvoir conclure d'une manière certaine la variation ou la permanence de l'intensité de la lumière de ces étoiles.

Cependant, d'après la remarque très-ancienne d'Hipparque qui vivait 120 ans avant notre ère, *établissant que l'étoile du pied de devant du Bélier est belle et remarquable*, quand de nos jours cette étoile est de quatrième grandeur, on est en droit de conclure que *l'éclat de certaines étoiles diminue*.

98. *L'éclat de certaines étoiles augmente.* — De même, en se fondant sur le nom d'*Alcor* (difficile à voir), que les Arabes donnaient à ζ de la Grande-Ourse, étoile actuellement très-visible, on peut supposer qu'il y a des étoiles dont l'*intensité augmente* avec une grande lenteur.

99. *Étoiles perdues.* — D'après Herschel, la neuvième et la dixième du *Taureau*, étoiles de sixième grandeur, se seraient complétement éteintes.

La 55ᵉ d'*Hercule*, insérée dans le catalogue de *Flamsteed* comme une étoile de cinquième grandeur, était vue le 10 octobre 1781 par W. Herschel qui la notait *rouge;* le 11 avril 1782, Herschel l'apercevait encore; le 24 mars 1791, elle avait complétement disparu et depuis, malgré des essais répétés, on n'en a pas trouvé de trace.

Ainsi, la 55ᵉ d'*Hercule* a disparu.

100. *Étoiles changeantes ou variables.* — Il y a des étoiles dont l'éclat change *périodiquement*.

Le temps de la période est plus ou moins grand.

Voici la liste d'un certain nombre d'étoiles *variables*, dressée par M. Argelander et que nous extrayons du *Cosmos* de M. de Humboldt, t. III, p. 197.

NOMS DES ÉTOILES.	DURÉE DE LA PÉRIODE.			ÉCLAT AU	
				maximum.	minimum.
				grandeur.	grandeur.
O Baleine	331 jours	20 heures		4 à 2,1	0
β Persée	2	20	49 minutes	2,3	4
χ Cygne	406	1	30	6,7 à 4	0
30 Hydre	495			5 à 4	0
R du Lion	312	18		5	0
η L'aigle	7	4	14	3,4	5,4
β Lyre	12	21	45	3,4	4,5
δ Céphée	5	8	49	4,3	5,4
α Hercule	66	8		3	3,4
R Couronne	323			6	0
R Écu	71	17		6,5 à 5,4	9 à 6
R Vierge	145	21		7 à 6,7	0
R Verseau	388	13		9 à 6,7	0
R Serpent	359			6,7	0

NOMS DES ÉTOILES.	DURÉE DE LA PÉRIODE.			ÉCLAT AU	
				maximum.	minimum.
				grandeur.	grandeur.
S Serpent	367[jours]	5[heures]		8 à 7,8	0
R Écrevisse	380			7	0
α Cassiopée	79	3		2	3,2
α Orion	196	0		1	1,2
α Hydre	55			2	2,3
ε Cocher		?		3,4	4,5
ζ Gémeaux	10	3	35[minutes]	4,3	5,4
β Pégase	40	23		2	2,3
R Pégase	350			8	0
S Écrevisse		?		7,8	0

Depuis que cette liste a été dressée, d'autres étoiles variables ont été découvertes, et la durée de leur période a été déterminée.

Parmi ces nouvelles étoiles variables, nous citerons S du Taureau, dont les derniers *maxima* d'intensité ont eu lieu le 27 février 1861, le 11 mars 1862, le 22 mars 1863 et le 2 avril 1864, qui ne se montrera plus maintenant, *pendant plusieurs années*, mais qui reviendra à son maximum d'éclat en 1878; U des Gémeaux qui passe de la 12ᵉ à la 9ᵉ grandeur en 14 jours; T du Cancer, étoile extraordinairement rouge qui passe lentement d'abord et rapidement ensuite de la 11ᵉ à la 9ᵉ grandeur; T du Lion, qui d'après M. *Chacornac* met 320 jours à passer de la 9ᵉ à la 14ᵉ grandeur, et même qui disparaît tout à fait d'après M. *Winneck*.

Plusieurs explications ont été données des étoiles changeantes dont *Omicron*, de la Baleine, a été la première considérée comme *périodique* par le Hollandais *Jean-Phrocylides* Holwarda.

Bouillaud a supposé que les étoiles périodiques sont des astres qui ne sont pas lumineux dans toute l'étendue de leur surface, et qui, étant doués d'un mouvement de rotation, présentent successivement à la Terre les parties obscures et les parties lumineuses.

Arago, d'après les observations de M. Hind, émet l'opinion que les variations des étoiles périodiques sont peut-être dues à l'interposition entre l'étoile et nous de grands nuages cosmiques, circulant autour de l'astre comme les planètes de notre système circulent autour du Soleil; ces grands nuages cosmiques seraient alors des planètes de ces systèmes, en voie de formation.

101. *Étoiles nouvelles et temporaires. — Certaines étoiles se sont montrées presque subitement avec un certain éclat*, ont disparu ensuite graduellement et ne se sont pas montrées depuis.

Sans remonter à des temps trop reculés, nous citerons comme étoiles temporaires :

Au IXe siècle, l'étoile *immense observée par Albumazar au 15e degré du Scorpion;*
En 945, *l'étoile observée sous l'empereur Othon* Ier *entre Cassiopée et Céphée;*
En 1264, *étoile qui se montra près de Cassiopée;*
En 1572, *étoile nouvelle dans Cassiopée;*
En 1604, *étoile nouvelle dans le Serpentaire;*
En 1670, *étoile nouvelle dans le Cygne.*

L'étoile nouvelle observée en 1572 par Tycho-Brahé est la plus remarquable.

Un soir que *Tycho-Brahé*, dans son laboratoire de chimie de l'ancien cloître d'*Herritzwaldt*, considérait la voûte céleste, il aperçut près du zénith, dans *Cassiopée*, une étoile *très-brillante d'une grandeur extraordinaire*, mais qui, en tout point, ressemblait à une autre étoile; son éclat surpassait celui de *Sirius*.

Tycho mesura les distances de cette étoile à d'autres étoiles de Cassiopée, et reconnut sa parfaite immobilité.

A partir du mois de décembre 1572, son éclat commença à diminuer il était alors égal à celui de Jupiter. Son intensité fut alors en diminuant de mois en mois, et le passage de la *cinquième à la sixième* grandeur eut lieu de décembre 1573 à février 1574. Enfin, le mois suivant, l'étoile nouvelle disparut sans laisser de traces, après avoir brillé *dix-sept mois* et avoir rigoureusement conservé la même position au milieu des étoiles anciennes qui l'entouraient.

Cette étoile, dont la *couleur varia entre le blanc, le jaune et le rouge*, scintillait avec une vivacité *extraordinaire*. On n'a, jusqu'à présent, donné aucune explication satisfaisante du phénomène extraordinaire d'étoiles apparaissant subitement et disparaissant ensuite.

102. *Étoiles colorées.* — Les étoiles ne se présentent pas toutes à l'œil sous la même couleur; les unes sont *rouges*, d'autres sont *blanches, bleues, jaunes* ou *vertes*.

103. *De la voie lactée.* — La voie lactée est une zone blanchâtre, un peu irrégulière, que l'on voit à la vue simple dans la sphère céleste.

Cette zone, qui embrasse à peu près un des grands cercles de la sphère céleste, traverse les *constellations suivantes* en partant du pôle nord :

Cassiopée, Persée, le Cocher, les Gémeaux, Orion, la Licorne, le Grand Chien, le Navire, le Chêne de Charles II, la Croix du Sud, la Mouche australe, le Centaure, l'Autel, le Sagittaire, l'Ecu de Sobieski, le Taureau de Poniatowski, l'Aigle, le Renard et l'Oie, le Cygne, Céphée.

D'après les observations télescopiques de *William Herschel,* cette bande blanchâtre est un amas de petites étoiles que la vue simple ne permet pas de distinguer individuellement. Pour expliquer cet amas d'étoiles dans une zone passant à peu près par le centre de la sphère céleste, on admet que des *millions d'étoiles* forment une *couche* ou *strate* comprise entre deux surfaces à peu près *planes et parallèles, assez voisines comparativement à leur immense étendue.*

Notre Soleil est une des étoiles de cette couche, étoile peu éloignée du centre de ce groupe stellaire. Par conséquent, lorsque sur la Terre, qui est très-près du *Soleil* relativement aux immenses distances des étoiles, un rayon visuel est dirigé dans le sens des immenses dimensions de la couche, ce rayon rencontre une si grande quantité d'étoiles, qu'elles paraissent se toucher et se dessinent sur le ciel par une sorte de condensation d'étoiles qui forme la *voie lactée.* Dans le sens de l'épaisseur de la couche, au contraire, le nombre des étoiles perçues est infiniment plus petit.

104. *Des Nébuleuses.* — On appelle *Nébuleuses, des lueurs ou taches diffuses* que l'on aperçoit dans toutes les parties du ciel.

Le nombre de ces taches, *dont la position dans la sphère céleste semble, jusqu'à présent, aussi immobile que les étoiles le paraissaient autrefois,* est très-grand, puisqu'en 1802 William Herschel avait déjà catalogué *deux mille cinq cents nébuleuses.*

On classe les *nébuleuses en deux grandes divisions :*

1° Les nébuleuses *résolubles ou amas de stellaires ;*
2° Les nébuleuses *non résolubles* ou simplement *nébuleuses.*

Des nébuleuses résolubles. — Les *nébuleuses résolubles* sont celles que l'on parvient, à l'aide de *puissants télescopes,* à résoudre en un *amas stellaire.*

Leur forme est très-variée : on en voit qui ont la forme d'*un anneau,* d'autres sont en *spirales ;* cependant la forme circulaire est celle qu'elles présentent le plus généralement.

Cette forme circulaire n'est *qu'une projection sur la sphère céleste,* car l'augmentation graduelle d'intensité que l'on remarque *du bord au centre,* dans toute nébuleuse, est une preuve de la forme à peu près *sphérique du groupe stellaire.*

La planche suivante représente six nébuleuses dessinées d'après les dessins contenus dans le *Mémoire* présenté à la Société royale de Londres, par le *comte Ross*, en 1862. Ce Mémoire contient les résultats d'observations nombreuses, faites sur les nébuleuses, avec le grand télescope du célèbre astronome ; télescope dont le miroir a *six pieds* d'ouverture.

La figure 73 représente la nébuleuse n° 242 du catalogue de W. Hers-

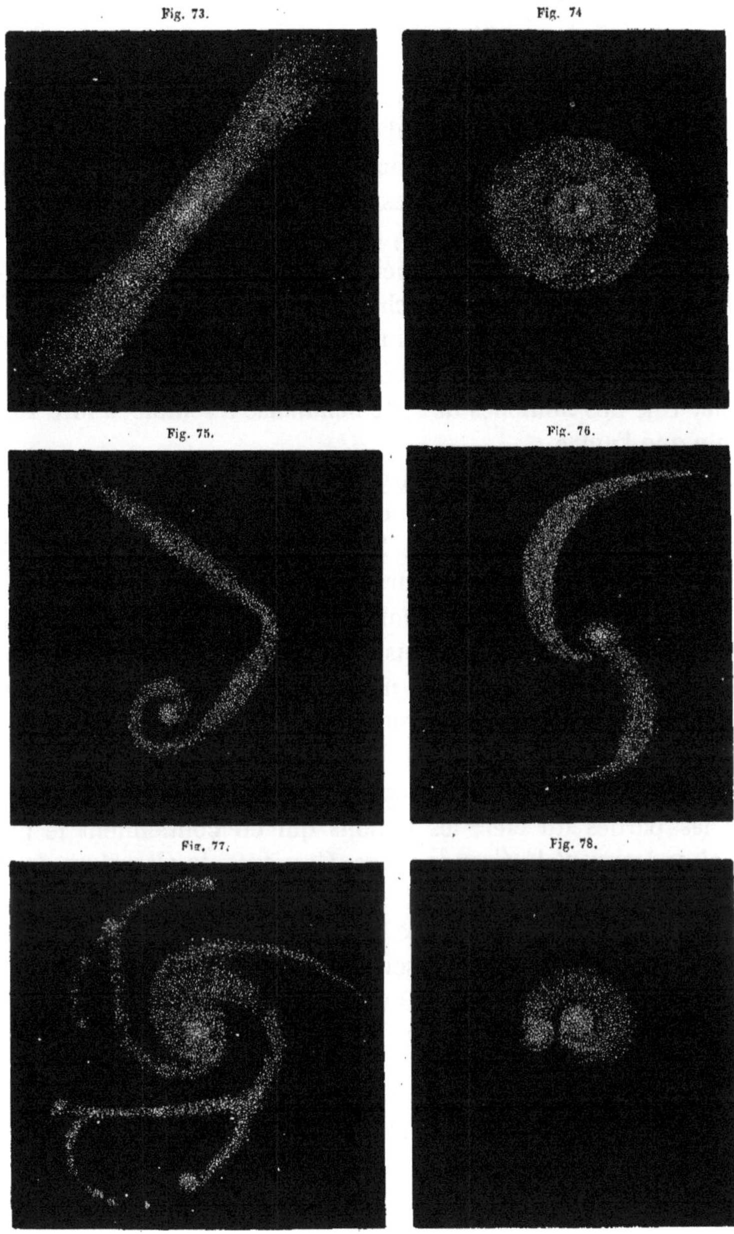

Fig. 73. Fig. 74

Fig. 75. Fig. 76.

Fig. 77. Fig. 78.

chel. Lord Ross, qui l'a observée huit fois, en a fait quatre fois le dessin; l'étendue de cette nébuleuse est d'environ 6′ 20″.

La figure 74 représente la nébuleuse n° 262 du catalogue d'Herschel, dessinée quatre fois par lord Ross. La partie centrale a une forme en spirale, d'après l'astronome anglais, qui l'a observée douze fois.

La figure 75 représente une nébuleuse en spirale portant les n°° 1052 et 1053 dans le catalogue d'Herschel; lord Ross l'a observée trois fois.

La figure 76 représente la nébuleuse en spirale n° 1061 du catalogue d'Herschel. Lord Ross l'a observée quatre fois; une fois pendant le crépuscule. Une des branches de cette nébuleuse a semblé, à lord Ross, plus brillante que l'autre.

La figure 77 représente une large nébuleuse en *spirale*, dont l'étendue, dans sa plus grande largeur, est d'environ 14 minutes; c'est la 1744e du catalogue d'Herschel. Lord Ross l'a observée huit fois; cette nébuleuse présente plusieurs bras et plusieurs nœuds.

La figure 78 représente la nébuleuse n° 2245 du catalogue d'Herschel; lord Ross l'a observée douze fois. En novembre 1850, cet astronome a vu, dans cette nébuleuse, deux nœuds et un espace sombre entre eux; en 1854 il reconnut sa forme spirale que des observations postérieures confirmèrent.

Les nébuleuses ne sont pas répandues d'une manière uniforme dans toutes les parties du ciel; les régions qui en contiennent le plus sont celles où se trouvent la *Grande Ourse*, *Cassiopée*, la *Chevelure de Bérénice* et la *Vierge*.

Le nombre d'étoiles contenues dans certaines nébuleuses est énorme, puisque les observations d'Herschel prouvent que dans une nébuleuse dont le diamètre est d'environ 10 minutes, c'est-à-dire à peu près le tiers de celui de la Lune, on ne compte pas moins de 20000 étoiles.

Des nébuleuses non résolubles. — Les nébuleuses non résolubles sont celles qui, malgré les puissants télescopes employés, n'ont pu subir aucune décomposition. Ces nébuleuses tiennent dans la sphère céleste des *espaces très-étendus*, puisqu'on en remarque qui ont jusqu'à 4° 9′ dans leurs dimensions.

La forme des grandes nébuleuses non résolubles ne présente *aucune régularité*; les nébuleuses qui approchent de la forme circulaire et que l'on nomme *nébuleuses planétaires* sont celles qui offrent les *plus petites dimensions*.

105. *Des nuées de Magellan.* — Un des phénomènes les plus curieux de l'hémisphère sud est celui que présentent les deux nuages de *Magellan*, *espèces de nébuleuses résolubles*, remarquables par leur éclat, leur grandeur et *l'orbite qu'elles décrivent ensemble autour du pôle austral, bien qu'à des distances inégales.*

La plus grande des nuées de Magellan couvre environ 42 degrés carrés et la plus petite en couvre 10.

Fig. 79.

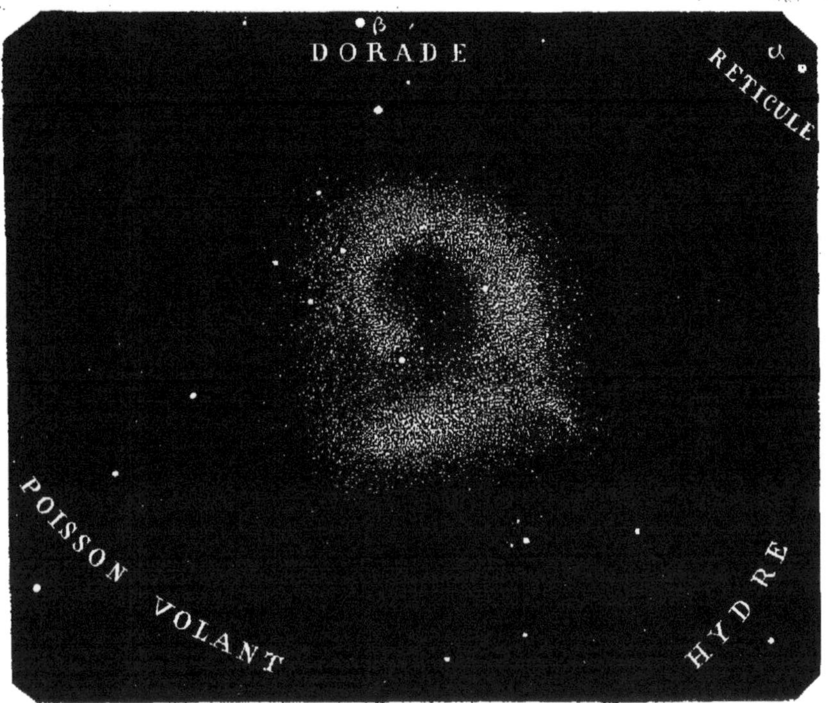

Fig. 80.

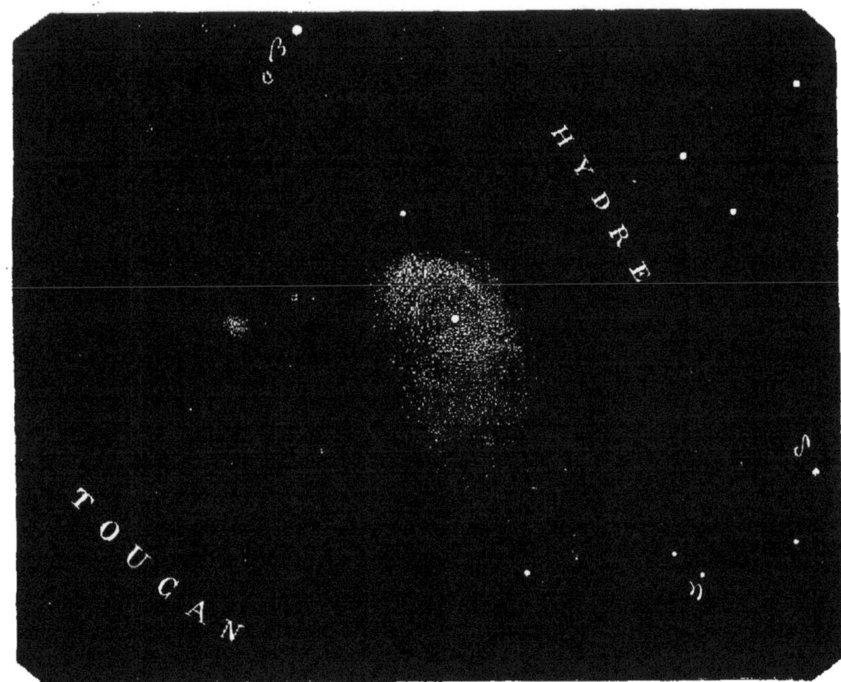

John Herschel a trouvé, dans le *grand nuage*, 582 étoiles, 291 nébuleuses non résolubles et 46 nébuleuses résolubles. Dans le petit nuage il a compté 200 étoiles, 57 nébuleuses non résolubles et 7 nébuleuses résolubles.

Les notions que nous venons de donner sur le mouvement propre des étoiles, et sur ces astres considérés en eux-mêmes, sont en partie tirées du *Cosmos* de M. de Humboldt et de *l'Astronomie populaire* de F. Arago, qui contient, sur les résultats obtenus aujourd'hui en astronomie *par la science d'observation*, des documents nombreux fournis par cet astronome même, ou puisés aux sources les plus certaines.

Nous renvoyons donc à cet excellent ouvrage les personnes qui veulent acquérir, sur ces questions, des connaissances plus étendues.

ÉTUDE DU SOLEIL.

---

106. Dans les observations de distances zénithales des *étoiles*, nous n'avons nullement eu égard à la différence qui existe entre une distance zénithale prise à la surface de notre globe et la distance simultanée qu'on obtiendrait si l'on se supposait au centre de la Terre. Cependant, dans l'étude du mouvement des astres, nous ne considérons que les mouvements angulaires s'opérant sur la *sphère céleste* qui, comme nous le savons, est concentrique à notre globe; nous devons donc rapporter au centre de la Terre tous les mouvements angulaires observés.

La petitesse du rayon de la Terre, comparé à l'immense distance qui nous sépare des étoiles, fait que nous avons pu négliger la *parallaxe* dans l'observation de ces astres; mais dès que nous voulons observer le mouvement d'un astre, tel que le *Soleil*, dont la distance à la Terre n'est pas infiniment grande, nous devons avoir égard à cette correction.

Toutefois, en raison de la grande distance qui nous sépare du Soleil, nous pourrons, pour cette correction, négliger l'aplatissement de la Terre.

Nous avons trouvé (48) qu'entre la parallaxe horizontale P, la parallaxe en hauteur p et la distance zénithale N on a la relation

$$\sin p = \sin P \sin N,$$

et pour le Soleil

$$p = P \sin N.$$

La parallaxe horizontale *moyenne* du Soleil a été trouvée égale à 8″,578 par des moyens que nous indiquerons.

La *Connaissance des temps* donne pour chaque jour, aux éphémérides du *Soleil, le logarithme de la distance de la Terre au Soleil*, en supposant que la distance moyenne qui a lieu actuellement du 1er au 2 avril soit représentée par 10^{10} et *que la parallaxe horizontale* qui y correspond soit, d'après les travaux de M. Encke, de 8″,578.

Appelons π cette parallaxe horizontale (8″,578), R sa distance correspondante à la Terre, P′ la parallaxe horizontale du Soleil à un autre moment, R′ sa distance correspondante à la Terre; on aura les deux relations

$$\pi = \frac{r}{R \sin 1''}, \quad P' = \frac{r}{R' \sin 1''},$$

d'où

$$P' = \frac{\pi \times R}{R'}.$$

Si l'on veut calculer la parallaxe en hauteur p' qui convient à une distance zénithale apparente N, au même moment, on aura

$$p' = \frac{\pi \times R}{R'} \sin N,$$

quantité calculable par logarithmes.

Exemple.

On demande la parallaxe en hauteur qui convient à une distance zénithale apparente de 53° 44′ 17″,6, le 15 janvier 1858.

Log 8″,578	=	0,9333860
log R (1er avril)	=	10,0000000
c' log R′ (15 janvier)	=	0,0070873
log sin 53° 44′ 17″,6	=	9,9065090
log p'.	=	0,8469823
p'.	=	7″,0304

107. *Table de parallaxe du Soleil.* — En agissant comme nous venons de le faire, et en faisant varier N de trois en trois degrés ou de cinq en cinq degrés, on a calculé une table qui donne *la parallaxe du Soleil* à divers degrés de distance zénithale pour différentes époques de l'année.

La table IX de Callet et la table XI de la *Connaissance des temps* représentent cette table. Elle est donnée sous le n° XXVII avec le titre *parallaxe de hauteur des planètes*, dans les tables de M. Caillet, nouvelle édition, et sous le n° XVII de l'ancienne édition, laquelle donne au n° XXVI l'ensemble des deux corrections *réfraction* et *parallaxe*; c'est ce que contient aussi la table V de Guépratte, ouvrage dans lequel la table XXII peut donner la parallaxe en hauteur du Soleil.

CORRECTIONS QUE DOIT SUBIR TOUTE DISTANCE ZÉNITHALE DU SOLEIL DONNÉE PAR L'OBSERVATION.

108. Eu égard au milieu dans lequel nous faisons nos observations et à la distance à laquelle nous sommes du centre de la Terre, nous voyons donc que toute distance zénithale du *Soleil devra être augmentée de la réfraction et diminuée de la parallaxe, pour être ce qu'elle serait si l'astre était observé du centre de notre globe*, centre de tous les arcs que nous considérons sur la sphère céleste.

Exemple.

On demande la distance zénithale vraie correspondant à une distance zénithale observée de 53° 43′, quand le thermomètre indique + 25° *et le baromètre* 0,785, *le* 15 *janvier* 1858?

Distance zénithale observée.	=	53° 43′
Réfraction calculée	= +	1′ 17″,6
Distance zénithale apparente	=	53° 44′ 17″,6
Parallaxe en hauteur.	= −	7″,03
Distance zénithale vraie.	=	53° 44′ 10″,57

109. *Distance approchée du Soleil à la Terre.* — Ayant déterminé, comme nous le verrons plus loin, la parallaxe horizontale P′, il est facile d'avoir pour ce moment *la distance du Soleil au centre de la Terre.*

De la relation $\sin P = \frac{r}{R}$, on déduit $P = \frac{r}{R \sin 1''}$ en raison de la petitesse de P, et par suite, $R = \frac{r}{P \sin 1''}$.

En remplaçant P par 8″,6 et sin 1″ par $\frac{1}{206264,8}$ qui est *son rapport au rayon des tables,* on obtient

$$R = \frac{r}{8'',6 \times \frac{1}{206264,8}} = \frac{r \times 206264,8}{8'',6}.$$

En faisant le calcul, on trouve

$$R = 24000\, r, \text{ environ.}$$

Remarque. — Lorsque l'on veut déterminer, de la manière que nous l'avons indiqué (49), la parallaxe d'une étoile, on trouve toujours que $(N + N') = l$, c'est-à-dire que la valeur de P est nulle; ce qui justifie ce que nous avons déjà admis : que *la distance des étoiles à nous est infiniment grande.*

ÉTUDE DU MOUVEMENT APPARENT DU SOLEIL.

110. Voici l'ordre que nous suivrons, en général, dans *l'étude du mouvement des corps célestes pour trouver les lois de ce mouvement.*

Nous étudierons d'abord, à la vue simple, le mouvement de l'astre par rapport à l'horizon et au méridien et ensuite quant aux étoiles; nous verrons quelles constellations il parcourt et comment il les parcourt. Nous appellerons cette première étude *premier mode d'observation.*

Pour obtenir, d'une manière plus rigoureuse, la courbe que décrit l'astre sur la *sphère céleste,* nous déterminerons chaque jour, au moyen des *instruments à notre disposition, la déclinaison et l'ascension droite de cet astre.*

Nous porterons *ces coordonnées* sur le globe céleste où nous avons représenté toutes les étoiles ; ce sera le *second mode d'observation.*

Enfin, comme nous reconnaîtrons, d'une manière générale, que la courbe que décrit dans l'espace le corps céleste est *plane,* nous déterminerons la forme de cette courbe et le mouvement de l'astre dans sa trajectoire, en rapportant, généralement sur un plan, *les distances de l'astre à un centre fixe que nous serons logiquement amenés à considérer.* Ce sera le *troisième mode d'observation, duquel nous déduirons les lois que nous cherchons.* Ainsi, envisageons le *mouvement du Soleil suivant ces trois modes.*

PREMIER MODE D'OBSERVATION.

111. 1° *Relativement à l'horizon.* — Si l'on se suppose placé sur une montagne située au milieu d'une grande plaine, de manière que l'horizon visible soit circulaire, et qu'on observe le lever d'une étoile, on sait (12) *que ce lever a toujours lieu au même point de l'horizon;* on sait aussi que si l'on observe ensuite la hauteur de l'étoile lorsqu'elle passe au méridien, *cette hauteur est toujours la même à très-peu près,* en laissant toutefois de côté les variations des coordonnées de ces astres, variations qui ne peuvent modifier ce que nous disons *qu'au bout d'un grand nombre d'années.*

Si l'on considère le *Soleil,* il n'en est point ainsi.

Supposons-nous dans l'hémisphère nord, le 21 mars, par exemple ; le Soleil se lève en un certain point de l'horizon et se couche, *à peu près, au point diamétralement opposé. Ces deux points sont les vrais points Est et Ouest.*

Le lendemain, le Soleil se lève et se couche en *deux points un peu plus rapprochés du Nord de l'horizon.*

Le surlendemain, les points où le Soleil se lève et se couche sont encore *plus rapprochés du Nord, et ainsi de suite,* jusqu'au 22 juin environ. A cette époque, il paraît, pendant quelques jours, se lever et se coucher aux mêmes points de l'horizon ; puis ensuite, les levers et les couchers se rapprochent symétriquement du Sud. Au 23 septembre environ, il se lève et se couche aux mêmes points qu'au 21 mars ; il continue ensuite à se lever et se coucher en des points de plus en plus rapprochés du Sud, jusqu'au 22 décembre, époque à laquelle, pendant quelques jours, il paraît se lever et se coucher aux mêmes points de l'horizon. Puis, les points de ses levers et de ses couchers se rapprochent du Nord pour se retrouver ce qu'ils étaient au 21 mars.

Ainsi, *les points des levers et des couchers du Soleil oscillent autour des points Est et Ouest et vont du Sud au Nord pendant six mois et du Nord au Sud pendant les six autres mois de l'année.* C'est la *durée de cette période qui constitue l'année.*

L'amplitude de cette oscillation des levers du Soleil autour du point Est dépend *de la latitude du lieu.*

La vitesse du mouvement de ce déplacement journalier des points de lever et coucher est, comme nous venons de le dire, *maximum* au 21 mars et au 21 septembre, *minimum* et à un moment nulle au 21 juin et au 21 décembre, époques désignées, pour cette raison, sous le nom de *solstices* (*sol stat*).

2° *Relativement au méridien.* — Si nous observons aussi, à partir du 21 mars, l'élévation maximum du Soleil au-dessus de l'*horizon,* nous voyons que du 21 *mars au* 21 *juin cette élévation va en augmentant, qu'elle va ensuite en diminuant du* 21 *juin au* 22 *décembre, en acquérant au* 22 *septembre* environ la même élévation qu'au 21 mars; puis enfin, au 22 décembre l'élévation recommence à augmenter jusqu'au 21 juin et ainsi de suite. Nous remarquons aussi que l'intervalle de temps qui s'écoule entre deux passages consécutifs du Soleil au méridien n'est pas toujours le même.

Ainsi, *le point de l'élévation maximum du Soleil oscille, dans le cours de l'année et pour un même lieu, entre deux limites fixes.* Ce point atteint une position moyenne au 21 mars et au 22 septembre, époques auxquelles la *vitesse du mouvement de ce point est maximum.*

3° *Relativement aux étoiles.* — Comparons actuellement le mouvement du Soleil relativement aux étoiles.

En considérant, pendant quelques jours, une étoile qui se couche, *peu après le coucher du Soleil,* nous voyons que l'intervalle qui sépare cette étoile de l'*horizon* et par suite du Soleil va de jour en jour en diminuant, et que cette étoile finit par ne plus pouvoir être aperçue, parce qu'elle se trouve, un certain jour, plongée dans la lumière solaire qui enveloppe le coucher du Soleil.

Si nous observons, au contraire, une étoile qui se lève avant le Soleil, en admettant que nous considérions une étoile assez dégagée de la lumière crépusculaire pour être aperçue, nous voyons que, de jour en jour, cette étoile, au moment du lever du Soleil, est de plus en plus écartée de l'horizon et par suite *du Soleil.* Nous remarquons donc *que les étoiles qui se couchent paraissent se rapprocher du Soleil, et que les étoiles qui se lèvent paraissent s'en éloigner.*

Ce mouvement des étoiles se continue pendant toute l'année, et *l'on peut remarquer un certain nombre de constellations situées sur une zone de la sphère céleste, qui viennent successivement se plonger dans la lumière solaire, peu après le coucher du Soleil.*

Conclusion.

Un certain nombre de constellations de la sphère céleste paraissent donc *passer derrière le Soleil dans le cours de l'année, ou réciproquement.*

Ce mouvement des étoiles par rapport au Soleil peut s'expliquer de *trois manières :*

1° *En admettant que toute la voûte céleste, c'est-à-dire toutes les étoiles ont un mouvement propre de l'Est à l'Ouest indépendant du mouvement diurne ;*

2° *Que le Soleil a un mouvement propre d'Occident en Orient sur cette zone des constellations qu'il parcourt ;*

3° *Ou enfin, que la Terre, indépendamment de son mouvement diurne, a un mouvement propre de translation autour du Soleil d'Occident en Orient, translation qui constitue par le fait, un mouvement élémentaire de l'Est à l'Ouest, comme celui que paraissent avoir les étoiles.*

La première hypothèse ne peut pas rationnellement être admise, parce qu'elle n'explique pas les oscillations des points du léver et du coucher du Soleil.

Nous prouverons dans la suite que la dernière hypothèse est la seule admissible. Pour le moment, nous allons continuer, à l'aide de la *lunette méridienne, du cercle mural et de la pendule sidérale, à déterminer d'une manière plus précise le mouvement apparent du Soleil.*

DEUXIÈME MODE D'OBSERVATION.

112. Déterminons *tous les jours, à l'aide de la lunette méridienne*, comme nous l'avons indiqué (55), l'heure que marque *la pendule sidérale* au moment où le centre du Soleil, dont le disque est circulaire, passe au méridien.

Déterminons aussi, à l'aide du *cercle mural*, la distance polaire de cet astre.

Consignons ces observations sur un registre. Ce registre sera pour nous la *Connaissance des temps ;* les éléments qui s'y trouvent ont été déterminés d'avance par le calcul ; nous supposerons, dans l'étude que nous voulons faire, que ce sont les éléments déduits de nos observations.

Considérons actuellement le globe céleste, sur lequel nous avons représenté toutes les étoiles.

Soient PP' (fig. 81), l'axe du monde, QQ' l'équateur.

Soit aussi M une des étoiles qui passent au méridien *en même temps que le Soleil,* le jour où nous avons commencé nos observations.

Si sur le cercle de déclinaison PMCP' de l'étoile, nous prenons un arc

PS égal à la distance polaire D du Soleil ce jour-là, nous aurons en S la position de cet astre dans la voûte céleste.

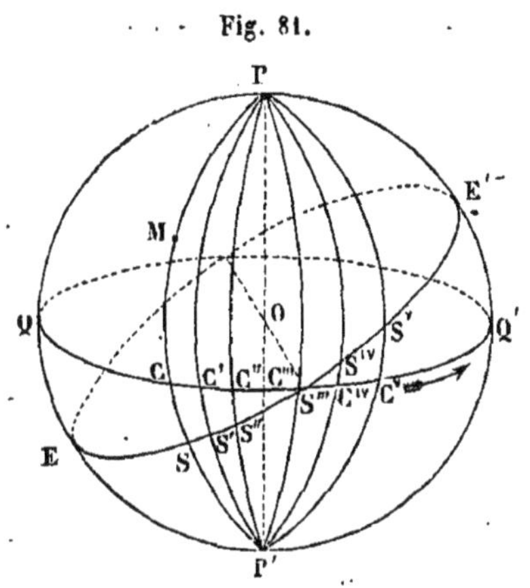

Fig. 81.

Appelons T l'*heure de la pendule sidérale au moment de ce premier passage du Soleil au méridien.*

Le lendemain, l'heure sidérale du passage du Soleil est $T' > T$; et sa distance polaire est D'. Prenons sur l'équateur et dans le sens de la *flèche* un arc CC' égal à $T' - T$ réduit en degrés à raison de 15° par heure; si nous menons le cercle de déclinaison PC'P' et que sur ce cercle nous prenions un arc PS' égal à la distance polaire du Soleil *pour ce jour*, nous aurons, *en* S', *une seconde position de cet astre.*

En agissant ainsi, pour chaque jour, nous déterminerons les positions successives S, S', S'', S''', S^IV, ..., etc., du Soleil. Nous reconnaîtrons alors que toutes ces positions S, S', S'', S''', ..., etc., se trouvent *sur un grand cercle* EE' *incliné maintenant sur l'équateur d'environ* 23° 27' 30''.

Conclusion.

Donc, le Soleil paraît se mouvoir, d'Occident en Orient, sur un grand cercle de la sphère incliné sur l'équateur d'environ 23° 27' 30''.

Ce grand cercle s'appelle l'*Écliptique,* parce qu'il faut, comme nous le verrons, que la Lune se trouve dans ce plan pour qu'il y ait *éclipse.*

L'angle de 23° 27' 30'' qui est, en résumé, le maximum de déclinaison du Soleil, s'appelle *obliquité* de l'écliptique. Nous le représenterons par ω.

Nous verrons plus loin que cette obliquité n'est pas constante. D'après *Delambre* elle était, en 1800, de 23° 27' 57'', et diminue actuellement de 0'',48 par an.

Les points où l'*écliptique* coupe l'équateur s'appellent *points équinoxiaux.*

Le parallèle que le Soleil décrit en ces points, en raison du mouvement diurne de la Terre, coïncide exactement avec l'équateur. Or, ce cercle étant toujours coupé par l'*horizon,* en deux parties égales, quelle que soit la latitude, l'astre parcourt au-dessus de ce cercle un arc égal à celui qu'il parcourt au-dessous; d'où résulte le nom d'*équinoxe* (de *æquus nox*) attribué à ce jour particulier.

Le point de l'équateur où passe le Soleil quand il va de l'hémisphère *Sud* dans l'hémisphère *Nord* s'appelle *point équinoxial du printemps, point vernal ou du Bélier;* nous en verrons la raison plus loin. L'autre se nomme *point équinoxial d'automne ou de la Balance.*

Les points E, E′ de l'écliptique qui se trouvent à 90° des points équinoxiaux prennent le nom de *points solsticiaux* par la raison énoncée plus haut.

Celui qui se trouve dans l'hémisphère Nord s'appelle *solstice d'été*, l'autre se nomme *solstice d'hiver*.

Le mouvement du Soleil sur l'écliptique faisant varier à chaque instant *sa déclinaison, explique pourquoi, pour un même lieu, les points de lever et de coucher changent périodiquement et pourquoi la hauteur méridienne varie entre deux limites fixes.*

113. En étudiant les étoiles, astres dont la déclinaison D ne change pas d'une manière sensible pendant l'année, nous avons fait voir (26) que l'élévation maximum d'une étoile au-dessus de l'horizon a lieu quand cet *astre passe au méridien.*

Fig. 82.

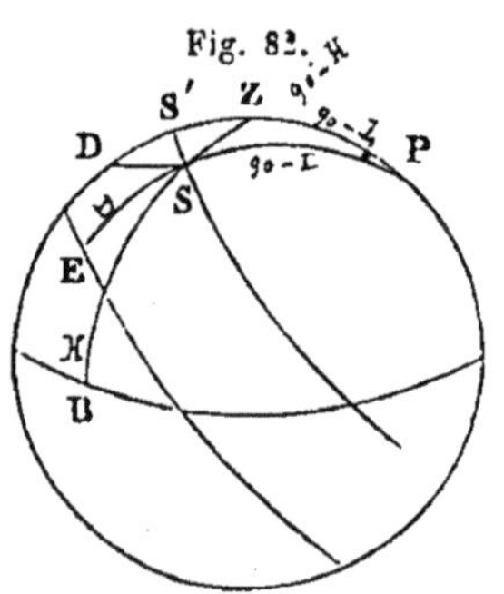

Pour le Soleil qui a un mouvement en distance polaire, la hauteur *méridienne* n'est, en réalité, jamais la *hauteur maximum*, parce qu'on peut toujours trouver une valeur de l'angle horaire P telle que le mouvement en distance polaire δP, dans l'intervalle relatif à P, soit plus grand que le mouvement en hauteur dans ce même intervalle.

Pour le faire voir, développons H, hauteur du Soleil en S (fig. 82), suivant les puissancss croissantes de P angle horaire de cet astre. D'après la série de *Mac-Laurin*, nous aurons

$$H = H_0 + \left(\frac{dH}{dP}\right)_0 P + \left(\frac{d^2H}{dP^2}\right)_0 \frac{P^2}{1.2} + \ldots..$$

Si dans la formule

$$(\alpha) \qquad \sin H = \sin L \sin D + \cos L \cos D \cos P,$$

que donne le triangle ZPS dans lequel $ZS = 90° - H$, $PS = 90 - D$, $PZ = 90° - L$, nous faisons $P = 0$, il vient, en supposant L et D de même dénomination, $\sin H_0 = \cos(L - D)$ ou $\cos(D - L)$ suivant que L est plus grand ou plus petit que D; d'où

$$H_0 = 90 - (L - D) \quad \text{ou} \quad H_0 = 90 - (D - L).$$

Différentions (α) par rapport à H et à P, on a

$$(\beta) \qquad \cos H\, dH = -\cos L \cos D \sin P\, dP,$$

d'où l'on déduit, en faisant $P = 0$,

$$\left(\frac{dH}{dP}\right)_0 = 0$$

Différentions (β) par rapport à H et à P, il vient

$$-\sin H dH^2 + \cos H d^2H = -\cos L \cos D \cos P dP^2,$$

d'où

$$\left(\frac{d^2H}{dP^2}\right)_0 = -\frac{\cos L \cos D}{\cos H_0} = -\frac{\cos L \cos D}{\sin(L-D)} \quad \text{ou} \quad -\frac{\cos L \cos D}{\sin(D-L)}.$$

Nous obtenons donc, en remarquant que H et P sont des longueurs d'arcs que nous voulons obtenir en secondes,

$$(\delta) \quad \left\{ \begin{array}{l} H = H_0 - \dfrac{\cos L \cos D}{\sin(L-D)} \dfrac{P^2}{2} \sin 1'' + \ldots\ldots \quad \text{ou} \\ H = H_0 - \dfrac{\cos L \cos D}{\sin(D-L)} \dfrac{P^2}{2} \sin 1'' + \ldots\ldots \end{array} \right.$$

En considérant des hauteurs près du méridien, P est très-petit; nous pouvons alors nous arrêter au second terme qui représente *le changement en hauteur dans l'intervalle* P.

Si t est le nombre de minutes de temps correspondant à P, on a, P étant exprimé en secondes de degré,

$$P = 900''t,$$

le second terme des équations (δ) devient d'après cela,

$$\frac{\cos L \cos D}{\sin(L-D)} \frac{900''^2}{2} t^2 \sin 1'' \quad \text{et} \quad \frac{\cos L \cos D}{\sin(D-L)} \frac{900''^2}{2} t^2 \sin 1''.$$

Si nous supposons t égal à 1 minute, ces termes deviennent

$$\frac{\cos L \cos D}{\sin(L-D)} \frac{900^2}{2} \sin 1'' \quad \text{ou} \quad \frac{\cos L \cos D}{\sin(D-L)} \frac{900^2}{2} \sin 1''.$$

Lorsque la latitude et la déclinaison sont de noms contraires, on trouve $\dfrac{\cos L \cos D}{\sin(L+D)} \dfrac{900^2}{2} \sin 1''$. Ce terme mis en tables est donné dans la table XXVI de Callet; son logarithme est donné dans les XLe et XLIe des tables de M. Caillet, nouvelle édition; ce terme lui-même dans la XXXe, ancienne édition, et dans la XXIIe des tables de Guépratte.

On voit très-bien d'après cela, que si δ est le mouvement en *distance polaire* dans *une minute* de temps, on peut toujours trouver un nombre t de minutes tel que l'on ait, par exemple,

$$\delta t > \frac{\cos L \cos D t^2}{\sin(L-D) 2} 900''^2 \sin 1''.$$

Si l'on consulte la table XXVI de Callet qui, d'après ce que nous venons de dire, donne *le changement en hauteur d'un astre pendant la minute qui suit ou qui précède son passage au méridien*, on voit que quand la déclinaison est zéro, le mouvement en hauteur pour *une latitude de* $63^\circ = 1'$.

En cherchant, dans la *Connaissance des temps* de 1858, le mouvement diurne en déclinaison du Soleil, on trouve que le maximum a lieu vers le 19 mars et qu'il est de 23′43″,5, ce qui donne en 1 minute de temps un changement en distance polaire de 0″,98 environ.

Pour *les latitudes supérieures* à 63°, il peut donc se faire que la hauteur *maximum* du Soleil n'ait lieu qu'une minute environ après ou avant son passage au méridien, quand cet astre a *une déclinaison nulle.*

114. *Du jour solaire.* — En déterminant le mouvement du Soleil sur l'écliptique d'après ses passages successifs *à la lunette méridienne*, nous avons pu constater que le temps qui s'écoule entre deux passages consécutifs du Soleil au même méridien, *temps qui est plus grand qu'un jour sidéral*, n'est pas toujours *le même.*

Cet intervalle de temps se nomme *jour solaire vrai. L'observation nous fait donc déjà voir que les jours vrais ne sont pas égaux.*

Le mouvement du cercle de déclinaison du Soleil n'est donc pas uniforme.

Nous diviserons le jour vrai en 24 parties égales que nous nommerons *heures vraies*, chaque heure en *soixante minutes* et chaque minute en *soixante secondes.*

Les heures vraies de deux jours solaires quelconques n'ont pas rigoureusement la *même durée.*

Du jour moyen. — Nous verrons plus loin comment nous pourrons considérer, au lieu de tous ces jours vrais inégaux, un jour fictif provenant d'un Soleil fictif dont les retours successifs au même méridien s'effectueraient après des durées de temps égales. Ce jour, que l'on nomme *jour moyen*, se divise en 24 heures moyennes, chaque heure en 60 minutes, etc. Le cercle de déclinaison du Soleil fictif décrivant 360° en 24 heures moyennes d'une manière uniforme, décrit A° dans t heures moyennes, de telle sorte que l'on a la relation $\frac{A}{T} = \frac{360}{24}$ qui, comme pour le jour sidéral (30), permet de convertir du *temps moyen en degrés et réciproquement.*

DE LA DIFFÉRENCE DES HEURES SOLAIRES COMPTÉES SIMULTANÉMENT DANS LES DIFFÉRENTS LIEUX DU GLOBE.

115. En considérant le Soleil moyen dont nous venons de parler on voit, *d'après ce que nous avons dit* (29) *pour les étoiles*, que l'heure solaire moyenne d'un lieu est l'angle horaire du Soleil moyen réduit en temps à raison de 1^h pour 15°.

On dit qu'il est midi T. M. dans un lieu quand ce Soleil moyen passe au méridien.

Heure astronomique. — Si l'on compte les heures à partir du méridien supérieur, c'est-à-dire à partir de midi, de 0 à 24 heures, on a ce que l'on nomme l'*heure astronomique*, parce que c'est ce mode de compter qu'emploient les astronomes.

Heure civile. — Si l'on compte les heures à partir *du méridien inférieur*, c'est-à-dire à partir *de minuit*, de 0 heure à 24 heures, mais en divisant ces 24 heures en 12 heures *du matin* et 12 heures *du soir*, on a ce que l'on nomme l'*heure civile.*

Les astronomes font commencer le *jour astronomique* 12 heures après le commencement du *jour civil de la même date ;* par suite, on a la relation évidente

Époque astronomique = Époque civile — 12 heures

qui sert à passer d'une date exprimée en *temps civil* à une date exprimée en *temps astronomique.*

De la relation précédente, nous déduisons

Époque civile = Époque astronomique + 12 heures

qui sert à passer d'une date exprimée en *temps astronomique* à la même date exprimée en *temps civil.*

Il faut seulement remarquer que dans l'*époque civile*, on rapporte l'origine des heures à *minuit*, si c'est le matin, et à *midi*, si c'est le soir ; par conséquent, pour obtenir l'époque astronomique connaissant l'époque civile, il faut, quand c'est le soir, supprimer simplement le mot *soir*, et quand c'est le matin, il faut retrancher un jour à la date, ajouter 12 heures et supprimer le mot *matin.*

1er exemple.

On demande l'époque astronomique correspondant à l'époque civile le 25 juin 1858 à 9^h 45^m du soir.

Époque civile, 25 *juin* 1858, *à*.	9^h 45^m du soir.
ou en comptant de minuit id. *à*.	21 45
Retranchant.	12
Époque astronomique, 25 *juin* 1858, *à*.	9^h 45^m

2e exemple.

On demande l'époque astronomique correspondant à l'époque civile le 17 juin à 8^h 25^m du matin.

Époque civile, le 17 juin 1858, à.	$8^h\ 25^m$ *du matin.*
Ajoutant.	12
Époque astronomique, le 16 juin 1858 à.. . .	$20^h\ 25^m$

Quand on connaît l'époque astronomique et qu'on veut l'époque civile, on voit immédiatement que si l'heure de l'époque astronomique est plus petite que 12 heures, il suffit d'ajouter le mot *soir* à cette époque, et que si elle est plus grande que 12 heures, il faut ajouter un jour à la date en prenant seulement comme *heure civile* ce qui reste de l'heure diminuée de 12 et la faisant suivre du mot *matin*.

1er exemple.

On demande l'*époque civile* qui correspond à l'*époque astronomique* le 11 mai 1858 à 6 heures. On a évidemment

Époque civile = le 11 mai 1858 à 6 heures du soir.

2e exemple.

On demande l'*époque civile* correspondant à l'*époque astronomique* le 8 mars 1858 à $15^h\ 22^m$.

On a évidemment

Époque civile = le 9 mars 1858 à $3^h\ 22^m$ du matin.

116. D'après le mouvement uniforme du Soleil moyen, on comprend que deux lieux dont la différence en longitude est de 15 degrés doivent avoir, *au même moment*, une différence d'une heure dans les époques que l'on compte dans chaque lieu. Le lieu qui est plus à l'Est compte *plus que l'autre*, en admettant *qu'ils aient la même date*.

On voit alors que la différence en longitude de deux lieux convertie en temps à raison de 15° par heure donne la différence des heures simultanées *de ces deux lieux*.

Ainsi, à un même instant, les heures solaires moyennes que l'on compte dans tous les lieux qui sont situés *sur le même méridien* sont les mêmes; mais celles que l'on compte sur les lieux qui ont des méridiens différents *sont différentes*.

Exemple 1.

Il est, le 24 mai 1858 à $9^h\ 45^m$ du soir, à *Brest*, dont la longitude est 6° 49′ 49″ Ouest; on demande l'heure qu'il est au même instant à *Milan*, dont la longitude est 6° 50′ 56″ Est.

Longitude de Brest.	=	6° 49′ 49″ *Ouest.*
Longitude de Milan.	=	6° 50′ 56″ *Est.*
Différence en longitude.	=	13° 40′ 45″
en temps.	=	54ᵐ 43ˢ
Époque de Brest, le 24 *mai* 1858, *à.*		9ʰ 45ᵐ *du soir.*
Époque de Milan, le 24 *mai* 1858, *à.*		10ʰ 39ᵐ 43ˢ *du soir.*

Exemple 2.

Il est, le 6 avril 1857 à $4^h 25^m$, temps astronomique de *Brest;* on demande l'heure astronomique correspondante de *Lima,* dont la longitude est 79° 27′ 45″ Ouest.

Longitude de Brest.	=	6° 49′ 49″ *Ouest.*
Longitude de Lima.	=	79° 27′ 45″ *Ouest.*
Différence en longitude.	=	$72^h\ 37^m\ 56^s$
en temps.	=	$4^h\ 50^m\ 32^s$
Époque de Brest, le 6 *avril* 1858, *à.*		$4^h\ 25^m\ 00^s$ *T. A.*
Époque de Lima, le 5 *avril* 1858, *à.*		$23^h\ 34^m\ 28^s$ *T. A.*

117. *Remarque.*—Lorsque l'on fait une campagne de circumnavigation, on peut passer par le *cap de Bonne-Espérance* et revenir par le *cap Horn* ou réciproquement. Dans le premier cas, on marche tous les jours à l'Est. Lorsqu'on est revenu au point de départ, on a parcouru 360° de longitude dans le sens opposé au mouvement diurne ou suivant le mouvement de rotation de la Terre; on a donc dû voir le *Soleil passer au méridien une fois de plus que ceux qui sont restés au point de départ,* c'est-à-dire qu'en revenant à ce point, il faut retrancher un jour à la date que l'on compte si l'on veut être d'accord avec la date que l'on compte au point de départ.

C'est l'inverse qui a lieu quand on passe par le *cap Horn* et que l'on revient par le *cap de Bonne-Espérance;* il faut, en revenant au point de départ, ajouter un jour à la date que *l'on compte à bord.*

Ce changement de date se fait généralement quand on est par 180° de longitude.

C'est ce qui fait qu'à Manille, bien que par une longitude Est de 118° 34′ 59″ ou en temps de $7^h 54^m 20^s$, la date est en retard d'un jour sur Paris; ainsi, quand il est par exemple, le 26 janvier à midi à Paris, au lieu d'être à Manille le 26 janvier à $7^h 54^m 20^s$ du soir, on ne compte que le 25 janvier à $7^h 54^m 20^s$ du soir.

Cela vient de ce que les navigateurs (*Magellan*) qui ont découvert Manille y sont allés par le *cap Horn* et n'ont pas changé la date. Il en est de même pour la plupart des points de l'*Océanie.*

RÉCIPROQUE OU PROBLÈME DES LONGITUDES.

118. D'après ce que nous venons de dire sur les différentes heures que l'on compte au même instant sur les différents méridiens, on comprend que pour connaître *la différence en longitude de deux lieux*, il suffit de déterminer *à un même instant* les heures que l'on compte dans les deux lieux; *la différence de ces heures, réduite en degrés, donne la différence en longitude des deux lieux*. Nous donnons complétement ce problème *dans notre Cours de navigation.*

119. *Tropiques.*—L'écliptique EE' (fig. 83), est comprise dans une zone dont les bases sont les petits cercles E'K' et EK parallèles à l'équateur.

Fig. 83.

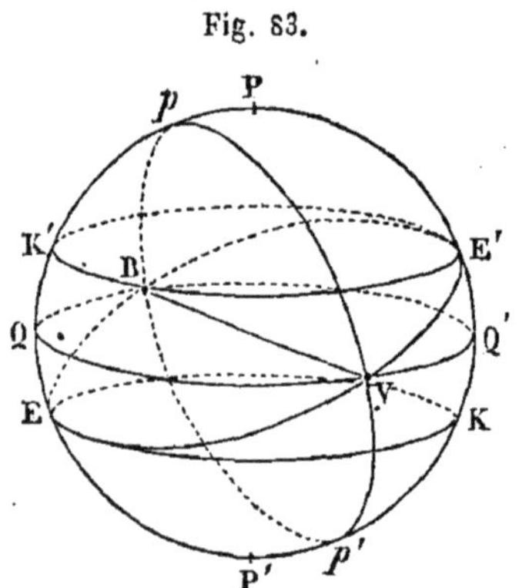

Ces petits cercles prennent le nom de *tropiques.*

Celui qui se trouve dans l'hémisphère Nord s'appelle *le tropique du Cancer* et l'autre *le tropique du Capricorne;* nous allons en voir la raison.

Zodiaque. — Le Soleil en décrivant l'écliptique parcourt douze constellations principales situées sur une zone de la sphère parallèle à l'écliptique.

Cette zone, qui comprend environ 8 à 10° de chaque côté de ce cercle, prend le nom de *Zodiaque.*

Les douze constellations du *Zodiaque* sont : le *Bélier*, le *Taureau*, les *Gémeaux*, l'*Écrevisse*, le *Lion*, la *Vierge*, la *Balance*, le *Scorpion*, le *Sagittaire*, le *Capricorne*, le *Verseau* et les *Poissons.*

Pour se rappeler plus facilement l'ordre de ces constellations, on retient es deux vers latins suivants du poëte latin *Ausone*, né, vers l'an 309, à Burdigala (Bordeaux) :

Sunt Aries, Taurus, Gemini, Cancer, Leo, Virgo,
Libraque, Scorpius, Arcitenens, Caper, Amphora, Pisces.

L'ordre dans lequel nous venons d'écrire ces constellations est celui dans lequel le Soleil les parcourt. Or, du temps d'*Hipparque de Nicée en Bithynie*, qui vivait deux siècles avant l'ère chrétienne, lorsque le Soleil se trouvait au point *vernal*, c'est-à-dire quand il passait de l'hémisphère Sud dans l'hémisphère Nord, il était dans la constellation du *Bélier*, de là est venu le nom d'*équinoxe du Bélier*. Lorsque le Soleil était au *solstice* en E', dans le Nord, il se trouvait dans la constellation de l'*Ecrevisse*, qui en latin s'appelle *Cancer*, alors le parallèle qu'il décrit au solstice Nord s'est appelé *tropique du Cancer*. Enfin, à l'autre équinoxe en B, le Soleil se trouvait dans la *Balance*, d'où *équinoxe de la Balance*, et au *solstice Sud* en E le Soleil se trouvait dans le *Capricorne*, d'où est venu le nom de *tropique du Capricorne* pour le parallèle qu'il décrit ce jour-là.

Nous savons que la ligne des équinoxes BV n'est pas fixe et a un mouvement rétrograde d'*Orient en Occident* qui fait que le Soleil au moment de l'*équinoxe du Bélier* se trouve, maintenant, dans la constellation des *Poissons;* par conséquent, le point *vernal* a rétrogradé d'une constellation depuis *deux mille ans.*

Les astronomes affectent des signes particuliers aux constellations *zodiacales.*

Ainsi, le Bélier se représente par.	♈
le Taureau.	♉
les Gémeaux.	♊
l'Écrevisse.	♋
le Lion.	♌
la Vierge.	♍
la Balance.	♎
le Scorpion.	♏
le Sagittaire.	♐
le Capricorne.	♑
le Verseau.	♒
les Poissons..	♓

On ne connaît pas l'origine de ces signes dont quelques-uns cependant font *image.*

120. *Des signes du zodiaque.* — On appelle *signe du zodiaque* l'arc de 30° ou la douzième partie de 360° que le Soleil parcourt annuellement sur l'écliptique.

Le premier signe eut son origine à l'équinoxe du printemps; et comme du temps d'Hipparque, ce moment avait lieu lorsque le Soleil entrait dans la constellation du Bélier, il fut appelé *le signe du Bélier;* le second signe, c'est-à-dire le second arc de 30°, fut appelé *le signe du Taureau,* et ainsi de suite.

Ces signes ont conservé leurs noms, et l'on voit encore écrit, dans l'*Annuaire du Bureau des longitudes*, que le 21 mars le *Soleil* entre dans le Bélier; ce qui fait voir que les signes sont *distincts des constellations*, et que ces signes ont conservé les noms des constellations qui leur correspondaient il y a deux mille ans, mais qui ne leur correspondent plus aujourd'hui.

121. *Des saisons.* — Les *points équinoxiaux* et les *points solsticiaux* divisent l'écliptique en *quatre parties égales*, et par suite, le temps que le

Soleil met à revenir à un même équinoxe, à celui du Bélier, par exemple, peut être divisé en quatre périodes qui sont *inégales*, parce que, comme nous le verrons plus loin, la vitesse du Soleil sur l'écliptique n'est pas uniforme.

Ces quatre périodes, désignées sous le nom de *saisons*, prennent individuellement le nom de *Printemps*, *Été*, *Automne* et *Hiver*.

Les différentes situations du Soleil dans la voûte céleste ont une influence énorme sur les *règnes de la nature dans chaque hémisphère.*

D'abord, en ce qui concerne un observateur placé dans l'*hémisphère Nord*, par exemple, d'après ce que l'on a vu (27) sur les levers et couchers des astres, le Soleil a d'abord égalité de jour et de nuit lorsqu'il est à l'équinoxe du Bélier. Pendant qu'il parcourt la distance qui sépare l'équinoxe du Bélier du solstice d'été, *sa déclinaison augmentant constamment*, la durée du temps que le Soleil reste au-dessus de l'horizon *va en augmentant;* cette durée atteint son maximum lorsque le Soleil arrive au solstice le 21 juin.

De plus, la hauteur méridienne du Soleil va aussi constamment en augmentant.

Lorsque le Soleil parcourt l'arc compris entre le *solstice d'été* et l'*équinoxe de la Balance*, la déclinaison diminuant, les *jours solaires* proprement dits diminuent et les nuits augmentent pour revenir encore égales aux jours le 21 septembre, époque à laquelle le Soleil se trouve à l'*équinoxe d'automne*. Les jours continuent à décroître et les nuits à augmenter (puisque la déclinaison du Soleil devient Sud), jusqu'au 21 décembre, c'est-à-dire jusqu'à ce que le Soleil soit au solstice d'hiver, époque à laquelle la durée du jour est *minimum;* la hauteur méridienne du Soleil est aussi *minimum* à cette époque.

A partir de ce moment, la déclinaison du Soleil diminuant dans le Sud, les jours augmentent et les nuits diminuent pour devenir d'égale durée au 21 mars.

Il est clair que le phénomène inverse a lieu pour un observateur situé dans l'hémisphère Sud.

Ainsi, *la durée du jour proprement dit, distingue les saisons du printemps et d'été des saisons d'automne et d'hiver. Le mode de variation de la durée du jour distingue le printemps de l'été, et l'automne de l'hiver.* Il est évident, d'après la symétrie des positions du Soleil par rapport à l'équateur, que la *durée du plus long jour doit être égale à celle de la plus longue nuit.*

Si nous considérons, maintenant, ces quatre périodes du Soleil eu égard à la *température* qu'elles produisent à la surface de la Terre, nous voyons que cette température devant dépendre évidemment du temps que le Soleil *reste au-dessus de l'horizon et de la manière plus ou moins oblique dont ses rayons traversent l'atmosphère*, les périodes de l'équinoxe du Bélier au solstice d'été et du solstice d'été à l'équinoxe d'automne devront, pour l'observateur situé dans l'hémisphère Nord, être les plus chaudes, et les périodes de l'équinoxe d'automne à l'équinoxe du printemps les plus froides.

Mais, il est clair que le printemps doit être moins chaud que l'été, parce que, dans cette dernière saison, la Terre *possède déjà une certaine température qu'elle a acquise dans la première.*

De même, l'automne doit être moins froid que l'hiver, parce que la Terre conserve encore pendant quelque temps une partie de la chaleur qu'elle possédait *au printemps et à l'été.* Ainsi, les *différences de température* de chaque point du globe pendant le cours d'une année, *différences qui sont si complétement indiquées par le mouvement du règne végétal, distinguent encore les quatre saisons.*

DÉTERMINER L'ÉPOQUE DES DIFFÉRENTES SAISONS.

122. Chacune des saisons dont nous venons de parler commence au moment où le Soleil passe au *point équinoxial* ou au *point solsticial* qui porte le nom de la saison.

Il est facile de déterminer les époques de l'année auxquelles ces saisons commencent.

Nous verrons plus loin comment on peut prédire, *à l'avance, les déclinaisons et les ascensions droites du Soleil,* ascensions droites que nous comptons à partir du point vernal. Ces coordonnées sont données dans la *Connaissance des temps.*

Admettons donc que nous possédions la *Connaissance des temps* de l'année considérée, registre de nos observations qui contient *les déclinaisons et les ascensions droites du Soleil* pour des époques très-rapprochées, ces époques étant celles de Paris.

Cherchons, par exemple, l'époque, temps moyen de Paris, du commencement du printemps.

Dans le registre que nous feuilletons, nous remarquons que parmi les *distances polaires* du Soleil qui avoisinent l'époque cherchée, *il y en a une* D *plus grande que* 90° *dont l'époque est* T, *et que celle qui la suit*, D', *est plus petite que* 90°, *son époque étant* T'; nous remarquons aussi que le mouvement en distance polaire est *à peu près uniforme.*

Alors, si nous appelons T_p l'époque de Paris à laquelle le printemps commence, c'est-à-dire à laquelle la distance polaire est de 90°, nous pourrons écrire la relation

$$\frac{T_p - T}{T' - T} = \frac{D - 90^\circ}{D - D'},$$

d'où l'on déduit

$$T_p = T + \frac{D - 90}{D - D'}(T' - T).$$

ou en nommant d et d' les déclinaisons correspondantes,

$$T_p = T + \frac{d}{d + d'}(T' - T).$$

Exemple.

On demande, pour Paris, l'époque du commencement du printemps de l'année 1858.

En cherchant dans la *Connaissance des temps* de 1858, nous trouvons que le 20 mars à 0^h T. M. de Paris, *la déclinaison du Soleil est* 0° 9′ 34″,7 *Australe*, et que le 21 mars à 0^h T. M. de Paris, cette déclinaison est 0° 14′ 7″,3 *Boréale;* le commencement du *printemps a donc lieu entre le* 20 *et le* 21 *mars de Paris;* on aura donc

$$T_p = 20 \text{ mars} + \frac{9'\,34'',7}{23'\,42'',0} \times 24^h.$$

En réduisant 9′ 34″,7 et 23′ 42″,0 en secondes, et effectuant les calculs, on trouve

$$T_p = 20 \text{ mars à } 9^h\,41^m\,58^s.$$

La même formule donnera l'époque du commencement de l'automne, en supposant que D soit au contraire plus petit que 90° et D′ plus grand.

Cette relation ne peut pas servir à la détermination du commencement de l'été et de l'hiver, parce que le mouvement en distance polaire n'est pas uniforme à ces époques. *On se sert alors du mouvement en ascension droite, qui est sensiblement uniforme.*

Cherchons, par exemple, le commencement de l'été, c'est-à-dire de l'époque à laquelle l'ascension droite du Soleil est de 90° ou 6 heures.

En consultant notre registre, nous voyons que, vers cette époque, on trouve *une ascension droite* Æ *plus petite que* 6 *heures*, dont l'époque précise est T, et qu'à l'époque T′ qui suit immédiatement, on trouve *une ascension droite* Æ′ *plus grande que* 6 *heures*.

En appelant T_e l'époque à laquelle cette ascension droite est juste de 6 heures, nous pourrons écrire la relation

$$\frac{T_e - T}{T' - T} = \frac{6^h - Æ}{Æ' - Æ},$$

d'où l'on déduit,

$$T_e = T + \frac{6^h - Æ}{Æ' - Æ}(T' - T).$$

Exemple.

On demande l'époque du commencement de l'été pour Paris, en 1858.

En cherchant dans la *Connaissance des temps* de 1858, nous trouvons que le 21 juin, l'ascension droite du Soleil est de $5^h\ 58^m\ 53^s,64$, et que le 22 juin elle est de $6^h\ 3^m\ 3^s,11$; le commencement de l'été a lieu entre le 21 et le 22 juin de Paris, on aura donc

$$T_{e} = 21 \text{ juin} + \frac{6^h - (5^h\,58^m\,53^s,64)}{4^m\,9^s,47} \times 24^h = 21 \text{ juin} + \frac{1^m\,06^s,36}{4^m\;\;9^s,47} \times 24^h.$$

En réduisant $1^m\,06^s,36$ et $4^m\,9^s,47$ en secondes et effectuant le calcul, on trouve

$$T_{e} = 21 \text{ juin à } 6^h\,23^m\,02^s \text{ du soir T. M. de Paris.}$$

La même formule peut servir à calculer le commencement de l'hiver en remplaçant dans la relation précédente 6 heures par 18 heures.

En déterminant ainsi l'époque du commencement des quatre saisons, nous reconnaîtrons qu'elles n'ont pas la même durée, parce que, ainsi que nous l'avons dit, *la vitesse du Soleil sur l'écliptique n'est pas uniforme.*

En commençant par la plus courte, les saisons suivent *actuellement pour les habitants de l'hémisphère Nord*, l'ordre que voici :

L'*Hiver*,
L'*Automne*,
Le *Printemps*,
L'*Été*.

Pour mieux faire comprendre *l'inégalité actuelle* de la *durée des saisons*, considérons les époques du commencement des saisons de l'année 1864; on a d'après la *Connaissance des temps* de cette année là :

Commencement	du Printemps	(1864)	le 20 mars. . . .	à $8^h\,19^m$ matin.
»	de l'Été	»	le 21 juin	à $1^h\;5^m$ matin.
»	de l'Automne	»	le 22 septembre.	à $7^h\,25^m$ soir.
»	de l'Hiver	»	le 21 décembre .	à $1^h\,13^m$ soir.
Fin de l'Hiver		(1865)	le 20 mars. . . .	à $2^h\,15^m$ soir.

D'après ce tableau on calcule facilement que :

Le Printemps de 1864 a duré	$92^j\ 20^h\ 41^m$.
L'Été.	$93^j\ 14^h\ 24^m$.
L'Automne	$89^j\ 17^h\ 48^m$.
L'Hiver	$89^j\ 01^h\ 02^m$.

La durée des *saisons chaudes*, c'est-à-dire du Printemps et de l'Été a été de

$$186^j\ 11^h\ 05^m.$$

La durée des *saisons froides*, c'est-à-dire de l'Automne et de l'Hiver a été de

$$178^j\ 18^h\ 50^m.$$

Il existe donc entre la durée des saisons *chaudes* et celle des saisons *froides*, une différence de $7^j\ 16^h\ 15^m$, c'est-à-dire de près de 8 jours.

123. *Des climats.* — Par les pôles p, p' de l'écliptique (fig. 84), menons des parallèles à l'équateur; nous déterminerons sur la sphère céleste les deux petits cercles que l'on nomme *cercles polaires*.

Fig. 84.

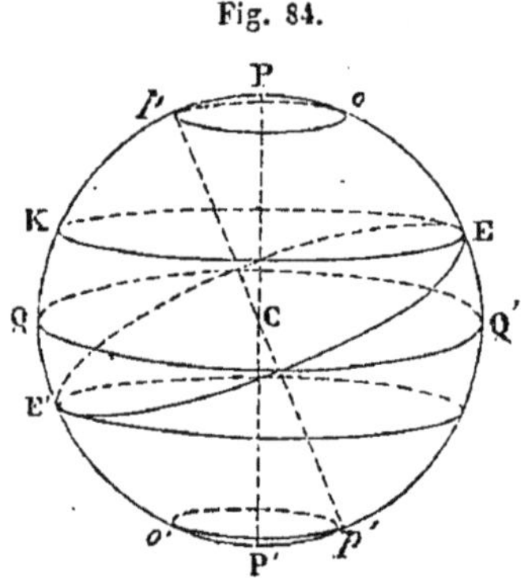

Celui qui se trouve dans l'hémisphère Nord prend le nom de *cercle polaire* Nord, *boréal ou arctique*, et l'autre, *cercle polaire Sud, austral ou antarctique.*

Si nous considérons, sur la Terre, les cercles correspondant à ceux tracés dans la voûte céleste, c'est-à-dire *l'écliptique, les tropiques* et *les cercles polaires,* nous décomposerons la surface de la Terre en cinq zones principales:

Les deux calottes sphériques qui ont pour bases les cercles polaires s'appellent zones glaciales;

Les deux zones qui ont pour bases les cercles polaires et les tropiques s'appellent zones tempérées;

Et enfin, la zone qui a pour base les deux tropiques et qui comprend l'équateur est nommée zone torride.

Il est évident que les observateurs situés dans ces différentes zones éprouvent des phénomènes *physiques et astronomiques* dissemblables.

D'abord, en raison de leur différence en *latitude*, comme on l'a vu précédemment (27), l'aspect de la voûte céleste est différent; les jours et les nuits n'ont pas la même durée. De plus, eu égard à cette marche oblique du Soleil, les températures de ces différentes zones sont tellement inégales, qu'elles ont pris leur nom de cette inégalité.

Ces différences dans les phénomènes astronomiques et thermologiques à la surface de la Terre, en dehors de circonstances propres aux localités, constituent ce que l'on appelle les *climats*, lesquels proviennent donc de l'obliquité de *l'écliptique qui, par suite, exerce une influence* énorme sur les conditions d'existence des corps vivants, surtout au point de vue de la température locale, laquelle détermine d'une manière toute spéciale la répartition des êtres *organisés* et principalement *des végétaux.*

Avant de poursuivre nos observations sur le Soleil, nous allons compléter ce que nous avons dit (25) sur les systèmes de coordonnées à l'aide desquelles la position des astres qui ont un mouvement propre est déterminée sur cette sphère dont le centre est celui de la Terre, *et sur laquelle nous venons de tracer le mouvement propre apparent du Soleil.*

ORIGINE DU JOUR SIDÉRAL POUR CHAQUE MÉRIDIEN, ET DÉTERMINATION DE L'HEURE QUE MARQUE LA PENDULE SIDÉRALE AU MOMENT DU PASSAGE DU MÉRIDIEN SUR LE POINT VERNAL.

124. Nous avons dit (112) que l'écliptique coupe l'équateur en deux points dont l'un est appelé le *point vernal.*

Supposons que nous apercevions l'étoile qui, *très-probablement,* se trouve justement placée à ce point particulier de la voûte céleste; autrement dit, matérialisons ce point mathématique.

Tous les jours notre méridien, par l'effet du mouvement de rotation de la Terre, vient passer sur cette étoile à une certaine heure T de la pendule sidérale.

Cette heure T sera tous les jours la même si la pendule sidérale *marche bien comme le temps sidéral.*

Les astronomes sont convenus de faire commencer le *jour sidéral,* pour chaque méridien, au moment où ce méridien *passe sur le point vernal.*

Voyons donc comment on peut, deux fois l'an, déterminer cette *heure* T, *origine du jour sidéral.*

Soient qq' (fig. 85), un arc élémentaire de l'équateur aux environs du point *vernal* V, ou du point de la Balance, et EE' un arc de l'écliptique.

Fig. 85.

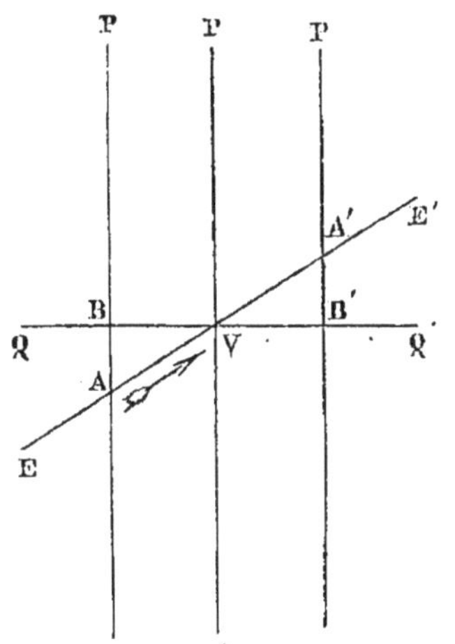

Un certain jour *aux environs d'un équinoxe,* celui du printemps par exemple, la distance polaire du Soleil étant plus grande que 90°, cet astre se trouvait sur l'écliptique en A au moment où à l'aide de la lunette méridienne on observait que *le méridien passait sur son cercle de déclinaison* PBA *à l'heure* t *de la pendule sidérale.*

Le lendemain, la déclinaison du Soleil était plus petite que 90°, et il se trouvait sur l'écliptique en A' au moment où le *méridien passait sur son cercle de déclinaison* PB'A' *à l'heure* t'.

Alors, tous les jours, bien que le Soleil ne soit plus en A ni en A', le méridien passe sur le cercle de déclinaison PBA à l'heure t et sur le cercle de déclinaison PA'B' *à l'heure* t'.

Déterminons l'heure T à laquelle le méridien vient passer sur le cercle de déclinaison PV. Il est clair que *le mouvement de rotation de la Terre étant uniforme*, on aura la relation

$$\frac{T-t}{t'-t}=\frac{BV}{BB'}. \qquad (\alpha)$$

Mais on peut considérer les *triangles élémentaires* BAV et A'B'V comme semblables, on a donc

$$\frac{BV}{B'V}=\frac{BA}{B'A'}=\frac{D-90^\circ}{90^\circ-D'},$$

en appelant D et D' les distances polaires du Soleil lorsqu'il est en A et en A', *distances polaires qui sont données à l'aide du cercle mural.*

De cette dernière relation, on déduit.

$$\frac{BV}{BV+B'V}=\frac{D-90}{D-D'} \quad \text{ou} \quad \frac{BV}{BB'}=\frac{D-90}{D-D'}.$$

Par suite, la relation (α) devient.

$$\frac{T-t}{t'-t}=\frac{D-90}{D-D'},$$

de laquelle on obtient

$$T=t+(t'-t)\frac{(D-90)}{(D-D')}.$$

Nous avons vu (56) comment on peut déduire de l'observation, à l'aide de cette heure T, les *ascensions droites des astres;* nous avons aussi admis que nous faisions marquer à notre pendule sidérale $0^h\ 00^m\ 00^s$, *lorsque le point vernal passait à notre méridien.*

125. En déterminant la série des *positions successives du Soleil* dans la voûte céleste, nous avons constaté, graphiquement, que tous ces points se trouvent *sensiblement placés* sur un grand cercle que l'on appelle *l'écliptique.*

Fig. 86.

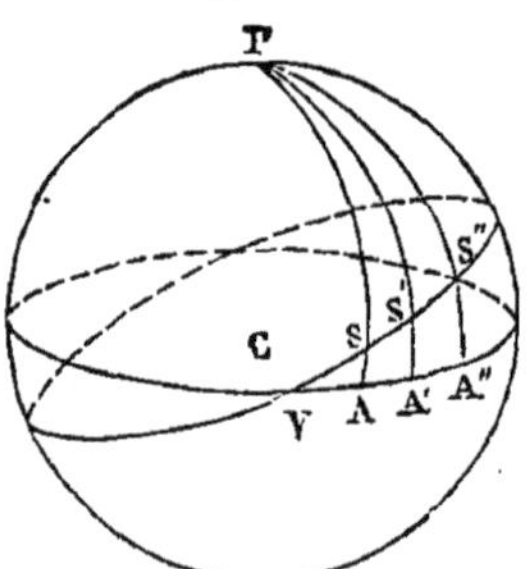

Nous pouvons, maintenant, en donner la preuve par *le calcul.*

Soient Æ et D, Æ' et D', Æ'' et D'',... etc , une série *d'ascensions droites et de déclinaisons du Soleil* déterminées par l'observation.

Si, par les points S, S', S''........ (fig. 86), positions du Soleil que donnent ces éléments, nous faisons passer les cercles horaires PA, PA' PA'',..... etc., et les grands cercles VS, VS',

VS″....., V étant le point vernal, nous formerons les triangles sphériques SVA, S′VA′, S″VA″....... etc., dans lesquels nous aurons

$$\text{tang SVA} = \frac{\text{tang SA}}{\sin \text{VA}} = \frac{\text{tang D}}{\sin Æ}$$

$$\text{tang S'VA'} = \frac{\text{tang S'A'}}{\sin \text{VA'}} = \frac{\text{tang D'}}{\sin Æ'}.$$

En mettant à la place de D, D′,..... Æ, Æ′..... leurs valeurs déduites de l'observation, on verra que l'on trouve *sensiblement*,

$$\text{tang SVA} = \text{tang S'VA'} = \text{tang S''VA''}\ldots\ldots = \text{tang } 23^\circ\ 27'\ 30''.$$

Donc, tous les grands cercles SV, SV′, SV″,. .... etc., se confondent en un seul qui est celui appelé *écliptique*.

DÉTERMINER L'ASCENSION DROITE ET LA DÉCLINAISON D'UN ASTRE A UN INSTANT QUELCONQUE.

126. Nous savons qu'à l'aide de *la lunette méridienne, de la pendule sidérale et du cercle mural*, on peut déterminer l'ascension droite et la déclinaison (68) d'un astre *au moment où cet astre passe au méridien.*

On peut aussi déterminer l'ascension droite et la déclinaison d'un astre à un *instant quelconque.* Pour cela, on peut employer *deux méthodes :*

1° *Par l'observation et le calcul ;* 2° *par l'observation seulement.*

1° *Par l'observation et le calcul.* — Soient Z (fig. 87) le zénith de l'observateur, P le pôle et A l'astre.

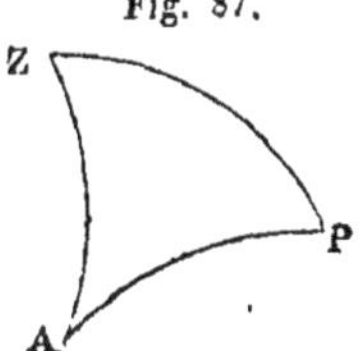

Fig. 87.

Nous pouvons considérer dans la sphère céleste un triangle sphérique dont ces trois points sont les sommets, et dans lequel PA représente *la distance polaire de l'astre.*

L'angle horaire proprement dit P permet d'obtenir l'angle horaire astronomique, lequel combiné avec l'*heure sidérale du lieu donne l'ascension droite, d'après la formule*

$$h_s = h_a + Æ.$$

Or, dans le triangle PAZ on peut connaître l'angle azimutal Z et la distance zénithale ZA à l'aide d'un instrument nommé *théodolite* et que nous décrivons dans notre *Cours de navigation;* de plus on connaît PZ qui est la *colatitude du lieu* et qui a été déterminée à l'aide d'une étoile circompolaire; par suite, trois éléments de ce triangle sont connus, on peut donc déterminer les autres ; ce n'est plus *qu'une question de trigonométrie sphérique*.

2° *Par l'observation seulement.* — A l'aide de l'équatorial dont nous avons donné la description et l'usage précédemment, nous avons vu comment on peut obtenir les différences en ascension droite et en déclinaison d'un astre avec une étoile fondamentale.

TROISIÈMES COORDONNÉES ASTRONOMIQUES.

127. Au lieu de rapporter la position d'un astre A (fig. 88), *à l'équateur et au cercle horaire* qui passe par le point vernal, à l'aide de sa *déclinaison* AC *et de son ascension droite* VC, on peut, ainsi que nous l'avons indiqué, la rapporter à *l'écliptique et au colure des équinoxes* à l'aide de ce que l'on est convenu d'appeler *sa latitude* AB *et sa longitude* VB.

Fig. 88.

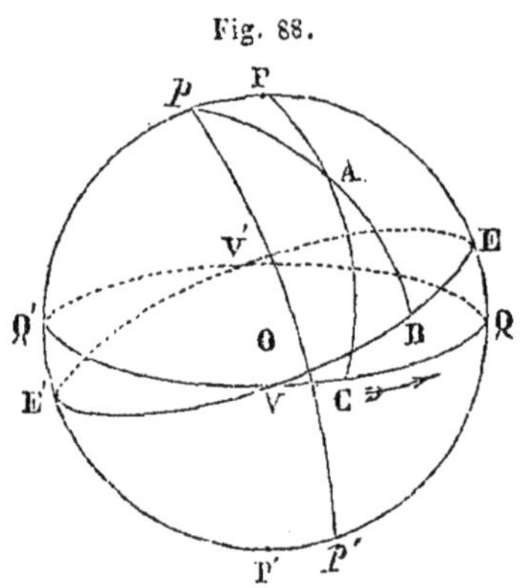

Cercle de latitude. — Tous les grands cercles qui passent par les pôles de l'écliptique p, p' prennent le nom de *cercles de latitude ;* celui qui passe par les points *équinoxiaux* prend le nom de *colure des équinoxes* et celui qui passe par les points *solsticiaux*, de *colure des solstices*.

Latitude d'un astre. — On convient alors que la *latitude d'un astre* est l'arc de son *cercle de latitude* compris entre l'écliptique et cet astre.

Cet arc se compte à partir de l'écliptique de 0 à 90°. On dit que la *latitude est Nord ou Sud* selon que l'astre est situé dans l'hémisphère qui contient le pôle Nord de l'écliptique ou dans celui qui contient le pôle Sud ; cet hémisphère étant, bien entendu, un des deux déterminés par l'intersection de *l'écliptique avec la sphère céleste*. Nous représenterons la latitude d'un astre par λ.

Longitude d'un astre. — La longitude d'un astre est l'arc de l'écliptique compris entre le point vernal et le pied B *du cercle de latitude de l'astre ; cet arc se compte de* 0 *à* 360° *comme les ascensions droites, dans le sens du mouvement apparent propre du Soleil.* Nous représenterons par $\mathcal{L}$ la longitude d'un astre.

Ces latitudes et ces longitudes sont appelées *géocentriques*, parce que la Terre étant supposée au centre O de la voûte céleste, c'est à ce centre et par suite à la Terre que se trouvent les sommets des angles dont ces arcs *sont la mesure*. Nous verrons plus loin que l'on considère *des latitudes et longitudes* rapportées au *centre du Soleil* et que l'on appelle, pour cette raison, *héliocentriques*.

Relation entre les deux espèces de coordonnées. — Si nous considérons le triangle sphérique PpA (fig. 88), dont les trois sommets sont

P *le pôle de l'équateur*,
p *le pôle voisin de l'écliptique*,
et A *l'astre*,

nous remarquons que ce triangle existe toujours dans la sphère céleste, tant que l'astre n'est pas situé sur le *colure des solstices;* ses éléments sont :

Pp, qui est toujours égal à l'inclinaison de l'écliptique sur l'équateur ;
pA, qui est toujours égal à 90° + ou — *latitude de l'astre ;*
PA, qui est toujours égal à 90° + ou — *la déclinaison de l'astre ;*
L'angle pPA qui est égal à 90° + Æ, 270° — Æ, ou enfin Æ — 270°, selon que l'ascension droite de l'astre est $< 90°$, ou $> 90°$ et $< 270°$, ou enfin $> 270°$.

Dans ces différents cas, l'angle PpA est égal à 90° — $\mathcal{L}$, $\mathcal{L}$ — 90°, ou 450° — $\mathcal{L}$; la longitude $\mathcal{L}$ de l'astre étant alors $< 90°$, $> 90°$ et < 270, ou enfin $> 270°$. Il est donc toujours facile, connaissant dans le triangle PpA, d'abord le côté Pp et ensuite deux des autres éléments énoncés, d'en déduire les deux autres par les formules ordinaires de la trigonométrie sphérique.

Exemple.

On a trouvé, par l'observation, que les coordonnées *équatoriales* d'un astre étaient

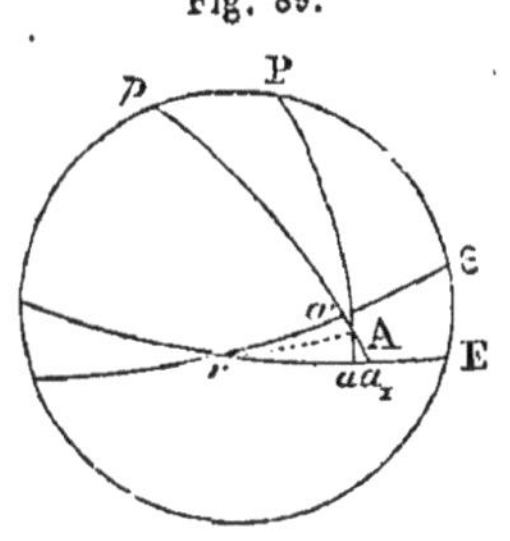

Fig. 89.

Æ = 0ʰ 39ᵐ 34ˢ,7.
Δ = 88° 50′ 32″.

On demande les *coordonnées écliptiques* correspondantes. En appliquant au triangle pPA (fig. 89) dans lequel on connaît l'angle P et les deux côtés compris Pp, PA les formules de la trigonométrie sphérique, nous trouvons

$$\text{tang}\,\varphi = \text{tang}\,\Delta \cos(6^h + Æ).$$

$$\sin\lambda = \frac{\cos\Delta\cos(\omega - \varphi)}{\cos\varphi}.$$

$$\text{tang}(90° - \mathcal{L}) = \frac{\text{tang}(6^h + Æ)\sin\varphi}{\sin(\omega - \varphi)}.$$

Calcul numérique (nous prenons $\omega = 23°\,27'\,32'',9$).

$\Delta = 88°\,50'\,32''$ log tang $= 1,6944385$	log cos $= \bar{2},3054728$	
$P = 6^h\,39^m\,34^s,7$ log cos $= \bar{1},2351141$	. . . .	log tang $= 0,7583775$
log tang $\varphi = 0,9295526$		
$\varphi = 96°\,42'\,28'',05$	c'log cos $= 0,9325356$	log sin $= \bar{1},9970170$
$\omega = 23°\,27'\,32'',09$		
$\varphi - \omega = 73°\,14'\,55'',15$	log cos $= \bar{1},4597223$	c'log sin $= 0,0188319$
	log sin $\lambda = \bar{2},6977307$	log cotg $\mathcal{L} = 0,7742264$
	$\lambda = -2°\,51'\,28'',12$	$\mathcal{L} = 9°\,32'\,47'',94$

Remarque. — Si nous joignons l'astre A au point vernal par l'arc de grand cercle ♈A, nous avons, par suite des deux triangles sphériques ♈A*a* et ♈A*a'*, la relation

$$\cos D \cos \text{Æ} = \cos \lambda \cos \mathcal{L},$$

qui existe toujours entre les coordonnées *équatoriales* et *écliptiques* de tout astre. Cette relation fait voir que cos Æ doit toujours avoir le *même signe* que cos $\mathcal{L}$.

128. *Réciproquement*, connaissant les coordonnées *écliptiques* d'un astre, on peut trouver ses coordonnés *équatoriales*.

En appliquant les relations trigonométriques dont nous nous sommes servi pour passer des coordonnées équatoriales aux coordonnées écliptiques, nous trouvons d'abord

$$(1) \qquad \sin D = \sin \mathcal{L} \cos \lambda \sin \omega + \sin \lambda \cos \omega,$$

et ensuite

$$(1)' \qquad \tang \lambda \sin \omega = \cos \omega \sin \mathcal{L} - \cos \mathcal{L} \tang \text{Æ}.$$

Nous pouvons écrire cette formule de la manière suivante :

$$\frac{\sin \lambda \sin \omega}{\cos \lambda} = \cos \omega \sin \mathcal{L} - \cos \mathcal{L} \frac{\sin \text{Æ}}{\cos \text{Æ}},$$

ou

$$\sin \lambda \sin \omega = \sin \mathcal{L} \cos \lambda \cos \omega - \frac{\cos \mathcal{L} \cos \lambda}{\cos \text{Æ}} \sin \text{Æ} \qquad (m)$$

mais le triangle pPA donne

$$\sin \mathrm{PA} = \frac{\sin p \sin p\mathrm{A}}{\sin \mathrm{P}},$$

ou

$$\cos D = \frac{\cos \mathcal{L} \cos \lambda}{\cos \mathit{AR}},$$

la formule (m) devient donc :

$$\sin \lambda \sin \omega = \sin \mathcal{L} \cos \lambda \cos \omega - \cos D \sin \mathit{AR},$$

que l'on peut écrire

$$(2) \qquad \sin \mathit{AR} \cos D = \sin \mathcal{L} \cos \lambda \cos \omega - \sin \lambda \sin \omega.$$

Les formules (1) et (2) rendues logarithmiques deviennent

$$(3) \qquad \operatorname{tang} \psi = \frac{\operatorname{tang} \lambda}{\sin \mathcal{L}},$$

$$(4) \qquad \operatorname{tang} \mathit{AR} = \frac{\cos (\omega + \psi)}{\cos \psi} \operatorname{tang} \mathcal{L},$$

$$(5) \qquad \operatorname{tang} D = \operatorname{tang} (\omega + \psi) \sin \mathit{AR}.$$

Pour vérifier les valeurs de D et AR trouvées par ces relations, on peut employer la formule

$$\cos D \cos \mathit{AR} = \cos \lambda \cos \mathcal{L}.$$

On aurait pu résoudre le premier problème par des formules analogues aux relations (1) et (1)'; on voit qu'il suffit, dans ces formules, de remplacer en effet $\mathcal{L}$ par $-\mathit{AR}$, λ par D et réciproquement; on obtient ainsi,

$$\sin \lambda = \cos \omega \sin D - \sin \omega \cos D \sin \mathit{AR},$$
$$\operatorname{tang} D \sin \omega = - \cos \omega \sin \mathit{AR} + \cos \mathit{AR} \operatorname{tang} \mathcal{L},$$

qui, rendues logarithmiques, donnent :

$$\operatorname{tang} \quad = \frac{\operatorname{tang} D}{\sin \mathit{AR}},$$

$$\operatorname{tang} \mathcal{L} = \frac{\cos (\chi - \omega) \operatorname{tang} \mathit{AR}}{\cos \chi},$$

$$\operatorname{tang} \lambda = \operatorname{tang} (\chi - \omega) \sin \mathcal{L}.$$

Avec ces formules on prend un logarithme de moins qu'avec celles données plus haut, seulement on se sert de $\mathcal{L}$ pour trouver λ.

Dans l'application de ces formules on a quelquefois besoin de calculer l'angle de position A.

En posant A $= 90 -$ E,

On trouve à l'aide du triangle PpA les deux relations

$$(6) \qquad \cos \mathrm{E} = \frac{\sin \omega \cos \mathit{AR}}{\cos \lambda} = \sin \omega \frac{\cos \mathcal{L}}{\cos D}$$

$$\sin \mathrm{E} = \frac{\cos \omega - \sin \lambda \sin D}{\cos \lambda \cos D}.$$

La seconde de ces relations indique que lorsque λ et D sont de signes contraires $\sin E$ est toujours positif; il l'est encore si $\sin(90 - \omega) > \sin\lambda \sin D$; ce qui arrivera si la valeur absolue de l'une des quantités λ ou D plus petite que $90° - \omega$.

Exemple :

Sachant que l'on a pour un astre, à une certaine époque,

$$\lambda = 2°\,51'\,4'',45 \text{ et } \mathcal{L} = 9°\,33'\,38'',386,$$

on veut trouver les coordonnées équatoriales correspondantes.
En appliquant les formules (3), (4), (5) et (6), nous avons

$$\begin{array}{rlrlrl}
\log \text{tang}\,\lambda = & \bar{2},6972744 & & & & \\
c^t \log \sin \mathcal{L} = & 0,7796519 & \log \text{tang} = & \bar{1},2264226 & & \\
\hline
\log \text{tang}\,\psi = & \bar{1},4769263 & & & & \\
\psi = & -16°41'31'',801 & c^t \log \cos = & 0,0186971 & & \\
\omega = & 23\;27\;32\;,935 & & & & \\
\hline
\omega + \psi = & 6\;46\;01\;,134 & \log \cos = & \bar{1},9969639 & \log \text{tang} = & \bar{1},0742983 \\
 & & \log \text{tang}\,Æ = & \bar{1},2420836 & & \\
 & & Æ = & 39^{m}\,37^{s},173 & \log \sin = & \bar{1},2355615 \\
 & & & & \log \text{tang}\,D = & \bar{2},3098598 \\
 & & & & \text{d'où}\quad D = & 1°10'10'',442
\end{array}$$

$$\begin{array}{rl}
\log \sin \omega = & \bar{1},5999868 \\
\log \cos \mathcal{L} = & \bar{1},9939255 \\
c^t \log \cos D = & 0,0000905 \\
\hline
\log \cos E = & \bar{1},5940028.
\end{array}$$

129. Pour trouver immédiatement D, Æ et E, on peut encore employer les formules connues de *Delambre*, qui deviennent, en chassant le dénominateur et en remplaçant A, B, C, a, b et c par leur valeur en fonction de Æ, $\mathcal{L}$, E, D, λ et ω,

$$\sin\left(45° - \frac{1}{2}D\right)\sin\frac{1}{2}(E + Æ) = \sin\left(45° + \frac{1}{2}\mathcal{L}\right)\sin\left(45° - \frac{\omega + \lambda}{2}\right)$$

$$\sin\left(45° - \frac{1}{2}D\right)\cos\frac{1}{2}(E + Æ) = \cos\left(45° + \frac{1}{2}\mathcal{L}\right)\cos\left(45° - \frac{\omega - \lambda}{2}\right)$$

$$\cos\left(45° - \frac{1}{2}D\right)\sin\frac{1}{2}(E - Æ) = \cos\left(45° + \frac{1}{2}\mathcal{L}\right)\sin\left(45° - \frac{\omega - \lambda}{2}\right)$$

$$\cos\left(45° - \frac{1}{2}D\right)\cos\frac{1}{2}(E - Æ) = \sin\left(45° + \frac{1}{2}\mathcal{L}\right)\cos\left(45° - \frac{\omega + \lambda}{2}\right)$$

Il faut se rappeler que D étant toujours plus petit que 90°, quel que soit son signe, on doit avoir dans tous les cas :

$$\sin\left(45° - \frac{1}{2}D\right) > 0$$

$$\text{et } \cos\left(45° - \frac{1}{2}D\right) > 0.$$

Les formules de trigonométrie dont nous nous sommes servi pour passer des coordonnées équatoriales aux coordonnées écliptiques, se simplifient beaucoup lorsque l'on considère le Soleil, parce que cet astre se trouvant sur l'écliptique, *sauf les irrégularités dont nous parlerons plus loin*, les relations entre *sa déclinaison, son ascension droite et sa longitude, se déduisent du triangle sphérique rectangle* ♈SD (fig. 90).

Fig. 90.

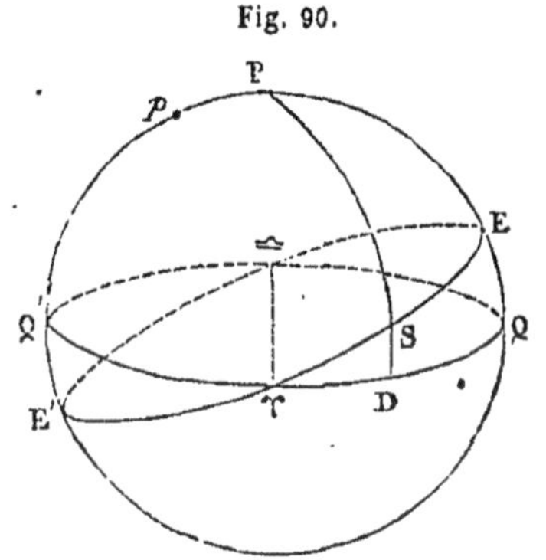

On obtient facilement ces relations en faisant λ égal à zéro dans les formules (1) et (1)' données plus haut, puisque l'astre est sur l'écliptique. Ces formules deviennent alors,

$$\text{tang}\,Æ = \cos\omega\,\text{tang}\,\mathcal{L},$$
$$\sin D = \sin\omega\sin\mathcal{L}.$$

130. A l'aide des moyens que nous venons d'indiquer on peut dresser un catalogue de toutes les étoiles avec leurs *latitudes* et leurs *longitudes*, déduites de leurs *ascensions droites* et de leurs *déclinaisons* fournies par l'observation.

Précession.—Si l'on compare ce *catalogue* à un autre de ce genre dressé par les astronomes anciens, on trouve que *les longitudes* et les *ascensions droites* ont augmenté d'une manière considérable, que les *déclinaisons* ont varié dans un sens ou dans l'autre, mais que les *latitudes* sont *sensiblement* les mêmes. Cette variation des coordonnées *équatoriales* et *écliptiques* des étoiles ne peut être attribuée, en ce qui concerne les *ascensions droites* et les *longitudes*, à un mouvement d'ensemble de toute la sphère céleste, mais doit évidemment résulter du mouvement d'un des plans de coordonnées. Puisque les *latitudes* ne changent pas, on doit en effet supposer que le *pôle de l'écliptique* est *immobile*, et au contraire admettre que le *pôle de l'équateur* est animé d'un mouvement à peu près circulaire autour du pôle de l'écliptique, puisque les déclinaisons changent avec le temps et que la distance Pp, c'est-à-dire l'inclinaison de l'écliptique sur l'équateur est aussi à peu près constante.

Supposons que nous considérions la distance *polaire* Δ d'une étoile, ainsi que sa *latitude* λ pour des époques assez éloignées ; au moyen du triangle pPA (fig. 88), dans lequel on connaîtra $pP = \omega = 23^{\circ} 27' 30''$ *environ*, arc qui reste constant, $PA = \Delta$ et $pA = 90 - \lambda$ (qu'on trouve aussi à peu près invariable), on pourra calculer la valeur de l'angle ApP; ce qui donnera le mouvement du pôle P de l'équateur autour du pôle de l'écliptique ; on trouve ainsi que le pôle de l'équateur a un mouvement circulaire *rétrograde* à peu près uniforme qui s'effectue dans 25 765 ans, c'est-à-dire qui est d'environ 50",2 par an.

Ce mouvement rétrograde du pôle de l'équateur détermine évidemment un mouvement semblable de *l'équateur* qui fait *rétrograder* annuellement le point *vernal* sur l'écliptique d'environ 50",2, rétrogradation qui sous le nom de *précession* des équinoxes rend compte de cette *augmentation* générale que subissent les *ascensions droites* et les *longitudes des étoiles*, et qui explique aussi pourquoi le Soleil qui au temps d'Hipparque se trouvait au printemps dans la constellation du Bélier, se trouve maintenant dans la constellation des Poissons. Nous verrons plus loin comment connaissant exactement le mouvement de *précession* on peut déterminer les coordonnées équatoriales d'une étoile pour une époque quelconque quand on a obtenu *une fois ces coordonnées*.

Nutation. — Le mouvement de précession ne s'effectue pas d'une manière uniforme. Si l'on détermine avec toute l'exactitude possible ce mouvement particulier du pôle de l'équateur on trouve deux faits remarquables :

1° Dans une période de 18 ans 2/3 environ, la distance Pp augmente et diminue de la quantité 9",23 pour reprendre ensuite à peu près sa première valeur ;

2° Dans cette même période le mouvement de précession du pôle P éprouve une diminution et une accélération sur son parallèle d'environ 7",2 ; c'est-à-dire que si l'on rapporte la position du *pôle de l'équateur* à la *position moyenne* qui décrit uniformément le petit cercle de la sphère céleste, on trouve que dans une période de 18 ans 2/3, le mouvement relatif du *pôle* P autour de cette position moyenne s'est effectué sur une *petite ellipse* dont le grand axe, *dirigé dans le colure des solstices*, est égal à 18",4 environ et le petit axe *dirigé perpendiculairement* est égal à 14",4. Ce phénomène est connu sous le nom de *nutation* de l'axe de la terre.

Aberration. — Si l'on considère la *latitude* et la *longitude* d'une étoile, déterminées avec le plus de précision possible pendant tout le cours d'une année, on trouve que ces quantités ne sont pas constantes, c'est-à-dire qu'elles ont oscillé autour d'une position moyenne.

Si l'on place les différentes positions de l'étoile sur une carte céleste à grands points, on remarque que ces positions se trouvent sur une petite ellipse dont la position moyenne occupe à peu près le centre. Cette ellipse a son demi grand axe parallèle à l'écliptique et égal à 20″,25 pour toutes les étoiles; le demi petit axe est d'autant plus petit que la latitude de l'étoile est petite, c'est-à-dire que pour les étoiles situées au pôle de l'écliptique, l'ellipse est un cercle dont 20″,25 est le rayon, et que pour les étoiles situées dans le plan de l'écliptique, l'ellipse est une *ligne droite* située dans ce plan et égale à 40″,5. Ce phénomène, connu sous le nom d'*aberration* des étoiles, est dû à la combinaison de la vitesse de la *lumière* avec la vitesse de la Terre.

Le mouvement angulaire du Soleil n'est pas uniforme.

131. En trouvant que le Soleil, dans *une année*, parcourt l'écliptique, nous ne sommes nullement en droit de conclure que cet astre décrit un cercle autour de la Terre; nous devons seulement en déduire que le mouvement angulaire de la droite qui joint le centre de la Terre au centre du Soleil a lieu dans un plan *passant évidemment par le centre de la Terre* et qui coupe la voûte céleste suivant un grand cercle incliné sur l'équateur de 23° 27′ 30″, actuellement. Pour pousser plus loin nos investigations, nous allons examiner jour par jour, sur la sphère qui nous représente la voûte céleste, la marche du Soleil sur son *grand cercle*, de manière à connaître la grandeur de l'arc d'écliptique qu'il a décrit successivement entre *deux midis consécutifs*.

Pour cela, des observations de déclinaison et d'ascension droite faites chaque jour, nous déduirons la *longitude géocentrique;* les accroissements successifs de cette longitude seront les mouvements angulaires du Soleil sur *l'écliptique*.

En ne considérant que des époques distantes d'un mois environ, nous trouvons que les *arcs d'écliptique décrits en un jour, en* 1858 par exemple, *sont les suivants :*

31 décembre.	1°	1′	10″,1
30 janvier.	1	0	53 ,0
1er mars.	1	0	8 ,8
31 mars.		59	9 ,7
30 avril.		58	11 ,4
30 mai.		57	28 ,9
29 juin.		57	11 ,2
29 juillet.		57	23 ,0
28 août.		58	0 ,7
27 septembre		58	57 ,0
27 octobre.		59	57 ,4
26 novembre	1	0	46 ,6
31 décembre.	1	1	10 ,1

Ainsi, l'arc parcouru à peu près dans le même temps diminue de plus en plus pendant les six premiers mois de l'année, pour augmenter ensuite pendant les six autres mois.

La valeur maximum de ce déplacement est de 1°1′10″,1 environ et a lieu vers le 1er janvier; la valeur minimum est de 57′11″,2 et a lieu vers le 1er juillet.

A l'aide du second mode d'observation, nous pouvons donc conclure *que le mouvement angulaire du Soleil n'est pas uniforme;*

Que ce mouvement *est le plus rapide vers le mois de janvier et le plus lent vers le mois de juillet.*

Nous allons pouvoir examiner les variations de ce mouvement angulaire d'une manière plus complète, à l'aide du *troisième mode d'observation.*

TROISIÈME MODE D'OBSERVATION.

132. *Le disque du Soleil est circulaire.* — Considérons un *micromètre* ayant les deux fils de son réticule parallèles, et l'un de ces fils pouvant, à l'aide d'une vis, avoir un mouvement de translation parallèlement à lui-même.

Dirigeons ce micromètre sur le disque du Soleil, lorsque celui-ci est à une hauteur telle qu'il est presque dégagé des effets de la *réfraction.* A l'aide de la vis du réticule, écartons les deux fils de manière qu'ils comprennent parfaitement entre eux le disque solaire. Si, maintenant, en visant toujours le Soleil, nous faisons tourner le *micromètre* autour de son axe optique, nous verrons que les bords de cet astre *seront toujours tangents aux deux fils du réticule;* nous pouvons donc en conclure *que le disque du Soleil est un cercle.*

133. Nous avons vu que le *demi-diamètre d'un astre varie en raison inverse de la distance de l'astre à l'observateur,* que nous pouvons, eu égard au grand éloignement du Soleil, considérer comme étant au centre de la Terre, puisqu'on trouve que le *diamètre du Soleil mesuré à un même instant des différents points du globe a la même valeur.*

En déterminant *tous les jours ce diamètre,* on trouve qu'il n'est pas constant; que *du 1er janvier au 1er juillet,* il diminue constamment pour augmenter ensuite jusqu'au 1er janvier.

La valeur maximum en janvier = 32′ 35″,6
et sa valeur minimum en juillet = 31′ 31″,0.

On voit alors que cette valeur *maximum* du diamètre du Soleil correspond à la *valeur maximum* du mouvement angulaire de cet astre sur *l'écliptique*, et la valeur *minimum* à la valeur *minimum du mouvement angulaire.*

134. *Remarque.* — Nous pouvons immédiatement faire observer que la moyenne arithmétique entre le plus grand et le plus petit diamètre du Soleil ne correspond pas à la distance de la Terre, moyenne arithmétique entre la plus grande et la plus petite. Appelons, en effet,

D le diamètre *maximum* et r la distance minimum du Soleil à la Terre;
d le diamètre *minimum* et R la distance maximum *id.*
d_m le diamètre moyen $\frac{D+d}{2}$ et R_1 la distance correspondante *id.*

On aura évidemment,

$$(\alpha) \qquad \frac{D}{d} = \frac{R}{r} \quad \text{et} \quad \frac{d_m}{d} = \frac{R}{R_1}.$$

De la première, on déduit

$$(\beta) \qquad \frac{\frac{D+d}{2}}{d} = \frac{\frac{R+r}{2}}{r} \quad \text{ou} \quad \frac{d_m}{d} = \frac{R_m}{r}.$$

Comparant cette relation à la seconde des relations (α), nous obtenons

$$\frac{R_m}{r} = \frac{R}{R_1}, \quad \text{d'où } R_1 = \frac{Rr}{R_m}.$$

Donc R_1 n'est pas égal à R_m.

Si nous appelons d_1 le diamètre du Soleil à la distance moyenne $R_m = \frac{R+r}{2}$, nous aurons $\frac{D}{d_1} = \frac{R_m}{r}$.

En comparant cette relation à la relation (β), nous en déduirons

$$d_1 = \frac{Dd}{d_m} = \frac{2Dd}{d+D}.$$

Il en est évidemment de même pour les *parallaxes*, et la parallaxe π qui convient à la distance moyenne du Soleil à la Terre est donnée par la relation

$$\pi = \frac{2Pp}{P+p},$$

dans laquelle P et p représentent les parallaxes *maximum* et *minimum*.

135. Admettons maintenant que le jour où nous avons déterminé une distance R du Soleil à la Terre nous ayons mesuré le diamètre D.

En mesurant ainsi chaque jour *le diamètre du Soleil* au moment de son passage au méridien, nous pourrons en conclure ses distances successives à la Terre.

Nous aurons donc, dans le cours de l'année ou de plusieurs années,

les diamètres successifs. . . . . D, D′, D″.....
et les distances correspondantes. . . . . . R, R′, R″.....

Dans le registre de nos observations que nous avons dit être la *Connaissance des temps*, ce ne sont pas ces distances qui sont inscrites mais bien leurs logarithmes, en admettant, toutefois, que l'on ait pris 10 pour le logarithme de la distance moyenne.

On peut donc, de cette observation, conclure que le Soleil ne reste pas toujours à la même distance de la Terre et que cette distance, qui est *minimum vers le 1ᵉʳ janvier et maximum vers le 1ᵉʳ juillet*, varie d'une manière continue en augmentant du 1ᵉʳ janvier au 1ᵉʳ juillet environ et en diminuant du 1ᵉʳ juillet au 1ᵉʳ janvier.

Nous pouvons maintenant étudier *le mouvement du Soleil relativement aux variations de sa distance au centre de la Terre et aux variations de son mouvement angulaire.*

Les observations faites sur cet astre, jusqu'à présent, nous ont appris que son mouvement apparent autour de la Terre a sensiblement lieu dans un *plan.*

Prenons une très-grande feuille de papier pour représenter ce plan, et soit T (fig. 91) le centre de la Terre.

Fig. 91.

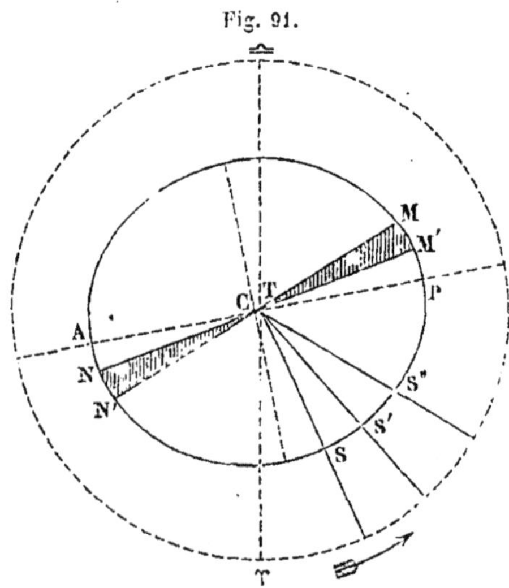

Admettons qu'à des intervalles assez rapprochés, nous ayons déterminé l'*ascension droite et la déclinaison du Soleil ainsi que son diamètre.*

D'après ce que nous avons dit, nous pourrons conclure, pour ces instants, la *longitude géocentrique du Soleil.*

Si ♈♎ représente la ligne des équinoxes, c'est à partir de T♈ et dans le sens de la flèche que nous compterons les *longitudes*.

Soient ☉, ☉′, ☉″,.......... les longitudes successives du Soleil et D, D′, D″,....... etc., ses diamètres correspondants, supposés pris du centre de la Terre, lesquels étant, comme nous l'avons dit (133), égaux à ceux observés de la surface, eu égard à la grande distance de la Terre au Soleil.

A l'aide d'un rapporteur, faisons sur le papier (fig. 91), un angle ♈TS = ☉, puis prenons une longueur TS pour représenter la distance à laquelle le diamètre du Soleil est D; S sera la première position du Soleil. Faisons ensuite les angles ♈TS′, ♈TS″, ... etc., égaux aux longitudes ☉′, ☉″,.............. etc., et prenons les longueurs $TS' = TS \times \frac{D}{D'}$, $TS'' = TS \times \frac{D}{D''}$......... etc., c'est-à-dire en raison inverse des diamètres.

Nous placerons ainsi *les différentes positions du Soleil* pour tous les jours de l'année.

Forme de la courbe. — Nous verrons alors que le lieu de toutes ces positions est une courbe SS′S″ qui a la *forme d'une ellipse, la Terre occupant en* T *l'un des foyers.*

Nous remarquerons, en outre, que les deux positions du *Soleil au moment où son diamètre est maximum et minimum*, sont en A et en P aux extrémités *du grand axe de l'ellipse*, et que la différence des longitudes du Soleil pour ces deux époques est juste de 180°.

Les deux points P et A s'appellent *apsides*, et la ligne PA *ligne des apsides.*

Le sommet P le plus voisin de la Terre s'appelle *périgée* et l'autre A le plus éloigné, se nomme l'*apogée.*

Pour pouvoir nous assurer *de la forme elliptique de la courbe* que décrit le Soleil autour de la Terre, et puisque nous venons de reconnaître que la ligne AP est un axe de cette courbe et par suite le grand axe de cette ellipse supposée, déterminons-en l'*excentricité*, c'est-à-dire le rapport de CT à CP.

136. *Valeur de l'excentricité.* — En appelant a et b les demi-axes de l'ellipse et e l'excentricité, on a, d'après ce que l'on a vu en analyse,

$$CT = ae = \sqrt{a^2 - b^2}.$$

On peut déduire e des observations; car en appelant D et d le plus grand et le plus petit diamètre, on a (fig. 91)

$$\frac{TA}{TP} = \frac{D}{d}; \text{ mais } TA = a + CT \text{ et } TP = a - CT;$$

il vient donc

$$\frac{a + \mathrm{CT}}{a - \mathrm{CT}} = \frac{\mathrm{D}}{d}; \text{ mais } \mathrm{CT} = ae,$$

on a donc

$$\frac{a + ae}{a - ae} = \frac{\mathrm{D}}{d} = \frac{1 + e}{1 - e},$$

et par suite, on trouve pour l'excentricité

$$e = \frac{\mathrm{D} - d}{\mathrm{D} + d}.$$

137. *Vérification de l'ellipticité.* — Si nous considérons maintenant un point M de l'orbite, le rayon vecteur sera $\mathrm{TM} = r$.

En appelant encore D et d les diamètres au périgée et à l'apogée, δ *le diamètre du Soleil en* M, et a le demi grand axe de l'ellipse, on a

$$\frac{r}{\mathrm{PT}} = \frac{\mathrm{D}}{\delta} \text{ et } \frac{r}{\mathrm{TA}} = \frac{d}{\delta}.$$

D'où

$$\mathrm{PT} = \frac{r\delta}{\mathrm{D}} \text{ et } \mathrm{TA} = \frac{r\delta}{d};$$

en faisant la somme, on trouve

$$\mathrm{PT} + \mathrm{TA} \text{ ou } 2a = \frac{r\delta(\mathrm{D} + d)}{\mathrm{D}d},$$

et par suite,

$$\frac{r}{a} = \frac{2\mathrm{D}d}{\delta(\mathrm{D} + d)};$$

donc, *on peut déduire des observations des diamètres, le rapport du rayon vecteur en un point* M *au demi grand axe* a.

Si nous appelons maintenant α la longitude du Soleil quand il est au périgée, longitude que nous apprendrons à déterminer, et G la longitude du point M, on a, d'après l'équation polaire de l'ellipse,

$$\frac{r}{a} = \frac{1 - e^2}{1 + e\cos(\mathrm{G} - \alpha)}.$$

Dans cette expression, G est connu et a été déduit des observations, on peut donc calculer le rapport $\frac{r}{a}$; comparant cette valeur de $\frac{r}{a}$ à celle déduite des diamètres D, d et δ, on trouve qu'elles sont identiques; donc, *le point* M *appartient bien à une ellipse dont* a *est le demi grand axe et* e *l'excentricité.*

138. *Conclusion.* — Nous pouvons donc conclure : *que la courbe que paraît décrire le Soleil dans le plan de l'écliptique est une ellipse dont la Terre occupe un des foyers.*

Cette ellipse diffère très-peu d'un cercle, car si dans la valeur de l'excentricité $e = \frac{D - d}{D + d}$ nous remplaçons D par la valeur maximum du diamètre du Soleil qui est 32′ 35″,6 ou 1955″,6 et *d* par la valeur minimum qui est 31′ 31″,0 ou 1891″,0, on trouve $e = \frac{64,6}{3846,6}$, c'est-à-dire 0,0167.

Ainsi, le rapport de TC à PC est égal à 0,0167 environ.

On en déduit que le rapport $\frac{TA}{TP}$ des deux distances périgée et apogée est égal à 1,033, c'est-à-dire que $\frac{TA - TP}{TA}$ est égal à environ $\frac{1}{30}$.

Lois des aires. — Considérons maintenant (fig. 91), deux arcs MM′ et NN′ de l'ellipse décrite par le Soleil ; si ces *arcs ont été décrits dans le même temps*, nous remarquerons que les aires des surfaces MTM′ et NTN′ comprises par ces arcs et les rayons vecteurs qui aboutissent à leurs extrémités *sont égales.*

Donc, on peut aussi conclure *que dans l'ellipe que le Soleil paraît décrire autour de la Terre, les aires décrites par le rayon vecteur sont proportionnelles aux temps employés à les parcourir.* C'est ce que l'on appelle *la loi des aires.*

D'après cette loi, on voit que le mouvement angulaire du Soleil doit être le plus *rapide au périgée* et le plus *lent à l'apogée*, puisque les rayons vecteurs sont plus courts en P qu'en A.

MOUVEMENT RÉEL DE LA TERRE.

---

139. Nous avons dit que le mouvement apparent du Soleil dans la voûte céleste pouvait être expliqué en admettant que la Terre ait un mouvement de translation autour de cet astre, mouvement qui se fait dans le même sens que le mouvement *de rotation de la Terre* et qui constitue, pour notre globe, *un mouvement élémentaire* de gauche à droite quand, dans l'hémisphère Nord, nous regardons le Soleil *au moment de son passage au méridien.*

Nous verrons plus loin *la preuve de ce mouvement de translation.*

On peut immédiatement faire remarquer que le mouvement de rotation de la Terre étant un fait logiquement déduit du mouvement diurne, et que nous démontrerons plus tard d'une manière irrécusable, il est plus que probable que ce mouvement *de rotation* provient d'une force qui agit sur notre globe sans passer par son centre de gravité; cette rotation ne peut alors avoir lieu *sans être accompagnée d'un mouvement de translation dans l'espace.*

Ainsi, admettons ce mouvement dès à présent, et voyons si cette hypothèse rend bien compte du mouvement *apparent du Soleil.*

Dans le mouvement de la Terre autour du Soleil, l'axe de notre globe reste pendant une révolution sensiblement parallèle à lui-même.

Si, pendant le cours d'une année, nous déterminons la *direction de l'axe du monde à l'aide du cercle mural*, ainsi que nous l'avons dit (68), nous remarquerons que cet axe est toujours à peu près dirigé vers le même point du Ciel, ce qui est du reste parfaitement constaté par la constance des déclinaisons des étoiles, *en laissant de côté les petites irrégularités que nous avons signalées et dont nous avons donné* (130) *l'explication.* Ainsi, dans le mouvement de translation de la Terre autour du Soleil, *son axe reste sensiblement parallèle à lui-même.*

Le grand cercle de la sphère céleste que paraît décrire le Soleil, cercle que nous avons nommé *écliptique*, indique que le centre de notre globe décrit autour de cet astre *une courbe plane* située dans le plan de l'*écliptique;* l'intersection de ce plan fixe et *de l'équateur terrestre* qui se transporte aussi, lui, parallèlement à lui-même, représente *la ligne des équinoxes* qui reste alors *parallèle à elle-même dans le mouvement de translation de la Terre.*

Par conséquent, nous pouvons regarder comme parallèles les lignes menées des centres S et T (fig. 92), du Soleil et de la Terre, aux points équinoxiaux de la voûte céleste.

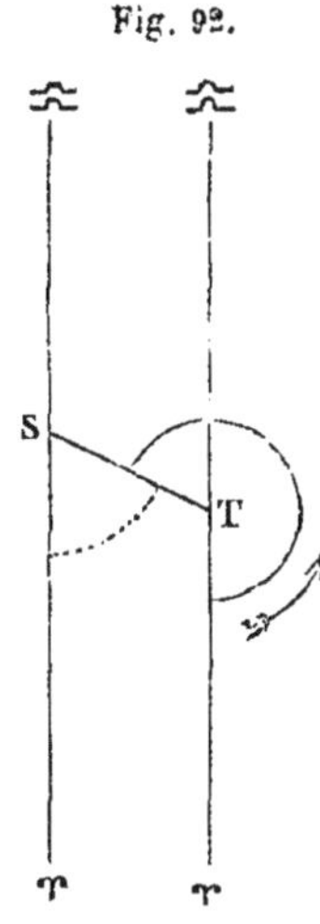

Fig. 92.

Alors, de même que nous avons considéré la longitude géocentrique $\odot$ du Soleil, nous pouvons considérer pour un même instant la longitude ♁ de la Terre rapportée à cet astre, longitude que, pour cette raison, on appelle *héliocentrique*.

Nous voyons qu'entre ces deux longitudes on a la relation

$$\text{♁} = \odot \pm 180^\circ.$$

140. Des *longitudes géocentriques* $\odot, \odot', \odot''$..., *du Soleil* que nous avons déterminées, nous pourrons donc conclure *les longitudes héliocentriques correspondantes* ♁, ♁', ♁''....., *de la Terre;* les distances de notre globe au Soleil se déduiront, comme précédemment, des diamètres de cet astre correspondant à ces longitudes.

Si donc, à partir du point S (fig. 93), et de la ligne des équinoxes ♈ ♎ nous faisons avec cette ligne des angles égaux à ♁, ♁', ♁''....., etc., et si sur ces droites nous prenons d'abord une longueur arbitraire ST pour représenter la position de la Terre lorsque le diamètre est D, ensuite les longueurs $ST' = ST \times \frac{D}{D'}$, $ST'' = ST \times \frac{D}{D''}$, nous aurons en T, T', T''..... des positions successives de la Terre. Nous reconnaîtrons alors que la Terre se trouve constamment située sur une ellipse identique à celle que paraît décrire le Soleil, *ellipse dont cet astre occupe le foyer*.

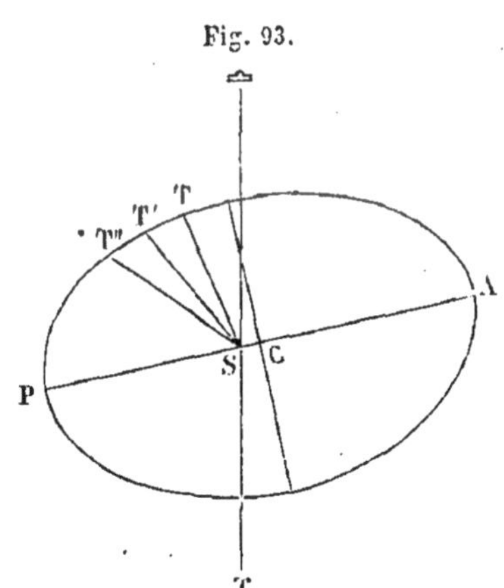

Fig. 93.

L'excentricité de ces deux ellipses est la même. On trouve aussi que les *aires décrites par le rayon vecteur sont proportionnelles aux temps employés à les parcourir*.

Le grand axe de cette ellipse prend encore le nom de *ligne des apsides*, et les points P et A où la Terre est le plus près et le plus loin du Soleil prennent le nom général d'*apsides*, le point P portant le nom particulier de *périhélie* et le point A celui d'*aphélie*.

D'après la loi des aires, on voit que le mouvement angulaire est le plus rapide au périhélie et le plus lent à l'aphélie.

Donc, le phénomène de la variation du mouvement angulaire du Soleil et de son diamètre peut être expliqué en admettant que la Terre décrit autour de cet astre, en une année, une ellipse dont le Soleil occupe un des foyers.

141. Nous allons faire voir, maintenant, que cette hypothèse du mouvement de translation de la Terre autour de l'astre radieux rend bien compte du phénomène du mouvement *des ascensions droites et des déclinaisons du Soleil*, et par suite du phénomène de *la variation de ses levers, de ses couchers et de son élévation maximum.*

Soient T_1, T_2, T_3, T_4, T_5, T_6, T_7, T_8 (fig. 94), huit positions de la Terre dans l'orbite elliptique qu'elle décrit autour du Soleil S dans le sens de la flèche (F), par exemple.

Fig. 94.

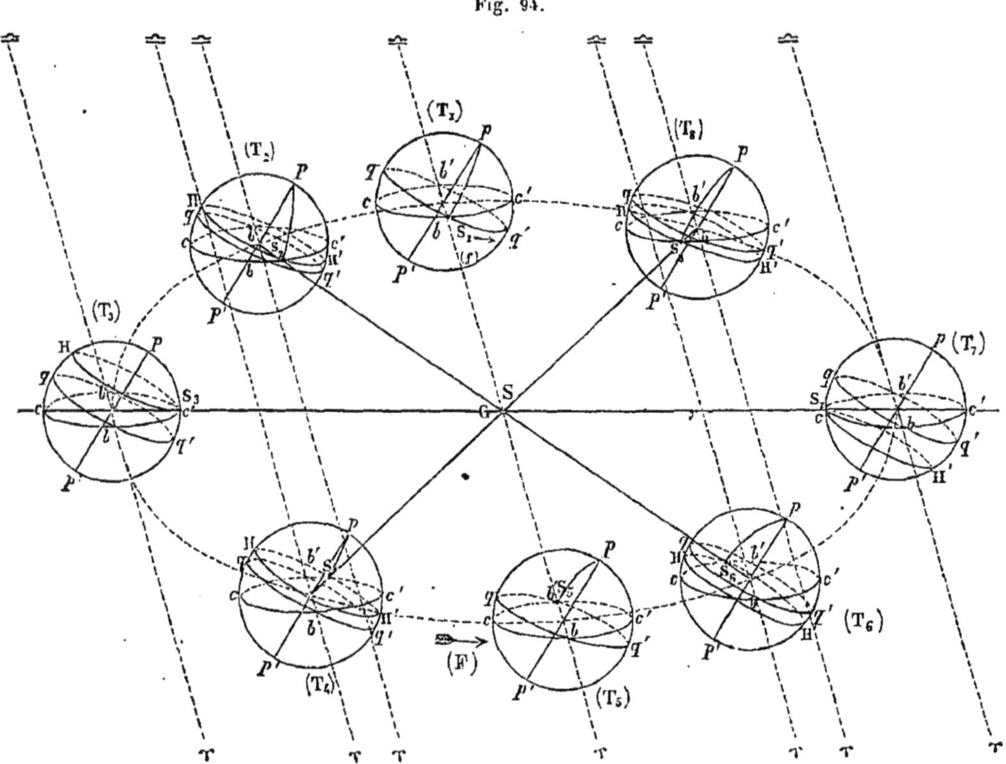

L'intersection du plan de l'orbite avec la Terre détermine les grands cercles *cc'* pour chacune de ces positions.

L'équateur terrestre est un grand cercle *qq'* incliné de 23° 27′ 30″ sur le plan du cercle *cc'* qui est évidemment l'écliptique, ou, du moins, le cercle qui lui correspond sur la Terre.

D'après ce que nous avons dit, dans ces différentes positions de la Terre l'axe *pp'* est toujours parallèle à lui-même, et par suite la ligne des équinoxes *bb'* ou ♈ ♎ est aussi parallèle à elle-même.

Considérons la position de la Terre en T_1, lorsque la ligne qui joint le centre du Soleil S au centre de la Terre *se confond avec la ligne des équi-*

noxes. Admettons que le pôle p soit le pôle Nord. C'est le moment où le Soleil semble passer au point *vernal*.

Sa déclinaison est *nulle*, puisqu'il est sur l'équateur ; *sa longitude* et par suite son *ascension droite* sont aussi nulles.

Par l'effet du *mouvement* diurne de la Terre qui a lieu dans le sens de la flèche (f), qui est le même, du reste, que celui de la flèche (F), le Soleil paraît ce jour-là décrire l'équateur.

Lorsque la Terre s'est transportée en T_2, le Soleil semble en S_2 sur l'écliptique ; sa distance polaire a diminué, sa longitude et son ascension droite ont augmenté ; elles sont comprises en 0 et 90° ; *le Soleil a donc semblé se mouvoir sur l'écliptique* cc' *dans le sens de la flèche ;* par l'effet du mouvement diurne de la Terre, le parallèle que le Soleil paraît décrire ce jour-là est situé dans l'hémisphère Nord.

En T_3, l'axe pp' se projetant suivant la ligne qui joint le Soleil au centre de la Terre, le Soleil nous semble en S_3 et sa distance polaire, mesure de l'angle formé par pp' et par la projection de cette droite, est arrivée à son minimum $pc' = 66° 32' 30''$; la *longitude et l'ascension droite du Soleil sont de* 90° et le parallèle qu'il semble décrire est le *tropique du Cancer*.

C'est l'époque du SOLSTICE D'ÉTÉ.

On voit que de T_1 à T_3, les parallèles que le Soleil a semblé décrire se sont successivement rapprochés du pôle Nord ; c'est POUR NOUS LA PÉRIODE DU PRINTEMPS.

La Terre continuant son mouvement de translation arrive en T_4, le Soleil paraît en S_4, sa distance polaire $p'S_4$ a augmenté ; sa longitude et son ascension droite sont entre 90° et 180°.

Le parallèle qu'il semble décrire ce jour-là est encore dans l'hémisphère Nord.

Lorsque la Terre est arrivée en T_5, la ligne des équinoxes se confondant encore avec la ligne qui joint le Soleil au centre de la Terre, le Soleil paraît en S_5 sur b' ou sur ♎ ; sa distance polaire est de 90°, sa longitude et son ascension droite de 180° ; se trouvant encore à ce moment sur l'*équateur*, par l'effet du mouvement diurne il semble décrire ce cercle ce jour-là. C'est l'ÉPOQUE DE L'ÉQUINOXE D'AUTOMNE.

De T_3 à T_5 le Soleil a décrit encore ses parallèles diurnes dans l'hémisphère Nord. C'est la PÉRIODE D'ÉTÉ.

Lorsque la Terre se trouve en T_6, le Soleil paraît en S_6, sa distance polaire pS_6 est plus grande que 90°, sa longitude et son ascension droite sont comprises entre 180° et 270°. Par l'effet du mouvement diurne, le parallèle que décrit cet astre est situé dans l'hémisphère Sud.

En T_7 l'axe de rotation de la Terre pp' se projette suivant la ligne Scc' le Soleil paraît en c ou S_7, sa distance au pôle Nord est maximum, c'est-à-dire égale à 113° 27' 30'', sa longitude et son ascension droite sont de 270° ; le Soleil paraît décrire le tropique du *Capricorne ;* c'est l'ÉPOQUE DU SOLSTICE D'HIVER.

De T_6 à T_7, la distance polaire du Soleil ayant augmenté, ses parallèles décrits chaque jour se sont rapprochés du Sud; c'est la PÉRIODE D'AUTOMNE.

En T_8 le Soleil paraît en S_8, sa distance polaire a diminué, mais est toujours plus grande que 90°; sa longitude et son ascension droite sont comprises entre 270° et 360°; le parallèle qu'il semble décrire, par l'effet du mouvement diurne, est encore dans l'hémisphère Sud.

Enfin, la Terre revient prendre sa position T_1, que nous avons déjà considérée. De T_7 à T_1, les parallèles décrits chaque jour par le Soleil se sont rapprochés de l'équateur. C'est la PÉRIODE D'HIVER.

Ainsi, *le mouvement annuel du Soleil sur l'écliptique est parfaitement expliqué, en admettant que la Terre, outre son mouvement de rotation, est douée d'un mouvement de translation autour du Soleil dans le même sens; de telle sorte, toutefois, que son axe de rotation se transporte à peu près parallèlement à lui-même pendant une révolution.*

Ce mouvement de translation de la Terre qui explique les mouvements en *déclinaison* et en *ascension droite du Soleil*, donne raison de l'oscillation de ses points de lever et de coucher, des *variations de sa hauteur méridienne pour un même lieu et du retard successif que son passage au méridien éprouve sur le passage méridien d'une étoile.*

DU MOUVEMENT ELLIPTIQUE.

142. Puisque nous venons de reconnaître que la Terre décrit autour du *Soleil une ellipse dont celui-ci occupe un des foyers*, et que les aires décrites *par le rayon vecteur sont proportionnelles aux temps employés à les parcourir*, nous pourrons fixer, pour une *époque donnée, la position de la Terre dans son orbite.*

Mais remarquons que lorsque nous connaîtrons *la position du Soleil dans l'ellipse apparente* qu'il semble décrire autour de la Terre, nous connaîtrons la position de la Terre dans l'*ellipse* vraie qu'elle décrit autour du Soleil et réciproquement, puisque chaque position se déduit de la grandeur du *rayon vecteur* qui, à un instant donné, est le même dans les deux ellipses, et de la longitude *géocentrique* pour l'une et *héliocentrique* pour l'autre; longitude pour lesquelles nous avons donné une relation.

Or comme, pour les besoins de l'*astronomie* et de la *navigation*, il importe bien plus de connaître à tout instant *le lieu du Soleil dans la voûte céleste, c'est le mouvement elliptique du Soleil dans son orbite apparente que nous déterminerons.*

THÉORIE GÉNÉRALE DES ANOMALIES.

143. Comme ce problème trouve autre part son application, nous allons d'abord le rendre général en considérant un mobile M (fig. 95), assujetti à décrire une ellipse en se soumettant à la loi des aires.

Fig. 95.

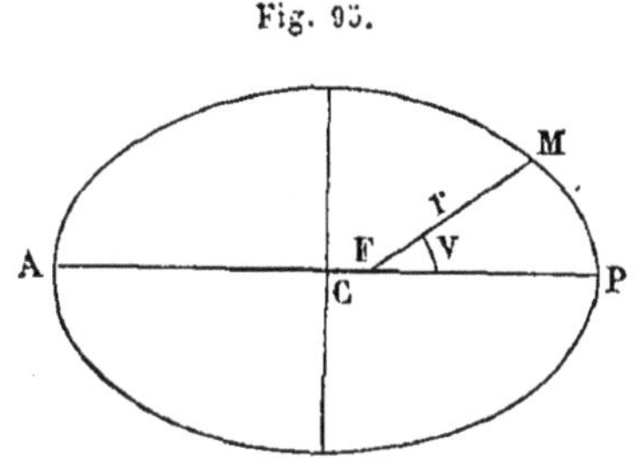

Si nous appelons r le rayon vecteur et dV l'angle décrit par ce rayon dans le temps dt, on aura pour aire A décrite par ce rayon vecteur r, dans le même temps dt,

$$A = \frac{1}{2} r^2 dV,$$

d'où

$$dV = \frac{2A}{r^2}.$$

Donc, en des points différents de l'orbite, le mouvement angulaire dV *du rayon vecteur est en raison inverse du carré de ce rayon; le mouvement angulaire* du mobile n'est donc pas uniforme.

La vitesse *maximum* aura lieu en P, extrémité du plus petit rayon vecteur PF, et la vitesse *minimum* aura lieu en A, extrémité du plus grand rayon vecteur AF.

Ainsi, la vitesse angulaire du mobile variera de P en A *et reprendra inversement les mêmes valeurs de* A *en* P.

Fig. 96.

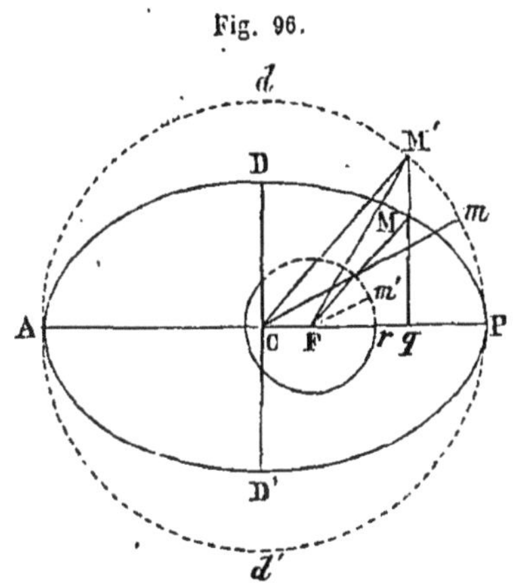

Pour connaître à un instant donné la position du mobile dans son plan, il faut connaître : *le temps* T *de révolution du mobile* pour revenir de P en P, *l'angle* MFP *et le rayon vecteur* FM.

Nous supposerons le temps T de révolution connu; nous verrons plus tard comment on l'obtient.

Soit donc PDAD' (fig. 96), l'orbite elliptique que décrit le mobile M en supposant, comme nous l'avons déjà dit, que le rayon vecteur MF suive *la loi des aires.*

Concevons un second mobile m *assujetti à se trouver avec* M *aux points* P *et* A *et à décrire le cercle* PdAd' *d'un mouvement uniforme.*

Si T est le temps de révolution du mobile M, T sera aussi le temps de révolution du mobile m.

Mouvement moyen. — Anomalie moyenne. — Le mouvement angulaire de ce mobile sera *uniforme;* et si l'on représente par t le temps écoulé pendant que ce mobile va de P en m, on aura évidemment la relation

$$m\text{CP} = \frac{360^\circ}{\text{T}} \times t.$$

$\frac{360^\circ}{\text{T}}$, qui représente le mouvement angulaire du mobile m dans l'unité de temps, *est appelé le mouvement moyen du mobile* M.

Cette quantité, qui est connue dès que l'on connaît T, se représente par n; de sorte que la relation précédente peut s'écrire

$$m\text{CP} = nt.$$

L'angle mcP s'appelle *anomalie moyenne.*

Anomalie vraie. — Supposons que M soit, sur l'ellipse, la position du mobile M qui correspond à la position m du second mobile sur le cercle PdAd', l'angle MFP est ce que l'on nomme *anomalie vraie.*

L'anomalie *moyenne* est déterminée dès que l'on a observé trois quantités :

1° *L'époque du passage du mobile* M *au point* P;

2° *Le temps de révolution de ce mobile;*

3° *Enfin, le temps écoulé depuis le passage du mobile* M *en* P *jusqu'à l'instant que l'on considère.*

L'*anomalie vraie* va se déduire de l'*anomalie moyenne* à l'aide d'une *anomalie de transition.*

Anomalie excentrique. — Menons au point M l'ordonnée M'Mq et joignons M'C.

L'angle M'CP est cette anomalie de transition que l'on nomme *anomalie excentrique* et que l'on désigne habituellement par u.

Relation entre l'anomalie moyenne et l'anomalie excentrique.

144. Cherchons d'abord une relation entre l'*anomalie moyenne* nt et l'*anomalie excentrique* u.

Le secteur circulaire mCP est évidemment décrit *dans le même temps* t que le secteur elliptique MFP; donc, *en raison de la loi des aires*, le rapport des aires de ces deux surfaces est égal au rapport de l'aire du cercle à l'aire de l'ellipse.

Si l'on représente par a et b le demi grand axe et le demi petit axe de l'ellipse, par e le rapport $\frac{\sqrt{a^2-b^2}}{a}$, on a la relation

$$(1) \qquad \frac{\text{secteur } m\text{CP}}{\text{secteur MFP}} = \frac{\pi a^2}{\pi ab} = \frac{a}{b}.$$

Joignons M'F.

D'après la propriété de l'ellipse, on a

$$\frac{\text{aire M}'q\text{P}}{\text{aire M}q\text{P}} = \frac{\text{aire M'F}q}{\text{aire MF}q} = \frac{a}{b},$$

d'où

$$\frac{\text{aire M}'q\text{P} + \text{aire M'F}q}{\text{aire M}q\text{P} + \text{aire MF}q} = \frac{a}{b},$$

c'est-à-dire

$$\frac{\text{aire M'FP}}{\text{aire MFP}} = \frac{a}{b}.$$

Si l'on compare cette relation à

$$\frac{\text{secteur } m\text{CP}}{\text{secteur MFP}} = \frac{a}{b},$$

on en déduit

$$\text{secteur } m\text{CP} = \text{aire M'FP},$$

ou

$$(2) \qquad \text{secteur } m\text{CP} = \text{secteur M'CP} - \text{aire M'CF}.$$

Mais on a

$$\begin{aligned}\text{secteur } m\text{CP} &= \text{angle } m\text{CP} \times a \times \frac{a}{2}\\ &= nt \times a \times \frac{a}{2}\\ &= \frac{a^2}{2} nt\end{aligned}$$

$$\text{secteur M'CP} = \frac{a^2}{2} u,$$

et enfin

$$\text{aire M'CF} = \frac{\text{CF}}{2} \times \text{M}'q = \frac{ae}{2} \times a \sin u = \frac{a^2}{2} e \sin u.$$

Substituant ces valeurs dans la relation (2), et divisant les deux membres par $\frac{a^2}{2}$, il vient

$$nt = u - e \sin u.$$

Si nt et u sont des arcs exprimés en secondes, comme ils sont supposés développés à l'unité de distance, il faut les multiplier par sin 1″ ; cette formule devient alors

$$nt = u - \frac{e}{\sin 1''} \sin u.$$

Cette équation, transcendante par rapport à u, peut se résoudre par une méthode de fausse position. En appelant u', u'', u''',..., etc, des valeurs approchées de u, on a successivement :

$$u' = nt$$

$$u'' = nt + \frac{e}{\sin 1''} \sin u'$$

$$u''' = nt + \frac{e}{\sin 1''} \sin u'',$$

et ainsi de suite.

A l'aide de la formule de Mac-Laurin,

$$y = y_0 + \left(\frac{dy}{dx}\right)_0 x + \left(\frac{d^2y}{dx^2}\right)_0 \frac{x^2}{1.2} + \left(\frac{d^3y}{dx^3}\right)_0 \frac{x^3}{1.2.3} \cdots\cdots,$$

nous pouvons obtenir u exprimé en fonction des puissances croissantes de e.

On a, en effet,

$$u = u_0 + \left(\frac{du}{de}\right)_0 e + \left(\frac{d^2u}{de^2}\right)_0 \frac{e^2}{1.2} \cdots\cdots$$

Arrêtons-nous au 3e terme et cherchons $\left(\frac{du}{de}\right)_0$, $\left(\frac{d^2u}{de^2}\right)_0$ ..... à l'aide de la relation

$$nt = u - e \sin u. \qquad (a)$$

Si l'on fait $e = 0$, on trouve

$$u_0 = nt.$$

Différentions la relation (a)..., il vient

$$0 = du - e \cos u \,.\, du - \sin u \,.\, de. \qquad (b)$$

d'où

$$\frac{du}{de} = \frac{\sin u}{1 - e \cos u}.$$

Faisant $e = 0$, on a

$$\left(\frac{du}{de}\right)_0 = \sin nt.$$

Différentions l'équation (b), il vient

$$0 = d^2u - de \cos u du + e \sin u du^2 - e \cos u d^2u - \cos u du de.$$

Divisant par de^2, on a

$$0=\frac{d^2u}{de^2}-\cos u\frac{du}{de}+e\sin u\frac{du^2}{de^2}-e\cos u\frac{d^2u}{de^2}-\cos u\frac{du}{de},$$

d'où

$$\frac{d^2u}{de^2}(1-e\cos u)=2\cos u\frac{du}{de}-e\sin u\left(\frac{du}{de}\right)^2;$$

faisant $e=0$, il vient

$$\left(\frac{d^2u}{de^2}\right)_0=2\cos nt\left(\frac{du}{de}\right)_0,$$

et remplaçant $\left(\frac{du}{de}\right)_0$ par sa valeur $\sin nt$, on a enfin

$$\left(\frac{d^2u}{de^2}\right)_0=2\sin nt\cos nt=\sin 2nt,$$

et, par suite, la valeur de u devient

$$(a')\qquad u=nt+e\sin nt+\frac{e^2}{1.2}\sin 2nt.....$$

Si l'on voulait plus de termes, il suffirait de continuer à déterminer les coefficients différentiels successifs.

Relation entre le rayon vecteur et l'anomalie excentrique.

145. Avant de déterminer la relation entre l'*anomalie excentrique* et l'*anomalie vraie*, nous allons chercher celle qui existe entre le *rayon vecteur* $r=\mathrm{MF}$ et l'*anomalie excentrique* u.

Dans le triangle $\mathrm{MF}q$ (fig. 96), nous avons

$$r=\sqrt{\mathrm{M}q^2+\mathrm{F}q^2};$$

mais $\mathrm{M}q=y$ et $\mathrm{F}q=x-ae$; il vient donc

$$r=\sqrt{y^2+x^2-2aex+a^2e^2}.$$

D'après l'équation connue de l'ellipse, on a

$$y^2=\frac{b^2}{a^2}(a^2-x^2),$$

et

$$a^2e^2=a^2-b^2,\quad \text{ou}\quad b^2=a^2(1-e^2);$$

on en déduit

$$y^2=(1-e^2)(a^2-x^2)=a^2-a^2e^2-x^2+e^2x^2,$$

par suite, la valeur de r devient, en aisant la réduction des termes semblables,

$$r = \sqrt{a^2 - 2aex + e^2x^2},$$

c'est-à-dire

$$r = \sqrt{(a - ex)^2} = a - ex,$$

mais x est égal à $a \cos u$, il vient donc,

$$r = a(1 - e\cos u).$$

Nous pouvons obtenir la valeur de r en fonction des puissances croissantes de e et en fonction de nt.

Dans l'expression $r = a(1 - e\cos u)$, posons $\frac{r}{a} = r'$. On a alors

$$(c) \qquad r' = 1 - e\cos u.$$

Le développement en série de r' suivant les puissances croissantes de e sera de la forme

$$r' = r'_0 + \left(\frac{dr'}{de}\right)_0 e + \left(\frac{d^2r'}{de^2}\right)_0 \frac{e^2}{1.2} \cdots\cdots$$

Pour $e = 0$, la formule (c) donne $r'_0 = 1$.

Différentions l'expression (c), et remarquons que u est aussi variable, on a

$$(d) \qquad dr' = -de\cos u + e\sin u du,$$

d'où

$$\frac{dr'}{de} = -\cos u + e\sin u \frac{du}{de},$$

et comme nous avons trouvé que lorsque $e = 0$, on a $u_0 = nt$, il vient, en faisant $e = 0$,

$$\left(\frac{dr'}{de}\right)_0 = -\cos nt.$$

Différentions la relation (d), nous obtenons

$$(f) \qquad d^2r' = de\sin u du + de\sin u du + e\cos u du^2 + e\sin u d^2u,$$

d'où, en divisant par de^2,

$$\frac{d^2r'}{de^2} = 2\sin u \frac{du}{de} + e\cos u \left(\frac{du}{de}\right)^2 + e\sin u \frac{d^2u}{de^2}.$$

Si nous faisons $e = 0$, il vient

$$\left(\frac{d^2r'}{de^2}\right)_0 = 2\sin nt \left(\frac{du}{de}\right)_0,$$

mais en cherchant le développement de u en fonction de nt, nous avons trouvé

$$\left(\frac{du}{de}\right)_0 = \sin nt,$$

donc

$$\left(\frac{d^2r'}{de^2}\right) = 2\sin^2 nt = 1 - \cos 2nt.$$

En substituant ces différentes valeurs dans l'expression de r', il vient

$$r' = 1 - e\cos nt + \frac{e^2}{2}(1 - \cos 2nt)\ldots..$$

d'où

$$(c') \qquad r = a(1 - e\cos nt + \frac{e^2}{2}(1 - \cos 2nt)\ldots..$$

Relation entre les anomalies vraie et excentrique.

146. Cherchons actuellement une relation entre l'*anomalie vraie* et l'*anomalie excentrique*.

Nous venons de trouver $r = a(1 - e\cos u)$.

L'équation polaire de l'ellipse donne, en appelant V l'anomalie vraie MFP,

$$r = \frac{a(1 - e^2)}{1 + e\cos V}.$$

Égalant ces deux valeurs de r; il vient, en divisant par a,

$$\frac{1 - e^2}{1 + e\cos V} = 1 - e\cos u,$$

d'où l'on déduit

$$1 - e^2 = 1 - e\cos u + e\cos V - e^2\cos u\cos V,$$

et par suite

$$\cos V = \frac{e\cos u - e^2}{e - e^2\cos u} = \frac{\cos u - e}{1 - e\cos u},$$

de laquelle on obtient

$$\frac{1 - \cos V}{1 + \cos V} = \frac{(1 + e) - \cos u(1 + e)}{(1 - e) + \cos u(1 - e)} = \frac{(1 + e)(1 - \cos u)}{(1 - e)(1 + \cos u)}.$$

Ou enfin

$$\tan g\frac{1}{2}V = \left[\frac{(1 + e)}{(1 - e)}\right]^{\frac{1}{2}} \tan g\frac{1}{2}u.$$

Ainsi, connaissant u en fonction de nt, on connaîtra aussi V.

147. Comme e est plus petit que 1, on peut poser $e = \sin\eta$; à l'aide de cette expression, la relation entre V et u devient

$$\operatorname{tang}\frac{1}{2}V = \operatorname{tang}\left(45 + \frac{\eta}{2}\right)\operatorname{tang}\frac{1}{2}u.$$

On peut aussi obtenir deux expressions qui donneront r et V à la fois en fonction de u.

Reprenons la relation $\dfrac{1-e^2}{1+e\cos V} = 1 - e\cos u$; résolue par rapport à u, elle donne

$$\cos u = \frac{\cos V + e}{1 + e\cos V}.$$

Or, on a

$$2\sin^2\frac{1}{2}u = 1 - \cos u,$$

et

$$2\cos^2\frac{1}{2}u = 1 + \cos u;$$

En mettant à la place de $\cos u$ sa valeur en fonction de V, on trouve

$$2\sin^2\frac{1}{2}u = \frac{(1-e)(1-\cos V)}{1+e\cos V}$$

$$2\cos^2\frac{1}{2}u = \frac{(1+e)(1+\cos V)}{1+e\cos V}.$$

On a, en mettant à la place de $1 + e\cos V$ sa valeur $\dfrac{a(1-e^2)}{r}$

$$2\sin^2\frac{1}{2}u = \frac{(1-e)\,2\sin^2\frac{1}{2}V.r}{a(1-e^2)},$$

$$2\cos^2\frac{1}{2}u = \frac{(1+e)\,2\cos^2\frac{1}{2}V.r}{a(1-e^2)},$$

ou

$$\sqrt{r}\sin\frac{1}{2}V = \sqrt{a(1+e)}\sin\frac{1}{2}u,$$

$$\sqrt{r}\cos\frac{1}{2}V = \sqrt{a(1-e)}\cos\frac{1}{2}u.$$

Si l'on remplace e par $\sin\eta$, on trouve

$$\sqrt{r}\sin\frac{1}{2}V = \sqrt{2a}\sin\left(45 + \frac{\eta}{2}\right)\sin\frac{1}{2}u,$$

$$\sqrt{r}\cos\frac{1}{2}\,V = \sqrt{2a}\cos\left(45 + \frac{\eta}{2}\right)\cos\frac{1}{2}\,u.$$

Ces deux relations, divisées l'une par l'autre, donnent bien la relation

$$\text{tang}\,\frac{1}{2}\,V = \sqrt{\frac{1+e}{1-e}}\,\text{tang}\,\frac{1}{2}\,u,$$

trouvée plus haut.

On peut, connaissant t, vouloir déterminer u, r et V. On obtient u au moyen de la relation

(1) $$nt = \frac{-e}{\sin 1''}\sin u.$$

Supposons que u' soit une valeur approchée de u, on a

$$u = u' + x.$$

Substituant dans l'équation (1) et désignant par Φ l'expression

$$nt - (u' - e\sin u'),$$

on aura

$$x = \frac{\Phi}{1 - e\cos u}$$

Une fois u ainsi obtenu, on a r et V par les relations

$$r = a(1 - e\cos u)$$

et

$$\text{tang}\,\frac{1}{2}\,V = \text{tang}\left(45 + \frac{\eta}{2}\right)\text{tang}\,\frac{1}{2}\,u,$$

ou bien par les deux relations

$$\sqrt{r}\sin\frac{1}{2}V = \sqrt{2a}\sin\left(45 + \frac{\eta}{2}\right)\sin\frac{1}{2}\,u,$$

$$\sqrt{r}\cos\frac{1}{2}V = \sqrt{2a}\cos\left(45 + \frac{\eta}{2}\right)\cos\frac{1}{2}\,u.$$

Pour obtenir V développé en série suivant les puissances croissantes de e, nous avons la série de Mac-Laurin

$$V = V_0 + \left(\frac{dV}{de}\right)_0 e + \left(\frac{d^2V}{de^2}\right)_0 \frac{e^2}{1.2}\cdots\cdots$$

Considérons la relation

(g) $$\cos V = \frac{\cos u - e}{1 - e\cos u}.$$

Si nous faisons d'abord $e=0$, en nous rappelant que, dans ce cas, $u_0=nt$, il vient

$$\cos V_0=\cos u_0=\cos nt,$$

d'où

$$V_0=nt.$$

Pour différentier l'expression (g), mettons-la sous la forme

$$\cos V - e\cos u\cos V=\cos u - e;$$

différentions-la par rapport à V, u et e, nous aurons

$$(h)\qquad -\sin V dV - de\cos u\cos V + e\sin u\cos V du + e\cos u\sin V dV = \\ = -\sin u du - de,$$

d'où, en divisant par de,

$$-\sin V\frac{dV}{de}-\cos u\cos V+e\sin u\cos V\frac{du}{de}+e\cos u\sin V\frac{dV}{de}= \\ =-\sin u\frac{du}{de}-1.$$

Faisons $e=0$, et $V_0=u_0=nt$, il vient

$$-\sin nt\left(\frac{dV}{de}\right)_0-\cos^2 nt=-\sin nt\left(\frac{du}{de}\right)_0-1.$$

Remplaçons $\cos^2 nt$ par $1-\sin^2 nt$ et $\left(\frac{du}{de}\right)_0$ par $\sin nt$ que nous avons trouvé précédemment, nous obtenons

$$-\sin nt\left(\frac{dV}{de}\right)_0-1+\sin^2 nt=-\sin^2 nt-1,$$

ou

$$\left(\frac{dV}{de}\right)_0=2\sin nt.$$

Différentions l'équation (h), nous avons

$$-\sin V d^2V-\cos V dV^2+de\cos u\sin V dV+de\cos V\sin u du+de\sin u\cos V du+ \\ +e\cos u\cos V du^2-e\sin u\sin V du.dV+e\sin u\cos V d^2u+de\cos u\sin V dV+ \\ +e\cos u\cos V dV^2-e\sin u\sin V du.dV+e\cos u\sin V d^2V=-\cos u du^2-\sin u d^2u$$

divisant par de^2 et faisant $e=0$, il vient

$$-\sin V\left(\frac{d^2V}{de^2}\right)_0-\cos V\left(\frac{dV}{de}\right)_0^2+2\cos u\sin V\left(\frac{dV}{de}\right)_0+2\cos V\sin u\left(\frac{du}{de}\right)_0= \\ =-\cos u\left(\frac{du}{de}\right)_0^2-\sin u\left(\frac{d^2u}{de^2}\right)_0,$$

mais remarquant que lorsque $e=0$ on a

$$u_0 = V_0 = nt,$$
$$\left(\frac{dV}{de}\right)_0 = 2\sin nt,$$
$$\left(\frac{du}{de}\right)_0 = \sin nt,$$
$$\left(\frac{d^2u}{de^2}\right)_0 = \sin 2nt.$$

Substituant ces valeurs, on trouve

$$-\sin nt\left(\frac{d^2V}{de^2}\right)_0 - 4\sin^2 nt\cos nt + 4\cos nt\sin^2 nt + 2\cos nt\sin^2 nt =$$
$$= -\cos nt\sin^2 nt - 2\cos nt\sin^2 nt,$$

ou réduisant

$$-\sin nt\left(\frac{d^2V}{de^2}\right)_0 + 2\cos nt\sin^2 nt = -3\cos n^2\sin^2 nt,$$

et par suite

$$\left(\frac{d^2V}{de^2}\right)_0 = 5\cos nt\sin nt = \frac{5\sin 2nt}{2}.$$

Si dans le développement de V on remplace V_0, $\left(\frac{dV}{de}\right)_0$, $\left(\frac{d^2V}{de^2}\right)_0$ par les valeurs que nous venons de trouver, on obtient

$$(g') \qquad V = nt + 2e\sin nt + \frac{5}{4}e^2\sin 2nt + \ldots..,$$

en s'arrêtant au terme en e^2.

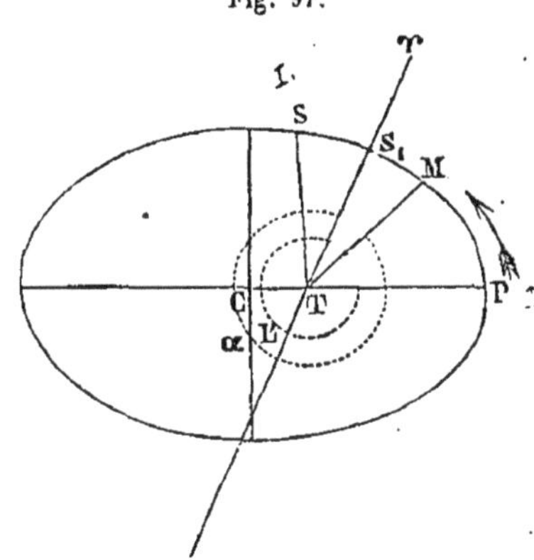

Fig. 97.

148. En appliquant cette formule au mouvement du Soleil, on voit comment on pourrait déterminer son *anomalie vraie* en fonction du temps. Faisons de suite observer qu'au lieu de l'*anomalie vraie* nous pouvons obtenir immédiatement la *longitude vraie* L du Soleil supposé en S (fig. 97).

Désignons, en effet, par L' la longitude du Périgée. On a évidemment la relation

$$V = L - L' + 360° \text{ ou simplement } L - L'.$$

Comptons le temps à partir de l'*instant du passage du Soleil vrai à l'équinoxe* du printemps en S_1.

Si MT est la position du rayon vecteur du *Soleil fictif* (décrivant l'anomalie moyenne autour du point T) quand le *Soleil vrai* est en S_1, et si nous appelons θ le temps écoulé depuis l'instant du passage du *Soleil vrai au Périgée* jusqu'à son passage au *point vernal*, et θ' l'intervalle de temps écoulé depuis cet instant jusqu'au moment où le Soleil se trouve en S, nous aurons

$$nt = n\theta + n\theta';$$

mais $n\theta$ est évidemment égal à MTP, c'est-à-dire égal à la *longitude du Soleil fictif* α quand le Soleil vrai est au point vernal, moins la longitude du Périgée L', que nous apprendrons à déterminer.

On a donc

$$nt = n\theta' + \alpha - L' \quad \text{ou} \quad L' + nt = n\theta' + \alpha.$$

Les deux relations

$$V = nt + 2e \sin nt + \frac{5}{4} e^2 \sin 2nt \ldots\ldots,$$
$$V = L - L',$$

donnent, alors

$$L = n\theta' + \alpha + 2e \sin(n\theta' + \alpha - L') + \frac{5}{4} e^2 \sin 2(n\theta' + \alpha - L') \ldots\ldots;$$

mais $n\theta' + \alpha$ est évidemment égal à la longitude du Soleil fictif, c'est-à-dire à la *longitude moyenne* L_m pour l'instant considéré ; on a donc enfin

$$L = L_m + 2e \sin(L_m - L') + \frac{5}{4} e^2 \sin 2(L_m - L') \ldots\ldots$$

Au lieu de considérer le mobile m comme décrivant le cercle $PdAd$ dont le centre est C (fig. 96), nous eussions pu le supposer décrire le petit cercle dont le centre est en F, en l'assujettissant, toutefois, *aux mêmes conditions*.

Sa positions dans ce cercle, correspondant à celle m, serait m' telle que Fm' soit parallèle à Cm.

On peut alors appeler $m'FP$, l'*anomalie moyenne*.

149. *De l'équation du centre.* — On appelle *équation du centre*, la différence entre l'*anomalie moyenne* mCP *ou* m'FP et l'*anomalie vraie* MFP ; cet angle est, sur la figure 96, égal à MFm'.

Sa valeur générale est, en représentant cette différence par E,

$$E = V - nt,$$

ou, en remplaçant V par son développement en fonction des puissances croissantes de e,

$$E = 2e \sin nt + \frac{5}{4} e^2 \sin 2nt \ldots\ldots$$

ou bien en fonction de la *longitude du périgée* et de la *longitude moyenne*,

$$E = 2e\sin(L_m - L') + \frac{5}{4}e^2\sin 2(L_m - L').....$$

E a une valeur *positive* dans la première moitié de l'ellipse, et *négative* dans la seconde. Considérons, en effet, les deux relations

$$nt = u - e\sin u$$

et

$$\text{tang}\frac{1}{2}V = \left[\frac{(1+e)}{(1-e)}\right]^{\frac{1}{2}}\text{tang}\frac{1}{2}u.$$

De la première nous déduisons que tant que $u < 180°$, c'est-à-dire dans la première moitié de l'ellipse,

nt *est plus petit que* u,

et de la seconde que tant que $u < 180°$

V *est plus grand que* u.

Donc, *à fortiori*, V est plus grand que nt, et, par suite, la valeur de E est *positivè*.

Le contraire a évidemment lieu lorsque $u > 180°$.

Il est évident que E est *nulle* aux deux points P et A du grand axe de l'ellipse, puisqu'en ces points, d'après notre hypothèse, m et M sont réunis.

On voit aussi que puisque E est nulle en A et en P, sa *valeur maximum doit avoir lieu entre ces deux points*.

Si nous considérons deux anomalies excentriques u et u', telles que l'on ait $u' = 360° - u$, les relations

$$nt = u - e\sin u,$$
$$r = a(1 - e\cos u),$$
$$\text{tang}\frac{1}{2}V = \left(\frac{1+e}{1-e}\right)^{\frac{1}{2}}\text{tang}\frac{1}{2}u,$$

deviennent, pour l'anomalie u', en nommant t' l'intervalle correspondant,

$$nt' = 360° - u + e\sin u = 360 - nt,$$
$$r' = r,$$
$$\text{ang}\frac{V'}{2} = \left[\frac{(1+e)}{(1-e)}\right]^{\frac{1}{2}}\text{tang}\left(180 - \frac{u}{2}\right) = -\text{tang}\frac{V}{2}.$$

Donc

$$\frac{V'}{2} = 180 - \frac{V}{2},$$

ou

$$V' = 360 - V;$$

mais

$$nt' = 360 - nt.$$

Donc

$$V' - nt' = -(V - nt).$$

Ainsi, pour deux anomalies excentriques dont la somme est 360°, *les équations du centre sont égales et de signes contraires, et le rayon vecteur est le même.*

Détermination de la valeur maximum de l'équation du centre.

150. Nous verrons plus loin, dans la mesure du temps, que la valeur maximum de l'équation du centre est un élément important à connaître. Déterminons donc cette valeur.

Reprenons la relation $E = V - nt$.

Il faut que l'on ait pour le maximum

$$\frac{dE}{d.nt} = 0,$$

ou

$$\frac{dV}{d.nt} = 1.$$

Mais l'aire élémentaire décrite par le rayon vecteur de l'ellipse est

$$\frac{1}{2} r^2 dV;$$

celle décrite par le rayon vecteur qui décrit l'anomalie moyenne est

$$\frac{1}{2} a^2 dnt,$$

et comme en vertu de la *loi des aires*, ces aires sont entre elles comme celles de l'ellipse et du cercle, c'est-à-dire dans le rapport de b à a, on a la relation

$$\frac{r^2 dV}{a^2 dnt} = \frac{b}{a} = (1 - e^2)^{\frac{1}{2}}.$$

En remplaçant r^2 par sa valeur donnée par l'équation polaire de l'ellipse

$$r = \frac{a(1 - e^2)}{1 + e \cos V},$$

on a

$$\frac{dV}{dnt} = \frac{(1 + e\cos V)^2}{(1 - e^2)^{\frac{3}{2}}},$$

et la valeur de V qui doit correspondre à la valeur maximum de E est alors donnée par la relation

$$\frac{(1 + e\cos V)^2}{(1 - e^2)^{\frac{3}{2}}} = 1,$$

d'où

$$(1 + e\cos V) = (1 - e^2)^{\frac{3}{4}},$$

de laquelle on déduit

$$\cos V = \frac{(1 - e^2)^{\frac{3}{4}} - 1}{e}.$$

Si l'on développe $(1 - e^2)^{\frac{3}{4}}$ en série, on a, d'après le binôme de *Newton*,

$$(1 - e^2)^{\frac{3}{4}} = 1 - \frac{3}{4}e^2 - \frac{3}{4}\cdot\frac{1}{8}e^4 - \frac{3}{4}\cdot\frac{1}{8}\cdot\frac{5}{12}e^6\ldots\ldots$$

donc

$$\cos V = -\frac{3}{4}\left(e + \frac{1}{8}e^3 + \frac{1}{8}\cdot\frac{5}{12}e^5 + \ldots\ldots\right).$$

Telle est la valeur de l'*anomalie vraie* V qui correspond à la plus *grande équation du centre.*

Pour en déduire la valeur de u correspondante, on substituera cette valeur de V dans la formule

$$\operatorname{tang}\frac{u}{2} = \left(\frac{1 - e}{1 + e}\right)^{\frac{1}{2}} \operatorname{tang}\frac{V}{2}.$$

La valeur de l'*anomalie moyenne correspondante*, et par suite le temps écoulé depuis le passage du mobile au point P, seront donnés par la formule

$$nt = u - \frac{e}{\sin 1''}\sin u,$$

dans laquelle on substituera à la place de u la quantité que l'on vient de trouver.

Enfin, la valeur de la plus grande équation du centre sera donnée à l'aide d'une simple soustraction $E = V - nt$.

DÉTERMINATION DE LA FORME ET DE LA GRANDEUR DE L'ELLIPSE APPARENTE QUE LE SOLEIL DÉCRIT AUTOUR DE LA TERRE.

151. S'il n'y avait, dans l'espace, *que la Terre* décrivant autour de l'*astre radieux* son orbite elliptique, la forme de cette orbite serait rigoureusement une ellipse et les moyens que nous indiquerons suffiraient pour déterminer, d'une manière précise, la forme de cette ellipse, et pour prédire ensuite, avec toute l'approximation possible, la position apparente du *Soleil dans son orbite.* Mais, *les planètes et surtout la Lune exercent une influence perturbatrice sur la marche de notre globe autour du Soleil,* dont la position apparente n'est pas alors assez exactement déterminée en agissant comme nous allons le faire. Nous donnerons, dans la suite de ce cours, une idée de la méthode dont on se sert pour obtenir d'une manière suffisamment exacte les *coordonnées du Soleil et sa distance à la Terre.*

Comme nous connaissons déjà le plan de l'espace qui contient l'orbite solaire, les parties distinctes que comporte la question qui nous occupe sont celles-ci :

1° Forme de l'ellipse que décrit le Soleil;

2° Situation de cette courbe dans l'espace;

3° Grandeur de cette ellipse.

La forme de l'ellipse est déterminée par son excentricité;

La situation de cette courbe dans l'espace est déterminée par rapport à la ligne des équinoxes *au moyen de* la longitude du périgée;

Et la grandeur de l'ellipse par la grandeur de son demi grand axe a.

1° *Détermination de l'excentricité.*

152. En déterminant les lois du mouvement apparent du Soleil, nous avons déjà vu (138) comment, en mesurant le plus grand et le plus petit diamètre du Soleil, *on pouvait obtenir l'excentricité.*

Nous pouvons déterminer e en suivant une autre *méthode.* Nous avons vu, en effet, *que le mouvement angulaire* du rayon vecteur est *maximum au périgée et minimum à l'apogée.*

Représentons ce *mouvement angulaire,* dans un intervalle assez petit, par m au *périgée* et m' à l'*apogée.*

Soient r et r' les *rayons vecteurs correspondants.* En raison de la *loi des aires,* on aura la relation

$$r^2 m = r'^2 m';$$

mais

$$r = a(1 - e) \text{ et } r' = a(1 + e);$$

donc

$$(1 - e)^2 m = (1 + e)^2 m',$$

d'où

$$\frac{1-e}{1+e}=\sqrt{\frac{m'}{m}}.$$

En représentant $\sqrt{\frac{m'}{m}}$ par c, on a

$$\frac{1-e}{1+e}=c,$$

d'où

$$e=\frac{1-c}{1+c}.$$

Les quantités m et m' peuvent être déterminées rigoureusement, parce que ces mouvements angulaires sont à peu près uniformes aux *apsides.*

On détermine e *avec assez d'exactitude en prenant le mouvement angulaire qui s'opère dans un jour.*

Exemple.

En cherchant dans la *Connaissance des temps* de 1858 le mouvement en longitude maximum et le mouvement en longitude minimum du Soleil, en un jour moyen, nous trouvons, ainsi que nous l'avons déjà dit,

$$m = 1^\circ\, 1'\, 10'',1 = 3670'',1,$$
$$m' = 57'\, 11'',2 = 3431'',2,$$

d'où

$$\frac{m'}{m}=\frac{3431'',2}{3670'',1}=0,934906405;$$

on en déduit

$$c=\sqrt{\frac{m'}{m}}=0,9669,$$

et par suite,

$$e=\frac{1-c}{1+c}=\frac{0,0331}{1,9669}=0,0168.$$

Remarque. — En déterminant ainsi l'excentricité pendant plusieurs années, on trouve qu'elle n'est pas constante.

D'après Bessel, l'excentricité pour une année 1800 + T, est

$$e = 0,0167922585 - 0,0000004359\ T.$$

Pour l'année 1858, on a

$$e = 0,0167669763.$$

2° *Détermination de la longitude du périgée.*

153. Comme aux époques du plus grand et du plus petit diamètre, ce diamètre varie très-lentement, on ne peut obtenir avec certitude l'instant où le Soleil *est au périgée.*

On préfère alors déterminer les deux époques de l'année à laquelle la distance du Soleil à la Terre est égale à la moyenne arithmétique entre la plus grande et la plus petite distances; par conséquent l'instant où le Soleil arrive aux extrémités du *petit axe de son ellipse*, époque à laquelle le rayon vecteur égale a.

Si, dans l'équation polaire de l'ellipse, on remplace r par a, on a pour cette époque

$$a = \frac{a(1 - e^2)}{1 + e \cos V},$$

d'où

$$\cos V = - e.$$

e ayant été déterminé comme nous l'avons dit, on connaîtra V; on voit que V est plus grand que 90°.

En cherchant dans le registre des observations quelle est l'époque à laquelle la distance du Soleil à la Terre est une moyenne arithmétique entre la plus grande et la plus petite distance, on trouvera que des observations antérieures et postérieures faites à la lunette méridienne et au *cercle mural* permettent de déterminer, par interpolation, la longitude L du Soleil à ce point; si donc on retranche cette longitude L de l'anomalie vraie que nous venons de trouver, on aura la longitude du périgée par la relation évidente sur la figure 98,

Fig. 98.

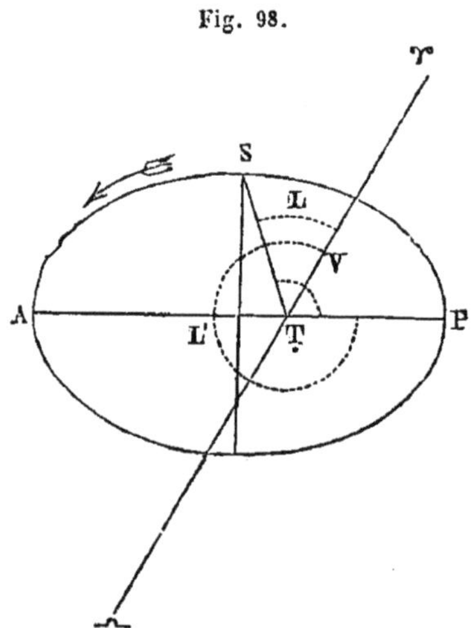

$$L' = 360° - (V - L).$$

L'époque à laquelle la longitude du Soleil est L' est l'époque du passage du Soleil au périgée.

154. *Mouvement annuel du périgée.* — En déterminant, ainsi que nous venons de le dire, pendant plusieurs années la longitude du périgée solaire, on trouve qu'elle n'est pas constante et qu'elle augmente constamment d'environ 61″,89 par an.

Cette augmentation provient de deux causes :

1° *Du mouvement rétrograde de l'origine des longitudes ;*

2° *D'un mouvement propre et direct du périgée, c'est-à-dire de la ligne des apsides.*

D'après les travaux de Bessel, la longitude du périgée solaire, au commencement de l'année 1800 + T, est donnée par la formule

$$L' = 279^\circ\, 30'\, 8'',39 + 61'',5171\, T + 0,0002037965\, T^2.$$

Exemple.

Comme application de *la méthode* que nous venons de donner, déterminons approximativement la longitude du périgée pour l'année 1858.

De

$$\cos V = -e = -0,0168,$$

nous déduisons

$$\log \cos V = 8,22530928,$$

d'où

$$V = 90^\circ\, 57'\, 46''.$$

Si nous considérons maintenant les logarithmes de la distance du Soleil aux environs du 2 avril, nous trouvons que ces logarithmes varient proportionnellement au temps; en cherchant alors l'époque à laquelle le log de cette distance égale 10, nous trouvons le 1er avril à $0^h\, 6^m\, 48^s$ T. M. de Paris.

Cherchant quelle est la longitude du Soleil à cette époque, nous obtenons

$$L = 11^\circ\, 28'\, 3'',8.$$

Nous en déduisons

$$V - L = 79^\circ\, 29'\, 42'',2,$$

et par suite,

$$L' = 360^\circ - (79^\circ\, 29'\, 42'',2) = 280^\circ\, 30'\, 17'',8.$$

En employant la formule de Bessel, nous trouvons

$$L' = 280^\circ\, 29'\, 36'',9 \text{ environ.}$$

Nous serions arrivés à peu près au même résultat en cherchant quelle est la valeur du demi-diamètre du Soleil quand il est égal à $\frac{2Dd}{D+d}$, c'est-à-dire quand le Soleil est à l'une des extrémités du petit axe de l'ellipse apparente qu'il semble décrire autour de la Terre; en déterminant l'époque à laquelle il atteint ce *diamètre* particulier, et enfin la *longitude de cette époque*.

MÉTHODE DE KÉPLER POUR TROUVER LA LONGITUDE DU PÉRIGÉE ET SON ÉPOQUE.

155. Képler indique le moyen suivant pour chercher la *longitude du périgée* et par suite l'*époque de cette longitude*.

Supposons que l'on ait observé le temps T de révolution entière du Soleil autour de la Terre, par l'observation, par exemple, de deux *passages successifs du Soleil au point vernal,* en n'ayant pas égard à la rétrogradation de la ligne des équinoxes.

Cherchons maintenant, dans le registre des observations où sont marquées les longitudes de chaque jour, les deux longitudes l et l' *qui sont distantes l'une de l'autre d'un intervalle égal à la moitié de la révolution entière* T.

Si, dans l'intervalle de ces deux longitudes, le Soleil a passé au périgée, on aura $l' - l > 180°$, puisque le mouvement du Soleil est le plus rapide vers ce point, et si cet astre a passé à l'apogée on aura, au contraire, $l' - l < 180°$.

Par suite, si l'on cherche les deux longitudes l, l' remplissant les deux conditions :

1° *Que leur intervalle soit égal à* $\frac{T}{2}$;

2° *Que leur différence soit égale à* 180°,

LES DEUX ÉPOQUES de ces deux longitudes seront celles du passage du Soleil au *périgée et à l'apogée.*

3° *Détermination de la grandeur de l'ellipse.*

156. Connaissant l'*excentricité* e de l'ellipse, sa grandeur sera déterminée en obtenant la valeur du demi grand axe a.

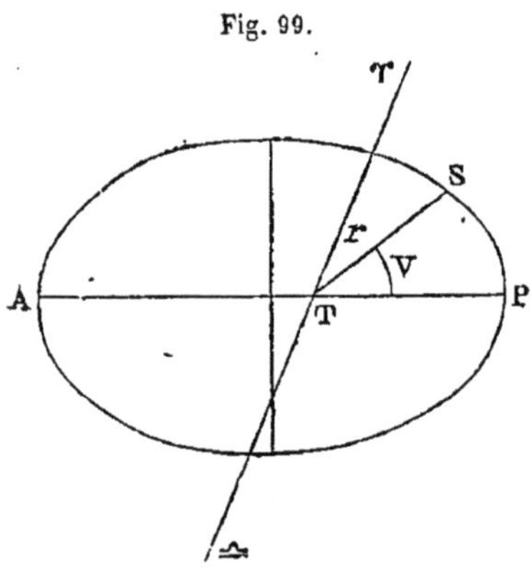

Fig. 99.

Supposons qu'un certain jour, par la méthode que nous indiquons plus loin pour obtenir la *parallaxe horizontale du Soleil*, nous calculions la distance ST $= r$ (fig. 99), du *Soleil à la Terre;* déterminons aussi *sa longitude géocentrique* L à ce moment, ainsi que nous l'avons dit (109). En appelant toujours L' la longitude du périgée et V l'anomalie vraie qui correspond à la longitude L, nous aurons $V = L - L'$; mais l'équation polaire de l'ellipse donne

$$r = \frac{a(1-e^2)}{1+e\cos V} = \frac{a(1-e^2)}{1+e\cos(L-L')},$$

on en déduit

$$a = \frac{r[1+e\cos(L-L')]}{(1-e^2)}.$$

Nous connaissons r, e, L′ et L, nous obtiendrons donc a.

Maximum de l'équation du centre pour le Soleil.

157. Nous avons trouvé que l'excentricité e de l'ellipse que décrit le Soleil autour de la Terre est environ 0,0167.

Si nous substituons cette valeur à la place de e dans l'équation

$$\cos V = -\frac{3}{4}\left(e + \frac{1}{8}e^3 + \frac{1}{8}\cdot\frac{5}{12}e^5 \ldots\right)$$

qui donne l'*anomalie vraie* correspondant à la valeur *maximum de l'équation du centre*, nous en déduisons

$$V = 90^\circ\, 43' \text{ environ.}$$

En remplaçant V par cette valeur dans la relation qui donne u en fonction de V, et en substituant les valeurs de u et de $360^\circ - u$ que l'on trouvera dans la formule qui donne nt en fonction de u, on aura *les époques* t *et* t′, auxquelles a lieu cette valeur de l'*équation du centre*.

On trouve que ces époques sont environ *le* 1er *avril et le* 1er *octobre*, et que la valeur maximum de l'équation du centre est *à peu près* $1^\circ\, 55'\, 30''$.

Remarque. — Nous avons dit que de l'excentricité de l'orbite solaire n'a pas la valeur constante 0,0167 que nous lui avons trouvée ; ce nombre e éprouve *de légères variations séculaires et oscille entre certaines limites.*

Par suite, la valeur de l'*anomalie vraie* correspondante n'étant *pas* constante, la valeur maximum de l'*équation du centre* varie et oscille aussi entre certaines limites qui ne sont *pas encore* déterminées d'une manière assez précise pour que nous nous en occupions.

Mouvement du Soleil vrai et du Soleil fictif sur l'écliptique.

158. Considérons maintenant *le Soleil* dans son mouvement *sur l'écliptique*, et comparons-le au mouvement uniforme décrit, dans ce plan, par le *mobile dont nous avons parlé* dans le mouvement *elliptique*, et auquel nous avons donné le nom de *Soleil fictif.*

Soient T la Terre que nous supposons réduite à son centre, QQ′ l'*équateur céleste* (fig. 100), CC′ l'*écliptique*, ♈ ♎ la *ligne des équinoxes*, et PA la *ligne des apsides.*

P est la projection perspective du périgée dans la voûte céleste et A celle de l'apogée. Le Soleil vrai que nous représenterons par V et le Soleil fictif que nous représenterons par M, décrivent chacun l'écliptique, *le premier, d'un mouvement irrégulier, le second, d'un mouvement uniforme.*

Ces deux Soleils *sont en contact aux apsides* P *et* A.

En tout autre point de l'écliptique, l'un de ces Soleils est en V par exemple, et l'autre est en M.

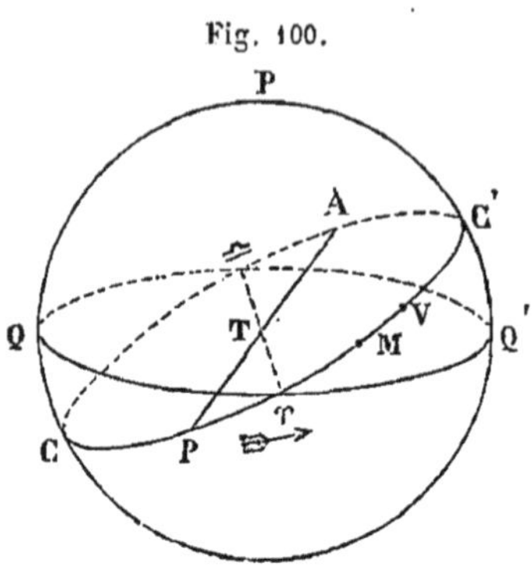

Fig. 100.

Leur écart angulaire est MV, quantité égale à ce que nous avons appelé *équation du centre.*

L'arc ♈V s'appelle *longitude vraie* et l'arc ♈M *longitude moyenne.*

On a, par conséquent, l'équation du centre ou MV = *longitude vraie — longitude moyenne.* Et, si le mouvement des Soleils a lieu dans le sens de la flèche, on voit immédiatement, d'après ce que nous avons vu dans le mouvement *elliptique* (142), que lorsque les Soleils parcourent le demi-cercle PC'A, V est toujours en avance sur M, et que lorsqu'ils parcourent le demi-cercle ACP, M est au contraire en avance sur V.

Ainsi, *le Soleil vrai passe le premier au point vernal et au solstice d'été, et le Soleil fictif passe le premier au point de la Balance et au solstice d'hiver;* ces deux Soleils passent ensemble, comme nous l'avons déjà dit, *aux apsides.*

Avant d'indiquer le moyen de trouver la position approchée *du Soleil* dans son orbite à un instant quelconque, donnons des notions générales sur la mesure du temps par le mouvement du *Soleil.*

MESURE DU TEMPS PAR LE MOUVEMENT DU SOLEIL.

159. Le mouvement du *Soleil vrai sur l'écliptique* et le mouvement de rotation de la Terre autour de la ligne des pôles offrent la mesure naturelle du temps. La durée de chaque révolution du Soleil, par rapport à un point de l'*écliptique*, porte le nom d'*année.*

Année sidérale.—Si l'on considère une étoile en un point de l'écliptique *le temps que le Soleil met à revenir à cette étoile est une période de temps constante* que l'on nomme *année sidérale.*

Année tropique. — L'intervalle compris entre deux retours du Soleil au même *équinoxe* prend le nom d'*année tropique;* la durée de cette année n'est pas la même que celle de l'*année sidérale*, parce que, comme nous l'avons déjà dit, la ligne des équinoxes a, dans le plan de l'écliptique, un mouvement dans le sens opposé au mouvement propre du Soleil, d'environ 50",233 par an.

Ce mouvement de la ligne des équinoxes porte, comme nous le savons, le nom de précession des équinoxes; *nous en expliquerons la cause plus loin, et nous avons indiqué comment on s'est aperçu de ce mouvement.*

Année anomalistique. — Enfin, le temps que le Soleil met à revenir au *périgée* prend le nom d'*année anomalistique;* cette période est plus grande que l'*année sidérale,* parce que la ligne des *apsides,* ainsi que nous l'avons déjà dit (154), a un mouvement *propre* d'environ 11″,66 par an dans le même sens que le mouvement du Soleil.

Ainsi, *les grandes périodes de temps se mesurent à l'aide des années.*

Voyons maintenant comment on peut obtenir la mesure des fractions de ces *périodes.*

Jour sidéral. — Nous avons vu que le *temps constant* que met une étoile à revenir au méridien pouvait servir *à évaluer le temps,* et que cette période prenait le nom de *jour sidéral.*

Jour vrai. — Mais comme les passages successifs d'une étoile au méridien ont lieu sans que l'homme en éprouve la moindre influence, dès l'origine, il a dû prendre pour mesurer le temps, la période que le *Soleil* emploie pour revenir à sa plus grande élévation au-dessus de l'horizon c'est-à-dire au méridien.

Nous savons qu'on a appelé cette période *jour vrai.*

Or, puisque chaque jour le Soleil avance un peu sur l'*écliptique, son ascension droite augmente un peu.* Si un certain jour le cercle de déclinaison du Soleil se confond en PSD (fig. 101), avec celui PED d'une étoile E, *le méridien passera sur le Soleil* S *et sur l'étoile* E *en même temps;* autrement dit l'*étoile et le Soleil passeront ensemble au méridien.*

Fig. 101.

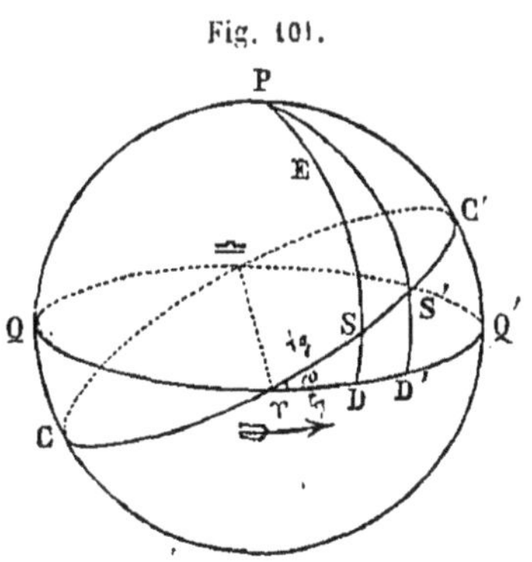

Le lendemain, le Soleil n'étant plus en S, mais en S′, son cercle de déclinaison sera PS′D′, et il aura effectué un mouvement en *ascension droite* égal à DD′.

Le méridien, dans son mouvement diurne, viendra d'abord passer sur le cercle de déclinaison PED de l'étoile E, puis ensuite passera sur le cercle de déclinaison PS′D′ du Soleil. *L'intervalle qui s'écoulera entre le retour du Soleil au méridien se composera donc d'une rotation complète de notre globe augmentée du temps que le méridien mettra à parcourir l'arc* DD′.

De là, on peut écrire la relation

1 jour solaire vrai = 1 jour sidéral + le temps que le méridien emploie à parcourir le mouvement en ascension droite du Soleil ce jour-là;

ou, en appelant α ce *mouvement en ascension droite*, et chaque jour vrai ou sidéral étant divisé en 24 parties égales appelées heures,

$$24^{h.v.} = 24^{h.s.} + \frac{\alpha}{360} \times 24^{h.s.}.$$

Les jours vrais ne sont pas égaux.

160. L'observation nous a déjà fait voir que les jours vrais ne sont pas égaux. Or, nous voyons maintenant qu'un jour vrai se compose, en effet, de deux parties :

1° *D'une partie constante,* $24^{h.s.}$ *ou un jour sidéral.*

2° *D'une partie* $\frac{\alpha}{360} \times 24^{h.s.}$, *quantité variable,* ainsi que nous allons le faire voir.

Il suffit, pour cela, de prouver que le mouvement en ascension droite du Soleil vrai n'est pas uniforme.

Le mouvement en ascension droite serait évidemment non uniforme, si le mouvement du Soleil sur l'écliptique était uniforme.

Considérons, en effet (fig. 101), l'arc SS′ de l'écliptique et sa projection DD′ sur l'équateur.

On a, dans le triangle sphérique rectangle ♈SD, en appelant ω l'inclinaison de l'écliptique sur l'équateur,

$$\tang ♈D = \tang ♈S \cos \omega.$$

Différentiant cette expression par rapport à ♈D et à ♈S, il vient

$$\frac{d.♈D}{\cos^2 ♈D} = \cos\omega \frac{d.♈S}{\cos^2 ♈S},$$

ou en remplaçant $d.♈D$ par DD′ et $d.♈S$ par SS′,

$$\frac{DD'}{\cos^2 ♈D} = \cos\omega \frac{SS'}{\cos^2 ♈S},$$

c'est-à-dire

$$DD' = SS' \times \cos\omega \frac{\cos^2 ♈D}{\cos^2 ♈S};$$

mais, du triangle ♈SD, on déduit

$$\frac{\cos ♈D}{\cos ♈S} = \frac{1}{\cos SD}.$$

Donc, en substituant, on a

$$DD' = SS' \times \frac{\cos\omega}{\cos^2 SD};$$

d'où l'on voit immédiatement que si SS' est constant DD' ne l'est pas, puisqu'il est fonction de SD qui varie.

Lorsque SD est égal à zéro, c'est-à-dire lorsque le Soleil est à l'*équinoxe*, cette relation devient

$$DD' = SS' \cos \omega,$$

qui indique que l'on a

$$DD' < SS'.$$

Lorsqu'au contraire SD est égal à ω, c'est-à-dire *au solstice*, on obtient

$$DD' = \frac{SS'}{\cos \omega}$$

qui fait voir que l'on a

$$DD' > SS'.$$

Donc, *aux environs de l'équinoxe, la projection de l'arc* SS' *de l'écliptique est plus petite que cet arc*, et cette projection *est plus grande, au contraire, aux environs du solstice.*

Par suite, si les arcs parcourus chaque jour *par le Soleil sur l'écliptique sont égaux, les mouvements en ascension droite correspondants sont inégaux.*

Mais nous avons vu que le mouvement du Soleil sur l'écliptique n'est pas uniforme ; il peut donc se faire que, PAR SUITE DE CETTE IRRÉGULARITÉ, *le mouvement en ascension droite soit uniforme.*

Or puisque nous venons de voir qu'*aux environs des équinoxes*, la projection d'un arc de l'écliptique est *plus petite que cet arc, et qu'aux environs des solstices, cette projection est plus grande*, il faudrait au moins, pour que le *mouvement en ascension droite du Soleil pût être uniforme*, que son mouvement sur l'écliptique FUT ACCÉLÉRÉ *vers les équinoxes et* RETARDÉ *vers les solstices ;* il est bien retardé vers le solstice d'été environ, mais il est au contraire actuellement à son *accélération maximum vers le solstice d'hiver ; donc le mouvement en ascension droite du Soleil n'est pas uniforme ; donc, les jours solaires vrais ne sont pas égaux.*

Eu égard au mouvement annuel du PÉRIGÉE, *les jours vrais pourront-ils un jour être égaux?*

La démonstration que nous venons de donner de l'inégalité des jours vrais s'appuie sur la presque *coïncidence de la ligne des apsides et de la ligne des solstices.* Or, en raison du mouvement annuel du *périgée*, ces deux lignes s'écartent de plus en plus chaque année, tellement que dans un nombre d'années marqué par $\frac{79^\circ\, 29'\, 42'',2}{61'',89}$, c'est-à-dire dans 4624 ans environ, la ligne des *apsides* coïncidera à peu près avec la ligne des *équinoxes* et le *périgée* avec l'équinoxe du *printemps*.

A cette époque, les jours vrais ne seront pas encore égaux, car le mouvement du Soleil sera *bien accéléré vers l'équinoxe du printemps*, mais il aura, au contraire, *son retard maximum à l'équinoxe de la Balance.*

En considérant le mouvement de la ligne des apsides par rapport aux lignes solsticiales et équinoxiales dans les quatre positions principales qu'elle prendra dans la suite des temps, on voit facilement *que les jours vrais ne seront jamais égaux*.

161. *Soleil moyen.* — Puisque les jours vrais ne sont pas égaux, ils ne peuvent servir à la mesure exacte du temps.

D'après ce que nous venons de voir, le *Soleil fictif* qui décrit *l'écliptique d'une manière uniforme*, ne peut pas non plus servir à cette mesure, puisque son mouvement en ascension droite *n'est pas uniforme*.

Imaginons alors un troisième Soleil, que nous nommerons *Soleil moyen*, assujetti aux conditions suivantes :

1° *A décrire l'équateur d'un mouvement uniforme ;*

2° *A se trouver en même temps que le Soleil fictif aux équinoxes ;*

3° *A décrire l'équateur dans le même temps que le Soleil fictif décrit l'écliptique.*

Il est clair que le mouvement en ascension droite de ce *Soleil imaginaire* sera uniforme.

162. *Équation du temps.* — Établissons, *graphiquement et algébriquement*, la relation de ses positions avec celles du *Soleil vrai et du Soleil fictif.*

Supposons le Soleil vrai en V (fig. 102), et le Soleil fictif en M.

Fig. 102.

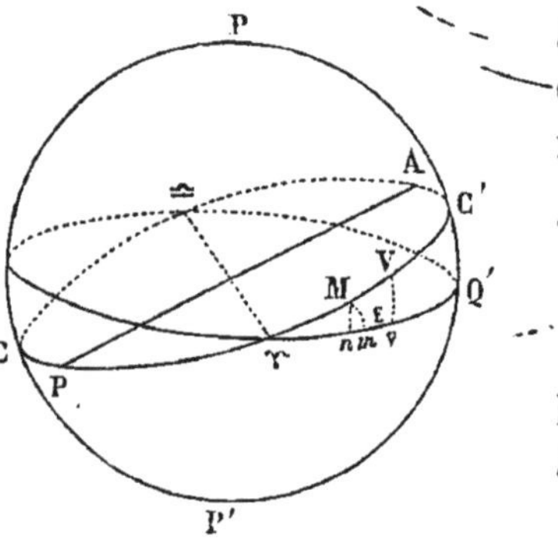

Si du point ♈ comme pôle, nous décrivons l'arc Mm, nous aurons en m *sur l'équateur*, la position correspondante du *Soleil moyen ;* on peut alors écrire la relation

$$♈m = \textit{ascension droite moyenne} = ♈M = \textit{longitude moyenne}.$$

Si nous projetons maintenant le Soleil vrai V sur l'équateur en v, ♈v *sera l'ascension droite vraie.*

La différence entre *l'ascension droite vraie* ♈v $= Æ_v$ *et l'ascension moyenne* ♈m $= Æ_m$ *se nomme équation du temps ;* en la représentant par ε, on aura donc

$$\varepsilon = Æ_v - Æ_m$$

ou

$$\varepsilon = Æ_v - \textit{longitude moyenne},$$

puisque ♈m = ♈M.

163. Nous pouvons obtenir *l'équation du temps* ε en fonction de la *longitude vraie du Soleil.*

Nous venons, en effet, de poser :

$$\text{Équation du temps} = \varepsilon = \text{Æ}v - \text{longitude moyenne},$$

ou, d'après ce que nous avons trouvé (138),

$$(1) \qquad \varepsilon = \text{Æ}_v - \text{L} + \text{E},$$

L étant la longitude vraie et E l'équation du centre.

Du triangle ♈Vv, nous déduisons

$$(2) \qquad \text{tang Æ}_v = \cos\omega \text{ tang L}.$$

Nous pouvons exprimer Æ$_v$ en fonction des puissances croissantes de tang $\frac{\omega}{2}$; car on prouve en analyse que l'expression

$$\text{tang } x = m \text{ tang } a$$

donne lieu au développement

$$x = a - \left(\frac{1-m}{1+m}\right) \sin 2a + \frac{1}{2}\left(\frac{1-m}{1+m}\right)^2 \sin 4a - \frac{1}{3}\left(\frac{1-m}{1+m}\right)^3 \sin 6a \ldots\ldots$$

Par analogie, nous aurons donc, en remarquant que $\frac{1-\cos\omega}{1+\cos\omega} = \text{tang}^2 \frac{\omega}{2}$,

$$\text{Æ}_v = \text{L} - \text{tang}^2 \frac{\omega}{2} \sin 2\text{L} + \frac{1}{2} \text{tang}^4 \frac{\omega}{2} \sin 4\text{L} - \frac{1}{3} \text{tang}^6 \frac{\omega}{2} \sin 6\text{L}\ldots\ldots$$

La quantité

$$\text{Æ}_v - \text{L} = -\text{tang}^2 \frac{\omega}{2} \sin 2\text{L} + \frac{1}{2} \text{tang}^4 \frac{\omega}{2} \sin 4\text{L} - \frac{1}{3} \text{tang}^6 \frac{\omega}{2} \sin 6\text{L}$$

reçoit le nom de *réduction à l'équateur.*

On a donc

$$\varepsilon = \text{éq. du temps} = \text{E} - \text{tang}^2 \frac{\omega}{2} \sin 2\text{L} + \frac{1}{2} \text{tang}^4 \frac{\omega}{2} \sin 4\text{L} - \frac{1}{3} \text{tang}^6 \frac{\omega}{2} \sin 6\text{L},$$

relation qui nous permettra de calculer ε, connaissant la *longitude vraie du Soleil* et *l'équation du centre.*

Il est évident que la valeur de l'*équation du temps* ne devra osciller qu'entre des limites assez rapprochées.

Nous allons faire voir qu'elle est nulle à quatre époques de l'année.

L'équation du temps est nulle à quatre époques.

164. Déterminons en n (fig. 102), la projection du *Soleil fictif sur l'équateur,* et cherchons le maximum de nv, *différence entre l'ascension droite du Soleil vrai et celle du Soleil fictif, et le maximum de* nm, *différence entre l'ascension droite du Soleil moyen et celle du Soleil fictif.*

Détermination du maximum de nv, *différence d'ascension droite des Soleils vrai et fictif.*

Nous avons vu (157) que le maximum de l'équation du centre MV était environ de 1° 55′ 30″.

Or l'arc MV aura sa plus grande projection lorsqu'il sera partagé en deux par le *colure des solstices.*

En considérant le triangle ♈Mn (fig. 102), à ce moment, on a

$$\text{tang}\left(90^\circ - \frac{nv}{2}\right) = \text{tang}\left(90^\circ - \frac{\text{MV}}{2}\right)\cos\omega,$$

ou

$$\text{tang}\,\frac{nv}{2} = \frac{\text{tang}\,\frac{\text{MV}}{2}}{\cos\omega}.$$

En remplaçant, dans cette expression, MV par 1° 55′ 30″, et ω par 23° 27′ 30″ ....., elle devient

$$\text{tang}\,\frac{nv}{2} = \frac{\text{tang}\,0^\circ\,57'\,45''}{\cos 23^\circ 27'\,30''}.$$

En faisant le calcul, on trouve

$$nv = 2^\circ\,5' \text{ environ.}$$

Mais *le maximum de l'équation du centre* n'a pas lieu actuellement aux environs des solstices.

Donc, *le maximum de* nv *ne peut pas atteindre* 2° 5′.

Détermination du maximum de nm, *différence d'ascension droite des Soleils fictif et moyen.*

Le même triangle sphérique rectangle ♈Mn donne

$$\text{tang}\,♈n = \text{tang}\,♈\text{M}\cos\omega,$$

ou une relation analogue, pour une position quelconque du *Soleil fictif* sur l'un des quadrants de l'*écliptique.*

Cette relation, en raison de $\Upsilon M = \Upsilon m$, peut s'écrire

$$\text{tang}\,\Upsilon n = \text{tang}\,\Upsilon m \cos\omega;$$

mais

$$\Upsilon n = \Upsilon m - mn,$$

d'où

$$\text{tang}\,(\Upsilon m - mn) = \text{tang}\,\Upsilon m \cos\omega,$$

ou bien

$$\frac{\text{tang}\,\Upsilon m - \text{tang}\,mn}{1 + \text{tang}\,\Upsilon m\,\text{tang}\,mn} = \text{tang}\,\Upsilon m \cos\omega.$$

En résolvant cette équation par rapport à tang mn, on trouve

$$\text{tang}\,mn = \frac{\text{tang}\,\Upsilon m\,(1 - \cos\omega)}{1 + \text{tang}^2\,\Upsilon m\,\cos\omega}.$$

Cherchons la valeur de Υm, c'est-à-dire de la *longitude du Soleil fictif* qui rend mn maximum.

Il est clair que cette valeur *maximum* aura lieu quand la valeur correspondante de Υm rendra *maximum* l'expression

$$\frac{\text{tang}\,\Upsilon m}{1 + \cos\omega\,\text{tang}^2\,\Upsilon m}.$$

Représentons cette expression par Y, et posons tang $\Upsilon m = x$.

La question est de trouver la valeur x qui rend Y maximum dans la relation

$$Y = \frac{x}{1 + x^2 \cos\omega}.$$

En différentiant cette expression on trouve pour premier coefficient différentiel

$$\frac{dY}{dx} = \frac{(1 + x^2\cos\omega) - 2x^2\cos\omega}{(1 + x^2\cos\omega)^2} = \frac{1 - x^2\cos\omega}{(1 + x^2\cos\omega)^2}.$$

Le second coefficient différentiel est

$$\frac{d^2Y}{dx^2} = \frac{-(1 + x^2\cos\omega)^2\,2x\cos\omega - 2(1 + x^2\cos\omega)\,2x\cos\omega\,(1 - x^2\cos\omega)}{(1 + x^2\cos\omega)^4},$$

ou

$$\frac{d^2Y}{dx^2} = -\frac{2x\cos\omega\,[(1 + x^2\cos\omega)^2 + 2\,(1 - x^4\cos^2\omega)]}{(1 + x^2\cos\omega)^4}.$$

Le premier coefficient différentiel devient zéro pour la valeur de x qui annule son numérateur; cette valeur est donnée par la relation

$$1 - x^2\cos\omega = 0,$$

d'où

$$x = \pm \frac{1}{\sqrt{\cos\omega}}.$$

Si l'on substitue cette valeur de x dans le second coefficient différentiel on obtient

$$\frac{d^2Y}{dx^2} = \mp \frac{\frac{2\cos\omega}{\sqrt{\cos\omega}}}{\left(1+\frac{\cos\omega}{\cos\omega}\right)^2} = \mp \frac{\cos\omega}{2\sqrt{\cos\omega}}.$$

Donc $x = +\frac{1}{\sqrt{\cos\omega}}$ donne le *maximum*, et par suite, la valeur *maximum* de mn est donnée par la relation

$$\text{tang}\, mn = \frac{(1-\cos\omega)}{2\sqrt{\cos\omega}}.$$

En remplaçant ω par 23° 27′ 30″ et en effectuant le calcul, on trouve

$$mn = 2^\circ\ 28'.$$

Ainsi, dans chaque quadrant de *l'écliptique, le maximum de mn, qui est de 2° 28′, surpasse le maximum de nv, qui ne peut atteindre* 2° 5′.

Considérons actuellement le mouvement en *ascension droite du Soleil vrai, du Soleil fictif et du Soleil moyen.*

Soient QQ′ l'équateur (fig. 103), CC′ l'écliptique, T la Terre réduite à son centre, ♈♎ *la ligne des équinoxes et* PA *la ligne des apsides.*

Soient aussi p et a les projections *du périgée et de l'apogée* sur l'équateur.

Fig. 103.

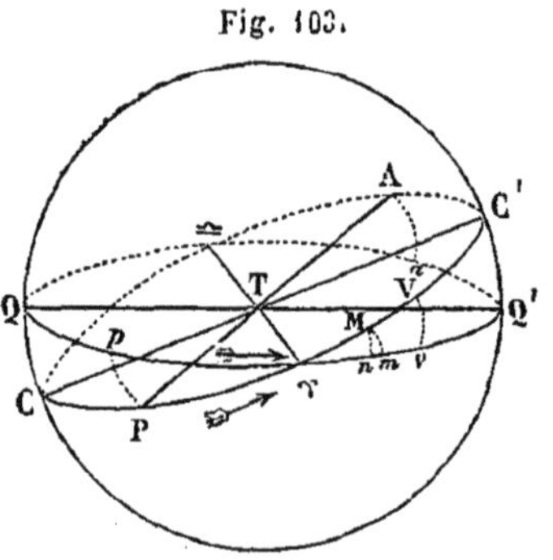

Les considérations sur lesquelles nous allons nous appuyer pour démontrer que *l'équation du temps est nulle à quatre époques sont les suivantes :*

1° *Dans chaque quadrant le maximum de nm surpasse le maximum de nv;*

2° *n et v sont ensemble aux points p et a;*

3° *De p en a, v est en avance sur n, et de a en p, n est en avance sur v;*

4° *n et m sont ensemble aux points équinoxiaux et aux points solsticiaux.*

Partons du point vernal, au moment où le Soleil moyen s'y trouve, m e *n sont ensemble* et v *est en avant.*

PÉRIODE DU PRINTEMPS.

Lorsqu'ils ont quitté le point vernal, les trois points *n*, *m*, *v* marchent évidemment dans l'ordre indiqué par la flèche :

$$\overrightarrow{n,\ m,\ v.}$$

Mais, dans le premier quadrant *nm doit devenir plus grand que nv*; donc *m* doit passer sur *v*, et à un moment,

n étant en arrière, m et v sont ensemble.

L'équation du temps est donc NULLE.

L'instant après, les trois points considérés marchent dans l'ordre suivant :

$$\overrightarrow{n,\ v,\ m.}$$

Mais, au *solstice d'été*, en *q'*, *n* et *m* doivent être ensemble et *v doit toujours être en avant sur n;* donc, avant d'arriver au point *q'*, *m doit repasser sur v.*

L'équation du temps est donc encore NULLE.

Avant d'arriver en *q'*, l'ordre des trois projections est *n*, *m* et *v*.

En *q'*, *m* et *n* sont ensemble et *v* est en avant.

Ainsi, dans la saison appelée le *printemps, l'équation du temps est nulle deux fois.*

PÉRIODE D'ÉTÉ.

Au delà du point *q'*, *n* prend l'avance sur *m*, mais *v* est toujours en avant; ainsi ces trois points marchent dans l'ordre suivant :

$$\overrightarrow{m,\ n,\ v.}$$

Au point *a*, *m est en arrière, n et v sont ensemble*. Au delà, *n* prend l'avance sur *v*; alors ils suivent l'ordre

$$\overrightarrow{m,\ v,\ n.}$$

Au point ♎, *m* doit se confondre avec *n*, et comme *v* doit toujours rester en arrière de *n*, il faut qu'avant d'arriver au point vernal *m* passe sur *v*; à ce moment l'*équation du temps est* NULLE.

Au delà, les trois points marchent dans l'ordre suivant :

$$\overrightarrow{v, m, n.}$$

Au point ♎, *m* et *n* *sont ensemble* et *v* est en arrière.

Donc, pendant l'*été, l'équation de temps est* NULLE *une fois.*

PÉRIODE D'AUTOMNE.

Dès que les points *m* et *n* ont quitté le point ♎, *m* ayant passé sur *n*, ils se trouvent dans l'ordre

$$\overrightarrow{v, n, m.}$$

Dans ce quadrant, *n* et *v* doivent toujours être en retard sur *m*; donc l'équation du temps n'est pas nulle en automne.

PÉRIODE D'HIVER.

Arrivés au point *q*, *m* et *n* sont ensemble et *v* est en arrière.

Puis, *n* passe sur *m*, et au delà du point *q*, on a l'ordre

$$\overrightarrow{v, m, n.}$$

Mais au point *p*, projection du *périgée*, *n* et *v* doivent être réunis; donc *v* passe sur *m* avant d'arriver en *p*.

Ainsi, l'*équation du temps est* NULLE.

Avant d'arriver en *p*, ces points marchent dans l'ordre suivant :

$$\overrightarrow{m, v, n.}$$

En *p*, *m* est en retard, *v* et *n* sont ensemble.

Au delà du point *p*, ils suivent l'ordre

$$\overrightarrow{m, n, v,}$$

jusqu'au point vernal où *m* et *n* sont ensemble, *v* étant en avant.

Ainsi, dans la *période d'hiver, l'équation du temps est nulle une fois.*

D'où l'on voit que l'*équation du temps* est bien nulle *quatre fois dans l'année :*

Deux fois au printemps,
Une fois en été, entre l'apogée et l'équinoxe,
Une fois en hiver, entre le solstice et le périgée.

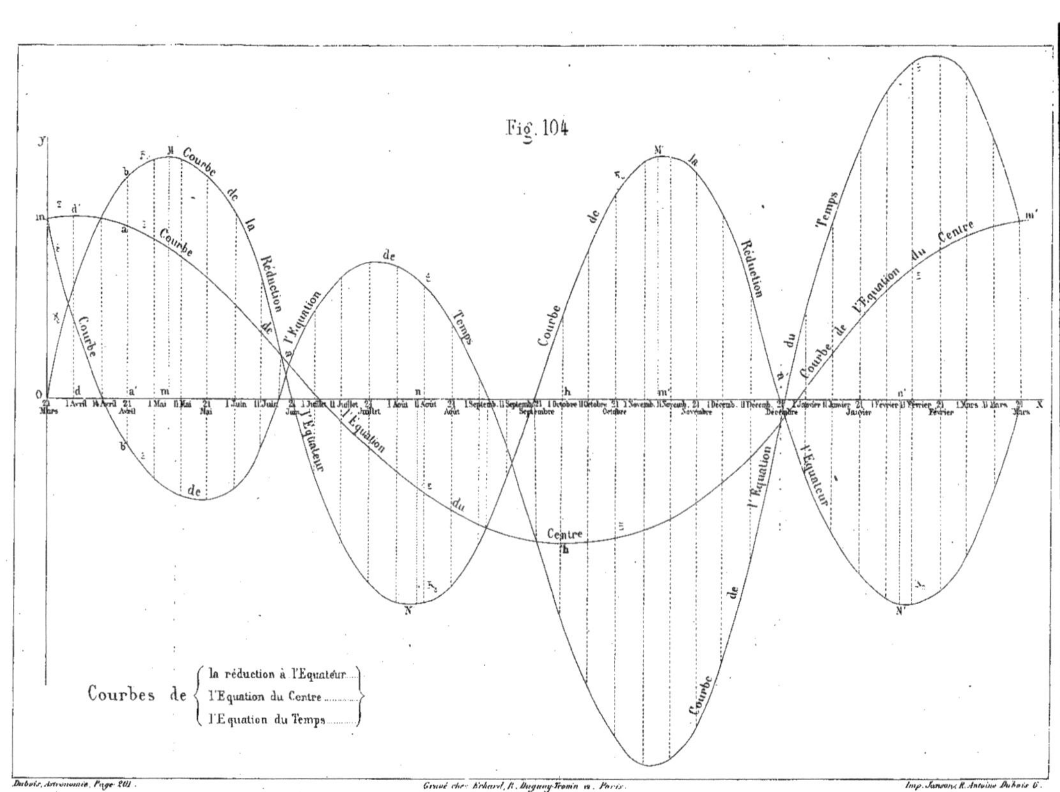

Fig. 104
Courbe de la Réduction de l'Equateur
Courbe de l'Equation du Centre
Courbe de l'Equation du Temps
Courbe de la Réduction du Temps
Courbes de
la réduction à l'Equateur
l'Equation du Centre
l'Equation du Temps
Dubois, Astronomie, Page 201.

La valeur maximum de l'équation du temps n'atteint jamais $16^m,5$.

165. On peut démontrer de la manière suivante que l'équation du temps est nulle à quatre époques.

On a, en effet, en désignant par ε l'équation du temps, par E l'équation du centre et par R_e la réduction à l'équateur,

$$\varepsilon = E - R_e.$$

On peut construire la courbe de l'équation du centre et celle de la réduction à l'équateur.

Courbe de l'équation du centre. — Prenons deux axes rectangulaires OX, OY (fig. 104). Divisons l'axe des X en douze parties égales représentant les mois de l'année; à l'origine O se trouve *le* 21 *mars*. Les ordonnées sont les différentes valeurs de E données par l'équation

$$E = 2e \sin nt + \frac{5}{4} e^2 \sin 2nt.....$$

On voit que cette ordonnée est nulle à l'*apogée* et au *périgée;* donc la courbe coupe l'axe des X en deux points; c'est vers le 2 juillet et vers le 2 janvier. D'après ce que nous avons vu, E est maximum et égal à 1° 55′ vers le 1er avril et le 1er octobre; en élevant aux points *d* et *h* de l'axe des X des perpendiculaires égales à 1° 55′, on aura les points maxima de la courbe en *d′* et *h′*.

Ces points suffisent pour tracer la courbe qui a la forme *md′hm′* indiquée sur la figure 104.

Courbe de la réduction à l'équateur. — On a

$$R_e = L - \text{Æ}$$

et

$$\text{tang Æ} = \text{tang } L \cos \omega.$$

Ces deux relations donnent

$$\text{tang } R_e = \frac{\text{tang } L\,(1 - \cos\omega)}{1 + \text{tang}^2 L \cos\omega}.$$

$R_e = 0$ pour $L = 0, 90°, 180°, 270°$, c'est-à-dire vers le 21 mars, le 21 juin, le 22 septembre et le 21 décembre.

Pour avoir le maximum de R_e, il suffit de déterminer la valeur de tang L qui rend maximum

$$\frac{\text{tang } L}{1 + \text{tang}^2 L \cos\omega}.$$

Nous avons déjà trouvé que c'est $\text{tang } L = \dfrac{1}{\sqrt{\cos\omega}}$.

Si l'on met à la place de ω, 23° 27′ 30″, on trouve, en effectuant,

$$L = 46^\circ 14' \text{ et } L = 226^\circ 14'.$$

Le maximum de R_e qui se déduit de cette valeur de tang L est comme nous l'avons déjà dit, égal à 2° 28′.

Il y a aussi un maximum négatif qui correspond à

$$L = 133^\circ 46' \text{ et } L = 313^\circ 46'.$$

Les époques correspondantes de ces quatre longitudes sont environ le 6 mai, le 9 août, le 6 novembre et le 5 février.

La courbe de la réduction à l'équateur coupe donc l'axe des x aux quatre points 21 mars, 21 juin, 22 septembre et 21 décembre, ses deux maxima positifs ont lieu en m et m' le 6 mai et le 6 novembre, et les deux maxima négatifs le 9 août et le 5 février en n et n'; en élevant aux points m, n, m' et n', les ordonnées mM, nN, $m'M'$, $n'N'$ égales à 2° 28′, on obtiendra un nombre de points suffisant pour comprendre la forme de la courbe, ainsi que l'indique la figure 104. On voit bien, d'après ces constructions, que la courbe de l'équation du centre coupe en *quatre points* celle de la réduction à l'équateur, et par conséquent d'après $\varepsilon = E - R_e$, que l'équation du temps est *nulle à quatre époques:* vers le milieu d'avril, le milieu de juin, le commencement de septembre et la fin de décembre.

La troisième courbe que nous avons tracée sur la figure est celle de l'*équation du temps*.

166. *Du jour moyen.* — Si nous considérons maintenant *ce troisième Soleil*, que nous avons appelé *Soleil moyen* et que nous avons supposé décrire l'équateur d'un mouvement uniforme, nous voyons que le temps que ce mobile met à revenir au même méridien se compose de deux parties :

1° *Du temps qu'une étoile met à revenir au méridien* (quantité constante);

2° *Du temps que le méridien met à décrire le mouvement en ascension droite de ce Soleil* (quantité constante).

Cet intervalle de temps que le *Soleil moyen* met à revenir au même méridien s'appelle *jour moyen*, et sa valeur, qui est constante, est donnée par la relation

$$1^{j.m.} = 1^{j.s.} + \text{mouvement en Æ du Soleil moyen réduit en temps à raison de } 1^h \text{ par } 15^\circ.$$

Or nous voyons (fig. 103), que, m et v étant toujours très-voisins, quand ces deux points seront revenus à la même position sur l'équateur, ils auront parcouru chacun 360°; *le nombre de fois que le Soleil moyen aura passé au méridien sera égal au nombre de fois que le Soleil vrai y aura passé.*

Donc, on peut admettre que le mouvement en *ascension droite du Soleil moyen en un jour moyen* est égal à la *moyenne des mouvements en ascension droite du Soleil vrai en un jour vrai.*

VALEUR DE L'ANNÉE TROPIQUE EN JOURS MOYENS.

167. Lorsque le Soleil vrai est revenu au point vernal, le nombre de jours moyens écoulés est égal au nombre de jours vrais.

Or, si l'on considère deux retours du Soleil au point vernal ou à une même longitude, ces retours étant *distants d'un grand nombre d'années*, et que l'on compte le nombre de passages du Soleil au méridien effectués entre ces deux retours, on aura, en divisant ce nombre de jours solaires par le nombre d'années tropiques écoulées, *la valeur moyenne de ces années ;* on trouve ainsi :

$$\textit{Année tropique} = \overset{\text{Jours moyens.}}{365,24221679},$$

ou, en fraction ordinaire de *jour moyen*,

$$\textit{Année tropique} = 365^{j}\ 5^{h}\ 48^{m}\ 47^{s},5.$$

Cette durée n'est évidemment qu'une *moyenne*, et les actions perturbatrices de la *Lune* et des *planètes* déterminent des variations *périodiques* qui font que, par le fait, la durée *de l'année* n'atteint jamais rigoureusement cette valeur.

Pour mieux me faire comprendre, cherchons la durée de l'année tropique en employant successivement les *équinoxes* et les *solstices* de 1863 et de 1864.

Équinoxes.		*Solstices.*	
1863, 21 mars,	$2^h\ 41^m$ matin.	1863, 21 juin,	$11^h\ 13^m$ soir.
1864, 20 mars,	$8^h\ 19^m$ matin.	1864, 21 juin,	$5^h\ 1^m$ matin.
1863, 23 septembre,	$1^h\ 27^m$ soir.	1863, 21 décembre,	$7^h\ 17^m$ matin.
1864, 22 septembre,	$7^h\ 25^m$ soir.	1664, 21 décembre,	$1^h\ 13^m$ soir.

D'après ce tableau on trouve, pour la valeur de l'*année tropique* déduite

des deux équinoxes du *printemps*, $365^j\ 5^h\ 38^m$,
des deux équinoxes d'*automne*, $365^j\ 5^h\ 58^m$,
des deux solstices d'*été*, $365^j\ 5^h\ 48^m$,
des deux solstices d'*hiver*, $365^j\ 5^h\ 56^m$.

On voit qu'il existe en 1864 une différence de 20^m entre la durée de l'année déduite des deux équinoxes du printemps et celle déduite des deux équinoxes d'automne.

VALEUR DE L'ANNÉE SIDÉRALE EN JOURS MOYENS.

168. Pour trouver le nombre de jours moyens que le Soleil met à revenir *à un même point du Ciel*, nous admettrons que son mouvement sur l'écliptique est uniforme dans un petit intervalle.

Alors, si le Soleil met $365^{\text{j.m.}},24221679$ à parcourir, en *longitude*, $360° - 50'',2$, il mettra x jours moyens à parcourir 360°; d'où la relation

$$\frac{x}{360} = \frac{365^{\text{j}},24221679}{359°\,59'\,9'',8},$$

et, par suite,

$$x = 365^{\text{j}},24221679\,\frac{360°}{359°\,59'\,9'',8}.$$

En effectuant les calculs, on trouve 365,25636679, ou

$$\textit{Année sidérale moyenne} = 365^{\text{j.m.}}\,6^{\text{h}}\,9^{\text{m}}\,10^{\text{s}},1.$$

VALEUR DE L'ANNÉE ANOMALISTIQUE EN JOURS MOYENS.

169. Nous avons dit que le périgée avait un mouvement annuel de $11'',5$ dans le sens du mouvement propre du Soleil.

Donc, on obtient le nombre de jours moyens qui correspond à l'*année anomalistique* par la relation

$$\frac{x}{360°\,11'',5} = \frac{365^{\text{j.m.}}\,6^{\text{h}}\,9^{\text{m}}\,10^{\text{s}},1}{360°}.$$

En effectuant les calculs, on trouve

$$\textit{Année anomalistique moyenne} = 365^{\text{j.m.}}\,6^{\text{h}}\,13^{\text{m}}\,50^{\text{s}} = 365^{\text{j.m.}},259598.$$

En divisant 360° par $365^{\text{j.m.}},259598$, on a $0°\,59'\,8'',16$ pour mouvement en *anomalie moyenne en un jour moyen.*

Mouvement en ascension droite du Soleil moyen en un jour moyen.

170. Eu égard à la précession des équinoxes, c'est-à-dire au mouvement rétrograde de l'origine des ascensions droites, le Soleil parcourt 360° d'ascension droite *dans l'année tropique*, c'est-à-dire dans $365^{\text{j.m.}},24221679$.

Donc, dans un jour moyen, le Soleil moyen a un mouvement en ascension droite de

$$\frac{360^\circ}{365,24221679} = 0^\circ,98564723,$$

ou de

$$0^\circ 59' 8'',33.$$

Si l'on n'a pas égard à la précession des équinoxes, le Soleil moyen a un mouvement en ascension droite de 0°59′8″,19.

Le *méridien*, pour parcourir cet arc de l'équateur, met

$$24^{\text{h. s.}} \times \frac{0^\circ 59' 8'',19}{360^\circ} = 0^{\text{h}}\ 3^{\text{m}}\ 56^{\text{s}},55^{\text{temps sidéral.}}$$

171. Lorsque l'on veut mesurer un grand intervalle de temps, on rapporte le temps à l'*année tropique* qui, en jours *moyens*, est de 365ʲ,2422. (Les astronomes font commencer l'année tropique au moment où la longitude moyenne du Soleil = 280°. (Année fictive de Bessel).

Nous venons de voir que dans un jour moyen le Soleil parcourt 59′8″,33 d'ascension droite qui est le quotient de 360° par 365ʲ,2422. D'après la théorie du Soleil, on a pour expression de la *longitude moyenne l* du Soleil à une époque séparée de J jours du commencement de l'année *ordinaire* 1800,0 (midi du 31 Décembre 1799):

$$l = 279^\circ 54' 1'' + (59' 8'',33)J + 0'',000122 T^2,$$

T étant le nombre d'*années* comprises dans J.

Pour avoir le nombre de jours écoulés depuis l'année *ordinaire* 1800,0 jusqu'au commencement de l'année *tropique* 1800 + T, on pourra établir l'égalité suivante, en remarquant que dans chaque année tropique le Soleil parcourt 360° :

$$280 + 360^\circ T = 279^\circ 54' 1'' + (59' 8'',33)J + 0'',000122 T^2,$$

d'où l'on déduit

$$(59' 8'',33)J = 5' 59'' + 360^\circ T - 0'',000122 T^2,$$

ou, en divisant par 59′8″,33 remplacé par $\frac{360^\circ}{365,2422}$ et en effectuant les divisions,

$$J = 365^{\text{j}},2422\,T - 0^{\text{j}},000000032\,T^2 + 0^{\text{j}},101,$$

tel est le nombre de *jours moyens écoulés entre* le commencement de l'*année ordinaire* 1800,0 et le commencement de l'année *tropique* 1800 + T.

Le nombre de jours écoulés entre le commencement de l'*année ordinaire* 1800,0 et le commencement de l'année *ordinaire* 1800 + T est évidemment

$$T.365 + B,$$

B étant le nombre d'années bissextiles comprises entre 1800,0 et 1800 + T.

Ainsi le nombre de jours qui s'écoulent entre le commencement de l'année *ordinaire* 1800 + T et le commencement de l'année *tropique* 1800 + T est la différence j de ces deux expressions; c'est-à-dire que l'on a

$$j = 0{,}2422\,T - 0{,}000000032\,T^2 + 0^j{,}101 - B.$$

Pour rapporter une époque θ comptée du commencement de l'année *ordinaire*, à l'origine de l'année *tropique* telle que nous l'avons considérée, on obtient donc, en désignant alors l'époque par θ',

$$\theta' = \theta + j.$$

La quantité j a été mise en tables.

Relation entre le jour moyen et le jour sidéral.

172. Maintenant que nous connaissons *le mouvement en ascension droite du Soleil moyen, en temps sidéral,* nous pouvons écrire la relation

$1^{j.m.} = 1^{j.s.}$ + temps que le méridien met à parcourir le mouvement en ascension droite moyen,

de la manière suivante

$$24^{h.\,moy.} = 24^{h.\,s.} + (3^m\,56^s{,}55)^{\text{temps sidéral}}.$$

Si l'on veut une relation qui donne la valeur de $24^{h.s}$ en fonction du temps moyen, on déduit de la relation précédente

$$24^{h.s.} = 24^{h.\,moy.} - (3^m\,56^s{,}55)^{\text{temps sidéral}}.$$

Il faut exprimer $(3^m\,56^s{,}55)^{t.\,s.}$ en temps moyen; ce qui se fait au moyen de l'équation évidente

$$\frac{x}{3^m\,56^s{,}55} = \frac{24^{hm}}{24^{hs} + 3^m\,56^s{,}55}.$$

En déduisant la valeur de x, et en effectuant les calculs, on trouve

$$x = 3^m\,55^s{,}909^{\text{temps moyen}};$$

donc, il vient

$$24^{h.\,sid.} = 24^{h.\,moy.} - (3^m\,55^s{,}909)^{\text{temps moyen}}.$$

La quantité $3^m\,55^s{,}909^{t.\,m.}$ ou $3^m\,56^s{,}55^{t.\,s.}$, prend le nom d'*accélération des fixes;* parce que, *si une pendule est réglée sur le temps moyen,* le passage d'une *étoile au méridien avance* chaque jour sur *celui de la veille, de* $3^m\,55^s{,}909^{t.m.}$.

Relation entre le jour vrai et le jour moyen.

173. Nous avons déjà écrit les deux relations :

$$1^{j.v.} = 1^{j.s.} + \textit{mouvement en ascension droite vrai},$$
$$1^{j.m.} = 1^{j.s.} + \textit{mouvement en ascension droite moyen}.$$

Donc

$$1^{j.v.} = 1^{j.m.} + \textit{mouvement en ascension droite vrai} - \textit{mouvement en ascension droite moyen}.$$

Or si la ligne QQ′ (fig. 105), représente l'équateur, m et v les positions du Soleil moyen et de la projection du *Soleil vrai ce jour-là* sur l'équateur, le lendemain m étant venu en m' au moment où le méridien passe sur le Soleil moyen, et v en v' au moment où le méridien passe sur le *Soleil vrai*, mm' sera le mouvement en ascension droite moyen et vv' le mouvement en ascension droite vrai ; leur différence est $vv' - mm'$. En ajoutant et retranchant $m'v$, nous avons

Fig. 105.

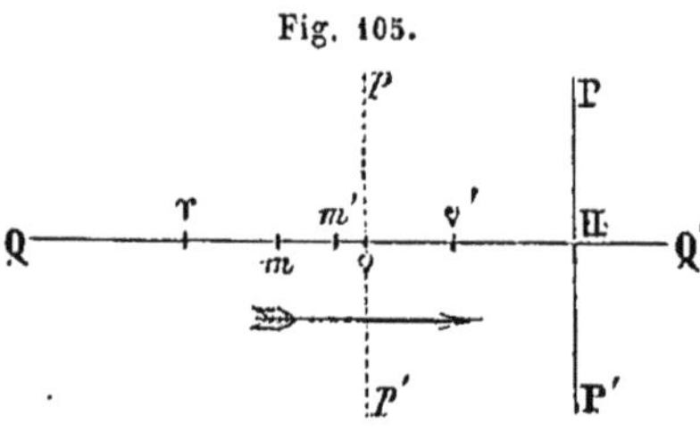

$$vv' - mm' = (vv' + m'v) - (mm' + m'v), \text{ c'est-à-dire } m'v' - mv.$$

Mais mv est sensiblement l'*équation du temps* au commencement du jour vrai considéré, et $m'v'$ l'*équation du temps* au commencement *du jour suivant ;* donc $m'v' - mv$ est *la variation que subit l'équation du temps dans un jour vrai.*

En représentant mv par ε et $m'v'$ par ε', on a donc la relation

$$1^{j.v.} = 1^{j.m.} + (\varepsilon' - \varepsilon) \text{ exprimée en temps moyen.}$$

Autrement dit, dans 24 heures vraies, il s'écoule 24 heures moyennes $+ (\varepsilon' - \varepsilon)$.

L'époque de l'année où le jour vrai diffère le plus du jour moyen est le *solstice d'hiver* environ, puisque le mouvement angulaire du Soleil sur l'écliptique est *le plus rapide vers le périgée*, qui, comme on le sait, est actuellement peu éloigné du *solstice d'hiver.*

Les époques de l'année auxquelles le jour vrai diffère le moins du jour moyen, c'est-à-dire où ces deux jours sont presque égaux, sont actuellement

Vers le 10 février, le 14 mai, le 26 juillet et le 2 novembre.

La *Connaissance des temps* donne pour *chaque midi vrai de Paris*, la valeur de ε, c'est-à-dire de l'*équation du temps*, sous le *titre : Temps moyen au midi vrai.* Nous voyons, en effet (fig. 105), que si PP' représente le méridien, et la flèche le sens du mouvement de ce méridien ainsi que des points *m* et *v*, on a, en supposant qu'au moment où le méridien est en H les soleils vrai et moyen sont en *v* et *m*,

$$Hm = \textit{heure du Soleil moyen},$$
$$Hv = \textit{heure simultanée du Soleil vrai}.$$

Donc,

$$mv = \textit{équation du temps} = Hm - Hv.$$

Ainsi, *l'équation du temps, à un instant donné, peut être aussi considérée comme étant la différence de deux heures vraie et moyenne simultanées. L'heure moyenne donnée dans la* Connaissance des temps *est celle qui correspond au midi vrai de Paris, c'est-à-dire celle qui correspond au moment où le méridien pp' de Paris se trouve en v sur le Soleil vrai.*.

DIFFÉRENTES ESPÈCES DE TEMPS.

174. On appelle *temps vrai*, tout intervalle de *temps exprimé en jours vrais et fraction de jour vrai.*

On appelle *temps moyen*, l'intervalle exprimé *en jours moyens et fraction de jour moyen.*

Et enfin *temps sidéral*, l'intervalle exprimé *en jours sidéraux et fraction de jour sidéral.*

Relations entre les différents temps.

En appelant V, M et S les valeurs d'un *même intervalle de temps* exprimé en temps *vrai*, *moyen ou sidéral*, il est évident, d'après ce que nous venons de voir, et en prenant l'*heure* pour *unité* que l'on doit avoir les relations suivantes :

1° $$\frac{V}{M} = \frac{24}{24 + (\varepsilon' - \varepsilon)} \cdots\cdots \qquad (\alpha)$$

En admettant, dans cette formule, que l'intervalle V soit assez petit pour qu'on puisse supposer que le *temps vrai* varie d'une manière proportionnelle au *temps moyen*,

2° $$(\beta) \quad \frac{M}{S} = \frac{24^h - 3^m\,55^s,909}{24} \quad \text{ou} \quad \frac{S}{M} = \frac{24^h + 3^m\,56^s,55}{24}. \quad (\gamma)$$

Construction de la table V de la Connaissance des temps
ou de la table XVIII de Callet.

De la relation (β), on déduit

$$M = S \times \frac{24 - 3^m\,55^s,909}{24},$$

ou

$$M = S\left(1 - \frac{3^m\,55^s,909}{24}\right) = S - S \times 0,002730433.$$

Cette relation permet de passer d'un intervalle *de temps sidéral donné* S *à l'intervalle de temps moyen* M *correspondant.*

En faisant successivement :

$S = 1^h,\ 2^h,\ 3^h$ . . . . jusqu'à 24^h,
$S = 1^m,\ 2^m,\ 3^m$ . . . . jusqu'à 60^m,
$S = 1^s,\ 2^s,\ 3^s$ . . . . jusqu'à 60^s,

on a calculé la table V de la *Connaissance des temps* et la table XVIII de Callet qui donnent, dans les colonnes intitulées *temps moyen*, le nombre de *minutes, secondes et millièmes de seconde* qu'il faut retrancher de S pour avoir M. L'argument est le *temps sidéral.*

Exemple.

Exprimer en temps moyen un intervalle de temps sidéral. . . . . $S = 4^h\ 25^m\ 18^s,57$

Table V de la *Connaissance des temps.*	pour 4^h.	$39^s,318$	
	pour $0^h\ 25^m$ . . .	$4,096$	— . . . . $43^s,466$
	pour $18^s,57$ . . .	$0,052$	
Intervalle temps moyen.			$= 4^h\ 24^m\ 35^s,104$

Construction de la table VI de la Connaissance des temps
ou de la table XIX de Callet.

De la relation (γ), nous déduisons

$$S = M \times \frac{24 + 3^m\,56^s,55}{24} = M\left(1 + \frac{3^m\,56^s,55}{24}\right)$$

ou

$$S = M + M \times 0,002737909.$$

Cette relation permet de passer d'un intervalle de temps exprimé en *temps moyen* à l'intervalle *temps sidéral* qui lui correspond.

La quantité $M \times 0,002737909$ est donnée dans la *Connaissance des temps* et dans la *table XIX de Callet;* l'argument est M ou le *temps moyen*. On prend successivement dans chaque colonne le terme qui convient *aux minutes* et le terme qui convient *aux secondes*. Ces deux tables sont données dans la IVe des tables de M. Caillet ancienne édition, dans la XXXIVe nouvelle édition, et dans la table XCVIII^{e} de Guépratte.

Exemple.

Exprimer en temps sidéral un intervalle de temps moyen. . . . . $M = 4^h\ 24^m\ 35^s,104$

Table VI de la *Connaissance des temps.*	pour 4^h.	$39^s,426$	+ 43,465
	pour 24^m.	$3^s,943$	
	pour $35^s,1$	$0^s,096$	
			$S = 4^h\ 25^m\ 18^s,569$

Des deux relations (α) et (γ), on peut déduire

$$3^o \qquad \frac{V}{S} = \frac{24^h,2}{[24 + (\varepsilon' - \varepsilon)]\,(24 + 3^m\,56,55)},$$

qui permet d'exprimer en *temps vrai* un intervalle de temps donné en *temps sidéral.*

175. *Remarque.* — Il ne faut pas confondre les *heures vraies et moyennes* avec les *intervalles de temps vrais et moyens.*

Pour donner un exemple de la distinction que l'on doit faire entre un *instant vrai* ou *moyen* et un *intervalle vrai* ou *moyen,* supposons que le 16 *février* 1858, deux personnes se proposent de se rendre à bord d'un navire à 1 heure.

L'une comprend 1 heure temps vrai, l'autre 1 heure temps moyen; comme ce jour-là le temps moyen est en avance sur le temps vrai de $14^m\ 21^s$ environ, celle qui a entendu *heure temps vrai* viendra à bord $14^m\ 21^s$ *plus tard que l'autre.*

Supposons aussi que les deux mêmes personnes se proposent de passer 1 heure à bord; l'une entend 1 heure vraie, l'autre 1 heure moyenne.

Comme la variation de l'équation du temps est négative et de $4^s,18$ environ dans 24 heures, dans 1 heure elle est $0^s,17$. Celle qui a compris 24 heures vraies partira seulement $0^s,17$ *plus tôt que l'autre.*

Relation entre les heures astronomiques et les ascensions droites de deux astres.

176. Nous avons trouvé (90) la relation

$$h_s = h_a + Æ.$$

Si nous considérons, *au même instant*, un autre astre, on a une relation *analogue.* Donc, entre les angles *horaires astronomiques* h_a et h'_a de deux astres et leurs *ascensions droites* Æ et Æ', on a l'égalité

$$h_a + Æ = h'_a + Æ'.$$

Si l'un des astres est le Soleil vrai ou le Soleil moyen, on a

$$h_a \odot_v + Æ \odot_v = h_a + Æ.$$

ou

$$h_a \odot_m + Æ \odot_m = h_a + Æ.$$

Lorsque l'on considère le Soleil moyen, on a la relation

$$h_s = h_a \odot_m + Æ_m \odot;$$

quand le Soleil moyen passe au méridien, on a

$$h_a \odot_m = 0,$$

d'où

$$h_s = Æ_m \odot.$$

Ainsi, l'*heure sidérale d'un lieu* est égale à l'*ascension droite du Soleil moyen* à ce moment; c'est pour cela que dans la *Connaissance des temps l'ascension droite moyenne du Soleil qui est donnée chaque jour pour le midi moyen de Paris est intitulée* TEMPS SIDÉRAL.

C'est-à-dire que le nombre donné dans la *Connaissance des temps* à la colonne intitulée *Temps sidéral*, exprime l'heure que marque *la pendule sidérale à Paris quand le Soleil moyen* passe au méridien, en supposant toujours que cette *pendule sidérale* marque $0^h\,00^m\,00^s$ quand le point vernal passe au méridien de Paris.

Exemple.

Ainsi, pour le 1er mai 1858, nous trouvons, dans la colonne intitulée *Temps sidéral*, $2^h\,36^m\,27^s,96$.

Cela veut dire que la *pendule sidérale* de l'Observatoire de Paris marque $2^h\,36^m\,27^s,96$ quand le Soleil moyen passe au *méridien de Paris.*

En considérant les nombres qui suivent, nous voyons que le *passage du Soleil moyen* au méridien de Paris retarde tous les jours de $3^m\,56^s,55$.

Connaissant le temps sidéral au midi moyen de Paris, trouver le temps sidéral au midi moyen d'un autre lieu.

177. D'après la relation $h_s = Æ_m \odot$, nous voyons que le *temps sidéral cherché* est égal à la valeur de l'*ascension droite du Soleil moyen* au moment où ce Soleil passe au méridien du lieu. Or nous venons de voir que pour

revenir *du méridien de Paris au méridien de Paris,* c'est-à-dire *pour une différence en longitude de* 360° *ou* 24 *heures,* l'ascension droite moyenne ou *le temps sidéral augmente de* $3^m\,56^s{,}55$; donc, en appelant L la longitude du lieu considéré, au moment où le Soleil moyen passe au méridien de ce lieu, *son ascension droite* donnée pour Paris le jour proposé devra être augmentée ou diminuée d'une partie proportionnelle x donnée par la relation

$$\frac{L}{24}=\frac{x}{3^m\,56^s{,}55}, \quad \text{d'où} \quad x=\frac{3^m\,56^s{,}55\times L}{24}.$$

Cette quantité peut être prise dans la table VI de la *Connaissance des temps,* en y entrant avec L exprimé en heures. On a donc

T. S. au midi moyen d'un lieu = *T. S. au midi moyen de Paris* ±
± *correction table VI.*

+ si le lieu est à l'Ouest de Paris et — si le lieu est à l'Est.

Ainsi, *pour obtenir le temps sidéral au midi moyen d'un lieu dont la longitude est* L, *il faut prendre avec la longitude en temps et dans la table VI de la* Connaissance des temps *ou la table XIX de Callet, une correction que l'on ajoute au temps sidéral à midi moyen de Paris si le lieu est à l'Ouest de Paris, et que l'on retranche si le lieu est à l'Est; le résultat est la quantité cherchée.*

Exemple 1.

On demande le temps sidéral à midi moyen à Saint-Pierre (*Martinique*) *le* 6 *mai* 1858.

La longitude de Saint-Pierre en temps est de. . . $4^h\ 14^m\ 4^s$ Ouest.
T. S. au midi moyen de Paris le 6 *mai* = ... $2^h\ 56^m\ 10^s{,}74$.

Correction.

Table VI de la *Connaissance des temps.*	pour 4^h. . . . $39^s{,}426$ pour 14^m. . . . $2^s{,}3$ pour 4^s. . . . $0^s{,}011$	+ . . . . $41^s{,}737$

T. S. au midi moyen de Saint-Pierre le 6 *mai* 1858 = $2^h\ 56^m\ 52^s{,}477$

Exemple 2.

On demande le temps sidéral à midi moyen à Batavia le 15 *mai* 1858.

La longitude de *Batavia* en temps est. . . . . . . $6^h\ 58^m\ 12^s$ Est.
T. S. au midi moyen de Paris le 15 *mai* = ... $3^h\ 31^m\ 39^s{,}74$

Correction.

Table VI de la *Connaissance des temps.*	pour 6^h.	$59^s,139$	
	pour 58^m. . . .	$9^s,528$	— $1^m\ 08^s,700$
	pour 12^s.	$0^s,033$	

T. S. au midi moyen de Batavia le 15 mai. . . . = $3^h\ 30^m\ 31^s,040$

178. Puisque nous pouvons compter le temps écoulé soit en *temps moyen*, soit en *temps sidéral*, nous voyons que l'on peut avoir une PENDULE *réglée soit sur le temps moyen, soit sur le temps sidéral.*

La PENDULE réglée sur le temps moyen, que nous nommons PENDULE MOYENNE, marque $0^h\ 00^m\ 00^s$, *quand le Soleil moyen passe au méridien;* et nous savons que la PENDULE SIDÉRALE marque $0^h\ 00^m\ 00^s$ *quand le point vernal passe au méridien.*

Quand un phénomène a lieu, c'est-à-dire à un même instant, les DEUX PENDULES indiquent *généralement deux heures différentes;* l'une exprime l'HEURE MOYENNE, l'autre l'HEURE SIDÉRALE.

Nous verrons dans la suite que, connaissant le *temps sidéral*, on a quelquefois besoin de connaître le temps moyen correspondant et *réciproquement; considérons ces deux problèmes.*

1° *L'époque d'un phénomène quelconque étant exprimée en temps sidéral, l'exprimer en temps moyen; autrement dit, passer de l'heure sidérale à l'heure moyenne correspondante.*

Appelons h_s l'heure sidérale donnée; si T_s est le *temps sidéral au midi moyen qui précède*, $h_s - T_s$ ou $(h_s + 24) - T_s$ exprimera l'*intervalle de temps sidéral écoulé depuis qu'il était midi moyen dans le lieu;* il suffit donc de convertir $(h_s - T_s)$ ou $(h_s + 24) - T_s$ en *temps moyen*, et l'on aura l'intervalle *temps moyen écoulé* depuis qu'il était *midi dans le lieu*, c'est-à-dire *l'heure moyenne du lieu;* ce qui se fait au moyen de la relation

$$h_m = (h_s - T_s) - 0{,}0027304333\,(h_s - T_s) \ldots\ldots \qquad (\delta)$$

ou au moyen de la table V de la *Connaissance des temps.*

Ainsi, pour passer d'une *heure sidérale* à une *heure moyenne*, on détermine d'abord *le temps sidéral au midi moyen du lieu que l'on retranche de l'heure sidérale donnée, en ajoutant 24 heures, si c'est nécessaire pour rendre la soustraction possible.*

On convertit ce reste en temps moyen, au moyen de la relation (δ), *ou on le diminue de la réduction donnée par la table V, et l'on a l'heure moyenne cherchée.*

Exemple.

On demande l'heure moyenne d'une observation faite à *Batavia*, le 15 mai 1858, à $8^h\ 25^m\ 32^s$, *Temps sidéral.*

La longitude de *Batavia* en temps est de $6^h\ 58^m\ 12^s$ *Est.*

1° *Détermination du T. S. au midi moyen de Batavia le* 15 mai.

T. S. au midi moyen de Paris le 15 mai = ... $3^h\ 31^m\ 39^s,74$

Correction pour la longitude.

Table VI de la	pour 6^h.	$59^s,139$		
Connaissance	pour 58^m.	$9^s,528$	— . . .	$1^m\ 08^s,7$
des temps.	pour 12^s.	$0^s,033$		

T. S. au midi moyen de Batavia le 15 mai	$3^h\ 30^m\ 31^s,04$
Heure sidérale donnée	$8^h\ 25^m\ 32^s$
Interv. de T. S. écoulé depuis le midi moy. de Batavia	$4^h\ 55^m\ 00^s,96$

Conversion en temps moyen.

Table V de la	pour 4^h..	$39^s,318$		
Connaissance	pour 55^m..	$9^s,010$	—	$48^s,331$
des temps.	pour $0^s,96$.	$0^s,003$		

Heure moyenne de Batavia le 15 *mai* 1858. . . = $4^h\ 54^m\ 12^s,629$

Remarque. — Si le lieu donné est Paris, la *Connaissance des temps* donne immédiatement le *temps sidéral* au midi moyen du lieu.

2° *L'époque d'un phénomène quelconque étant exprimée en temps moyen, l'exprimer en temps sidéral; autrement dit passer de l'heure moyenne à l'heure sidérale correspondante.*

Appelons h_m l'heure moyenne donnée; h_m *représente le temps moyen écoulé depuis que le Soleil moyen a passé au méridien;* si nous convertissons h_m *en temps sidéral*, nous aurons *le temps sidéral écoulé depuis que le Soleil moyen a passé au méridien du lieu;* ajoutant cet intervalle de *temps sidéral au temps sidéral à midi moyen du lieu*, on aura évidemment *l'heure sidérale cherchée.*

Ainsi, *pour obtenir l'heure sidérale qui correspond à une heure moyenne donnée, il suffit de convertir cette heure moyenne en temps sidéral au moyen de la relation*

$$S = h_m + h_m \times 0{,}002737909,$$

ou au moyen de la table VI de la Connaissance des temps.

On détermine ensuite le *temps sidéral* T_s *au midi moyen du lieu, que l'on ajoute à l'heure moyenne réduite en intervalle sidéral, et l'on a l'heure sidérale cherchée.*

Exemple.

On demande l'heure sidérale d'une observation faite à Batavia, le 15 *mai* 1858, *à* 4h 54m 12s,629, *temps moyen.*

1° *Détermination du T. S. au midi moyen de Batavia le* 15 *mai.*

T. S. au midi de Paris le 15 *mai* = 3h 31m 39s,74

Correction pour la longitude.

Table VI de la *Connaissance des temps.*	pour 6h.......	59s,139	— 1m 08s,7
	pour 58m.......	9s,528	
	pour 12s.......	0s,033	
T. S. au midi moyen de Batavia le 15 *mai.* . . =			3h 30m 31s,04

2° *Conversion de* h_m *en temps sidéral;* h_m = 4h 54m 12s,629

Correction.

Table VI de la *Connaissance des temps.*	pour 4h.......	39s,426	+ 48s,331
	pour 54m......	8s,871	
	pour 12s,629....	0s,034	
Heure moyenne convertie en temps sidéral. . . . =			4h 55m 00s,960
T. S. au midi moyen de Batavia le 15 *mai.* . . =			3h 30m 31s,04
Heure sidérale cherchée. . . . . =			8h 25m 32s,000

179. *Passer de l'heure sidérale à l'heure vraie et réciproquement.* — Pour convertir *une heure sidérale en heure vraie,* on détermine l'heure moyenne correspondant à l'heure sidérale, et l'on transforme l'*heure moyenne en heure vraie,* ainsi que nous l'avons dit.

Pour convertir une *heure vraie en heure sidérale*, on passe de *l'heure vraie à l'heure moyenne,* puis de *l'heure moyenne à l'heure sidérale.*

NOTIONS SUR LE CALENDRIER.

180. *Définition.* — On nomme *Calendrier*, *une distribution du temps en périodes imaginées* pour les besoins de la *société.*

Cette distribution du temps est enregistrée dans une *table que tout le monde connaît et qui contient ces périodes* depuis la plus petite jusqu'à la plus grande.

Nous avons déjà dit que l'*année tropique* était la grande unité de temps généralement adoptée.

Nous savons aussi que cette année tropique se divise *en quatre parties ou saisons, distinctes pour le règne animal et pour le règne végétal.*

Les jours qui composent une année doivent être désignés de telle sorte que le nom du *jour* indique la *saison* où l'on est et le temps écoulé depuis le commencement de cette période; cette désignation est nécessaire pour indiquer avec exactitude aux sociétés, le retour *des mêmes travaux, des mêmes cérémonies, et conserver d'une manière plus précise la date des événements.*

Si l'année se composait d'un nombre exact de jours, il suffirait de désigner d'une *manière quelconque chaque jour* de l'année, et l'on serait alors certain que pour n'importe *quelle année le même jour* désignerait toujours la *même* époque. Mais, l'année tropique se compose de $365^j\ 5^h\ 48^m\ 47^s,5$; alors, en raison de la fraction $5^h\ 48^m\ 47^s,5$, on a été obligé d'*établir les conventions suivantes.*

Durée de l'année civile. — On est convenu de considérer l'année civile comme se composant de 365 jours. De cette manière on *néglige* tous les ans $5^h\ 48^m\ 47^s,5$; au bout de 4 ans on a *négligé* $23^h\ 15^m\ 10^s$, ce qui est un jour moins $44^m\ 50^s$; l'*année tropique* se trouve alors, de près d'un jour en retard sur l'*année civile;* pour rattraper ce jour, on fait cette dernière année de 366 jours. Ainsi, *de quatre ans en quatre ans les années sont de* 366 *jours au lieu de* 365.

L'année de 365 jours se nomme *année commune,* l'année de 366 jours se nomme *année bissextile,* par la raison *que nous dirons plus loin.*

Les années bissextiles sont celles dont le millésime est divisible par 4.

En ajoutant tous les quatre ans un jour à l'année commune, l'année civile se trouve, au bout de 100 ans, en retard sur l'*année tropique* de $25 \times 44^m\ 50^s = 18^h\ 40^m\ 50^s$. On rend alors commune l'année qui complète le siècle au lieu de bissextile qu'elle devrait être; mais alors, l'*année civile séculaire* est en avance sur l'année *tropique* de $24^h - (18^h\ 40^m\ 50^s) = 5^h\ 19^m\ 10^s$; au bout de 4 *siècles*, cette avance est de $21^h\ 16^m\ 40^s$; on rend alors *bissextiles* les années séculaires de 4 siècles en 4 siècles, et comme on a commencé à 1600, *c'est donc celles dont le millésime séculaire est divisible par quatre.* Ainsi, l'année 2000 sera *bissextile.*

En continuant ainsi, on comprend comment on peut arriver à faire succéder les années, de manière *que pour chaque année les jours désignés de la même manière indiquent bien, à très-peu près, les mêmes positions du Soleil sur l'écliptique.*

Des Mois. — L'année se divise en deux parties que l'on nomme *demi-année;* chaque *demi-année* se compose de *six mois* qui sont de 31 ou de 30 jours, à l'exception du second mois de la première moitié de l'année qui est de 28 jours dans les années communes et de 29 jours *dans les an-*

nées bissextiles. Les jours sont désignés par leur numéro d'ordre du mois auquel ils appartiennent.

Le tableau suivant donne le nom des mois et le nombre des jours de chaque mois.

1re moitié de l'année.		2e moitié de l'année.	
Janvier.	31	Juillet.	31
Février.	28 ou 29	Août	31
Mars.	31	Septembre	30
Avril.	30	Octobre.	31
Mai.	31	Novembre.	30
Juin	30	Décembre.	31

Quelque simple que puisse actuellement paraître la manière de déterminer *le nombre entier* de jours que contient une *année civile* pour qu'il y ait toujours le plus d'accord possible entre l'*année civile* et l'*année tropique*, on n'est cependant arrivé à ce mode de régler le temps qu'après bien des tâtonnements.

Parmi toutes les phases qu'a suivies le *Calendrier*, nous ne considérerons que les deux qui font distinguer cette table en *Calendrier Julien* et *Calendrier Grégorien*.

181. *Calendrier Julien.* — Au temps de *Jules César*, le désordre du *Calendrier* était tel que l'année civile différait d'environ *trois mois de l'année tropique;* ainsi, les mois avaient changé de saisons de telle sorte que les fêtes *étaient célébrées dans des saisons différentes* de celles pour lesquelles elles avaient été établies.

Pour rétablir l'ordre et mettre d'accord les deux années *civile et tropique*, *Jules César*, après avoir consulté *Sozygènes,* mathématicien célèbre d'*Alexandrie,* décida que l'année serait de 365 jours, et que chaque quatrième année, on ferait l'intercalation d'un jour entre le 23 et le 24 *février,* ce qui, en réalité, portait l'année solaire à 365 jours 1/4.

En outre, pour rendre aux saisons les fêtes qui leur appartenaient, César intercala 85 jours dans l'année *courante*, — 46 (708 de Rome) ; on eut donc une année de 15 mois qui fut appelée *année de confusion.*

Jules César fixa, comme *Numa,* le commencement de l'année au 1er *janvier* et fit les mois de 30 et de 31 jours tels qu'ils sont aujourd'hui ; le mois de février étant de 28 jours dans les années de 365 jours et de 29 jours dans les années de 366 jours.

Voici les quatre premiers mois du *Calendrier romain :*

	JANUARIUS. Sous la protection DE JUNON.		FEBRUARIUS. Sous la protection DE NEPTUNE.		MARTIUS. Sous la protection DE MINERVE.		APRILIS. Sous la protection DE VÉNUS.
1	Calendis Jan.	1	Calendis Feb.	1	Calendis Martii.	1	Calendis Apri.
2	IV Nonas.	2	IV Nonas.	2	VI Nonas.	2	IV Nonas.
3	III Nonas.	3	III Nonas.	3	V Nonas.	3	III Nonas.
4	Pridiè Nonas.	4	Pridiè Nonas.	4	IV Nonas.	4	Pridiè Nonas.
5	Nonis Januar.	5	Nonis Feb.	5	III Nonas.	5	Nonis Aprilis.
6	VIII *id.*	6	VIII *id.*	6	Pridiè Nonas.	6	VIII *id.*
7	VII *id.*	7	VII *id.*	7	Nonis Martii.	7	VII *id.*
8	VI *id.*	8	VI *id.*	8	VIII *id.*	8	VI *id.*
9	V *id.*	9	V *id.*	9	VII *id.*	9	V *id.*
10	IV *id.*	10	IV *id.*	10	VI *id.*	10	IV *id.*
11	III *id.*	11	III *id.*	11	V *id.*	11	III *id.*
12	Pridiè *id.*	12	Pridiè *id.*	12	IV *id.*	12	Pridiè *id.*
13	Idibus Januar.	13	Idibus Feb.	13	III *id.*	13	Idibus Aprilis.
14	XIX Cal. Feb.	14	XVI Cal. Mar.	14	Pridiè *id.*	14	XVIII Cal. Maii.
15	XVIII Cal.	15	XV Calendas.	15	Idibus Martii.	15	XVII Cal.
16	XVII Cal.	16	XIV Cal.	16	XVII Cal. Apr.	16	XVI Cal.
17	XVI Cal.	17	XIII Cal.	17	XVI Cal.	17	XV Cal.
18	XV Cal.	18	XII Cal.	18	XV Cal.	18	XIV Cal.
19	XIV Cal.	19	XI Cal.	19	XIV Cal.	19	XIII Cal.
20	XIII Cal.	20	X Cal.	20	XIII Cal.	20	XII Cal.
21	XII Cal.	21	IX Cal.	21	XII Cal.	21	XI Cal.
22	XI Cal.	22	VIII Cal.	22	XI Cal.	22	X Cal.
23	X Cal.	23	VII Cal.	23	X Cal.	23	IX Cal.
24	IX Cal.	24	VI Cal.	24	IX Cal.	24	VIII Cal.
25	VIII Cal.	25	VI Cal.	25	VIII Cal.	25	VII Cal.
26	VII Cal.	26	V Cal.	26	VII Cal.	26	VI Cal.
27	VI Cal.	27	IV Cal.	27	VI Cal.	27	V Cal.
28	V Cal.	28	III Cal.	28	V Cal.	28	IV Cal.
29	IV Cal.	29	Pridiè Cal. Mar.	29	IV Cal.	29	III Cal.
30	III Cal.			30	III Cal.	30	Pridiè Cal. Maii.
31	Pridiè Cal. Feb.			31	Pridiè Cal. Apri.		

Les mois d'*août* et *décembre* sont comme *janvier; juin, septembre* et *novembre* comme *avril; mai, juillet, octobre* comme *mars.*

On voit que le premier jour du mois se nommait *calendes*, de καλεω (j'appelle), parce que c'était en ces jours que l'on appelait le peuple aux *assemblées;* d'où est venu le nom de *Calendrier*.

Les noms des jours du mois se déduisaient de leur rang, en rétrogradant; ainsi, le 22 mars se nommait le 11e jour des calendes d'*avril.*

Ainsi que nous l'avons dit, Jules César intercala un jour, tous les quatre ans, entre le 23 et le 24 février; ce jour précédait le sixième jour des calendes de *mars*, on le nomma alors le *second sixième jour des calendes de mars* (*bissexto calendas*), d'où est venu le nom de *bissextile* que l'on donne aux années de 366 jours.

Le *Calendrier Julien* commença à être en vigueur en l'an —45 ou 709 de *Rome*.

182. *Calendrier Grégorien.* — D'après ce que nous venons de voir, le *Calendrier Romain* supposait l'année de 365 jours 1/4 ou 6 heures. Or nous avons vu que l'année est de 365 ^{jours} 5^{h} 48^{m} 47^{s},5 : le *Calendrier Romain* faisait donc toutes les années trop grandes de 11^{m} 12^{s},5. Cette augmentation donne *un jour dans* 128^{ans},5; aussi en 1577 le commencement de l'année civile revenait 10 jours plus tôt qu'à l'époque du *Concile de Nicée en* 325, c'est-à-dire que l'équinoxe du printemps arrivait le 11 mars au lieu d'arriver le 21, comme cela avait lieu en 325 (*ce qui implique qu'à l'origine du Calendrier Julien, l'équinoxe du printemps arrivait le* 24 *mars environ*).

Pour ramener l'année civile à coïncider avec l'année tropique, le *pape Grégoire XIII* décida :

1° *Que le mois d'octobre* 1582 *serait de* 21 *jours seulement et que les jours de ce mois prendraient les numéros* 1, 2, 3, 4, 15, 16,..... *etc.;*

2° *Que les années séculaires ne seraient bissextiles que de quatre en quatre siècles;* qu'ainsi, l'année 1600 étant bissextile, les années 2000, 2400,..... etc., le seraient, mais que les années 1700, 1800, 1900, 2100,..... etc., ne le seraient pas; tel est le Calendrier dont nous nous servons aujourd'hui.

183. *Du Calendrier russe.*—Tous les peuples chrétiens de l'Europe ont adopté le *Calendrier Grégorien,* à l'exception des Russes qui ont conservé le *Calendrier Julien.*

Or, en 1582, il y avait 10 jours de différence entre la date d'*un même jour* exprimée au moyen du *Calendrier Julien* et celle exprimée au moyen du *Calendrier Grégorien;* en 1700 et en 1800 le *Calendrier Julien* a compté les années *bissextiles,* ce qui n'a pas eu lieu pour le *Calendrier Grégorien;* donc actuellement, ce dernier est en avance de 12 jours sur le premier.

C'est ce qui fait qu'*en Russie,* le 15 *janvier* 1857, par exemple, est pour les autres peuples chrétiens le 27 *janvier* 1857.

Aussi, toutes les fois que l'on cite une date *russe,* pour qu'elle soit comprise par les autres peuples, on écrit au-dessous la date *grégorienne.* Ainsi, l'on met le $\frac{15}{27}$ janvier 1857.

Réduction d'une date Grégorienne à la date Julienne correspondante.

184. Puisqu'en 1582 on a retranché 10 jours et que le 5 octobre est devenu le 15; qu'à partir du 16e siècle, le *Calendrier grégorien* ne fait *bissextile* qu'une année sur 4, le *Calendrier Julien* se trouve successivement *en retard de trois jours tous les quatre siècles,* en outre des 10 jours de 1582; par conséquent, en appelant S le nombre qui marque le siècle, la différence entre la *date Grégorienne* et la *date Julienne* correspondante doit être donnée par la formule

$$C = 10 + \frac{3}{4}(S - 16) = 10 + (S - 16) - \frac{1}{4}(S - 16).$$

On devra, dans cette valeur de C, rejeter les fractions.

Exemple.

Dans le 22e siècle, c'est-à-dire à partir de l'an 2100, on aura donc pour correction

$$C = 10 + (21 - 16) - \frac{1}{4}(21 - 16),$$

ou

$$C = 10 + 5 - 1 = 14.$$

C'est-à-dire que toute date *Grégorienne* devra être diminuée de 14 jours pour être exprimée en date *Julienne.*

Du Calendrier perpétuel. — Le Calendrier perpétuel est un tableau qui permet de trouver le jour de la semaine quand on connaît le quantième du mois et la *lettre dominicale.*

185. *De la lettre dominicale.* — Dans le Calendrier perpétuel, les noms des jours de la semaine sont remplacés par les lettres A, B, C, D, E, F, G, écrites périodiquement devant les *dates respectives.*

Si l'année commence par un *mercredi*, le mercredi est désigné par A toute l'année.

La lettre qui indique le dimanche se nomme lettre dominicale. Elle change chaque année et rétrograde d'un rang.

Comme le Calendrier perpétuel est basé sur l'année commune, il y a donc, dans les années *bissextiles,* un jour de plus qu'il n'indique; ce jour n'a pas de lettre, et par suite, celle qui a désigné le *dimanche en janvier et en février* désigne le *lundi en mars, avril,* etc.

Alors les années bissextiles ont *deux lettres dominicales.*

Détermination de la lettre dominicale pour une année quelconque N.

186. Appelons n le numéro de la *lettre dominicale* pour une *année quelconque servant d'origine*; en admettant qu'aux lettres

A, B, C, D, E, F, G, correspondent les
numéros 1, 2, 3, 4, 5, 6, 7.

Puisque chaque année commune est de 365 jours $=$ 52 sem. $+ 1^j$, la lettre dominicale rétrograde d'un rang chaque année. Elle est donc $(n-1)$ l'année suivante; au bout de N années elle serait $(n-N)$, si toutes les années étaient communes. Comme N est généralement plus grand que n, en ajoutant à n un nombre quelconque d de semaines, c'est-à-dire $7d$ jours, le numéro de la lettre dominicale serait donné par la formule

$$(7d+n-N).$$

De plus, comme il est constaté que la première année de notre ère commençait par un *samedi*, c'est-à-dire que B, N° 2, était la lettre dominicale, l'an 0 *la lettre dominicale devait être* C *ou* 3; donc la formule qui donne le numéro de la *lettre dominicale* devient, dans le cas où toutes les années seraient communes, et en commençant à compter à partir de l'an 0,

$$(7d+3-N).$$

Mais, sur quatre années, il y en a une bissextile, et chaque année bissextile fait rétrograder la lettre d'une unité; donc, N étant le nombre d'années écoulées depuis l'an zéro, il y aura eu $\frac{N}{4}$ années bissextiles et par suite, la formule doit être

$$\left(7d+3-N-\frac{N}{4}\right).$$

Cette relation ne convient qu'*au Calendrier Julien;* pour avoir celle qui convient au *Calendrier Grégorien*, il faut remarquer que l'*année Grégorienne* est en avance de $\left[10+(S-16)-\frac{1}{4}(S-16)\right]$ jours sur l'*année Julienne*, par conséquent, le numéro de la lettre dominicale sera avancé de cette quantité. Pour une année *Grégorienne, le numéro de la lettre dominicale* sera donc donné par la relation

$$7d+3-N-\frac{N}{4}+10+(S-16)-\frac{1}{4}(S-16),$$

ou

$$l=7d'+6-N-\frac{N}{4}+(S-16)-\frac{1}{4}(S-16).$$

C'est-à-dire que l est le complément à 7 du reste de la division de

$$\left[6-N-\frac{N}{4}+(S-16)-\frac{1}{4}(S-16)\right] \text{ par } 7.$$

On néglige la fraction dans cette formule.

Exemple.

Trouver *la lettre dominicale de l'année* 1858. On aura

$$l=7d'+6-1858-\frac{1858}{4}+2-\frac{2}{4},$$
$$l=7d'+6-1858-464+2,$$
$$l=7d'-2314=7d'-7\times 330-4,$$

faisant $d'=331$; autrement dit, retranchant 4 de 7 il reste 3.
Donc la lettre dominicale pour 1858 *est* C.

DÉTERMINATION APPROCHÉE DU LIEU DU SOLEIL DANS SON ORBITE ET PRÉDICTION DE SA LONGITUDE, DE SON ASCENSION DROITE, DE SA DÉCLINAISON, DE L'ÉQUATION DU TEMPS, DU RAYON VECTEUR, DE LA PARALLAXE HORIZONTALE ET DU DEMI-DIAMÈTRE A UNE ÉPOQUE DONNÉE DE PARIS TEMPS MOYEN.

187. Maintenant que nous connaissons tous les éléments qui font connaître *la forme, la situation et la grandeur de l'ellipse apparente* que le Soleil décrit autour de la Terre ; que nous savons, en outre, que cet astre parcourt cette ellipse de telle sorte que son rayon vecteur suive *la loi des aires*, il ne reste plus que deux quantités à connaître pour savoir de quelle manière le Soleil se meut sur cette ellipse.

Ces deux quantités sont :

1° *Le temps* T *de révolution entière, c'est-à-dire le temps que le Soleil met à décrire complétement l'ellipse ;*

2° *L'époque* θ *du passage du Soleil au périgée.*

Nous avons dit (169) comment, par l'observation, on peut avoir T, et comment, en déterminant *la longitude du périgée* (153) *on peut avoir l'époque* θ.

Si l'on commence à compter les temps à partir de *cette époque*, et qu'on veuille connaître *la longitude géocentrique du Soleil* et sa distance à *la Terre* après un temps t, on aura, d'abord,

$$n=\frac{360}{T} \text{ qui sera connu.}$$

Par suite, au bout de t jours après le passage au périgée, l'anomalie moyenne sera nt.

De la relation

$$u = nt + e \sin nt + \frac{e^2}{1.2} \sin 2nt.....,$$

on déduira u; et de la relation

$$V = nt + 2e \sin nt + \frac{5}{4} e^2 \sin 2nt.....,$$

on aura l'*anomalie vraie* V.

La *distance du Soleil* à la Terre pourra se déduire de la relation

$$r = a \left[1 - e \cos nt + \frac{e^2}{2}(1 - \cos 2nt).....\right].$$

Connaissant V, *on aura la longitude du Soleil à l'époque t en ajoutant à* V *la longitude du périgée* L'.

Connaissant *la longitude du Soleil*, on déterminera, au moyen des relations données précédemment, *son ascension droite et sa déclinaison, et l'on pourra en conclure l'équation du temps.*

Enfin, au moyen de sa distance r à *la Terre*, on connaîtra *sa parallaxe horizontale et son demi-diamètre vu du centre de la Terre, en ayant toutefois mesuré une fois ce demi-diamètre à une distance connue.*

188. Au lieu de prendre pour origine des temps, c'est-à-dire pour *époque*, soit le moment du passage du Soleil au *périgée*, soit le moment du passage du Soleil au *point vernal*, les astronomes prennent généralement pour époque *le minuit temps moyen de Paris qui sépare une année civile de la précédente.*

D'après *Bessel*, la longitude moyenne du Soleil de l'*époque* pour l'année 1800 ayant été trouvée égale à 280° 23' 35",525, pour l'année 1800 + T, on aura

(α) *Longitude moyenne de l'époque* =

$$= 280^\circ\, 23'\, 35'',525 + 27'',605844\text{T} + 0'',0001221805\text{T}^2 + 14'\, 47'',083r,$$

r étant le reste de la division de T par 4 dans les années communes, mais égal à 4 dans les années bissextiles.

Anomalie moyenne de l'époque. — D'après ce que nous avons vu sur les *anomalies*, il est évident que l'on a

Anomalie moyenne = *Longitude moyenne* — *Longitude du périgée*,

en ajoutant 360° ou 12 signes du Zodiaque s'il est nécessaire. On a donc pour *anomalie moyenne au moment de l'époque*, en remplaçant ces deux longitudes par leur valeur (154) en fonction de T,

$$(\beta) \qquad \textit{Anomalie moyenne de l'époque} =$$
$$= 53'\,27'',135 - 33'',9113T - 0,000081616T^2 - (14'\,47'',083)r.$$

On peut mettre en tables les deux formules (α) et (β).

Déterminons, par exemple, ces quantités pour les années comprises entre 1857 et 1869, c'est-à-dire faisons successivement T = 58, 59, 60,..... 68. Nous trouvons le tableau suivant, auquel nous ajoutons le mouvement moyen en longitude et en anomalie moyenne pour 30^{jours}, 10^{j}, 1^{j}, 12^{h} et 1^{h}, déterminé d'après ce que nous avons trouvé (169 et 170).

Tableau A.

ANNÉES.	LONGITUDE MOYENNE de l'époque.	ANOMALIE MOYENNE de l'époque.
1858	280° 20′ 42″ ,9	359° 51′ 5″,8
59	280 6 23 ,4	359 35 44 ,8
60	279 52 3 ,9	359 20 23 ,8
61	280 36 52 ,8	0 4 11 ,1
62	280 22 33 ,4	359 48 50 ,1
63	280 8 13 ,9	359 33 29 ,1
64	279 53 54 ,5	359 18 08 ,1
65	280 38 43 ,3	0 1 55 ,4
66	280 24 23 ,9	359 46 34 ,4
67	280 10 4 ,4	359 31 13 ,4
68	279 55 44 ,9	359 15 52 ,4
MOUVEMENT moyen en		
30 jours,	29° 34′ 9″,9	29° 34′ 4″,8
10	9 51 23 ,3	9 51 21 ,6
1	0 59 8 ,33	0 59 8 ,16
12 heures,	0 29 34 ,16	0 29 34 ,08
1	0 02 27 ,85	0 2 27 ,84

189. *Usage de ce tableau pour la prédiction approchée de la longitude moyenne du Soleil, du temps sidéral, de sa longitude vraie, de son ascension droite, de sa déclinaison, de l'équation du temps, de la parallaxe horizontale du Soleil et de son demi-diamètre à une époque donnée.*

Exemple.

Cherchons tous ces éléments pour le 6 mai 1858 à 0^h *T. M. de Paris.*

1° *Détermination de la longitude moyenne et de l'anomalie moyenne.*

Nombre de jours écoulés depuis l'*époque*.	Janvier	31
	Février	28
	Mars	31
	Avril	30
	Mai	$5^j + 12^h$

$$\text{Total} = 125^j + 12^h = 4 \times 30^j + 5^j + 12^h.$$

Longitude moyenne de l'époque d'après le tableau (A) ou la formule (α)	= 280°20′42″,9	Anomalie moyenne de l'époque d'après le tableau (A) ou la formule (β)	359°51′ 5″,80
Variat. en 4×30^j	= 118 16 39 ,6		118 16 19 ,2
Id. en 5^j	= 4 55 41 ,65		4 55 40 ,8
Id. en 12^h	= 29 34 ,16		29 34 ,08
	404 02 38 ,31		483 32 39 ,88
Long. m. cherchée	= 44°02′38″,31	Anom. m. cherch.	= 123°32′39″,88

2° *Détermination du temps sidéral.*

Nous savons que la *longitude moyenne* du Soleil qui est la longitude du *Soleil fictif* est égale à l'ascension droite du Soleil MOYEN, c'est-à-dire qu'on a la relation

Longitude moyenne = Ascension droite du Soleil moyen.

Mais l'ascension droite du *Soleil moyen* est donnée dans la *Connaissance des temps* sous le titre TEMPS SIDÉRAL AU MIDI MOYEN DE PARIS; si donc, nous convertissons en *temps* l'ascension droite moyenne 44° 02′ 38″,31, nous aurons le temps sidéral pour l'époque cherchée; on trouve ainsi

T. S. au midi moyen de Paris, le 6 mai 1858 = $2^h\,56^m\,10^s,55$.

3° *Détermination de la longitude vraie du Soleil.*

Nous avons trouvé (148)

longitude vraie = longitude moyenne + équation du centre.

Et nous avons (149) pour équation du centre E, exprimée en secondes,

$$E = 2e \frac{\sin nt}{\sin 1''} + \frac{5}{4} e^2 \frac{\sin 2nt}{\sin 1''} + \ldots.$$

nt *est l'anomalie moyenne* pour l'*époque considérée;* nous venons de la trouver égale à 123° 32′ 39″,88, calculons cette équation du centre.

Calcul de l'équation du centre E.

Calcul du 1er terme.	*Calcul du 2e terme.*
$2e$=0,0335339526 log=$\bar{2}$.5255477	2 log e=$\bar{4}$,4489096
c' log sin 1″=5.3144251	c' log sin 1′=5.3144251
log sin 123° 32′ 39″,88=9.9208834	log sin 247° 05′ 19″,76=9.9643115—
log 1er terme=3.7608562	log 5=0.6989700
1er terme=5765″,75	c' log 4=9.3979400
2e terme=—66″,76	log 2e terme=1,8245562
	2e terme=—66″,76

d'où E=5698″,99 = 1° 34′ 58″,99.

Nous savons aussi (149) qu'à l'époque considérée, l'équation du centre est positive; nous aurons donc, ayant trouvé : longitude moyenne = 44° 02′ 38″,31,

Longitude vraie du Soleil = 44° 02′ 38″,31 + 1° 34′ 58″,99,

c'est-à-dire,

Longitude vraie du ☉ le 6 mai 1858 à 0h T. M. de Paris = 45° 37′ 37″,3.

4° *Détermination de la déclinaison et de l'ascension droite.*

Prenons pour obliquité de l'écliptique l'*obliquité moyenne du 1er janvier* 1858 qui, d'après ce que nous avons dit, est égale à 23° 27′ 29″,16, en n'ayant pas égard, toutefois, aux variations périodiques que produit l'attraction *ului-solaire.*

D'après ce que nous avons vu (129), l'ascension droite Æ et la déclinaison D du Soleil nous sont données par les relations

$$\text{tang}\ Æ = \text{tang}\ L \cos\omega, \qquad \sin D = \sin L \sin\omega.$$

Calcul de Æ.	*Calcul de* D.
L=45°37′37″,3 log tang=10,0095063	log sin=9,8541861
ω=23°27′29″,16 log cos= 9.9625351	log sin=9.5999718
log tang Æ= 9.9720414	log sin D=9.4541579
d'où Asc. droite cherc.=2h 52m 37s,66	Déclinaison cherc.=16° 31′ 55″,00

5° *Calcul de l'équation du temps.*

Nous avons trouvé (163) pour expression de l'*équation du temps* exprimée en secondes de degré :

$$\text{Éq. du temps} = \varepsilon = E - \operatorname{tang}^2\frac{\omega}{2}\frac{\sin 2L}{\sin 1''} + \frac{1}{2}\operatorname{tang}^4\frac{\omega}{2}\frac{\sin 4L}{\sin 1''} - \frac{1}{3}\operatorname{tang}^6\frac{\omega}{2}\frac{\sin 6L}{\sin 1''}.$$

Nous venons d'obtenir pour l'époque considérée :

$$E = 1^\circ 34' 58'',99$$

$$\omega = 23^\circ 27' 29'',16, \text{ et par suite, } \frac{\omega}{2} = 11^\circ 43' 44'',58$$

$$L = 45^\circ 37' 37'',3,$$

d'où nous concluons :

$2L = 91^\circ 15' 14'',6$ $4L = 182^\circ 30' 29'',2$ $6L = 273^\circ 45' 43'',8.$

Disposition du calcul de ε.

Calcul du 2e terme.

2 log tang 11°43′44″,58 =	18,6345336
log sin 91°15′14″,6 =	9,9998959
c' log sin 1″ =	5,3144251
log 2e terme =	3,9488546
2e terme =	8889″,03
ou =	2°28′9″,03

Calcul du 3e terme.

4 log tang 11°43′44″,58 =	37,2690672
log sin 182°30′29″,2 =	8,6410854
c' log 2 =	9,6989700
c' log sin 1″ =	5,3144251
log 3e terme =	0,9235477
3e terme =	−8″,3858

Calcul du 4e terme.

6 log tang 11° 43′ 44″,58 =	55,9036008
log sin 273° 45′ 43″,8 =	9,9990630
c' log 3 =	9,5228787
c' log sin 1″ =	5,3144251
log 4e terme =	0,7399676
4e terme =	— 5″,495

donc $\varepsilon = 1^\circ 34' 58'',99 - (2^\circ 28' 9'',03) - 8'',3858 + 5'',495 = -53' 12'',94,$

d'où ε en temps $= -(3^m\ 32^s,86).$

Ceci est l'équation du temps à midi moyen de Paris. Pour avoir l'équation du temps à midi vrai, il faudrait calculer l'équation du temps pour le 7, ainsi que nous venons de le faire, et voir de combien varie l'élément en 24 heures, alors une partie proportionnelle donnerait la quantité dont varie $3^m\,32^s,86$ dans l'intervalle $3^m\,32^s,86$ environ.

De l'équation du temps que nous venons de trouver, on déduit

Temps moyen au midi moyen de Paris, le 6 mai $= 11^h\,56^m\,27^s,14$.

6° *Détermination du logarithme du rayon vecteur, de la parallaxe et du demi-diamètre du Soleil.*

Calcul du rayon vecteur.

Nous avons la relation

$$r = a\left[(1 - e\cos nt) + \frac{e^2}{2}(1 - \cos 2nt)\right] + \ldots\ldots$$

que nous pouvons écrire

$$r = a(1 - e\cos nt + e^2\sin^2 nt) + \ldots\ldots$$

Calcul du terme e cos nt.

$e = 0,0167669763$ log $= \bar{2},2244548$
$nt = 123°\,32'\,39'',88$ log cos $= 9,7423980$
log 2ᵉ terme $= \bar{3},9668528$
d'où 2ᵉ terme $= 0,0092651$

Calcul du terme $e^2\sin^2 nt$.

2 log $e = \bar{4},4489096$
2 log sin $= 19,8417668$
log 3ᵉ terme $= \bar{4},2906764$
3ᵉ terme $= 0,00019529$

donc $r = a(1 + 0,0092651 + 0,00019529) = a \times 1,00946039$.

On trouve d'après cela, logarithme rayon vecteur $= 10,00408926$.

Calcul de la parallaxe horizontale.

En appelant π la parallaxe horizontale moyenne, que nous avons supposée être égale à $8'',578$, nous aurons pour parallaxe horizontale P à la distance r,

$$P = \frac{\pi \times a}{r},$$

$$\log P = \log\pi + 10 - \log r,$$

$\pi = 8'',578$ log $= 0,93338600$
$10 - \log r = -0,00408926$
log P $= 0,92929674$

d'où Parallaxe horizontale cherchée $= 8'',497$.

Calcul du demi-diamètre horizontal.

Nous trouverions pour valeur du demi-diamètre à la distance moyenne, 16′01″,45; on aura donc, pour demi-diamètre, $\frac{1}{2}d$, à la distance r, le 6 mai 1858,

$$\frac{1}{2}d = \frac{16'01'',45 \times a}{r}.$$

En appliquant les logarithmes, on a

$$\begin{aligned} 16'01'',45 = 961'',45 \log &= 2,98292670 \\ 10 - \log r &= -0,00408926 \\ \hline \log \frac{1}{2} d &= 2,97883744 \end{aligned}$$

d'où, demi-diamètre cherché = 952″,44 = 15′52″,44.

Résumé.

190. Les éléments que nous venons de determiner diffèrent un peu de ceux donnés dans la *Connaissance des temps* pour la même époque. Cela provient de ce que, dans la recherche que nous venons de faire, nous n'avons pas tenu compte de perturbations dues à la *Lune* et aux *planètes*. Nous pouvons voir, toutefois, par le tableau ci-dessous, que les différences ne sont pas énormes et que la méthode dont nous nous sommes servi donne une approximation suffisante pour les besoins ordinaires de la navigation.

Différences entre les éléments, calculés en supposant que la courbe décrite par la Terre autour du Soleil est rigoureusement une ellipse, et ces mêmes éléments donnés dans la Connaissance des temps.

Époque. — 6 mai 1858 à 0ʰ T. M. de Paris.

ÉLÉMENTS.	CALCULÉS.	INSCRITS dans la connaissance des temps.	DIFFÉRENCES.
Temps sidéral.	2ʰ 56ᵐ 10ˢ,55	2ʰ 56ᵐ 10ˢ,74	— 0ˢ ,22
Longitude du Soleil vrai. . .	45° 37′ 37″,3	45° 37′ 16″,4	+ 20″ ,9
Déclinaison *id.*	16 31 55 ,3	16 31 54 ,6	+ 0 ,7
Ascension droite *id.*	2ʰ 52ᵐ 37ˢ,66	2ʰ 52ᵐ 36ˢ,17	+ 1ˢ ,49
Équation du temps.	— (3ᵐ 32ˢ,8)	— (3ᵐ 34ˢ,5)	— 1 ,7
Logar. du rayon vecteur. . .	0,00408926	0,00409150	— 0,00000224
Parallaxe horizontale.	8″,497	8″,498	— 0,001
Demi-diamètre horizontal. .	15′ 52″,44	15′ 52″,35	+ 0,09

ÉTUDE DU SOLEIL CONSIDÉRÉ EN LUI-MÊME.

Nous avons dit (132) comment, à l'aide d'un *micromètre*, on a pu déterminer que le disque du Soleil est *circulaire*. Voyons comment on peut s'assurer que cet astre est un *globe sphérique*.

191. *Des taches.*—Si l'on observe attentivement le *Soleil* à l'aide d'une *lunette* en se servant de verres colorés pour affaiblir son éclat, on aperçoit sur sa surface *des taches qui paraissent noires et irrégulières.*

Ces taches ont des dimensions très-dissemblables.

La plus grande étendue linéaire embrassée par l'une de ces taches sur la surface solaire a été trouvée, *au micromètre*, de 167″ environ, *vingt fois la parallaxe horizontale du Soleil;* par conséquent, environ *dix fois plus considérable que le diamètre de la Terre.*

La figure 106 représente l'aspect du disque solaire le 24 mai 1828, d'après les dessins des *nouvelles astronomiques de Shumacher.*

Fig. 106.

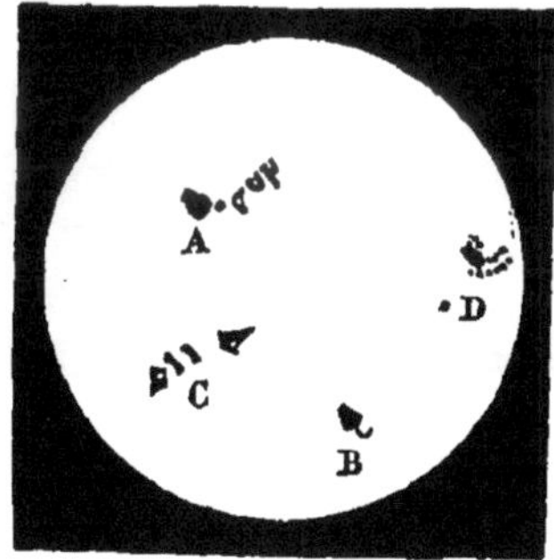

On aperçoit sur le disque solaire en A, B, C et D quatre groupes de taches.

Le groupe B est représenté fortement grossi en B′ (fig. 107).

Pénombre. — Quand une tache noire a de grandes dimensions, autour d'elle existe, presque toujours, une zone étendue d'une teinte moins sombre dont les contours sont aussi nettement déterminés.

Ce contour moins sombre porte le nom de *pénombre.*

L'éclat de la pénombre est sensiblement augmenté dans les parties qui touchent au *noyau noir.*

Fig. 107.

La figure 108 représente l'aspect du Soleil, le 9 novembre 1861, à $1^h\ 35^m$, T. M. de Brest, tel que je l'ai vu avec une lunette grossissant 30 fois environ.

A, petite tache un peu éloignée du bord *Ouest* du disque;

B, groupe de taches dont la plus à l'Ouest était assez grande; la largeur du groupe était d'environ 2 minutes;

C, groupe de petites taches noires. Trois de ces taches, plus accusées que les autres, formaient les sommets d'un triangle équilatéral;

D, groupe de très-petites taches dont les deux plus à l'Est étaient plus grandes que les autres; leur distance au bord Est était d'environ 3 minutes.

Fig. 108.

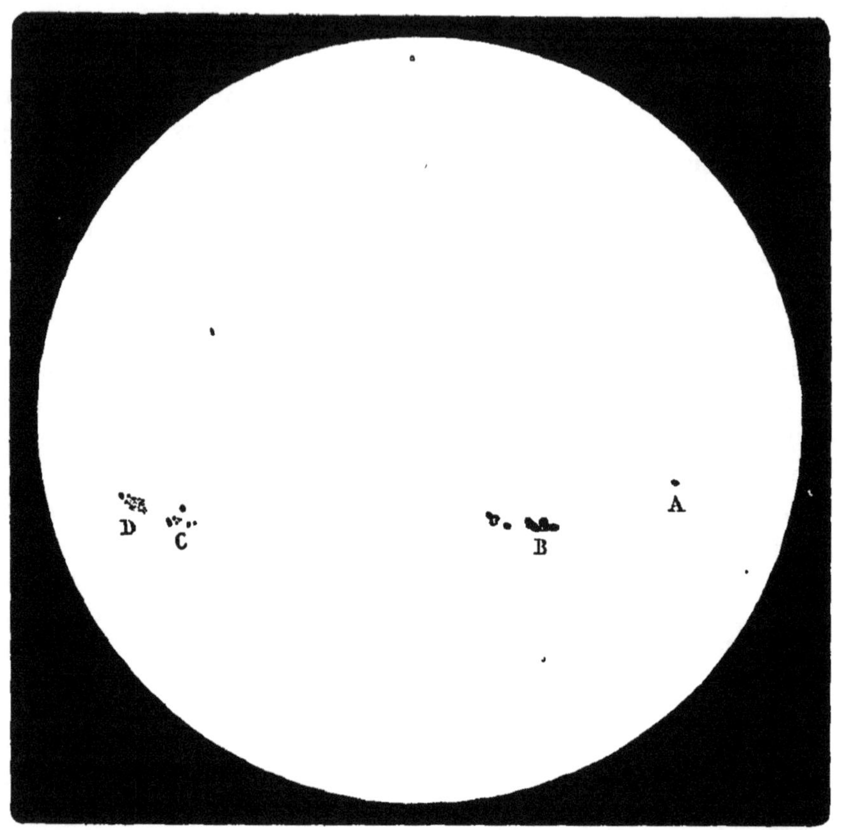

Facules. — Indépendamment des *taches noires*, on observe sur le disque solaire des *taches dont la lumière est inférieure* à celle de la surface de l'astre.

Ces taches brillantes prennent le nom de *facules*.

Lucules. — Enfin, le Soleil observé avec un puissant télescope ne semble pas avoir un éclat *uniforme*. Il paraît couvert de rugosités qu'Herschel assimile à celles que présente la *peau d'une orange* et qui se font remarquer dans toutes les parties de la surface solaire.

Ces rides lumineuses sont appelées *lucules*.

MOUVEMENT DES TACHES SOLAIRES.

192. *Mouvement des taches noires.* — Les taches noires font leur apparition *au bord oriental du Soleil;* elles s'avancent ensuite successivement

vers le centre du disque qu'elles atteignent au bout de *sept jours environ.* Leur mouvement vers l'Ouest continue toujours; au bout de sept autres jours elles atteignent le bord occidental et disparaissent.

Elles sont donc restées visibles sur le disque solaire environ quatorze jours. Après leur disparition elles reparaissent sur le *bord oriental* au bout de quatorze jours environ, continuent leur mouvement comme la première fois, et ainsi de suite.

Aspect du noyau noir d'une tache pendant son mouvement. — Considérons, par exemple, la tache noire B représentée figure 107, qui a une forme à peu près circulaire.

Au moment où cette tache se montre *au bord oriental,* elle a la forme d'un filet *très-allongé* dans le sens perpendiculaire à son mouvement; à partir de ce moment, la *tache paraît s'élargir* dans le sens de *son mouvement,* jusque vers le centre du Soleil où elle a une forme à peu près circulaire; puis, le diamètre transversal de la tache diminue progressivement, et au moment de disparaître vers le bord occidental, elle est réduite à *un filet analogue* à celui sous lequel elle est apparue *au bord oriental.*

Vitesse du mouvement de la tache noire. — La vitesse avec laquelle une tache noire paraît traverser le disque solaire n'est pas la même dans tout le parcours.

Cette vitesse varie d'une manière continue d'un bord à l'autre.

Elle est *minimum* près des bords et *maximum* vers le centre du disque.

Aspect de la pénombre pendant le mouvement de la tache.— La pénombre, dans le mouvement de la tache, présente une variation de forme *toute différente de celle du noyau noir.*

C'est-à-dire qu'au moment où la tache se montre sur le bord oriental, la pénombre est *sensiblement moins étendue du côté du centre que vers le bord;* lorsque la tache est située vers le centre du disque, *la pénombre paraît également étendue des deux côtés;* et enfin, lorsqu'elle est sur le point de disparaître vers le bord occidental, c'est vers *ce bord que la pénombre a le plus d'étendue.*

Aspect et mouvement des facules. — Les facules présentent exactement les mêmes phénomènes que les *taches noires:* quant à leur mouvement, à leur aspect pendant le mouvement, et aux variations de leur vitesse en traversant le *disque solaire.*

Résumé. — Les taches solaires paraissent donc avoir toutes un mouvement sur le disque solaire, *de l'Est à l'Ouest.* Ce mouvement a lieu suivant des *cordes parallèles* inclinées d'environ 7° sur le plan de l'*écliptique.*

193. *Le Soleil est un globe sphérique.*—Le mouvement des taches noires et des facules sur le disque solaire indique qu'elles tournent sur un *globe sphérique.*

1° Leur *déformation apparente est*, en effet, *le fait de la perspective.*

2° Leur vitesse *minimum* au bord, *maximum* au centre, est bien ce qui doit arriver pour un observateur considérant un mobile tournant autour d'une sphère éloignée de lui.

3° Et leur retour périodique de *quatorze jours en quatorze jours* indique qu'une tache met 27 à 28 jours à faire le tour de l'astre; nous devons alors, en effet, la voir pendant 14 jours, et elle doit être cachée pendant les 14 jours suivants.

194. *Rotation du Soleil.* — Ce mouvement de rotation des taches du Soleil peut parfaitement s'expliquer en admettant que ces taches font partie de *la masse solaire* et que cette masse est douée d'un mouvement de rotation sur elle-même, autour d'un axe *peu différent d'une perpendiculaire au plan de l'écliptique.*

Le mouvement des facules surtout vient confirmer cette explication en détruisant l'hypothèse qui consistait à considérer les taches noires comme des disques opaques minces tournant uniformément autour du Soleil, à peu de distance de sa surface et de manière à rester toujours perpendiculaires à la ligne menée du centre au *disque opaque.*

Donc, nous admettrons comme suffisamment démontré *que le Soleil est doué, comme la Terre, d'un mouvement de rotation d'occident en orient.*

Durée de la rotation réelle du Soleil. — Le temps qui s'écoule entre deux passages consécutifs d'une tache sur le centre du disque du Soleil, est d'environ $27^{\text{jours}},5$.

Ce temps, eu égard au mouvement de translation de la Terre autour du Soleil, n'est pas réellement le temps de révolution de cet astre sur son axe.

Soient, en effet, S (fig. 109), le centre du Soleil, Ctt' la circonférence qui représente son disque, ABD l'arc elliptique que la Terre décrit autour du Soleil dans le sens de la flèche (F); d'après ce que nous venons de voir, la rotation du Soleil se fait dans le même sens, ainsi que l'indique la flèche (f).

Fig. 109.

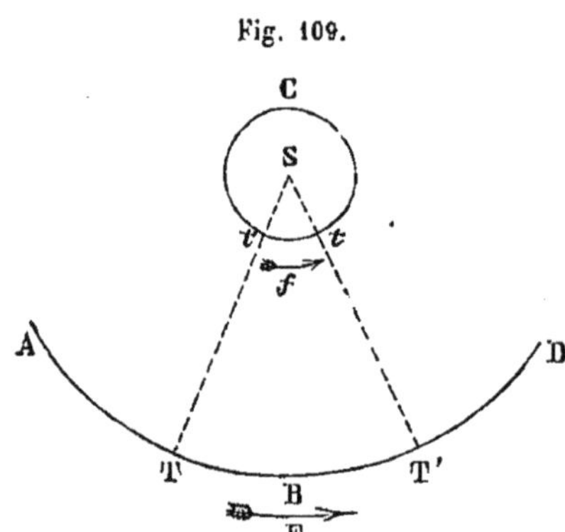

Un certain jour la Terre étant en T, on a *vu une tache sur le centre du Soleil;* elle était donc en t' sur la ligne ST.

27 jours 1/2 environ après, la Terre étant en T'; la tache se voit au centre du Soleil en t sur la ligne ST'; donc, la tache a parcouru $360° + tt'$. Pour parcourir 360° la Terre met ce que nous avons appelé l'*année si-*

dérale, c'est-à-dire 365j. moy.,25637; donc, en 27jours,5, en supposant le mouvement uniforme, elle parcourra un nombre de degrés représenté par

$$\frac{360 \times 27,5}{365,25637} = tt'.$$

Le temps de rotation du Soleil est donc donné par la relation

$$\frac{x}{27,5} = \frac{360^\circ}{360 + tt'}.$$

Ou remplaçant tt' par sa valeur et divisant par 360, on a

$$\frac{x}{27,5} = \frac{1}{1 + \frac{27,5}{365,25637}} = \frac{365,25637}{365,25637 + 27,5}.$$

En effectuant les calculs, on trouve

$$x = 25^{\text{jours}},5.$$

Les résultats obtenus par divers observateurs sont un peu différents les uns des autres, parce que les taches se déforment, que chaque observateur n'a pas visé au même point, et que les taches ont un petit déplacement propre, ainsi que l'a indiqué M. *Laugier*.

De l'observation de 29 taches distinctes faites par *cet astronome*, il a conclu que le temps de rotation du Soleil doit être de

$$25^{\text{jours}},34.$$

En évaluant l'arc de grand cercle solaire qui séparait deux taches à deux intervalles assez rapprochés, il a trouvé que *la vitesse relative d'une tache était de 111 mètres par seconde.*

De l'équateur solaire. — Le plan passant par le centre du Soleil et perpendiculaire à l'axe autour duquel l'astre fait sa révolution, s'appelle *équateur solaire.*

M. *Laugier* a trouvé que l'équateur solaire était, en 1840, incliné d'environ 7° sur l'écliptique, et que la longitude de son *nœud* était égale à 75°.

Le résultat obtenu par M. *Laugier* a été confirmé par celui que vient de publier M. *Carrington* et qui a été déduit, par cet astronome, de l'observation des taches solaires effectuées par lui de 1853 à 1861. M. *Carrington* a trouvé qu'en 1854 l'inclinaison de l'*équateur solaire* sur l'*écliptique* était de 7°17',3 et que la longitude de son nœud était égale à 73° 28'.

Il a aussi déduit de son travail que les points de la surface du Soleil ont à l'équateur un *mouvement angulaire plus rapide* qu'au pôle.

Il a formé le tableau suivant qui donne le mouvement *angulaire* des points de la surface du Soleil par différentes latitudes solaires.

Latitude Nord.	Mouvement angulaire.	Latitude Sud.	Mouvement angulaire.
50.	787′	45.	759
35.	806	35.	805
30.	824	30.	814
25.	831	25.	827
20.	840	20.	839
15.	851	15.	845
10.	859	10.	856
5.	863	5.	865
0.	867	0.	867

De ce tableau il résulte qu'une rotation complète de l'*équateur solaire* s'effectue en $24^{\text{jours}},9$, et qu'une rotation complète du parallèle de 35° s'effectue en $26^{\text{jours}},83$; il y a donc entre ces deux durées une différence de 2 jours.

En prenant la moyenne de tous les mouvemente angulaires, on trouve

$$25^{\text{jours}},8$$

pour durée moyenne de la rotation de la surface solaire.

195. *Courbe décrite par une tache sur le disque solaire.* — Si la Terre se trouve dans le prolongement de la ligne d'intersection de l'écliptique et de l'équateur solaire, une tache doit sensiblement décrire une ligne droite sur *le disque*.

Si la Terre se trouve à l'une des extrémités de la ligne perpendiculaire à cette intersection, la tache doit décrire un arc d'ellipse très-allongé ayant sa convexité tournée vers la partie nord du Soleil, et à l'autre extrémité la convexité de cette ellipse doit être tournée vers la partie sud du Soleil. Cette remarque est d'accord avec l'observation.

196. *Particularités.* — Les taches ne se montrent pas à toutes les distances de l'équateur solaire; généralement, elles font leur apparition dans une zone comprise entre 35° *de déclinaison boréale et* 35° *de déclinaison australe* comptés à partir de l'*équateur solaire.*

Cependant, le directeur de l'Observatoire de Naples prétend en avoir vu une par 46° *de déclinaison Sud.* C'est ce qu'a confirmé le travail de M. Carrington.

Les *taches solaires* ont généralement peu de durée; on en a cependant remarqué de visibles pendant 5 à 6 mois; d'autres, au contraire, ont disparu avant d'atteindre le bord *occidental.*

Les *facules* se montrent généralement près des *taches noires.*

197. *Grandeur du Soleil.* — Le Soleil étant un globe sphérique, nous allons pouvoir déterminer facilement la *grandeur de cette sphère* en prenant pour unité la Terre.

Soient R la distance du Soleil à la Terre à un certain moment, D le *demi-diamètre* mesuré ou calculé qui correspond à cette distance, P *la parallaxe horizontale* correspondante, r le rayon de la Terre et r' le rayon du Soleil, on a trouvé les deux relations

$$D = \frac{r'}{R \sin 1''},$$

$$P = \frac{r}{R \sin 1''},$$

desquelles on déduit

$$\frac{r'}{r} = \frac{D}{P} \quad \text{ou} \quad r' = r \times \frac{D}{P}.$$

Si nous consultons la *Connaissance des temps* de 1858, nous trouvons que le 5 mai, par exemple, on

$$D = 15' 52'',57 \text{ et } P = 8'',5.$$

On a donc

$$r' = r \frac{15' 52'',57}{8'',5} = 112\, r \text{ environ.}$$

198. *Aire de la surface du Soleil.* — Puisque les aires des surfaces des sphères sont entre elles comme les carrés de leurs rayons, on a, en appelant S l'aire de la surface du Soleil et s l'aire de la surface de la Terre,

$$\frac{S}{s} = \frac{112^2\, r^2}{r^2} = 112^2,$$

d'où

$$S = 112^2 \times s = 12544\, s.$$

199. *Solidité du volume du Soleil.* — Les solidités des volumes de deux sphères étant entre elles comme les cubes de leurs rayons, on a, en appelant V *la solidité du volume du Soleil et* v *la solidité du volume de la Terre,*

$$\frac{V}{v} = \frac{112^3\, r^3}{r^3} = 112^3,$$

d'où

$$V = 112^3\, v = 1404928\, v.$$

HYPOTHÈSE SUR LA CONSTITUTION PHYSIQUE DU SOLEIL.

200. Nous ne rappellerons nullement les différentes hypothèses faites sur la constitution physique du Soleil ; nous allons seulement donner celle

qui, jusqu'à présent, paraît la plus rationnelle, et qui explique du reste parfaitement les taches solaires et les différents aspects sous lesquels elles se *présentent*.

D'après cette hypothèse, *le Soleil* est un corps obscur S (fig. 110), enveloppé, à une certaine distance, d'une *atmosphère aa'* composée d'une couche continue de *nuages opaques et réfléchissants*.

Fig. 110.

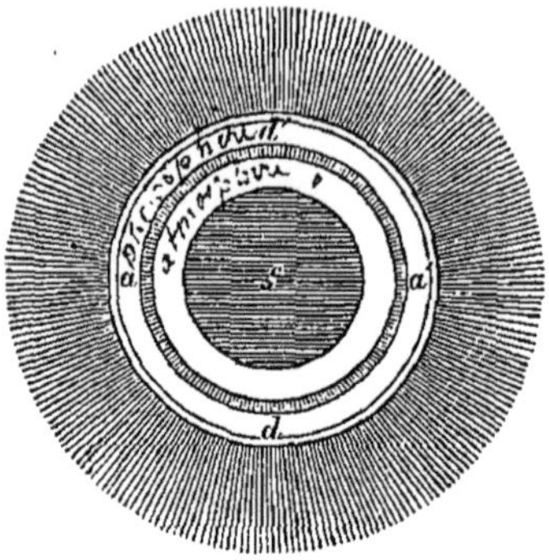

Une seconde *atmosphère lumineuse dd'* enveloppe la première; cette seconde atmosphère prend le nom de *photosphère*.

C'est cette photosphère dont le contour détermine le disque apparent de l'astre.

Voyons comment, à l'aide de cette hypothèse, on peut donner l'explication des *taches*.

Explication des taches. — Il suffit d'admettre que dans ces atmosphères il *se forme de temps en temps des ouvertures*.

Fig. 111.

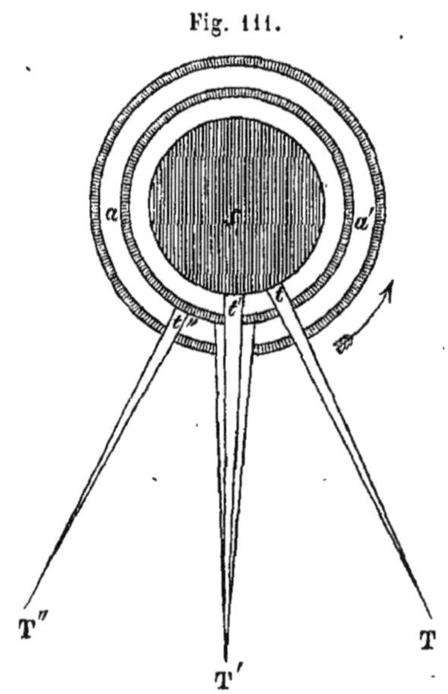

Si les deux atmosphères ont chacune leur ouverture en ligne droite avec la Terre et que la largeur angulaire de l'ouverture de *la photosphère soit la plus petite*, il y a *tache noire sans pénombre*, ainsi qu'on le voit en *t*, la Terre étant en T (fig. 111); si l'ouverture de la photosphère est la plus grande, il y a *tache avec noyau et pénombre*, ainsi qu'on le voit en *t'* et T'; enfin, s'il n'y a ouverture que dans la photosphère, il y a *pénombre sans tache noire*, ainsi que cela doit avoir lieu en *t''*, la Terre étant en T''.

Le mouvement de rotation du Soleil ayant lieu dans le sens de la flèche, on comprend très-bien, d'après ces hypothèses, l'aspect que présentent les taches dans le mouvement.

NATURE DE LA MATIÈRE INCANDESCENTE DU SOLEIL.

201. Au moyen de la lunette polariscope dont on donne la description dans les traités de physique, *Arago*, inventeur de cette lunette, a

démontré que *la substance lumineuse qui dessine le contour du Soleil est gazeuse.*

Cette première hypothèse sur la nature de la matière incandescente du Soleil permet d'expliquer *les facules et les lucules* du disque solaire; il suffit pour cela d'admettre que la surface solaire offre des irrégularités. En effet, à la suite d'expériences exactes, *Arago* a conclu qu'une surface gazeuse incandescente et d'une étendue déterminée paraît plus lumineuse *si on la voit obliquement que sous l'incidence perpendiculaire.* Donc, *si la surface solaire offre des irrégularités ou ondulations, elle doit paraître comparativement faible dans les parties de ces irrégularités qui se présentent perpendiculairement à l'observateur, et plus brillante dans les parties inclinées.*

DE LA LUMIÈRE ZODIACALE.

202. Un phénomène qui, bien qu'observé déjà depuis près de deux siècles, n'a pu encore être expliqué d'une manière complétement satisfaisante est le phénomène connu sous le nom de *lumière zodiacale.*

Définition. — Lorsque l'horizon est bien dégagé, que le Ciel est pur, les habitants des pays qui dominent de grandes plaines, et *les marins* surtout qui voguent au milieu de l'Océan peuvent apercevoir à certaines époques, peu après le coucher du *Soleil* ou peu avant son lever, au moment où l'on aperçoit à l'œil nu les étoiles de quatrième grandeur, une *lueur*, quelquefois aussi brillante que la voie lactée, qui s'étend obliquement dans le Ciel, depuis le point où l'astre radieux a disparu jusqu'à une distance qui embrasse un arc variant entre 40 et 100 degrés.

Cette lumière a la forme d'un cône oblique dont l'axe semble, à peu près, coïncider avec l'*écliptique* ou plutôt avec le plan de l'*équateur solaire;* la base de ce cône, qui comprend de 10° à 30°, s'appuie sur l'horizon.

Cette lueur paraît quelquefois changer brusquement d'intensité; on y remarque des *ondulations,* et quelques astronomes ont cru y apercevoir des *pétillements.* La couleur de cette lumière varie entre le *jaune* et le *rouge pâles*, et l'on peut apercevoir les étoiles les plus petites de la région du Ciel sur laquelle elle s'étend.

En *France*, ou plutôt en *Europe, la lumière zodiacale* se montre le plus généralement vers la *fin de mars*, après le coucher du Soleil, et dans *le mois de septembre* avant son lever.

Mouvement de la lumière zodiacale. — La lueur zodiacale a un mouvement propre sur les étoiles dirigé d'*occident en orient* comme celui du *Soleil;* c'est-à-dire que si un certain jour, par exemple, on aperçoit la lueur sur la constellation du *Bélier*, un mois après on l'apercevra sur la constellation du *Taureau*, et ainsi de suite.

Cette lueur ne se projetant à peu près que sur les constellations zodiacales, a été nommée, pour cette raison, *lumière zodiacale*.

Dépendance de la lumière zodiacale et du Soleil. — Le fait que la lueur ne s'*aperçoit que près du Soleil*, lorsque cet astre est assez au-dessous de l'horizon pour que l'éclat de notre atmosphère n'empêche pas d'apercevoir les étoiles de troisième et de quatrième grandeur, et le mouvement du phénomène sur les étoiles, font penser, avec raison, que c'est près du *Soleil* même et non pas dans notre atmosphère que cette *lueur* prend sa cause.

De plus, les mesures angulaires faites sur la direction de l'axe du cône lumineux ont permis de conclure que cette direction est, ainsi que nous l'avons dit, à peu près celle de l'*équateur solaire*, qui, comme on le sait, est incliné d'environ 7° sur l'*écliptique*.

On peut admettre d'après cela *que cette lumière s'étend autour du Soleil à peu près dans le plan de l'écliptique*. On peut comprendre alors pourquoi, dans nos régions, on n'aperçoit le phénomène qu'à certaines époques.

En effet, pour que la lueur soit visible, il ne faut pas que l'axe du cône lumineux fasse avec l'horizon un angle trop aigu, parce qu'alors la lueur se perd dans les vapeurs de l'horizon; or l'axe du cône est à peu près dirigé suivant l'écliptique, on ne peut donc apercevoir le phénomène qu'au moment où l'écliptique fait avec l'horizon un angle d'une certaine grandeur.

Par l'*effet du mouvement diurne*, l'horizon d'un lieu fait avec l'*écliptique*, dans 24 heures sidérales, un angle qui varie entre deux limites.

Soient (fig. 112) : Z le zénith d'un observateur, P le pôle de l'équateur, p le pôle de l'écliptique. Il est clair qu'à un instant quelconque l'angle de l'*écliptique* et de l'horizon est égal à l'angle *des axes* de ces deux cercles et par conséquent à l'arc pZ.

Fig. 112.

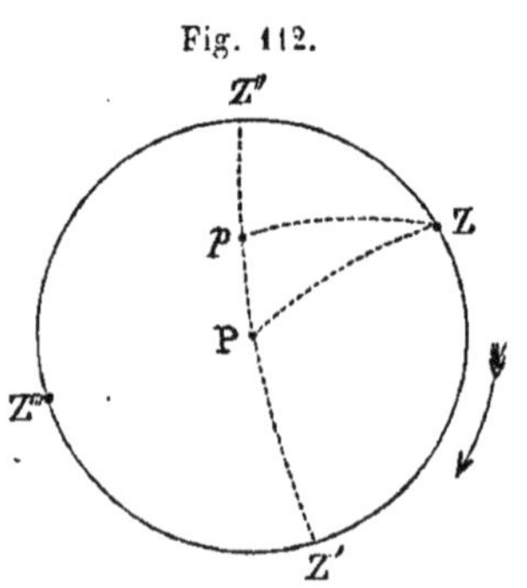

Mais, par suite du mouvement diurne que nous supposerons avoir lieu dans le sens de la *flèche*, le zénith Z décrit, dans 24 heures sidérales, un petit cercle ZZ'Z'''Z'' de la sphère céleste, cercle dont le point P est le pôle.

L'arc pZ passe alors par tous les états de grandeur compris entre Z''p *valeur minimum* et pZ' *valeur maximum*.

Ainsi, c'est au moment où le zénith est en Z' dans le *colure des solstices* que l'horizon fait avec l'écliptique un angle maximum qui est égal *à l'inclinaison de l'écliptique sur l'équateur augmentée de la colatitude du lieu*.

Au moment où les trois points p, P et Z (fig. 113), sont sur le même grand cercle, il est clair que les trois cercles HH' *horizon*, CC' *écliptique* et QQ' *équateur*, se coupent suivant un même diamètre de la sphère qui n'est autre que la ligne *des équinoxes* ♈♎, laquelle se confond alors avec la *vraie ligne Est et Ouest* εO.

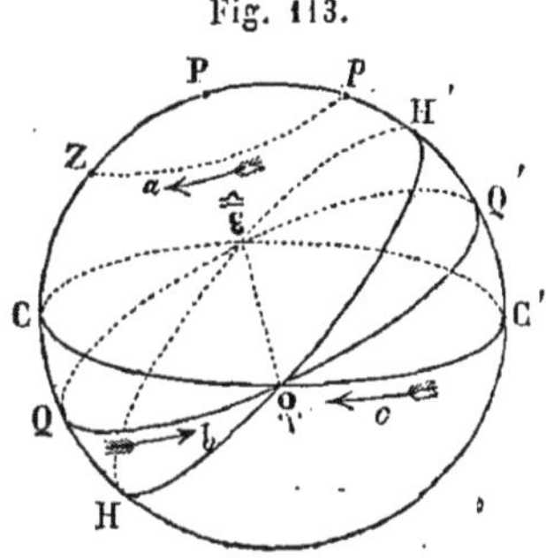

Fig. 113.

Comme nous avons supposé que le mouvement du zénith a lieu dans le sens de la *flèche a* (fig, 113), le *mouvement apparent* de la sphère céleste a lieu dans le sens opposé, c'est-à-dire dans le sens de la *flèche b*. Par conséquent, si P est le pôle *Nord*, l'observateur étant alors situé dans l'hémisphère Nord, le point O considéré comme intersection de *l'écliptique et de l'horizon sera l'Ouest*, et le même point, considéré comme intersection de *l'écliptique et de l'équateur* sera le point *équinoxial du printemps*, puisque le Soleil a sur l'écliptique un mouvement dans le sens de la flèche *c*, le même que celui indiqué par la flèche *a*.

Donc, au moment où l'écliptique fait avec l'horizon son *angle maximum*, le point *équinoxial du printemps est à l'Ouest de l'horizon et le point équinoxial d'automne est à l'Est*.

Mais pour pouvoir apercevoir la *lumière zodiacale*, il faut que le Soleil se trouve un peu au-dessous de l'horizon; donc il faut qu'il soit en O ou en ε, c'est-à-dire en ♈ ou en ♎, autrement dit *aux équinoxes*.

Ainsi, au mois de septembre, le Soleil étant en ε, on pourra voir la lumière zodiacale un peu *avant le lever de l'astre*, et au mois de mars, le Soleil étant en O, on pourra apercevoir la lueur un peu *après le coucher de cet astre*.

Hypothèses sur la cause de la lumière zodiacale. — Toutes les suppositions faites, jusqu'à présent, sur la cause de la lumière zodiacale, sont loin d'être complétement satisfaisantes.

Ainsi, on ne peut admettre, avec certains astronomes, que la *lumière zodiacale* indique les dernières limites de l'atmosphère solaire; car, en raison des dimensions du cône lumineux et de la rotation du Soleil, rotation qui doit se communiquer à toute l'atmosphère solaire, la force centrifuge serait tellement grande qu'elle ne pourrait être annulée par la force d'attraction du *Soleil;* ces molécules, limites de cette immense atmosphère, seraient alors immédiatement lancées dans l'espace et devraient circuler autour du Soleil sous la forme d'un anneau simplement soumis à la loi de la gravitation.

L'hypothèse de *Laplace* est la seule qui semble rationnelle lorsque l'on admet celle qu'il a faite sur la formation des mondes.

L'illustre auteur de la *Mécanique céleste* suppose que la lumière zodiacale provient de molécules indépendantes les unes des autres et circulant autour du *Soleil* avec des vitesses qui dépendent de leur distance à cet astre.

Ces molécules *proviendraient de la Nébuleuse qui a donné naissance au Soleil et aux planètes.*

Le phénomène de la lumière zodiacale n'a pas encore été étudié d'une manière assez suivie pour que la question soit considérée comme résolue d'une manière complète.

Les officiers de marine, par leur séjour dans les pays intertropicaux, peuvent, à ce sujet, rendre quelques services à la science en recueillant toutes les observations possibles sur *la forme, la grandeur, la direction, l'intensité, la couleur, l'uniformité et la durée de ce mystérieux phénomène.*

ÉTUDE DE LA LUNE.

Le corps qui frappe le plus nos regards, après *le Soleil*, est *la Lune*. Nous allons procéder, dans l'étude du mouvement de cet astre, de la même manière que nous avons agi pour le Soleil, c'est-à-dire que nous considérerons encore *trois modes d'observations*.

PREMIER MODE D'OBSERVATION.

203. En examinant simplement la *Lune*, ainsi que nous l'avons d'abord fait pour le *Soleil*, nous faisons les remarques suivantes :

1° *Par rapport à son lever et à son coucher.* — Les points de ses levers et de ses couchers *oscillent* aussi entre une position *moyenne* qui est la même que *celle du Soleil;* seulement, ce mouvement oscillatoire, au lieu de se faire de *six mois en six mois,* se fait de *quatorze jours en quatorze jours,* c'est-à-dire *treize fois plus vite* environ que le mouvement d'oscillation des points de lever et de coucher du Soleil.

De plus, l'amplitude de cette oscillation varie, dans une période de neuf ans, entre *deux limites fixes* dont l'amplitude de l'oscillation des points de lever et de coucher du *Soleil est une moyenne.*

2° *Par rapport aux étoiles.* — La Lune possède, comme le Soleil, un mouvement propre par rapport aux étoiles et elle parcourt à peu près les constellations *zodiacales* dans 27 jours 1/3 environ, par conséquent *treize fois plus vite* que le Soleil ne les parcourt.

3° *Par rapport au Soleil.* — En observant la Lune par rapport au Soleil, on remarque que, lorsqu'elle est dans l'Ouest de cet astre, elle paraît s'en rapprocher et qu'elle paraît s'en éloigner quand elle est dans l'Est; et elle semble avoir fait un tour de la voûte céleste par *rapport au Soleil,* dans $29^{\text{jours}},5$ environ.

4° *Par rapport au méridien.* — Que la hauteur maximum de la *Lune* varie dans un intervalle de 14 jours environ entre deux limites qui ne sont pas fixes, mais qui oscillent dans une période *de* 9 *ans et* 4 *mois environ,* entre deux positions fixes dont les limites de la hauteur maximum *du Soleil représentent les moyennes.*

5° *Par rapport à son aspect.* — La Lune ne se présente pas toujours comme le Soleil sous la forme d'un disque lumineux ; elle affecte, de temps en temps, la forme d'un croissant dont la ligne qui joint *les cornes* est perpendiculaire sur la ligne qui joint les centres du Soleil et de la Lune. Ce croissant a toujours *sa convexité tournée vers le Soleil.* Les dimensions de cette portion de disque augmentent graduellement tant que la Lune s'éloigne du Soleil *dans l'Est*, jusqu'à devenir *un disque circulaire brillant*, et diminuent ensuite tant que la Lune se rapproche *du Soleil dans l'Ouest*, pour disparaître entièrement à nos regards environ 14 jours après qu'elle était un cercle lumineux. 14 jours 1/2 environ après sa disparition complète, on la voit encore dans tout son éclat.

L'intervalle qui s'écoule entre deux aspects semblables de la Lune est d'environ 29 jours 1/2. C'est certainement cette période, dit Delambre, qui a donné aux hommes l'idée de partager la durée du temps en mois de 30 jours, puisque, en grec, le mot *Lune* se dit μήνη, et *mois* se dit μήν ou μηνός. Probablement on peut aussi attribuer aux phases de la Lune la période de *sept* jours connue sous le nom de *semaine ;* cette période étant égale, à peu près, à celle qui correspond à l'intervalle des principales phases de cet astre.

On observe, en outre, que lorsque la Lune ne paraît que sous la forme d'un arc de cercle, elle se lève, se couche, et passe *au méridien* à peu près en même temps que le Soleil.

Lorsqu'elle paraît sous la forme d'un demi-cercle lumineux, dans l'*Est du Soleil*, elle passe au méridien vers 6 heures *du soir*.

Lorsqu'elle paraît sous la forme d'un disque lumineux, elle passe au méridien 12 heures environ après le Soleil; et, *remarque importante*, elle se lève plus tôt et se couche plus tard en *hiver* qu'en *été*.

Et enfin, quand elle paraît sous la forme d'un demi-cercle lumineux dans l'*Ouest* du Soleil, elle passe au méridien vers 6 heures *du matin*.

Conclusion.

De ce premier mode d'observations, nous concluons :

1° *Que la Lune paraît avoir un mouvement de translation autour de la Terre, qui s'effectue dans 29 jours 1/2 environ ;*

2° *Que la Lune est un corps sphérique qui n'est pas lumineux par lui-même, et qui ne brille que de la lumière qu'il reçoit du Soleil.*

PARALLAXE DE LA LUNE.

204. Avant de commencer le second mode d'observation, nous devons remarquer que, eu égard à la manière dont on aperçoit la Lune dans une lunette, comparativement à l'aspect que présentent le Soleil et les autres

astres, on doit immédiatement supposer que *cet astre n'est pas très-éloigné de nous.*

Pour pouvoir alors rapporter nos observations faites au cercle mural ou avec tout autre instrument, sur le globe céleste qui nous a servi pour le Soleil, il faut que nous fassions subir aux angles observés la correction qui marque la différence de situation entre *le lieu de l'observateur et le centre de la Terre.*

Nous savons que cette *correction* est celle *de la parallaxe.*

La méthode à suivre, pour l'obtenir, est identiquement la même que celle que nous avons donnée (106) pour le Soleil, et si l'on représente encore par p la parallaxe en hauteur de la Lune, par P sa parallaxe horizontale et par N' la distance zénithale observée corrigée de la réfraction, on a la relation

$$\sin p = \sin P \sin N'.$$

De la parallaxe horizontale équatoriale. — Nous avons dit que, en raison de la grande distance du Soleil à la Terre (24000 r), par rapport au rayon terrestre, on pouvait, dans l'étude du mouvement du Soleil, supposer la Terre sphérique.

Mais pour la Lune, dont la distance à la Terre n'est, ainsi que nous allons le voir, que de 60 r environ, c'est-à-dire 400 fois plus petite que celle du Soleil à la Terre, nous devons avoir égard à la non-sphéricité de notre globe dans la correction de la *parallaxe.*

Nous voyons, en effet, que lorsque l'on considère la Terre comme un ellipsoïde de révolution, la *parallaxe horizontale* d'un lieu est donnée par la relation

$$\sin P = \frac{r}{R}$$

dans laquelle r est le rayon de la Terre au lieu considéré.

Cette parallaxe n'est donc pas la même que la parallaxe horizontale d'un autre lieu dans lequel le rayon terrestre est r' différent de r.

La *parallaxe horizontale maximum,* à un même instant, est évidemment celle qui correspond à tous les points *de l'équateur.*

Cette parallaxe horizontale particulière prend le nom de *parallaxe horizontale équatoriale;* c'est celle que donne, pour la *Lune,* la *Connaissance des temps.*

Voyons donc comment on peut passer de cette parallaxe équatoriale à la parallaxe horizontale correspondante qui convient à un lieu dont la latitude est L.

Il suffit, pour cela, de résoudre la question suivante :

Déterminer la valeur du rayon terrestre en un lieu quelconque en fonction :

De l'aplatissement de la Terre,

Du rayon de l'équateur,

Et de la latitude du lieu.

Soient C la Terre (fig. 114), AA′ le diamètre de l'équateur, O la position de l'observateur, HH′ son horizon apparent.

Fig. 114.

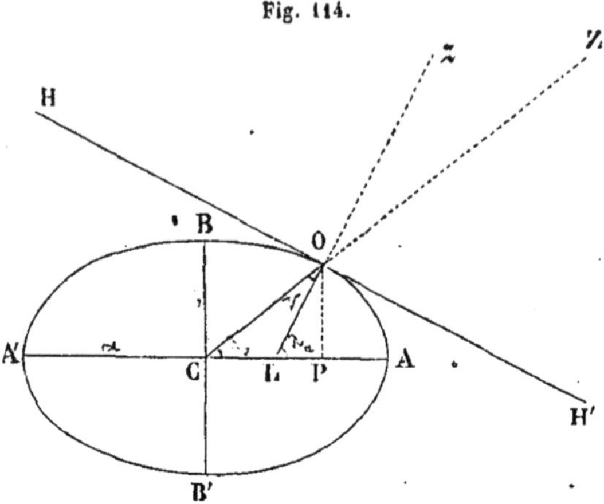

La normale au point O est zOL.

L'angle OLA est la *latitude astronomique ou géographique du point* O.

L'angle OCA est la *latitude vraie ou géocentrique.*

Il est évident que c'est la latitude OLA que donnent les observations astronomiques. La différence entre ces deux latitudes est l'angle COL que nous désignerons par V et que l'on nomme *angle à la verticale.*

Appelons L la latitude géographique, a le demi grand axe AC, b le demi petit axe BC, et ρ l'aplatissement qui, comme on l'a vu (33), est égal à $\frac{a-b}{a}$. On a donc $\frac{a-b}{a}=\rho$.

D'où l'on déduit

$$b=a(1-\rho).$$

Appelons x' et y' les coordonnées elliptiques du point O, et r le rayon CO. Le triangle COP donne

$$r^2=x'^2+y'^2.$$

Or, d'après les propriétés de l'ellipse, on a

$$\operatorname{tang} L=\frac{a^2y'}{b^2x'}.$$

Mais on a $b=a(1-\rho)$; il vient donc

$$(\alpha)\qquad \operatorname{tang} L=\frac{y'}{(1-\rho)^2x'}.$$

Comme le point O appartient à l'ellipse, on a

$$a^2y'^2+b^2x'^2=a^2b^2,$$

ou en mettant à la place de b sa valeur en fonction de ρ et en simplifiant.

$$(\beta) \qquad y'^2 + (1-\rho)^2 x'^2 = a^2(1-\rho)^2.$$

Éliminant y' entre (α) et (β), il vient, en simplifiant,

$$x'^2(1-\rho)^2 \operatorname{tang}^2 \mathrm{L} + x'^2 = a^2,$$

d'où l'on déduit

$$x'^2 = \frac{a^2}{1+(1-\rho)^2 \operatorname{tang}^2 \mathrm{L}}.$$

Mettant cette valeur à la place de x'^2 dans (α) élevé au carré, il vient

$$y'^2 = \frac{a^2}{1+(1-\rho)^2 \operatorname{tang}^2 \mathrm{L}} \times (1-\rho)^4 \operatorname{tang}^2 \mathrm{L}.$$

Substituant ces valeurs de x'^2 et y'^2 dans la valeur de r^2, on obtient

$$(\delta) \qquad r^2 = \frac{a^2}{1+(1-\rho)^2 \operatorname{tang}^2 \mathrm{L}} [1 + (1-\rho)^4 \operatorname{tang}^2 \mathrm{L}].$$

On peut développer r en série, en fonction des puissances croissantes de ρ, à l'aide la série de *Mac-Laurin*

$$r = r_0 + \left(\frac{dr}{d\rho}\right)_0 \rho + \left(\frac{d^2r}{d\rho^2}\right)_0 \frac{\rho^2}{1.2} \cdots\cdot$$

Si, dans la formule (δ), nous faisons d'abord $\rho = 0$, il vient

$$r_0 = a.$$

Prenons le premier coefficient différentiel; on a, en chassant le dénominateur, différentiant et réduisant,

$$(\varepsilon) \quad r\frac{dr}{d\rho}[1+(1-\rho)^2 \operatorname{tang}^2 \mathrm{L}] - r^2(1-\rho)\operatorname{tang}^2 \mathrm{L} = -2a^2(1-\rho)^3 \operatorname{tang}^2 \mathrm{L}.$$

En faisant $\rho = 0$, on a

$$r_0 \left(\frac{dr}{d\rho}\right)_0 (1 + \operatorname{tang}^2 \mathrm{L}) - r_0^2 \operatorname{tang}^2 \mathrm{L} = -2a^2 \operatorname{tang}^2 \mathrm{L},$$

ou, comme $r_0 = a$,

$$\left(\frac{dr}{d\rho}\right)_0 = -\frac{a \operatorname{tang}^2 \mathrm{L}}{1 + \operatorname{tang}^2 \mathrm{L}} = -a \sin^2 \mathrm{L}.$$

Comme on néglige ordinairement le terme du troisième ordre qui est toujours très-petit, nous nous arrêterons au terme du second ordre; il vient alors

$$(\eta) \qquad r = a - a\rho \sin^2 L.$$

Si nous mettons maintenant la valeur de r donnée par cette relation dans la valeur P de la parallaxe horizontale qui convient à une latitude L, nous obtenons

$$P = \frac{1}{R \sin 1''}(a - a\rho \sin^2 L),$$

ou

$$P = \frac{a}{R \sin 1''} - \frac{a}{R \sin 1''}\rho \sin^2 L.$$

Représentant par π la parallaxe *horizontale équatoriale* $\frac{a}{R \sin 1''}$, on a enfin

$$P = \pi - \pi\rho \sin^2 L.$$

On a calculé une table qui est la table XI de *Callet*, la XXIe des tables de M. *Caillet* (1re édition), la XXIVe de la 2e édition, et enfin la table XX de *Guépratte*, et qui donne *la diminution* ($\pi\rho \sin^2 L$) *de la parallaxe équatoriale.*

Cette table a deux arguments qui sont :

1° *La parallaxe équatoriale donnée de deux en deux minutes;*

2° *La latitude du lieu donnée de trois en trois degrés.*

205. Nous avons dit (106), en étudiant le mouvement du Soleil, que nous pouvions, de la formule $\sin p = \sin P \sin N$, conclure $p = P \sin N$, les arcs p et P étant très-petits. Or, comme pour la Lune P a une assez grande valeur, il faut savoir si les quantités dont on ne tient pas compte sont réellement négligeables.

Pour cela, développons p suivant les puissances croissantes de P au moyen de la série de Mac-Laurin

$$p = p_0 + P\left(\frac{dp}{dP}\right)_0 + \frac{P^2}{1.2}\left(\frac{d^2p}{dP^2}\right)_0 + \frac{P^3}{1.2.3}\left(\frac{d^3p}{dP^3}\right)_0.$$

En faisant $P = 0$ dans la formule $\sin p = \sin P \sin N$, on trouve $p_0 = 0$. Différentiant trois fois cette formule, on obtient.

$$\cos p \left(\frac{dp}{dP}\right) = \cos P \sin N.$$

$$-\sin p \left(\frac{dp}{dP}\right)^2 + \cos p \frac{d^2p}{dP^2} = -\sin P \sin N.$$

$$-\cos p \left(\frac{dp}{dP}\right)^3 - 2 \sin p \frac{d^2p}{dP^2}\cdot\frac{dp}{dP} - \sin p \frac{d^2p}{dP^2}\cdot\frac{dp}{dP} + \cos p \frac{d^3p}{dP^3} = -\cos P \sin N.$$

Faisant $P = 0$, on a

$$\left(\frac{dp}{dP}\right)_0 = \sin N.$$

$$\left(\frac{d^2p}{dP^2}\right)_0 = 0.$$

$$\left(\frac{d^3p}{dP^3}\right)_0 = -\sin N + \sin^3 N = -\sin N \cos^2 N.$$

On obtient donc, pour p,

$$p = P \sin N - \frac{P^3}{6} \sin N \cos^2 N.$$

Pour que p et P expriment des secondes, il faut les remplacer par $p \sin 1''$ et $P \sin 1''$.

Il vient alors, en simplifiant,

$$p = P \sin N - \frac{P^3 \sin^2 1''}{6} \sin N \cos^2 N.$$

Le second terme varie avec N et atteint *sa valeur maximum* pour la valeur de N, qui rend $\sin N \cos^2 N$ *maximum*.

Si l'on pose la relation

$$y = \sin N (1 - \sin^2 N),$$

et qu'on prenne les deux dérivées successives, on trouve

$$\frac{dy}{dN} = \cos N (1 - \sin^2 N) - 2 \sin^2 N \cos N = \cos N - 3 \sin^2 N \cos N,$$

$$\frac{d^2y}{dN^2} = -\sin N - 6 \sin N \cos^2 N + 3 \sin^3 N = -7 \sin N + 9 \sin^3 N.$$

En posant $\frac{dy}{dN} = 0$, on obtient

$$\cos N - 3 \sin^2 N \cos N = 0,$$

d'où

$$\sin N = \pm \frac{1}{\sqrt{3}}.$$

N étant < que 90°, on prend la valeur positive $+\frac{1}{\sqrt{3}}$. En substituant cette valeur dans $\frac{d^2y}{dN^2}$, on trouve une valeur *négative;* donc $\sin N = \frac{1}{\sqrt{3}}$ est la valeur qui rend $\sin N \cos^2 N$ *maximum.*

Le second terme de p devient donc

$$\frac{P^3 \sin^2 1''}{6} \sqrt{\frac{1}{3}} \left(1 - \frac{1}{3}\right).$$

En mettant à la place de P sa valeur maximum $62' = 3720''$, on trouve que la valeur maximum de ce second terme est $0'',078$, *quantité négligeable.*

Ainsi, *la parallaxe en hauteur* de la Lune peut toujours être exprimée en fonction de la *parallaxe horizontale* à l'aide de la formule

$$p = P \sin N.$$

Nous avons dit que l'on avait mis en tables cette formule, et quels sont les arguments avec lesquels on y entre.

Toute distance zénithale de la Lune prise au cercle mural doit être corrigée de la réfraction et de la parallaxe.

206. On réunit habituellement les tables de *réfraction moyenne et de parallaxe pour la Lune, en une seule.* Nous savons, en effet, que la réfraction agit sur la hauteur observée en sens inverse de la *parallaxe.*

En appelant N *la distance zénithale observée*, R_N la réfraction moyenne qui convient à cette distance zénithale, et N′ la distance corrigée de la réfraction, on a la relation

$$N' = N + R_N.$$

On a aussi, en appelant N″ la distance zénithale prise du centre de la Terre, et $p_{N'}$ la parallaxe qui convient à la distance zénithale N′,

$$N'' = N' - p_{N'},$$

d'où l'on déduit

$$N'' = N + R_N - p_{N'}.$$

Pour la Lune, $p_{N'}$ *est toujours plus grand que* R_N.

En admettant que $p_{N'}$ et R_N soient *la parallaxe et la réfraction du même point de l'astre*, on peut donc écrire

$$N'' = N - (p_{N'} - R_N).$$

La table XII de *Callet*, la XXIXe des tables de *M. Caillet* (1re édition) et la XXVIIIe, 2e édition, et enfin la table XXVI de *Guépratte*, donnent cette différence; on y entre avec la parallaxe horizontale qui convient à la latitude du lieu et avec le complément de la distance zénithale observée du bord de la Lune; le titre de cette table est : *Parallaxe de la Lune moins la réfraction.*

Si l'état atmosphérique diffère de l'état moyen, on prend dans la table VIII *bis* de Callet les corrections qui conviennent, et on les combine avec le nombre donné dans la table XII, en ayant soin de changer leur signe. Nous donnons des exemples de cette question dans notre *Cours de navigation.*

207. *Construction de la table intitulée : Parallaxe de la Lune moins la réfraction.* — Pour construire cette table, on a dû calculer les différences

$$(p_{N'} - R_N)$$

pour les hauteurs apparentes (90° — N) prises de 10′ en 10′ depuis 0° jusqu'à 89° 50′ et les parallaxes horizontales prises de minute en minute depuis 53′ jusqu'à 61′, limites entre lesquelles est toujours comprise la parallaxe horizontale de *la Lune.*

Exemple.

Déterminons la différence ($p_{N'} - R_N$) *pour une distance zénithale apparente de* 51° *et une parallaxe horizontale de* 58′. Nous supposons le thermomètre à + 10° et le baromètre à 0,760.

La table des réfractions moyennes dans laquelle nous entrons avec 39°, complément de 51°, nous donne

$$R_N = 1'\ 11'',9.$$

Comme on a $N = 51°\ 00'\ 00''$,

on obtient $N' = 51°\ 1'\ 11'',9$ $\log \sin = 9,8906250$

$\log 58' = 3,5415792$

d'où $\log p_{N'} = 3,4322042$

et $p_{N'} = 0°\ 45'\ 5'',2$

Nous venons de trouver $R_N = 1'11'',9$

On a donc $(p_{N'} - R_N) = 43'\ 53'',3$

En entrant dans la table XII de Callet avec 39° de hauteur et 58′ de parallaxe horizontale, nous trouvons 43′ 52″,6 qui diffère un peu de notre résultat, parce que, au lieu de déterminer la différence ($p_{N'} - R_N$), on a calculé simplement ($p_N - R_N$).

Comment doit, rigoureusement, s'effectuer la correction de la parallaxe dans l'observation d'une distance zénithale de la Lune.

208. Lorsque avec le cercle mural ou tout autre instrument disposé à cet effet, nous prenons en O (fig. 115), la distance zénithale de la *Lune,* en raison de la forme *ellipsoïdale* de notre globe, nous obtenons l'angle zOl que forme la normale zO au point O avec le rayon visuel OL, *abstraction faite de la réfraction.*

Or l'angle que nous voulons avoir, pour obtenir la position de la Lune *sur la sphère céleste*, qui est concentrique à notre globe, est évidemment l'angle ZCl',

Fig. 115.

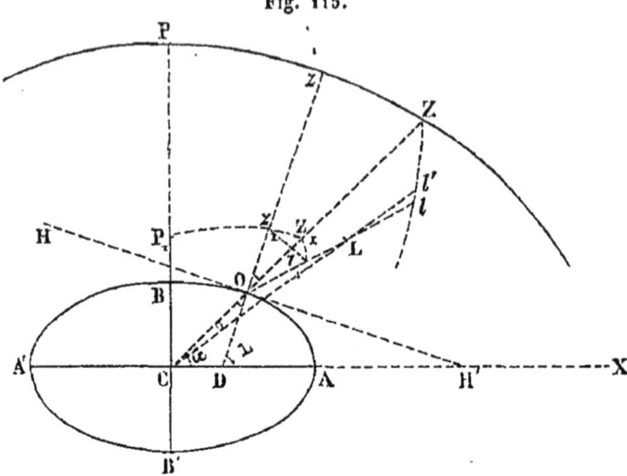

voyons donc comment nous pouvons passer de l'angle observé zOl à l'angle ZCl'.

Nous avons, pour cela, besoin *de l'angle à la verticale* $zOZ = V$. Déterminons donc d'abord cet angle en fonction de la *latitude géographique* $zDA = L$ *du lieu* O, latitude que donne le cercle mural, et de l'*aplatissement* de la Terre, que l'on a pu déterminer.

Détermination de l'angle à la verticale. — En désignant par G la latitude géocentrique OCA du lieu O, nous avons évidemment

$$V = L - G,$$

d'où

$$\text{tang}\, V = \frac{\text{tang}\, L - \text{tang}\, G}{1 + \text{tang}\, L\, \text{tang}\, G} \ldots\ldots \qquad (\alpha)$$

Mais, en représentant toujours par x', y' les coordonnées du point O, par a et b le demi grand axe et le demi petit axe du méridien elliptique AOBA'B', et par ρ l'aplatissement qui, comme on le sait, est égal à $\frac{a-b}{a}$, on a

$$\text{tang}\, L = \frac{a^2 y'}{b^2 x'}, \qquad \text{tang}\, G = \frac{y'}{x'},$$

on en déduit

$$\text{tang}\, G = \frac{b^2}{a^2}\, \text{tang}\, L = (1-\rho)^2\, \text{tang}\, L,$$

relation qui, soit dit en passant, nous permet d'obtenir *la latitude géocentrique* d'un lieu, connaissant sa *latitude géographique*.

Substituant cette valeur de tang G dans la relation (α), nous obtenons

$$\text{tang } V = \frac{\text{tang } L - (1-\rho)^2 \text{ tang } L}{1 + (1-\rho)^2 \text{ tang}^2 L}, \qquad (\beta)$$

formule qui, rendue logarithmique, nous permettra de calculer V. La XIXe des tables de M. Caillet (1re édition) ou la XXIIe (2e édition) et la table XIX de Guépratte, ont été calculées d'après cette formule; on a seulement développé V suivant les puissances croissantes de ρ à l'aide de la série de Mac-Laurin. On entre dans cette table avec la latitude du lieu.

Imaginons, maintenant, une sphère ayant son centre en O. Les trois lignes zO, OZ, OL déterminent sur cette sphère un triangle sphérique $z_1Z_1l_1$, dans lequel nous pouvons connaître

$$z_1Z_1 = zOZ = V,$$

$$z_1l_1 = zOl \textit{ distance zénithale observée},$$

et l'angle $\quad Z_1z_1l_1 = 180 - P_1z_1l_1 = 180° - \textit{l'azimut observé de } L,$

coordonnées de la Lune par rapport au zénith z des observations.

Pour obtenir les coordonnées de ce même astre par rapport au zénith Z des parallaxes, il nous faut l'angle zZl et l'arc Zl'; or, le triangle $z_1Z_1l_1$ nous donne

$$\text{tang } z_1Z_1l_1 = \frac{\sin Z_1z_1l_1}{\text{cotang } z_1l_1 \sin V - \cos V \cos Z_1z_1l_1} \ldots\ldots \qquad (\gamma)$$

et

$$\cos Z_1l_1 = \cos V \cos z_1l_1 + \sin V \sin z_1l_1 \cos Z_1z_1l_1 \ldots\ldots \qquad (\delta)$$

Connaissant l'angle sphérique $z_1Z_1l_1$, nous connaissons l'angle dièdre $z_1OZ_1l_1$, et, par suite, l'angle sphérique zZl de *la sphère céleste,* angle qui est l'azimut de la *Lune* rapportée au zénith des parallaxes; Z_1l_1 nous fait connaître l'angle ZOl qui est *la distance zénithale apparente* de la Lune ramenée au même zénith.

En représentant par N cette distance zénithale et par N' la distance zénithale vraie ZCl', on a évidemment,

$$N' = N - OLC.$$

Mais, OLC est la parallaxe en hauteur que nous savons être égale à P sin N, on a donc

$$N' = N - P \sin N, \qquad (\eta)$$

P est la parallaxe horizontale qui convient au lieu O.

Ainsi, pour corriger rigoureusement de la parallaxe une distance *zénithale observée* N_1, préalablement corrigée de la réfraction, il faut :

1° *En observant la distance zénithale* N_1, déterminer l'azimut z_1 de l'astre (nous faisons voir dans notre *Cours de Navigation* comment, à terre et avec un *théodolite*, on a immédiatement ces deux angles);

2° A l'aide des formules (β), (γ) et (δ) que nous venons de donner, déterminer la distance zénithale apparente $N = Zl$, ramenée au *zénith des parallaxes*.

3° Enfin, calculer la distance zénithale vraie N' au moyen de la formule (η).

Dans les calculs qui ne demandent pas une rigueur extrême, on suppose $V = 0$; il vient alors $N_1 = N$, et la correction se fait ainsi que nous l'avons indiqué plus haut.

Lorsque l'astre passe au méridien, on a $z_1 = z = 0$ ou 180° selon que l'astre passe du côté du pôle P par rapport au zénith z ou du côté opposé.

Les formules (γ) et (δ) montrent que, dans ce cas, on a

$$z_1 Z_1 l_1 = 0° \text{ ou } 180°,$$

et

$$\cos Z_1 l_1 = \cos (V \pm z_1 l_1),$$

c'est-à-dire,

$$N = N_1 \pm V.$$

209. La méthode approximative que nous avons donnée (49) pour calculer la parallaxe horizontale du *Soleil* a été employée en 1752 pour déterminer celle de la *Lune* par les astronomes *Lacaille* et *Lalande*, le premier étant au cap de Bonne-Espérance et le second à Berlin. Ces deux lieux n'étant pas sur le même méridien, les observations des distances zénithales méridiennes de la Lune n'ont pas été faites au même moment; de plus, en raison de la faible distance de la Lune à la Terre comparativement à celle du Soleil, il a fallu apporter dans cette méthode certaines modifications qui résultent de la forme *ellipsoïdale* de notre globe. Voyons donc comment on peut, à l'aide de deux distances zénithales de la Lune prises dans deux lieux différents ayant à peu près la même longitude, déterminer la parallaxe horizontale équatoriale de cet astre.

Fig. 116.

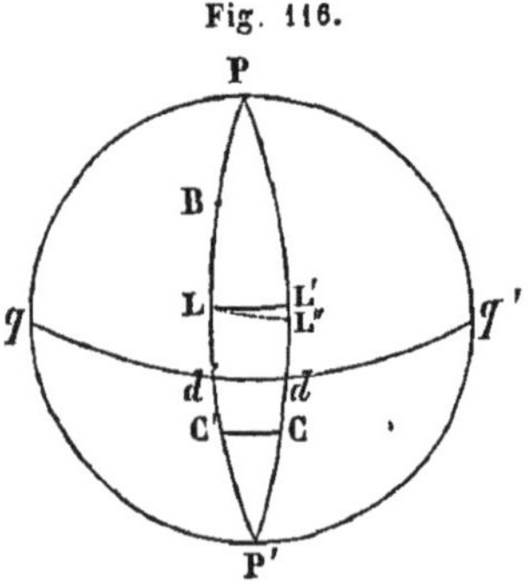

Soient B et C (fig. 116), les zéniths des deux observateurs dans la voûte céleste, L la position de la Lune au moment où elle traverse le méridien PBP' et L'' *sa position lorsqu'elle traverse le méridien* PCP'. Les distances zénithales observées sont

$$BL = N \text{ et } CL'' = N'.$$

Par les points L et C menons les arcs de parallèles LL' et CC'.

Si les deux observateurs s'étaient trouvés sur le même méridien PBP', par exemple, les deux distances zénithales méridiennes eussent été BL et C'L.

Mais $C'L = CL' = CL'' + L'L''$, en supposant que la Lune se soit rapprochée de l'équateur dans l'intervalle. Les deux distances zénithales rapportées au même méridien sont donc

$$BL = N \quad \text{et} \quad C'L = N' + L'L''.$$

Mais $L'L''$ est évidemment égal au mouvement en distance polaire de la Lune dans l'intervalle de temps que cet astre met à passer d'un méridien à l'autre; c'est donc une quantité facile à déterminer par l'observation et que nous représenterons par dN'.

Ainsi, nous pouvons admettre que *deux observateurs*, l'un placé en B, l'autre en C' (fig. 117), ont pris au moment du passage de la Lune à *leur méridien*, les distances zénithales N et $N' + dN'$.

Fig. 117.

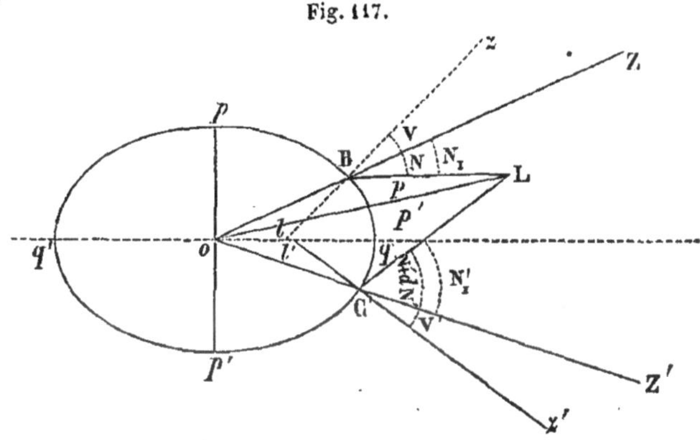

En raison de la non-sphéricité de notre globe, les verticales zl et $z'l'$ des deux lieux B et C' n'aboutissent point au centre de la Terre et les distances observées $zBL = N$ et $z'C'L = N' + dN'$ doivent d'abord être ramenées aux *zéniths des parallaxes*, c'est-à-dire corrigées des angles à la verticale V et V' que l'on sait déterminer. Appelons N_1 et N'_1 ces nouvelles distances zénithales.

On a, par suite,

$$N_1 = N - V \quad \text{et} \quad N'_1 = N' + dN' - V'.$$

Maintenant, le quadrilatère OBLC' nous donne, en représentant par l et l' les latitudes géographiques des points B et C, par g et g' leurs latitudes géocentriques, par p et p' les parallaxes en hauteur de la Lune pour ces lieux, par P et P' les parallaxes horizontales correspondantes, et enfin par π la parallaxe horizontale équatoriale,

$$360° = g + g' + p + p' + 180° - (N - V) + 180° - (N' + dN' - V'),$$

ou

$$0° = g + g' + p + p' + V + V' - (N + N' + dN').$$

Mais on a

$$p = \mathrm{P}\sin(\mathrm{N}-\mathrm{V}),$$
$$p' = \mathrm{P}'\sin(\mathrm{N}'+d\mathrm{N}'-\mathrm{V}'),$$
$$\mathrm{P} = \pi(1-\rho\sin^2 l),$$
$$\mathrm{P}' = \pi(1-\rho\sin^2 l').$$

On a donc, en substituant,

$$0 = g + g' + \pi\sin(\mathrm{N}-\mathrm{V})(1-\rho\sin^2 l) + \pi\sin(\mathrm{N}'+d\mathrm{N}'-\mathrm{V}')(1-\rho\sin^2 l') + \\ + \mathrm{V} + \mathrm{V}' - (\mathrm{N}+\mathrm{N}'+d\mathrm{N}').$$

D'où l'on déduit

$$\pi = \frac{\mathrm{N}+\mathrm{N}'+d\mathrm{N}'-(l+l')}{\sin(\mathrm{N}-\mathrm{V})(1-\rho\sin^2 l)+\sin(\mathrm{N}'+d\mathrm{N}'-\mathrm{V}')(1-\rho\sin^2 l')}.$$

La parallaxe horizontale équatoriale de la Lune a été trouvée égale à 57',5, en moyenne.

On peut trouver la parallaxe horizontale de la Lune par des observations faites dans un même lieu, quand la *Lune est à ses nœuds*. Cette méthode, donnée dans l'*Astronomie de Delambre*, a été employée avec succès par *Lemonnier*.

210. *Distance moyenne de la Lune à la Terre*. — De l'expression de la parallaxe horizontale $\sin\pi = \frac{\mathrm{R}}{r}$, nous déduisons

$$\mathrm{R} = \frac{r}{\sin\pi}.$$

Mettant à la place de π la valeur moyenne 57',5 que nous venons de donner et effectuant le calcul par logarithmes, on trouve

$$\mathrm{R} = r \times 59{,}7.$$

Donc, la distance moyenne de la Lune à la Terre est de 60 rayons terrestres environ.

DE LA PARALLAXE D'ASCENSION DROITE ET DE DÉCLINAISON.

211. Nous avons dit comment, connaissant la *déclinaison* et l'*ascension droite* d'une étoile ou même du Soleil pour l'heure d'un lieu, on pouvait diriger à l'avance la lunette de l'équatorial sur cet astre, en ayant toutefois égard à l'effet de la réfraction astronomique sur la distance polaire et sur l'angle horaire astronomique de l'astre.

Lorsque l'on veut agir de même pour la Lune, il faut, en outre, avoir égard à l'effet de la parallaxe sur sa déclinaison et sur son ascension droite, effet dont nous n'avons pas tenu compte pour le Soleil à cause de la petitesse de sa parallaxe.

Nous voyons, en effet, que si O (fig. 118), représente la position de l'*observateur* sur le globe et L la position de la *Lune* dans l'espace, lorsque l'axe de l'équatorial placé en O est parallèle à l'axe CP du monde il est dirigé suivant OP_1 et la distance polaire apparente de l'astre est l'angle $P_1OL = \Delta$; de plus, le plan horaire dans lequel se trouve l'astre est le plan P_1OL. Si l'observateur est supposé au centre de la Terre en C, la distance polaire vraie est l'angle $PCL = \Delta'$, et le plan horaire de l'astre est le plan PCL.

Fig. 118.

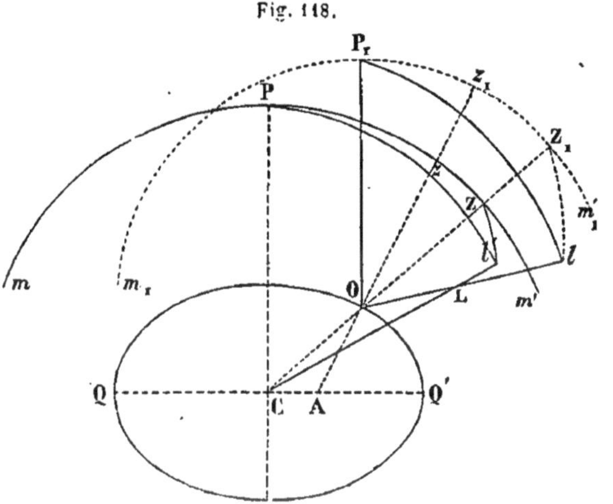

Imaginons, maintenant, deux sphères *égales* : l'une ayant son centre en C, *c'est la sphère céleste;* l'autre ayant son centre en O, nous la nommerons *sphère d'observation* Les trois lignes OP_1, OZ et OL déterminent dans la *sphère d'observation* un triangle sphérique P_1lZ_1 dont les trois côtés sont :

$P_1Z_1 = C + V$, C étant la *colatitude géographique* et V l'angle à la verticale,
$P_1l = \Delta$, distance polaire apparente,
$Z_1l = N$, distance zénithale ramenée au zénith des parallaxes.

Les trois lignes CP, CO et CL déterminent dans la sphère céleste un triangle sphérique PZl' dont les trois côtés sont :

$PZ = C + V$,
$Pl' = \Delta'$, distance polaire *vraie*,
$Zl' = N'$, distance zénithale *vraie*.

Nous remarquons de plus, que dans ces deux triangles sphériques les angles P_1Z_1l et PZl' sont évidemment égaux comme formés par les mêmes plans.

Nous pouvons donc transporter l'une des sphères sur l'autre de manière que les centres O et C se confondent, et si nous plaçons alors en contact les deux angles égaux P_1OZ_1 et PCZ, les deux triangles sphériques P_1lZ_1 et $Pl'Z$ prendront la position indiquée figure 119. Nous pouvons, maintenant, comparer leurs côtés.

Fig. 119.

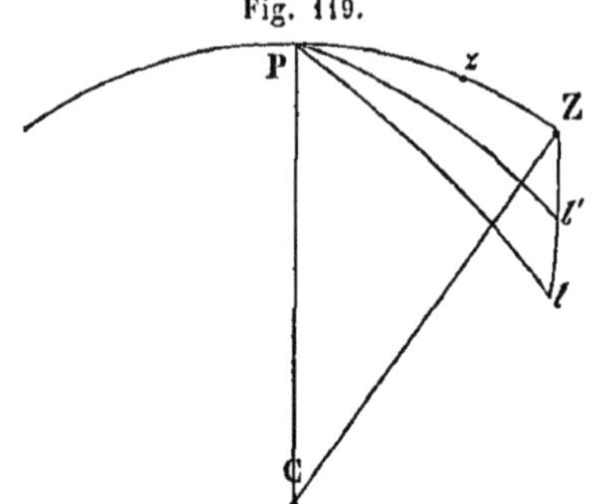

$Pl' = \Delta'$ étant la distance polaire *vraie*,

et $Pl = \Delta$ la distance polaire *apparente*,

$\Delta - \Delta' = \delta$ est ce que l'on nomme la *parallaxe de distance polaire*.

ZPl' étant l'angle horaire vrai $= A'$,
ZPl étant l'angle horaire apparent $= A$,

$A - A' = lPl' = a$ est ce qu'on nomme la *parallaxe d'ascension droite*.

Il est clair que $ll' = p$ est la parallaxe de hauteur que nous avons considérée (48).

Le triangle lPl' donne

$$\sin lPl' = \sin a = \frac{\sin ll' \sin Pll'}{\sin Pl'},$$

ou

$$\sin a = \frac{\sin p \sin PlZ}{\sin \Delta'}.$$

Mais le triangle PlZ donne aussi,

$$\sin PlZ = \frac{\sin (C + V) \sin ZPl}{\sin N};$$

ou, comme $ZPl = A = A' + a$,

$$\sin PlZ = \frac{\sin (C + V) \sin (A' + a)}{\sin N}.$$

Mettant cette valeur à la place de $\sin PlZ$ dans la relation qui donne $\sin a$ et remplaçant $\sin p$ par $\sin P \sin N$, il vient

$$\sin a = \frac{\sin P \sin N}{\sin \Delta'} \frac{\sin (C + V) \sin (A' + a)}{\sin N},$$

ou

$$(m) \qquad \sin a = \frac{\sin P \sin (C + V)}{\sin \Delta'} \sin (A' + a).$$

Comme P, C + V et Δ' sont connus, posons

$$(1) \qquad \beta = \frac{\sin P \sin (C+V)}{\sin \Delta'},$$

il vient

$$(n) \qquad \sin a = \beta \sin (A' + a),$$

ou bien

$$\sin a = \beta \sin A' \cos a + \beta \cos A' \sin a.$$

Comme a est évidemment très-petit, nous pouvons remplacer $\sin a$ par $a \sin 1''$ et $\cos a$ par 1, on a alors,

$$a \sin 1'' = \beta \sin A' + \beta \cos A' . a \sin 1'',$$

d'où l'on déduit

$$a = \frac{1}{\sin 1''} \left(\frac{\beta \sin A'}{1 - \beta \cos A'} \right).$$

Effectuant la division indiquée et nous arrêtant au second terme, nous trouvons

$$(2) \qquad a = \frac{\beta}{\sin 1''} \sin A' + \frac{\beta^2}{2 \sin 1''} \sin 2A' + \ldots\ldots$$

Telle est la valeur de la *parallaxe d'ascension droite.*

Pour obtenir la valeur de la *parallaxe de distance polaire* que nous représentons par δ, remarquons que δ étant égal à $\Delta - \Delta'$, nous avons

$$\sin \delta = \sin \Delta \cos \Delta' - \cos \Delta \sin \Delta'.$$

Or, le triangle ZPl' nous donne

$$\cos \Delta' = \cos Z \sin (C+V) \sin N' + \cos (C+V) \cos N';$$

mais le triangle ZPl donne aussi,

$$\cos Z = \frac{\cos \Delta - \cos (C+V) \cos N}{\sin (C+V) \sin N}.$$

Substituant, il vient

$$\begin{aligned} \cos \Delta' &= \frac{\cos \Delta - \cos (C+V) \cos N}{\sin (C+V) \sin N} \sin (C+V) \sin N' + \cos (C+V) \cos N' \\ &= \cos (C+V) \left(\cos N' - \frac{\cos N \sin N'}{\sin N} \right) + \cos \Delta \frac{\sin N'}{\sin N} \\ &= \cos (C+V) \frac{\sin (N-N')}{\sin N} + \cos \Delta \frac{\sin N'}{\sin N}. \end{aligned}$$

Mais $(N - N')$ est la *parallaxe en hauteur* p, par conséquent,

$$\sin (N - N') = \sin P \sin N.$$

On a donc

$$\cos \Delta' = \cos(C+V)\sin P + \cos\Delta \frac{\sin N'}{\sin N}.$$

Les deux triangles ZPl', ZPl donnent aussi

$$\sin N' = \frac{\sin\Delta' \sin A'}{\sin Z} \qquad \sin N = \frac{\sin\Delta \sin A}{\sin Z},$$

on en déduit

$$\frac{\sin N'}{\sin N} = \frac{\sin\Delta' \sin A'}{\sin\Delta \sin A},$$

par suite, on a, en représentant $C+V$ par C',

$$\cos\Delta' = \cos C' \sin P + \frac{\sin\Delta' \sin A'}{\sin\Delta \sin A}\cos\Delta.$$

Remplaçant $\cos\Delta'$ par cette valeur dans l'expression de $\sin\delta$, nous avons

$$\begin{aligned}
\sin\delta &= \sin\Delta\cos C'\sin P + \frac{\sin\Delta'\sin A'}{\sin A}\cos\Delta - \cos\Delta\sin\Delta' \\
&= \sin\Delta\cos C'\sin P + \cos\Delta\sin\Delta'\left(\frac{\sin A'}{\sin A} - 1\right) \\
&= \sin\Delta\cos C'\sin P - \cos\Delta\sin\Delta'\frac{2\cos\left(\frac{A+A'}{2}\right)\sin\frac{a}{2}}{\sin A}.
\end{aligned}$$

Mais nous avons trouvé précédemment l'équation (m)

$$\frac{1}{\sin A} = \frac{\sin P \sin C'}{\sin a \sin\Delta'}, \text{ ou } \frac{\sin\Delta'}{\sin A} = \frac{\sin P\sin C'}{2\sin\frac{a}{2}\cos\frac{a}{2}}.$$

On a donc,

$$\begin{aligned}
\sin\delta &= \sin\Delta\cos C'\sin P - \frac{\cos\Delta\sin P\sin C'}{\cos\frac{a}{2}}\cos\left(\frac{A+A'}{2}\right) \\
&= \sin P\cos C'\left[\sin\Delta - \frac{\operatorname{tang} C'\cos\left(\frac{A+A'}{2}\right)\cos\Delta}{\cos\frac{a}{2}}\right].
\end{aligned}$$

Posons

$$(3) \qquad \frac{\operatorname{tang} C'\cos\left(\frac{A+A'}{2}\right)}{\cos\frac{a}{2}} = \operatorname{tang}\gamma;$$

il vient, en substituant et réduisant,

$$\sin\delta = \frac{\sin P \cos C' \sin(\Delta - \gamma)}{\cos\gamma};$$

mais

$$\Delta = \Delta' + \delta,$$

on a donc

$$\sin\delta = \frac{\sin P \cos C'}{\cos\gamma} \sin[(\Delta' - \gamma) + \delta].$$

Posons

(4) $$\beta' = \frac{\sin P \cos C'}{\cos\gamma},$$

il vient

$$\sin\delta = \beta' \sin[(\Delta' - \gamma) + \delta],$$

expression de même forme que (n).

On a donc enfin, par analogie,

(5) $$\delta = \frac{\beta'}{\sin 1''} \sin(\Delta' - \gamma) + \frac{\beta'^2}{2 \sin 1''} \sin 2(\Delta' - \gamma).$$

Telle est la relation qui donne la *parallaxe de distance polaire* en fonction de

C' colatitude géocentrique du lieu,
A' angle horaire astronomique vrai,
a parallaxe d'ascension droite primitivement calculée,
P parallaxe horizontale du lieu,
Δ' distance polaire vraie.

La relation (2) donne la *parallaxe d'ascension droite* en fonction de

$$P, C', \Delta' \text{ et } A'.$$

DES PARALLAXES DE LATITUDE ET DE LONGITUDE.

212. Dans les notions que nous donnerons sur les calculs d'*éclipses de Soleil* nous aurons besoin de considérer l'effet de la parallaxe sur la position des deux astres rapportée à l'écliptique; déterminons donc, d'une manière générale, l'effet de la parallaxe sur la position d'un astre quelconque rapportée à l'*écliptique*.

Puisque la position d'un astre par rapport à l'écliptique se déduit, ainsi que nous l'avons vu (127), de la position correspondante de cet astre par rapport à l'équateur; que nous venons de voir que la parallaxe détermine dans la voûte céleste deux situations de l'astre, le lieu apparent l (fig. 120) et le lieu vrai l'; il en résulte que si l'on détermine la position du lieu apparent l par rapport à l'écliptique, on aura des coordonnées différentes de celles que l'on obtiendrait pour le lieu vrai l'; la différence de ces coordonnées constitue ce que l'on désigne sous le nom de *parallaxe de latitude* et de *parallaxe de longitude*.

Fig. 120.

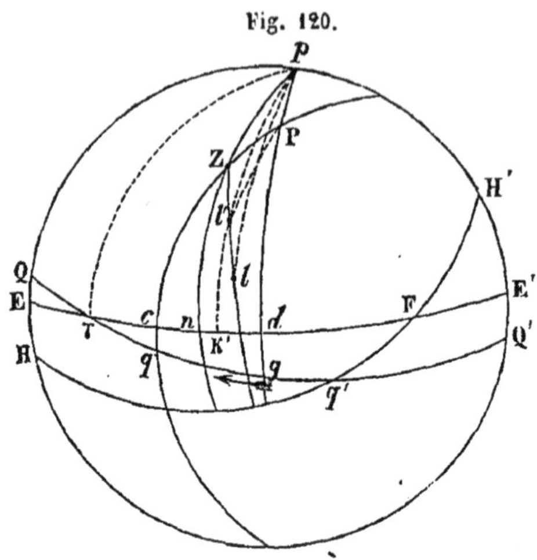

Admettons que p représente le pôle de l'écliptique; la différence entre les deux colatitudes pl et pl' se nomme la *parallaxe de latitude*. En la représentant par δ', on a

$$\delta' = pl - pl'.$$

La différence entre les deux angles Υpl et $\Upsilon pl'$ prend le nom de *parallaxe de longitude*. En la représentant par a', on a

$$a' = \Upsilon pl - \Upsilon pl' = lpl'.$$

Soient : P le pôle de l'*équateur*,
Z le *zénith vrai* de l'observateur,
QQ' l'équateur,
EE' l'écliptique,
HH' l'horizon rationnel,
Υ le point vernal.

Supposons que le mouvement diurne apparent ait lieu dans le sens de la flèche.

Il est clair que tout ce que nous avons dit pour la détermination *des parallaxes d'ascension droite et de déclinaison* peut s'appliquer aux parallaxes de latitude et de longitude, en remplaçant :

$PZ = C + V = C'$ par $pZ = 90° - Zn$,
$ZPl' = A'$ par $Zpl' = nK' = \Upsilon K' - \Upsilon n$,
et $Pl' = \Delta'$ par $pl' = 90° - L'$ ou 90° moins la *latitude vraie*.

Voyons maintenant ce que c'est que Zn, Υn, $\Upsilon K'$, et le moyen de *déterminer* ces quantités.

Le grand cercle pZn étant perpendiculaire à la fois à *l'écliptique* et à *l'horizon*, a pour pôle le point F, point d'intersection de ces deux cercles.

On voit d'après cela que le point n est le point de l'écliptique qui, au moment considéré, est le plus élevé sur *l'horizon*.

Ce point prend le nom de *nonagésime*, parce qu'il est à 90° du point F.

Nous voyons, alors,

Que *Zn est la distance zénithale du nonagésime ;* nous la représenterons par ν;

Que *♈n est la longitude du nonagésime;* nous la représenterons par ε;

Et enfin, que ♈K′ *est la longitude vraie de l'astre à l'instant considéré;* représentons cette longitude par λ'.

Cette dernière quantité peut se déduire des données de la *Connaissance des temps*, ainsi que nous le verrons. Nous avons donc, simplement, à déterminer ν et ε.

Remarquons, d'abord, que le grand cercle $pPdg$ étant à la fois perpendiculaire à l'écliptique et à l'équateur, a pour pôle le point vernal ♈: ainsi, $♈g = ♈d = 90°$.

De plus, $♈q$ est évidemment égal à *l'heure sidérale du lieu* exprimée en degrés; représentons-la par h_s. Nous avons vu (178) comment on peut déterminer hs pour une certaine heure temps moyen d'un lieu.

Ceci posé; dans le triangle ZPp, nous avons :

$$ZP = C + V = C',$$
$$Zp = 90° - \nu,$$
$Pp = \omega$, inclinaison de l'écliptique sur l'équateur,
$$ZPp = 180° - qg = 180° - (90 - ♈q) = 90 + h_s,$$
$$ZpP = nd = ♈d - ♈n = 90° - \varepsilon.$$

Ce triangle ZPp, nous donne

$$\cos Zp = \cos ZP \cos Pp + \sin ZP \sin Pp \cos ZPp$$

$$\operatorname{cotang} ZP \sin Pp = \cos Pp \cos ZPp + \sin ZPp \operatorname{cotang} ZpP,$$

ou bien

$$(\alpha') \qquad \sin \nu = \cos C' \cos \omega - \sin \omega \sin C' \sin h_s$$
$$\operatorname{cotang} C' \sin \omega = - \cos \omega \sin h_s + \cos h_s \operatorname{tang} \varepsilon,$$

de cette dernière relation nous déduisons

$$(\beta') \qquad \operatorname{tang} \varepsilon = \operatorname{tang} h_s \cos \omega + \frac{\sin \omega \operatorname{cotang} C'}{\cos h_s},$$

ce qui permet d'obtenir ν et ε.

En opérant la substitution, dont nous avons parlé, dans les formules qui donnent les *parallaxes d'ascension droite et de déclinaison*, nous obtenons les formules suivantes qui donnent la *parallaxe de longitude* P′ *et la parallaxe de latitude* p' :

Parallaxe de longitude.

$$(1) \qquad \beta = \frac{\sin P \cos \nu}{\cos L'}$$

$$(2) \qquad P' = \frac{\beta}{\sin 1''} \sin(\lambda' - \varepsilon) + \frac{\beta^2}{2 \sin 1''} \sin 2(\lambda' - \varepsilon) \ldots$$

Parallaxe de latitude.

$$(3)\quad \operatorname{tang}\gamma = \frac{\operatorname{cotang}\nu \cos\left(\lambda' - \varepsilon + \frac{P'}{2}\right)}{\cos\frac{P'}{2}}$$

$$(4)\quad \beta' = \frac{\sin P \sin \nu}{\cos \gamma}$$

$$(5)\quad p' = \frac{\beta'}{\sin 1''}\cos(L' + \gamma) + \frac{\beta'^2}{2\sin 1''}\sin 2(L' + \gamma);$$

dans lesquelles :

P représente la parallaxe horizontale de l'astre pour le lieu considéré, ...	Pour l'instant considéré.
ν la distance zénithale du nonagésime, ...	
ε la longitude du nonagésime, ...	
L' la latitude vraie de l'astre, ...	
λ' la longitude vraie de l'astre.	

Pour les planètes et le Soleil dont la parallaxe est très-petite, ces formules peuvent se simplifier.

Négligeons le terme en β^2 dans la formule (2), substituons dans P' la valeur de β, formule (1), après avoir fait $\sin P = P \sin 1''$, et nous avons

$$\textit{parallaxe de longitude}\quad P' = P\,\frac{\cos\nu \sin(\lambda' - \varepsilon)}{\cos L'};$$

négligeons aussi le terme en β'^2 dans la formule (5), substituons la valeur de β', après avoir fait $P = P \sin 1''$ et développons $\cos(L' + \gamma)$; on a

$$p' = P \sin\nu(\cos L' - \sin L' \operatorname{tang}\gamma);$$

substituons dans cette expression la valeur de tang γ, formule (3), après y avoir fait $\frac{P'}{2} = 0$, et l'on aura

$$\textit{parallaxe de latitude}\quad p' = P(\cos L' \sin\nu - \sin L' \cos\nu \cos(\lambda' - \varepsilon)).$$

DEUXIÈME MODE D'OBSERVATION.

213. Nous avons dit (90) comment avec la *lunette méridienne*, le *cercle mural* et la *pendule sidérale* on pouvait déterminer l'ascension droite et la déclinaison du Soleil, sans qu'on ait besoin de connaître le demi-diamètre de cet astre.

Il suffit, pour cela, d'observer à la *lunette méridienne* le passage de ses bords verticaux au fil moyen ou à chacun des fils horaires et de prendre la moyenne des heures marquées à la pendule sidérale; et au *cercle mural*, d'observer rapidement et successivement la distance zénithale des bords *supérieur* et *inférieur*, et de prendre la *moyenne* de ces deux distances zénithales, comme représentant la distance zénithale du centre.

Pour la *Lune*, on ne peut agir ainsi que lorsqu'elle paraît sous la forme d'un disque circulaire lumineux. Mais, comme le plus souvent elle n'a que la forme d'un croissant dont la ligne des cornes est inclinée sur l'horizon, il faut agir différemment.

Dans ce cas, on observe à la lunette méridienne simplement l'heure T du passage du bord vertical éclairé au fil méridien, et en connaissant *la grandeur du demi-diamètre apparent de la Lune*, à ce moment, on peut obtenir facilement le temps t que le méridien et par suite le fil moyen, mettent à parcourir ce diamètre, déduction faite du mouvement de l'astre parallèlement à l'horizon résultant de *son mouvement en ascension droite*. De même, au cercle mural, on n'observe que la distance zénithale du bord horizontal éclairé et en ajoutant ou retranchant le demi-diamètre vertical apparent on obtient la distance *zénithale du centre*.

Ainsi, les observations de la *Lune* à la *lunette méridienne* et au *cercle mural* exigent la connaissance de son demi-diamètre. Ce diamètre peut être mesuré à l'aide d'un micromètre; mais, comme la ligne des cornes de la Lune est généralement inclinée sur l'horizon, il faut, *en raison de la réfraction qui déforme le disque lunaire*, passer (46) de la valeur de ce demi-diamètre *incliné* que donne l'observation aux demi-diamètres horizontal et vertical dont on a besoin pour rapporter au centre de l'astre les observations faites à la *lunette méridienne* et au *cercle mural*.

214. Déterminons donc chaque jour, en nous servant de *la lunette méridienne, de la pendule sidérale et du cercle mural*, et en effectuant les corrections que nous avons indiquées, *la déclinaison et l'ascension droite de la Lune*.

Portons ces coordonnées sur le *globe céleste* où sont représentées les étoiles suivant leurs positions relatives et où nous avons tracé *l'écliptique*, route annuelle apparente du Soleil sur la sphère céleste.

En joignant par un trait continu les différentes positions de la Lune que nous obtenons ainsi, nous trouvons que cet astre décrit en 27 jours 1/3 environ, un grand cercle de la sphère céleste incliné sur l'écliptique d'à peu près 5° 9′.

215. *Des nœuds.* — Ce grand cercle que paraît décrire la Lune prend le nom d'*orbite lunaire;* ses points d'intersection avec l'écliptique prennent le nom de *nœuds*.

Celui où se trouve la Lune quand elle passe de l'hémisphère Sud dans l'hémisphère Nord (par rapport à l'écliptique) s'appelle *nœud ascendant* et se représente par ☊, l'autre s'appelle *nœud descendant* et se représente par ☋.

La ligne des nœuds est la droite qui joint ces points.

216. *Rétrogradation de la ligne des nœuds.* — Si l'on continue à tracer sur la sphère céleste le lieu des positions successives de la Lune, on reconnaît d'abord, que l'orbite lunaire n'est pas *rigoureusement* plane, et ensuite, que la ligne *des nœuds a un mouvement de rétrogradation non uniforme d'Orient en Occident.*

La ligne des nœuds effectue une révolution entière au bout de 18 ans 2/3 environ, ce qui fait en moyenne, par jour, un mouvement de 3′ 10″,64.

217. *Déterminer à posteriori l'instant du passage de la Lune par ses nœuds.* — On peut constater ce résultat, en déterminant l'instant du passage de la Lune à l'un de ses nœuds, à son nœud ascendant, par exemple. Pour cela, il suffit de déterminer par *l'observation, les déclinaisons et les ascensions droites de la Lune* pour des époques assez rapprochées.

On en déduit (127) par le *calcul, les latitudes et longitudes correspondantes* pour les mêmes époques.

On cherche deux latitudes consécutives de dénominations différentes, l'antérieure étant Sud, et l'on voit qu'à ce moment le mouvement en latitude de la Lune est à peu près uniforme; en agissant alors comme nous l'avons fait (122) pour déterminer *l'époque d'une saison*, on obtient l'époque à laquelle elle était *à son nœud ascendant.*

On calcule *la longitude correspondante par interpolation.* Si l'on détermine, de la même manière, *la longitude du nœud descendant*, on trouve que ces deux longitudes diffèrent d'environ 180°.

Fig. 121.

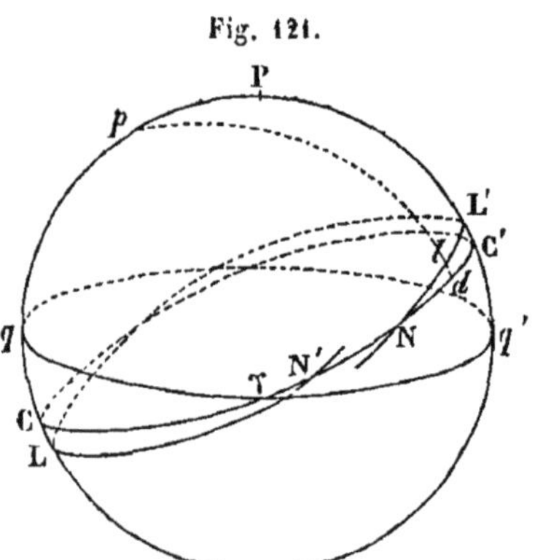

En faisant ce calcul pour plusieurs révolutions successives de la Lune autour de la Terre, on voit, ainsi que nous venons déjà de le dire, que la *longitude du nœud* va successivement en diminuant. On trouve que ce mouvement est d'environ 1° 30′ 31″,9 par mois ou de 19° 20′ 29″,7 par an, c'est-à-dire que le nœud a fait le tour de la sphère céleste en 18 ans 2/3 environ.

C'est ce que fait comprendre la figure 121 : *qq′* est l'*équateur*, CC′ l'*écliptique*, LL′ l'*orbite lunaire;* la Lune a commencé en N à son nœud, à décrire son orbite et arrive ensuite en N′, le *nœud a rétrogradé de* NN′.

Détermination trigonométrique de l'inclinaison de l'orbite lunaire sur le plan de l'écliptique.

218. Une fois la longitude du nœud ascendant déterminée, on peut s'en servir pour prouver que l'orbite lunaire est à peu près plane et pour en déduire l'inclinaison de cette orbite sur le plan de l'écliptique.

Considérons, en effet, un certain jour la Lune en l sur son orbite; déterminons par l'observation *son ascension droite et sa déclinaison;* nous en conclurons (127), par le calcul, *sa latitude ld et sa longitude* ♈*d;* le triangle Nld (fig. 119), nous donne

$$\text{tang}\, lNd = \frac{\text{tang}\, ld}{\sin Nd} \quad \text{ou} \quad \text{tang}\, \alpha = \frac{\text{tang latitude}}{\sin(\text{longit.} - \text{longit. du nœud})}.$$

Si nous agissons ainsi plusieurs jours de suite, et même plusieurs années de suite, nous trouvons pour α, une valeur qui oscille périodiquement entre 5° 17′ 35″ et 5° 0′ 11″, dont la moyenne est environ 5° 9′.

Influence de la rétrogradation des nœuds sur la déclinaison maximum de la Lune.

219. La Lune ne décrit donc pas, dans la voûte céleste, un grand cercle; ou plutôt, comme l'on trouve à chaque révolution que l'orbite lunaire reste toujours inclinée sur l'écliptique, d'une quantité très-voisine de 5° 9′, on peut admettre : 1° *que la Lune a un mouvement sur un grand cercle; 2° que ce grand cercle lui-même tourne autour de l'axe de l'écliptique, en faisant avec cet axe un angle à peu près constant; de manière que la ligne des nœuds tourne sur l'écliptique et fait une révolution complète en 18 ans 2/3 environ.* D'après cela, l'axe op'' (fig. 122), de l'orbite lunaire tourne autour de l'axe op' de l'écliptique et décrit une surface conique en 18 ans 2/3.

Fig. 122.

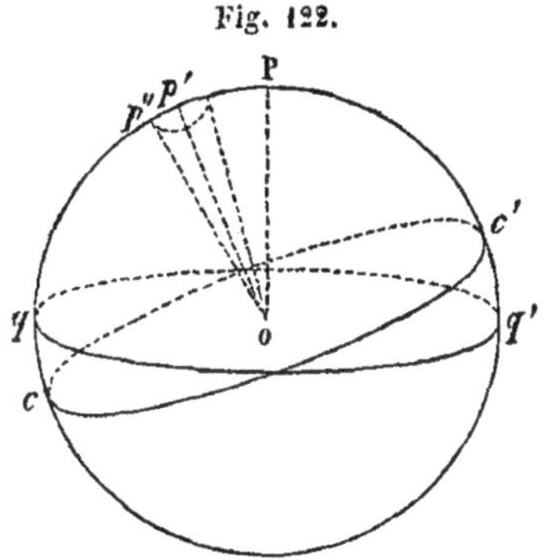

On doit remarquer immédiatement une grande analogie entre le phénomène de la rétrogradation de *la ligne des nœuds* et le phénomène de la rétrogradation de *la ligne des équinoxes.*

Puisque l'orbite lunaire reste toujours inclinée de 5° 9′ environ sur l'écliptique, cette orbite est à son maximum d'inclinaison *sur l'équateur*, quand son nœud ☊ est près de l'équinoxe du printemps, car à ce moment, les trois axes oP, op', op'' sont dans le colure des solstices, et l'angle Pop'' est maximum.

Donc, si qq' (fig. 123), représente l'équateur, cc' l'écliptique et LL' l'orbite lunaire, la déclinaison maximum que la Lune atteindra dans sa révolution autour de la Terre, sera égale à

Fig. 123.

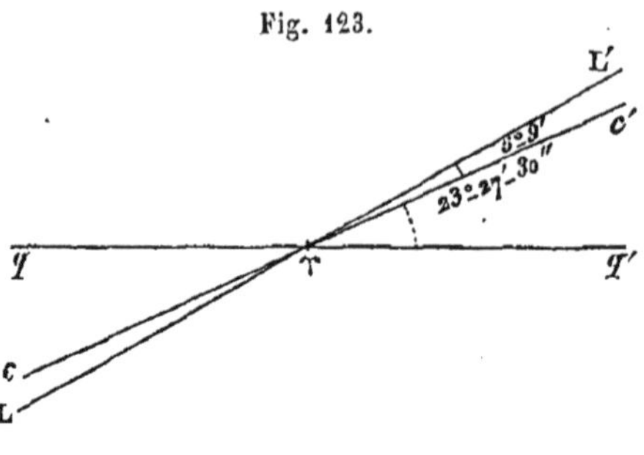

$$23° 27' 30'' + 5° 9' = 28° 36' 30''.$$

Mais, au bout de 9 ans 2/6 environ, le nœud ascendant de la Lune ayant effectué une demi-révolution sur l'écliptique, sera au point équinoxial d'automne en ♎ (fig. 124), et l'orbite lunaire ayant conservé la même inclinaison sur l'écliptique sera suivant LL'. Alors, la déclinaison maximum que la Lune atteindra sera de

Fig. 124.

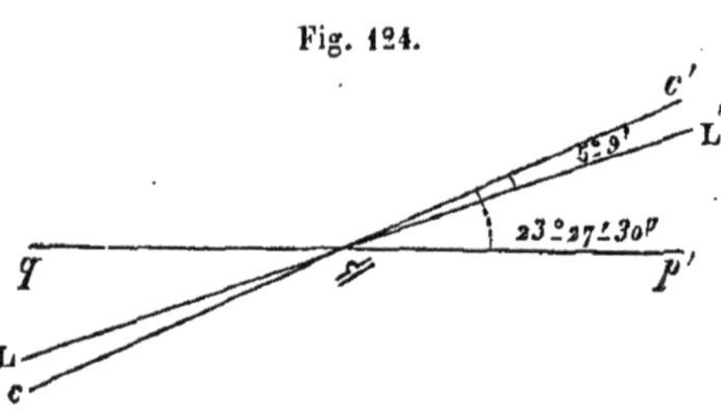

$$23° 27' 30'' - 5° 9' = 18° 18' 30''.$$

Donc, *la déclinaison de la Lune n'a pas une valeur maximum fixe comme celle du Soleil; ce maximum varie dans l'espace de 9 ans 2/6 environ, entre 18° 18' 30'' et 28° 36' 30''.*

On peut encore faire voir, de la manière suivante, comment la déclinaison *maximum* de la *Lune* change avec la *longitude de son nœud.*

Fig. 125.

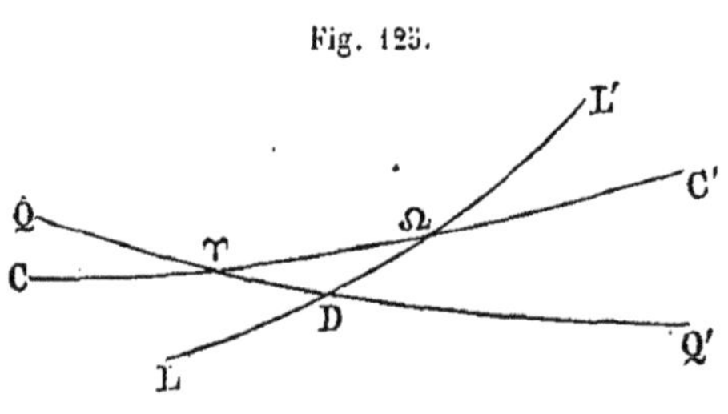

Soient QQ' (fig. 125), l'Équateur, CC' l'écliptique, LL' l'orbite de la *Lune;*

♈ le point vernal, ☊ le nœud ascendant de la Lune et D l'intersection de l'orbite avec l'équateur.

Il est évident que l'angle L'DQ' représente la *déclinaison maximum* de la Lune.

Or, dans le triangle ♈☊D, on a, en appelant ω l'inclinaison de l'écliptique sur l'équateur et I l'inclinaison de l'orbite lunaire sur l'écliptique,

$$\cos D = \cos\omega \cos I - \sin\omega \sin I \cos ♈☊.$$

Comme ω et I sont sensiblement constants on voit que D varie simplement avec ♈☊ longitude du nœud ascendant de la Lune.

D sera évidemment maximum quand on aura ♈☊ $= o$, ce qui donne

$$\cos D = \cos(\omega + I), \text{ ou } D = \omega + I,$$

et sera minimum quand on aura

$$♈☊ = 180,$$

ce qui donne, d'après la relation précédente,

$$\cos D = \cos (\omega - I), \text{ ou } D = \omega - I.$$

On voit donc bien que D doit varier entre

$$\omega - I = 18°18'30'' \text{ et } \omega + I = 28°36'30''.$$

220. Ce mouvement apparent de la Lune sur un grand cercle de la sphère céleste incliné sur l'écliptique d'environ 5° 9' en moyenne, lequel grand cercle ayant lui-même un mouvement par rapport à l'axe de l'écliptique autour duquel il fait une révolution dans 18 ans 2/3 environ, ce mouvement, disons-nous, rend bien compte des phénomènes observés dans le premier mode d'observation, au point de vue de *l'oscillation des points de lever et de coucher de la Lune et de l'oscillation de son point d'élévation maximum au-dessus de l'horizon, qui n'a pas toujours lieu* (113) *au passage méridien.*

Nous voyons, en effet, que la déclinaison maximum de la Lune variant dans une période de 9 ans environ, entre deux valeurs fixes, voisines de 18° 18' 30" et 28° 36' 30"; il s'ensuit bien, d'après ce que nous avons dit (27) de l'influence de la position de l'observateur sur l'aspect de la voûte céleste, que l'amplitude de l'oscillation des points de lever et de coucher ainsi que celle du point d'élévation maximum, ne doivent pas rester constantes comme pour le Soleil dont la déclinaison maximum est toujours égale à peu près à 23° 27' 30"; mais que ces amplitudes doivent varier entre deux limites fixes, dont les amplitudes correspondantes du Soleil représentent les moyennes.

Nous comprenons aussi, maintenant, pourquoi, lorsqu'il y a pleine Lune, cet astre se lève bien plus tôt en hiver qu'en été et se couche bien plus tard.

En effet, quand nous sommes en été, la déclinaison du *Soleil est Nord*, le Soleil étant aux environs du solstice d'été; comme la Lune, située *à peu près dans le plan de l'écliptique*, est presque diamétralement opposée à la Terre, puisqu'on trouve qu'à l'époque de la pleine Lune, les longitudes des deux astres diffèrent d'environ 180°, la Lune doit être près du solstice *d'hiver et sa déclinaison est Sud;* le contraire doit évidemment arriver quand le Soleil est près du solstice d'hiver. Donc, puisqu'au commencement de l'été, *lorsqu'il y a pleine Lune*, la déclinaison de cet astre est *Sud*, et qu'en hiver, *à la même phase*, la déclinaison est *Nord;* d'après ce que nous avons dit de l'influence de la position de l'observateur sur l'aspect du mouvement de la sphère céleste, lorsqu'en hiver la Lune est pleine, elle doit rester plus longtemps au-dessus de l'horizon qu'au-dessous, autrement dit *le jour de la Lune est plus grand que la nuit.* C'est le contraire qui arrive en été.

La différence entre *un jour de pleine Lune* l'hiver, et *un jour de pleine Lune* l'été, peut aller jusqu'à 6 heures, c'est-à-dire que la Lune étant pleine peut rester au-dessus de l'horizon 6 heures de plus *en hiver qu'en été.*

221. *Le mouvement de la Lune autour de la Terre n'est pas uniforme.* — Soient LL' (fig. 126), l'orbite de la Lune, CC' l'écliptique, l, l', l''..... des positions successives de la Lune sur son orbite.

Fig. 126.

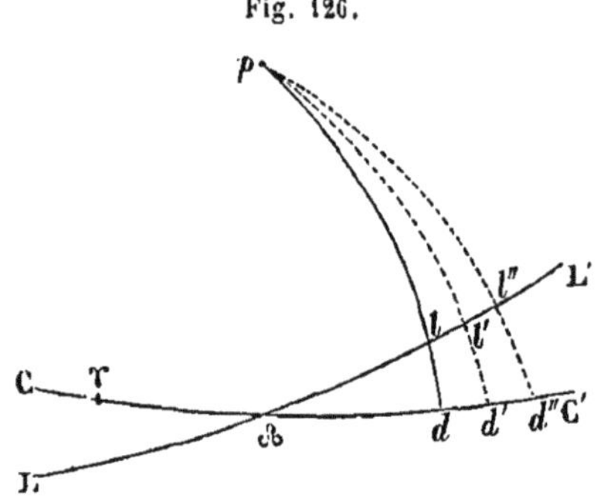

Ces positions ont été déterminées en passant des ascensions droites et des déclinaisons que donne l'*observation*, aux latitudes ld, $l'd'$,... etc., et aux longitudes ♈d, ♈d',... etc., que l'on obtient (127) par le calcul.

Si, à l'aide des triangles l'☊d, l☊d',... etc., nous calculons les arcs ☊l, ☊l', ☊l''... de l'orbite lunaire, nous verrons que les mouvements ll', $l'l''$, ... de la Lune sur son orbite ne se font pas d'une manière uniforme.

TROISIÈME MODE D'OBSERVATION.

222. Pour mieux apprécier la variation du mouvement de la Lune dans son orbite et déterminer les lois de ce mouvement, nous allons agir comme pour le Soleil, c'est-à-dire étudier les *variations du diamètre apparent de la Lune,* qui, comme nous le savons, est fonction de la distance de cet astre à la Terre.

Seulement, comme la Lune est très-près de notre globe, nous devons rapporter le diamètre vu de la surface de la Terre à ce qu'il serait vu *du centre*, qui est le lieu auquel doivent se rapporter toutes les observations.

A l'aide d'un micromètre, on reconnaît que le disque de *la Lune* est circulaire, en observant cet astre assez près du zénith pour que son disque soit dégagé de l'influence de la réfraction.

223. *Relation entre le demi-diamètre apparent de la Lune et le demi-diamètre horizontal.* — Le demi-diamètre d'un astre supposé vu du centre de la Terre, prend le nom de *demi-diamètre vrai, central ou horizontal ;* c'est sous ce dernier nom qu'il est *le plus généralement désigné.*

Le demi-diamètre d'un astre vu de la surface de la Terre prend le nom de *demi-diamètre apparent ou en hauteur*.

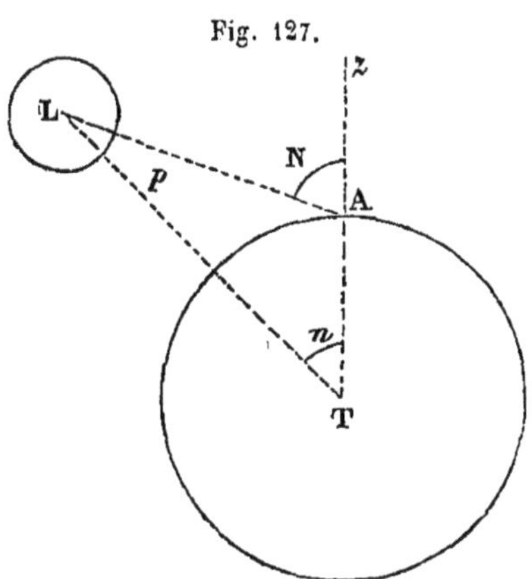

Fig. 127.

Soient T la Terre (fig. 127), et L la Lune.

Si l'on appelle δ le demi-diamètre *horizontal de la Lune* et D son demi-diamètre en hauteur, on a la relation évidente,

$$\frac{\delta}{D} = \frac{LA}{LT};$$

mais, on a aussi l'équation

$$\frac{LA}{LT} = \frac{\sin n}{\sin N} = \frac{\sin (N - p)}{\sin N}.$$

Donc

$$\frac{\delta}{D} = \frac{\sin (N - p)}{\sin N},$$

d'où

$$\delta = \frac{D \times \sin (N - p)}{\sin N} \ldots\ldots \qquad (a)$$

Puisque δ est une fonction de p, on peut développer δ en série suivant les puissances croissantes de p, à l'aide de la formule de Mac-Laurin

$$\delta = \delta_0 + \left(\frac{d\delta}{dp}\right)_0 p + \left(\frac{d^2\delta}{dp^2}\right)_0 \frac{p^2}{1.2} \ldots\ldots$$

En différentiant l'expression (a) par rapport à δ et à p, on a

$$d\delta = -\frac{D}{\sin N} \cos (N - p)\, dp \ldots\ldots \qquad (b)$$

d'où

$$\frac{d\delta}{dp} = -\frac{D}{\sin N} \cos (N - p).$$

Différentiant l'expression (b), on a

$$d^2\delta = -\frac{D}{\sin N} \sin (N - p)\, dp^2,$$

d'où

$$\frac{d^2\delta}{dp^2} = -\frac{D}{\sin N} \sin (N - p) \ldots\ldots \qquad (c)$$

Faisant $p = 0$ dans les formules (a), (b), (c), on a

$$\delta_0 = D,$$
$$\left(\frac{d\delta}{dp}\right)_0 = -D\cot g\, N,$$
$$\left(\frac{d^2\delta}{dp^2}\right)_0 = -D.$$

Par suite, la série de Mac-Laurin devient

$$\delta = D - D\operatorname{cotang} N \cdot p - D\frac{p^2}{1.2}\cdots\cdot$$

Remplaçant p par $P\sin N$, il vient enfin, en remarquant que les arcs δ, D et P doivent être exprimés en secondes,

$$\delta = D - D . P\sin 1'' \cos N - \frac{D}{1.2}\sin^2 1'' P^2 \sin^2 N\ldots\ldots$$

relation qui permettra, connaissant D *demi-diamètre apparent obtenu au micromètre et corrigé de la réfraction*, P *la parallaxe horizontale et* N *la distance zénithale corrigée aussi de la réfraction, d'en déduire le demi-diamètre horizontal* δ.

La différence entre δ et D ne dépasse jamais 18",5.

Nous pouvons considérer immédiatement la question réciproque.

RÉCIPROQUE OU PASSAGE DU DEMI-DIAMÈTRE HORIZONTAL D'UN ASTRE AU DEMI-DIAMÈTRE EN HAUTEUR.

224. La *Connaissance des temps* donne le *demi-diamètre vrai ou horizontal* des astres.

Fig. 128.

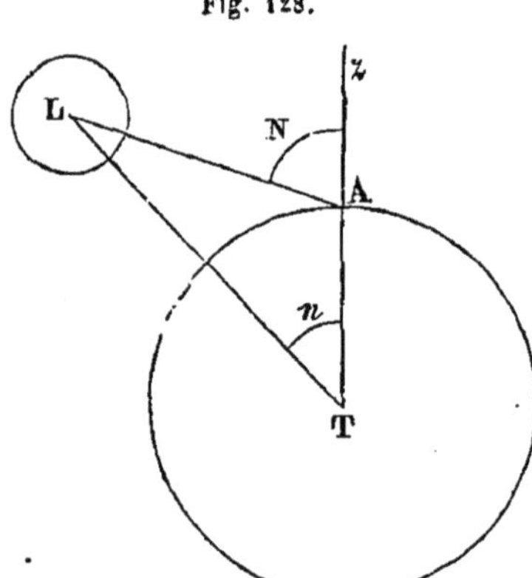

Or, dans certains calculs de navigation, on a besoin du demi-diamètre de l'astre pris à la surface de la Terre, c'est-à-dire du *demi-diamètre en hauteur;* représentons toujours par

δ *le demi-diamètre horizontal d'un astre;*

D *son demi-diamètre en hauteur;*

N *la distance zénithale apparente* zAL (fig. 128), *corrigée de la réfraction;*

p *la parallaxe en hauteur de l'astre.*

Nous venons de trouver la relation

$$(a') \qquad D = \frac{\delta \sin N}{\sin(N-p)}.$$

D étant une fonction de p, on peut écrire la série

$$D = D_0 + \left(\frac{dD}{dp}\right)_0 p + \left(\frac{d^2D}{dp^2}\right)_0 \frac{p^2}{1.2} + \ldots\ldots$$

pour $p = 0$, on déduit de (a'), $D_0 = \delta$.

Différentiant (a'), on a

$$(b') \qquad dD\sin(N-p) - D\cos(N-p)dp = 0,$$

d'où, faisant $p = 0$, on a

$$\left(\frac{dD}{dp}\right)_0 = \delta\cot N.$$

Différentiant (b'), on a

$$d^2D\sin(N-p) - dD\cos(N-p)dp - dD\cos(N-p)dp - D\sin(N-p)dp^2 = 0.$$

Faisant $p = 0$, on a

$$\left(\frac{d^2D}{dp^2}\right)_0 \sin N - 2\left(\frac{dD}{dp}\right)_0 \cos N - \delta\sin N = 0,$$

d'où

$$\left(\frac{d^2D}{dp^2}\right)_0 = \frac{2\delta\cos^2N + \delta\sin^2N}{\sin^2N} = \delta\,\frac{(1+\cos^2N)}{\sin^2N}.$$

En nous arrêtant aux termes du second ordre, nous aurons donc

$$D = \delta + \delta p\cot N + \frac{p^2}{2}.\frac{\delta(1+\cos^2N)}{\sin^2N}.$$

Remplaçant p par $P\sin N$, il vient

$$D = \delta + \delta.P\cos N + \frac{P^2}{1.2}\delta(1+\cos^2N)\ldots\ldots$$

Ou, remarquant que les arcs D, δ, P doivent être exprimés en secondes,

$$(c) \qquad D = \delta + \delta P\sin 1''\cos N + \frac{P^2}{1.2}\sin^2 1''\delta(1+\cos^2N)\ldots\ldots$$

Telle est la relation *qui lie le demi-diamètre en hauteur au demi-diamètre horizontal.*

Le terme $\frac{P^2}{2}\sin^2 1''\,\delta\,(1+\cos^2 N)$ est plus petit que $P^2\sin^2 1''\,\delta$. Or, en mettant à la place de P et de δ leurs valeurs maxima qui sont, pour la Lune, $\delta = 16'45''$ et $P = 61'24''$, on trouve $\frac{P^2}{2}\sin^2 1''\,\delta = 0'',34$ *environ, quantité négligeable.*

On s'en tient donc au terme P, et l'on a

$$D = \delta + \delta P \sin 1'' \cos N. \qquad (c')$$

Le terme $\delta P \sin 1'' \cos N$ est ce qu'on nomme *l'augmentation du demi-diamètre horizontal;* cette quantité n'est appréciable que pour la Lune.

On peut éliminer P des relations (c) et (c'), lorsque l'on suppose la Terre sphérique; car en appelant r le rayon de la Terre, r' le rayon de la Lune et R la distance à laquelle le centre de la Terre est du centre de la Lune, on a les deux relations

$$P = \frac{r}{R \sin 1''}, \qquad \delta = \frac{r'}{R \sin 1''},$$

d'où l'on déduit

$$P = \frac{\delta \times r}{r'},$$

ce qui indique que le rapport d'une parallaxe horizontale au demi-diamètre central correspondant reste constant et est égal à $\frac{r}{r'}$, que l'observation indique être égal pour la Lune, à $\frac{11}{3}$ environ. La formule (c) peut donc s'écrire

$$D - \delta = \frac{11}{3} \sin 1'' \delta^2 \cos N + \frac{1}{2}\left(\frac{11}{3} \sin 1''\right)^2 \delta^3 (1 + \cos^2 N).$$

La XVIe des tables de M. Caillet (1re édition) et la XXVe (nouvelle édition), ainsi que la table XXIV de Guépratte, donnent cette différence.

La table XIII de Callet donne aussi cette augmentation.

Cette table a deux arguments qui sont le demi-diamètre horizontal δ et la hauteur apparente du centre $(90 - N)$.

Lorsque $N = 90°$, c'est-à-dire quand l'astre est à l'horizon, la formule (c') devient

$$D = \delta.$$

Le demi-diamètre *vrai ou central* est donc à peu près égal au demi-diamètre de l'astre observé à l'horizon, abstraction faite de l'effet de la réfraction et de cet effet d'optique qui fait paraître les astres à l'horizon beaucoup plus gros et moins brillants.

C'est en raison de cette égalité entre le demi-diamètre de l'astre considéré à l'horizon et le demi-diamètre vrai, que celui-ci prend aussi le nom de *demi-diamètre horizontal.*

A mesure que N diminue, le terme $\delta P \sin 1'' \cos N$ augmente et atteint sa valeur maximum quand $N = 0°$.

225. *Forme de l'orbite lunaire.* — A l'aide d'un *micromètre, de la lunette*

méridienne, du cercle mural et de la pendule sidérale; observons chaque jour le diamètre apparent *de la Lune (duquel nous déduirons le diamètre central), sa déclinaison et son ascension droite;* nous connaissons aussi sa *déclinaison et son ascension droite lorsqu'elle est à son nœud* ☊ en N (fig. 129), par suite, nous pouvons, dans le triangle NPL, déterminer l'arc NL ou l'angle NTL pour chaque position de la Lune.

Fig. 129. Fig. 130.

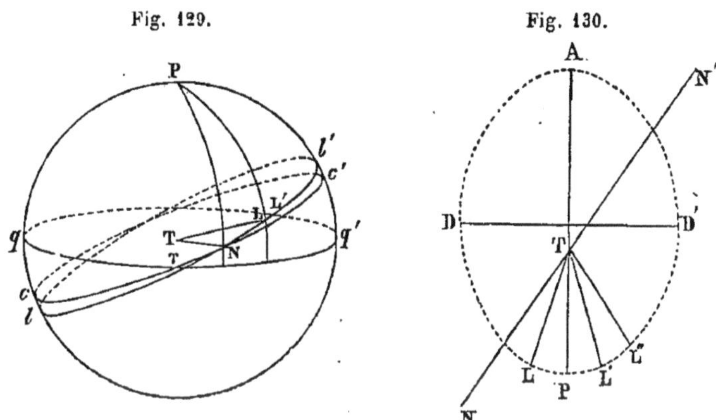

Prenons maintenant une feuille de papier, plaçons la Terre en T (fig. 130), et menons la ligne NN' pour représenter celle des nœuds de la Lune.

Faisons les angles NTL, NTL'..... que fait, pour chaque observation, le rayon vecteur avec la ligne des nœuds; portons les longueurs TL, TL'..... inversement proportionnelles aux diamètres D, D'..... déterminés.

Si nous joignons tous ces points par un trait continu, nous reconnaîtrons que la Lune décrit dans une période de 27 jours 1/3 environ, sensiblement *une ellipse dont la Terre occupe l'un des foyers.*

Le grand axe s'appelle encore *ligne des apsides* et les extrémités de ce grand axe s'appellent *apsides*. L'extrémité P, qui est la plus voisine de la Terre, s'appelle *périgée*, et l'autre A, *apogée*.

Cette courbe que paraît décrire la Lune autour de notre globe est un *mouvement relatif;* car, comme on a reconnu que la Terre décrit *réellement* (le Soleil étant supposé fixe) une trajectoire à peu près elliptique autour du *Soleil*, les variations du diamètre et de la longitude de la Lune dans une période de 27 jours 1/3 environ, se rapporte aussi évidemment au centre de la Terre considérée comme *fixe*.

226. *Calcul de l'excentricité.*—La valeur de l'excentricité e de cette ellipse peut s'obtenir comme pour le Soleil (138), à l'aide du plus petit et du plus grand diamètre de la Lune. On déduit de l'observation que le diamètre de la Lune varie depuis 29′ 30″ jusqu'à 33′ 30″ environ.

On aura donc, ainsi que nous l'avons fait pour le Soleil,

$$e = \frac{33'\,30'' - 29'\,30''}{33'\,30'' + 29'\,30''} = \frac{4'}{63'} = 0{,}0635.$$

Des méthodes plus rigoureuses donnent 0,0568.

Ainsi, l'ellipse que décrit *la Lune autour de la Terre,* s'approche moins d'un *cercle* que celle décrite par *la Terre autour du Soleil,* puisque dans celle-ci, l'excentricité est de 0,0167. En déterminant ainsi *l'excentricite* pendant plusieurs années et à chaque révolution de la Lune, on trouve que cette valeur de *e* n'est pas constante et oscille entre deux limites fixes; on peut aussi constater que les diamètres *maximum et minimum de la Lune* oscillent entre deux limites et indiquent *une contraction de l'ellipse,* orbite de la Lune.

Le tableau suivant qui donne les valeurs du diamètre maximum et du diamètre minimum de la Lune, pour les différents mois lunaires de l'année 1858, tels qu'on les déduirait de l'observation, fait voir le mouvement oscillatoire qui se produit dans la distance *périgée* et dans la distance *apogée* de la Lune, et par suite, *dans la valeur de l'excentricité.*

LUNAISONS.	DIAMÈTRE maximum.	LA DISTANCE PÉRIGÉE		DIAMÈTRE minimum.	LA DISTANCE APOGÉE	
Janvier....	32' 48" ,8	− 28",0	augmente.	29' 27" ,4	+ 4",0	diminue.
Février....	32 20 ,8	+ 5 ,8	diminue.	29 31 ,4	+ 1 ,8	*id.*
Mars.....	32 26 ,6	+ 27 ,8	*id.*	29 33 ,2	− 1 ,6	augmente.
Avril.....	32 54 ,4	+ 23 ,2	*id.*	29 31 ,6	− 4 ,0	*id.*
Mai.....	33 17 ,6	+ 9 ,4	*id.*	29 27 ,6	− 2 ,6	*id.*
Juin.....	33 27 ,0	− 5 ,6	augmente.	26 25 ,0	− 0 ,6	*id.*
Juillet....	33 21 ,4	− 19 ,8	*id.*	29 24 ,4	+ 1 ,6	diminue.
Août.....	33 01 ,6	− 27 ,0	*id.*	29 26 ,2	+ 4 ,2	*id.*
Septembre..	32 34 ,6	− 16 ,6	*id.*	29 30 ,4	+ 2 ,6	*id.*
Octobre...	32 18 ,0	+ 20 ,8	diminue.	29 33 ,0	+ 0 ,6	*id.*
Novembre..	32 38 ,8	+ 29 ,0	*id.*	29 33 ,6	− 4 ,8	augmente.
Décembre..	33 07 ,8	+ 19 ,6	*id.*	29 28 ,8	− 3 ,6	*id.*
Janvier...	33 27 ,4			29 25 ,2		

On voit aussi, par ce tableau, que les *variations de la distance périgée* sont, en 1858, bien plus fortes que les variations de la distance *apogée.*

227. *Loi des aires.* — Si l'on cherche dans l'orbite elliptique de la Lune, *l'aire décrite dans deux temps égaux par le rayon vecteur, on trouve que ces deux aires sont égales.*

Donc, *le mouvement de la Lune autour de la Terre est soumis aux mêmes lois que le mouvement de la Terre autour du Soleil.*

D'après ces lois, il est clair que le mouvement de la Lune dans son orbite n'est pas uniforme et que sa *vitesse maximum a lieu au périgée et sa vitesse minimum à l'apogée.*

228. *Détermination de la longitude du périgée lunaire.* — Pour obtenir approximativement la longitude du *périgée lunaire,* on peut déterminer les deux époques T et T′ auxquelles le diamètre de la Lune est le même; l'une de ces deux époques précédant l'époque du diamètre maximum et l'autre le suivant; la Lune est alors successivement en L et en L′ (fig. 131), à égale distance du périgée P.

Fig. 131.

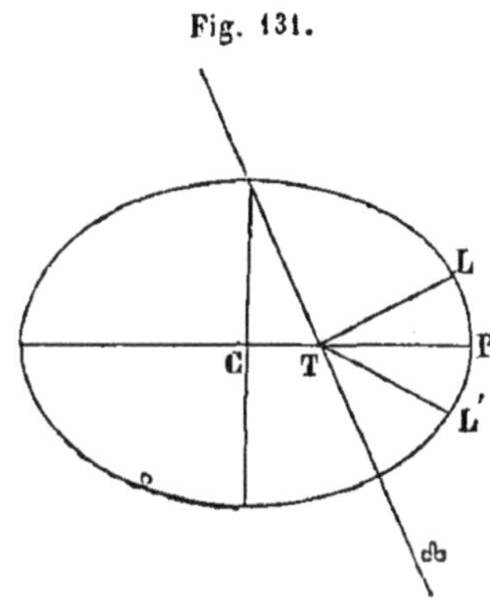

Il est clair que dans le cas où l'on considère comme elliptique l'orbite de la Lune, l'époque θ du périgée est à peu près le milieu entre les deux époques T et T′; connaissant cette époque, on peut, par interpolation, déduire la longitude correspondante, c'est-à-dire *la longitude du périgée.*

229. *Mouvement de la ligne des apsides.* — En déterminant ainsi pendant plusieurs révolutions successives de la Lune la *longitude du périgée,* on trouve que cette longitude n'est pas constante et va en augmentant.

L'ellipse que décrit la Lune autour de la Terre ne reste donc pas immobile dans son plan; son grand axe éprouve un mouvement de rotation non uniforme dans le sens d'*Occident en Orient.* Ce mouvement du périgée a lieu à peu près en 3232ʲ,27, ou en un peu moins de 9 ans; ce qui fait en moyenne 6′ 41″ par jour.

230. *Variation du maximum de l'équation du centre de la Lune.* — En étudiant le Soleil, nous avons trouvé que le maximum de l'équation du centre est une fonction de l'excentricité de l'ellipse, puisqu'en appelant V l'anomalie vraie correspondante à cette équation du centre maximum, on a

$$\cos V = -\left(\frac{3}{4}e + \frac{3}{4}\cdot\frac{1}{8}e^3 + \frac{3}{4}\cdot\frac{1}{8}\cdot\frac{5}{12}e^5 + \ldots\ldots\right.$$

et que nt, anomalie moyenne qui se déduit des deux équations :

$$\tan\frac{1}{2}u = \left(\frac{1-e}{1+e}\right)^{\frac{1}{2}} \tan\frac{V}{2},$$

$$nt = u - e\sin u,$$

est aussi une fonction de e.

Or l'observation nous fait voir que l'excentricité de l'orbite lunaire n'est pas constante; donc le maximum de *l'équation du centre* ne reste pas constante et oscille entre deux limites fixes.

231. *Variation du temps de révolution de la Lune dans son orbite, et par suite, du mouvement moyen.* — En déterminant pendant plusieurs révolutions consécutives de la Lune la longitude du périgée en tenant compte du mouvement de la *ligne des apsides*, on peut obtenir le temps que la Lune met à décrire un grand cercle de la voûte céleste. On voit alors que ce temps n'est pas constamment le même et que la durée de la révolution de la Lune oscille entre deux limites fixes.

Par suite, *le mouvement moyen de la Lune n'est pas constant et oscille entre deux limites.*

En résumant tout ce que vient de nous apprendre le troisième mode d'observations, nous voyons que, en admettant que *la Lune décrit une ellipse* autour de la Terre, *supposée fixe*, et en suivant *la loi des aires*, nous devons nous rappeler :

1° *Que la forme de cette ellipse ne reste pas constante, ainsi que le constate la variation périodique de son excentricité;*

2° *Que la grandeur de cette ellipse représentée par la grandeur de son demi grand axe ne reste pas constante et oscille entre deux limites fixes;*

3° *Que le plan de cette ellipse n'est pas fixe dans l'espace, mais a un mouvement de rotation non uniforme autour de l'axe de l'écliptique, accusé par le mouvement rétrograde de la ligne des nœuds;*

4° *Que l'angle que fait ce plan avec l'écliptique n'est pas fixe, mais varie entre deux limites assez rapprochées;*

5° *Que l'ellipse elle-même a un mouvement dans son plan indiqué par le mouvement non uniforme du périgée;*

6° *Et enfin, que le temps de révolution de notre satellite dans son orbite ne reste pas constamment le même, ce qui fait que le mouvement moyen de l'astre varie entre deux limites.*

Ainsi, en représentant par

e, l'excentricité de l'orbite lunaire;
a, son demi grand axe;
$d☊$, le mouvement de la ligne des nœuds;
α, l'angle du plan de l'orbite et de l'écliptique;
dP, le mouvement du périgée;
n, le mouvement moyen de la Lune dans son orbite,

on reconnaît, par une suite d'observations faites pendant plusieurs siècles, que ces éléments ne sont pas constants, mais oscillent entre deux limites.

232. *Équations séculaires.* — L'observation peut faire connaître la valeur moyenne de tous ces éléments. En les affectant de l'indice m pour représenter cette valeur moyenne, on peut donc obtenir

$$e_m,\ a_m,\ d☊_m,\ \alpha_m,\ dP_m,\ n_m.$$

A une époque quelconque T, on doit avoir :

$$
\begin{aligned}
e &= e_m \pm \text{correction}; \\
a &= a_m \pm \text{correction}; \\
d☊ &= d☊_m \pm \text{correction}; \\
\alpha &= \alpha_m \pm \text{correction}; \\
dP &= dP_m \pm \text{correction}; \\
n &= n_m \pm \text{correction}.
\end{aligned}
$$

Ces *corrections* prennent généralement le nom d'*équations séculaires*, parce que la période d'oscillation de ces éléments autour de leur valeur moyenne dure un grand nombre d'*années.*

On a pu déterminer, par *l'observation, les équations séculaires les plus sensibles.*

Toutes sont rigoureusement établies à l'aide de la mécanique céleste, qui fait voir que ces équations sont liées aux variations qu'éprouve l'excentricité de *l'ellipse que la Terre décrit autour du Soleil.*

Les PRINCIPAUX ÉLÉMENTS DE L'ORBITE LUNAIRE pour le 1er janvier 1801 étaient :

Excentricité.	0,0568,
Longitude du périgée.	266° 10′ 7″,
Longitude du nœud.	13° 53′ 40″,
Inclinaison moyenne sur l'écliptique. . . .	5° 8′ 48″,
Demi grand axe, en rayons terrestres. . .	59,9

233. *Prédiction de la position de la Lune sur la sphère céleste à un instant quelconque.* — Pour pouvoir prédire la position de la Lune sur la sphère céleste à un instant quelconque, il faut préalablement déterminer pour *cet instant :*

1° *La forme*
2° *La grandeur* } *de l'ellipse que la Lune décrit autour de la Terre;*
3° *La position*
4° *L'époque à laquelle la Lune a passé au périgée de cette ellipse;*
5° *Et enfin le mouvement moyen de la Lune sur cette orbite.*

Connaissant *les équations séculaires* et ayant déterminé à une certaine époque tous les éléments de l'orbite que nous venons de considérer, on aura *pour l'époque considérée la valeur de tous ces éléments.*

Au moyen du *calcul des anomalies,* on pourra déterminer l'*anomalie vraie* et la grandeur *du rayon vecteur* pour cette époque.

Connaissant la longitude du périgée et la longitude du nœud, il nous sera facile d'obtenir l'angle de la ligne des apsides PT (fig. 132) avec la ligne des nœuds T☊, et par suite, en combinant cet angle avec l'anomalie vraie obtenue, de déterminer l'angle du rayon vecteur TL avec la ligne des nœuds; enfin, nous pourrons obtenir, à l'aide du triangle L☊K, la *latitude* LK *de la Lune* et l'arc ☊K qui, combiné avec la longitude du nœud ♈☊, *nous donnera la longitude de la Lune.*

Fig. 132.

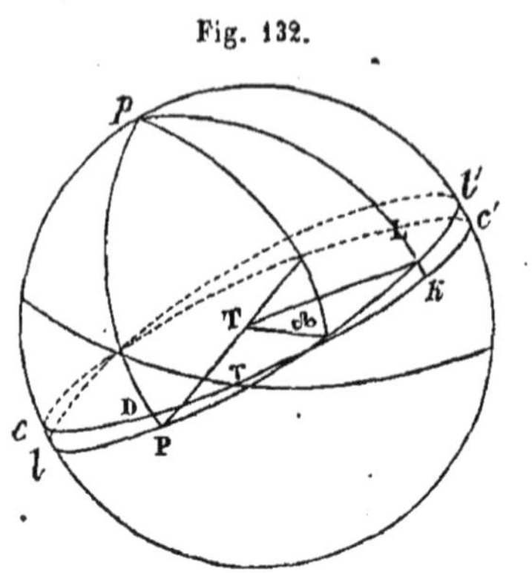

La *latitude* et la *longitude* ainsi obtenues permettront de calculer, à l'aide des relations indiquées (127), *l'ascension droite et la déclinaison de la Lune* pour l'époque considérée.

La connaissance du *rayon vecteur*, donné par les anomalies, permettra de conclure la grandeur *de la parallaxe horizontale équatoriale* et du *demi-diamètre horizontal* pour la même époque.

INÉGALITÉS PÉRIODIQUES DU MOUVEMENT DE LA LUNE.

234. Ayant prédit, ainsi que nous venons de le dire, *l'ascension droite, la déclinaison et le demi-diamètre de la Lune*, pour une époque donnée, on pourra vérifier cette position *en observant, à l'époque considérée, la position de l'astre, soit à l'équatorial, soit à la lunette méridienne et au cercle mural, et en mesurant son diamètre.*

Or, on trouvera presque toujours que ce diamètre observé n'est pas exactement le même que celui calculé, et que la longitude et la latitude *déduites de l'observation* ne s'accordent pas rigoureusement avec celles *prédites par le calcul.*

Les différences entre les éléments observés et les mêmes éléments calculés prennent le nom d'*inégalités.* Si l'on faisait un grand nombre de fois *ces comparaisons*, on trouverait que ces différences ou inégalités reviennent périodiquement les mêmes; elles ont reçu, pour cette raison, le nom d'*inégalités périodiques.* Disons quelques mots de chacune d'elles en particulier.

Fig. 133.

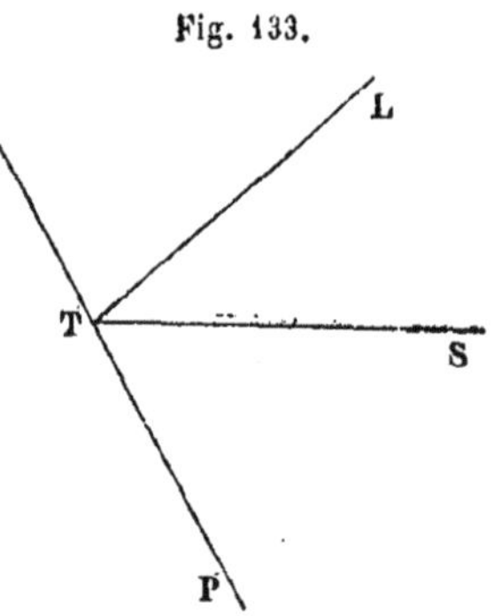

235. *Inégalités périodiques de la longitude de la Lune.* — Si l'on fait *le calcul, l'observation et la comparaison*, que nous venons d'indiquer, quand le *Soleil est à l'apogée ou au périgée de son orbite;* de plus, si à cette époque la Lune a l'aspect d'un *cercle* ou d'un *demi-cercle* lumineux, et enfin, si à ce moment *le double de la distance angulaire* LTS (fig. 133) *du Soleil à la Lune est égal à l'anomalie moyenne de la Lune*

LTP = A, on trouve que la longitude *prédite de la Lune s'accorde avec la longitude observée.*

Si en restant dans les *deux précédentes hypothèses*, on a $2STL \gtrless A$, on trouve une différence ou *inégalité* entre la longitude L_p *prédite* de la Lune et la longitude *observée* L_0. Cette inégalité prend le nom d'*évection;* on a donc

$$L_0 = L_p \pm \textit{évection}.$$

Après un grand nombre d'essais et d'observations on a pu représenter rigoureusement cette inégalité en la supposant *proportionnelle au double du sinus de la distance angulaire* T *du soleil à la Lune diminuée de l'anomalie moyenne* A *de la Lune;* on a donc

$$\textit{Évection} = a \sin(2T - A).$$

Le coefficient a de cette relation a été déduit d'un grand nombre d'observations.

En faisant le calcul de la position de la Lune pour un moment qui ne correspond pas aux aspects sus-indiqués, tout en supposant le Soleil à l'apogée ou au périgée et en corrigeant de l'*évection* la longitude calculée, on trouve encore une différence entre la longitude *observée* et la longitude *prédite;* cette différence dont la valeur redevient la même après une période de 14 jours environ, prend le nom de *variation;* on a trouvé qu'elle est proportionnelle au *sinus de la distance de la Lune au Soleil,* on a donc

$$\textit{Variation} = b \sin 2T,$$

en représentant par b le coefficient de l'argument 2T.

Par suite, il vient

$$L_0 = L_p + \textit{évection} + \textit{variation}.$$

En calculant la longitude de la Lune pour une époque correspondant à T = 45°, on obtiendra le coefficient b.

Supposons, enfin, que nous fassions le calcul de la position de la Lune pour un moment auquel le Soleil n'est ni au *périgée* ni à l'*apogée.* Après avoir corrigé la longitude donnée par le calcul, de *l'évection et de la variation*, nous trouverons encore *une différence avec la longitude observée.* Cette inégalité prend le nom d'*équation annuelle.* La valeur de cette différence suivra, *en signe et en grandeur*, des périodes régulières.

Cette inégalité étant nulle lorsque le *Soleil est à l'apogée ou au périgée*, dépend évidemment de *l'anomalie moyenne* du Soleil. En appelant c un coefficient et A′ l'anomalie moyenne du Soleil, on peut poser

$$\textit{Équation annuelle} = c \sin A'.$$

En calculant et observant la longitude de la Lune aux époques où l'équation annuelle est *maximum*, c'est-à-dire quand l'anomalie du Soleil est de 90° ou de 270°, on déduit *c* de l'équation

$$L_0 = L_p + \textit{évection} + \textit{variation} + \textit{équation annuelle}.$$

Les trois corrections ou inégalités que nous venons d'indiquer ne donnent pas toujours un accord parfait entre le calcul et l'observation; il y a encore de très-petites différences entre les deux longitudes ainsi obtenues, différences désignées sous le nom de *perturbations* et qui proviennent de l'action des planètes.

On a donc enfin, pour la Lune,

longit. vraie = longit. moy. + équation du centre + évection + variation + + équation annuelle + perturbations.

236. *Inégalités périodiques de la latitude de la Lune.* — Les inégalités de la latitude de la Lune sont si petites, qu'en dehors de celle qui provient de la variation de l'inclinaison de l'orbite, et que Tycho-Brahé a le premier déduite de l'observation, ces inégalités ne peuvent guère se déterminer par l'observation, mais sont données *par la théorie de l'attraction universelle.*

237. *Inégalités périodiques du rayon vecteur.* — Nous avons vu par la comparaison des diamètres maxima que l'ellipse de l'orbite lunaire ne conserve pas toujours les mêmes dimensions; cette variation dans la grandeur de l'ellipse est accusée soit par la variation des diamètres maxima et minima, soit par la variation des parallaxes maxima et minima. La théorie de l'attraction a permis de déduire la relation qui existe entre la parallaxe moyenne à une époque donnée et la parallaxe moyenne à une autre époque; cette même théorie permet aussi d'obtenir l'inégalité du rayon vecteur qui résulte de la position du Soleil par rapport à la Terre et à la Lune.

238. *Explication des phases de la Lune.* — Nous avons dit (203) que la Lune ne se présente pas toujours, comme le Soleil, sous la forme d'un *disque lumineux*, mais sous la forme d'un croissant variant depuis *l'arc de cercle jusqu'au cercle entier.*

Ces différents aspects sous lesquels cet astre se présente à nos regards prennent le nom de *phases.*

De l'observation que la ligne qui joint les cornes du croissant de la Lune est perpendiculaire à la ligne qui joint le centre de cet astre au centre du Soleil, et que la convexité de ce croissant lumineux est toujours tournée vers le Soleil, nous avons conclu que la Lune est un corps sphérique n'ayant pas *de lumière propre et que celle qu'il possède est empruntée au Soleil.*

Nous allons voir, en effet, que cette hypothèse unie à celle du *mouvement relatif de la Lune autour de la Terre* explique parfaitement les *phases de cet astre.*

Nous savons que la distance moyenne du Soleil à la Terre est de 24000 rayons terrestres et que la distance moyenne de la Lune est de 60 rayons terrestres, c'est-à-dire que si cette dernière distance est représentée par 1, la première est représentée par 400.

Nous pouvons alors admettre que dans le mouvement de la Lune autour de la Terre, les rayons qu'elle reçoit du Soleil *sont tous à peu près parallèles.*

De plus, le mouvement vrai de la Lune et le mouvement apparent du Soleil ont lieu dans le même sens; et comme la Lune a un mouvement beaucoup plus rapide que le Soleil, nous pouvons supposer que celui-ci est fixe et que la Lune n'a qu'un mouvement relatif égal à la différence des mouvements des deux astres.

Soient donc T la Terre (fig. 134), TS la direction des rayons solaires, L la Lune et *a b c d e f g h* la courbe qu'elle décrit autour de la Terre dans le sens de la flèche.

Fig. 134.

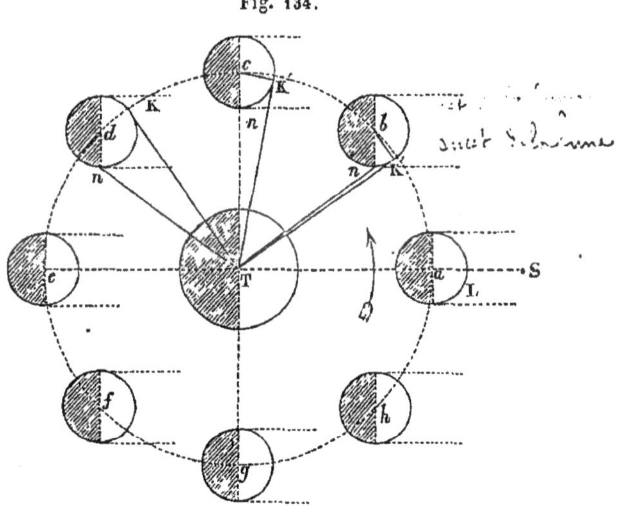

Nouvelle Lune ou conjonction. — En *a*, la Lune ne tournant vers la Terre que la partie non éclairée sera invisible, et il est évident que lorsque le méridien supérieur *d'un lieu* viendra passer sur *le Soleil, il passera aussi à peu près sur la Lune;* cette phase de la Lune s'appelle *conjonction ou nouvelle Lune.*

En *b*, le cône tangent à la Lune et dont le sommet est en T rencontrera *la partie éclairée de la Lune* suivant une demi-circonférence dont le rayon est *b*K. Cette demi-circonférence sera une limite de la partie éclairée visible, l'autre sera une demi-ellipse, projection perspective du cercle dont le rayon est *bn* et qui sépare l'hémisphère éclairé de la Lune de celui qui ne l'est pas.

La Lune sera alors vue sous la forme *d'un croissant dont la convexité sera tournée vers le Soleil.*

Premier quartier. — En *c*, le plan du cercle *cn* rencontrant la Terre, ce cercle sera vu suivant une ligne droite. La Lune paraîtra sous la forme d'un demi-cercle lumineux. La Lune et le Soleil ayant à peu près une différence en longitude de 90° ou de 6 heures, le méridien du lieu passera sur le Soleil environ 6 heures avant de passer sur la Lune. Cette phase de la Lune prend le nom de *premier quartier.*

Fig. 135.

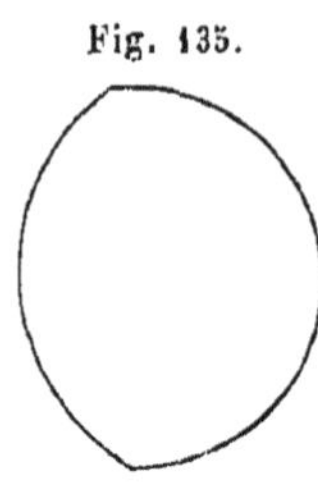

En *d*, le cercle de séparation d'ombre et de lumière sur la Lune sera encore vu obliquement, et par suite, sa moitié suivant une demi-ellipse. La Lune paraîtra alors sous la forme représentée figure 135.

Pleine Lune ou opposition. — En *e*, la Lune tournant vers la Terre sa partie éclairée sera aperçue sous la forme d'un *disque lumineux circulaire.* On voit alors que lorsque le méridien supérieur *passera sur le Soleil*, le méridien inférieur *se trouvera sur la Lune*, c'est-à-dire qu'elle passera au méridien vers minuit environ.

Cette phase de la Lune prend le nom d'*opposition ou pleine Lune.*

De *a* en *e*, *c'est la partie Ouest de la Lune qui sera éclairée.*

En *f*, la Lune étant dans une position symétrique de *d*, paraîtra sous la même forme que dans cette position.

Second quartier. — En *g*, position symétrique de *c*, la Lune paraîtra sous la forme d'un demi-cercle lumineux ; cet astre passera au méridien 18 heures après le Soleil, puisque la différence en longitude de ces deux astres est d'environ 270°.

Cette phase prend le nom de *dernier quartier.*

Enfin, en *h*, position symétrique de *b*, la Lune paraîtra sous la forme d'un croissant.

Il est évident que de *e* en *a*, c'est la partie Est de la Lune *qui sera éclairée.*

Les phases appelées *conjonction* et *opposition* prennent le nom de *syzygies.* Celles appelées *premier* et *dernier quartier* prennent le nom de *quadratures ;* on dit aussi qu'alors la Lune est *dichotome.*

Enfin, celles qui correspondent aux positions intermédiaires prennent le nom d'*octants.*

Lorsque la Lune étant en conjonction se trouve à son nœud, elle se trouve sur la ligne qui joint le centre de la Terre au *Soleil, il y a éclipse de Soleil.*

Lorsque étant en opposition elle est à son *nœud*, l'ombre de la Terre passe sur la Lune, il y a *éclipse de Lune.*

239. *Calcul approché de l'époque d'une phase.* — A l'aide du *second*

mode d'observations, nous avons déterminé que l'orbite lunaire est inclinée d'environ 5° sur l'écliptique. Par conséquent, dans son mouvement autour de la Terre, la Lune s'écarte peu de ce cercle ; aussi, dans l'explication que nous venons de donner des phases de la Lune, nous avons considéré la Lune comme étant constamment située dans le plan de l'orbite solaire.

Cette supposition ne donne pas de différence *sensible* dans l'aspect des phases telles que nous les avons considérées et telles qu'elles existent réellement ; toutefois, quand étant en conjonction la Lune est à sa latitude maximum, il est possible d'apercevoir, d'après *Képler*, un croissant très-délié dans le sens de l'écliptique.

Dans la détermination de l'époque d'une phase, nous allons encore supposer que la Lune est constamment située dans le plan de l'écliptique, ce qui n'altère pas d'une manière sensible le résultat.

La connaissance des temps donne les longitudes du Soleil $\odot$, $\odot'$,... etc. et celles $☾$, $☾'$,... de la Lune pour des époques assez rapprochées t, t', t''.

Soit λ la différence en longitude des deux astres au moment d'une phase dont l'époque cherchée est T.

Cherchons dans la *Connaissance des temps* deux époques consécutives t et t', telles qu'à l'époque t on ait $\odot - ☾ < \lambda$ et qu'à l'époque t' on ait $\odot' - ☾' > \lambda$.

$\odot$ et $☾$ étant les longitudes du Soleil et de la Lune à l'époque donnée t qui précède T; L et l étant les variations en longitude à cette époque, en une heure par exemple, du Soleil et de la Lune, leur différence en longitude dans le même intervalle variera de $L - l$; donc, *en admettant que cette différence en longitude varie proportionnellement au temps*, dans l'intervalle $T - t$ cette différence deviendra $(l - L)(T - t)$; on devra donc avoir la relation

$$\lambda = (\odot - ☾) + (l - L)(T - t),$$

d'où

$$T = t + \frac{\lambda - (\odot - ☾)}{l - L}. \qquad (\varepsilon)$$

En supposant successivement $\lambda = 0°, 90°, 180°, 270°$, on obtiendra les époques des quatre phases principales.

La valeur de T déterminée à l'aide de la formule (ε) n'est pas très-exacte, parce que cette relation suppose que les mouvements en longitude du Soleil et de la Lune sont uniformes, ce qui n'est pas.

Pour obtenir la correction x qui convient à T, on détermine, à l'aide de la méthode d'interpolation, la longitude de la Lune $☾'$ et celle du Soleil $\odot'$ pour *l'époque trouvée* T.

Si ces deux longitudes diffèrent juste de λ, la phase considérée arrive bien à l'époque T; mais si l'on a

$$\odot' - ☾' = \lambda - K,$$

on obtient l'époque réelle $T + x$, en admettant que si dans 1^h la différence en longitude des deux astres varie de $L - l$, elle variera de K dans x, d'où

$$x = \frac{K \times 1^h}{l - L},$$

et par suite, on a, beaucoup plus exactement,

$$\textit{Époque de la phase} = T + \frac{K \times 1^h}{l - L}.$$

Exemple.

Déterminer l'heure T. M. de Paris, au moment de l'opposition de la Lune au mois de février 1858.

En cherchant dans la *Connaissance des temps* de 1858, nous trouvons

Long. du ☉ le 27 février à 0^h T. M. de Paris. . . .	=	338° 38′ 21″,7
Long. de la ☾ *id.* *id.*	=	153 16 26 ,3
Différence en longitude.	=	185 21 55 ,4
Long. du ☉ le 27 février à 12^h T. M. de Paris. . . .	=	339 08 27 ,05
Long. de la ☾ *id.* *id.*	=	160 3 43 ,00
Différence en longitude.	=	179 4 44 ,05

Ainsi, la différence en longitude du Soleil et de la Lune qui était plus grande que 180° le 27 février à 0^h T. M. de Paris, devient plus petite que 180° le 27 février à 12^h T. M. du même lieu.

Le moment de l'opposition en longitude doit donc avoir lieu entre le 27 février à 0^h et le 27 février à 12^h.

Cherchons à quel moment.

Nous trouvons dans la *Connaissance des temps :*

Mouvement en longitude du Soleil en 24^h.	=	1° 00′ 10″,70
Id. . . . . en 1^h ou l. . . .	=	0 02 30 ,44
Mouvement en longitude de la Lune en 12^h.	=	6 47 16 ,7
Id. . . . . en 1^h ou L. . . .	=	0 33 56 ,39

On a donc, en appliquant la formule (ε),

$$T = 27 \text{ fév. à } 0^h + \frac{180° - (185° 21' 55'',4)}{(2' 30'',44) - (33' 56'',39)} = 27 \text{ fév. à } 0^h + \frac{5° 21' 55'',4}{31' 25'',95}.$$

En effectuant les calculs, nous trouvons comme première approximation

Heure de Paris, T. M., au mom. de l'opposit. = T = *le* 27 *fév. à* $10^h\ 14^m\ 30^s$.

Déterminons maintenant cette heure d'une manière plus exacte en cherchant la correction x que nous avons indiquée.

Pour cela, déterminons la longitude de la Lune et celle du Soleil, pour l'heure que nous venons de trouver, c'est-à-dire pour le 27 février à $10^h 14^m 30^s = \theta$.

En nous servant de la formule connue d'interpolation

$$e_{\theta} = e_0 + \frac{\theta}{t} \Delta e_0 - \frac{\theta(t-\theta)}{2t^2} \Delta^2 e_m \ldots.$$

dont nous donnons l'explication dans notre *Cours de navigation,* on a

Calcul de la longitude de la Lune ☾.

		Δe ou diff. prem.	$\Delta^2 e$ ou diff. sec.
Le 26 fév. à 12^h ☾	$= 146°25'\ 5'',5$		
		$\ldots + 6°51'20'',8 \ldots$	
27 *id.* à 0^h. . .	$= 153\ 16\ 26\ ,3$		$\ldots - 4'04'',1$
Le 27 à $10^h 14^m 30^s$.		$\ldots + 6\ 47\ 16\ ,7 \ldots$	
27 *id.* à 12^h. .	$= 160\ \ 3\ 43\ ,0$		$\ldots - 4\ 20\ ,0$
		$\ldots + 6\ 42\ 56\ ,7 \ldots$	
28 *id.* à 0^h. . .	$= 166\ 46\ 39\ ,7$		

D'où $e_0 = 153°16'26'',3$; $\Delta e_0 = 6°47'16'',7$; $\Delta^2 e_m = -4'12'',05$;

$\Delta e_0 \frac{\theta}{t} \quad = +5°47'36'',03$

$-\Delta^2 e_0 \frac{\theta(t-\theta)}{2t^2} = + \qquad 15'',70$

Long. ☾ cal. $= 159°04'18'',03$

Calcul de la longitude du Soleil ☉.

		Δe ou diff. prem.	$\Delta^2 e$ ou diff. sec.
Le 26 fév. à 0^h	$= 337°38'\ 9'',4 \ldots$		
		$\ldots + 1°00'12'',3 \ldots$	
27 *id.* . . .	$= 338\ 38\ 21\ ,7 \ldots$		$\ldots - 1'',6$
Le 27 à $10^h 14^m 30^s$.		$\ldots + 1\ 00\ 10\ ,7 \ldots$	
28 à 0^h. . .	$= 339\ 38\ 32\ ,4 \ldots$		$\ldots - 1\ ,9$
		$\ldots + 1\ 00\ \ 8\ ,8 \ldots$	
1er mars *id.* . .	$= 340\ 38\ 41\ ,2 \ldots$		

D'où $e_0 = 338°38'21'',7$; $\Delta e_0 = +1°00'10'',7$; $\Delta^2 e_m = -1'',75$

$\Delta e_0 \frac{\theta}{t}$ . . . . . . $= + \quad 25'40'',8$

$\Delta^2 e_0 \frac{\theta(t-\theta)}{2t^2}$. . $= + \qquad 0'',2$

Longit. ☉ calc. $= 339°04'02'',7$

Longit. ☾ *id.* . $= 159°04'18'',03$

Diff. en longit. $= 179°59'44'',67$

Ainsi la différence en longitude du Soleil et de la Lune, le 27 février à $10^h 14^m 30^s$ T. M. de Paris n'est pas 180°, mais 179° 59′ 44″,67; la différence en longitude est donc plus petite de 15″,33, et l'instant de l'opposition doit arriver un peu avant $10^h 14^m 30^s$. D'après la formule que nous avons donnée plus haut nous aurons

$$x = \frac{15'',33 \times 3600^s}{31' \, 25'',95} = 29^s,2.$$

Ainsi l'époque plus approchée de l'opposition en longitude sera

$$\text{le 27 février à } 10^h 14^m 30^s - (29^s,2) = \text{le 27 à } 10^h 14^m 00^s,8,$$

ou en nombres ronds,

$$\text{le 27 février à } 10^h 14^m 01^s \text{ T. M. de Paris.}$$

C'est ce que donne la *Connaissance des temps* (page 133).

240. Nous n'avons considéré le calcul de l'époque d'une phase de la Lune qu'au point de vue des longitudes, c'est-à-dire de l'écliptique, et nous avons supposé que cet astre est toujours à peu près dans ce plan.

On peut aussi considérer les phases de la Lune par rapport à l'équateur, autrement dit au point de vue des ascensions droites. Le calcul est identiquement le même que celui que nous venons d'indiquer, *les longitudes* des deux astres sont seulement remplacées par leurs *ascensions droites*.

Exemple.

Déterminer l'heure T. M. de Paris au moment de la conjonction en ascension droite du mois de mars 1858.

Calcul approché au moyen de la formule

$$(\varepsilon') \qquad T = t + \frac{0° - (\text{Æ}\odot - \text{Æ}☾)}{l - L}.$$

Nous représentons par L et par l les mouvements horaires en ascension droite de la Lune et du Soleil.

En cherchant dans la *Connaissance des temps*, nous trouvons :

♈☉ le 15 mars à 0^h T. M. de Paris $= 23^h 40^m 17^s,01 = 355° 04' 15'',15$
♈☾ le *id.* *id.* . . . . $= 354\ 39\ 19\ ,6$

Différence en ascension droite. $= +0\ 24\ 55\ ,55$

♈☉ le 15 mars à 12^h T. M. de Paris $= 23^h 42^m 06^s,68 = 355\ 31\ 40\ ,2$
♈☾ le *id.* *id.* . . . . $= 0\ 44\ 0\ ,4$

Différence en ascension droite. $= -5\ 12\ 20\ ,2$

Ainsi, la différence en ascension droite de la Lune et du Soleil doit être nulle entre le 15 mars à 0^h T. M. de Paris et le 15 mars à 12^h T. M. du même lieu.

Le mouvement en ascension droite du Soleil en un jour est de $54' 50'',10$, celui de la Lune en 12^h est de $6° 4' 40'',8$, on aura donc

Mouvement horaire du ☉ en ascension droite ou $l = 2' 17'',08$
id. ☾ *id.* ou $L = 30\ 23\ ,40$

d'où $l - L = -28' 06'',32$

La formule (ε') devient alors,

$$T = 15 \text{ mars à } 0^h + \frac{0° - (24' 55'',55)}{-(28' 06'',32)} = 15 \text{ mars à } 0^h + \frac{1495'',55}{1686'',32}.$$

Effectuant les calculs, on trouve

Heure approchée T. M. de Paris au moment de la conjonction en ascension droite } — le 15 mars à $0^h 53^m 12^s,73$.

Déterminons cette époque plus rigoureusement. Pour cela, cherchons l'ascension droite de la Lune et celle du Soleil pour l'heure que nous venons de trouver, c'est-à-dire pour le 15 mars à $0^h 53^m 12^s,73$.

Calcul de l'ascension droite de la Lune.

	Δe ou diff. prem.	$\Delta^2 e$ ou diff. sec.
Le 14 à 12^h ♈☾ $= 348° 37' 11'',7$		
	$+ 6° 2' 7'',9$	
Le 15 à 0^h *id.* $= 354\ 39\ 19\ ,6$		$+ 2' 32'',9$
Le 15 à $0^h 53^m 12^s,73$.	$+ 6\ 4\ 40\ ,8$	
Le 15 à 12^h. . . . $= 0\ 44\ 0\ ,4$		$+ 4\ 33\ ,8$
	$+ 6\ 9\ 14\ ,6$	
Le 16 à 0^h. . . . $= 6\ 53\ 15\ ,0$		

En appliquant la même formule d'interpolation

$$e_\theta = e_0 + \frac{\theta}{t} \Delta e_0 - \frac{\theta(t - \theta)}{2t^2} \Delta^2 e_m,$$

on a

$$e_0 = 354°39'19'',6;\quad \Delta e_0 = 6°4'40'',8;\quad \Delta^2 e_m = +3'33'',35;$$

$$\Delta e_0 \times \frac{\theta}{t} = +\ 26'57'',1$$

$$t_0 + \Delta e_0 \times \frac{\theta}{t} = 355°06'16'',7$$

$$\Delta^2 e_0 \frac{\theta(t-\theta)}{2t^2} = -\qquad 7'',26$$

$$Ꝗ☾ \text{ calculée} = 355°\ 6'\ 9'',44$$

Calcul de l'ascension droite du Soleil.

		Δe ou diff. prem.	$\Delta^2 e$ ou diff. sec.
Le 14 à 0^h	$= 23^h\ 36^m\ 37^s,43$		
		$+\ 3^m\ 39^s,58$	
15 *id.*	$= 23\ \ 40.\ 17,01$		$-\ 0^s,24$
		$+\ 3\ \ 39,34$	
16 *id.*	$= 23\ \ 43\ \ 56,35$		$-\ 0,20$
		$+\ 3\ \ 39,14$	
17 à 0^h	$= 23\ \ 47\ \ 35,49$		

d'où $\qquad e_0 = 23^h\ 40^m\ 17^s,01;\quad \Delta e_0 = 3^m\ 39^s,34;\quad \Delta^2 e_0 = -0^s,22;$

$$\Delta e_0 \frac{\theta}{t} = \qquad 8^s,10$$

$$\Delta^2 e_0 \frac{\theta(t-\theta)}{2t^2} = \qquad 0^s,00$$

$$Ꝗ\odot \text{ en temps} = 23^h\ 40^m\ 25^s,11$$

$$\text{en degrés} = 355°\ \ 6'\ 16'',6$$

$$Ꝗ☾ \text{ calculée} = 355°\ \ 6'\ 09'',4$$

$$\text{Diff. en longit.} = \qquad 0'\ \ 7'',2$$

Or, nous avons trouvé que dans 1^h le mouvement relatif en ascension droite du Soleil et de la Lune était de $28'\,06'',42$, on aura donc x par la relation

$$x = +\frac{7'',3 \times 3\,600^s}{28'\,06'',42} = +\ 15^s,6.$$

On a donc,

Époque de la conjonct. en asc. dr. $=$ le 15 mars à $0^h\ 53^m\ 12^s,73 + 15^s,6$, c'est-à-dire le 15 mars à $0^h\ 53^m\ 28^s,3$. (C'est ce que donne la *Connaissance des temps*.)

241. *Lumière cendrée.* — Si un observateur situé sur la Lune observait la Terre, il trouverait qu'elle possède aussi des phases. A l'inspection de la figure 135, on voit immédiatemment que les phases de la Terre doivent suivre l'ordre inverse des *phases de la Lune;* par conséquent, lorsque la

Lune est *nouvelle ou en conjonction*, la Terre est *pleine ou en opposition* relativement à cet astre. La Terre doit donc éclairer la partie de la Lune qui est dans l'ombre; il s'ensuit, alors, que nous apercevons la partie obscure de cet astre sous un aspect grisâtre auquel on a donné le nom de *lumière cendrée*.

Cette *lumière cendrée* doit varier dans sa teinte, eu égard aux différents états de l'atmosphère terrestre, qui font que la lumière que la Terre reçoit du Soleil est renvoyée à la Lune et de la Lune à la Terre avec plus ou moins d'intensité.

242. *Différentes périodes lunaires, ou mois lunaires.* — Nous avons dit que la Lune dans son mouvement autour de la Terre ne décrit pas une *ellipse fixe;*

Que le plan de cette ellipse a un mouvement autour de l'axe de l'écliptique, mouvement qui produit la rétrogradation de la ligne des nœuds;

Que le grand axe de cette ellipse a un mouvement direct que l'on appelle *mouvement de la ligne des apsides.*

Il s'ensuit, alors, que l'on peut considérer le temps de révolution de la Lune par rapport à des points différents de la voûte céleste.

On peut considérer, en effet,

1° *La révolution tropique, qui la ramène à la même longitude comptée de l'équinoxe mobile;*

2° *La révolution sidérale, qui la ramène à la même longitude comptée de l'équinoxe fixe ou à la même étoile;*

3° *La révolution anomalistique, qui la ramène au même point de son ellipse;*

4° *La révolution draconitique, qui la ramène au même nœud;*

5° *La révolution synodique ou lunaison, qui la ramène en conjonction avec le Soleil, ou à la même phase.*

Le plan de l'orbite lunaire étant peu incliné sur le plan de l'écliptique, nous supposons toujours que tout se passe dans *le plan de l'écliptique.*

Si l'on considère deux époques très-éloignées auxquelles la longitude de la Lune est zéro, par exemple, et que l'on divise le nombre de jours moyens écoulés par le nombre de révolutions effectuées, on aura la révolution tropique; on trouve ainsi actuellement,

$$\textit{Révolution tropique} = 27^{j}\ 7^{h}\ 43^{m}\ 4^{s},7$$

ce qui donne $13°\,10'\,35'' = l$ pour le mouvement diurne moyen de la Lune.

Considérons maintenant un point *mobile* A *de l'écliptique;* ce point ayant un mouvement diurne m par rapport à l'équinoxe.

Le mouvement moyen de la Lune par rapport au point A sera $(l - m)$; donc, la Lune reviendra à la même position *par rapport à ce point* après un nombre de jours représenté par $\frac{360°}{l - m}$; on aura donc,

$$\left.\begin{array}{c}\text{retour de la Lune}\\ \text{à la même position}\\ \text{par rapport au}\\ \text{point A}\end{array}\right\} = \frac{360}{l-m} = \frac{360}{l}\left(\frac{l}{l-m}\right) = \frac{360}{l} + \frac{360}{l}\left(\frac{m}{l-m}\right),$$

ou

$$\text{retour au point A} = \text{révol. tropique} + \text{révol. tropique}\left(\frac{l-m}{m}\right).$$

Si l'on fait successivement dans cette formule :

m = mouvement diurne d'une étoile par rapport à l'équinoxe $= \dfrac{50'',2}{365^j\,242}$,
m = mouvement diurne du périgée lunaire . . . = 6′ 41″,
m = mouvement diurne du nœud (rétrograde). . =− 3′ 10″,6,
m = mouvement diurne du Soleil. . . . . = 59′ 08″,33.

On trouve :

Révolution sidérale.	$= 27^j\ 7^h\ 43^m\ 11^s,5$,
Révolution anomalistique.	$= 27^j\ 13^h\ 18^m\ 37^s,4$,
Révolution draconitique..	$= 27^j\ 5^h\ 5^m\ 36^s$,
Révolution synodique.	$= 29^j\ 12^h\ 44^m\ 2^s,9$.

Chacune de ces révolutions ne conserve pas une valeur constante ; aussi, c'est leur valeur moyenne que nous venons de donner.

On n'observe du reste réellement, dit Delambre, aucune de ces révolutions qui ne sont pas d'un usage bien fréquent en astronomie.

243. Pour donner une idée du mouvement de la Lune dans l'espace, on indique généralement que cet astre, emporté par la Terre autour du Soleil, décrit une courbe *sinueuse* LL′L″L‴L⁗ (fig. 136), qui rencontre l'orbite TT′ de la Terre en 24 points. Il est bien entendu qu'en voulant ainsi se rendre compte du mouvement relatif de notre satellite autour du Soleil, on ne peut le faire en établissant réellement l'équation de la courbe à double courbure qu'il décrit; équation qui constitue le résultat définitif du problème connu sous le nom de *problème des trois corps*.

Fig. 136.

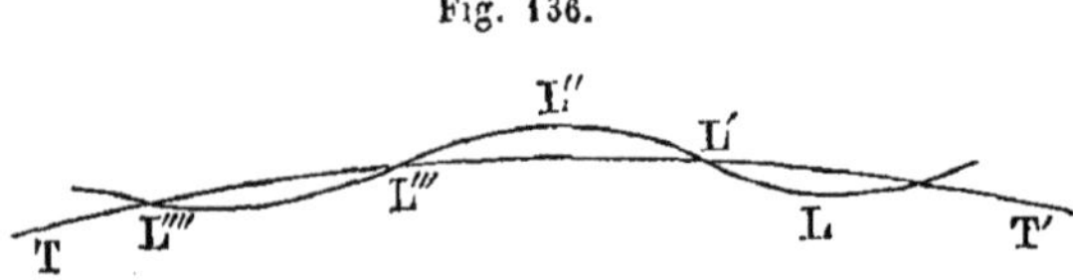

C'est en faisant certaines hypothèses, plus ou moins éloignées de la vérité, que l'on peut, dans un traité d'astronomie élémentaire, avoir une idée suffisamment approchée du mouvement de la Lune autour du Soleil.

Ainsi, on suppose que la Terre décrit une circonférence autour du Soleil, d'un mouvement uniforme, et que la Lune décrit aussi autour de la Terre et d'un mouvement uniforme une circonférence dont le plan se confond avec celui de l'écliptique. Dans cette hypothèse la courbe décrite par la Lune n'a nullement la sinuosité représentée dans la figure 136, car elle ne possède pas de *points d'inflexion*.

Fig. 137.

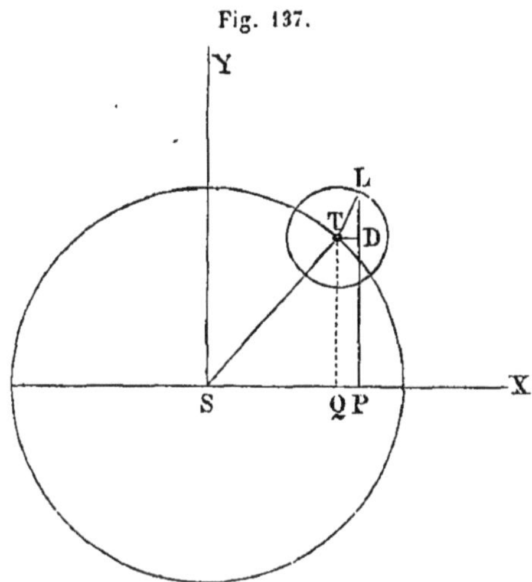

Prenons, en effet, pour axe des x la droite menée par les trois astres au moment d'une *opposition*, et pour axe des y la droite perpendiculaire à celle-ci.

Soit L (fig. 137), une position de la Lune, t jours après que la Lune était sur l'axe des x; on aura évidemment

$$(1) \quad \begin{cases} y = \mathrm{LD} + \mathrm{DP} = \mathrm{LD} + \mathrm{TQ}, \\ x = \mathrm{SQ} + \mathrm{QP} = \mathrm{SQ} + \mathrm{TD}. \end{cases}$$

Représentons par R le rayon de l'orbite terrestre; par r le rayon de l'orbite lunaire; par M le mouvement moyen de la Lune, et par m le mouvement moyen de la Terre; on aura, d'après les hypothèses précédentes:

$$\mathrm{LD} = r \sin \mathrm{M}t, \ \mathrm{TD} = r \cos \mathrm{M}t, \ \mathrm{TQ} = \mathrm{R} \sin mt, \ \mathrm{QS} = \mathrm{R} \cos mt$$

Substituant ces valeurs dans les équations (1) on trouve

$$(2) \quad \begin{cases} y = r \sin \mathrm{M}t + \mathrm{R} \sin mt, \\ x = r \cos \mathrm{M}t + \mathrm{R} \cos mt. \end{cases}$$

Si l'on pouvait éliminer t entre ces deux équations on aurait l'équation de la courbe; mais cette élimination n'est pas nécessaire pour le sujet qu nous occupe.

Pour voir si la courbe a des points d'inflexion, il faut égaler à 0 le second coefficient différentiel $\frac{d^2y}{dx^2}$; comme t est la variable indépendante, on a

$$\frac{d^2y}{dx^2} = \frac{\frac{d^2y}{dt^2}\frac{dx}{dt} - \frac{d^2x}{dt^2}\frac{dy}{dt}}{\left(\frac{dx}{dt}\right)^3}.$$

Au moyen des équations (2) on trouve

$$\frac{d^2y}{dx^2} = -\frac{r^2\mathrm{M}^3 + \mathrm{R}^2m^3 + r\mathrm{R}m(\mathrm{M}+m)\cos t(\mathrm{M}-m)}{(r\mathrm{M}\sin \mathrm{M} + \mathrm{R}m \sin mt)^3}.$$

Les points d'inflexion, s'ils existent, seront donc donnés par l'équation

$$r^2M^3 + R^2m^3 + rRm(M+m)\cos t(M-m) = 0;$$

d'où

$$\cos t(M-m) = -\frac{r^2M^3 + R^2m^3}{rRMm(M+m)}$$

ou, en désignant $\frac{M}{m}$ par m' et $\frac{R}{r}$ par r',

$$(3) \qquad \cos t(M-m) = -\frac{m'^3 + r'^2}{r'm'(m'+1)}.$$

La condition pour que t soit réel est que le second membre de l'équation (3) soit plus petit que 1; c'est-à-dire que l'on ait

$$m'^3 + r'^2 < r'm'(m'+1),$$

inégalité qui peut se mettre sous la forme

$$m'^2(m'-r') < r'(m'-r').$$

Si m' est plus *grand* que r' il faudrait donc qu'on eût $m'^2 < r'$, ce qui est impossible; si m' est plus *petit* que r', il faut que m'^2 soit plus grand que r'; c'est-à-dire *qu'il ne peut y avoir points d'inflexion qu'autant que r' est compris entre m' et m'^2.*

Pour la Lune on a $m' = 13$ environ et $r' = 400$; m' est bien plus petit que r'; mais $m'^2 = 169$ est encore plus petit que r', donc la valeur de t de l'équation (3) est *imaginaire;* la courbe n'a donc pas de points d'*inflexion* et sa *concavité* est toujours tournée vers le *Soleil.*

Il n'en est pas de même pour les *quatre satellites de Jupiter*, car on a, ainsi qu'on peut le déduire de notre introduction :

Pour le 1er.	$m' = 2448$	$r' = 1843$
Pour le 2e.	$m' = 1220$	$r' = 1159$
Pour le 3e.	$m' = 606$	$r' = 726$
Pour le 4e.	$m' = 259$	$r' = 428$

Les *deux derniers* satellites de Jupiter décrivent donc une courbe sinueuse telle que l'indique la fig. 136, c'est-à-dire ayant des *points d'inflexion.*

Les deux premiers satellites décrivent comme notre Lune une courbe dont la concavité est toujours tournée vers le Soleil.

Si, malgré l'inclinaison considérable des orbites des satellites de Saturne sur le plan de l'orbite de cette planète, on applique à ces astres la petite discussion que nous venons de faire, on trouve que les quatre premiers satellites de Saturne décrivent des courbes ayant leur concavité toujours tournée vers le *Soleil* et que les quatre derniers parcourent des courbes qui possèdent des *points d'inflexion.*

ÉTUDE DE LA LUNE CONSIDÉRÉE EN ELLE-MÊME.

244. *Taches de la Lune.* — En examinant, à l'œil nu, le disque lunaire, on le trouve parsemé de *grandes taches*, qui ne sont pas comme celles du Soleil périodiquement visibles pendant un certain temps.

Celles de la Lune sont permanentes, et on les retrouve toujours sur son disque à quelque époque que l'on examine l'astre.

Si l'on observe la Lune, lors de son premier quartier, avec une lunette même d'un faible grossissement, on aperçoit dans son bord rectiligne, des irrégularités permanentes qui prouvent que la surface est pleine de rugosités. On aperçoit de plus, jusqu'à une certaine distance de ce bord, des aspérités et des cavités qui, *étant éclairées obliquement par le Soleil, produisent des ombres en rapport avec ces inégalités.*

Donc, les taches de la Lune proviennent de certaines parties de la surface lunaire qui réfléchissent moins bien les rayons solaires que les parties environnantes. La surface lunaire peut être alors considérée comme étant couverte d'un grand nombre d'aspérités.

245. *Rotation de la Lune.* — Ces taches restant constamment visibles pour nous, on en conclut :

Que la Lune, dans une révolution autour de la Terre, effectue une révolution sur elle-même, et que, par suite, nous ne voyons jamais qu'un hémisphère de la Lune.

La durée de *rotation* de la Lune sur elle-même est donc de 27 jours plus un tiers environ.

Si une tache qui nous paraît à un instant quelconque, exactement au centre lunaire, conservait *constamment cette position centrale*, on pourrait en conclure :

1° *Que la Lune tourne autour d'un axe perpendiculaire au plan de son orbite ;*

2° *Que l'angle dont elle tourne autour de cet axe est toujours égal à celui qu'elle décrit autour de la Terre dans le même temps.*

Or, en observant la Lune à différentes époques, et en mesurant, à l'aide d'un micromètre, la distance d'une tache aux bords de la Lune, on reconnaît que les points que l'on considère ne restent pas toujours dans la même position par rapport au contour du disque. Chacun d'*eux paraît osciller autour d'une position moyenne.*

246. *Librations.* — Ces oscillations se produisant en même temps et dans le même sens pour les divers points que l'on considère, sont attri-

buées à un *mouvement d'oscillation que la Lune tout entière éprouve autour de son centre.*

Ce mouvement particulier de la Lune a reçu le nom de *libration.*

On distingue *trois sortes de librations* qui sont dues à trois causes distinctes ; ces différentes oscillations portent le nom de *libration en longitude, libration en latitude et libration diurne.*

247. *Libration en longitude.* — Nous avons dit que le mouvement de la Lune dans son orbite est irrégulier ; l'analogie avec le mouvement de notre globe conduit à supposer que le *mouvement de rotation de la Lune* est uniforme.

Donc, l'angle dont la Lune tourne autour de son axe est tantôt plus grand et tantôt plus petit que celui qu'elle décrit autour de la Terre dans le même temps ; et par suite, un point observé au centre du disque ne paraîtra pas y rester et oscillera autour de ce centre dans la direction du plan de l'orbite, *direction qui est à peu près la même que celle du plan de l'écliptique* sur lequel se comptent *les longitudes.*

L'amplitude de la libration en longitude est d'environ 4′ 20″.

248. *Libration en latitude.* — L'axe de rotation de la Lune, au lieu d'être perpendiculaire au plan de son orbite, est un peu incliné sur ce plan, et il se transporte parallèlement à lui-même ; il s'ensuit alors, que la Lune étant en L et la Terre en T (fig. 138), une tache *a* apparaîtra au-dessus ou au-dessous du centre du disque lunaire, et l'on apercevra le pôle *p′*. Lorsque la Lune sera venue en L′, c'est-à-dire lorsqu'elle aura fait une demi-révolution autour de la Terre et autour de son axe, le point *a* se trouvera en *a′* au-dessous ou au-dessus du centre du disque, on n'apercevra plus le pôle *p′*, mais on verra le pôle *p*. Ainsi *par suite de l'inclinaison de l'axe de rotation de la Terre sur le plan de l'orbite,* les taches de la Lune éprouveront un mouvement d'oscillation perpendiculaire au plan de l'orbite, c'est-à-dire à peu près perpendiculaire au plan de l'écliptique. Cette libration a été nommée, pour cette raison, *libration en latitude,* son amplitude est d'environ 3′ 35″.

Fig. 138.

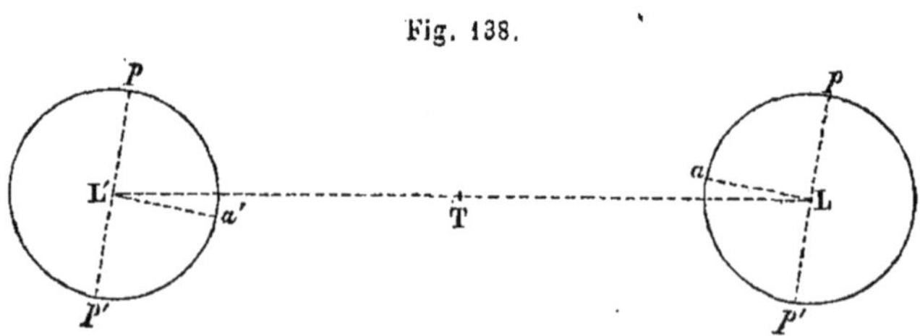

249. *Inclinaison de l'axe de rotation de la Lune sur l'écliptique.* — Par l'observation de cette libration, on a déterminé l'angle que fait l'axe *de rotation de la Lune* avec une perpendiculaire au plan de l'orbite. On a

trouvé que cet angle est d'environ 6° 37'; par suite, l'inclinaison de l'axe de rotation de la Lune sur le plan de l'écliptique est d'environ 1° 29'.

250. *L'axe de rotation de la Lune ne reste parallèle à lui-même que pendant une révolution de la Lune autour de la Terre.* — En effet, l'observation prouve que la libration en latitude conserve toujours la même valeur, donc, l'axe de rotation conserve toujours *la même inclinaison sur l'orbite lunaire dont le plan se déplace dans l'espace;* il faut, alors, que cet axe de rotation décrive, dans une période de 18 ans deux tiers, une surface conique autour d'une perpendiculaire à l'écliptique.

251. *Libration diurne.* — Les librations dont nous venons de parler, sont celles considérées du centre de la Terre.

Un observateur situé à la surface de la Terre en A (fig. 139), et que nous supposerons à l'équateur pour rendre l'explication plus facile, verra un peu après le lever de la Lune L une tache *a* située sur la ligne TL un peu au-dessous du centre du disque apparent.

Fig. 139.

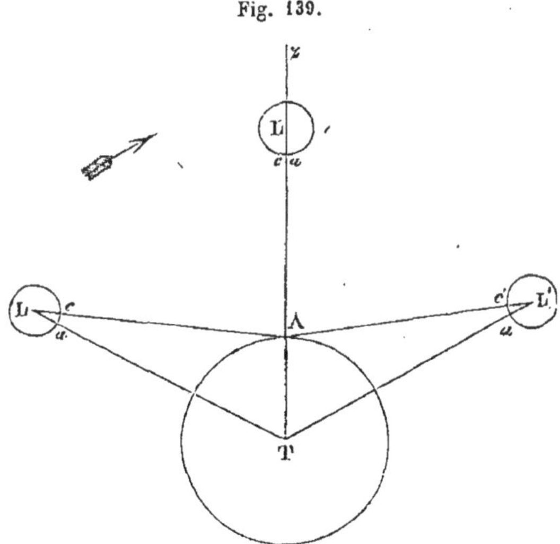

Lorsque la Lune passera au méridien, *au zénith* par exemple, l'observateur verra la tache *a* sur le centre du disque, et enfin, quand la Lune sera sur le point de se coucher en L', l'observateur verra la tache *a'* un peu au-dessous du centre du disque apparent.

Ce mouvement de la tache dû au mouvement diurne de la Terre, qui se modifiera suivant la position de l'observateur, prend le nom de *libration diurne;* l'amplitude de cette libration est d'environ 32".

Les trois librations dont nous venons de parler existant simultanément, il en résulte pour chaque tache de la Lune, un *mouvement composé* qui est celui que l'on observe réellement.

NOTIONS SUR LA CONSTITUTION PHYSIQUE DE LA LUNE.

252. Lorsque l'on regarde la Lune à l'aide d'un télescope, on remarque que les aspérités ou montagnes de ce corps céleste présentent un caractère particulier. Presque toutes affectent la forme d'un *bourrelet circulaire*, au milieu duquel existe une cavité quelquefois assez profonde.

Souvent il s'élève, du milieu de cette cavité, une ou plusieurs montagnes en forme de pic.

Détermination de la hauteur des montagnes de la Lune.

253. En regardant avec une lunette la partie de la Lune située dans l'ombre, on aperçoit des points brillants, *isolés*. Ces points sont évidemment des sommets de montagnes qui sont éclairés. A l'aide d'un micromètre, on peut déterminer la hauteur de ces montagnes.

Fig. 140.

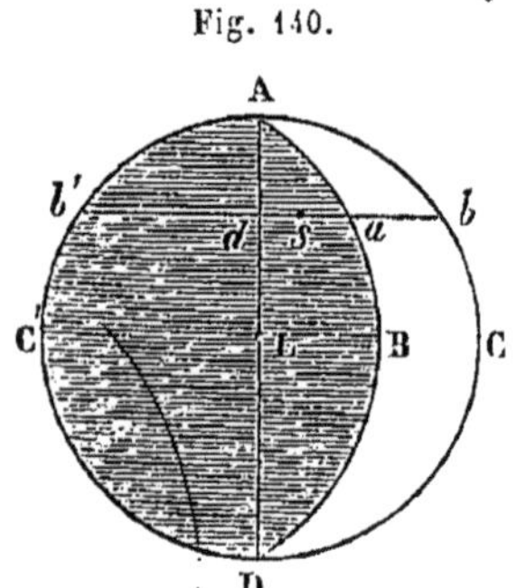

Soient ABCD (fig. 140), la partie éclairée de la Lune, ABDC' la partie dans l'ombre.

Soit, maintenant, S un point lumineux situé dans la partie obscure.

Perpendiculairement à la ligne AD des cornes du croissant, mesurons, avec le micromètre, les distances Sa, Sb, Sb'; on aura évidemment,

$$db = \frac{Sb + Sb'}{2},$$

et

$$da = dS + Sa = db - Sb + Sa = \frac{Sb + Sb'}{2} - Sb + Sa = \frac{Sb' - Sb}{2} + Sa.$$

Si nous considérons, maintenant, le demi-cercle dont le diamètre est bb' (fig. 141), il est clair qu'en menant en a et S les perpendiculaires aa_1 et sS à bb', et en a_1 la tangente au petit cercle, S sera le sommet éclairé, car a_1S représentera le rayon solaire tangent à la Lune qui éclaire ce sommet S.

Fig. 141.

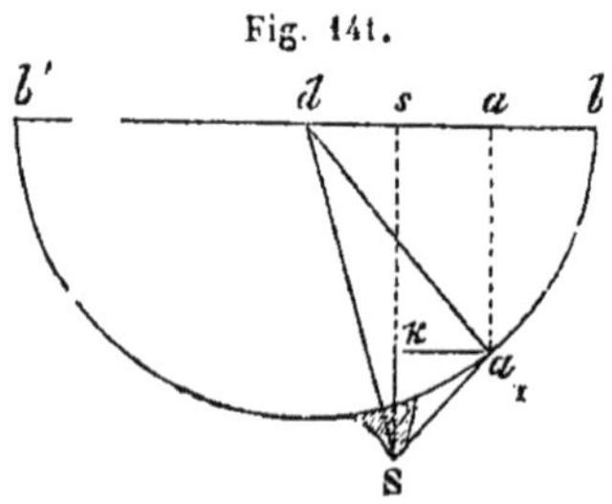

Nous pouvons déterminer la distance du point S *au point* d.

Pour cela, joignons da_1 et menons a_1K parallèle à bb'.

1° Dans le triangle rectangle daa_1 on connaît

$$da = \frac{sb' - sb}{2} + sa \text{ et } da_1 = db; \text{ on peut déterminer l'angle } ada_1.$$

2° Dans le triangle rectangle a_1KS, on connaît l'angle K$Sa_1 = ada_1$ et la distance K$a_1 = sa$ qui a été mesurée ; on peut donc déterminer Sa_1.

3° Enfin, dans le triangle rectangle da_1S on connaît da_1 et Sa_1 ; on peut donc obtenir dS.

Considérons maintenant le grand cercle de la Lune qui passe par le sommet éclairé S et par la ligne AD.

Soient AeD ce demi-cercle (fig. 142), S le sommet éclairé ; nous venons de déterminer dS.

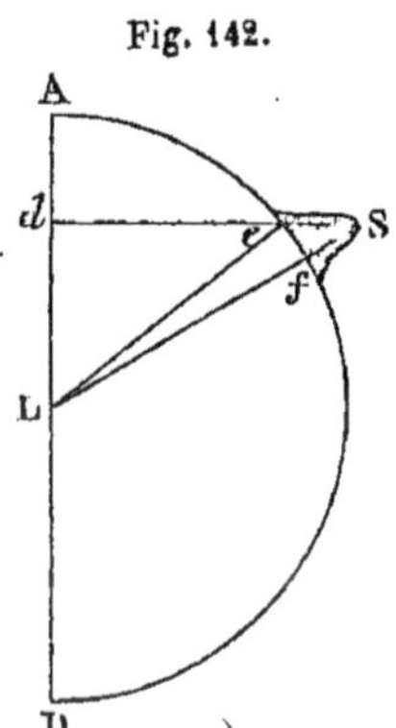

Fig. 142.

Nous connaissons dans le triangle rectangle deL, $de = db$ et eL = *le rayon de la Lune.* On peut donc calculer dL.

Et enfin, dans le triangle rectangle dSL, connaissant dS et dL nous aurons SL.

Si l'on retranche de SL le rayon moyen Lf *de la Lune, on aura la hauteur* fS *de la montagne.*

C'est de cette manière que l'on a pu déterminer la hauteur des montagnes indiquées sur la carte de la Lune que nous donnons plus loin.

On emploie aussi une autre méthode basée sur la détermination, à l'aide du micromètre, de la longueur de l'ombre portée de la montagne sur le disque brillant de la Lune. C'est cette méthode qu'on emploie pour déterminer la profondeur d'une cavité.

CARTE DE LA LUNE.

254. Dès que les lunettes à forts grossissements ont permis de constater d'une manière rigoureuse la permanence des taches lunaires et leur invariabilité de forme, en dehors des effets produits par les rayons solaires, on a dû penser à dresser une représentation de ces taches, autrement dit, à lever une carte générale de la Lune.

Le mode de projection adopté est la projection orthographique de l'hémisphère que la Lune tourne vers la Terre sur le grand cercle de la Lune dont le plan est perpendiculaire à la ligne qui joint le centre de cet astre à la Terre.

Eu égard à la distance à laquelle nous nous trouvons de notre satellite, ce mode de projection donne plus exactement la représentation des taches de la Lune telles que nous les apercevons.

Chaque point observé de la Lune est déterminé par sa latitude et sa longitude lunaires déduites d'observations micrométriques.

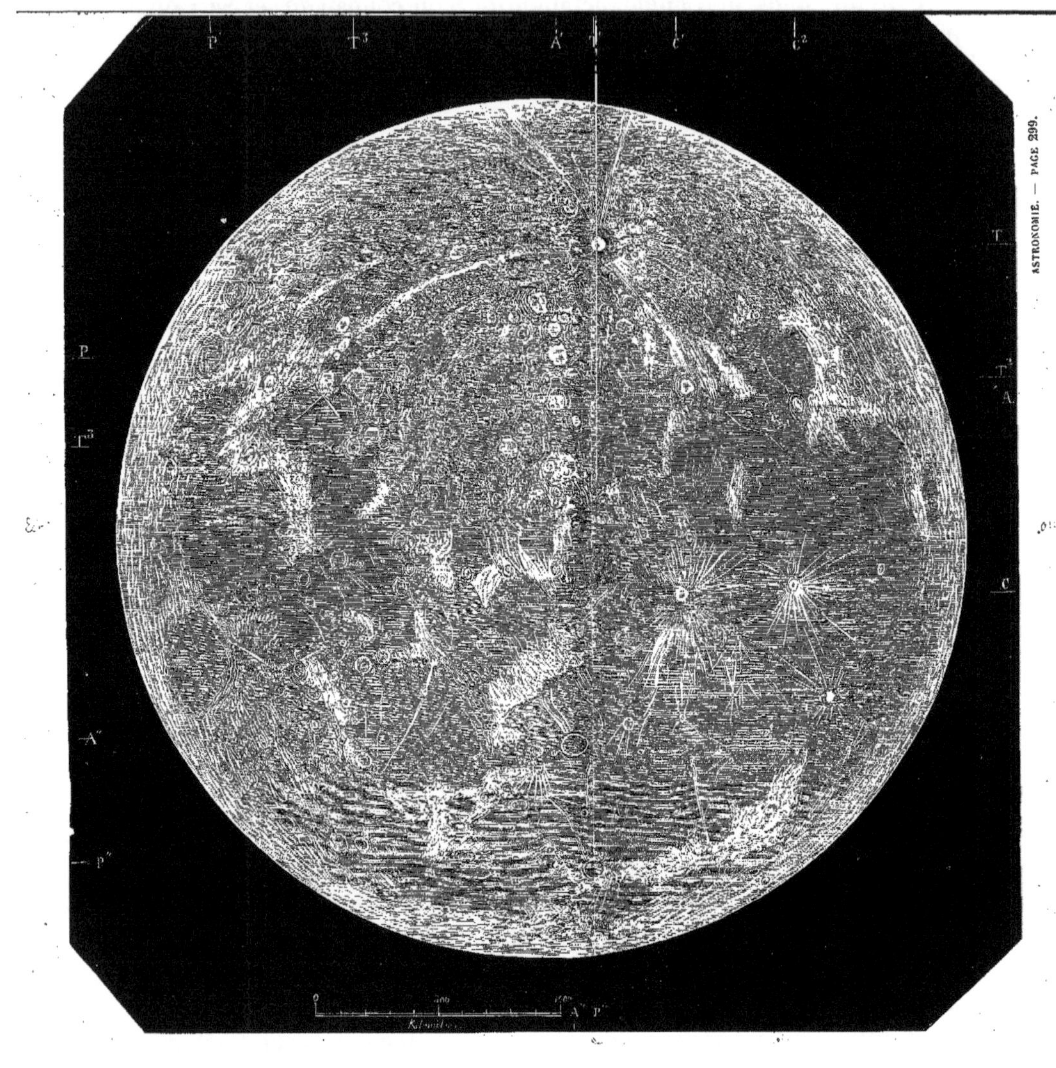

Les taches lunaires sont divisées en trois catégories principales :

Les mers;
Les chaînes de montagnes;
Les montagnes.

On a donné le nom de *mers* à des espaces grisâtres étendus ne présentant pas le même aspect que les taches reconnues pour de hautes montagnes et dont nous avons donné le moyen de déterminer l'élévation.

Les noms donnés aux taches principales de la Lune par Hévélius et surtout par Riccioli, sont ceux de certains lieux principaux de notre globe ou bien d'hommes célèbres.

La carte ci-jointe a été dessinée par M. Bulard, directeur de l'observatoire d'*Alger*. Cet astronome qui a consacré douze ans de travail à dresser un atlas illustré de la surface de notre satellite, a bien voulu nous permettre de reproduire quelques-uns des dessins lunaires que l'astronomie doit à son remarquable talent.

Le *haut* de la carte est la partie Sud, le bas le Nord, à droite l'Ouest et à gauche l'Est.

Les traits accompagnés de lettres qui se trouvent sur les bords de l'encadrement noir servent à déterminer sur ce dessin la position de plusieurs points lunaires remarquables. Il suffit pour les obtenir de prolonger les deux traits indiqués et de déterminer l'intersection de deux d'entre eux. Ainsi le point de rencontre des traits

T et T′ donne la montagne *Tycho-Brahé;*
C et C′ . . . . Copernic;
T³ et T′³ . . . . Théophilus;
A et A′. . . . . Arzachel;
P et P′ . . . . Pétavius;
P″ et P″ . . . . Platon;
A″ et A″. . . . . Archimède.
. . . .

On voit aussi sur ce dessin les taches grisâtres nommés *mers* et désignées sous le nom de

Mare Humorum, prolongement de C² et T².
Oceanus procellarum . . . . C et C².
Palus Nebularum au Nord d'Archimède.
Mare Serenitatis à l'Ouest d'Archimède.
Mare Fecunditatis au Nord de Pétavius.
. . . .

La figure 143 représente, d'après les dessins de M. Bulard, le grand cirque lunaire *Tycho-Brahé* pendant la pleine *Lune*. Les rayons qui enveloppent Tycho comme une auréole sont des sillons très-larges et très-longs qui rayonnent tout autour du cirque lunaire.

La largeur de ces sillons atteint dans quelques endroits 50 kilomètres, et leur largeur s'étend pour quelques-uns à plus de 1000 kilomètres.

Le diamètre du cirque de Tycho est de 86 kilomètres environ; le pic que l'on aperçoit à peu près au centre du cirque, a 1560 kilomètres d'élévation au-dessus du niveau intérieur du cirque.

La figure 144 représente le cirque *Copernicus* et ses environs. Le diamètre du cirque est de 89 kilomètres. La hauteur de ses remparts qui sont très-escarpés est de 3 300 mètres environ.

Nous donnons dans le tableau suivant les élévations des plus hautes montagnes, avec leur position en coordonnées lunaires.

NOMS.	Latitude.	Longitude.	Élévation.	NOMS.	Latitude.	Longitude.	Élévation.
Newton.	17° S.	16° E.	7264m	Mayer.	16° N.	29° E.	2964m
Tycho-Brahé. . . .	43 S.	12 E.	6151	Mersenius.	21 S.	27 E.	2959
Ératosthène.	14 N.	11 E.	5818	Sharp.	45 N.	40 E.	2933
Theophilus.	11 S.	26 O.	5559	Langrenus.	8 S.	60 O.	2929
Piccolomini.	29 S.	31 O.	4734	Gassendi.	17 S.	40 E.	2914
Bacon.	51 S.	19 E.	4192	Anaxagore.	74 N.	12 E.	2660
Stoefler.	42 S.	5 O.	3732	Fabricius.	42 S.	41 O.	2542
Roëmer.	25 N.	36 O.	3528	Bayer.	52 S.	34 E.	2460
Copernic.	9 N.	20 E.	3438	Platon.	51 N.	9 E.	2261
Atlas.	46 N.	43 O.	3333	Archimède.	30 N.	4 E.	2247
Hercule.	46 N.	38 O.	3319	Poisson.	30 S.	9 O.	2237
Seleucus.	21 N.	66 E.	3118	Reinhold.	3 S.	23 E.	2146
Hipparque.	6 S.	5 O.	3056	Fontenelle.	61 N.	17 E.	2070
Képler.	8 N.	38 E.	3054	Gay-Lussac.	14 N.	21 O.	1930
				Etc.			

255. *Absence probable d'atmosphère.* — La Lune n'offrant l'aspect d'aucun nuage, on en conclut que s'il existe une *atmosphère* elle est toujours diaphane; mais, dans ce cas, pour les parties de la Lune situées vers la ligne qui sépare la partie éclairée de la partie dans l'ombre, il devrait y avoir *aurore* et *crépuscule*, et par suite, la partie éclairée de la Lune ne devrait pas être nettement séparée de la partie dans l'ombre, comme cela a lieu.

De plus, s'il y existait une atmosphère comme celle de la Terre, lorsque la Lune passe sur une *étoile* et la cache à nos yeux, nous devrions, en raison de la réfraction, apercevoir encore cette étoile lorsqu'elle est

Fig. 143. — TYCHO-BRAHÉ.

ig. 144. — COPERNICUS.

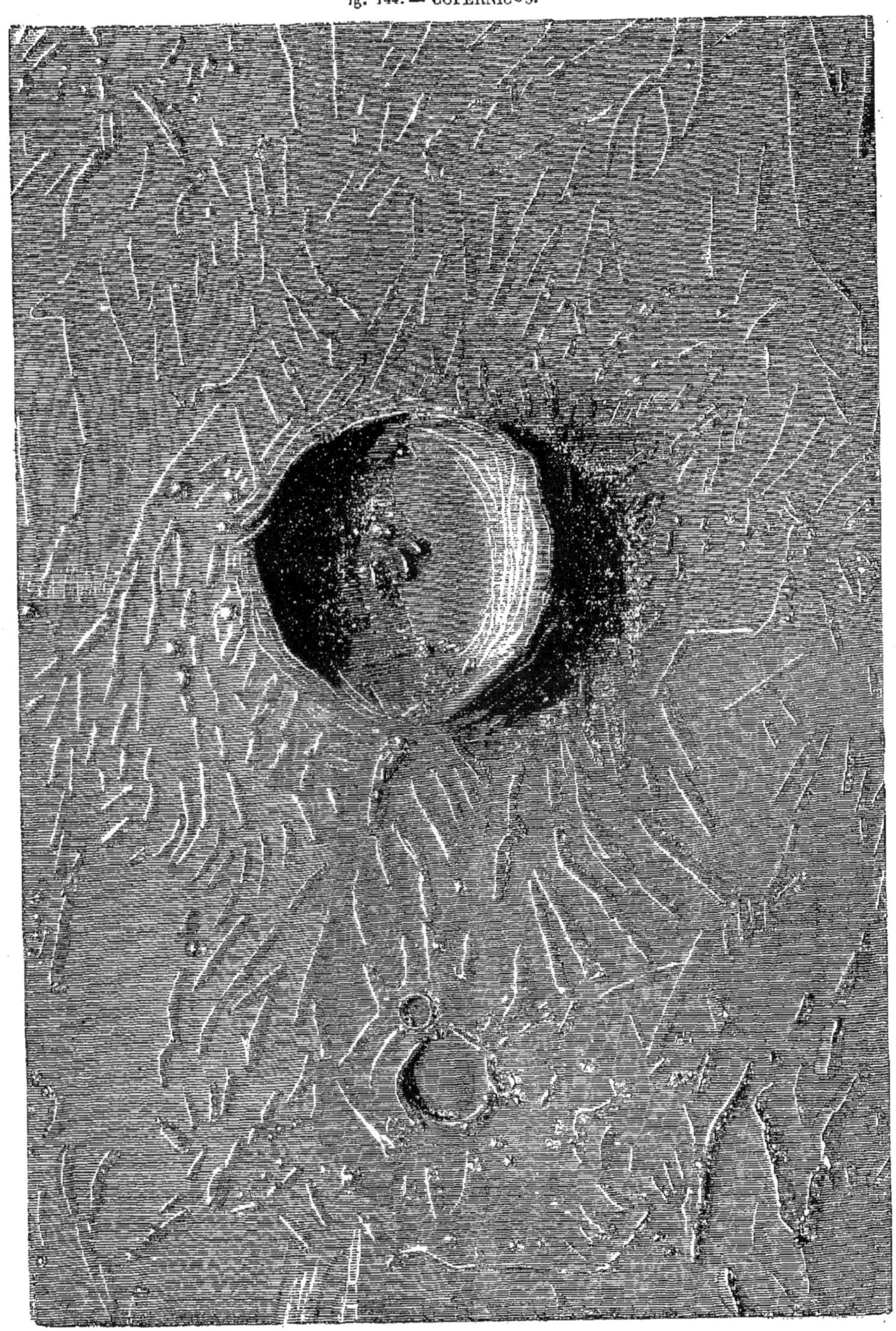

située derrière la Lune à une petite distance de ses bords. Or, comme ces circonstances ne se présentent pas, on en conclut que la Lune n'a pas d'atmosphère dans le genre de la nôtre. Cet astre ne peut donc pas avoir d'eau à sa surface, autrement, l'évaporation de cette eau constituerait une atmosphère.

A moins qu'on ne suppose qu'il existe sur la Lune une atmosphère très-rare ne s'élevant pas *au-dessus du niveau moyen* de l'ouverture des cavités de cet astre, on ne peut admettre que ce globe soit habité par des êtres analogues à ceux qui vivent à la surface de la Terre.

NOTIONS SUR LES ÉCLIPSES DE LUNE ET DE SOLEIL.

256. Les deux astres dont nous venons d'ébaucher la théorie astronomique présentent quelquefois des phénomènes qui, pendant longtemps, ont été un sujet d'effroi pour les habitants de notre globe, et dont la *prédiction rigoureuse* est propre à faire comprendre à quel degré de perfection est arrivée aujourd'hui la science nommée *astronomie*, en tant que l'on considère le mouvement des astres.

Voici quels sont ces phénomènes :

Le disque du Soleil perd sa forme circulaire en s'échancrant *vers l'Ouest*. Cette échancrure augmente progressivement à tel point, *quelquefois*, que l'astre disparaît complétement, ou qu'il n'en reste plus qu'*un anneau circulaire* pendant quelques instants. Puis, l'échancrure gagnant la partie Est du disque diminue successivement et finit par disparaître complétement en laissant l'astre aussi radieux qu'il l'était primitivement.

Ce phénomène, qui porte le nom d'*éclipse de Soleil*, n'arrive que *lorsque la Lune est nouvelle*, ce qui, avec raison, en a fait attribuer la cause à cet astre.

La Lune, en effet, par son interposition entre la Terre et le Soleil, nous cache pendant quelque temps une partie plus ou moins grande du disque solaire.

Le disque lunaire éprouve aussi un phénomène analogue à celui dont *nous venons de parler pour le Soleil*; seulement, l'échancrure n'existe pas tout à fait aussi nette que pour le Soleil, et la Lune ne disparaît presque complétement à nos regards qu'en passant successivement, en commençant par son bord Est, de son *éclat ordinaire* à la *lumière cendrée*.

Ce phénomène, qui porte le nom d'*éclipse de Lune*, ne se présente que lorsque cet *astre est en opposition*. On comprend, en effet, qu'il peut arriver que la Terre s'interposant entre la Lune et le Soleil empêche les rayons de cet astre de parvenir jusqu'à la Lune, qui, par suite, ne peut être aperçue que *partiellement ou même pas du tout*.

Les éclipses de Soleil n'arrivent donc que lorsque la Lune *est nouvelle*, et les éclipses de Lune que *lorsqu'elle est pleine*.

Si la Lune dans son mouvement autour de la Terre ne sortait pas de l'écliptique, il est clair qu'à chaque *conjonction* il y aurait *éclipse de Soleil* et à chaque *opposition éclipse de Lune;* mais, en raison de l'inclinaison de l'orbite lunaire sur le plan de l'écliptique, il ne peut y avoir d'éclipse qu'autant *que la latitude de la Lune* reste dans de certaines limites, c'est-à-dire que cet astre est près de *ses nœuds* au moment *des syzygies*.

ÉCLIPSES DE LUNE.

257. *De leur possibilité.* — Le Soleil étant énormément plus gros que la Terre, forme, par les rayons qu'il envoie tangentiellement à notre globe, un cône d'ombre dont le sommet est en A (fig. 145), au delà de la Terre par rapport au Soleil.

Fig. 145.

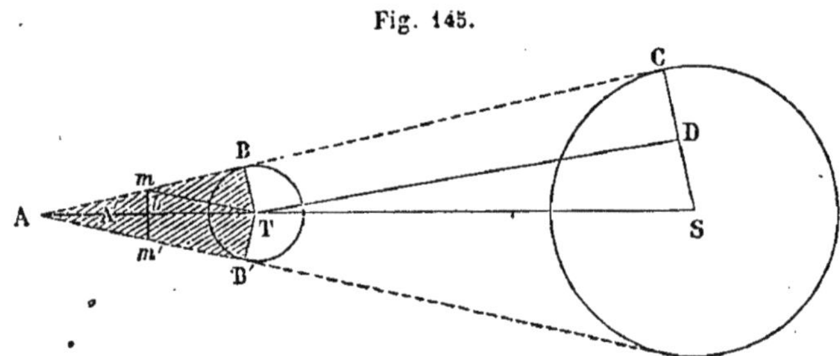

Il est facile d'obtenir en rayons terrestres la distance moyenne du sommet A de ce cône au centre de la Terre.

Les triangles semblables ABT, ACS donnent, en appelant R et r les rayons du Soleil et de la Terre,

$$\frac{AT}{AS} = \frac{BT}{CS} = \frac{r}{R},$$

d'où

$$\frac{AT}{TS} = \frac{r}{R - r},$$

et par suite,

$$AT = \frac{TS \times r}{R - r}.$$

Et comme on a trouvé $TS = 24000r$ et $R = 112r$ environ, il vient alors

$$AT = \frac{24000r}{111} = 216r \text{ environ.}$$

Mais la distance de la Lune à la Terre n'est que de $60r$ environ ; on voit donc que le cône d'ombre de la Terre s'étend assez loin pour que la Lune puisse le rencontrer dans son mouvement autour de la Terre et que *la latitude seule* de la Lune détermine la nature de son intersection avec ce cône et par suite de son éclipse. A la vérité, le cône d'ombre pure BAB′ ne s'étend pas aussi loin, parce que les rayons solaires qui traversent notre atmosphère se réfractent et viennent se réunir en un point A′ beaucoup plus voisin de la Terre. Ces quelques rayons réfractés font apercevoir encore un peu la Lune quand elle est complétement dans le cône d'ombre BAB′.

Lorsque la Lune étant en opposition est à son nœud, il y a toujours éclipse.

258. *Possibilité d'une éclipse de Lune totale.* — Lorsque dans une éclipse de Lune, l'éclat de l'astre ne s'affaiblit pas complétement, on dit que l'éclipse est *partielle*, et dans le cas contraire *qu'elle est totale.*

Or si nous coupons le cône d'ombre de la Terre par un plan mm' perpendiculaire à TS (fig. 145), et à une distance $Tb = 60r$, nous pouvons voir que l'angle mTb sous lequel on apercevrait le *demi-diamètre* de ce disque d'ombre est plus grand que le *demi-diamètre* de la Lune.

Menons en effet TD parallèle à BC, on a la relation

$$\text{DS} = \text{TS} \sin \text{DTS},$$

d'où, sin DTS, ou plus simplement

$$\text{DTS} = \frac{\text{R} - r}{\text{ST} \sin 1''} = \frac{\text{R}}{\text{ST} \sin 1''} - \frac{r}{\text{ST} \sin 1''};$$

mais

$$\frac{\text{R}}{\text{ST} \sin 1''} = \frac{1}{2} \text{ diamètre du Soleil} = 16' \text{ environ},$$

$$\frac{r}{\text{ST} \sin 1''} = \text{parallaxe horizontale du Soleil} = 8'' \text{ environ};$$

donc,

$$\text{DTS} = \frac{1}{2} \textit{ diam. du Soleil} - \textit{parall. horiz. du Soleil} = 16' - 8'' = 15'52''.$$

Mais on a, dans le triangle mAT,

$$m\text{TA} = \text{B}m\text{T} - \text{BAT} = \textit{parall. horiz. de la Lune} - \text{DTS},$$

et comme la parallaxe horizontale de la Lune est environ de 58′ en moyenne, il vient

$$m\text{TA} = 58' - (15'52'') = 42'08'',$$

quantité beaucoup plus grande que *le demi-diamètre de la Lune.*

259. *Limites entre lesquelles doit se trouver comprise la latitude de la Lune pour qu'il puisse y avoir éclipse de Lune.* — Soient S le Soleil (fig. 146), T la Terre, CAC′ le cône d'ombre formé derrière la Terre par rapport au Soleil.

Fig. 146.

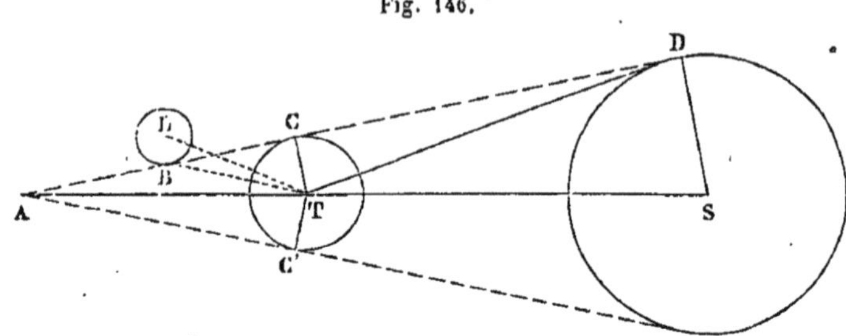

Supposons que le plan de l'écliptique passe par AS perpendiculairement au plan CAC′.

En raison du peu d'inclinaison de l'orbite lunaire sur l'écliptique, lorsque la Lune touche le cône d'ombre dont la section en ce point est représentée en A (fig. 147), elle peut être représentée en L, *tangente* au disque A en *a* extrémité du rayon A*a* perpendiculaire à CC′.

Fig. 147.

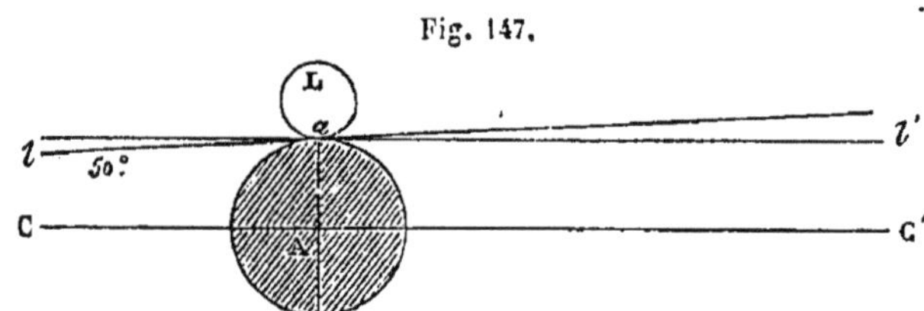

Sa latitude est alors LTA (fig. 146), et l'on a

$$\text{LTA} = \text{BTA} + \text{BTL} = \text{CBT} + \text{BTL} - \text{CAT},$$

ou

$$\text{LTA} = \text{CBT} + \text{BTL} - \text{DTS} + \text{CDT}.$$

Mais

$$\text{CBT} = \text{parallaxe de la Lune} = \text{P},$$

$$\text{BTL} = \frac{1}{2}\,\text{diamètre de la Lune} = d,$$

$$\text{DTS} = \frac{1}{2}\,\text{diamètre du Soleil} = \text{D},$$

$$\text{CDT} = \text{parallaxe du Soleil} = p.$$

On a donc

$$\textit{Latitude de la Lune} = \text{P} + d - \text{D} + p.$$

Or les valeurs P, *d*, D et *p* ne conservent pas des valeurs constantes, elles ont un *maximum* qui est

$$(\textit{maximum})\ d = 16'\,45'',\ \ \text{D} = 16'\,18'',\ \ \text{P} = 61'\,24'',\ \ p = 9''.$$

Et un *minimum* qui est

$$(\textit{minimum})\ d = 14'\,41'',\ D = 15'\,45'',\ P = 53'\,48'',\ p = 7''.$$

Par suite, la latitude de la Lune au moment où elle est tangente au cône d'ombre, a aussi un *maximum* et un *minimum*.

Son *maximum* est donné par la relation

$$L = (61'\,24'') + (16'\,45'') - (15'\,45'') + 7'' = 62'\,31'',$$

et son *minimum* par la relation

$$L' = (53'\,48'') + (14'\,41'') - (16'\,18'') + 9'' = 52'\,20''.$$

Donc, *si au moment de l'opposition, la latitude de la Lune est plus petite que* 52', *l'éclipse de Lune est certaine;*

Si cette latitude est comprise entre 52' *et* 62' 31", *l'éclipse de Lune est douteuse;*

Et enfin, *si la latitude est plus grande que* 63', *il n'y a pas d'éclipse.*

Exemple.

En déterminant l'époque de la pleine Lune ou de l'opposition en longitude pour le mois de février 1858, nous avons trouvé (239) que cette opposition avait eu lieu le 24 février à $10^h\,14^m\,01^s$ T. M. de Paris.

En cherchant, dans la *Connaissance des temps*, page 50, nous trouvons :

Latitude ☾ le 27 février à 0^h T. M. de Paris. .	=	1° 19' 16",6 N,
La variation de la latitude en 12^h est de 39' 51",3.		
La variation de la latitude en $10^h\,14^m\,01^s$. . . .	=	31' 25",6,
d'où *Latitude de la Lune* au moment de l'opposition.	=	47' 51",0.

Le 27 février, à $10^h\,14^m\,01^s$ T. M. de Paris, la latitude de la Lune était donc plus petite que 52'; il y avait donc certainement *éclipse de Lune.*

260. *De la pénombre.* — Le Soleil envoie des rayons lumineux dans toutes les directions; par conséquent, le cône d'ombre dont nous venons de parler n'est pas nettement tranché de l'espace éclairé.

Si nous menons les tangentes A'D et A'D' intérieures aux disques du Soleil et de la Terre (fig. 148), on voit qu'il existe une partie de l'espace se projettant en DEA et D'E'A qui ne reçoit pas tous les rayons solaires; cette partie est ce que l'on nomme *la pénombre, laquelle possède une dégradation insensible de lumière, depuis les points qui sont éclairés par la surface entière du Soleil jusqu'à ceux qui ne reçoivent aucun rayon lumineux.*

La Lune entrant dans la pénombre avant d'entrer dans l'ombre, et la dégradation de teinte étant peu marquée, il s'ensuit qu'il est impossible d'indiquer d'une *manière précise* l'instant où le bord de *la Lune quitte la pénombre pour entrer dans l'ombre pure.*

CALCUL DES DIFFÉRENTES PHASES D'UNE ÉCLIPSE DE LUNE.

261. Supposons qu'à la distance à laquelle la Lune se trouvera de la Terre au moment de l'opposition nous menions le plan DBLD' perpendiculaire à AS (fig. 148).

Fig. 148.

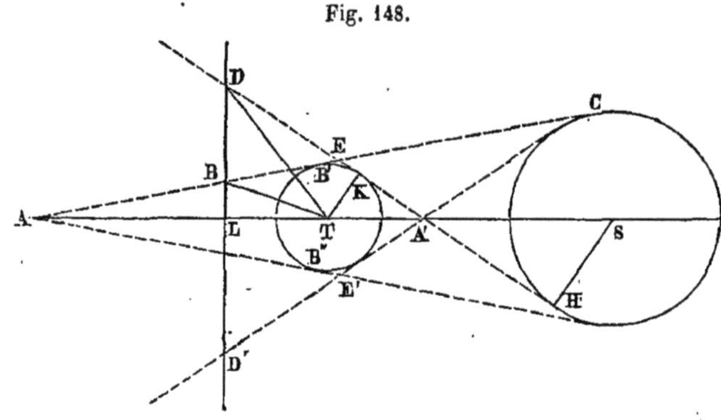

Déterminons d'abord la grandeur apparente du rayon du disque d'ombre pure et du disque de pénombre sur lesquels doit passer le disque lunaire au moment de l'éclipse.

Le rayon d'ombre pure est vu (fig. 148) sous l'angle

$$\text{BTA} = \text{P} - \text{A} = \text{P} + p - \text{D}.$$

En prenant les valeurs de P, p et D dans la *Connaissance des temps*, on aura la valeur de cet angle que, d'après *Tobie Mayer*, on doit augmenter de $\frac{1}{60}$ pour que les prédictions d'éclipses de Lune s'accordent plus rigoureusement avec les *observations*.

Le rayon du disque de pénombre sera vu sous l'angle DTA. Or, d'après la figure 148, on a, en remarquant que l'angle KDT est sensiblement égal à la parallaxe de la Lune,

$$\text{DTA} = \text{TDA}' + \text{DA}'\text{T} = \text{P} + \text{KA}'\text{T}.$$

Le triangle rectangle KA'T donne

$$\text{KA}'\text{T} = \frac{\text{KT}}{\text{A}'\text{T} \sin 1''} = \frac{r}{\text{A}'\text{T} \sin 1''}.$$

Les deux triangles semblables KA'T, SA'H donnent

$$\frac{A'T}{A'S} = \frac{r}{R},$$

d'où

$$\frac{A'T}{TS} = \frac{r}{R+r},$$

par suite,

$$A'T = \frac{r \times TS}{R+r}.$$

Mettant cette valeur de A'T dans la relation qui donne KA'T, on a

$$KA'T = \frac{R+r}{TS \sin 1''} = \frac{R}{TS \sin 1''} + \frac{r}{TS \sin 1''} = D + p.$$

On a donc, enfin, par substitution, et en représentant par A' l'angle sous lequel on voit du centre de la Terre le rayon du disque de pénombre,

$$A' = P + p + D,$$

ou, d'après *Tobie Mayer*,

$$A' = \frac{61}{60}(P + p + D).$$

ous avons trouvé pour le rayon du disque d'ombre pure

$$A = \frac{61}{60}(P + p - D).$$

On a donc,

$$A' - A = \frac{61}{60} \times 2D,$$

c'est-à-dire *que la différence entre les rayons apparents des deux disques est égale à peu près au diamètre du Soleil.*

Ainsi, la Lune peut être tout entière dans la pénombre sans être encore dans l'ombre pure.

262. *Détermination de l'orbite relative.* — Puisque la Terre se transporte autour du Soleil, *l'ombre de la Terre a un mouvement de translation.*

Mais la Lune ayant aussi un mouvement autour de la Terre, il s'ensuit que de la combinaison de ces deux mouvements, il en résulte, *pour la Lune, un mouvement relatif* que l'on peut seul considérer, si l'on suppose la *Terre immobile.*

Soient CC' (fig. 149) l'écliptique, S la position du centre du *disque d'ombre pure au moment de l'opposition,* NN' l'orbite de la Lune, L sa position au même instant. La latitude de la Lune est à ce moment LS.

Une heure après, le centre du disque d'ombre est venu en S', SS' étant égal *au mouvement horaire m du Soleil, en longitude.*

La Lune est venue en L', son mouvement horaire sur *l'écliptique ou en longitude* est SD = M.

Fig. 149.

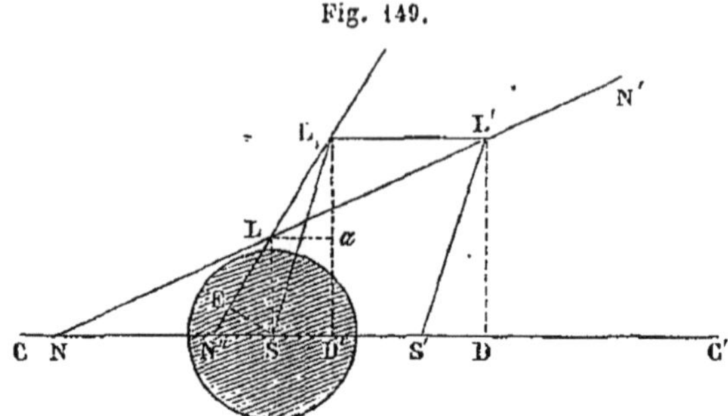

Donc, *le mouvement horaire relatif de la Lune,* en longitude, est S'D = M — *m.*

Mais, si l'on mène SL_1 parallèle à S'L', et $L'L_1$ parallèle à ND, on peut, évidemment, considérer le disque comme étant fixe en S, pourvu que l'on regarde la Lune comme ayant parcouru, en *une heure, le chemin* LL_1.

La ligne $N''LL_1$ prend le nom d'*orbite relative.* La valeur de son inclinaison α sur *l'écliptique* est donnée par la relation

$$\text{tang } L_1 N''D = \frac{L_1 a}{La} = \frac{L_1 a}{M - m} = \text{tang } \alpha.$$

En représentant par *l le mouvement horaire de la Lune en latitude,* le mouvement horaire *h* de la Lune sur son *orbite relative* est donné par l'équation

$$LL_1 = \sqrt{l^2 + (M - m)^2} = \frac{M - m}{\cos \alpha} = h.$$

263. *Calcul de l'instant du milieu de l'éclipse.* — Nous pouvons donc, maintenant, considérer le centre du disque d'ombre et du disque de pénombre fixe en S (fig. 150); par suite, le milieu de l'éclipse aura lieu quand la Lune sera en E sur la perpendiculaire SE à *l'orbite relative.* Admettons que LL_1 représente le mouvement horaire de la Lune sur l'orbite relative; comme dans un petit intervalle de temps on peut admettre que le mouvement relatif de la Lune est *uniforme,* on aura, en appelant T le temps écoulé entre *le milieu de l'éclipse et l'instant de l'opposition,*

$$\frac{T}{1^h} = \frac{EL}{LL_1} = \frac{LS \sin \alpha \cos \alpha}{M - m}.$$

Et comme LS représente la latitude λ de la Lune au moment de l'opposition, T sera déterminé.

264. *Calcul des instants des différentes phases du phénomène.* — Connaissant actuellement l'époque du milieu de l'éclipse en E, nous allons y rapporter les autres phases du *phénomène*, en ne considérant, toutefois, que ce qui a rapport au disque d'ombre pure.

Lorsque le disque de la Lune en L_i (fig. 150) est tangent au disque *d'ombre*, on dit que *l'immersion* commence.

Fig. 150.

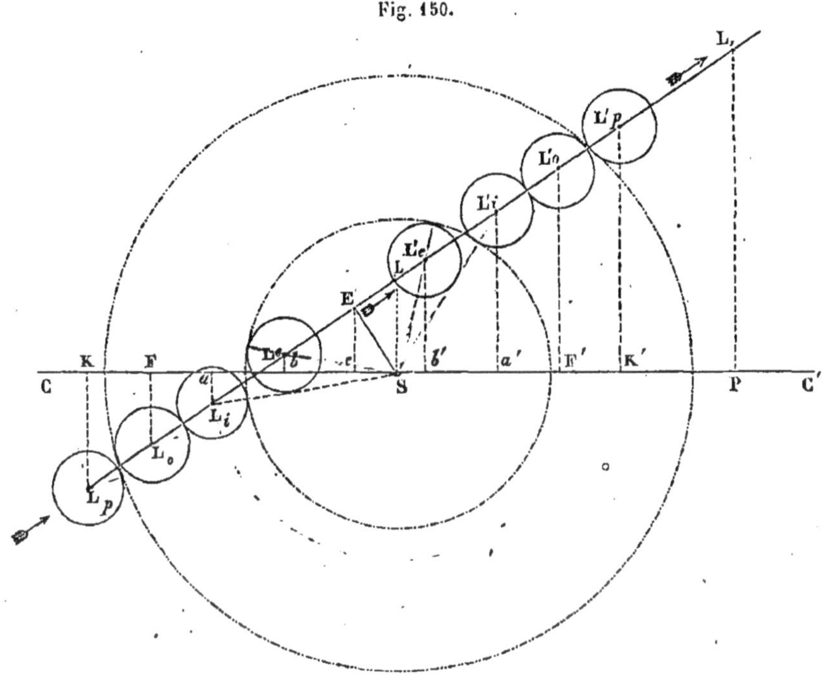

Pour trouver cet instant, on a d'abord dans le triangle EL_iS la relation

$$\overline{EL_i}^2 = \overline{SL_i}^2 - \overline{ES}^2 = \overline{SL_i}^2 - \lambda^2 \cos^2 \alpha.$$

Ou, en représentant toujours par A le rayon du disque d'ombre que nous avons trouvé être égal à $\frac{61}{60}(P + p - D)$,

$$\overline{EL_i}^2 = (A + d)^2 - \lambda^2 \cos^2 \alpha,$$

d'où

$$EL_i = \sqrt{(A + d - \lambda \cos \alpha)(A + d + \lambda \cos \alpha)}.$$

On aura ensuite, en appelant t le temps qui s'écoule entre l'instant de l'immersion et le milieu de l'éclipse,

$$\frac{t}{1^h} = \frac{EL_i}{h},$$

et, par conséquent, si t est exprimé en secondes,

$$t = \frac{3600^s \cos \alpha}{M - m} \sqrt{(A + d - \lambda \cos \alpha)(A + d + \lambda \cos \alpha)}.$$

Cette valeur de t est à ajouter à l'époque T du milieu de l'éclipse si l'on considère la fin de l'éclipse, c'est-à-dire l'instant où *l'émersion est complète*, la Lune étant en L'_i.

Si l'on voulait connaître l'instant où la Lune est complétement entrée dans le cône d'ombre, ou celui où elle va en sortir, il faudrait, dans la formule précédente, remplacer $A + d$ par $A - d$.

Pour déterminer les circonstances du phénomène quant *à la pénombre*, le calcul est identiquement le même que celui que nous venons d'indiquer; il faut seulement remplacer, dans la relation qui donne t, A par A' rayon du disque *de pénombre*, et les mouvements horaires M et m par ceux qui correspondent *aux instants cherchés*, dont on peut avoir une valeur approchée à l'aide d'une construction graphique, ainsi que nous allons le dire.

265. *Construction graphique.* — On peut déterminer graphiquement les circonstances du phénomène lorsque, préalablement, on a tracé *l'écliptique* CC' (fig. 150), *le cercle représentant le disque d'ombre pure, celui représentant le disque de pénombre et l'orbite relative* LL_1, au moyen de la latitude de la Lune en L *au moment de l'opposition*, de sa latitude L_1P et de son mouvement relatif en longitude SP *une heure après*.

Il suffit alors, de décrire du point S comme centre, d'abord avec des rayons égaux à $A + d$ et $A - d$, deux circonférences qui coupent l'orbite relative LL_1 aux points L_i, L'_i, L'_e et L_e; et ensuite, du même point S avec $A' + d$ et $A' - d$, deux autres circonférences qui coupent l'orbite LL_1 aux points L_p, L'_p, L_0, L'_0. On prendra les projections K, F a, b, b', a', F', K' de ces points sur l'écliptique, et en évaluant au moyen d'une échelle de parties égales, les longueurs SK, SF, Sa, Sb, Sb', Sa', SF', SK' en fonction de SP, mouvement en 1 heure, on aura les quantités horaires à retrancher ou à ajouter à l'époque de l'opposition pour avoir les instants des phases principales du phénomène.

L'instant *du milieu de l'éclipse* se détermine en évaluant sur l'échelle la distance de e, projection de E, au centre S.

266. *Détermination des lieux de la Terre où une éclipse de Lune est visible.* — Pour déterminer les lieux de la Terre où une *éclipse de Lune est visible*, cherchons d'abord la latitude L et la longitude G du lieu qui, à une époque t (temps moyen de Paris), a la Lune au zénith. Supposons, par exemple, que t soit *l'époque du milieu de l'éclipse*.

Soient PZQP'Q' (fig. 151) le méridien supérieur de Paris, ♈ le point vernal, L *la position de la Lune*.

Pour l'heure de Paris t, on connaît :

LD *déclinaison de la Lune*, et ♈D *son ascension droite*.

Le lieu qui a la Lune au zénith a évidemment pour *latitude* LD, c'est-à-dire la *déclinaison de la Lune*, et pour *longitude* QD, c'est-à-dire *l'angle horaire proprement dit de la Lune à Paris*.

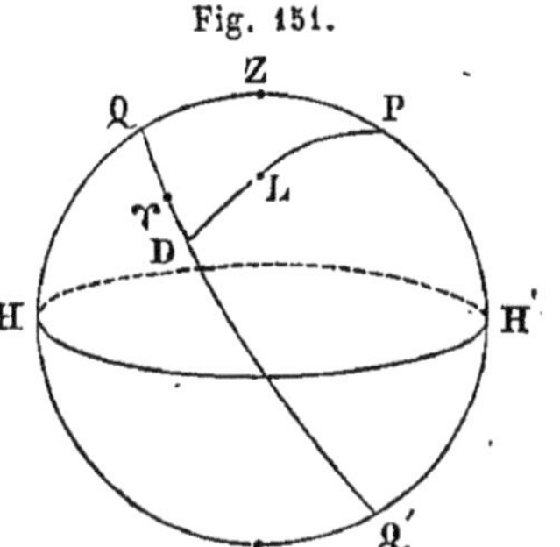

Fig. 151.

Or, de la relation

$$h_s = h_a ☾ + Æ ☾,$$

on déduit

$$h_a ☾ = h_s - Æ ☾.$$

Ainsi, de l'heure moyenne t de Paris, on déduira l'heure sidérale h_s.

On retranchera de cette heure h_s, l'ascension droite Æ☾ calculée pour l'heure moyenne t de Paris, et le reste donnera *l'heure astronomique* de la Lune, de laquelle on passera à l'angle horaire proprement dit, c'est-à-dire *à la longitude* G *cherchée*.

On peut donc facilement déterminer la latitude L et la longitude G du lieu qui a la Lune au zénith *au moment d'une des phases du phénomène*.

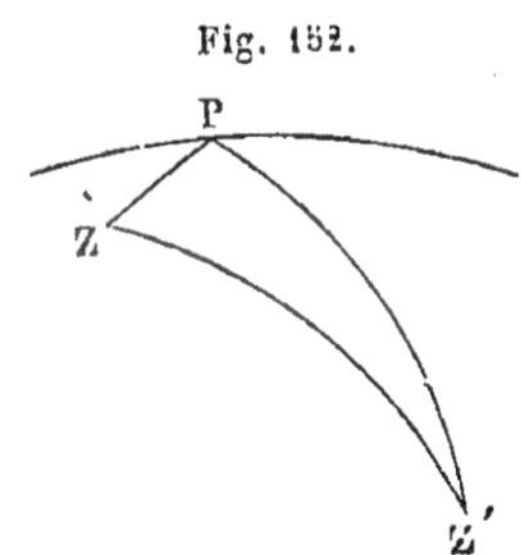

Fig. 152.

Si nous faisons maintenant passer un grand cercle *perpendiculaire à la verticale de ce lieu*, ce grand cercle partagera le globe en deux hémisphères *dont un verra le phénomène et dont l'autre ne le verra pas*.

Pour avoir la latitude et la longitude de tous les points de ce cercle-limite, remarquons que si l'on appelle D la distance du lieu Z de la Lune (fig. 152), dont les coordonnées terrestres sont L et G à un point Z' de ce cercle on aura, en appelant L' et G' les coordonnées terrestres de ce second point,

$$\cos D = \sin L \sin L' + \cos L \cos L' \cos (G' - G)\,;$$

mais,

$$D = 90°.$$

Donc, on a

$$0 = \sin L \sin L' + \cos L \cos L' \cos (G' - G),$$

d'où

$$\tang L' = - \cotg L \cos (G' - G).$$

Faisant varier G', depuis 0° jusqu'à 180° Est et 180° Ouest, on aura toutes les valeurs de L' correspondantes.

Pour savoir si un lieu donné verra le phénomène, on s'assurera si la distance D' de ce lieu au lieu Z que nous venons de considérer est plus petite que 90°; ce qui se déterminera par la relation

$$\cos D' = \sin L \sin L'' + \cos L \cos L'' \cos (G'' - G).$$

En substituant à L et G, L″ et G″ leur valeur, on devra trouver pour D′ une quantité $<90°$, si le lieu dont la latitude est L′ et la longitude G′ *voit le phénomène.*

En se servant d'un globe sphérique représentant tous les lieux principaux de la Terre, il suffira de considérer, ainsi que nous l'avons dit, le lieu qui a la Lune au zénith, et, de ce point comme pôle, avec une ouverture de compas sphérique égale à la corde de 90°, décrire un grand cercle; on déterminera alors graphiquement la position des lieux voyant la phase considérée.

En agissant ainsi, *pour chaque moment de l'éclipse de Lune,* on pourra déterminer *les lieux qui verront le phénomène, soit en entier, soit en partie.*

267. *Récapitulons actuellement l'ensemble des opérations nécessaires à la détermination de toutes les circonstances d'une éclipse de Lune.*

1° Détermination du rayon apparent A *du disque d'ombre pure,* au moyen de la relation

$$A = \frac{61}{60}(P + p - D).$$

et du rayon apparent A′ *du disque de pénombre* au moyen de

$$A' = \frac{61}{60}(P + p + D).$$

2° Détermination de *l'inclinaison* α de *l'orbite relative* sur *l'écliptique* au moyen de la formule

$$\tang \alpha = \frac{l}{M - m},$$

dans laquelle l est le mouvement horaire de la Lune en latitude, M et m les mouvements horaires en longitude de la Lune et du Soleil, que nous pouvons supposer constants pour toute la durée du phénomène.

3° Calcul de l'intervalle T qui s'écoule entre le milieu de l'éclipse et l'instant de l'opposition au moyen de la relation

$$T = \frac{\lambda \sin\alpha \cos\alpha \times 3600''}{M - m} = \frac{\lambda \sin 2\alpha \times 1800''}{M - m},$$

d'où,

$$\text{milieu de l'éclipse} = \theta = \text{heure de l'opposition} + T.$$

4° Calcul de l'entrée dans la pénombre à l'aide de la formule

$$t_1 = \theta - \frac{3600'' \cos\alpha}{M - m}\sqrt{(A' + d - \lambda\cos\alpha)(A' + d + \lambda\cos\alpha)}.$$

L'instant de la sortie de la pénombre est donnée par la relation

$$t_6 = \theta + \frac{3600^s \cos\alpha}{M - m}\sqrt{(A' + d - \lambda\cos\alpha)(A' + d + \lambda\cos\alpha)}.$$

5° Calcul du commencement de l'immersion dans le cône d'ombre pure et de la fin de l'immersion à l'aide des relations

$$t_2 = \theta - \frac{3600^s \cos\alpha}{M - m}\sqrt{(A + d - \lambda\cos\alpha)(A + d + \lambda\cos\alpha)},$$

$$t_3 = \theta - \frac{3600^s \cos\alpha}{M - m}\sqrt{(A - d - \lambda\cos\alpha)(A - d + \lambda\cos\alpha)}.$$

6° Et enfin, détermination du commencement de l'émersion du cône d'ombre pure et de la fin de l'émersion à l'aide des relations

$$t_4 = \theta + \frac{3600^s \cos\alpha}{M - m}\sqrt{(A - d - \lambda\cos\alpha)(A - d + \lambda\cos\alpha)}.$$

$$t_5 = \theta + \frac{3600^s \cos\alpha}{M - m}\sqrt{(A + d - \lambda\cos\alpha)(A + d - \lambda\cos\alpha)}.$$

D'après ces formules nous voyons que le calcul exige une préparation :

1° Déterminer d'une manière suffisamment précise, ainsi que nous l'avons fait (240), *le moment de l'opposition en longitude*, exprimé en heure T. M. de Paris.

2° Pour cette heure T. M. de Paris, calculer, à l'aide de la *Connaissance des temps :*

λ latitude de la Lune,
P parallaxe horizontale équatoriale de la Lune,
p *id.* *id.* du Soleil,
D demi-diamètre du Soleil,
d demi-diamètre de la Lune,
l mouvement horaire de la Lune en latitude,
M *id.* *id.* en longitude,
m *id.* du Soleil *id.*

Remarque. — Lorsque l'éclipse de Lune est partielle, on trouve $A - d < \lambda\cos\alpha$, et par conséquent, t_3 et t_4 sont imaginaires; il n'y a donc pas lieu de déterminer le moment de *l'immersion complète* ni le moment du *commencement de l'émersion.*

Appliquons ce que nous venons de dire à la recherche des époques T. M. de Paris des phases de l'éclipse de Lune qui a eu lieu le 27 février 1858.

Exemple.

Calcul de l'éclipse partielle de Lune visible à Paris le 27 février 1858.

Détermination des éléments du calcul.

Nous avons trouvé que l'instant de l'opposition, pour cette époque, était $10^h\ 14^m\ 01^s$ T. M. de Paris.

Pour cet instant et en employant les différences secondes, nous trouvons :

λ latitude de la Lune	=	0° 47′ 52″,5 B
P parallaxe horizontale équatoriale	=	57′ 48″,9
p parallaxe horizontale du Soleil	=	8″,7
D demi-diamètre du Soleil.	=	16′ 10″,0
d *id.* de la Lune.	=	15′ 45″,3

Pour déterminer le mouvement horaire en latitude et en longitude de la Lune, on calcule successivement ces deux coordonnées pour le 27 février à $9^h\ 14^m\ 01^s$ T. M. de Paris et pour le 27 février à $10^h\ 14^m\ 01^s$. La différence des deux résultats obtenus donne les mouvements horaires en latitude et en longitude de la Lune *pour l'heure qui précède l'opposition.* En déterminant de la même manière ces mouvements pour l'heure qui suit, *la moyenne des deux mouvements horaires correspondants obtenus* sera le mouvement horaire que l'on devra adopter ; c'est ainsi que nous trouvons :

l = mouvement horaire ☾ en latitude. . .	=	3′ 5″,0 Sud.
M = *id.* *id.* en longitude. .	=	33′ 49″,2
m = *id.* ☉ en longitude. .	=	2′ 30″,4
d'où M — *m* = mouvement relatif en longitude. .	=	31′ 18″,8

Développement du calcul.

Calcul de A et de A′.

P =	57′ 48″,9
p =	8″,7
P + *p* =	57′ 57″,6
D =	16′ 10″,0
P + *p* — D =	41′ 47″,6
P + *p* + D =	1° 14′ 07″,6
d'où A =	42′ 29″,4
A′ =	1° 15′ 21″,7

Calcul de α.

l = 3′ 5″	log = 2,2671717
M — *m* = 31′ 18″,8	c' log = 6,7261186
	log tang α = 8,9932903
	α = 5° 37′ 25″

Calcul de λ cos α.

λ = 0° 47′ 52″	log = 3,4582600
α = 5° 37′ 25″	log cos = 9,9979048
	log λ cos α = 3,4561648
d'où	λ cos α = 47′ 38″,7

L'éclipse est partielle.

Calcul de $\left\{\begin{array}{l} A + d + \lambda\cos\alpha \\ A + d - \lambda\cos\alpha \end{array}\right.$

λ cos α =	47′ 38″,7
A =	42′ 29″,4
d =	15′ 45″,3
A + *d* — λ cos α =	10′ 36″,0
A + *d* + λ cos α =	1° 45′ 53″,4

Calcul de $\left\{\begin{array}{l} A' + d - \lambda\cos\alpha \\ A' + d + \lambda\cos\alpha \end{array}\right.$

λ cos α =	47′ 38″,7
A′ =	1° 15′ 21″,7
d =	15′ 45″,3
A′ + *d* — λ cos α =	0° 43′ 28″,3
A′ + *d* + λ cos α =	2° 18′ 45″,7

Calcul du milieu de l'éclipse θ.

$$
\begin{array}{rlr}
\lambda = & 47'\,52'',5 & \log = 3{,}4582600 \\
2\alpha = & 11^\circ\,14'\,50'' & \log\sin = 9{,}2901299 \\
30^s = & \ldots\ldots\ldots & \log = 1{,}4771213 \\
M - m = & 31'\,18'',8 & c^t \log = \underline{6{,}7261186} \\
 & & \log T = 0{,}9516298 \\
 & & T = \quad 8^m\,56^s{,}76 \\
\multicolumn{2}{r}{\text{Instant de l'opposition}} & = \underline{10^h\,14^m\,01^s} \\
\multicolumn{2}{r}{\theta \text{ instant du milieu de l'éclipse}} & = 10^h\,22^m\,57^s{,}76
\end{array}
$$

Calcul de t_1 *et* t_6.

$$
\begin{array}{rl}
3600^s \log = & 3{,}5563025 \\
\alpha = 5^\circ 27' 25'' \log\cos = & 9{,}9979048 \\
(M - m)\ c^t \log = & 6{,}7261186 \\
(A' + d - \lambda\cos\alpha)\tfrac{1}{2}\log = & 1{,}7081788 \\
(A' + d + \lambda\cos\alpha)\tfrac{1}{2}\log = & \underline{1{,}9602103} \\
\text{Somme} = & 3{,}9487150 \\
(\theta - t_1) \text{ ou } (t_6 - \theta) = & 2^h 28^m 06^s \\
\theta = & \underline{10^h 22^m 57^s{,}7}
\end{array}
$$

d'où t^1 entrée dans la pénombre $= 7^h 54^m 41^s{,}7$

t_6 sortie de la pénombre $= 12^h 51^m 03^s{,}7$

Calcul de t_2 *et* t_5.

$$
\begin{array}{rl}
3600^s \log = & 3{,}5563025 \\
\log\cos\alpha = & 9{,}9979038 \\
c^t \log (M - m) = & 6{,}7261186 \\
(A + d - \lambda\cos\alpha)\tfrac{1}{2}\log = & 1{,}4017285 \\
(A + d + \lambda\cos\alpha)\tfrac{1}{2}\log = & \underline{1{,}9015031} \\
\text{Somme} = & 3{,}5835575 \\
(\theta - t_2) \text{ ou } (t_5 - \theta) = & 1^h\ 3^m 53^s{,}1 \\
\theta = & \underline{10^h 22^m 57^s{,}7}
\end{array}
$$

d'où t_2 instant de l'immersion $= 9^h 19^m\ 4^s{,}6$

t_5 instant de l'émersion $= 11^h 26^m 50^s{,}8$

Nous trouvons de très-légères différences avec les quantités données dans la *Connaissance des temps*, page 333, parce que nous avons supposé que *les mouvements horaires de la Lune, en latitude et en longitude*, ne variaient pas pendant la durée de l'éclipse, et que dans le calcul fait dans la *Connaissance des temps* on a déterminé les éléments l, M et m pour plusieurs instants consécutifs du phénomène.

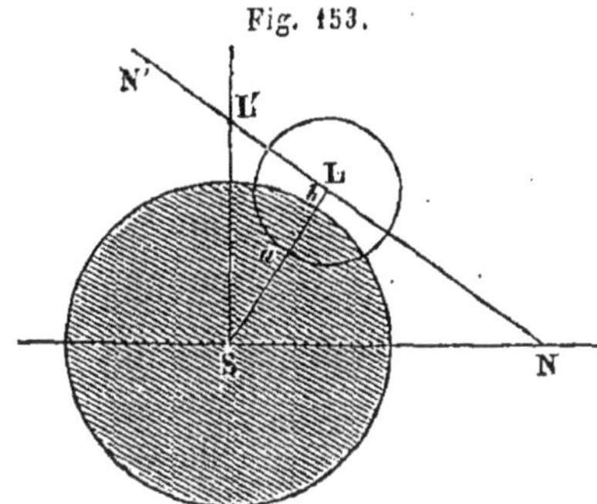

Fig. 153.

268. *Détermination de la quantité de Lune éclipsée.* — Nous voyons, ainsi que nous l'avons déjà dit, que $\lambda \cos\alpha = 47'\,88'',7$ étant plus grand que $A = 42'\ 29'',4$ et à fortiori que $A - d$, l'éclipse du 27 février 1858 sera partielle. Pour que l'éclipse fût totale, il faudrait que A fût au moins égale à $\lambda \cos\alpha + d$.

Au moment du milieu de l'éclipse, la Lune sera en L (fig. 153), SL étant perpendiculaire sur l'orbite relative NN'.

La quantité du diamètre de la Lune qui sera éclipsée est ab; or on a

$$ab = a\mathrm{L} - \mathrm{L}b = d - \mathrm{L}b$$

et

$$\mathrm{L}b = \mathrm{LS} - \mathrm{S}b = \lambda \cos \alpha - \mathrm{A},$$

d'où

$$ab = d + \mathrm{A} - \lambda \cos \alpha.$$

Or nous avons trouvé

$$d = 15'45'',3$$

$$\mathrm{A} = 42'29'',4$$

d'où

$$\mathrm{A} + d = 58'14'',7$$

$$\lambda \cos \alpha = 47'38'',7$$

et par suite

$$ab = 10'36'',0$$

Comme le diamètre horizontal de la Lune est, à ce moment, égal à $31'30''$; le rapport de la quantité éclipsée ab au diamètre entier sera

$$\frac{ab}{2d} = \frac{10'36'',0}{31'30''} = \frac{636''0,}{1890} = 0,33.$$

Anciennement, on divisait le diamètre du *Soleil* ou de la *Lune* en douze parties égales que l'on appelait *doigts*, et l'on disait : l'éclipse est de tant de douzièmes ou *de tant de doigts*. En appelant, dans le cas qui nous occupe, x le nombre de doigts éclipsés, on a

$$\frac{x}{12} = \frac{33}{100} = 3{,}96, \text{ c'est-à-dire 4 doigts.}$$

C'est ce que donne la *Connaissance des temps*.

ÉCLIPSES DE SOLEIL.

269. *Limites entre lesquelles doit être comprise la latitude de la Lune.* — Nous avons dit qu'il y avait *éclipse de Soleil* lorsque la Lune s'interposait entre le Soleil et la Terre.

Considérons le Soleil en S, la Terre en T (fig. 154) et la Lune en L tangente au cône BAB'.

Par les raisons déjà énoncées, nous pouvons admettre qu'au moment de la *conjonction*, le centre de la Lune se trouve à peu près dans le plan BAB' perpendiculaire à l'écliptique.

Sa latitude est alors LTS. Or on a

$$\mathrm{LTS} = \mathrm{L} = \mathrm{LT}a + a\mathrm{TS} = \mathrm{LT}a + \mathrm{A}a\mathrm{T} - \mathrm{ABT} + \mathrm{BTS},$$

c'est-à-dire

$$L = d + P - p + D.$$

Si nous substituons encore à ces quantités leurs valeurs maximum et minimum, nous trouverons

Valeur maximum de L = 1° 34′ 18″.
Valeur minimum de L = 1° 24′.

Ainsi, suivant que l'on a, *au moment de la conjonction*,

L < 1° 24′, *l'éclipse de Soleil est certaine*,
L > 1° 24′ et < 1° 34′ 18″, *l'éclipse est douteuse*,
L > 1° 34′ 18″, *il n'y a pas d'éclipse.*

Exemple.

En déterminant (239) l'époque de la conjonction en ascension droite du mois de mars 1858, nous avons trouvé qu'elle avait lieu le 15 mars 1858 à $0^h\ 53^m\ 28^s,4$, T. M. de Paris.

Cherchons la *latitude de la Lune* pour cette époque.

Nous trouvons, dans la *Connaissance des temps* :

	Latitude ☾ le 15 mars à 0^h.	= 0° 36′ 34″,1 B.
	Variation en 12^h.	= + 37 35″,0
	id. en $0^h\ 53^m\ 28^s,4$.	= + 2′ 47″,5
d'où	*Latitude* ☾ *au moment de la conjonction*. . .	= 0° 39′ 21″,6

Ainsi, il y aura *certainement* une éclipse de Soleil le 15 mars 1858.

A l'inspection de la figure 154, on voit immédiatement que puisque la Lune a un diamètre plus petit que celui de la Terre, cet astre ne pourra cacher le Soleil, en tout ou en partie, *qu'à quelques observateurs de l'hémisphère tourné vers cet astre au moment de la conjonction.*

Fig. 154.

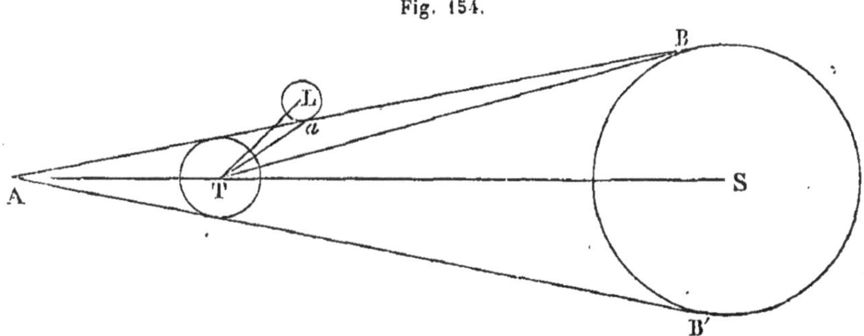

Or si l'on détermine, comme nous l'avons fait pour les éclipses de Lune, la longueur du cône d'ombre que la Lune projette du côté opposé au Soleil, au moment de la conjonction et lorsque la Lune est à ses nœuds, on trouvera que la valeur de la distance AL (fig. 155) est comprise entre 59,73 et 57,76 rayons terrestres. Mais la plus petite valeur de LT étant de 55,947, il peut se faire que l'ombre de la Lune s'étende au delà de la Terre; de même la plus grande distance du centre de la Terre au centre de la Lune étant de 63,802, il peut aussi se faire que le cône d'ombre de la Lune ne s'étende pas jusqu'à la Terre, ainsi qu'on le voit figure 156. Dans ce cas, il n'y a *éclipse totale* pour aucun point de la Terre; mais les points situés sur le petit cercle qui se projette en *mm'* voient *une éclipse annulaire.*

Fig. 155.

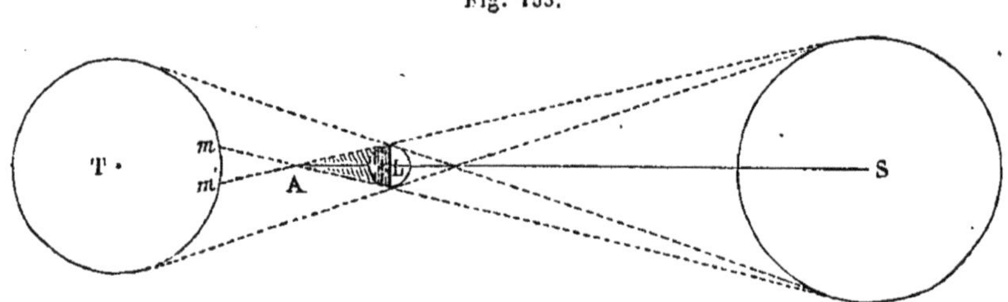

Lorsque dans le cas de la figure 156, le sommet du cône d'ombre est au delà du point K, pour tous les points situés sur le petit cercle qui se projette en *mm'*, il y a *éclipse totale.*

Fig. 156.

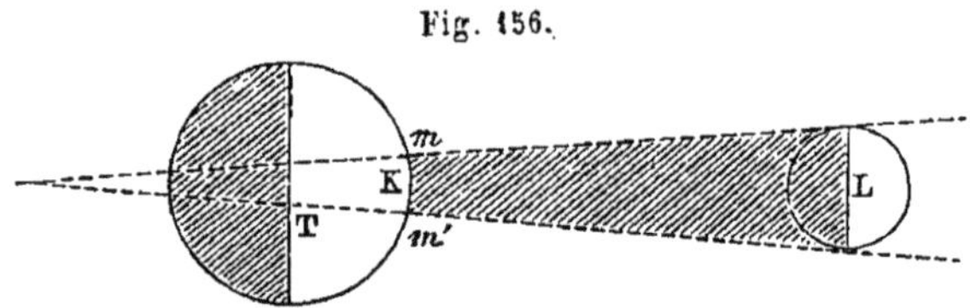

Ainsi, lorsque la Lune vient passer dans *le cône tangent au Soleil et à la Terre, d'après les distances du Soleil et de la Lune à la Terre*, il peut y avoir *éclipse totale ou éclipse annulaire pour certains points de la Terre.*

270. *De la pénombre.* — Les rayons solaires déterminent aussi au delà de la Lune, *une ombre pure* et *une pénombre.* Il est facile de voir que le diamètre de cette pénombre au point où elle rencontre la Terre est plus petit que le diamètre de notre globe. Pour les lieux de la Terre sur lesquels se projette cette pénombre, il y a évidemment *éclipse partielle de Soleil.*

Le mouvement relatif de la *Lune* fait que l'ombre pure et la pénombre de la Lune *marchent d'occident en orient* sur notre globe; ce mouvement combiné avec le mouvement de rotation de la Terre qui a lieu dans le même sens, détermine les lieux pour lesquels une *éclipse de Soleil est partielle, totale ou annulaire.*

Une éclipse *partielle* de Soleil commence au moment où le *cône de pénombre* vient *toucher* la surface de la Terre, et le moment de l'éclipse totale *ou annulaire* commence au moment où *le cône d'ombre pure est tangent* à la Terre. La fin de l'éclipse partielle et la fin de *l'éclipse totale ou annulaire* arrivent au moment où le cône de *pénombre* ou le cône d'ombre sont tangents sur la génératrice opposée *à celle du commencement de l'éclipse.*

Au moyen de la figure 154, on comprend que les éclipses de Soleil doivent être plus fréquentes pour la *Terre que les éclipses de Lune.*

Mais on voit en un lieu déterminé plus *d'éclipses de Lune* que *d'éclipses de Soleil.* En effet, une éclipse de Lune est visible de plus d'un hémisphère de la Terre; une éclipse de Soleil n'est visible, au contraire, que dans une partie assez restreinte de notre globe. On comprend, d'après cela, que les *éclipses totales de Soleil* sont très-rares dans chaque lieu, en raison de la petitesse de l'ombre projetée par la Lune sur la Terre.

CALCUL D'UNE ÉCLIPSE DE SOLEIL.

271. D'après ce que nous venons de dire, on voit que le calcul d'une éclipse de Soleil est beaucoup plus complexe que celui d'une éclipse de Lune, puisque cette dernière sorte d'éclipse est instantanée pour tous les lieux d'au moins un hémisphère de notre globe; tandis qu'une éclipse de Soleil n'est même pas instantanée pour les quelques lieux de la Terre qui peuvent l'apercevoir.

Nous diviserons le calcul d'une éclipse de Soleil en trois parties principales :

1° *Calcul des différentes phases du phénomène général; c'est-à-dire détermination des heures T. M. de Paris auxquelles la Lune entrera dans le cône tangent au Soleil et à la Terre; sera complétement entrée dans ce cône; sera au moment d'en sortir et enfin en sera complétement sortie;*

2° *Détermination de la latitude et de la longitude des lieux de la Terre qui verront l'éclipse plus ou moins;*

3° *Calcul des heures des différentes phases de l'éclipse pour un de ces lieux.*

1° CALCUL DES DIFFÉRENTES PHASES DU PHÉNOMÈNE GÉNÉRAL.

272. Déterminons d'abord la grandeur A′ du rayon du cercle *mm′* (fig. 157) intersection du cône *a*A*a′*A′ par un plan perpendiculaire à la ligne ST et mené à la distance à laquelle la Lune se trouve du point T au moment de *l'éclipse.*

En représentant encore par P la parallaxe horizontale équatoriale de la

Lune, par p la parallaxe horizontale du Soleil et par D son demi-diamètre horizontal, nous aurons

$$A' = mTL = mTA + ATS = amT - mAT + ATS = P - p + D.$$

Nous pouvons maintenant nous servir des formules que nous avons employées dans le calcul d'une *éclipse de Lune*, en ayant soin de remplacer A par A' et de rapporter le mouvement *de la Lune à l'équateur* au lieu de le rapporter *à l'écliptique*, parce que son mouvement sera plus sensible.

Fig. 157.

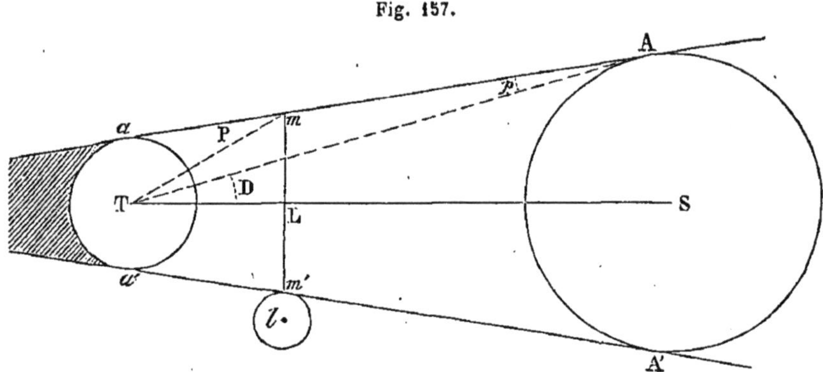

Par conséquent, les relations qui servent à la détermination de toutes les circonstances du *phénomène général* d'une *éclipse de Soleil* sont :

1° $A' = P - p + D$ qui donne l'angle sous lequel on voit le rayon du cercle mm' ;

2° $\tan \alpha = \dfrac{l}{M - m}$ qui détermine l'inclinaison α de l'orbite relative; dans cette formule l représente le *mouvement horaire relatif en déclinaison* de la Lune; M et m les *mouvements horaires en ascension droite* de la Lune et du Soleil ;

3° $T = \dfrac{\lambda \sin 2\alpha \times 30^{m}}{M - m}$ qui donne l'intervalle T qui s'écoule entre *le milieu de l'éclipse* et l'instant de *la conjonction en ascension droite* (λ représente la déclinaison de la Lune moins celle du Soleil);

4° $\theta =$ heure de la conjonction $+ T$, qui donne *l'heure du milieu de l'éclipse ;*

5° $$t_1 = \theta - \frac{3600' \cos \alpha}{M - m} \sqrt{(A' + d - \lambda \cos \alpha)\ (A' + d + \lambda \cos \alpha)} = \theta - H$$

$$t'_1 = \theta - \frac{3600' \cos \alpha}{M - m} \sqrt{(A' - d - \lambda \cos \alpha)\ (A' - d + \lambda \cos \alpha)} = \theta - H'$$

qui donnent le commencement de *l'immersion* et la fin de *l'immersion* complète;

$$6° \quad t_2 = \theta + \frac{3600^s \cos\alpha}{M - m}\sqrt{(A' - d - \lambda\cos\alpha)\,(A' - d + \lambda\cos\alpha)} = \theta + H'$$

$$t'_2 = \theta + \frac{3600^s \cos\alpha}{M - m}\sqrt{(A' + d - \lambda\cos\alpha)\,(A' + d + \lambda\cos\alpha)} = \theta + H$$

qui donnent le commencement de l'émersion et le moment de l'émersion complète.

Appliquons ces formules à la recherche *du commencement et de la fin de l'éclipse de Soleil générale* du 15 mars 1858.

Détermination des éléments du calcul.

Nous avons trouvé (239) que l'instant de la conjonction est

$0^h\,53^m\,28^s,4$ T. M. de Paris.

Pour cette heure nous obtenons, à l'aide de la *Connaissance des temps*, les éléments suivants :

	déclinaison de la Lune.	$= 1°\,24'\,21'',9$ Sud.
	déclinaison du Soleil.	$= 2°\;\;7'\,15'',1$ *id.*
$P =$	*parallaxe horizontale équatoriale de la Lune*	$= 58'\,15'',3$
$p =$	*parallaxe horizontale du Soleil*.	$= 8'',6$
$d =$	*demi-diamètre horizontal de la Lune*. . .	$= 15'\,54'',6$
$D =$	*id. id. du Soleil*. . . .	$= 16'\;\;6'',5$
$M - m =$	*mouvement horaire relatif en ascension droite de la Lune*.	$= 27'\,59'',2$
$l =$	*mouvement horaire en déclinaison*. . . .	$= 15'\,31'',0$.

Ces mouvements horaires en déclinaison et en ascension droite sont déterminés, ainsi que nous l'avons fait pour la *Lune*, en calculant par interpolation les coordonnées de la *Lune* et du *Soleil* pour l'instant de la conjonction, pour une heure plus tôt et pour une heure plus tard; ce qui permet d'obtenir deux mouvements horaires dont *on prend la moyenne*.

Développement du calcul.

Calcul de A′.

$$\begin{aligned} P &= 58' 15'',3 \\ p &= 8'',6 \\ P - p &= 58' \; 6'',7 \\ D &= 16' \; 6'',5 \\ A' = P - p + D &= 1^\circ 14' 13'',2 \end{aligned}$$

Calcul de α.

$$\begin{aligned} l = 15' 31'',2 \quad \log &= 2,9690430 \\ M - m = 27' 59'',2 \; c^t\log &= 6,7748973 \\ \log \operatorname{tang} \alpha &= 9,7430403 \\ \alpha &= 29^\circ 00' 30'',8 \end{aligned}$$

Calcul de T.

$$\begin{aligned} \lambda = 42' 53'',2 \quad \log &= 3,4104736 \\ 2\alpha = 58^\circ \; 1' 01'',6 \; \log\sin &= 9,9285015 \\ 30^m \quad \log &= 1,4771186 \\ M - m = 27' 59'',2 \; c^t \log &= 6,7748973 \\ \log T &= 1,5909910 \\ T &= 0^h 38^m 59^s,6 \end{aligned}$$

Calcul de λ cos α.

$$\begin{aligned} \log &= 3,4104736 \\ \alpha = 29^\circ 00' 30'',8 \; \log\cos &= 9,9417748 \\ \log \lambda \cos\alpha &= 3,3522484 \\ \lambda\cos\alpha &= 37' 30'',3 \\ A' &= 1^\circ 14' 13'',2 \\ d &= 15' 54'',6 \\ A' + d + \lambda\cos\alpha &= 2^\circ 07' 38'',1 \\ A' + d - \lambda\cos\alpha &= 0^\circ 52' 37'',5 \end{aligned}$$

Calcul du milieu de l'ellipse.

$$\begin{aligned} T &= 0^h 38^m 59^s,6 \\ \text{Moment de conjonction} &= 0^h 53^m 28^s,4 \\ \theta = \text{heure du milieu de l'éclipse} &= 0^h 14^m 28^s,8 \quad \text{T. M. de Paris} \end{aligned}$$

Calcul de H.

$$\begin{aligned} \log 3600 &= 3,5563025 \\ \log\cos\alpha &= 9,9417748 \\ c^t \log (M - m) &= 6,7748973 \\ \tfrac{1}{2}\log(A' + d + \lambda\cos\alpha) &= 1,9420605 \\ \tfrac{1}{2}\log(A' + d - \lambda\cos\alpha) &= 1,7496716 \\ \log H &= 3,9647067 \\ H &= 2^h 33^m 30^s,5 \end{aligned}$$

Calcul du commencement et de la fin de l'éclipse générale.

$$\begin{aligned} H &= 2^h 33^m 30^s,5 \\ \theta &= 0^h 14^m 28^s,8 \\ \textit{Commencement} = \theta - H &= 9^h 40^m 58^s,3 \\ \textit{Fin} = \theta + H &= 2^h 47^m 59^s,3 \end{aligned}$$

C'est ce que donne la *Connaissance des temps*, page 333.

2° DÉTERMINATION DE LA LATITUDE ET DE LA LONGITUDE DES LIEUX QUI VERRONT L'ÉCLIPSE.

273. D'après le calcul que nous venons de faire, nous connaissons les deux heures t_1 et t'_2 qui comprennent la durée du *phénomène général*.

Déterminons, de 10 en 10 minutes, la distance des centres du *Soleil* et de la *Lune* à partir de l'heure t_1 ainsi que les angles à la *Lune* et au

Soleil. Pour cela, calculons l'*ascension droite* et la *déclinaison du Soleil*, l'*ascension droite* et la *déclinaison de la Lune* et la *parallaxe* de ces deux astres, d'heure en heure, à partir de l'heure ou de l'heure et demie exacte qui précède t_1 jusqu'à l'heure ou l'heure et demie exacte qui suit t'_2, de telle sorte que l'*instant de la conjonction* soit à peu près une *moyenne* entre ces deux heures.

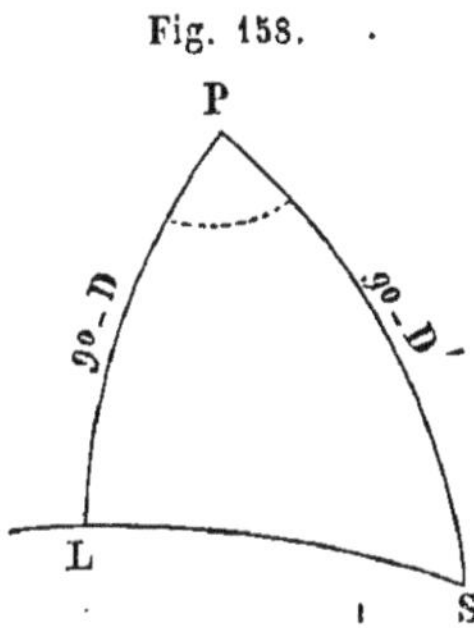

Fig. 158.

Soient L (fig. 158), la position de la Lune, S la position du Soleil à *une de ces heures*, et P le pôle de l'*équateur*.

Appelons D' et D les déclinaisons de ces deux astres à ce moment, et représentons par $\Delta.Æ$ la différence de leurs *ascensions droites* à cet instant. Nommons L et S les angles à la *Lune* et au *Soleil*.

Dans le triangle LPS, nous aurons

$$\text{(1)} \qquad \operatorname{tang}\frac{1}{2}(L-S)=\frac{\sin\frac{1}{2}(D-D')\operatorname{cotang}\frac{1}{2}\Delta.Æ}{\cos\frac{1}{2}(D+D')},$$

$$\text{(2)} \qquad \operatorname{tang}\frac{1}{2}(L+S)=\frac{\cos\frac{1}{2}(D-D')\operatorname{cotang}\frac{1}{2}\Delta.Æ}{\sin\frac{1}{2}(D'+D)},$$

$$\text{(3)} \qquad \sin LS=\frac{\cos D\sin\Delta.Æ}{\sin L}.$$

Les deux premières relations donneront L et S et la troisième donnera la distance LS.

En déterminant ainsi ces trois quantités pour les heures que nous avons indiquées, on pourra *dresser un tableau de ces résultats*, et alors, par une *simple interpolation*, on pourra obtenir les valeurs de ces mêmes éléments de 10^m en 10^m, ainsi que nous l'avons dit.

274. *Déterminons maintenant la latitude et la longitude du lieu qui verra commencer l'éclipse*.

Supposons la Terre sphérique.

Il est d'abord évident que le lieu qui verra commencer l'éclipse sera le point A (fig. 159), par conséquent ce lieu verra le Soleil à *l'horizon*.

Pour ce lieu A, l'effet de la parallaxe sera tel que la distance vraie des bords voisins du *Soleil* et de la *Lune* sera égale à la différence $(P-p)$ des parallaxes horizontales de ces deux astres.

Menons, en effet, par le point T centre de la Terre les tangentes T*a* et

Tb aux disques du *Soleil* et de la *Lune*, appelons K le point d'intersection de Tb et de AS.

Fig. 159.

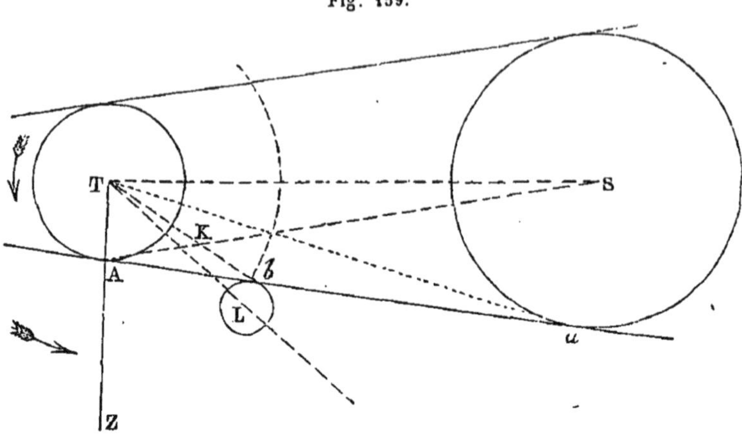

Nous aurons

$$aTb = STb - \frac{1}{2} \text{ diamètre du Soleil},$$

$$STb = SKb - TSA = SKb - p,$$

car l'angle TSA est sensiblement égal à la parallaxe horizontale du Soleil.

On a ensuite

$$SKb = SAb + TbA = \frac{1}{2} \text{ diamètre du Soleil} + TbA;$$

mais TbA est égal à la parallaxe horizontale de la Lune P, on a donc

Fig. 160.

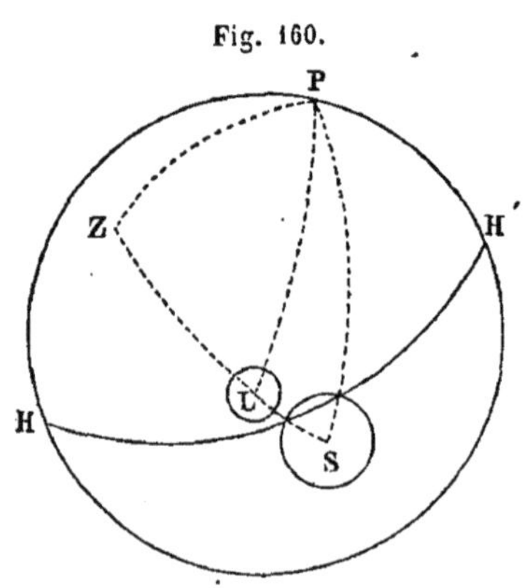

$$SKb = \frac{1}{2} \text{ diamètre du Soleil} + P.$$

De ces relations on déduit aisément

$$aTb = P - p.$$

Considérons actuellement *la position des deux astres* ainsi que le zénith du lieu A sur la sphère céleste.

Soient P le pôle (fig. 160), HPH' le *méridien de Paris*, par exemple, L le lieu vrai de la Lune, S le lieu vrai du Soleil. Le lieu Z qui voit commencer l'éclipse se trouve évidemment sur le grand cercle SLZ de la sphère qui passe par les centres des deux astres au commencement du phénomène général.

PZ représente la colatitude de ce lieu et HPZ sa longitude.

Pour déterminer ces deux quantités, considérons le triangle ZPS. Dans ce triangle nous connaissons PS $=\Delta$ distance polaire du Soleil pour l'instant considéré, l'angle S qui est donné par le tableau dont nous avons parlé, à l'aide d'une simple interpolation, ou que l'on peut calculer au moyen des formules (1) et (2) pour l'instant auquel commence l'éclipse; enfin, $ZS = 90 + \frac{1}{2} d - p$, ainsi que le fait voir la figure 159; car on a, en désignant par d le diamètre du Soleil,

$$STZ = STa + aTZ = \frac{1}{2} d + aTZ,$$

$$aTZ = aAZ - TaA = 90° - p,$$

et par suite

$$STZ = 90° + \frac{1}{2} d - p.$$

Le triangle PZS (fig. 160), nous donne

$$\cos PZ = \cos PS \cos ZS + \sin PS \sin ZS \cos S,$$

ou

$$\sin \text{latitude} = -\cos\Delta \sin\left(\frac{1}{2} d - p\right) + \sin\Delta \cos\left(\frac{1}{2} d - p\right) \cos S.$$

Cette formule rendue logarithmique, ainsi qu'on le voit en *trigonométrie*, devient

$$(\alpha) \qquad \text{cotang}\,\varphi = \text{tang}\,\Delta \cos S,$$

$$(\beta) \qquad \sin \text{latitude} = \frac{\cos\Delta \cos\left(\varphi + \frac{1}{2} d - p\right)}{\sin\varphi},$$

Le même triangle PZS nous donne

$$\text{cotang}\,ZPS = \frac{\text{cotang}\,ZS \sin SP - \cos SP \cos S}{\sin S},$$

ou

$$\text{cotang}\,ZPS = \frac{-\text{tang}\left(\frac{1}{2} d - p\right) \sin\Delta - \cos\Delta \cos S}{\sin S}.$$

formule qui, rendue logarithmique, devient

$$(\gamma) \qquad \text{cotang}\,\varphi' = \frac{\text{tang}\left(\frac{1}{2} d - p\right)}{\cos S},$$

$$(\delta) \qquad \text{cotang}\,ZPS = -\frac{\text{cotang}\,S \sin(\varphi' + \Delta)}{\sin\varphi'}.$$

A l'aide de cet angle ZPS, on déduit

longit. cherch. = HPS — ZPS = angle horaire vrai du ☉ pour Paris — ZPS.

Si cet angle horaire vrai est plus grand que ZPS, la longitude est *orientale ;* elle est *occidentale* dans le cas contraire.

APPLICATION.

275. Faisons une application de cette théorie en cherchant la latitude et la longitude du lieu qui verra commencer l'éclipse de Soleil du 15 mars 1858.

Déterminons l'angle S à l'aide des formules

$$\operatorname{tang}\frac{1}{2}(S-L)=\frac{\sin\frac{1}{2}(D'-D)\operatorname{cotang}\frac{1}{2}\Delta Æ}{\cos\frac{1}{2}(D'+D)},$$

$$\operatorname{tang}\frac{1}{2}(S+L)=\frac{\cos\frac{1}{2}(D'-D)\operatorname{cotang}\frac{1}{2}\Delta Æ}{\sin\frac{1}{2}(D'+D)}.$$

Calculons d'abord pour le 14 mars à $21^h 41^m$ T. M. de Paris, les déclinaisons D' et D et les ascensions droites Æ☾ et Æ☉ *de la Lune et du Soleil.* Nous obtenons ainsi, à l'aide de la *Connaissance des temps* et en ne considérant que les différences secondes,

$$D' = 2^\circ 17' 12'',45 \text{ Sud} \qquad Æ☾ = 353^\circ 29' 17'',5$$

$$D = 2^\circ 10' 25'',54 \textit{ id.} \qquad Æ☉ = 354^\circ 58' 57'',3$$

d'où l'on a

$$D + D' = 4^\circ 27' 37'',99 \qquad \Delta Æ = 1^\circ 29' 39'',8$$

$$\frac{D+D'}{2} = 2^\circ 13' 48'',99 \qquad \frac{1}{2}\Delta Æ = 0^\circ 44' 49'',9$$

$$D' - D = 6' 46'',91$$

$$\frac{D'-D}{2} = 3' 23'',45$$

Puisque, en rapportant tout au pôle Nord, $PL = 90' + D'$ et $PS = 90 + D$, nous voyons que $S > L$.

Calcul de l'angle S.

Calcul de $\tang \frac{1}{2}(S - L)$.		*Calcul de* $\tang \frac{1}{2}(S + L)$.
$\frac{D' + D}{2} = 2^\circ 13' 48'',99$	c' log cos = 0,0003291	c' log sin = 1,4098740
$\frac{D' - D}{2} = 0^\circ\ 3' 23'',45$	log sin = 6,9931668	log cos = 0,0000001
$\frac{\Delta / R}{2} = 0^\circ 44' 49'',9$	log cotang = 1,8846643	log cotang = 1,8846643

$$\log \tang \frac{1}{2}(S - L) = 8,8781602 \quad \log \tang \frac{1}{2}(S + L) = 3,2945384$$

$$\frac{1}{2}(S - L) = 4^\circ 19' 11'',1$$

$$\frac{1}{2}(S + L) = 90^\circ 01' 44'',6 \qquad \frac{1}{2}(S + L) = 90^\circ 01' 44'',6$$

$$S = 94^\circ 20' 55'',7$$

Calculons la latitude à l'aide des formules

$$\text{cotang}\,\varphi = \tang \Delta \cos S,$$

$$\sin \text{latitude} = \frac{\cos \Delta \cos \left(\varphi + \frac{1}{2} d - p\right)}{\sin \varphi}.$$

Rapportons toujours la position du Soleil au pôle Nord; et pour la même époque calculons le demi-diamètre du Soleil $\frac{1}{2} d$ ainsi que sa parallaxe p; nous trouvons

$$\frac{1}{2} d = 16' 05'',9$$

$$p = \quad 8'',6$$

d'où

$$\frac{1}{2} d - p = 15' 57,'' 3$$

$\Delta = 92^\circ 10' 25'',5$ $\quad \log \text{tang} = 1,4207634$ $\quad \log \cos = 8,5789850$

$S = 94^\circ 20' 55'',7$ $\quad \log \cos = 8,8798297$

$\log \text{cotang} \varphi = 0,3005931$

$\varphi = 26^\circ 35' 17'',0$ $\quad c' \log \sin = 0,3491364$

$\frac{1}{2} d - p = \quad 15' 57'',3$

$\varphi + \frac{1}{2} d - p = 26^\circ 51' 14'',3$ $\quad \log \cos = 9,9504434$

$\log \sin \text{lat.} = 8,8785648$

$\text{lat.} = 4^\circ 29' 10''$ *Sud.*

Nous n'obtenons ainsi que *la latitude géocentrique;* pour avoir *la latitude géographique* nous avons (208) la relation

$$\text{tang} L = \frac{\text{tang} G}{(1-\rho)^2}.$$

Prenons $\rho = \frac{1}{299}$ ou $1 - \rho = \frac{298}{299}$, nous aurons

$\log \text{tang}\, 4^\circ 20' 10'' = 8,8798080$

$2 \log 299 = 4,9513424$

$2\, c' \log 298 = 5,0515674$

$\log \text{tang} L = 8,8827178$ $\quad$ d'où $\quad$ latitude $= 4^\circ 21' 54''$ *Sud.*

La *Connaissance des temps* donne 4° 26 Sud parce que les éléments dont on fait usage ont été calculés avec plus d'approximation.

Déterminons actuellement *la longitude* à l'aide des formules

$$\text{cotang} \varphi' = \frac{\text{tang}\left(\frac{1}{2} d - p\right)}{\cos S},$$

$$\text{cotang ZPS} = -\frac{\text{cotang} S \sin(\varphi' + \Delta)}{\sin \varphi'}.$$

Longit. cherchée = HPS — ZPS = angle horaire vrai de Paris — ZPS.

$\frac{1}{2}d - p = 00°15'57'',3$ log tang $= 7,6666259$

S $= 94°20'55'',7$ c'log cos $= 1,1201703$ log cotang $= 8,8810825$

log cotang $\varphi' = 8,7867962$

$\varphi' = 93°30'09''$ c' log sin $= 0,0008131$

$\Delta = 92°10'25'',5$

$\varphi' + \Delta = 185°40'34'',5$ log sin $= 8,9952282$

log cotang ZPS $= 7,8771238$

ZPS $= 90°25'54''$

Angle horaire astronomique à Paris T. M. $= 21^h41^m00^s$

Équation du temps. . . . . $= -\ 9^m08^s,2$

Angle horaire astronomique T. V. . . . . $= 21^h31^m51^s,8$

Angle horaire proprement dit. . . . . . . $= 2^h28^m08^s,2$

— en degrés. . . . . $= 37°2'03''$

Différence avec ZPS ou longitude. . . . . $= 53°23'51''$ O.

La figure 161 fait bien voir que la longitude est Ouest; car, d'après la figure 159, il est clair que le lieu cherché est à l'Ouest *du Soleil* de 90° 25' 54", et *l'angle horaire astronomique* de Paris étant plus grand que 12^h, le Soleil est dans l'Est de Paris, ou Paris est dans l'Ouest du Soleil de 37°2'3"; ainsi le méridien du lieu PZ et celui de Paris Pp sont bien placés comme le représente la fig. 161.

Fig. 161.

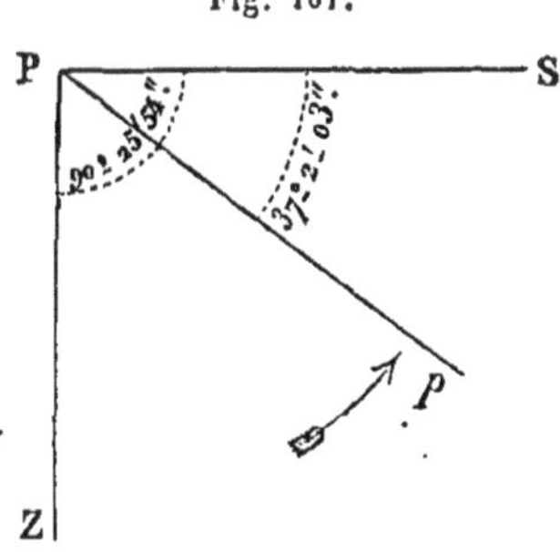

La *Connaissance des temps* donne 52° 27' environ pour le lieu qui voit le premier l'éclipse; le *Nautical almanach* donne 50° 47' Ouest; nous nous en tiendrons au nombre que nous trouvons.

276. Dans une éclipse *de Soleil* comme dans une éclipse *de Lune*, on peut voir l'astre plus ou moins éclipsé; et l'on sait que quand l'astre ne disparaît pas complétement l'éclipse est dite partielle.

Pour les éclipses de Soleil, l'éclipse peut être *plus ou moins partielle* pour les différents lieux de la Terre qui voient l'éclipse. Il s'ensuit donc que, pour certains lieux de notre globe, l'éclipse peut être *d'un doigt ou un douzième du diamètre;* pour d'autres elle peut être de *deux doigts*, et ainsi de suite.

Pour connaître complétement les différentes circonstances du phénomène d'une éclipse de Soleil, il faut alors déterminer *le lieu géométrique des points du globe* qui verront

1° *Un simple contact dans le vertical,*
2° *L'eclipse d'un doigt,*
3° *L'éclipse de deux doigts,*
⋮ ⋮ ⋮
13° *L'éclipse de douze doigts* ou *totale.*

Chacune de ces courbes se détermine séparément, ainsi que nous allons l'indiquer, en calculant la *latitude* et la *longitude* de plusieurs points que l'on place sur le globe terrestre ou sur une carte et que l'on réunit par un *trait continu.*

277. *Pour trouver les lieux qui ont un simple contact dans le vertical,* nous nous servirons des mêmes formules que celles dont nous venons de faire usage pour trouver le lieu qui verra commencer l'éclipse. Seulement, les astres n'étant plus à l'horizon, la distance zénithale ZS (fig. 160), ne sera plus égale à $90° + \frac{d}{2} - p$. Voyons comment on obtiendra *cette distance zénithale.*

Appelons s la somme des demi-diamètres vrais $\frac{D}{2}$ et $\frac{d}{2}$ de la Lune et du Soleil, Δ la distance vraie des centres, ces quantités étant supposées déterminées pour les différentes heures pour lesquelles on a calculé les angles L et S.

Pour que le contact ait lieu dans le vertical, il faut évidemment *que la différence des parallaxes en hauteur des deux astres relativement au point de contact* soit égale *à la distance vraie des bords de la Lune et du Soleil.*

Si donc N représente la distance zénithale du bord de la Lune voisin du Soleil et p' la différence des parallaxes horizontales, on devra avoir

$$p' \sin N = \Delta - s,$$

d'où

$$\sin N = \frac{\Delta - s}{p'}.$$

On aura donc ZS qui entre dans les formules (α), (β), (γ) et (δ) à l'aide de la relation

$$ZS = N - p + \frac{d}{2}.$$

On pourra donc, au moyen de ces formules ainsi modifiées, calculer la latitude et la longitude des lieux qui verront un simple contact dans le vertical.

En faisant ce calcul pour les heures $t_1 + 10^m$, $t_1 + 20^m$, $t_1 + 30^m$..., etc., c'est-à-dire de 10 en 10 minutes, on obtiendra une *série de lieux* qui verront cette phase du phénomène; en portant ces lieux sur un globe terrestre ou sur une carte géographique et en réunissant tous ces points par un trait continu, on aura *la courbe des lieux ayant un simple contact dans le vertical.*

278. Pour *considérer d'une manière générale les cas qui suivent*, supposons que l'on veuille trouver les lieux *qui voient l'éclipse de* n *doigts.*

Il faut, pour que cela arrive, que la différence des parallaxes qui *abaisse* la Lune soit telle, qu'au lieu de donner un simple contact dans le vertical, elle abaisse le bord de la Lune de *n doigts* sur le disque du Soleil.

En appelant toujours N la distance zénithale du bord de la Lune, on aura la distance zénithale ZS qui entre dans les formules (α), (β), (γ) et (δ) au moyen de la relation

$$ZS = N - p + \left(\frac{d}{2} - \frac{n}{12} d\right) = N + \frac{d}{12}(6 - n).$$

Pour obtenir N nous avons

$$p' \sin N = \Delta - s + n \frac{d}{12},$$

dans laquelle

p' *est la différence des parallaxes des deux astres,*
Δ *la distance vraie de leur centre,*
et s *la somme des demi-diamètres vrais.*

Nous déduisons de cette relation, en remplaçant s par $\frac{D+d}{2}$,

$$\sin N = \frac{\Delta - \left[\frac{D}{2} + (6 - n) \frac{d}{12}\right]}{p'}.$$

On déterminera donc ainsi, d'une manière suffisamment rigoureuse, la valeur de ZS.

Il sera alors facile de calculer la latitude et la longitude des lieux qui verront l'éclipse de n doigts au moyen des formules (α), (β), (γ) et (δ) en faisant le calcul pour la série des *heures* que nous avons considérées.

En faisant successivement $n = 1, 2, 3.....$, etc., on pourra tracer sur la carte la courbe des lieux qui verront l'éclipse de 1 doigt dans le vertical, celle des lieux qui verront l'éclipse de 2 doigts....., et ainsi de suite.

Détermination des lieux qui verront l'éclipse centrale.

279. On comprend d'abord que l'éclipse ne peut être centrale qu'autant que la ligne qui joint le centre du Soleil au centre de la Lune rencontre notre globe.

Il est alors évident que lorsque cela a lieu pour certains points de la Terre, la *différence des parallaxes en hauteur du Soleil et de la Lune* doit être égale à la distance vraie des centres de ces deux astres, c'est-à-dire que l'on doit avoir la relation

$$\Delta = p' \sin \mathrm{ZS},$$

d'où

$$(\eta) \qquad \sin \mathrm{ZS} = \frac{\Delta}{p'}.$$

Introduisant cette valeur de ZS dans le triangle ZPS, on aura, ainsi que nous l'avons fait précédemment, la colatitude PZ et l'angle SPZ qui permettront de conclure *la latitude et la longitude* d'un des lieux qui verront l'éclipse centrale.

D'après la relation (η), on voit que *l'éclipse centrale* ne peut commencer que lorsque Δ est plus petit que p'. Aussi on consultera d'abord le *tableau* dont nous avons parlé et qui donne de 10 en 10 minutes les valeurs de Δ; on ne commencera donc à faire le calcul des lieux voyant l'éclipse centrale qu'a partir du moment où l'on a $\Delta < p'$.

Une fois que l'on aura déterminé la *latitude* et la *longitude* de ces lieux, on les portera sur la carte, et joignant tous ces points par un trait continu, on aura la courbe des lieux qui verront *l'éclipse centrale.*

Comme pour ces lieux, à un moment donné, le centre de la Lune est sur le centre du Soleil, il s'ensuit *que si le diamètre apparent de la Lune est juste égal au diamètre apparent du Soleil,* l'éclipse sera *totale* un instant. Si le diamètre apparent de la *Lune* est plus grand que le diamètre apparent du *Soleil,* cet astre restera éclipsé totalement pendant quelque temps; enfin, si le diamètre apparent du Soleil est, au contraire, *plus grand* que le diamètre apparent de la Lune, au moment où l'éclipse sera centrale, elle sera aussi *annulaire.*

Les méthodes que nous venons d'indiquer pour déterminer les *courbes* ou *lieux géométriques* des points de la Terre qui verront certaines phases d'une éclipse de Soleil, permettent donc de déterminer sur une carte ou sur un globe l'ensemble des lieux pour lesquels le phénomène aura lieu. A l'inspection de cette carte que l'on trouve actuellement dans la *Connaissance des temps*, on pourra donc savoir si dans *tel lieu* il y a éclipse, et *quel genre d'éclipse* il y aura.

Pour pouvoir observer, maintenant dans *ce lieu*, toutes les circonstances du *phénomène*, il faut déterminer, ainsi que nous allons le dire, *les heures auxquelles auront lieu les différentes phases de l'éclipse.*

3° CALCUL DES PHASES D'UNE ÉCLIPSE DE SOLEIL POUR UN LIEU PARTICULIER.

280. Dans le calcul des phases d'une éclipse de Soleil pour un lieu particulier, nous rapporterons le mouvement de l'astre à l'écliptique, parce que *l'effet de la parallaxe*, par rapport à ce cercle, dépendant de la *latitude de la Lune*, ainsi que nous l'avons vu (212), peut s'exprimer au moyen de formules plus convergentes que celles qui donnent *l'effet de la parallaxe* sur la position de l'astre rapporté à l'équateur, puisque la *latitude de la Lune* ne dépasse guère 5°, tandis que sa déclinaison peut aller jusqu'à 28°.

Toute la question qui nous occupe se réduit à celle-ci :

Trouver pour plusieurs instants successifs la distance apparente des centres de la Lune et du Soleil.

Fig. 162.

Soient, en effet, P le pôle de l'écliptique (fig. 162), AS un arc de l'écliptique, S le centre apparent du *Soleil*, L le centre apparent de la *Lune* et enfin, PS et PL les cercles de latitude de ces deux astres.

Il est évident que LA représente la latitude apparente de la Lune, c'est-à-dire la latitude vraie de cet astre affectée de la différence entre les parallaxes de latitude des deux astres; désignons AL par l'.

AS représente la différence des longitudes apparentes λ_1 et λ_1' des deux astres.

Dans le triangle LAS, que nous pouvons évidemment considérer comme *rectiligne*, nous avons, en représentant par Δ l'arc LS distance apparente des centres,

$$\Delta' = \sqrt{l'^2 + (\lambda_1 - \lambda_1')^2},$$

ou

$$\Delta' = (\lambda_1 - \lambda_1') \sqrt{1 + \frac{l'^2}{(\lambda_1 - \lambda_1')^2}}.$$

Posons

$$\tang \alpha = \frac{l'}{\lambda_1 - \lambda_1'}. \qquad (1)$$

il vient

$$\Delta' = \frac{\lambda_1 - \lambda_1'}{\cos \alpha}. \qquad (2)$$

Or, si nous comparons cette distance apparente Δ' à la somme ou à la différence des demi-diamètres apparents d et D de la *Lune* et du *Soleil*, nous voyons :

Fig. 163.

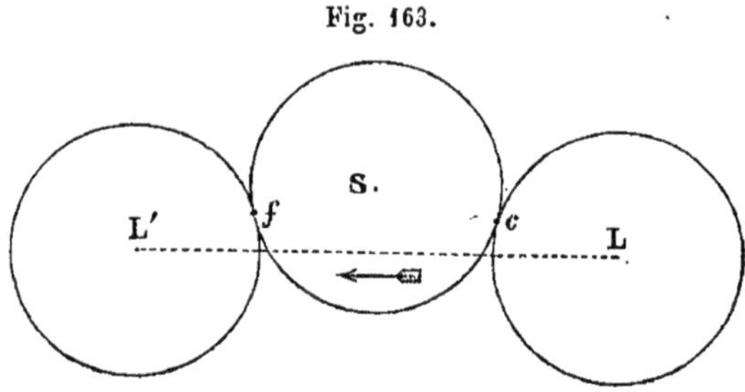

1° Qu'au moment où la Lune paraît toucher extérieurement le cône lumineux S (fig. 163), c'est-à-dire au moment où l'éclipse commence en c ou finit en f, on a

$$\Delta' = d + D.$$

2° Lorsque le contact est intérieur au cône lumineux, si cela arrive, on a

$$\Delta' = D - d.$$

A tout autre moment, Δ' est plus grand ou plus petit que la *somme* ou la *différence* des deux *demi-diamètres apparents*.

La différence de Δ' avec cette somme ou avec cette différence indique *donc la phase de l'éclipse*.

Ainsi, nous voyons que tout le problème de la détermination des phases du phénomène pour *un lieu donné*, se réduit, en dernière analyse, à comparer la distance apparente Δ' à la somme ou à la différence des demi-diamètres apparents d et D.

Pour faire cette comparaison, nous voyons que d'après les relations (1) et (2) il faut que nous connaissions pour les instants considérés :

1° L_1, *latitude apparente de la Lune* et L'_1 *latitude apparente du Soleil ;* ce qui exige *les latitudes vraies* L *et* L' *de ces astres et les parallaxes en latitude* p'_l *et* p'_s.

2° λ_1, *longitude apparente de la Lune ;* ce qui exige *la longitude vraie* λ *de la Lune et sa parallaxe en longitude* P'_l.

3° λ_1', *longitude apparente du Soleil ;* ce qui exige *la longitude vraie* λ *de cet astre et sa parallaxe en longitude* P'_s.

4° Enfin, *les demi-diamètres apparents d et* D, *en ayant égard à l'accroissement du demi-diamètre lunaire*, en raison *de sa hauteur sur l'horizon.*

Pour pouvoir déterminer, d'après cela, *les heures successives du lieu* auxquelles l'éclipse aura telles phases, on calcule pour l'époque voisine de la conjonction et pour des époques qui précèdent et qui suivent à des intervalles d'une demi-heure :

1° *Le lieu du Soleil*, c'est-à-dire *sa latitude et sa longitude vraies ;*

2° *Le lieu de la Lune*, c'est-à-dire *sa latitude et sa longitude vraies ;*

3° La parallaxe horizontale de la Lune.

La parallaxe horizontale du Soleil ne varie pas sensiblement dans l'intervalle considéré.

On dresse alors le tableau suivant qui contient six colonnes verticales :

Tableau 1.

ÉPOQUES T. M. de Paris.	LONGITUDE du Soleil λ.	LONGITUDE de la Lune λ'.	LATITUDE de la Lune L'.	LATITUDE du Soleil L.	PARALLAXE horizontale de la Lune P.

Détermination des positions correspondantes du nonagésime.

281. Pour les époques indiquées, on peut alors calculer la position du nonagésime par les formules suivantes qui sont les relations (α') et (β') du § 212, rendues logarithmiques :

$$\tag{3} \operatorname{tang} \varphi = \frac{\sin h_s}{\operatorname{cotang}(C + V)},$$

$$\tag{4} \sin \nu = \frac{\cos (C + V) \cos (\omega + \varphi)}{\cos \varphi},$$

$$\tag{5} \operatorname{tang} \varepsilon = \frac{\operatorname{tang} h_s \sin (\omega + \varphi)}{\sin \varphi}.$$

A l'aide de ces formules on pourra dresser un tableau (2) donnant les positions du nonagésime pour les instants considérés :

Tableau 2.

ÉPOQUES T. M. de Paris.	HEURES SIDÉRALES correspondantes h_s.	DISTANCE ZÉNITHALE du nonagésime ν.	LONGITUDE du nonagésime ε.

On en déduira, alors, à l'aide du tableau (1), les parallaxes de longitude et de latitude au moyen des relations (212)

Parallaxe de longitude P'.

$$(6)\qquad \beta = \frac{\sin P \cos \nu}{\cos L'},$$

$$(7)\qquad P' = \frac{\beta}{\sin 1''}\sin(\lambda' - \varepsilon) + \frac{\beta^2}{2\sin 1''}\sin 2(\lambda' - \varepsilon)\ldots,$$

Parallaxe de latitude p'.

$$(8)\qquad \tang \gamma = \frac{\cotang \nu \cos\left(\lambda' - \varepsilon + \frac{P'}{2}\right)}{\cos \frac{P'}{2}},$$

$$(9)\qquad \beta' = \frac{\sin P \sin \nu}{\cos \gamma},$$

$$(10)\qquad p' = \frac{\beta'}{\sin 1''}\cos(L' + \gamma) + \frac{\beta'^2}{2\sin 1''}\cos 2(L' + \gamma).$$

Au moyen de ces parallaxes on obtiendra :

Latitude apparente de la Lune. . . . $= L'_1 = L' - p'_l$,
Longitude apparente de la Lune. . . . $= \lambda'_1 = \lambda' + P'_l$.
Longitude apparente du Soleil . . . . $= \lambda_1 = \lambda + P'_s$,
Latitude apparente du Soleil. . . . . $= L_1 = L - p'_s$.

On formera d'après cela le tableau n° 3 donnant les latitudes et longitudes apparentes du Soleil et de la Lune, pour les époques considérées :

Tableau 3.

ÉPOQUES T. M. de Paris.	SOLEIL.		LUNE.	
	LONGITUDE apparente λ_1.	LATITUDE apparente L_1.	LONGITUDE apparente λ'_1.	LATITUDE apparente L'_1.

Détermination des demi-diamètres apparents.

282. Pour pouvoir déterminer la distance apparente Δ' des centres des deux astres au moment d'une phase, il nous faut les demi-diamètres apparents du *Soleil* et de la *Lune* pour les instants déterminés, afin de pouvoir comparer Δ' à $d \pm D$.

Nous savons que le demi-diamètre horizontal du Soleil ne varie pas sensiblement avec la hauteur; mais nous avons vu (224) que pour la Lune il n'en est pas ainsi. Il faut donc corriger le demi-diamètre horizontal donné dans la *Connaissance des temps*, de l'augmentation qui résulte de l'élévation de cet astre au-dessus de l'horizon au moment considéré.

Or nous ne connaissons pas cette hauteur; nous pourrions, il est vrai, la calculer, mais on peut déterminer la valeur de ce *demi-diamètre augmenté* sans connaître la hauteur de l'astre, ainsi que nous allons le dire.

Fig. 164.

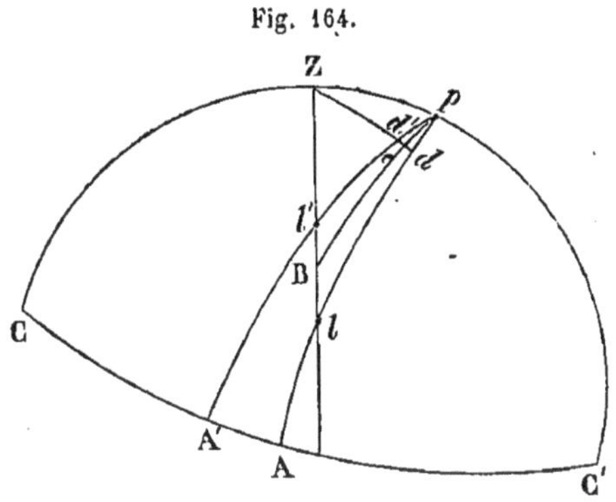

Soient Z (fig. 164), le zénith vrai de l'observateur, p le pôle de l'écliptique, CC' l'écliptique, l la position apparente de la Lune, l' sa position vraie.

Menons l'arc pB divisant en deux parties égales l'angle $l'pl$ et traçons l'arc $Zd'ed$ perpendiculaire sur pB.

Les triangles $l'Zd'$ et lZd donnent

$$(11) \qquad \frac{\sin Zl'}{\sin l'd'} = \frac{\sin Zd'l'}{\sin l'Zd'},$$

$$\frac{\sin Zl}{\sin ld} = \frac{\sin Zdl}{\sin lZd}. \tag{12}$$

Mais, comme le triangle $d'pd$ est évidemment isocèle, on a

$$Zd'l' = 180° - Zdl, \quad \text{d'où} \quad \sin Zd'l' = \sin Zdl.$$

Les deux relations (11) et (12) nous donnent donc

$$\frac{\sin Zl'}{\sin Zl} = \frac{\sin l'd'}{\sin ld}.$$

Mais

$$d'l' = pl' - pd' = 90° - L' - pd',$$
$$dl = pl - pd = 90° - L'_1 - pd;$$

et nous savons que $pd' = pd$;
on a donc

$$\frac{\sin Zl'}{\sin Zl} = \frac{\cos (L' + pd)}{\cos (L'_1 + pd)}.$$

Déterminons pd.
Le triangle peZ nous donne

$$\text{tang } pe = \text{tang } pZ \cos Zpe,$$

ou, en nous rappelant que nous avons représenté par ν la distance zénithale du *nonagésime*, et que par suite $pZ = 90° - \nu$, on a

$$\text{tang} pe = \text{cotang } \nu \cos Zpe.$$

Or, d'après ce que nous avons vu en déterminant les parallaxes de *latitude* et de *longitude*,

$$Zpe = \lambda' - \varepsilon + \frac{P'}{2},$$

on a donc

$$\text{tang} pe = \text{cotang} \nu \cos \left(\lambda' - \varepsilon + \frac{P'}{2}\right); \tag{14}$$

Le triangle ped' nous donne aussi

$$\text{tang} pe = \text{tang } pd' \cos epd';$$

ou

$$\text{tang} pe = \text{tang} pd' \cos \frac{P'}{2}. \tag{15}$$

Des relations (14) et (15) on déduit

$$\text{tang } pd' = \frac{\text{cotang} \nu \cos \left(\lambda' - \varepsilon + \frac{P'}{2}\right)}{\cos \frac{P'}{2}};$$

Comparant cette formule à la relation (8) des parallaxes de latitude et de longitude, nous voyons que $pd' = pd = \gamma$.

La relation donnée plus haut devient donc,

$$(16) \qquad \frac{\sin Zl'}{\sin Zl} = \frac{\cos(L' + \gamma)}{\cos(L' + \gamma - p')},$$

p' désignant la parallaxe de latitude de la Lune.

Mais en désignant par D' et D *les demi-diamètres vrai et apparent* de la Lune, on sait que ces demi-diamètres sont entre eux en raison inverse des distances de cet astre *au centre de la Terre* et à *l'œil de l'observateur*, distances qui sont entre elles, ainsi que nous l'avons vu (223), dans le rapport de $\sin Zl$ à $\sin Zl'$; on a donc

$$\frac{D'}{D} = \frac{\sin Zl'}{\sin Zl} = \frac{\cos(L' + \gamma)}{\cos(L' + \gamma - p')},$$

d'où

$$\frac{D - D'}{D'} = \frac{\cos(L' + \gamma - p') - \cos(L' + \gamma)}{\cos(L' + \gamma)},$$

ou, en représentant par a l'accroissement $D - D'$,

$$a = D' \frac{2\sin\left(L' + \gamma - \frac{p'}{2}\right)\sin\frac{p'}{2}}{\cos(L' + \gamma)},$$

expression que l'on peut mettre sous la forme

$$a = D' 2 \sin\frac{p'}{2}\left(\frac{\sin(L' + \gamma)\cos\frac{p'}{2} - \cos(L' + \gamma)\sin\frac{p'}{2}}{\cos(L' + \gamma)}\right),$$

ou

$$a = D' 2 \sin\frac{p'}{2}\left(\operatorname{tang}(L' + \gamma)\cos\frac{p'}{2} - \sin\frac{p'}{2}\right)$$
$$= D' \operatorname{tang}(L' + \gamma)\sin p' - 2D'\sin^2\frac{p'}{2}.$$

Et enfin, en remplaçant $\sin p'$ par $p' \sin 1''$,

$$(17) \qquad a = D' p' \sin 1'' \operatorname{tang}(L' + \gamma) - \frac{D'}{2} p'^2 \sin^2 1''.$$

On peut ne pas tenir compte du terme en p'^2.

Ainsi, nous pouvons déterminer facilement le *demi-diamètre apparent de la Lune aux diverses époques T. M. de Paris.*

Calcul de la distance apparente des centres des deux astres.

283. Pour continuer maintenant le calcul des phases de l'éclipse de Soleil pour un lieu déterminé, nous allons calculer pour ces différentes époques la distance apparente Δ' des centres des deux astres au moyen des formules (1) et (2)

$$\operatorname{tang} \alpha = \frac{l'}{\lambda'_1 - \lambda_1},$$

$$\Delta' = \frac{\lambda'_1 - \lambda_1}{\cos \alpha},$$

que nous avons trouvées précédemment.

La comparaison de Δ' à la somme ou à la différence des deux demi-diamètres *apparents* du Soleil et de la Lune, ainsi que nous l'avons déjà dit, donnera la nature de la phase ou la grandeur de l'éclipse au moment considéré.

Nous pouvons alors dresser le tableau n° 4 suivant :

Tableau 4.

T. M. de Paris.	DISTANCE apparente Δ'.	VARIATION en 30^m.	VARIATION en 5^m.	$D + d$.	$D - d$.	PHASE ou grandeur de l'éclipse.

Connaissant la grandeur de l'éclipse pour des intervalles assez rapprochés, on pourra déterminer, par interpolation, à quelle heure T. M. de Paris, et par suite (au moyen de la longitude), à quelle heure T. M. du lieu arrivera telle *phase*.

Le calcul d'éclipse de Soleil, tel que nous venons de l'indiquer, suffit pleinement pour savoir à quelle heure on doit se mettre en observation, dans le lieu pour lequel on a fait le calcul, pour suivre toutes les phases du phénomène et noter *les heures* auxquelles ces différentes phases ont lieu.

284. Pour déterminer *le point* du disque du Soleil sur lequel la Lune fera son *immersion* à l'époque *t*, il faut d'abord connaître l'angle que fait, à cette époque, le vertical du Soleil avec l'écliptique.

Soient ZD (fig. 165), le vertical du Soleil, ♈SB l'écliptique, HH' l'horizon, ♈E l'équateur, ♈ étant le point vernal; il s'agit de trouver l'angle DSB.

Fig. 165.

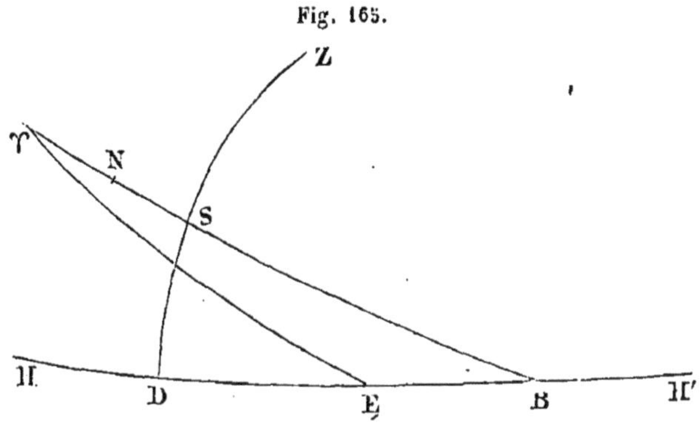

Si à partir du point B nous prenons BN = 90°, le point N sera la position du nonagésime.

On a d'abord

$$SB = ♈B - ⊙.$$

Dans le triangle DSB on a

$$\text{cotang DSB} = \cos \text{SB} \tan \text{g B};$$

il faut donc connaître l'angle B et l'arc ♈B. Or, dans le triangle ♈EB, on connaît

E♈B = ω inclinaison de l'écliptique sur l'équateur,

♈EB = 90° + L, latitude du lieu,

et aussi

♈E = 90° + h_s heure sidérale du lieu.

On calculera donc dans ce triangle ♈EB le côté ♈B et l'angle B, par les formules ordinaires de la trigonométrie.

On pourra donc ensuite obtenir l'angle DSB.

Fig. 166.

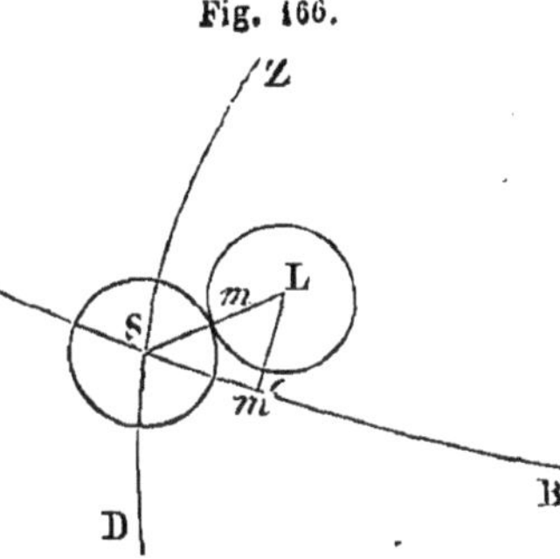

Si L (fig. 166), représente le centre de la Lune au moment du premier contact, en abaissant l'arc Lm' perpendiculaire sur l'écliptique on aura, dans le triangle SLm' que l'on peut considérer comme rectiligne,

$$\cos \text{LS}m' = \frac{\text{L}m'}{\text{SL}} = \frac{\text{L}_1}{\text{D} + d},$$

et l'on connaîtra par suite l'angle ZSL = 180° — (LSm' + BSD) que fait le vertical avec le diamètre du Soleil passant au point de contact.

285. Comme application *des formules* que nous venons de donner, nous allons effectuer le calcul des *phases* de l'éclipse partielle de Soleil, qui a été visible à Brest le 18 juillet 1860.

L'époque de la conjonction étant environ le 18 juillet à $2^h 29^m$ T. M. de Paris, nous déterminerons d'abord, à l'aide de la *Connaissance des temps*, les positions *vraies* du Soleil et de la Lune ainsi que la *parallaxe horizontale*, relative à Brest, et le *demi-diamètre horizontal* de ce dernier astre, pour huit époques précédant et suivant la conjonction ; ces époques étant séparées par un intervalle d'une demi heure.

Nous obtenons ainsi le tableau suivant :

Tableau 1.

ÉPOQUES T. M. de Paris.	LONGITUDE vraie du Soleil λ.	LONGITUDE vraie de la Lune λ'.	LATITUDE vraie du Soleil L.	LATITUDE vraie de la Lune L'.	PARALLAXE horizontale de la Lune P.	½ DIAMÈTRE horizontal de la Lune.
$1^h 00^m$	116° 1′ 46″,64	115° 11′ 49″,6	0″,39 B	0° 37′ 52″,3 B	59′ 46″,9	16′ 17″,5
1 30	116 2 58 ,26	115 29 53 ,12	0 ,39	36 12 ,7	19 47 ,6	16 17 ,7
2 00	116 4 9 ,88	115 47 57 ,05	0 ,39	34 33 ,1	59 48 ,2	16 17 ,9
2 30	116 5 21 ,5	116 6 1 ,25	0 ,39	32 53 ,3	59 48 ,9	16 18 ,1
3 00	116 6 33 ,12	116 24 5 ,83	0 ,38	31 13 ,6	59 49 ,5	16 18 ,2
3 30	116 7 44 ,74	116 42 10 ,79	0 ,38	29 33 ,7	59 50 ,2	16 18 ,4
4 00	116 8 56 ,36	117 00 16 ,11	0 ,38	27 53 ,8	59 50 ,8	16 18 ,6
4 30	116 9 7 ,98	117 18 21 ,78	0 ,38	27 13 ,8	59 51 ,8	16 18 ,7

Pour avoir la parallaxe horizontale de la *Lune* relative à la latitude de Brest, il faut retrancher 6″,7 aux parallaxes données dans ce tableau.

Afin d'obtenir les positions du *nonagésime*, pour les *huit époques* T. M. de Paris que nous venons de considérer, nous allons d'abord déterminer les heures moyennes de Brest correspondantes et passer de ces heures moyennes aux *heures sidérales* de Brest correspondantes par la méthode que nous avons donnée (178).

Puis nous calculons des distances zénithales ν et les longitudes ε du *nonagésime* par les formules (3), (4), (5) que nous avons écrites plus haut (281) ; nous dressons alors le tableau suivant :

Tableau n° 2.

HEURES T. M. de Brest.	HEURES SIDÉRALES de Brest correspondantes.	DISTANCES ZÉNITHALES du nonagésime.	LONGITUDES du nonagésime.
0^h 32^m 41^s	8^h 18^m 52^s 84	27° 45′ 52″	7^h 41^m 37^s,15
1 2 41	8 48 57 76	29 10 338	8 3 29 ,4
1 32 41	9 19 2 69	30 49 56,5	8 25 20 ,6
2 02 41	9 49 7 62	32 43 7	8 47 11 ,2
2 32 41	10 19 12 55	34 49 1	9 9 4 ,5
3 2 41	10 49 17 48	37 6 37	9 31 5 ,8
3 32 41	11 19 22 40	39 34 41	9 53 19 ,5
4 .2 41	11 49 27 33	42 12 1 ,8	10 15 54 ,5

Au moyen de ces quantités et employant les formules (6), (7), (8), (9), (10) données ci-dessus nous pouvons calculer les positions apparentes du *Soleil* et de la *Lune* pour les huit époques considérées, et dresser le tableau suivant :

Tableau n° 3.

ÉPOQUES T. M. de Brest.	SOLEIL.				LUNE.			
	PARALLAXE de longitude P'_s.	LONGITUDE apparente λ_1.	PARALLAXE de latitude p'_s.	LATITUDE apparente L_1.	PARALLAXE de longitude P'_l.	LONGITUDE apparente λ'_1.	PARALLAXE de latitude p'_l.	LATITUDE apparente L'_1.
$0^h 32^m 41^s$	+ 0″,08	116° 1′ 46″,7	− 3″,9	3″,5 A	− 11″,67	115° 11′ 38″	−26′ 36″, 7	11′ 15″,63 B
1 02 41	−0 ,62	116 2 57 ,64	−4 ,1	3 ,71	− 5′ 3 ,2	115 24 50	−28 1 , 4	8 11 ,3
1 32 41	−1 ,29	116 4 8 ,59	−4 ,3	3 ,91	− 9 30 ,6	115 38 26 ,4	−29 36 , 6	4 56 ,5
2 2 41	−1 ,92	116 5 19 ,58	−4 ,5	4 ,11	−13 46 ,7	115 52 14 ,55	−31 25 , 3	1 28 ,05 B
2 32 41	−2 ,5	116 6 30 ,62	−4 ,8	4 ,42	−17 41 ,7	116 6 24 ,13	−33 24 ,55	2 10 ,98 A
3 2 41	−3 ,01	116 7 41 ,73	−5 ,2	4 ,82	−21 11 ,53	116 20 59 ,26	−35 29 ,83	5 56 ,12
3 32 41	−3 ,46	116 8 53 ,1	−5 ,4	5 ,02	−24 12 ,03	116 36 4 ,08	−37 41 ,86	9 48 ,07
4 2 41	−3 ,83	116 9 4 ,15	−5 ,6	5 ,22	−26 42 ,3	116 51 39 ,48	−39 56 ,74	13 42 ,96

En employant maintenant la formule (17) nous obtenons le demi-diamètre en hauteur de la Lune ; nous prenons 15′ 46″,1 $= d$ pour demi-diamètre en hauteur du Soleil le même que son demi-diamètre horizontal, et constant pour tout l'intervalle considéré ; enfin, en employant les formules (1) et (2), page 338, nous pouvons dresser le tableau suivant :

Tableau n° 4.

ÉPOQUES T. M. de Brest.	$^1/_2$ DIAMÈTRE en hauteur de la Lune D.	$D+d$.	$D-d$.	DIFFÉRENCE en longitude $\lambda_1 - \lambda'_1$.	DIFFÉRENCE en latitude l'.	DISTANCE apparente des centres Δ'.
0h 32m 41s	16′ 32″,3	32′ 18″,4	46″,2	+ 50′ 8″,7	+ 11′ 19″,14	51′ 24″,00
1 2 41	16 32 ,3	32 18 ,4	46 ,2	+ 38 7 ,64	+ 8 15 ,01	39 0 , 6
1 32 41	16 32 ,1	32 18 ,2	46 ,0	+ 25 42 ,19	+ 5 00 ,41	26 11 ,17
2 2 41	16 31 ,7	32 17 ,8	45 ,6	+ 13 5 ,03	+ 1 32 ,16	13 10 ,6
2 32 41	16 31 ,24	32 17 ,3	45 ,1	+ 0 6 ,49	− 2 6 ,56	2 6 ,6
3 2 41	16 30 ,6	32 16 ,7	44 ,5	− 13 17 ,53	− 5 51 ,3	14 31 ,46
3 32 41	16 29 ,8	32 15 ,9	43 ,7	− 27 10 ,98	− 9 43 ,05	28 52 ,00
4 2 41	16 29 ,0	32 15 ,1	42 ,9	− 42 35 ,33	− 13 37 ,74	44 43

En interpolant dans ce dernier tableau la distance apparente Δ' du centre des deux astres, on trouve qu'elle est égale à la *somme* des *demi-diamètres apparents* à $1^h 18^m 27^s$, la Lune étant dans l'*Ouest* du Soleil, et à $3^h 39^m 19^s$, la Lune étant dans l'Est.

En cherchant à quel moment la distance Δ' sera *minimum* on trouve $2^h 31^m 56^s$; c'est le moment de la plus grande phase. La distance Δ' à ce moment est de 2′ 9″; les 0,95 du diamètre du Soleil ont donc été éclipsés, il n'est resté de visible que la 22me partie environ du disque solaire.

Ainsi, nous obtenons donc par le calcul que nous venons de faire, les résultats suivants :

Commencement de l'éclipse.	à $1^h 18^m 27^s,5$	T. M. de Brest.
Plus grande phase.	à 2 31 56	*id.*
Fin de l'éclipse.	à 3 39 19	*id.*

A l'aide de la méthode et des formules que nous avons indiquées (284), on trouve que la première impression du disque lunaire a eu lieu à l'Occident à environ 100° de l'extrémité supérieure du diamètre vertical du Soleil.

Ces résultats sont suffisants pour pouvoir suivre les phases du phénomène et noter avec précison l'instant des contacts, dont on a besoin lorsqu'on veut employer le phénomène d'une éclipse de Soleil à la détermination de la longitude d'un lieu (*).

286. Pendant la durée d'une *éclipse totale* de Soleil, on voit autour de la Lune une zone lumineuse probablement produite par une atmosphère solaire.

(*) Voir mon *Cours de navigation et d'hydrographie*, page 581.

Pendant l'éclipse du 8 juillet 1842, ainsi que pendant celles du 28 juillet 1851 et du 18 juillet 1860, les astronomes qui observaient l'éclipse totale ont aperçu, au moment où le Soleil était complétement recouvert par le disque *noir* de la Lune, des *protubérances* d'un *rose violacé* qui surplombaient le disque lunaire. La fig. 167 représente l'aspect du phénomène au moment de l'éclipse totale du 28 juillet 1851.

Fig. 167.

L'éclipse totale de Soleil du 18 juillet 1860 est une des plus remarquables qui se soient observées ; non-seulement à cause de l'heure favorable à laquelle, dans les plus beaux climats du monde, le phénomène s'est développé dans toute sa magnificence, mais encore par le concours de savants et d'astronomes qui, en cette occasion, se sont rendus soit en Espagne, soit en Algérie, pour obtenir, sur les protubérances roses et sur l'auréole lumineuse qui entourent la Lune au moment de l'obscurité totale, des résultats certains. Ces résultats ont provoqué cependant des opinions si différentes, que je crois utile d'entrer dans quelques détails relativement à un phénomène qui encore étudié, nous donnera un jour des notions plus certaines sur la constitution physique du Soleil.

Dans le rapport que MM. Le Verrier et Léon Foucault, de l'expédition française, ont adressé à S. Exc. le ministre de l'Instruction publique, on lit que le mauvais temps qui, pendant l'été de 1860, a désolé la France, s'est même fait sentir en Espagne les jours qui ont précédé l'éclipse, tellement, que MM. Le Verrier et Léon Foucault ont été obligés de quitter

Tudéla le jour même de l'éclipse, et d'aller à la rencontre du beau temps, qu'ils ont enfin trouvé sur un petit plateau, au Sud du cimetière de Tarrazona, ville de l'Aragon, distante de Sarragosse de 21 lieues, et située à 6 lieues de Tudéla. C'est sur ce plateau, devenu célèbre par le séjour de quelques heures qu'y a fait la commission scientifique de France, que MM. Le Verrier et Foucault ont pu faire des observations sérieuses sur les protubérances roses.

A peine l'obscurité totale a-t-elle eu réellement lieu que M. Le Verrier a aperçu, un peu à droite du point zénithal du Soleil, caché par la Lune, un nuage d'un beau rose, mêlé de nuances violettes, et dont la transparence semblait rehausser jusqu'au blanc l'éclat de quelques-unes de ses parties. Ce nuage, entièrement séparé du bord de la Lune et à une distance d'environ 45″, avait une épaisseur à peu près égale à cet intervalle, c'est-à-dire était environ trois fois plus gros que la Terre, et avait par conséquent 9000 lieues d'épaisseur, sur une longueur à peu près double.

Un peu au-dessous et à droite de ce gros nuage rose, on apercevait deux nuages superposés l'un à l'autre, offrant de très-grandes inégalités d'intensité dans leur lumière.

A gauche du Soleil, à 30° au-dessous du diamètre horizontal, on voyait deux pics élevés et contigus, d'une teinte rose et violette comme le gros nuage, dans leur partie supérieure, et presque blancs dans leur partie inférieure.

Un peu plus haut se trouvait un troisième pic en forme de dent, séparé des deux premiers, mais ayant une couleur et une forme parfaitement semblables et n'en différant que par des dimensions plus considérables.

Tout le disque lunaire était enveloppé par la couronne ou auréole lumineuse dont la lumière apparaissait parfaitement blanche et brillant d'un vif éclat.

M. Le Verrier dirigea sa lunette vers les deux astres, vingt secondes avant la réapparition du Soleil, et en observant la partie à droite du disque lunaire qu'il avait trouvée parfaitement blanche pendant l'obscurité totale, il aperçut que le bord Ouest lunaire était tinté par un léger filet d'une épaisseur inappréciable et d'un rouge pourpre ; puis, à mesure que le temps s'écoula, ce filet grandit peu à peu et finit par former autour du disque noir de la Lune, sur une étendue de 30° environ, une bordure rouge d'un contour irrégulier à la partie supérieure. En même temps, dit le savant directeur de l'Observatoire Impérial, « l'éclat de la « portion Ouest de la couronne lumineuse s'exaltait avec une telle rapi- « dité, que je fus dans le doute si je ne revoyais la lumière du Soleil. »

M. Léon Foucault était chargé de la partie photographique. Il a obtenu sur trois plaques, et par suite de déplacements involontaires imprimés au châssis de l'appareil, six images du phénomène au moment de l'obscurité totale. Trois de ces images ont dû se former en un quart de seconde de temps, la quatrième en 10 secondes, la cinquième en 30 secondes, et enfin la sixième en 60 secondes. Dans toutes ces épreuves, l'auréole lumineuse est plus ou moins accusée; mais dans l'épreuve obtenue en 60 secondes, elle s'étend sensiblement à une distance égale à *trois fois* le rayon du disque central, et elle offre dans son intensité des variations positives et négatives qui figurent les rayons d'une gloire; l'un d'eux, mieux accusé que les autres, se prolonge sur toutes les épreuves au delà du reste de l'auréole, et semble émaner du point occupé par les irrégularités, exagérées du reste sur les images, des sinuosités du contour lunaire.

Vers la fin de son rapport, M. Le Verrier ajoute : « MM. Villarceau et « Chacornac ont observé avec beaucoup de soin le mouvement d'une « protubérance située au Nord; le déplacement constaté est *précisément « égal à celui que l'on peut calculer en supposant que la protubérance ap- « partienne au Soleil*..... Ainsi, d'une part, l'observation d'une de ces « protubérances, parfaitement isolée du disque du Soleil et de la Lune, « en a nettement établi le caractère; de l'autre, l'apparition d'une bande « rougeâtre à l'Ouest, *au moment de l'émersion*, et le déplacement d'une « seconde protubérance déterminée par MM. Villarceau et Chacornac, « prouvent que ces appendices *appartiennent au Soleil*. Nous donnerons « donc désormais le nom de *nuages solaires* aux appendices roses qui de- « viennent visibles quand la lumière du Soleil est suffisamment éteinte. »

M. Le Verrier trouvant trop complexe la constitution physique du Soleil, telle que les astronomes l'ont supposée jusqu'à présent, et à laquelle toutefois il faudrait ajouter une enveloppe formée de l'ensemble des nuages roses dont la réalité est maintenant constatée par l'observation, pense que le Soleil est simplement un corps lumineux, en raison de sa haute température, et recouvert par une couche continue de la matière rose dont on connaît aujourd'hui l'existence. L'astre ainsi formé d'un corps central, liquide ou solide, recouvert d'une atmosphère, rentre dans la loi commune de la constitution des corps célestes.

M. Le Verrier semble néanmoins douter si l'auréole lumineuse appartient au Soleil ou à la Lune, ou si ce n'est pas le résultat d'un phénomène de diffraction de la lumière. Du moment où il est constaté que des nuages immenses flottent à une certaine distance du Soleil, il me semble prouvé que ces nuages ne peuvent être en suspension que dans une atmosphère qui doit être immense, en raison de l'étendue et de l'épaisseur des nuages, et de la distance à laquelle ils se trouvent de la photosphère. Du reste, cette opinion semble avoir été confirmée par les observations de M. Prazmowski, astronome à l'Observatoire impérial de Varsovie, observations qui ont eu pour but de rechercher l'état de *polarisation de la lumière de la couronne et des protubérances*. Voici, en effet, les conclusions de cet astronome : « La polarisation de la couronne prouve « que cette lumière émane du Soleil et qu'elle a été réfléchie; une pola- « risation vive, très-prononcée, prouve en même temps que les parti-

« cules gazeuses, sur lesquelles se fait la réflexion, nous envoient de la « lumière réfléchie à peu près sous l'angle maximum de polarisation. « Pour les gaz, cet angle est de 45° ; or, pour réfléchir de la lumière sous « cet angle, la molécule gazeuse doit se trouver à proximité du Soleil. « Une atmosphère solaire semble seule pouvoir remplir ces conditions. »

M. Petit, directeur de l'Observatoire de Toulouse, a trouvé 20000 lieues d'épaisseur et 80000 lieues de longueur à ces nuages flottants dans la vaste atmosphère du Soleil, à laquelle il attribue environ 500000 lieues de hauteur.

« Toutes mes observations, » dit le P. Secchi, directeur de l'Observatoire romain, dans une lettre écrite à l'abbé Moigno, à l'occasion de l'éclipse totale observée par lui au *Desierto de las Palmas*, en Espagne, « m'ont convaincu que les protubérances font partie du Soleil, et *qu'il « est absurde de soutenir le contraire*..... Il me paraît aussi prouvé que l'an« neau brillant appartient au Soleil. »

Cette opinion est aussi partagée par Don Aquilar, directeur de l'Observatoire de Madrid, qui a obtenu avec le Père Secchi des images photographiques de l'éclipse sur lesquelles les protubérances sont nettement fixées.

Les opinions que nous venons de faire connaître ne sont pas toutefois générales, et une note insérée par M. Faye dans les *Comptes rendus de l'Académie des sciences* du 13 août 1860, rappelle que M. Von-Feilitzsch, astronome qui observait l'éclipse à Castellon de la Plana, déclare que, malgré le nombre de taches et de facules qui existaient au moment de l'éclipse, aucune d'elles ne répondait aux protubérances, tandis que les monts lunaires qui se trouvaient en deux endroits, près du mince croissant de lumière, vers l'instant du premier contact extérieur lui ont paru répondre à une protubérance et à la chaîne de collines rougeâtres qui la suivaient à l'Est. M. Von-Feilitzsch en conclut que l'éclipse de 1860 a fourni des preuves décisives en faveur de l'opinion qui attribue la couronne et les nuages lumineux à de simples apparences optiques et non à des parties intégrantes du Soleil et de son atmosphère. Cet astronome croit cette opinion confirmée par le manque d'accord entre les protubérances observées par lui et celles observées à Miranda et à Valence.

Malgré l'opinion de M. Von-Feilitzsch, il paraît résulter que l'éclipse du 18 juillet 1860 a plus nettement établi la constitution physique du Soleil, qui, primitivement, n'était qu'à l'état de conjecture; et l'on peut sérieusement admettre que le Soleil est une masse liquide ou solide, incandescente, enveloppée de nuages roses qui flottent dans l'immense atmosphère entourant l'astre radieux.

On peut alors faire remarquer que, dans cette hypothèse, il doit se produire à la surface du Soleil comme un bouillonnement accusé, du reste, par les taches solaires et par les protubérances observées par tous les astronomes qui ont observé l'éclipse totale du 18 juillet.

Cela explique pourquoi il se passe sur la surface solaire des changements d'une rapidité qui a étonné Scheiner, Galilée, Derham, Francis Wollaston, William Herschel et plusieurs autres astronomes, et l'on comprend comment les observations des protubérances, quoique faites à des intervalles peu différents en réalité, puisque les astronomes que nous avons cités se trouvaient à Tarrazona, Tudéla, Brivescia, etc., villes peu distantes entre elles, ne sont nullement d'accord.

Ainsi, M. Le Verrier n'a pas vu cette belle protubérance, observée à Brivescia par M. Lespiault, protubérance cylindrique, évasée par le haut, d'un rouge transparent tirant sur le carmin, et qui se trouvait à quelques degrés à l'Orient du point zénithal du Soleil. Toutefois, MM. Le Verrier et Lespiault sont d'accord sur une protubérance située à l'Est du disque et au-dessous du diamètre horizontal d'environ 10 à 20 degrés.

Ni l'un ni l'autre des astronomes que nous venons de nommer ne parle des deux pics ayant une base de 18° et s'étendant un peu à droite du point zénithal du Soleil, ni de la proéminence crochue, phénomènes observés par M. Bianchi, à Vittoria, sur le monticule de Sainte-Lucie, en compagnie de MM. Mœdler, d'Arrest, Goldschmidt, etc.

Tout prouve donc que ces protubérances, que ces saillies, qui se produisent sur la surface du Soleil, changent constamment; c'est ce qui fait que MM. Parpart et Wacker, à l'Observatoire de Storlus, disent tous deux avoir vu surgir un pic perpendiculairement au rayon du disque lunaire, rester en surplomb au-dessus du bord de la Lune, et que cette apparition n'a duré que deux ou trois secondes; c'est ce qui fait que M. Charles Packe, observant l'éclipse au sommet du Moncayo, près Tarragona, a vu, peu après la disparition du Soleil, des protubérances rouges jaillir des bords du Soleil d'une manière irrégulière et sous la forme de petites pyramides de feu. Enfin, cela explique pourquoi le Père Secchi dit, en parlant des deux magnifiques protubérances qu'il a aperçues un peu au-dessus du lieu de disparition du Soleil, que la première était conique avec une pointe légèrement effilée et courbée, comme on peint d'habitude les flammes, et que l'on aurait dit qu'elle s'agitait; c'est probablement la proéminence crochue observée par M. Bianchi.

287. *Périodes astronomiques.* En consultant le registre où sont consignés tous les éléments relatifs au mouvement du *Soleil* et de la *Lune*, on remarque que dans une période de 18 ans, on peut observer 70 éclipses sur toute la Terre, 29 de Lune et 41 de Soleil. Il n'y a jamais plus de 7 éclipses dans une année et jamais moins de 2. Quand il n'y en a que *deux*, elles sont toutes deux de Soleil.

Il n'y a guère que depuis trois siècles que les calculs astronomiques ont pu successivement acquérir le degré d'exactitude qui les distingue aujourd'hui.

Ce degré de précision, qui fait que l'état du Ciel est rigoureusement tracé longtemps à l'avance, est, pour ainsi dire, le *criterium* de la science astronomique.

C'est cette prédiction de phénomènes, dont les éclipses de Lune et de Soleil sont les plus frappants, qui assure, jusqu'à présent à l'astronomie une supériorité sur les autres sciences, en tant que le mot *science* soit entendu comme *prévoir*.

Anciennement, les astronomes ne pouvant soumettre, comme aujourd'hui, leurs prédictions astronomiques au calcul, avaient observé *des périodes de temps* au bout desquelles les mêmes phénomènes se reproduisaient de la même manière.

Nous allons donner quelques notions de ces *périodes astronomiques*.

288. *Révolution synodique du nœud.* — En raison du mouvement rétrograde des nœuds de la Lune qui est de 3′ 10″ environ par jour moyen, et du mouvement moyen du Soleil qui est de 59′ 8″ sur l'écliptique, le mouvement relatif du nœud par rapport au Soleil est la somme de ces deux quantités, c'est-à-dire 62′ 18″; donc, le temps que le nœud met à revenir à la même *différence en longitude* avec le Soleil est donné par la relation

$$\frac{360^\circ}{62'\,18''} = 346^{j},619851 \text{ environ.}$$

C'est cette période de temps que l'on désigne sous le nom de *révolution synodique du nœud*.

Du saros ou période chaldéenne qui ramène le Soleil et la Lune à la même position relativement aux nœuds de l'orbite lunaire.

289. Si l'on multiplie par 19 *la révolution synodique du nœud*, on trouve $6585^{j},76$, c'est-à-dire environ 18 ans et 11 jours.

Mais 223 *lunaisons ou révolutions synodiques* font $6585^{j},32$; donc, 19 *révolutions synodiques du nœud* de la Lune font, à très-peu près, 223 lunaisons. Par suite, si à une époque la Lune et le Soleil ont une certaine position par rapport au nœud de la Lune, *au bout de* 18 *ans et* 11 *jours*, c'est-à-dire de 223 lunaisons, *le nœud* sera revenu au même point par rapport au *Soleil*, *la Lune* sera aussi revenue au même point par rapport au Soleil, donc, *la Lune et le Soleil se trouveront à la même position par rapport au nœud de la Lune.*

Par conséquent, si l'on considère un jour où il y a *éclipse de Lune*, c'est-à-dire où la Lune étant presque à son nœud est *en opposition avec le Soleil*, 18 ans et 11 jours après il y aura encore *éclipse de Lune.*

On comprend alors que si, pendant 223 lunaisons, on a noté les dates et les *phases principales des éclipses de Lune* qui ont eu lieu, on pourra prédire indéfiniment, *d'une manière approximative, le retour des éclipses.* C'est de cette manière que les anciens prédisaient ces phénomènes.

On peut obtenir cette période en considérant le rapport de la *révolution synodique* du nœud ($346^j,62$) à la révolution synodique de la Lune ($29^j,53$).

On trouve, en effet, que dans une révolution du nœud, il s'écoule 11 lunaisons plus $21^j,79$; cherchant le plus petit nombre qui, multiplié par 21,79, donne un nombre exact de lunaisons, on trouve 19 ; donc, dans une période de $19 \times 349^j,62$ ou de 18 ans 11 jours, il y a à peu près un nombre exact de lunaisons.

290. *Du cycle lunaire ou de Méton.* — Méton, astronome grec d'Athènes, qui vivait dans le ve siècle avant l'ère chrétienne, remarqua que 235 lunaisons faisaient $6939^j,69$ et que 19 années tropiques faisaient $6939^j,60$; il en conclut que tous les 19 *ans les mêmes phases de la Lune devaient arriver aux mêmes dates.* Cette période de 19 ans prit le nom de *cycle lunaire, cycle de Méton ou cycle d'or*, parce que les Grecs décidèrent que la *découverte* que venait de faire cet astronome serait inscrite *en lettres d'or sur le temple de Minerve.*

On peut obtenir cette période en considérant le rapport de l'année tropique ($365^j,24$) à la durée de la révolution synodique de la Lune ($29^j,53$). On voit, en effet, que dans une année tropique, il y a environ 12 lunaisons plus $10^j,88$. Si l'on cherche le plus petit multiple de $10^j,88$ qui donne un nombre exact de lunaisons, on trouve $19 \times 10,88$; par suite, dans 19 années, *il se passe un nombre exact de lunaisons ;* donc, les mêmes phases de la Lune doivent revenir aux *mêmes dates.*

291. *Du nombre d'or.* — Une première période de 19 années a été prise arbitrairement. Alors, considéré au point de vue *lunaire,* le temps se divise en périodes de 19 années. Les diverses années d'une même période se distinguent les unes des autres par leur numéro ; ces différents numéros portent le nom de *nombre d'or.*

De sa détermination. — On remarque que les anciens astronomes ont fait commencer un cycle un an avant l'ère chrétienne ; donc, si à l'année considérée on ajoute 1, que l'on divise la somme par 19, le reste est le nombre d'or. On trouve ainsi que le nombre d'or de 1858 est 16.

292. *Age de la Lune.* — *Épacte.* — On appelle *âge de la Lune,* le nombre de jours écoulés depuis qu'elle était *nouvelle,* c'est-à-dire depuis la *conjonction.*

L'âge de la Lune *au 1er janvier de l'année* est ce que l'on nomme *l'épacte de l'année.*

On distingue deux sortes d'épactes : *l'épacte civile et l'épacte astronomique.*

L'année où les anciens ont fait commencer un cycle d'or, la Lune se trouvait *nouvelle le 1er janvier*, c'est à-dire que lorsque le nombre d'or est 1, l'épacte est zéro; mais nous avons dit que dans une année tropique, il y a environ 12 lunaisons plus 11 jours; donc, en se rappelant qu'une lunaison est de $29^j,5$ environ ou à peu près 30 jours, les différentes épactes correspondant aux différents nombres d'or d'un cycle sont données par la règle suivante :

Multipliez par 11 le nombre d'or diminué d'une unité et divisez, si c'est possible, le produit par 30 ; le reste de la division est l'épacte civile.

L'épacte civile ne donne pas exactement l'âge de la Lune au 1er janvier, parce que dans le cycle d'or, on n'a pas égard aux années bissextiles, et que le nombre 30 dont on se sert n'est pas le nombre de jours exact d'une lunaison.

L'épacte astronomique se déduit facilement de la prédiction des phases de la Lune (239).

NOTIONS SUR LES OCCULTATIONS D'ÉTOILES ET DE PLANÈTES PAR LA LUNE.

293. Comme la Lune est le corps céleste le plus près de nous, il est clair que, dans son mouvement autour de notre globe, cet astre doit successivement nous cacher certains des corps célestes qui se trouvent sur la zone que son disque parcourt. Or ce disque s'écartant peu de *l'écliptique*, plan qui se confond presque avec les orbites planétaires, ainsi que nous le verrons, on comprend que la Lune doit, de temps à autre, nous *cacher*, *éclipser* ou *occulter* les planètes tant inférieures que supérieures, et certaines étoiles zodiacales. Il est facile de déterminer les étoiles qui peuvent être éclipsées par la Lune. On comprend, en effet, que la parallaxe joue encore un grand rôle dans les occultations d'étoiles, et que telles qui sont cachées par la Lune pour un lieu de notre globe ne le sont pas pour un autre lieu.

Il est alors évident que si l'on prend :

1° *La plus grande valeur du demi-diamètre lunaire*	=	16′ 45″,54
2° *Id* *de la parallaxe*	=	1° 1′ 24″
3° *Celle de l'inclinaison de l'orbite*.	=	5° 17′ 34″
		6° 35′ 43″,54

la somme de ces arcs donnera la *latitude maximum* que peut avoir une étoile pour être *éclipsée par la Lune*.

Pour savoir, à un moment donné, quelles sont les étoiles qui peuvent être éclipsées, on prend pour *unité* la longueur du degré d'un globe céleste. On taille un cercle de papier dont le rayon soit, d'après cette unité, égal à $d + P$, c'est-à-dire à la somme de la *parallaxe horizontale* de la Lune pour le lieu considéré et du *demi-diamètre ;* plaçant alors le centre de ce cercle sur les divers points qu'occupera le centre de la Lune sur le globe céleste, on reconnaît les étoiles dont l'occultation est possible.

Lorsqu'une étoile doit se trouver très-près du disque lunaire, sans que cependant elle soit éclipsée, on dit qu'il y a *appulse*.

Le calcul des phases d'une *occultation d'étoile ou de planète* par la Lune peut se faire identiquement de la même manière que le calcul d'une éclipse de Soleil et au moyen des mêmes formules que celles que nous avons indiquées. Seulement, ces formules se simplifient beaucoup parce que les étoiles n'ont ni *parallaxe*, ni *demi-diamètre*, ni *mouvement horaire appréciables*. Dans les formules relatives aux éclipses de Soleil, on peut alors faire ces quantités égales à zéro. Pour les planètes, leur mouvement propre étant excessivement petit par rapport au mouvement propre de la Lune, ainsi que nous allons le voir plus loin, les formules peuvent aussi se réduire.

294. Nous croyons utile, au sujet des occultations d'étoiles par la Lune, de donner la démonstration de la méthode de Bessel, dont on trouve depuis 1863 le type du calcul dans la *Connaissance des temps*.

En employant les notations de Bessel, désignons par

A	ascension droite apparente,	de l'étoile occultée;
D	déclinaison apparente,	
α	ascension droite vraie,	de la Lune;
δ	déclinaison vraie,	
π	parallaxe équatoriale,	
ρ	demi-diamètre horizontal,	
α'	ascension droite apparente,	
δ'	déclinaison apparente,	
ρ'	demi-diamètre apparent,	
μ	temps sidéral,	au lieu de l'observation.
φ	hauteur du pôle,	
φ'	latitude corrigée,	
r	distance au centre de la Terre,	

Soient L (fig. 168), le centre apparent de la Lune, p le pôle élevé de l'observateur et P la position apparente de l'étoile à un moment donné.

Fig. 168.

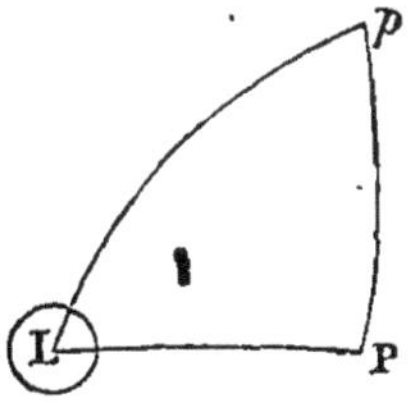

Faisons passer un arc de grand cercle par l'étoile P et par le centre de la Lune L, et menons les cercles de déclinaison des deux astres. Nous formons ainsi le triangle sphérique PLp dans lequel nous posons

$$LP = \Sigma.$$

Désignons par P l'angle à l'étoile pPL; cet angle étant compté de 0 à

360° sera compris entre 0° et 180° quand α' sera $< A$ et sera compris entre 180° et 360° quand α' sera $> A$.

Le triangle pLP donne les trois relations

$$(1)\quad \begin{cases} \sin\Sigma\sin P = -\cos\delta'\sin(\alpha' - A), \\ \sin\Sigma\cos P = \sin\delta'\cos D - \cos\delta'\sin D\cos(\alpha' - A), \\ \cos\Sigma = \sin\delta'\sin D + \cos\delta'\cos D\cos(\alpha' - A), \end{cases}$$

dont la seconde est une combinaison de la première avec la formule connue des quatre éléments consécutifs Lp, LpP, pP et P.

Pour exprimer actuellement le lieu apparent de la Lune en fonction du lieu vrai, soient C (fig. 169), le centre de la Terre, ♈CY le plan de l'équateur, ♈C la ligne des équinoxes, et CZ, CY et C♈ trois axes de coordonnées rectangulaires; soient aussi o la position de l'observateur, oZ′, oY′, o♈′ trois axes rectangulaires parallèles aux premiers.

Fig. 169.

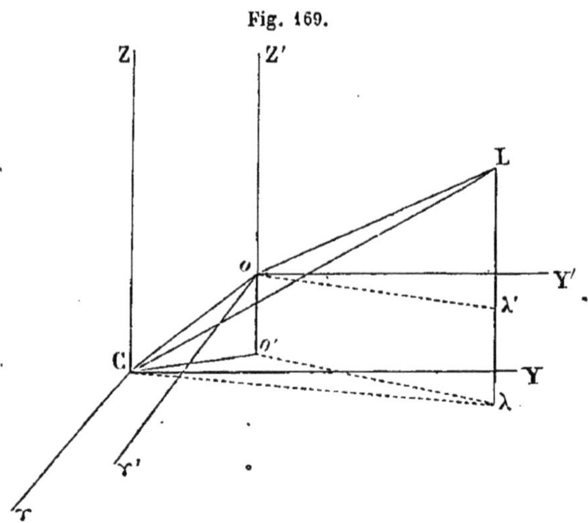

Soit enfin L la position de la Lune; joignons Co et CL, et projetons L en λ et λ' sur les plans des ♈Y et des ♈Y′.

Il est évident que

$$L o \lambda' = \delta'$$
$$♈' o \lambda' = \alpha'$$
$$L C \lambda = \delta$$
$$♈ C \lambda = \alpha$$
$$o C o' = \varphi'$$
$$\text{et}\quad o' C ♈ = \mu$$

Si nous *projetons* les côtés du triangle CoL sur l'axe des Y, nous aurons d'après le théorème des projections et en désignant Co par r

$$oL\cos\delta'\sin\alpha' = CL\cos\delta\sin\alpha - r\cos\varphi'\sin\mu$$

ou

$$\frac{oL}{CL}\cos\delta'\sin\alpha' = \cos\delta\sin\alpha - r\cos\varphi'\sin\mu\frac{1}{CL};$$

mais si nous prenons le rayon équatorial pour unité, on a

$$\frac{1}{CL} = \sin\pi,$$

et en posant

$$\frac{oL}{CL} = \Delta,$$

il vient

$$\Delta\cos\delta'\sin\alpha' = \cos\delta\sin\alpha - r\cos\varphi'\sin\mu\sin\pi.$$

En projetant les côtés du même triangle sur l'axe des X et sur l'axe des Z, on aura deux autres relations analogues

$$\Delta\cos\delta'\cos\alpha' = \cos\delta\cos\alpha - r\cos\varphi'\sin\pi\cos\mu,$$
$$\Delta\sin\delta' = \sin\delta - r\sin\varphi'\sin\pi.$$

Ces trois relations introduites dans les formules (1), permettront d'éliminer de ces formules α' et δ'.

Cette élimination s'effectue facilement en multipliant par Δ chaque membre des équations (1) et en développant dans le second membre $\sin(\alpha' - A)$ et $\cos(\alpha' - A)$; on arrive ainsi aux relations suivantes :

$$(2)\quad\left\{\begin{aligned}\Delta\sin\Sigma\sin P &= -\cos\delta\sin(\alpha - A) + r\cos\varphi'\sin\pi\sin(\mu - A),\\ \Delta\sin\Sigma\cos P &= \sin\delta\cos D - \cos\delta\sin D\cos(\alpha - A)\\ &\quad - r\sin\pi[\sin\varphi'\cos D - \cos\varphi'\sin D\cos(\mu - A)],\\ \Delta\cos\Sigma &= \sin\delta\sin D + \cos\delta\cos D\cos(\alpha - A)\\ &\quad - r\sin\pi[\sin\varphi'\sin D + \cos\varphi'\cos D\cos(\mu - A)].\end{aligned}\right.$$

Au commencement et à la fin d'une occultation on a évidemment

$$\Sigma = \rho',$$

et comme on a aussi

$$\Delta\sin\rho' = \sin\rho,$$

il vient

$$\Delta\sin\Sigma = \sin\rho.$$

Au moyen de cette relation, le demi-diamètre apparent de la Lune disparaît des deux premières formules (2) quand on les applique au calcul d'une *immersion* ou d'une *émersion*.

Pour ces phases, on a donc les deux relations

$$(3)\quad\left\{\begin{aligned}\sin\rho\sin P &= -\cos\delta\sin(\alpha - A) + r\cos\varphi'\sin\pi\sin(\mu - A),\\ \sin\rho\cos P &= \sin\delta\cos D - \cos\delta\sin D\cos(\alpha - A),\\ &\quad - r\sin\pi[\sin\varphi'\cos D - \cos\varphi'\sin D\cos(\mu - A)].\end{aligned}\right.$$

La troisième formule des relations (2) ne sert qu'à reconnaître, dans le cas général, si l'on doit prendre Σ ou $180 - \Sigma$, et dans les phases que nous considérons, si l'on doit prendre ρ' ou $180 - \rho'$; on peut donc, dans ce dernier cas, la laisser de côté.

Si nous divisons les formules (3) par $\sin\pi$ et si nous posons $\frac{\sin\rho}{\sin\pi} = k = 0{,}2725$ d'après les tables de Burckhardt, nous obtenons

$$(4)\quad \begin{cases} k\sin P = -\dfrac{\cos\delta\sin(\alpha - A)}{\sin\pi} + r\cos\varphi'\sin(\mu - A), \\ k\cos P = \dfrac{\sin\delta\cos D - \cos\delta\sin D\cos(\alpha - A)}{\sin\pi} \\ \qquad\qquad - r[\sin\varphi'\cos D - \cos\varphi'\sin D\cos(\mu - A)]. \end{cases}$$

Ces formules se composent de deux parties distinctes dont la seconde seule se rapporte au lieu de l'observation.

Si nous faisons la somme des carrés des deux équations (4), nous obtenons la relation

$$(5)\quad k^2 = \left[\frac{\cos\delta\sin(\alpha - A)}{\sin\pi} - r\cos\varphi'\sin(\mu - A)\right]^2 +$$
$$+ \left\{\frac{\sin\delta\cos D - \cos\delta\sin D\cos(\alpha - A)}{\sin\pi} - r[\sin\varphi'\cos D - \cos\varphi'\sin D\cos(\mu - A)]\right\}^2$$

que l'on peut considérer comme ne renfermant plus que *les temps* de l'immersion et de l'émersion comme *inconnue*.

L'équation (5) prise sans restriction doit satisfaire aux temps d'une *infinité* d'immersions et d'émersions de l'étoile. Comme elle est transcendante elle ne pourrait être résolue que par tâtonnements ou par la méthode des approximations successives.

Supposons que les quantités α, δ, π, μ soient connues à une époque T temps moyen de Paris, assez voisine de l'époque $T + t$ de l'immersion ou de l'émersion relative au lieu considéré, pour que l'on puisse convertir le second membre de l'équation (5) en séries rapidement convergentes. L'époque T considérée dans la *Connaissance des temps* est à peu près l'époque temps moyen de la conjonction en ascension droite à Paris.

Posons alors, d'après le théorème de Maclaurin, les expressions

$$(\chi)\quad \begin{cases} \dfrac{\cos\delta\sin(\alpha - A)}{\sin\pi} = p + p't + p''\dfrac{t^2}{1.2}, \\ \dfrac{\sin\delta\cos D - \cos\delta\sin D\cos(\alpha - A)}{\sin\pi} = q + q't + q''\dfrac{t^2}{1.2}, \\ r\cos\varphi'\sin(\mu - A) = u + u't + u''\dfrac{t^2}{1.2}, \\ r\sin\varphi'\cos D - r\cos\varphi'\sin D\cos(\mu - A) = v + v't + v''\dfrac{t^2}{1.2}, \end{cases}$$

dans lesquelles p, q, u, v... sont les valeurs des premiers membres considérés pour $t=0$, c'est-à-dire *calculés* pour l'époque T; p', q', u', v' les premières *dérivées* de ces premiers membres, prises par rapport au temps et calculées pour l'époque T; et ainsi de suite.

Comme la détermination à faire n'exige pas, pour le but que l'on se propose, la plus grande précision, on peut négliger les termes en t^2 et suivants : on peut aussi, dans le calcul des dérivées p', q', u' et v', négliger les variations de $\cos\delta$ et de π; de plus, comme au moment d'une *immersion* ou d'une *émersion*, la différence d'ascension droite des deux astres est très-petite, nous pouvons poser $\sin(\alpha - A) = (\alpha - A)\sin 1''$ et $\cos(\alpha - A) = 1$, c'est-à-dire substituer $\frac{\cos\delta(\alpha - A)}{\pi}$ au premier membre de la première relation (χ), et $\frac{(\delta - D)}{\pi}$ au premier membre de la seconde de ces relations; on trouve donc :

$$(7)\ \begin{cases} p = \dfrac{\alpha - A}{\pi}\cos\delta, \\ q = \dfrac{\delta - D}{\pi}, \end{cases} \qquad (8)\ \begin{cases} p' = \dfrac{\cos\delta}{\pi}\cdot\dfrac{d\alpha}{dt}, \\ q' = \dfrac{1}{\pi}\cdot\dfrac{d\delta}{dt}, \end{cases}$$

$$u = r\cos\varphi'\sin(\mu' - A), \qquad u' = r\cos\varphi'\cos(\mu' - A)\frac{d\mu}{dt},$$

$$v = r\sin\varphi'\cos D - r\cos\varphi'\sin D\cos(\mu' - A), \quad v' = r\cos\varphi'\sin(\mu' - A)\sin D\frac{d\mu}{dt}.$$

μ' est l'heure sidérale du lieu se rapportant au temps moyen T de Paris.

En posant

$$\frac{d\mu}{dt} = \lambda,$$

nous prendrons pour λ la *variation* en 1 heure temps moyen, de l'heure sidérale d'un lieu réduite en degrés; on a donc

$$\lambda = 54147'',84,$$

puisqu'on a la relation suivante, qui se déduit de la table VI de la *Connaissance des temps*,

$$1^{\text{h t.m.}} = (1^{\text{h}} + 9^{\text{s}},856) \text{ temps sidéral.}$$

λ étant évidemment une longueur, dans les relations u' et v', on a, en réalité

$$\lambda = 54147'',84\sin 1'',$$

d'où

$$\log\lambda = \bar{1},41916.$$

Enfin, en considérant comme constants les mouvements en ascension droite et en déclinaison de la Lune aux environs de l'occultation, nous prendrons pour

$$\frac{d\alpha}{dt} \quad \text{et} \quad \frac{d\delta}{dt}$$

les mouvements *horaires* de la Lune en ascension droite et en déclinaison.

Si nous posons actuellement,

$$(9) \qquad \begin{cases} a = r \cos\varphi' \sin(\mu' - A), \\ b = r \cos\varphi' \cos(\mu' - A), \\ c = r \sin\varphi' \cos D, \end{cases}$$

on aura

$$(10) \qquad \begin{cases} u = a, & u' = b\lambda \\ v = c - b \sin D, & v' = a\lambda \sin D. \end{cases}$$

On pourra calculer, d'un même coup, $r \cos\varphi'$ et $r \sin\varphi'$, car à cause de la relation

$$\operatorname{tang}\varphi' = \operatorname{tang}\varphi\,(1 - \rho)^2,$$

que nous avons donnée (208), on obtient, en introduisant l'excentricité e au lieu de l'aplatissement terrestre ρ,

$$\cos\varphi' = \frac{\cos\varphi}{\sqrt{\cos^2\varphi + \sin^2\varphi\,(1 - e^2)}} = \frac{\cos\varphi}{\sqrt{1 - e^2 \sin^2\varphi}},$$

et

$$\sin\varphi' = \frac{(1 - e^2)\sin\varphi}{\sqrt{1 - e^2 \sin^2\varphi}}.$$

On a aussi

$$r = a - a\rho \sin^2\varphi;$$

on trouve donc en faisant $a = 1$ et en négligeant aux numérateurs le terme en $\sin^2\varphi$,

$$r\cos\varphi' = \frac{\cos\varphi}{\sqrt{1 - e^2 \sin^2\varphi}}, \qquad r\sin\varphi' = \frac{(1 - e^2)\sin\varphi}{\sqrt{1 - e^2 \sin^2\varphi}},$$

ou en posant $e \sin\varphi = \sin\theta$,

$$(11) \qquad \left[r\cos\varphi' = \frac{\cos\varphi}{\cos\theta},\ r\sin\varphi' = \frac{(1 - e^2)}{e} \operatorname{tang}\theta \right].$$

On voit donc comment, à l'aide des relations (7), (8), (9), (10) et (11), on pourra calculer, pour l'heure T temps moyen de Paris, les quantités

$$p,\ p',\ q,\ q',\ u,\ u',\ v \text{ et } v'.$$

Si nous nommons h l'angle horaire, à Paris, de l'étoile à l'époque T, et si d est la longitude du lieu considéré, *positive* si le lieu est à l'Est et *négative* si le lieu est à l'Ouest, on aura

$$\mu' - A = h + d.$$

On pourra si l'on veut faire cette substitution dans les formules (9).

Reprenons maintenant l'équation :

$$k^2 = [p - u + (p' - u')t]^2 + [q - v + (q' - v')t]^2.$$

Posons

$$p - u = m \sin M, \qquad p' - u' = n \sin N,$$
$$q - v = m \cos M, \qquad q' - v' = n \cos N,$$

elle devient alors, en remplaçant m^2 par $m^2 \sin(M - N) + m^2 \cos^2(M - N)$,

$$k^2 = m^2 \sin^2(M - N) + [m \cos(M - N) + nt]^2.$$

En divisant les deux membres par k^2, il vient

$$1 = \left(\frac{m}{k}\right)^2 \sin^2(M - N) + \left[\frac{m}{k}\cos(M - N) + \frac{n}{k}t\right]^2,$$

et, en posant

$$\cos\psi = \frac{m}{k}\sin(M - N),$$

on a enfin,

$$(11) \qquad t = -\frac{m}{n}\cos(M - N) \mp \frac{k}{n}\sin\psi,$$

le signe supérieur se rapportant à l'*immersion* et l'inférieur à l'*émersion;* en supposant que ψ est toujours $<$ que $180°$. Si l'on trouvait

$$\frac{m}{k}\sin(M - N) > 1,$$

il n'y aurait *point d'occultation*; la Lune passerait près de l'étoile sans la cacher, c'est-à-dire qu'il y aurait *appulse.*

En appelant d la longitude du lieu considéré on obtiendra donc, pour les époques T_1 et T_2 temps moyen du lieu relatives aux instants de l'immersion et de l'émersion, et en exprimant en secondes de temps moyen l'intervalle t', les deux formules

$$T_1 = -3600^s \frac{m}{n}\cos(M - N) - 3600^s \frac{k}{n}\sin\psi + T + d,$$

$$T_2 = -3600^s \frac{m}{n}\cos(M - N) + 3600^s \frac{k}{n}\sin\psi + T + d,$$

T est l'heure T. M. du phénomène à Paris.

En exprimant les relations (4) en fonction de m, M, n, N, elles deviennent

$$k \sin P = -m \sin M - n \sin N t,$$
$$k \cos P = -m \cos M + n \cos N t,$$

En substituant dans ces formules la valeur de t donnée plus haut on obtient

$$k \sin P = -m \sin (M - N) \cos N \pm k \sin N \sin \psi,$$
$$k \cos P = -m \sin (M - N) \sin N \mp k \cos N \sin \psi,$$

et comme on a

$$m \sin (M - N) = k \cos \psi,$$

il vient

$$\sin P = -\cos (N \pm \psi),$$
$$\cos P = -\sin (N \pm \psi),$$

et par conséquent

$$P = 270^\circ - (N \pm \psi),$$

+ pour l'immersion et — pour l'émersion.

Telle sera la valeur de l'angle que dans la *Connaissance des temps* on appelle *l'angle-pôle*.

PHÉNOMÈNES DUS A L'ABERRATION DE LA LUMIÈRE.

DÉPLACEMENT APPARENT DES ASTRES.

295. Une des objections que l'on fit au système de Copernic est que si la Terre a un mouvement de translation dans l'espace, les étoiles doivent éprouver un déplacement apparent, les unes par rapport aux autres, par l'effet de la *parallaxe annuelle.*

Bradley chercha vainement cette parallaxe, dont nous parlerons plus loin, mais il découvrit que chaque étoile paraît avoir un mouvement qui s'effectue sur une *ellipse* dont le petit axe est dirigé dans le plan du cercle de latitude de l'étoile, et dont le grand axe est *perpendiculaire* à ce plan c'est-à-dire *parallèle* à *l'écliptique.*

Il remarqua de plus que le demi *grand axe* de cette ellipse *est le même* pour toutes les étoiles, mais que *le petit axe* diminue comme le sinus de la latitude de l'étoile. Ainsi, pour les étoiles *voisines* de l'écliptique, cette ellipse est *très-aplatie,* et pour une étoile située dans le plan de l'écliptique elle se réduit à une *ligne droite.*

Le génie de Bradley comprit immédiatement qu'il venait de trouver la preuve la plus saisissante du mouvement de translation de la Terre autour du Soleil, et que ce petit mouvement elliptique de *toutes* les étoiles n'était que la conséquence du mouvement de translation de la Terre autour du Soleil et de celui de la lumière dont la vitesse avait été découverte par Roemer.

296. *Phénomène de l'aberration.* — Considérons la Terre en T; son mouvement a lieu suivant TK dans le sens de la flèche (1) (fig. 170).

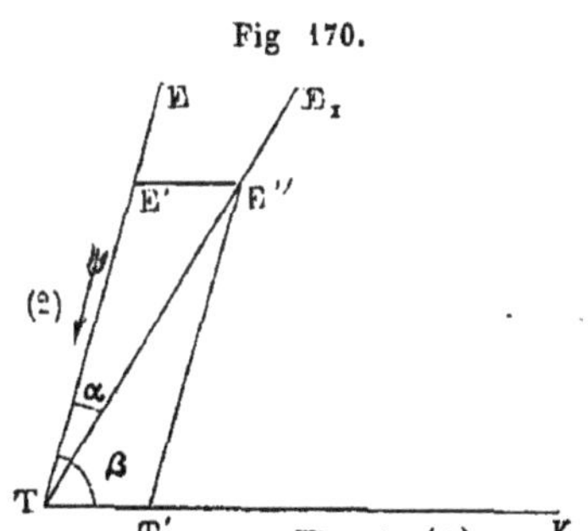

Une étoile située en E envoie sa lumière suivant la ligne ET dans le sens de la flèche (2).

De ces *deux mouvements*, il résulte évidemment pour la lumière un *mouvement relatif,* si l'on considère *la Terre comme immobile.*

En représentant par TT' et par E'T les chemins parcourus dans l'unité de temps par la *Terre et par la lumière,* la diagonale E''T du parallélogramme E'TT'E'' représente la *direction et la vitesse relative de la lumière;* par suite, un observateur situé en T reçoit l'impression du rayon lumineux suivant la direction TE″ et *croit voir l'étoile* E *en* E_1.

L'angle ETE_1 que fait *la direction réelle* de la lumière *avec sa direction apparente* se nomme *l'aberration.*

En appelant α cet angle et β l'angle ETK que fait la direction réelle de la lumière avec la direction de la Terre, le triangle E″TT′ donne

$$\sin\alpha = \frac{TT'}{T'E'''}\sin(\beta - \alpha),$$

ou, comme α est assez petit,

$$\alpha = \frac{TT'}{T'E''}\sin\beta.$$

T′E″, qui représente la vitesse de la lumière, est une quantité constante; mais TT′ et β sont variables. Ainsi, l'on voit déjà que le *phénomène de l'aberration* doit agir différemment pour les différentes *positions de la Terre dans son orbite.*

297. *Aberration moyenne du Soleil.* — On sait que la lumière met $8^m 17^s,7$ à parcourir le rayon moyen de l'orbite terrestre; si l'on suppose que la Terre décrit, d'un mouvement uniforme, une circonférence autour du Soleil, la Terre met à parcourir le même chemin $\frac{365^j,256}{2\pi}$, on a donc pour rapport des vitesses de la Terre et de la lumière

$$\frac{TT'}{T'E''} = \frac{8^m 17^s,7}{\frac{365,256}{2\pi}} = \frac{2\pi(8^m 17^s,7)}{365,256} = 20'',445.$$

Si nous considérons le mouvement moyen de la Terre, la formule générale *de l'aberration* devient d'après cela

$$\alpha = 20'',25\sin\beta.$$

Ainsi, en envisageant le mouvement *apparent du Soleil*, on voit que, par suite de *son mouvement et de la vitesse de la lumière*, sa position apparente est déviée de sa position vraie d'une quantité égale à 20″,25, puisque, lorsque l'on considère la lumière solaire, on a sensiblement

$$\beta = 90°.$$

La longitude du Soleil est donc toujours plus grande que ne le donne l'observation, parce que le Soleil s'est avancé de 20″,25 pendant le temps que la lumière a mis à parcourir la *distance moyenne de cet astre à la Terre;* autrement dit, nous voyons toujours le Soleil au point de son orbite où il était $8^m 17^s,7$ *avant l'instant de l'observation.*

298. *Explication de l'effet de l'aberration sur la position apparente des étoiles.* — Nous allons voir maintenant comment *l'aberration de la lumière explique ce petit mouvement elliptique annuel observé par Bradley pour toutes les étoiles, et vient par suite confirmer le mouvement de translation de la Terre autour du Soleil.*

Soient S le Soleil, T_0, T_1, T_2. ... (fig. 171) les différentes positions de la Terre dans son orbite, que nous *pouvons supposer circulaire.*

Fig. 171.

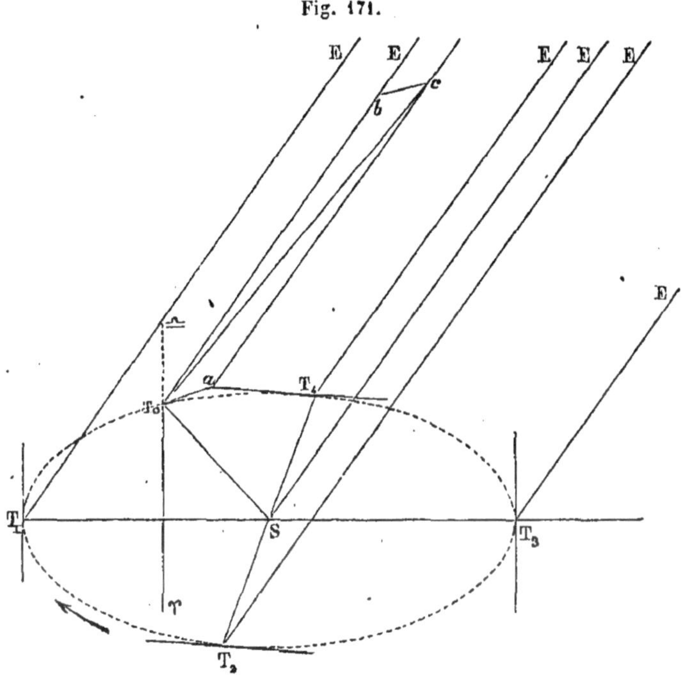

Tous les rayons menés à l'étoile des différentes positions de la Terre peuvent être regardés comme *parallèles.*

Considérons d'abord la Terre en T_0.

Si, sur la direction de la tangente à l'orbite en ce point, nous prenons une longueur T_0a représentant la vitesse de la Terre en ce point et sur le rayon T_0E une longueur T_0b représentant la vitesse de la *lumière*, en construisant le parallélogramme bT_0ae, on aura, suivant T_0e, la position de *l'étoile.*

L'angle $ET_0e = \alpha$ est, comme nous l'avons déjà vu, donné par la relation

$$\alpha = 20'',25 \sin ET_0a,$$

ou, en représentant 20″,25 par δ et l'angle ET_0a par β ainsi que nous l'avons déjà fait,

$$\alpha = \delta \sin \beta.$$

Considérons, en particulier, cette position T_0 de la Terre (fig. 172); supposons que $T_0 a$ représente la direction du mouvement de la Terre, et $T_0 \Upsilon$ la ligne des équinoxes, $a T_0 \Upsilon$ étant le plan de l'écliptique.

Fig. 172.

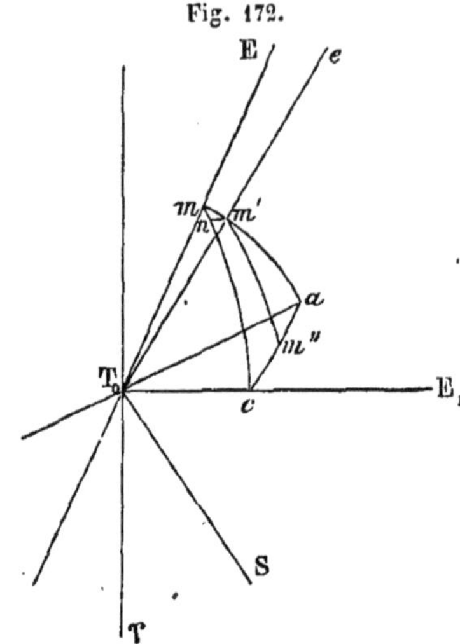

Soient $T_0 E$ la position vraie de l'étoile, $T_0 e$ sa position apparente.

Projetons $T_0 E$ sur le plan de l'écliptique en $T_0 E_1$; $\Upsilon T_0 E_1$ représentera la longitude vraie l' de l'étoile et l'angle $E T_0 E_1$ sa latitude vraie λ'.

Du point T_0 comme centre, décrivons une sphère dont les intersections avec les droites $T_0 E$, $T_0 a$ et $T_0 E_1$ déterminent le triangle sphérique *mac*.

La ligne $T_0 e$ rencontre le côté *ma* en *m'*; *mm'* est *l'aberration* qui correspond à la position T_0 de la Terre.

Projetons *m'* en *m''* sur l'arc *ac* et en *n* sur l'arc *mc*; *mn* est ce que l'on appelle *l'aberration en latitude et m''c est l'aberration en longitude.*

299. *Détermination de l'aberration en latitude et de l'aberration en longitude.* — Le petit triangle *mnm'* que l'on peut considérer comme rectiligne et rectangle en *n*, donne

$$mn = mm' \cos m;$$

mais, à cause du triangle sphérique *mca*, il vient

$$\cos m = \frac{\operatorname{tang} mc}{\operatorname{tang} ma} = \frac{\operatorname{tang} \lambda'}{\operatorname{tang} \beta'},$$

donc il vient, en remarquant que $mm' = \alpha$,

$$mn = \frac{\alpha \operatorname{tang} \lambda'}{\operatorname{tang} \beta},$$

ou comme $\alpha = \delta \sin \beta$,

$$mn = \delta \operatorname{tang} \lambda' \cos \beta;$$

mais, dans le triangle *mca*, on a

$$\cos \beta = \cos mc \cos ca = \cos \lambda' \cos ca;$$

donc

$$mn = \delta \operatorname{tang} \lambda' \cos \lambda' \cos ca = \delta \sin \lambda' \cos ca;$$

mais

$$ca = ST_0 a - ST_0 E_1 = 90° - ST_0 E_1,$$

et

$$ST_0 E_1 = \Upsilon T_0 E_1 - \Upsilon T_0 S = l' - \odot,$$

en appelant $\odot$ la longitude géocentrique du Soleil ;
donc

$$ca = 90 - (l' - \odot),$$

d'où

$$mn = \delta \sin \lambda' \sin (l' - \odot).$$

Ce qui donne la valeur de *l'aberration en latitude* en fonction de $\delta = 20'',25$, de *la latitude de l'étoile et de la différence entre sa longitude et celle du Soleil.*

L'aberration *en longitude* cm'' est donnée par la relation

$$cm'' = nm' \sec (\lambda' - nm) = nm' \sec \lambda' ;$$

mais

$$nm' = mm' \sin m = \alpha \sin m = \delta \sin \beta \sin m;$$

or, dans le triangle sphérique cma, on a

$$\sin m = \frac{\sin ca}{\sin \beta},$$

donc

$$nm' = \delta \sin ca = \delta \sin [90 - (l' - \odot)] = \delta \cos (l' - \odot),$$

et par suite,

$$cm'' = \delta \cos (l' - \odot) \sec \lambda'.$$

Telle est la valeur de l'aberration en longitude.

300. On peut maintenant faire voir que les *différentes valeurs* de $(l' - \odot)$, c'est-à-dire les différentes positions de la Terre dans son orbite, font décrire à l'étoile *une ellipse apparente.*

Fig. 173.

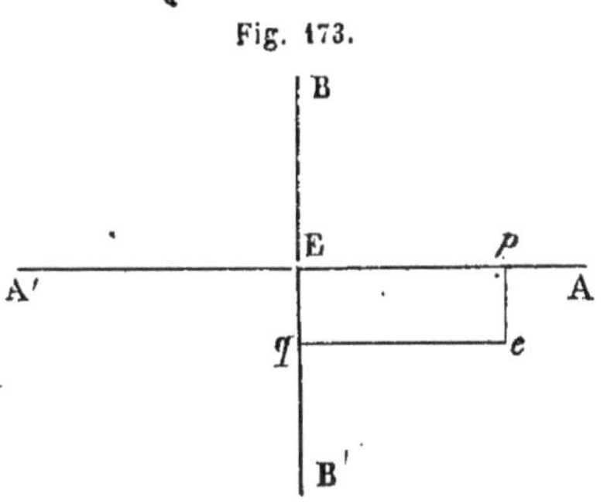

Soit E (fig. 173), le lieu vrai de l'étoile dans la *voûte céleste,* dans laquelle nous ne considérons que *l'élément plan* qui passe par le point E.

Soient BB' l'élément rectiligne du cercle de latitude de l'étoile et AA' l'élément rectiligne du cercle perpendiculaire.

Admettons que e représente la position apparente de l'étoile résultant de *l'aberration.*

Menons ep perpendiculaire à AA' et eq perpendiculaire à BB'. Si AA' représente l'axe des X et BB' l'axe des Y, on aura

$$ep = y, \qquad pE = x.$$

Mais, d'après la figure 172, on a évidemment,

$$y = ep = mn = \delta \sin \lambda' \sin (l' - \odot),$$

$$x = \mathrm{E}p = nm' = \frac{cm''}{\sec \lambda'} = \delta \cos (l' - \odot).$$

La valeur maximum de y aura donc lieu quand $l' - \odot = 90°$ ou $l' - \odot = 270°$.

C'est-à-dire quand le Soleil sera dans le cercle perpendiculaire au cercle de latitude de l'étoile ; la Terre sera alors en T_2 et T_4 (fig. 171). La valeur maximum de x aura lieu quand $l' - \odot = 0$, c'est-à-dire quand le Soleil sera sur *le cercle de latitude de l'étoile*, la Terre se trouvera alors en T_1 ou T_3.

On a, dans ces deux cas,

$$y = \delta \sin \lambda' = \mathrm{B},$$
$$x = \delta \quad\quad = \mathrm{A} ;$$

il vient donc, pour toute autre position de la Terre,

$$y = \mathrm{B} \sin (l' - \odot),$$
$$x = \mathrm{A} \cos (l' - \odot).$$

Élevant au carré ces deux équations, multipliant la première par A^2, la seconde par B^2 et faisant la somme, on a

$$\mathrm{B}^2x^2 + \mathrm{A}^2y^2 = \mathrm{A}^2\mathrm{B}^2,$$

qui est bien l'équation d'une ellipse.

On voit donc que le mouvement apparent d'une étoile doit, en vertu de l'aberration, *s'effectuer sur une ellipse dont le demi petit axe* B *est dirigé dans le cercle de latitude et diminue avec la latitude de l'étoile, et dont le demi grand axe, le même pour toutes les étoiles, est égal à* 20",25.

La théorie s'accorde parfaitement avec les *milliers d'observations* faites sur les étoiles, et la *découverte de Bradley a par suite définitivement établi le mouvement de translation de la Terre, mouvement dévoilé par Copernic.*

301. Dans la détermination que nous venons de faire, nous n'avons pas eu égard à la forme elliptique de l'orbite terrestre, c'est-à-dire que nous avons supposé *nulle* son excentricité e ; on peut y avoir égard en reprenant la question d'une manière plus générale.

Laissons de côté la vitesse propre que peut posséder la source lumineuse, vitesse qui en raison de l'immense éloignement *des étoiles* ne peut produire qu'un déplacement apparent insignifiant, et nommons

V′ la vitesse *propre* de la lumière;
V″ la vitesse de la Terre à un moment donné;
et V la vitesse qui résulte des deux premières en vertu du parallélogramme des vitesses.

Rapportons les directions de ces vitesses à trois axes rectangulaires X, Y, Z (fig. 174), menés du centre de la Terre *à l'équinoxe du printemps*, au *Cancer* et au pôle *boréal* de l'écliptique.

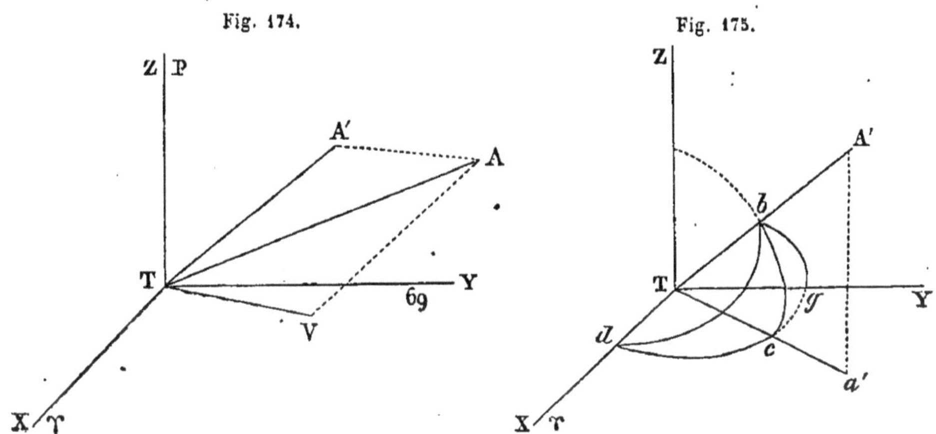

Appelons X′, Y′, Z′ les angles que fait la direction V′ avec les axes; X″, Y″, les angles que fait la direction de la vitesse V″, située évidemment dans le plan XTY, avec les axes TX et TY; et enfin X, Y, Z, les angles que fait la direction de la vitesse V avec les axes de coordonnées. On aura d'après le théorème des projections

$$(1)\qquad \begin{cases} V\cos X = V'\cos X' + V''\cos X'', \\ V\cos Y = V'\cos Y' + V''\cos Y'', \\ V\cos Z = V'\cos Z'. \end{cases}$$

Soient l' la longitude géocentrique *vraie* de l'astre A′;
λ' sa latitude géocentrique *vraie;*
l la longitude géocentrique *apparente* de l'astre vu en A (fig. 174);
λ sa latitude géocentrique apparente.

Si l'on imagine une sphère ayant son centre en T (fig. 175), la ligne TA′ sa projection Ta' sur l'écliptique et la ligne TX détermineront les sommets b, c, d d'un triangle *sphérique rectangle* b, c, d, dans lequel on aura

$$\cos X' = \cos\lambda' \cos l';$$

le triangle rectangle bgc donne aussi

$$\cos Y' = \cos\lambda' \sin l',$$

et enfin on a évidemment

$$\cos Z' = \sin \lambda'.$$

Par analogie, on aura aussi

$$\cos X = \cos \lambda \cos l,$$
$$\cos Y = \cos \lambda \sin l,$$
$$\cos Z = \sin \lambda.$$

En substituant ces valeurs dans les formules (1), elles deviennent

$$(2)\qquad \begin{cases} V \cos \lambda \cos l = V' \cos \lambda' \cos l' + V'' \cos X''; \\ V \cos \lambda \sin l = V' \cos \lambda' \sin l' + V'' \cos Y'', \\ V \sin \lambda \qquad = V' \sin \lambda'; \end{cases}$$

d'où l'on déduit, en remarquant que $\cos Y'' = \sin X''$,

$$(3)\qquad \tan l = \frac{\cos \lambda' \sin l' + \frac{V''}{V'} \sin X''}{\cos \lambda' \cos l' + \frac{V''}{V'} \cos X''}.$$

$$(4)\qquad \sin \lambda = \frac{V'}{V} \sin \lambda'.$$

En élevant au carré chacune des formules (2) et en faisant la somme, on a

$$V^2 = V'^2 + 2V'V'' \cos \lambda' (\cos l' \cos X'' + \sin l' \sin X'') + V''^2,$$

ou, en extrayant la racine carrée par approximation et en s'arrêtant au second terme à cause de la petite valeur relative de V'',

$$V = V' + V'' \cos \lambda' (\cos l' \cos X'' + \sin l' \sin X''),$$

d'où l'on déduit

$$\frac{V'}{V} = 1 - \frac{V''}{V} \cos \lambda' (\cos l' \cos X'' + \sin l' \sin X''),$$

et l'on a alors pour $\sin \lambda$, d'après l'équation (4), et en mettant V' à la place de V qui en diffère peu,

$$(5)\qquad \sin \lambda = \sin \lambda' - \frac{V''}{V'} \cos \lambda' \sin \lambda' \cos (l' - X'').$$

L'équation (3) devient aussi, en effectuant la division et en s'arrêtant au second terme,

$$(6)\qquad \tan l = \tan l' + \frac{V''}{V'} \frac{\sin (X'' - l')}{\cos \lambda' \cos^2 l'}.$$

Comme il y a très-peu de différence entre λ et λ', de même qu'entre l et l', nous pouvons obtenir facilement les expressions $(\lambda - \lambda')$ et $(l - l')$.
La relation (5) donne en effet

$$\sin\lambda' - \sin\lambda = \frac{V''}{V'}\cos\lambda'\sin\lambda'\cos(l' - X'') = 2\sin\left(\frac{\lambda' - \lambda}{2}\right)\cos\left(\frac{\lambda' + \lambda}{2}\right);$$

d'où en remarquant que $\cos\frac{\lambda' + \lambda}{2} = \cos\lambda'$ sensiblement,

$$(7) \qquad \lambda' - \lambda = \frac{V''}{V'\sin 1''}\sin\lambda'\cos(l' - X''),$$

et de la relation (6)

$$\tang l - \tang l' = \frac{\sin(l - l')}{\cos l\cos l'} = \frac{V''}{V'}\frac{\sin(X'' - l')}{\cos\lambda'\cos^2 l'},$$

ou

$$(8) \qquad (l - l') = \frac{V''}{V'\sin 1''}\frac{\sin(X'' - l')}{\cos\lambda'}.$$

Il faut maintenant trouver V'' et X''. Faisons V', vitesse de la lumière égale à l'*unité*, et déterminons le chemin parcouru par la Terre pendant que la lumière parcourt à un moment donné le rayon vecteur de l'orbite terrestre au point où se trouve la Terre.

Si nous désignons par α l'angle décrit par le rayon vecteur r de la Terre pendant le temps t *très-petit*, que la lumière met à parcourir ce rayon vecteur, on pourra considérer $r\alpha$ comme l'*arc* élémentaire décrit par la Terre dans le temps t, et l'on aura évidemment

$$\frac{V''}{V'} = \frac{r\alpha}{r} \text{ ou } V'' = \alpha.$$

Mais on a aussi, d'après les lois du mouvement elliptique,

$$\frac{\text{aire du secteur elliptique}}{\text{aire de l'ellipse}} = \frac{r^2\alpha}{2\pi ab} = \frac{t}{T},$$

d'où

$$\alpha = \frac{2\pi a^2 t.\sqrt{1 - e^2}}{r^2 T}.$$

Mais d'après la vitesse de la lumière, on a

$$t = \frac{8^m 17^s,7.r}{a};$$

en substituant cette valeur, dans l'expression précédente, il vient

$$\alpha = \frac{8^m 17^s,7.2\pi}{T}.\frac{a\sqrt{1 - e^2}}{r} = 20'',445\frac{a\sqrt{1 - e^2}}{r},$$

ou, en ayant égard à l'équation *polaire de l'ellipse*, et en appelant v l'anomalie vraie,

$$V'' = 20'',445 \frac{1+e\cos v}{\sqrt{1-e^2}}.$$

Il faut maintenant déterminer X'', c'est-à-dire l'angle X♈T (fig. 176) que fait la tangente à l'orbite terrestre au point considéré, avec la ligne des équinoxes. Nommons n l'angle que fait la direction du mouvement de la Terre avec le grand axe, on a

$$\operatorname{tang} n = -(1-e^2)\frac{x}{y}.$$

Fig. 176.

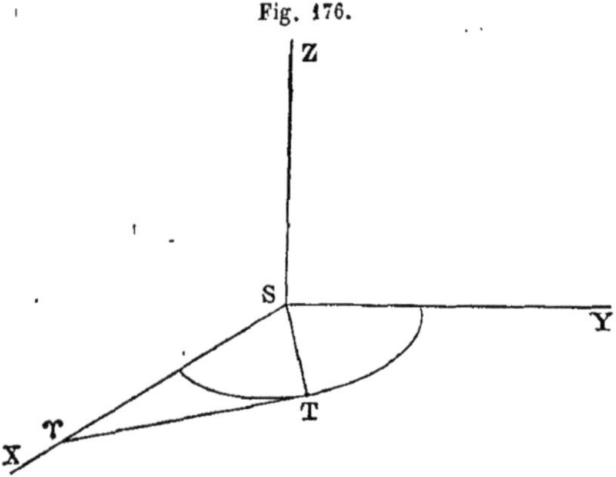

En transformant x et y en coordonnées polaires on a, en appelant toujours v l'anomalie vraie,

$$x = ae + r\cos v,$$
$$y = r\sin v,$$

mais

$$r = \frac{a(1-e^2)}{1+e\cos v};$$

il vient donc

$$x = a\left(e + \frac{(1-e^2)\cos v}{1+e\cos v}\right),$$

$$y = \frac{a(1-e^2)\sin v}{1+e\cos v},$$

d'où

$$\operatorname{tang} n = \frac{-(1-e^2)\left(e+\frac{(1-e^2)\cos v}{1+e\cos v}\right)(1+e\cos v)}{(1-e^2)\sin v},$$

c'est-à-dire

$$\operatorname{tang} n = -\frac{e+\cos v}{\sin v}.$$

Comme l'excentricité est très-petite, n diffère peu de

$$90+v;$$

posons

$$n=90+v-n';$$

on en déduira

$$\operatorname{tang} n=\frac{-\operatorname{cotang} v-\operatorname{tang} n'}{1-\operatorname{cotang} v \operatorname{tang} n'}=\frac{-\cos v-\sin v \operatorname{tang} n'}{\sin v-\cos v \operatorname{tang} n'},$$

et, à cause de la valeur précédente de tang n, il vient

$$\frac{\cos v+\sin v \operatorname{tang} n'}{\sin v-\cos v \operatorname{tang} n'}=\frac{e+\cos v}{\sin v},$$

d'où l'on déduit

$$\operatorname{tang} n'=\frac{e \sin v}{1+e \cos v}.$$

En négligeant au dénominateur $e\cos v$ qui est très-petit par rapport à 1, et en posant, à cause de la très-petite valeur de n', $\operatorname{tang} n'=n' \sin 1''$, il vient enfin,

$$n'=\frac{e}{\sin 1''} \sin v;$$

d'où

$$n=90+v-\frac{e}{\sin 1''} \sin v.$$

Mais l'anomalie vraie $v=G-\pi$, en désignant par G la longitude héliocentrique vraie de la Terre et par π la longitude héliocentrique du périhélie de l'orbite terrestre; si l'on substitue à ces longitudes héliocentriques les longitudes géocentriques correspondantes $\odot$ et φ du Soleil, on sait que l'on a

$$\odot=G+180$$

et

$$\varphi=\pi+180,$$

d'où

$$G-\pi=\odot-\varphi,$$

et par suite

$$v=\odot-\varphi.$$

On aura donc, en substituant ces valeurs,

$$n=90^{\circ}+\odot-\varphi-\frac{e}{\sin 1''} \sin(\odot-\varphi).$$

Mais

$$X''=n+\pi=n+\varphi-180^{\circ},$$

on a donc

$$X'' = -90^\circ + \odot - e'' \sin(\odot - \varphi),$$

en supposant l'excentricité exprimée en secondes.

En substituant dans les formules (7) et (8) les valeurs que nous venons de trouver, nous obtenons pour valeurs des *aberrations* en *latitude* et en *longitude* :

$$(9)\quad \lambda' - \lambda = 20'',445 \sin\lambda' \frac{[1 + e\cos(\odot - \varphi)]}{\sqrt{1 - e^2}} \sin[\odot - l' - e''\sin(\odot - \varphi)],$$

$$(10)\quad l' - l = \frac{20'',445}{\cos\lambda'} \frac{[1 + e\cos(\odot - \varphi)]}{\sqrt{1 - e^2}} \cos[\odot - l' - e''\sin(\odot - \varphi)];$$

ou, en se bornant à la première puissance de l'excentricité,

$$(11)\quad \lambda' - \lambda = 20'',445 \sin\lambda'[\sin(\odot - l') + e\sin(\varphi - l')],$$

$$(12)\quad l' - l = \frac{20'',445}{\cos\lambda'}[\cos(\odot - l') + e\cos(\varphi - l')].$$

Si, dans ces formules, nous faisons $e = 0$, nous retombons bien sur les formules trouvées précédemment.

302. Il est maintenant facile de déterminer, d'après ces équations, l'orbite décrite *chaque année* par le lieu *apparent* de l'étoile autour de son lieu *vrai*.

Fig. 177.

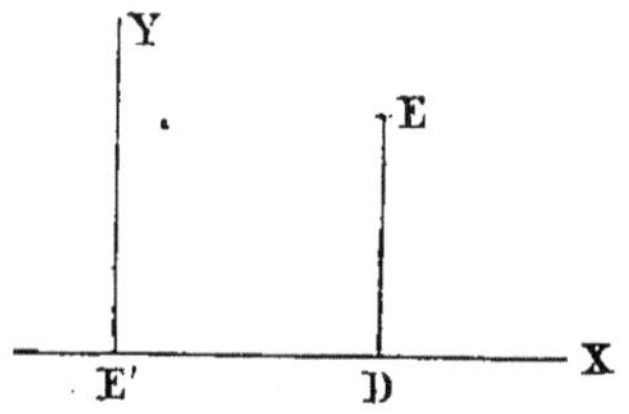

Soit E' (fig. 177), la position *vraie* de l'étoile; E sa position apparente.

Soient aussi E'Y et E'X, les éléments du cercle de latitude de l'étoile et du parallèle à l'écliptique, auxquels nous rapportons la position du point E.

E'Y et E'X étant les axes des y et des x, on aura en menant ED perpendiculaire sur E'X

$$ED = y = \lambda - \lambda',$$
$$E'D = x = (l - l')\cos\lambda'.$$

On déduit de là, d'après les formules (11) et (12) et en désignant $20'',445$ par δ,

$$y = -\delta\sin\lambda'[\sin(\odot - l') + e\sin(\varphi - l')],$$
$$x = -\delta[\cos(\odot - l') + e\cos(\varphi - l')];$$

d'où l'on a

$$\frac{y}{\delta\sin\lambda'} + e\sin(\varphi - l') = -\sin(\odot - l'),$$

$$\frac{x}{\delta} + e\cos(\varphi - l') = -\cos(\odot - l').$$

En élevant au carré chacune de ces équations et en faisant la somme, on obtient

$$\frac{y^2}{\delta^2 \sin^2\lambda'} + \frac{x^2}{\delta^2} + \frac{2e}{\delta}\left[\frac{y\sin(\varphi - l')}{\sin\lambda'} + x\cos(\varphi - l')\right] + e^2 = 1,$$

équation d'une ellipse qui n'est pas rapportée à son centre; donc le lieu *vrai* de l'étoile n'est pas le *centre* de l'ellipse que l'*aberration annuelle* fait décrire à la position apparente de cette étoile.

On peut mettre l'équation précédente sous la forme

$$\delta^2 \sin^2\lambda'(1 - e^2) = y^2 + x^2\sin^2\lambda' + 2e\delta\sin^2\lambda'\left[y\,\frac{\sin(\varphi - l')}{\sin\lambda'} + x\cos(\varphi - l')\right]$$

ou

$$[y + \delta e \sin\lambda' \sin(\varphi - l')]^2 + \sin^2\lambda'[x + \delta e\cos(\varphi - l')]^2 = \delta^2\sin^2\lambda'.$$

En appelant x' et y' les coordonnées de l'ellipse rapportée à son centre on aura évidemment,

$$(13)\qquad \begin{cases} y' = y + \delta e \sin\lambda' \sin(\varphi - l') \\ x' = x + \delta e \cos(\varphi - l'), \end{cases}$$

et d'après cela,

$$y'^2 + x'^2\sin^2\lambda' = \delta^2\sin^2\lambda'.$$

Pour $y' = 0$, on a

$$x' = \delta = 20'',445.$$

C'est le *demi grand axe;* on voit qu'il est *parallèle* à l'*écliptique.*

Pour $x' = 0$, on a

$$y' = \delta\sin\lambda' = 20'',445\sin\lambda'.$$

C'est le demi petit axe; on voit qu'il se confond avec le cercle de *latitude* de l'étoile, et qu'il est d'autant plus petit que le *sinus* de cette latitude est petit.

D'après les formules (13), on voit que la différence qui existe entre le *centre de l'ellipse* et le lieu vrai de l'astre est

en latitude de. . . . . . $20'',445\, e\sin\lambda'\sin(\varphi - l')$,
en longitude de . . . . . $20'',445\, e\cos(\varphi - l')\sec\lambda'$.

303. Si, relativement à la position d'une étoile, on voulait tenir compte de tout ce qui peut influer sur le phénomène d'aberration, en laissant de côté la vitesse que peut avoir la source lumineuse, ainsi que nous l'avons déjà dit, il faudrait avoir égard à la vitesse de l'observateur telle qu'elle existe dans l'espace en grandeur et en direction.

Cette vitesse est évidemment la *résultante :*

1° De la vitesse de translation du système solaire;

2° De la vitesse de translation de la Terre autour du Soleil;

3° De la vitesse de rotation de l'observateur due au mouvement de rotation de la Terre.

Comme la vitesse de translation du système solaire n'est pas encore un fait suffisamment prouvé par l'observation, bien que les travaux des astronomes à ce sujet soient déjà nombreux, nous laisserons de côté l'aberration qui *en résulte* et qui modifie simplement celle due au mouvement annuel de la Terre, en altérant plus ou moins la forme de l'ellipse que nous venons d'indiquer, altérations qui doivent se confondre avec celles qui proviennent du mouvement propre de l'étoile. Quand on considère les corps célestes de notre système planétaire, il n'y a pas lieu d'avoir égard à l'aberration due au mouvement de translation du système solaire, puisque les corps célestes et la Terre prennent part à ce mouvement.

Examinons maintenant la valeur que peut avoir *l'aberration* produite par le *mouvement de rotation de la Terre.*

ABERRATION PRODUITE PAR LE MOUVEMENT DIURNE.

304. Désignons par V''' la vitesse de rotation de l'observateur sur son parallèle. Nous allons considérer ici *l'aberration* en *ascension droite* et en *déclinaison.*

Les formules (7) et (8), relatives à l'aberration en *latitude* et en *longitude*, peuvent évidemment servir si nous substituons le plan de *l'équateur* au plan de *l'écliptique*, c'est-à-dire si dans ces formules nous mettons à la place de la latitude et de la longitude, la déclinaison et l'ascension droite; et V''' à la place de V''.

On aura ainsi, en désignant par a' *l'ascension droite vraie* de l'étoile et par d' sa *déclinaison vraie*, et en supposant $V' = 1$,

aberration en ascension droite $\alpha' = \dfrac{V'''}{\cos d'} \sin(X''' - a')$,

aberration en déclinaison $\beta' = -V''' \sin d' \cos(X''' - a')$.

Il s'agit maintenant de déterminer X''' et V'''.

Si l'on nomme h_s *l'heure sidérale* de l'observateur, on aura

$$X''' = 90° + h_s,$$

puisque la vitesse V''' est dirigée suivant la tangente à la courbe que décrit l'observateur. On a donc

$$\alpha' = \frac{V'''}{\cos d'} \cos(h_s - a'),$$

$$\beta' = V''' \sin d' . \sin(h_s - a').$$

On sait que $h_s - a'$ est égal à l'angle *horaire astronomique* de l'astre.

La vitesse de rotation de la Terre à *l'équateur* est environ la 65e partie de la vitesse dans l'orbite supposée circulaire; on aura donc pour un observateur situé par la latitude L,

$$V''' = \frac{20'',445}{65} \cos L$$

ou

$$V''' = 0'',314 \cos L.$$

On trouve d'après cela,

$$\textit{aberration en ascension droite} \quad \alpha' = 0'',314 \frac{\cos L \cos (h_s - a')}{\cos d'}$$

$$\text{— } \quad \textit{en déclinaison} \quad \beta' = 0'',314 \cos L \sin d' \sin (h_s - a').$$

α' a sa plus grande valeur quand l'astre passe au méridien, car on sait qu'à ce moment *l'heure sidérale* du lieu est égale à l'ascension droite de l'astre ; cette valeur maximum est

$$\frac{0'',314 \cos L}{\cos d'}.$$

Pour un observateur situé à l'*équateur* on aurait pour la *polaire*, dont la déclinaison au 1er janvier 1865 est de 88° 18' 1'',

$$\alpha' = \frac{0'',314}{\cos d'} = 10'',1485 = 0^s,676 \text{ en temps.}$$

Pour *Paris* cette valeur maximum serait

$$6'',9 \quad \text{ou} \quad 0^s,46 \text{ en temps.}$$

Lorsque par suite de la *précession des équinoxes*, l'étoile polaire ne sera plus qu'à 26' du pôle, elle aura 41'',13 d'*aberration* en ascension droite ou $2^s,74$ en temps, au moment de son passage au méridien d'un observateur situé à l'équateur.

Aberration des planètes et des comètes.

305. En ce qui concerne l'*aberration* des planètes due aux mouvements annuels de la *Terre* et de la *planète*, on peut faire voir que pour obtenir la position *apparente* d'un de ces astres à une époque θ, il suffit de considérer la position vraie de cet astre à l'époque $\theta - \Delta \times 497^s,7$, Δ représentant la distance de la planète à la Terre au moment considéré.

Soient T_1 et p_1 (fig. 178), les positions de la Terre et de la planète à un moment donné.

Quand la lumière partant de p_1, arrivera à la Terre, à l'époque 0, la planète sera en p et la Terre en T.

Fig. 178.

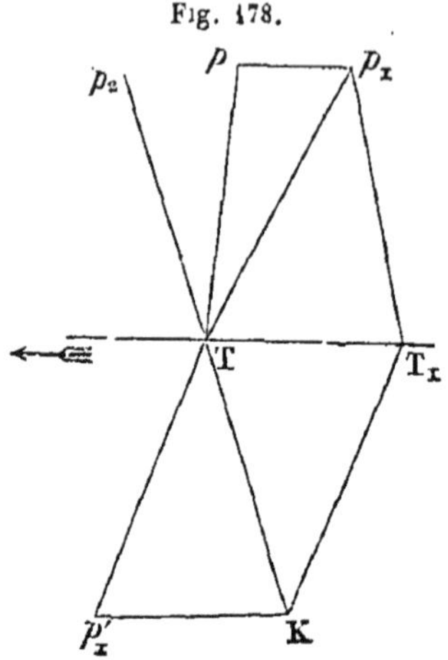

En faisant d'abord abstraction du mouvement de la Terre, on voit qu'un observateur verrait la planète en p_1 au lieu de la voir en p où elle est réellement; pTp_1 est l'aberration *due au mouvement de la planète*.

Mais la combinaison des deux vitesses TT_1 et $p'_1T = p_1T$ donne au rayon de lumière venant suivant p_1T la direction KTp_2 déterminée par la diagonale du parallélogramme $T_1Tp'_1K$; par conséquent l'observateur situé en T verra la planète en p_2; mais comme TK est PARALLÈLE à p_1T_1, on voit que la position de la planète observée en T est la même que la position *vraie* qu'on aurait obtenue en T_1 en tant qu'on considère la direction *du rayon lumineux*, ou la position de la planète relativement aux étoiles.

FORMULES DE PRÉCESSION ET DE NUTATION.

306. D'après ce que nous avons dit dans notre introduction, on sait que l'orbite terrestre, c'est-à-dire *l'écliptique*, ne conserve pas dans l'espace une même position et que l'action perturbatrice des planètes de notre système solaire fait varier cette position; on sait aussi que *l'axe* de la Terre et par suite son *équateur* ne se transportent pas *parallèlement* à eux-mêmes dans le mouvement de translation de la Terre autour du Soleil, mais que notre axe éprouve un mouvement *conique* connu sous le nom de *précession* et qui est modifié par de petites oscillations de cet axe autour d'une position moyenne, oscillations que l'on désigne sous le nom de *nutation*.

Comme *l'équateur* et *l'écliptique* sont les plans auxquels on rapporte les positions des étoiles, ces positions sont donc modifiées par suite du déplacement de ces *deux plans*. Pour pouvoir connaître les changements qui sont ainsi apportés dans les coordonnées équatoriales et écliptiques d'une étoile, il faut d'abord connaître comment s'effectuent, *avec le temps*, les variations de position des deux plans, *écliptique* et *équateur*.

Soient (fig. 179) :

$\Upsilon' E$	l'écliptique en 1850 ;
Υ	la position de l'équinoxe moyen ;
$\Upsilon'' E'$	*l'écliptique*, en $1850 + t$;
$\Upsilon' \Upsilon'' \varepsilon'$	*l'équateur*, en $1850 + t$.

Appelons :

ω_0 l'inclinaison de l'écliptique sur l'équateur en 1850.
ω l'inclinaison de l'équateur de $1850 + t$ sur l'écliptique de 1850.

Désignons $\Upsilon\Upsilon'$ par ψ, et en menant l'arc $\Upsilon'' F$ perpendiculaire sur $\Upsilon' E$ désignons ΥF par ψ_1.

Enfin, appelons ω_1 l'angle $E' \Upsilon'' \varepsilon'$ que fait l'équateur de $1850 + t$ sur l'écliptique de $1850 + t$.

Fig. 179.

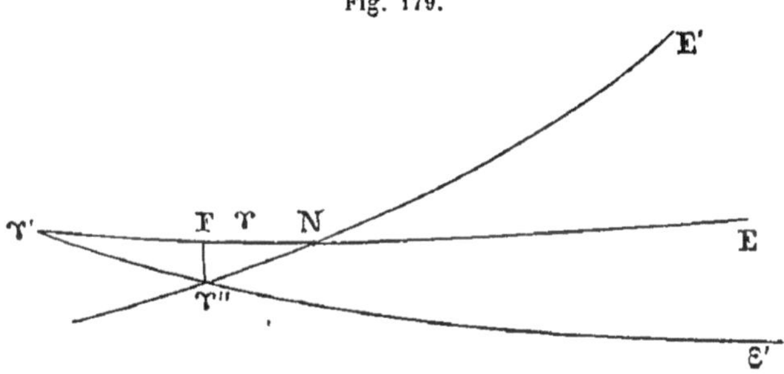

La théorie des perturbations planétaires fait connaître, en fonction du temps t,

$\Upsilon N = \theta''$ et l'angle $ENE' = \varphi''$, c'est-à-dire *la position de l'écliptique de* $1850 + t$ *par rapport à l'écliptique de* 1850.

La théorie du mouvement de la Terre autour de son centre de gravité, lorsqu'on a égard à l'action du Soleil et de la Lune sur notre *protubérance équatoriale*, fait aussi connaître en fonction du temps t,

$$\Upsilon\Upsilon' = \psi \quad \text{et} \quad E\Upsilon'\varepsilon' = \omega,$$

c'est-à-dire la position de *l'équateur* de $1850 + t$, par rapport à *l'écliptique* de 1850.

En considérant le triangle sphérique rectangle $\Upsilon' \Upsilon'' F$ (fig. 179), on a

$$\operatorname{tang} \Upsilon' F = \operatorname{tang} \Upsilon' \Upsilon'' \cos \omega,$$

ou, approximativement,

$$\psi - \psi_1 = \Upsilon' \Upsilon'' \cos \omega.$$

Mais du triangle $\Upsilon' \Upsilon'' N$, on trouve

$$(m) \qquad \sin \Upsilon' \Upsilon'' = \frac{\sin \varphi'' \sin (\psi + \theta'')}{\sin \omega_1},$$

$$(n) \qquad \cos \omega_1 = \cos \omega \cos \varphi'' - \sin \omega \sin \varphi'' \cos (\psi + \theta'').$$

A l'aide de ces relations on peut obtenir ω_1 et ψ_1 en fonction de ψ, ω, φ'' θ''; ces quatre quantités étant elles-mêmes obtenues, en fonction du temps, d'après les théories de la mécanique céleste, on peut aussi avoir ω_1 et ψ_1 en fonction du temps.

Si nous laissons de côté l'incertitude qui peut exister sur la valeur attribuée aux masses planétaires, et aussi l'erreur que l'on a pu commettre sur la valeur de la *précession générale* annuelle, 50″,23572, et sur celle de la constante de la nutation, 9″,23 en déduisant ces constantes de l'observation, on trouve pour valeurs de ψ, ω, ψ_1, et ω_1, en fonction du temps,

$$(1) \qquad \psi = 50'',37140\, t - 0'',00010881\, t^2 + \Psi \text{ (fonction périodique)},$$

$$(2) \qquad \omega = \omega_0 + 0'',00000719\, t^2 + \Omega \text{ (fonction périodique)},$$

$$(3) \qquad \psi_1 = 50'',23572\, t + 0'',00014289\, t^2 + \Psi,$$

$$(4) \qquad \omega_1 = \omega_0 - 0'',47566\, t - 0'',00000149\, t^2 + \Omega,$$

et aussi

$$(5)\ \Psi = -17'',264 \sin ☊ + 0'',206 \sin 2 ☊ - 0'',204 \sin 2 ☾ - 1'',264 \sin 2 ☉,$$

$$(6)\ \Omega = +9'',23 \cos ☊ - 0'',090 \cos 2 ☊ + 0'',089 \cos 2 ☾ + 0'',548 \cos 2 ☉,$$

dans lesquelles,

☊ désigne la longitude du nœud ascendant de l'orbite lunaire,
☾ la longitude de la Lune,
et ☉ la longitude du Soleil.

307. Ces formules font bien voir la part qui revient dans les phénomènes de *précession* et de *nutation*, au *Soleil*, à la *Lune* et à la *longitude du nœud de la Lune*.

Les parties périodiques Ψ et Ω prennent le nom de *nutation luni-solaire*, et les parties séculaires de ψ et ω celui de *précession*.

Ψ est la *nutation* en longitude, et Ω la *nutation* en obliquité.

En laissant de côté ces deux quantités, ψ_1 et ω_1 représentent l'un le mouvement *moyen* de précession, l'autre l'obliquité moyenne de l'écliptique.

Les formules de la *mécanique céleste* qui donnent les angles ψ'' et θ'', c'est-à-dire le déplacement de l'écliptique en $1850 + t$ par rapport à celui de 1850, sont les suivantes :

$$(7) \qquad \begin{cases} \varphi'' \sin \theta'' = 0'',05888,\, t + 0'',00001964\, t^2, \\ \varphi'' \cos \theta'' = -0'',47566\, t + 0'',00000568\, t^2. \end{cases}$$

308. Voyons maintenant comment, à l'aide des quantités ω_1, ψ_1, φ'' et θ'' calculées au moyen des formules 3, 4 et 7, on peut déterminer ce que deviennent les coordonnées *écliptiques* et *équatoriales* d'une étoile rapportées à l'équinoxe *moyen* de 1850.

1° Changement des coordonnées écliptiques.

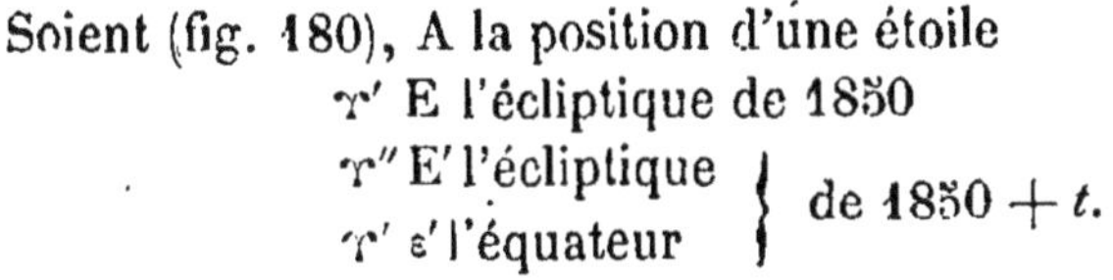

Soient (fig. 180), A la position d'une étoile
Υ' E l'écliptique de 1850
Υ''E' l'écliptique } de 1850 + t.
Υ' ε' l'équateur }

Fig. 180.

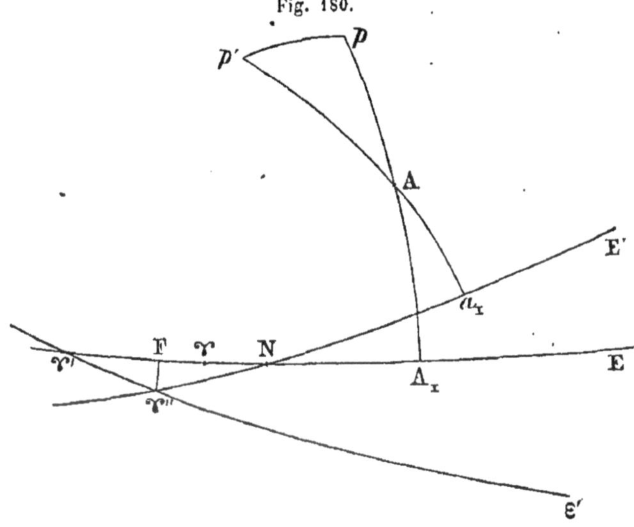

Soient aussi p et p' les pôles des écliptiques ΥE et Υ''E'. En menant les cercles de latitude $p\mathrm{AA}_1$ et $p'\mathrm{A}a_1$, on a

$$\left.\begin{array}{l} \mathrm{AA}_1 = \lambda \ \text{latitude de A} \\ \Upsilon\mathrm{A}_1 = \mathcal{L} \ \text{longitude de A} \end{array}\right\} \text{en } 1850,$$

$$\left.\begin{array}{l} \mathrm{A}a_1 = \lambda' \ \text{latitude de A} \\ \Upsilon''a_1 = \mathcal{L}' \ \text{longitude de A} \end{array}\right\} \text{en } 1850 + t.$$

Le triangle $p'p\mathrm{A}$, dans lequel on connaît

$$p'p = \varphi'', \quad p\mathrm{A} = 90 - \lambda, \quad p'p\mathrm{A} = 90 + \mathrm{NA}_1 = 90 + \mathcal{L} - \theta''$$

permettra d'obtenir

$$p'\mathrm{A} = 90 - \lambda', \quad pp'\mathrm{A} = 90 - \mathrm{N}a_1 = 90 - (\mathcal{L}' - \Upsilon''\mathrm{N});$$

comme FN est sensiblement égal à Υ''N, on a

$$pp'\mathrm{A} = 90 - (\mathcal{L}' - \theta'' - \psi_1).$$

Nous aurons d'abord

$$\cos p'A = \cos pp' \cos pA + \sin pA \sin pp' \cos p'pA$$

ou

$$\sin\lambda' = \cos\varphi'' \sin\lambda - \cos\lambda \sin\varphi'' \sin(\mathcal{L} - \theta''),$$

telle est la formule qui donnera λ'. Comme λ' diffère peu de λ, on peut la simplifier. Posons

$$\lambda' = \lambda + x,$$

on aura

$$\sin\lambda' = \sin\lambda \cos x + \cos\lambda \sin x = \cos\varphi'' \sin\lambda - \cos\lambda \sin\varphi'' \sin(\mathcal{L} - \theta'');$$

en faisant $\cos x$ et $\cos\varphi''$ égaux à l'unité, et $\sin x = x \sin 1''$, $\sin\varphi'' = \varphi'' \sin 1''$, on aura

$$\sin\lambda + \cos\lambda x \sin 1'' = \sin\lambda - \cos\lambda \varphi'' \sin 1'' \sin(\mathcal{L} - \theta''),$$

d'où

$$x = -\varphi'' \sin(\mathcal{L} - \theta''),$$

et par suite

$$\lambda' = \lambda - \varphi'' \sin(\mathcal{L} - \theta''). \tag{8}$$

Le même triangle $pp'A$ donne

$$\text{cotang}\, pA \sin pp' = \cos pp' \cos p'pA + \sin p'pA\, \text{cotang}\, pp'A,$$

d'où

$$\text{cotang}\, pp'A = \frac{\text{cotang}\, pA \sin pp' - \cos pp' \cos p'pA}{\sin p'pA}$$

ou

$$\text{tang}\,(\mathcal{L}' - \theta'' - \psi_1) = \frac{\text{tang}\,\lambda \sin\varphi'' + \cos\varphi'' \sin(\mathcal{L} - \theta'')}{\cos(\mathcal{L} - \theta'')}.$$

Mais comme $\Upsilon'' a_1$ diffère peu de

$$FA_1 = \mathcal{L} + \psi_1,$$

nous pouvons poser

$$\mathcal{L}' = \mathcal{L} + \psi_1 + y,$$

il vient alors en mettant à la place de $\mathcal{L}'$ cette valeur

$$\text{tang}\,(\mathcal{L} - \theta'' + y) = \frac{\text{tang}\,\lambda \sin\varphi'' + \cos\varphi'' \sin(\mathcal{L} - \theta'')}{\cos(\mathcal{L} - \theta'')}.$$

Si nous développons y d'après la série de *Maclaurin*, suivant les puissances croissantes de φ'', nous aurons, en nous arrêtant au second terme,

$$y = y_0 + \left(\frac{dy}{d\varphi''}\right)_0 \varphi'';$$

de l'équation précédente on déduit

$$y_0 = 0 \quad \text{et} \quad \left(\frac{dy}{d\varphi''}\right)_0 = \operatorname{tang}\lambda \cos(\mathfrak{L} - \theta'').$$

On a donc

$$y = \varphi'' \operatorname{tang}\lambda \cos(\mathfrak{L} - \theta''),$$

et par suite,

$$\mathfrak{L}' = \mathfrak{L} + \psi_1 + \varphi'' \operatorname{tang}\lambda \cos(\mathfrak{L} - \theta''). \tag{9}$$

Les formules (8) et (9) permettent donc d'obtenir les coordonnées écliptiques pour l'époque $1850 + t$ rapportées à l'équinoxe moyen de $1850 + t$. On ferait évidemment t négatif dans la formule (3) si l'on voulait considérer une époque antérieure à 1850.

Pour rapporter la longitude ainsi obtenue à l'*équinoxe vrai*, il faudra augmenter cette longitude de la nutation Ψ de l'équinoxe.

2° *Changement des coordonnées équatoriales.*

309. Voyons maintenant comment, connaissant les coordonnées équatoriales d'une étoile A à l'époque 1850, on peut les obtenir pour $1850 + t$.

Fig. 181.

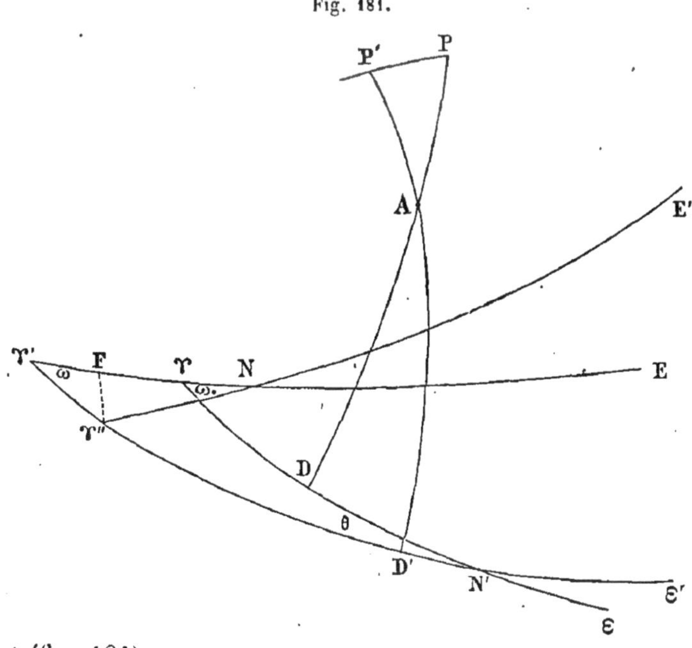

Soient (fig. 181) :

♈'E écliptique de 1850,

♈''E' écliptique de $1850 + t$,

♈ε équateur de 1850,

$\Upsilon''\varepsilon'$ équateur de $1850 + t$,
A la position de l'astre,
P le pôle de l'équateur de 1850,
P′ le pôle de l'équateur de $1850 + t$.
$AD = D$ déclinaison de A } en 1850,
$\Upsilon D = \mathcal{A}$ ascension droite de A }
$AD' = D'$ déclinaison de A } en $1850 + t$.
$\Upsilon''D' = \mathcal{A}'$ ascension droite de A }

Appelons θ l'inclinaison mutuelle des deux équateurs; le triangle $\Upsilon'\Upsilon N'$ donne, en employant les analogies de Néper,

$$\operatorname{tang}\left(\frac{N'\Upsilon' - N'\Upsilon}{2}\right) = \frac{\sin\left(\dfrac{\omega_0 + \omega}{2}\right)}{\sin\left(\dfrac{\omega_0 - \omega}{2}\right)} \operatorname{tang}\frac{1}{2}\psi,$$

$$\operatorname{tang}\left(\frac{N'\Upsilon' + N'\Upsilon}{2}\right) = \frac{\cos\left(\dfrac{\omega_0 + \omega}{2}\right)}{\cos\left(\dfrac{\omega_0 - \omega}{2}\right)} \operatorname{tang}\frac{1}{2}\psi,$$

et enfin

$$\sin\theta = \frac{\sin\psi \sin\omega}{\sin N'\Upsilon} = \frac{\sin\psi\sin\omega_0}{\sin N'\Upsilon'}.$$

A l'aide de ces trois équations, on obtiendra

$$N'\Upsilon',\ N'\Upsilon \text{ et } \theta.$$

On aura ensuite

$$N'D = N'\Upsilon - \mathcal{A}.$$

Dans le triangle PP′A on connaît maintenant

$$PP' = \theta,\ PA = 90° - D \text{ et } P'PA = 90° - N'D;$$

on pourra donc déterminer par les formules connues

$$P'A = 90° - D' \text{ et l'angle } PP'A = 90 + N'D';$$

on obtiendra donc la déclinaison D′; et d'après la valeur de $\Upsilon''\Upsilon'$ donnée plus haut, page 381,

$$\text{ascension droite en } 1850 + t = \mathcal{A}' = \Upsilon''D' = \Upsilon'N' - \Upsilon''\Upsilon' - N'D'$$

$\Upsilon''\Upsilon'$ s'obtient au moyen des formules (m) et (n) données pages 381 et 382.

Au lieu de suivre la méthode que nous venons de donner, on aurait pu passer des ascensions droites et déclinaisons de 1850 aux latitudes et longitudes de la même époque, puis de ces coordonnées écliptiques passer aux coordonnées écliptiques de $1850 + t$, ainsi que nous l'avons indiqué plus haut.

On rapporterait la longitude ainsi obtenue à l'équinoxe *vrai*, et, avec cette longitude, la latitude obtenue et l'obliquité ω_1 de l'écliptique, calculée en ayant égard à la fonction périodique Ω, on pourrait calculer $\mathcal{R}'$ et D' pour $1850 + t$.

ETUDE DES PLANÈTES.

310. *Classification.* — Nous avons vu que les étoiles, tout en subissant le mouvement général qui provient de la rotation de la Terre, restaient toutes dans une même position relative sur la voûte céleste.

Or, si l'on examine le Ciel pendant quelques nuits, on aperçoit quelques astres, ayant l'apparence d'étoiles, qui ne conservent pas cette même position relative.

Ces astres prennent le nom de *planètes* ou *astres errants.*

A l'œil nu on aperçoit *cinq de ces planètes* qui, par suite, étaient connues des anciens.

A l'aide de lunettes astronomiques ou de télescopes, on en voit un plus grand nombre dont la découverte est complétement due aux *modernes.*

Parmi ces planètes on *en distingue deux* qui, dans leur mouvement sur la sphère céleste, ne s'écartent jamais beaucoup du Soleil. Les autres s'en écartent jusqu'à la distance de 180° et font, par rapport à cet astre, un tour entier de la sphère céleste. .

Les planètes qui ne paraissent pas s'écarter beaucoup du Soleil prennent le nom de *planètes inférieures,* les autres sont appelées *planètes supérieures;* nous en verrons plus loin la raison.

Nous allons étudier le mouvement apparent de ces différents *astres.*

ÉTUDE DU MOUVEMENT DES PLANÈTES INFÉRIEURES.

On n'aperçoit que deux planètes inférieures : l'une a été appelée *Mercure* et l'autre *Vénus.* N'étudions le mouvement des planètes inférieures que sur celui de *Vénus,* qui se présente à nous sous l'aspect le plus brillant.

PREMIER MODE D'OBSERVATION.

311. 1° *Par rapport à ses points de lever et de coucher.* — Quelque temps avant le lever du Soleil on voit paraître, de temps en temps, aux points de l'horizon où l'astre du jour doit se montrer, un astre beaucoup plus éclatant que les plus belles étoiles de la voûte céleste.

C'est *Vénus* que les Grecs appelaient *l'étoile du matin* ou ἑωσφόρος, *porteur de l'Aurore*.

L'éclat de cette étoile se perd bientôt dans les flots de la lumière solaire, sauf à quelques époques éloignées, où l'on peut encore l'apercevoir à l'œil nu, en plein jour, parcourir son arc diurne de la voûte céleste.

Les points de lever et de coucher de *Vénus* oscillent, d'une manière irrégulière, autour de la position moyenne des points de *lever et de coucher du Soleil*.

Cette planète se lève tantôt avant le coucher du Soleil, tantôt après. Lorsque Vénus se couche quelque temps après le Soleil, elle apparaît encore sous l'aspect d'une *étoile très-brillante*, ce qui lui a fait donner le nom *d'étoile du soir ou du Berger*.

Ainsi, *l'étoile du soir* et *l'étoile du matin*, c'est la planète *Vénus*.

2° *Par rapport au méridien*. — Vénus passe toujours au méridien aux environs du moment où le Soleil y passe, tantôt avant cet astre, tantôt après. L'intervalle de temps maximum qui s'écoule entre le passage du Soleil et celui de cette planète, au même méridien, n'excède pas $2^h\ 50^m$ environ.

L'élévation maximum de Vénus au-dessus de l'horizon oscille autour de l'élévation maximum du Soleil. Cette oscillation ne suit pas un mouvement aussi régulier que le mouvement d'oscillation du point d'élévation maximum du Soleil.

3° *Par rapport au Soleil et aux étoiles*. — Si à l'aide d'une forte lunette nous regardons, un certain jour, le Soleil, en ayant soin d'interposer un verre coloré pour affaiblir ses rayons, nous apercevons *Vénus* à l'Orient, mais très-près du Soleil. Si nous observons, maintenant, la planète et le Soleil par rapport aux étoiles, nous voyons que ces deux astres marchent dans le sens *d'Occident en Orient*, seulement *la vitesse de la planète surpasse la vitesse du Soleil*; par conséquent, la distance de ces deux astres augmente successivement, c'est-à-dire que *Vénus* paraît s'écarter du *Soleil*.

En continuant nos observations, nous remarquons que la vitesse de la planète par rapport aux étoiles se ralentit, bien qu'étant toujours plus grande que *celle du Soleil; la distance des deux astres augmente toujours*.

Quelque temps après, la vitesse de la planète par rapport aux étoiles est la même que celle du Soleil; *la distance des deux astres est à son maximum*.

Les jours suivants, la vitesse de la planète par rapport aux étoiles est *plus petite* que celle du Soleil; *les deux astres se rapprochent*.

La vitesse de *Vénus* par rapport aux étoiles va de jour en jour en diminuant, et les deux astres sont bientôt très-près l'un de l'autre; la planète se trouve toujours *à l'Orient du Soleil*.

Pendant quelques jours la planète paraît *stationnaire par rapport aux étoiles*, par suite le Soleil s'en rapproche.

Enfin, le mouvement de la planète PAR RAPPORT AUX ÉTOILES devient *rétrograde;* le Soleil se rapproche de l'astre plus sensiblement; les deux astres sont bientôt en *conjonction inférieure*, et l'on aperçoit quelquefois, à des intervalles généralement très-éloignés, *le disque noir de la planète sur la surface solaire qu'elle traverse d'Orient en Occident.*

Le *mouvement rétrograde* de la planète par rapport aux étoiles se continue pendant quelques jours tout en *diminuant cependant;* les deux astres s'écartent l'un de l'autre. Lorsque l'astre se trouve à une petite distance du Soleil à l'Occident, sa vitesse rétrograde par rapport aux étoiles *devient nulle;* la planète paraît encore *stationnaire.*

La distance des deux astres augmente, la planète est *à l'Occident* du Soleil.

Le mouvement de la planète par rapport aux étoiles devient bientôt direct; mais comme il est inférieur à celui du *Soleil*, la distance des deux astres augmente toujours.

La vitesse de la planète par rapport aux étoiles continue à augmenter, et un certain jour cette vitesse est la même que celle du Soleil. La distance des deux astres est à son maximum, la planète étant toujours *à l'Ouest du Soleil.* Ce maximum est à peu près le même que celui observé lorsque la planète était à l'Orient du Soleil.

La vitesse de la planète par rapport aux étoiles devenant plus grande que celle du Soleil, Vénus se rapproche du Soleil et, tout en continuant son mouvement direct sur les étoiles, vient passer à peu de distance du Soleil pour se trouver comme au point de départ de nos observations à l'Orient de l'astre radieux; on dit alors que la planète est en *conjonction supérieure.*

A des intervalles éloignés, si l'éclat extraordinaire du Soleil ne nous en empêchait, on pourrait apercevoir la planète disparaître pendant quelque temps derrière le disque solaire pour reparaître *ensuite à l'Orient;* le mouvement se continue ensuite *indéfiniment* et *périodiquement*, ainsi que nous venons de l'indiquer.

Lorsque la planète s'éloigne du Soleil, on dit qu'elle est en *digression.*

On distingue donc deux sortes de digressions : *l'une orientale, l'autre occidentale.* Les digressions de Vénus sont plus grandes *que celles de Mercure* et varient entre 45° et 47° 45′; celles de Mercure ne sont comprises qu'entre 16° et 28° 7′ environ.

4° *Par rapport à son aspect.* — Une planète inférieure, dans le mouvement que nous venons d'observer par rapport au Soleil, ne conserve pas toujours le même aspect. Elle a des phases analogues à *celles de la Lune,* c'est-à-dire qu'elle se présente sous la forme d'un croissant variant depuis la ligne circulaire jusqu'au cercle entier.

La convexité de ce croissant est toujours tournée vers le Soleil; la ligne qui joint les cornes de ce croissant est perpendiculaire sur la ligne qui joint le centre de l'astre au centre du Soleil.

Le disque de la planète présente la forme d'un demi-cercle lumineux, lorsque la planète est en digression; d'un cercle entier lorsqu'elle est en conjonction supérieure; et enfin d'un filet circulaire très-mince quand elle est en conjonction inférieure.

On observe, de plus, que le diamètre de la planète n'est pas constant et varie périodiquement entre deux limites dans un intervalle de 3 mois et 22 jours environ pour Vénus et de 1 mois 14 jours pour Mercure.

Conclusion. — Puisqu'une planète inférieure ne s'écarte jamais beaucoup du Soleil et paraît le suivre dans son mouvement; puisqu'elle s'interpose quelquefois entre le Soleil et nous, et se cache au contraire quelquefois derrière le disque solaire; que jamais sa digression ne s'étend à 180°, ce qui arriverait si cet astre tournait autour de nous; puisque, enfin, l'aspect de son disque subit des phases analogues à celles de la Lune, nous pouvons rationnellement conclure que la planète *est douée d'un mouvement de translation autour du Soleil, auquel elle emprunte sa lumière.*

312. *Explication des phases de Vénus.* — La figure 182 fait aisément comprendre, d'après cela, les différentes phases d'une *planète inférieure.*

Fig. 182.

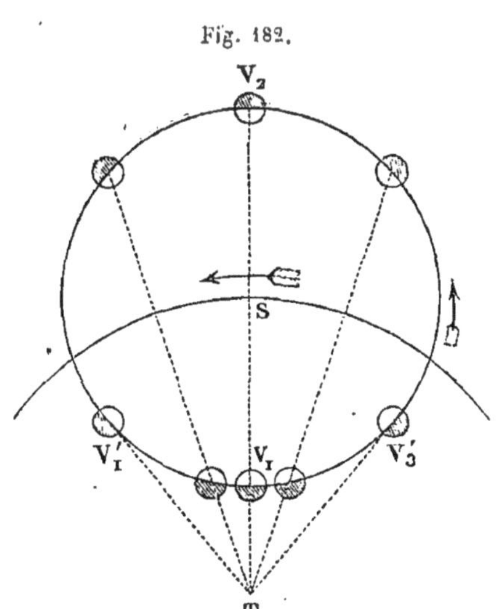

Lorsque la planète est en V_1, elle ne présente à la Terre que sa partie non éclairée; *la planète est en conjonction inférieure;* en V_2 elle présente à la Terre sa partie éclairée, elle est vue sous la forme d'un cercle lumineux : elle est *en conjonction supérieure.*

En V'_1 et en V'_3 la planète doit être vue de la Terre sous la forme d'un demi-cercle lumineux, elle est alors dite *dichotome,* et elle se trouve, en ces deux points, au maximum de *sa digression.*

Mercure est difficile à apercevoir dans nos climats septentrionaux; jamais *Copernic* n'a pu voir cette planète. *Delambre* dit ne l'avoir aperçue à la vue simple que *deux fois.*

Le premier mode *d'observation* fait sur Mercure nous conduirait à des résultats complétement analogues.

DEUXIÈME MODE D'OBSERVATION.

313. Supposons, actuellement, que nous soyons dans un observatoire et que nous possédions *une lunette méridienne*, *un cercle mural*, *une pendule sidérale et enfin un globe où sont tracés l'équateur, l'écliptique et toutes les positions des étoiles.*

A l'aide de la lunette méridienne, de la pendule sidérale et du cercle mural, déterminons, chaque jour, *l'ascension droite et la déclinaison de la planète*. Si nous portons *ces coordonnées sur le globe céleste*, et que nous réunissions par un trait continu toutes les positions, successivement déterminées, nous reconnaîtrons :

1° *Que la planète se meut à peu près suivant l'écliptique en passant tantôt d'un côté tantôt de l'autre de ce cercle;*

2° *Que son mouvement, qui le plus souvent est direct, c'est-à-dire d'Occident en Orient, est tantôt accéléré, tantôt retardé;*

3° *De temps en temps le mouvement devient rétrograde pendant quelques jours pour reprendre ensuite le sens direct.*

La courbe sinueuse tracée sur les figures 183 et 184, aux environs de l'arc qui représente l'écliptique, indique le lieu des positions successives de *Vénus* dans le courant de l'année 1858.

On voit que le mouvement est rétrograde du 20 novembre au 26 décembre; la planète devait se trouver à ces époques aux environs de sa conjonction inférieure, puisque entre ces deux dates le Soleil a dû passer au solstice d'hiver.

Le temps qu'une planète inférieure met à faire le tour de la sphère céleste n'est pas constant ; en moyenne, ce temps est le même que celui de la révolution du Soleil autour de la Terre.

La courbe que nous venons de déduire du deuxième mode d'observation ne peut pas servir à déterminer les lois du mouvement de la planète, attendu qu'elle est évidemment *le mouvement apparent résultant du mouvement propre de la Terre autour du Soleil et du mouvement propre de la planète que notre premier mode d'observation nous a déjà fait supposer avoir lieu autour du Soleil.*

Ce mouvement composé devenant très-compliqué quand on le rapporte au centre de la Terre à l'aide du troisième mode d'observations habituel, nous allons tâcher de déterminer ce qu'il serait pour un observateur situé au centre du Soleil.

Fig. 183

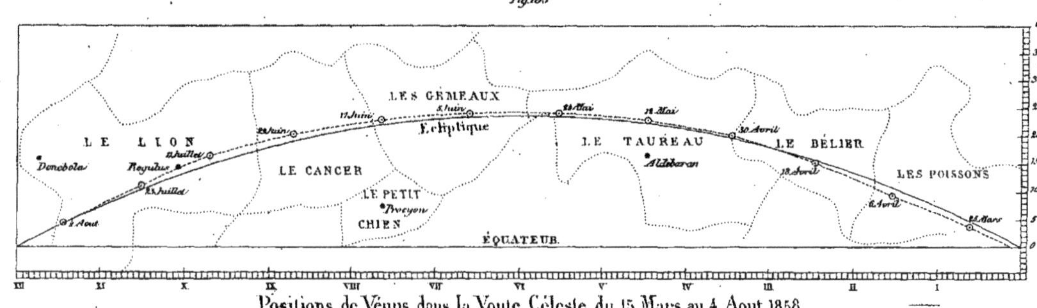

Positions de Vénus dans la Voute Céleste du 15 Mars au 4 Aout 1858.

Fig. 184

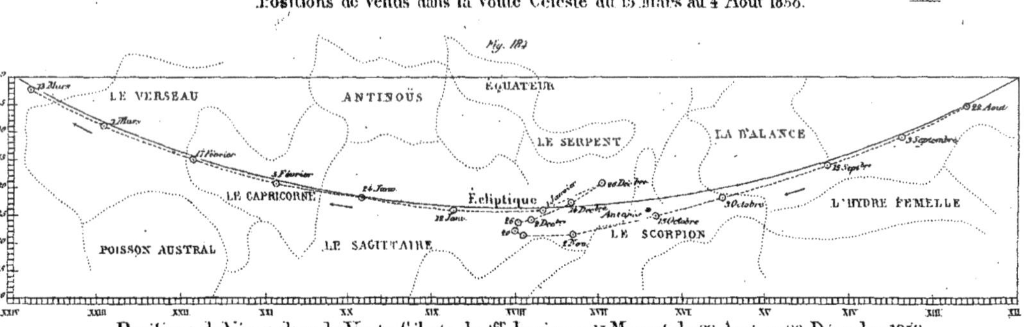

Positions de Vénus dans la Voute Céleste du 1er Janvier au 13 Mars et du 22 Aout au 26 Décembre 1858.

Paris Imp. Janson R. Ant. Dubois

TROISIÈME MODE D'OBSERVATION.

314. Le micromètre dont nous nous sommes servis dans l'étude du mouvement du Soleil et de la Lune par le troisième mode d'observation, ne peut ici être employé qu'à constater que le diamètre de l'astre est le plus grand quand la planète est à sa *conjonction inférieure* et le plus petit quand la planète est à sa *conjonction supérieure.* Nous pouvons donc en déduire *que la distance de la planète à la Terre n'est pas constante*, et que cette distance est maximum aux *environs de la conjonction supérieure et minimum aux environs de la conjonction inférieure;* ce qui vient encore confirmer le mouvement de la planète *autour du Soleil.*

Voyons, maintenant, *comment nous allons rapporter le mouvement de la planète au centre de cet astre.*

315. *Recherche de la courbe décrite par la planète autour du Soleil.* — L'observation que nous avons faite que *la latitude de la planète* observée est *tantôt australe, tantôt boréale* fait voir que la courbe que décrit cet astre autour du Soleil traverse le plan de *l'écliptique.*

La position de l'intersection de l'orbite planétaire et de l'orbite terrestre par rapport à la ligne des équinoxes est le premier élément à connaître. Cette intersection s'appelle *ligne des nœuds;* en convenant d'appeler *nœuds*, comme pour la Lune, les points où la planète traverse le plan de l'écliptique.

On distingue encore ces nœuds en nœud ascendant (☊) et nœud descendant (☋), selon que la planète passe de la partie Sud dans la partie Nord de l'écliptique ou réciproquement.

316. *Détermination de la longitude héliocentrique des nœuds d'une planète.* — Supposons qu'à l'aide du second mode d'observation et des formules servant à passer des coordonnées d'un astre par rapport à l'équateur aux coordonnées du même astre par rapport à l'écliptique, nous déterminions, chaque jour, *la latitude et la longitude géocentriques de la planète.*

Fig. 183.

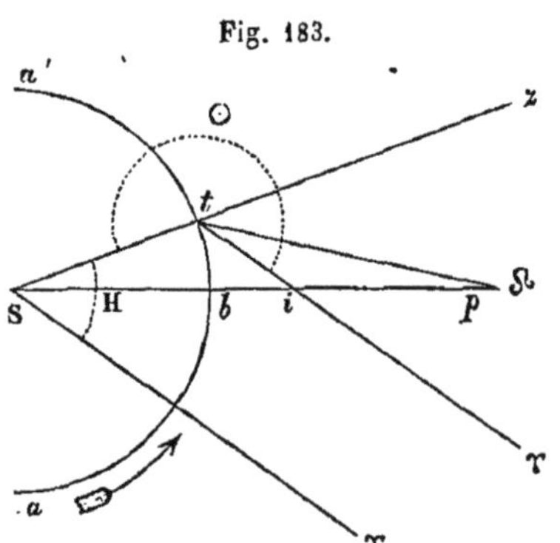

Nous connaissons aussi, pour ces mêmes époques, la longitude géocentrique du Soleil.

Consignons toutes ces observations sur notre registre.

Soient, maintenant, S le Soleil (fig. 183), *aba'* une portion de l'ellipse que décrit la Terre autour du Soleil dans le sens de la flèche.

Cherchons dans le registre de *nos observations*, l'époque à laquelle la latitude la planète de *est nulle;* elle est alors en p sur la ligne des nœuds S☊, et la Terre se trouve en t ce jour-là, jour pour lequel *on connaît la longitude géocentrique du Soleil* $\odot$.

Supposons que S♈ *et* t♈ *représentent la ligne des équinoxes.*

C'est l'angle ♈S☊, longitude héliocentrique du nœud $=\theta$ que nous voulons déterminer. Notre registre nous donne $pt\Upsilon = \mathcal{L}$, c'est-à-dire *la longitude géocentrique de la planète* au moment où elle est à son nœud.

Dans le triangle Stp, nous avons

$$\frac{tS}{pS} = \frac{\sin tpS}{\sin Stp},$$

ou, en représentant tS par ρ et pS par r,

$$\frac{\rho}{r} = \frac{\sin tpS}{\sin Stp};$$

mais

$$tpS = pi\Upsilon - pt\Upsilon = \theta - \mathcal{L},$$
$$Stp = St\Upsilon + pt\Upsilon = 360 - \odot + \mathcal{L},$$

Donc, on a,

$$\frac{\rho}{r} = \frac{\sin(\theta - \mathcal{L})}{\sin(\mathcal{L} - \odot)},$$

ce qui donne une première équation.

Si nous attendons, maintenant, que la planète revienne au même nœud, la Terre ne se trouvant pas à la même position sur son orbite, r, $\mathcal{L}$ et $\odot$ seront alors r', $\mathcal{L}'$ et $\odot'$. Mais, puisque nos observations nous ont déjà conduit à penser que la planète décrit une courbe autour du Soleil, on doit admettre que r et θ ne changent pas. Les observations subséquentes vérifieront, du reste, cette hypothèse.

On aura alors, une relation analogue

$$\frac{\rho'}{r} = \frac{\sin(\theta - \mathcal{L}')}{\sin(\mathcal{L}' - \odot')},$$

d'où, éliminant r entre ces deux équations, on a

$$\frac{\sin(\theta - \mathcal{L})}{\sin(\theta - \mathcal{L}')} = \frac{\sin(\mathcal{L} - \odot)}{\sin(\mathcal{L}' - \odot')} \times \frac{\rho}{\rho'}.$$

En appelant A le second membre dans lequel tout est connu, on déduit,

$$\text{tang}\left(\theta - \frac{\mathcal{L} + \mathcal{L}'}{2}\right) = \frac{A+1}{A-1}\,\text{tang}\,\frac{(\mathcal{L}' - \mathcal{L})}{2},$$

ce qui fait connaître la valeur de θ.

En refaisant ce calcul à plusieurs passages de la planète à son nœud, on retrouve à peu près la même valeur.

Si l'on fait un calcul semblable pour le nœud descendant, on trouve que sa longitude diffère de celle du nœud ascendant de 180° environ; donc, *la ligne des nœuds passe par le centre du Soleil.*

317. *La courbe que décrit la planète autour du Soleil est sensiblement plane.* — Consultons, maintenant, le registre dans lequel sont inscrites *les longitudes géocentriques du Soleil, et par suite, les longitudes héliocentriques de la Terre,* pour des époques successives.

Cherchons celle à laquelle la longitude héliocentrique H de la Terre est égale à la longitude *héliocentrique* θ du nœud ascendant de la planète. *La Terre se trouve à ce moment sur la ligne des nœuds de cet astre.*

Mettons-nous en observation à *cette époque* et déterminons, à l'aide de *l'équatorial* (70), l'ascension droite et la déclinaison de la planète desquelles nous conclurons *sa latitude géocentrique* λ *et sa longitude géocentrique* $\mathcal{L}$.

Soient S le Soleil (fig. 184), S☊ la ligne des nœuds de la planète, t la Terre.

Fig. 184.

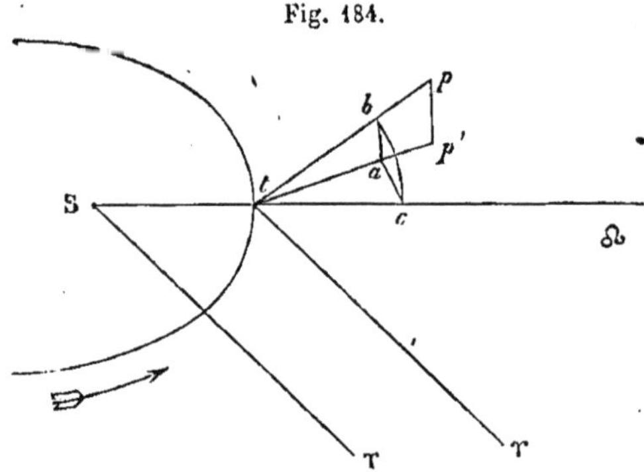

La planète se trouve en ce moment en p.

Abaissons pp' perpendiculaire sur le plan de l'écliptique, joignons pt et $p't$; on a évidemment,

$$ptp' = \lambda \quad \text{et} \quad p't\Upsilon = \mathcal{L}.$$

Cherchons l'inclinaison du plan qui passe par p et par S☊ avec le plan de *l'écliptique;* cette inclinaison est évidemment donnée par l'angle du plan pt☊ et du plan $p't$☊.

Or, si du point t comme centre, nous décrivons une sphère, nous formerons un triangle sphérique bac rectangle en a, dont l'angle c que nous pouvons représenter par φ, sera égal à l'inclinaison cherchée, et dans lequel $ba = \lambda$ et $ac = \mathcal{L} - \theta$; de ce triangle on déduit,

$$\tan\varphi = \frac{\tan\lambda}{\sin(\mathcal{L} - \theta)}.$$

Si l'on répète ce calcul à plusieurs passages de la Terre sur la ligne des nœuds de la planète, il est clair que λ et $\mathcal{L}$ changeront; or, *on trouvera toujours pour* φ *la même valeur;* donc; *l'orbite planétaire est une courbe plane dont* φ *donne l'inclinaison sur l'écliptique.*

318. Pour définir exactement l'inclinaison φ de l'orbite d'une planète sur le plan de l'écliptique, considérons une sphère céleste dont le centre se trouverait au centre du Soleil en S (fig. 185). Soit ♈ε l'intersection du plan de l'écliptique avec cette sphère, ♈E celle d'un plan parallèle à l'équateur et enfin N_1N la trace du plan de l'orbite de la planète. Les astronomes supposent que la partie SNε de l'écliptique, comptée à partir de SN et dans le *sens du mouvement de la flèche* (1), se relève au-dessus du plan de l'écliptique, c'est-à-dire vers la région *Nord* de l'espace, en tournant autour de SN, jusqu'à venir se confondre avec le plan de l'orbite.

Fig. 185.

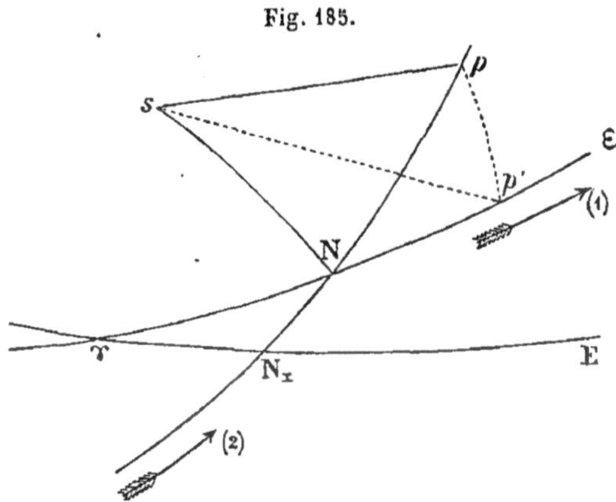

Si l'angle φ est plus petit que 90° et si le mouvement de la projection du rayon vecteur Sp de la planète sur l'écliptique se fait *dans le sens* du mouvement de la Terre, le mouvement est appelé *direct.*

Fig. 186.

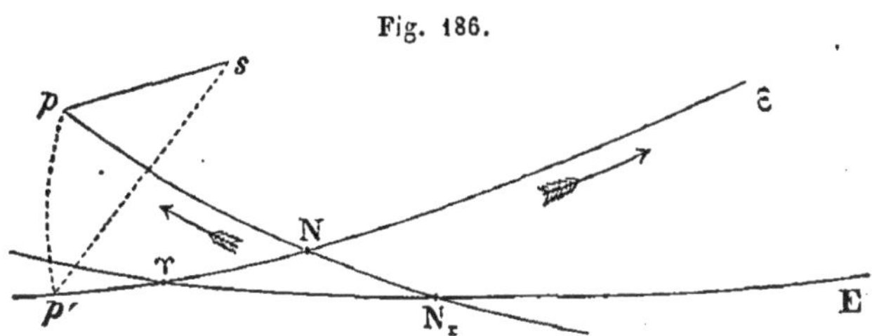

Si φ étant plus grand que 90°, ainsi qu'on le voit (fig. 186), le mouvement de la projection du rayon vecteur Sp a lieu *en sens contraire* du mouvement de la Terre, le mouvement de la planète dans son orbite est encore *direct. Il est inverse* quand φ étant plus petit que 90° le mouvement du rayon vecteur *projeté* a lieu en sens *inverse* du mouvement de la Terre, ou quand φ étant plus grand que 90°, il a lieu dans le sens du mouvement de la Terre.

La somme des deux arcs ♈N et Np (fig. 185 et 186), dont le premier est la longitude du nœud de l'orbite se nomme la longitude héliocentrique vraie de la planète ou longitude dans l'orbite et se désigne par v; on a donc

$$\theta + Np = v,$$

d'où

$$Np = v - \theta.$$

Si nous menons l'arc pp' perpendiculaire à l'écliptique, l'arc ♈p', qui est la longitude héliocentrique de la planète sur l'écliptique se désigne par v_1.

Nous avons la relation

$$\theta + Np' = v_1,$$

d'où

$$Np' = v_1 - \theta,$$

l'arc pp' qui est la *latitude héliocentrique* se désigne par s.

319. *Détermination de l'angle que fait, à un instant quelconque, le rayon vecteur avec la ligne des nœuds, et de la distance correspondante de la planète au Soleil.*

Soient, actuellement, S le Soleil (fig. 187), S☊ la ligne des nœuds de la planète, p cet astre, t la Terre et t♈ ou S♈ la ligne des équinoxes.

Fig. 187.

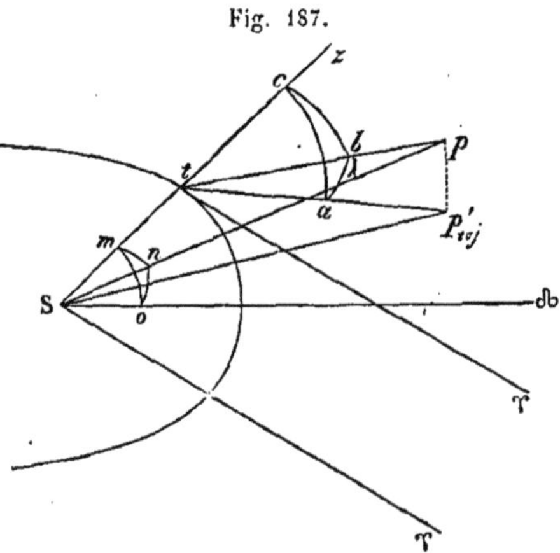

Cherchons l'angle pS☊ $= n$ et la distance $p\mathrm{S} = r$.

Pour cela, abaissons pp' perpendiculairement sur l'écliptique et joignons pS, pt, p'S et $p't$.

Si nous supposons deux sphères ayant leurs centres en t et en S, nous formerons deux triangles sphériques abc et omn.

Dans le premier, rectangle en a, nous connaissons $ba = \lambda$, *latitude géocentrique de la planète*, et $ca = \mathrm{H} - \mathcal{L}$, *différence entre la longitude héliocentrique de la Terre et la longitude géocentrique de la planète;* de ce premier triangle on déduit les deux relations :

$$\operatorname{tang} bca = \frac{\operatorname{tang}\lambda}{\sin(\mathrm{H}-\mathcal{L})} \text{ et } \cos bc = \cos\lambda \cos(\mathrm{H} - \mathcal{L}).$$

Le second triangle sphérique *mno*, dans lequel :

nmo = *bca*,
mon = φ *inclinaison de l'orbite sur l'écliptique*,
mo = H — θ *différence entre les longitudes héliocentriques de la Terre et du nœud*,

donne, en représentant l'angle *bca* par *c*,

$$\operatorname{cotang} pS☊ = \frac{\cos(H - \theta)\cos\varphi + \sin\varphi \operatorname{cotang} c}{\sin(H - \theta)},$$

ou

$$\operatorname{cotang}(v - \theta) = \operatorname{cotang}(H - \theta)\cos\varphi + \frac{\sin\varphi \sin(H - \mathcal{L})}{\operatorname{tang}\lambda \sin(H - \theta)},$$

et puis

$$\operatorname{cotang} mn = \frac{\cos(H - \theta)\cos c + \sin c \operatorname{cotang}\varphi}{\sin(H - \theta)}.$$

Le triangle *t*S*p* nous donne enfin :

$$r = \frac{\rho \sin bc}{\sin(bc - mn)}.$$

Donc, nous connaîtrons pour des époques déterminées, *l'angle* n *du rayon vecteur de la planète avec la ligne des nœuds et la distance* r *de la planète au Soleil.*

Première loi. — La courbe que décrit la planète autour du Soleil est une ellipse. — Nous avons déjà trouvé (311) que la courbe que décrit la planète autour du Soleil est plane. Si, sur une feuille de papier représentant le plan de cette courbe, nous traçons actuellement une ligne ☊S☋ (fig. 188), représentant la ligne des nœuds et que, pour chaque jour, et à l'aide des coordonnées ☊S*p* et *r* que nous venons de déterminer, nous plaçons les positions successives *p*, *p'*,... de la planète autour du Soleil, en joignant tous ces points par un trait continu, nous trouverons *que la courbe qu'elle décrit est une ellipse dont le Soleil occupe un des foyers*. Le grand axe prend encore le nom de *ligne des apsides* et ses extrémités ceux de *périhélie* et *aphélie*, ce dernier s'appliquant à l'extrémité la plus éloignée du Soleil.

Fig. 188.

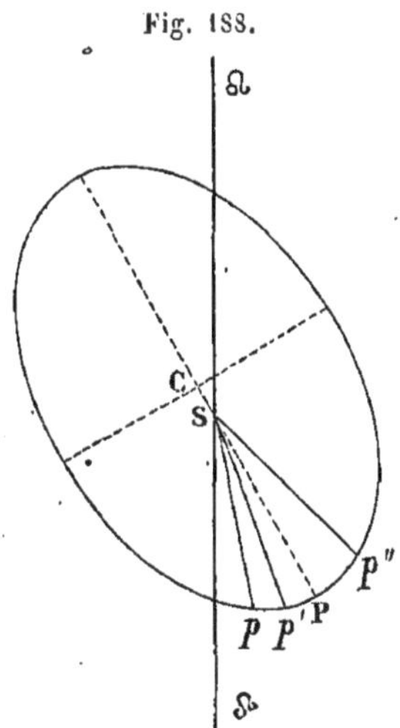

Deuxième loi ou loi des aires. — De plus, nous reconnaîtrons, comme nous l'avons vu pour la Terre et la Lune, que les aires décrites par le rayon vecteur sont proportionnelles aux temps employés à les parcourir.

320. *Détermination de l'excentricité.* — On peut déterminer d'une manière approchée, l'excentricité de l'orbite planétaire, ainsi que le demi-grand axe, par la considération des valeurs maximum et minimum de la distance de la planète au Soleil. Si l'on appelle, en effet, R et R′ les valeurs maximum et minimum de Sp, c'est-à-dire lorsque la planète est *aphélie* et *périhélie*, on a

$$R = a(1 + e),$$
$$R' = a(1 - e),$$

d'où

$$\frac{R}{R'} = \frac{1+e}{1-e},$$

et, par suite,

$$e = \frac{R - R'}{R + R'}.$$

On détermine aussi a, par la relation évidente,

$$a = \frac{R + R'}{2}.$$

Vérification de l'ellipticité de l'orbite planétaire. — Une fois que l'on a déterminé e et a et la valeur de l'angle ☊ SP $= \omega$ au moment du passage de l'astre à son périhélie, comme nous le verrons tout à l'heure, l'équation polaire de la courbe donne, pour un autre moment, lorsque ☊S$p = n$,

$$r = \frac{a(1 - e^2)}{1 + e\cos(n - \omega)}.$$

En comparant cette valeur de r à celle de Sp correspondant à l'angle ☊S$p = n$ déduite du triangle tSp (fig. 187), ainsi que nous venons de le faire, on trouve qu'elles sont identiques; ce qui prouve bien *l'ellipticité de l'orbite planétaire.*

Détermination des éléments nécessaires à la connaissance de l'orbite d'une planète.

321. *Maintenant que nous venons de reconnaître les lois du mouvement d'une planète inférieure,* nous allons voir comment on peut déterminer les éléments qui distinguent entre elles les orbites planétaires, éléments qui sont au nombre de six.

Nous admettrons d'abord que par les moyens que nous venons d'indiquer, on ait déterminé :

1° *La longitude héliocentrique du nœud* θ;

2° *L'inclinaison de l'orbite sur le plan de l'écliptique* φ.

Ces deux éléments fixent la position de *l'orbite par rapport au plan de l'écliptique.*

La position de l'ellipse dans son plan, sa forme et sa grandeur seront déterminées par :

1° *L'angle* ω *que fait le grand axe avec la ligne des nœuds;*
2° *L'excentricité* e;
3° *La grandeur du demi-grand axe* a.

Ces trois quantités peuvent s'obtenir à l'aide de *trois observations de la planète,* quand on connaît l'inclinaison de *l'orbite sur l'écliptique et la longitude du nœud.*

Supposons que nous ayons calculé, comme nous l'avons dit, *trois positions de la planète dans le plan de son orbite, à l'aide des coordonnées* r *et* ☊$Sp = n$.

De l'équation polaire de l'ellipse, on déduit les trois équations:

$$r = \frac{a(1 - e^2)}{1 + e\cos(n - \omega)},$$
$$r' = \frac{a(1 - e^2)}{1 + e\cos(n' - \omega)},$$
$$r'' = \frac{a(1 - e^2)}{1 + e\cos(n'' - \omega)};$$

dans ces trois relations il n'y a que ω, e et a d'inconnues, on peut facilement les déterminer.

Troisième loi. — En déterminant ainsi les éléments elliptiques des deux planètes inférieures que l'on observe, on trouve que si l'on représente par a le demi-grand axe de l'orbite de l'une de ces planètes, par a' le demi-grand axe de l'orbite de l'autre, par T le temps de révolution de la première autour du Soleil, par T' le temps de révolution de la seconde autour du même astre, on a la relation

$$\frac{T^2}{T'^2} = \frac{a^3}{a'^3},$$

c'est-à-dire, *que les carrés des temps de révolution sont entre eux comme les cubes des demi-grands axes;* nous verrons que cette loi s'étend à toutes les planètes.

Détermination de l'époque du passage de la planète au périhélie.

322. Par la méthode que nous venons de donner, l'ellipse que décrit la planète dans l'espace est bien fixée *de position, de forme et de grandeur;* mais il reste encore à savoir comment cet astre décrit cette ellipse, *tout en suivant la loi des aires.*

Pour cela, il faut connaître le temps de révolution de la planète dans son orbite, et l'époque à laquelle cet astre passe au *périhélie*.

Pour obtenir cet élément, il suffit de chercher dans le registre de nos observations, l'époque qui correspond à $\Omega S p = \omega$ que nous avons déterminée par trois observations.

La détermination des époques de deux passages successifs de la planète à son périhélie nous donnera le temps T de sa révolution. $\frac{360^\circ}{T} = n$ est ce que l'on nomme le *mouvement moyen* de la planète.

Ce temps T peut, du reste, se déduire de la valeur du demi-grand axe a, dès que l'on *connaît le temps de révolution* T' *d'une seule planète,* ainsi que le demi-grand axe a' de l'orbite de cette planète; nous voyons, en effet, que nous avons, d'après la troisième loi,

$$T = \sqrt{\frac{a^3 T'^2}{a'^3}},$$

ou, en représentant la quantité constante $\sqrt{\frac{T'^2}{a'^3}}$ par A,

$$T = A \cdot a^{\frac{3}{2}}.$$

Ainsi T est une fonction de a.

Les éléments qui constituent alors le mouvement de la planète autour du Soleil sont au nombre de six :

θ, *longitude héliocentrique du nœud,*
φ, *inclinaison de l'orbite de la planète sur l'écliptique,*
π, *longitude du périhélie dans l'orbite* $= \omega + \theta$,
e, *excentricité de l'ellipse,*
a, *grandeur du demi-grand axe,*
et enfin, t, *l'époque d'une position de la planète dans son orbite* ou mieux *de la planète fictive qui décrit l'anomalie moyenne.*

323. Les moyens que nous venons de donner pour déterminer les six éléments d'une orbite planétaire, exigent que l'on attende certaines époques pour faire les calculs que nous avons indiqués.

Ainsi, pour obtenir *la longitude héliocentrique du nœud,* il faut attendre que *la latitude* de la planète soit *nulle;* pour avoir *l'inclinaison de l'orbite,* il faut attendre que la *Terre se trouve sur la ligne des nœuds.*

Plusieurs méthodes ont été données pour déterminer l'orbite d'une planète d'après *trois observations* n'embrassant pas un intervalle trop grand.

La Méthode de Gauss, qui est la première publiée, est encore celle le plus en usage aujourd'hui; comme le développement complet de cette méthode donnerait à cet ouvrage une étendue trop considérable, nous renverrons le lecteur qui désirerait la connaître à notre traduction française du « THEORIA MOTUS CORPORUM » de l'illustre professeur de GŒTTINGUE (*).

ÉTUDE DU MOUVEMENT DES PLANÈTES SUPÉRIEURES.

324. Considérons une des planètes qui, sur la sphère céleste, s'écartent du Soleil de telle sorte que la distance de la planète à cet astre, comptée toujours dans le même sens, atteint 360°.

PREMIER MODE D'OBSERVATION.

Si nous observons cette planète à l'œil nu ou à l'aide d'une lunette, en admettant que nous commencions nos observations le jour où elle vient d'apparaître à *l'Ouest* du disque solaire, nous remarquerons :

1° *Par rapport à ses levers et couchers.* — Que les points de lever et de coucher de la planète oscillent, dans une période propre à chacun de ces astres, autour d'une position moyenne représentée encore par les vrais points d'Est et d'Ouest, et que l'amplitude de cette oscillation ne dépasse pas beaucoup l'amplitude de l'oscillation des points de lever et de coucher de l'astre du jour.

2° *Par rapport au méridien.* — Que le point d'élévation maximum de la planète paraît osciller dans une période de temps particulière à chaque planète entre les deux limites que le Soleil atteint dans une période de six mois.

3° *Par rapport au Soleil.* — Que la distance de la planète au Soleil augmente non uniformément depuis 0° jusqu'à 360°.

4° *Par rapport aux étoiles.* — Que son mouvement par rapport aux étoiles est d'abord direct, mais qu'avant de parvenir à une distance de 180° du Soleil, ce mouvement direct se ralentit, ensuite s'arrête totalement, et devient après rétrograde.

Ce mouvement rétrograde la conduit à 180° de distance du Soleil, et continue un peu au delà jusqu'à une nouvelle station, à partir de laquelle elle reprend son mouvement direct sur les étoiles d'Occident en Orient.

Le Soleil passe plusieurs fois sur la même étoile de la voûte céleste avant que la planète revienne à l'étoile à partir de laquelle nous avons observé son mouvement.

(*) Arthus Bertrand, éditeur, 21, rue Hautefeuille, à Paris.

Fig. 189

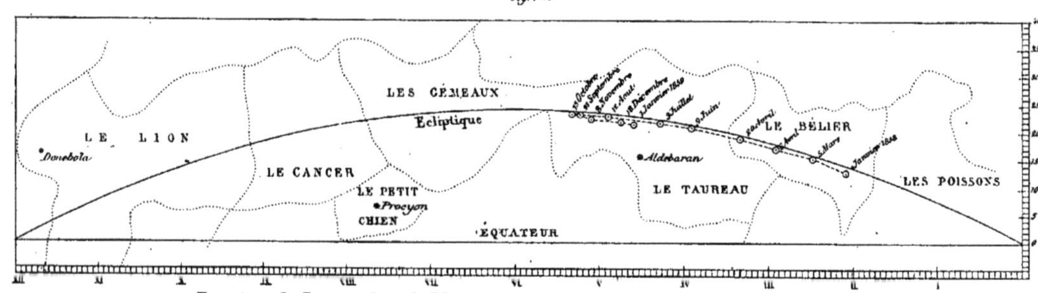

Positions de Jupiter dans la Voute Céleste du 1er Janvier 1858 au 1er Janvier 1859.

Fig. 190

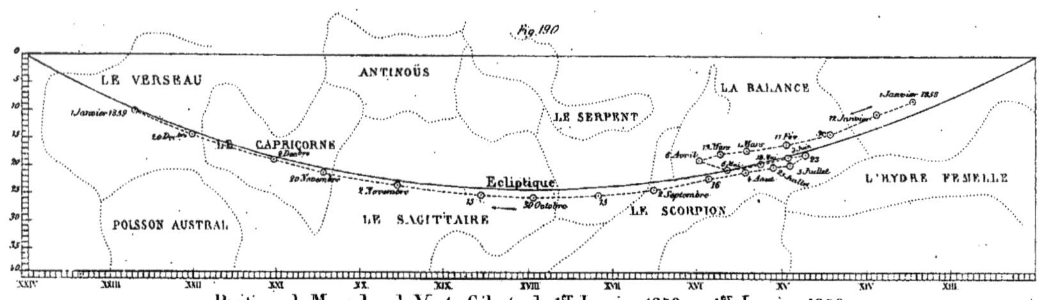

Positions de Mars dans la Voute Céleste du 1er Janvier 1858 au 1er Janvier 1859.

Paris Imp. Janson R. Antoine Dubois

Conclusion. — De ce premier mode d'observation, nous sommes conduits à penser que le Soleil a une grande influence sur le mouvement de la planète, puisque c'est lorsque la planète est *en opposition* avec le Soleil que se fait remarquer le phénomène *de station et de rétrogradation.*

DEUXIÈME MODE D'OBSERVATION.

325. En nous servant du second mode d'observation pour déterminer la route que paraît décrire *une planète supérieure* dans la voûte céleste, ainsi que nous l'avons fait pour une planète inférieure, nous voyons *que sur le globe céleste, cette route est une courbe sinueuse ; que le mouvement de la planète est tantôt accéléré et tantôt retardé, et que ce mouvement devient rétrograde pendant quelques jours.*

Les figures 189 et 190 représentent la route décrite dans la voûte céleste par les planètes *Mars* et *Jupiter* dans l'année 1858.

Bien que le mouvement apparent d'une planète supérieure *soit très-compliqué* et que l'on ne puisse encore y *entrevoir de loi,* on comprend *immédiatement* que l'analogie de la courbe que nous venons de tracer avec celle que nous avons donnée pour *une planète inférieure,* nous conduit à rapporter le mouvement *de la planète supérieure au centre du Soleil* au lieu de le rapporter *au centre de la Terre.*

TROISIÈME MODE D'OBSERVATION.

326. En agissant *identiquement de la même manière* que nous l'avons fait pour *une planète inférieure,* nous trouvons encore :

Première loi. — Qu'une planète supérieure décrit une ellipse dont le Soleil occupe un des foyers ;

Deuxième loi. — Que les aires décrites par son rayon vecteur sont proportionnelles aux temps employés à les parcourir.

Troisième loi qui lie les demi grands axes des orbites planétaires à leur temps de révolution. — Si l'on compare encore, comme nous l'avons fait pour les planètes inférieures, les demi grands axes a et a' de deux planètes quelconques, soit supérieures, soit inférieures, soit l'une supérieure l'autre inférieure, à leur temps de révolution T et T', on verra que l'on a toujours, *à très-peu près,* la relation

$$\frac{T^2}{T'^2} = \frac{a^3}{a'^3}.$$

C'est-à-dire, *que les carrés des temps de révolution de deux planètes quelconques sont entre eux comme les cubes des demi grands axes.*

DÉTERMINATION DES ÉLÉMENTS ELLIPTIQUES.

327. A l'aide de la méthode de Gauss que nous avons indiquée, on pourra déterminer *les six éléments de l'orbite de la planète supérieure*, au moyen de trois observations n'embrassant pas un intervalle trop grand.

PRÉDICTION DE LA POSITION D'UNE PLANÈTE DANS LA VOUTE CÉLESTE, A UN MOMENT DONNÉ, OU CALCUL D'UNE ÉPHÉMÉRIDE.

328. — Supposons que l'on connaisse :

n le mouvement moyen de la planète;
M l'anomalie moyenne de l'époque T;
e l'excentricité, ou η l'arc dont le sinus $= e$;
π la longitude du périhélie;
φ l'inclinaison de l'orbite;
θ la longitude du nœud ascendant;
a demi grand axe de l'ellipse.

π et θ sont rapportés à l'équinoxe moyen d'une certaine époque.

On veut connaître la position apparente de la planète, dans la voûte céleste, à l'époque T'.

Voyons d'abord comment nous pourrons déterminer, pour l'époque considérée, la position de la planète dans son orbite.

Calcul de l'anomalie excentrique u.

En posant $t = T' - T$, on aura nt pour mouvement en anomalie moyenne effectuée dans l'intervalle t.

On a, par suite, la relation

$$nt + M = u - \frac{e}{\sin 1''} \sin u,$$

d'où

$$u = nt + M + \frac{e}{\sin 1''} \sin u. \tag{1}$$

En faisant d'abord $u = nt + M$ dans le second membre de cette expression, nous obtiendrons une valeur approchée u' de u;

$$u' = nt + M + \frac{e}{\sin 1''} \sin (M + nt).$$

Si nous posons

$$u = u' + x \quad \text{et} \quad \Phi = \left(u' - \frac{e}{\sin 1''} \sin u'\right) - (nt + M),$$

nous savons que nous aurons x par la relation

$$x = \frac{\Phi}{1 - e\cos u'}.$$

Il sera bon de vérifier l'expression

$$u'' = u' + \frac{\Phi}{1 - e\cos u'}$$

en voyant si l'on a exactement

$$\left(u'' - \frac{e}{\sin 1''}\sin u''\right) - (nt + \mathrm{M}) = 0.$$

Si le premier membre, au lieu d'être nul, était égal à Φ', on obtiendrait une valeur u''' plus approchée de u par la relation

$$u''' = u'' + \frac{\Phi'}{1 - e\cos u''}.$$

Exemple.

Supposons que nous ayons les éléments elliptiques suivants :

Anomalie moyenne M le 25 septembre à 0h, temps moyen de Paris,	= 21° 35′ 3″,33	
π	= 330 40 51 , 2	comptées de l'équinoxe
θ	= 166 46 55 ,89	moyen du 1er janv. 1860
φ	= 6 24 40	
η (angle d'excentricité). .	= 13 1 10 ,37	
n	= 829″,284	
log a	= 0,4208695.	

On demande l'anomalie excentrique u pour le 12sept.,5, temps moyen de Paris.

On a

$\mathrm{M} =$	21° 35′ 3″,33	
$n =$	829″,284	c' log sin 1″ = 5,3144251
$t = 25 - 12{,}5 =$	12,5	
$nt = -$	2° 52′ 46″,05	
$\mathrm{M} + nt =$	18° 42′ 17″,28	log sin = $\bar{1}$,5060886
$\frac{e}{\sin 1''}\sin(\mathrm{M}+nt) =$	4° 8′ 22″,26	log sin η = $\bar{1}$,3527384
$u' =$	22° 50′ 39″,54	$\log\frac{e}{\sin''}\sin(\mathrm{M}+nt) = 4{,}1732521$

Détermination de Φ.

$$\log \sin u' = \bar{1},5890874$$
$$c^{t} \log \sin 1'' = 5,3144251$$
$$\log \sin \eta = \bar{1},3527384$$
$$\log \frac{e}{\sin 1''} \sin u' = 4,2562509$$
$$\frac{e}{\sin 1''} \sin u' = 5^{\circ}\, 00'\, 40'',59$$
$$u' = 22\ 50\ 39\ ,54$$
$$u' - \frac{e}{\sin''} \sin u' = 17\ 49\ 58\ ,95$$
$$M + nt = 18\ 42\ 17\ ,18$$
$$\Phi = 52'\, 18'',33 \qquad \log = 3,4966981$$
$$\log \sin \eta = \bar{1},3527384$$
$$\log \cos u' = \bar{1},9645251$$
$$\log e \cos u' = \bar{1},3172635$$
$$e \cos u' = 0,207617$$
$$1 - e \cos u' = 0,792383 \qquad c^{t} \log = 0,1011648$$
$$\log x = 3,5977629$$
$$x = 1^{\circ}\ 6'\ 0'',62$$
$$u' = 22\ 50\ 39\ ,54$$
$$u'' = 23\ 56\ 40\ ,16$$

En vérifiant cette valeur de u'' on trouve

$$\Phi' = 3'',38,$$

et par suite, pour correction de u'', au moyen de la formule

$$x' = \frac{\Phi'}{1 - e \cos u''},$$

on obtient

$$x' = -4'',256,$$

et de là

$$u''' = 23^{\circ}\, 56'\, 35'',904.$$

Cette valeur vérifiée donne

$$\Phi'' = 0,01,$$

et par suite

$$x'' = + 0{,}012,$$

d'où enfin

$$u^{\text{IV}} = 23^\circ\, 56'\, 35'',916 = u,$$

qui satisfait complétement à la question.

329. *Calcul de l'anomalie vraie* V, du rayon vecteur r, de la *latitude héliocentrique* s et de la *longitude héliocentrique* v_1 dans l'écliptique.

En désignant par v la longitude vraie dans l'orbite, on a

$$\text{V} = v - \pi.$$

Les formules (147) qui donnent à la fois le rayon vecteur et l'anomalie vraie deviennent, en remplaçant V par $v - \pi$,

$$(2) \qquad \sqrt{r}\,\sin\frac{1}{2}(v-\pi) = \sqrt{2a}\,\sin\left(45^\circ + \frac{\eta}{2}\right)\sin\frac{1}{2}u,$$

$$(3) \qquad \sqrt{r}\,\cos\frac{1}{2}(v-\pi) = \sqrt{2a}\,\cos\left(45^\circ + \frac{\eta}{2}\right)\cos\frac{1}{2}u.$$

Pour avoir dans le même calcul les quantités s et v_1, considérons l'écliptique ♈E (fig. 191), l'orbite oo' de la planète que nous supposerons en p à l'époque considérée. Soit pk un arc de grand cercle perpendiculaire sur l'écliptique. Dans le triangle ☊pk on a

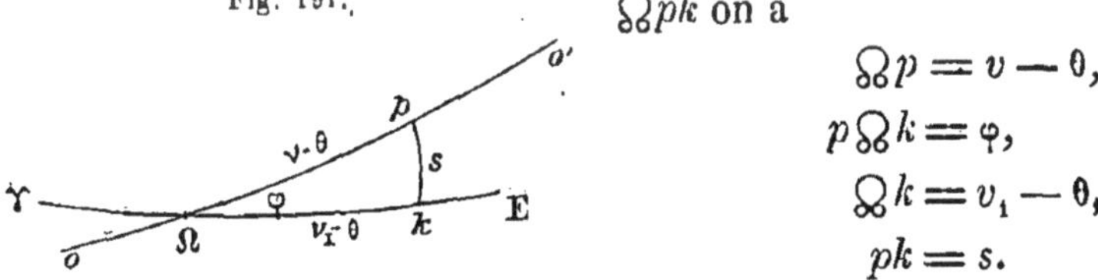

Fig. 191.

$$☊p = v - \theta,$$
$$p☊k = \varphi,$$
$$☊k = v_1 - \theta,$$
$$pk = s.$$

Ce triangle nous donne les relations

$$(4) \qquad \sin s = \sin(v-\theta)\sin\varphi,$$

$$(5) \qquad \cos(v_1-\theta)\cos s = \cos(v-\theta),$$

$$(6) \qquad \text{tang}(v_1-\theta) = \text{tang}(v-\theta)\cos\varphi;$$

ou en multipliant entre elles les relation (5) et (6),

$$(7) \qquad \sin(v_1-\theta)\cos s = \sin(v-\theta)\cos\varphi.$$

A l'aide de ces équations on déterminera v_1, $\log\cos s$, $\log r$, $\log\sin s$ dont nous aurons besoin pour calculer les *latitude* et *longitude* géocentriques de la planète, ainsi que sa distance à la Terre.

On forme d'abord les deux constantes

$$\sqrt{2a}\sin\left(45^\circ + \frac{\eta}{2}\right) \quad \text{et} \quad \sqrt{2a}\cos\left(45^\circ + \frac{\eta}{2}\right);$$

puis au moyen des formules (2) et (3), et en employant la valeur de u trouvée précédemment, on aura

$$\log\sqrt{r}\sin\frac{1}{2}(v-\pi) \quad \text{et} \quad \log\sqrt{r}\cos\frac{1}{2}(v-\pi);$$

la différence de ces deux logarithmes donnera le $\log\text{tang}\,\frac{1}{2}(v-\pi)$, d'où l'on déduira $\frac{1}{2}(v-\pi)$ et par suite $v-\pi=V$.

En retranchant ensuite du $\log\sqrt{r}\sin\frac{1}{2}(v-\pi)$ le $\log\sin\frac{1}{2}(v-\pi)$, on aura $\log\sqrt{r}$, d'où le $\log r$ et enfin r si on le désire.

D'après la formule (7) on aura

$$(7\ bis) \qquad \log[\sin(v_1-\theta)\cos s] = \log\sin(v-\theta) + \log\cos\varphi.$$

En ajoutant ce logarithme au complément du $\log\cos(v-\theta)$ qui, d'après la formule (5), est égal à comp^t $\log[\cos(v_1-\theta)\cos s]$, on aura le $\log\text{tang}(v_1-\theta)$, d'où l'on déduira $v_1-\theta$.

En retranchant le $\log\sin(v_1-\theta)$ du $\log[\sin(v_1-\theta)\cos s]$, on aura $\log\cos s$; et enfin la formule (4) donnera le $\log\sin s$.

Exemple.

Avec les mêmes éléments elliptiques que précédemment, considérons la valeur

$$u = 23^\circ\,56'\,35'',916$$

que nous avons trouvée; on a

$$\eta = 13^\circ\ 1'10'',37,$$

$$\frac{\eta}{2} = \ \ 6\ 30\ 35\ ,18,$$

$$45^\circ + \frac{\eta}{2} = 51\ 30\ 35\ ,18.$$

1° *Calcul des logarithmes constants.*

$$\log 2 = 0{,}3010300$$
$$\log a = 0{,}4208695$$
$$\log 2a = 0{,}7218995$$

$$\log\sqrt{2a} = 0{,}3609497 \qquad\qquad \log\sqrt{2a} = 0{,}3609497$$
$$\log\sin\left(45 + \frac{\eta}{2}\right) = \bar{1}{,}8936032 \qquad\qquad \log\cos = \bar{1}{,}7940564$$
$$\log\sqrt{2a}\sin\left(45 + \frac{\eta}{2}\right) = 0{,}2545529 \qquad \log\sqrt{2a}\cos\left(45 + \frac{\eta}{2}\right) = 0{,}1550061$$

On a maintenant

$$\frac{u}{2} = 11^\circ 58' 17'',958 \quad \log\sin = \bar{1}{,}3168669 \qquad\qquad \log\cos = \bar{1}{,}9904501$$
$$\log\text{constant} = 0{,}2545529 \qquad\qquad 0{,}1550061$$
$$\log\sqrt{r}\sin\tfrac{1}{2}(v-\pi) = \bar{1}{,}5714198 \qquad \log\sqrt{r}\cos\tfrac{1}{2}(v-\pi) = 0{,}1454562$$
$$0{,}1454562$$
$$\log\operatorname{tang}\tfrac{1}{2}(v-\pi) = \bar{1}{,}4259636$$
$$\tfrac{1}{2}(v-\pi) = 14^\circ 55' 52'',494$$
$$\log\sin\tfrac{1}{2}(v-\pi) = \bar{1}{,}4110467$$
$$\log\sqrt{r} = 0{,}1603731$$
$$\log r = 0{,}3207462$$

D'après les éléments elliptiques on a

$$\pi - \theta = 163^\circ 43' 55'',31$$

Nous avons $\quad v - \pi = 29\ 51\ 44\ ,988$

il vient $\quad v - \theta = 193\ 35\ 40\ ,298$

donc l'astre est dans le *Sud* de l'écliptique d'après la formule (4).

On a actuellement,

$$\log \sin(v - \theta) = \bar{1},3763499 \qquad \log \cos(v_1 - \theta) \cos s = \bar{1},9873516 = \log \cos(v - \theta)$$
$$\log \cos \varphi = \bar{1},9972755$$

$$\log \sin(v_1 - \theta) \cos s = \bar{1},3736254 \quad = \log \sin(v - \theta) \cos \varphi$$
$$c^t \log \cos(v - \theta) = 0,0126484$$

$$\log \operatorname{tang}(v_1 - \theta) = \bar{1},3862738$$
$$v_1 - \theta = 193^\circ\, 40'\, 42'',139 \qquad \log \sin(v_1 - \theta) = \bar{1},3737786$$
$$\log \sin(v - \theta) = \bar{1},3763499 \qquad \text{comp}^t = 0,6262214$$
$$\log \sin \varphi = \bar{1},0479040 \qquad \log \sin(v - \theta) \cos \varphi = \bar{1},3736254$$

$$\log \sin s = \bar{2},4242539 \qquad \log \cos s = \bar{1},9998468$$

connaissant $v_1 - \theta = 193^\circ\, 40'\, 42'',139$
et $\theta = 166\ 46\ 55\ \ 89$

on trouve $v_1 = \ \ 27\ 38\ 029$

Comme π et θ étaient rapportées à l'équinoxe moyen du 1er janvier, il faut corriger v_1 de la précession et de la nutation relative à l'époque considérée, on a

$$\text{préc.} + \text{nut.} = 50'',44$$

d'où $v_1 = 28' 28'',469.$

330. Il faut maintenant calculer la latitude λ et la longitude $\mathcal{L}$ géocentriques de la planète, ainsi que sa distance Δ à la Terre.

Représentons par ♁ la longitude héliocentrique de la Terre à l'époque considérée.

Fig. 192.

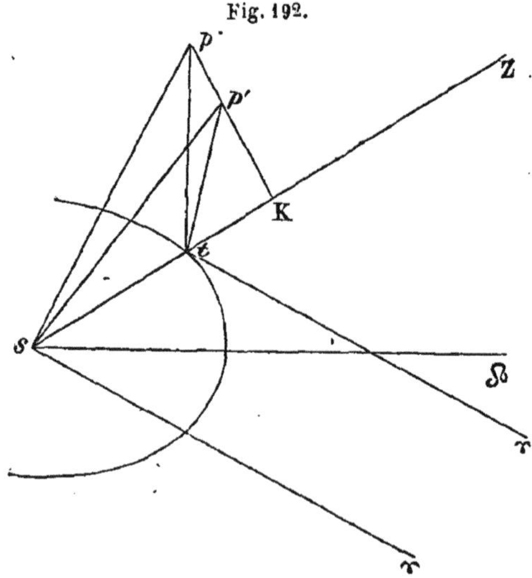

Soient s (fig. 192) le Soleil, t la Terre, s☊ la ligne des nœuds, s♈ et t♈'

des parallèles à la ligne des équinoxes ; soient aussi p la position de la planète, p' sa projection sur l'écliptique ; puis

$sp = r$ distance de la planète au Soleil ;
$sp' = r_1$ distance accourcie ;
$tp = \Delta$ distance de la planète à la Terre ;
$tp' = \Delta_1$ distance accourcie.

Des deux triangles rectangles ptp' et psp', on déduit

$$pp' = pt \sin ptp' = ps \sin psp',$$

ou

$$\Delta \sin \lambda = r \sin s; \tag{8}$$

du triangle $p'st$ on a

$$\frac{p't}{p's} = \frac{\sin p'st}{\sin p'tZ},$$

ou, comme $p't = \Delta \cos \lambda$ et $p's = r \cos s$, et que $p'st = v_1 - ♁$ et $p'tZ = \mathcal{L} - ♁$, on a

$$\sin(\mathcal{L} - ♁)\Delta \cos\lambda = r \cos s \sin(v_1 - ♁). \tag{9}$$

Si nous menons enfin $p'K$ perpendiculaire sur stZ, nous aurons

$$tK = sK - st,$$

ou

$$p't \cos(\mathcal{L} - ♁) = p's \cos(v_1 - ♁) - R,$$

ou encore

$$\Delta \cos\lambda \cos(\mathcal{L} - ♁) = r \cos s \cos(v_1 - ♁) - R = \rho - R, \tag{10}$$

en posant

$$\rho = r \cos s \cos(v_1 - ♁).$$

Les formules (8), (9) et (10) vont nous permettre de calculer Δ, λ et $\mathcal{L}$.

331. Nous devons faire remarquer que ces formules supposent que le Soleil est dans le plan de l'écliptique ; or, en raison des perturbations, le Soleil sort un peu de ce plan, et la connaissance des temps donne *sa latitude géocentrique* l pour tous les jours de l'année.

Fig. 193.

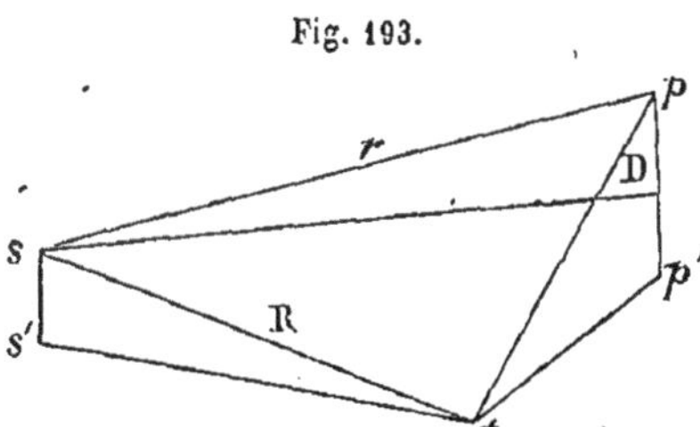

Soit t la Terre (fig. 193), que nous supposons dans le plan de l'écliptique ; S le Soleil et p la planète en dehors de ce plan. Abaissons les perpendiculaires pp' et SS' sur le plan de l'écliptique et menons par le point S un plan parallèle au plan de l'écliptique, qui coupe pp' en D; on aura

$$Dp' = SS' = R \sin l.$$

On a aussi

$$pp' = pD + Dp',$$

ou

$$\Delta \sin \lambda = r \sin s + R \sin l.$$

En divisant par $\Delta \cos \lambda$ les deux membres de cette équation, on a

$$(m) \qquad \tang \lambda = \frac{r \sin s}{\Delta \cos \lambda} + \frac{R \sin l}{\Delta \cos \lambda}.$$

L'erreur que l'on commet sur $\tang \lambda$ en employant la formule (8) est donc égale à $\frac{R \sin l}{\Delta \cos \lambda}$.

Or si l'on développe λ suivant les puissances croissantes de l, on a, en s'arrêtant au second terme,

$$\lambda = \lambda_0 + \left(\frac{d\lambda}{dl}\right)_0 l.$$

Mais d'après la relation (m), on a

$$\left(\frac{d\lambda}{dl}\right)_0 = \frac{R}{\Delta} \cos \lambda,$$

il vient donc

$$\lambda = \lambda_0 + \frac{R}{\Delta} \cos \lambda \,.\, l \ldots\ldots$$

Ainsi la latitude λ_0 déduite des formules (8), (9), (10) devra subir la correction

$$\frac{R}{\Delta} \cos \lambda \,.\, l.$$

Exemple.

Avec les valeurs

$$v_1 = 0° 28' 28'',469$$
$$\log r = 0,3207462$$
$$\log \sin s = \bar{2},4242539$$
$$\log \cos s = \bar{1},9998468,$$

cherchons la latitude λ et la longitude $\mathfrak{L}$ de la planète pour le 12^{mai},5.

Au moyen de la connaissance des temps de 1860, nous trouvons

☉ = 170° 23′ 4″,794 $\qquad \log R = 0{,}0024054$

+ 180

350 23 4 ,794 $\qquad R = 1{,}0055540$

aberr. en long. 20 ,301 $\qquad$ latitude Soleil $l = 0{,}140$ Sud

♁ = 350 22 44 ,493

on a v_1 = 0 28 28 ,469

$v_1 -$ ♁ = 10 05 43 ,976 $\quad \log\sin = \bar{1},2437577 \quad \log\cos = \bar{1},9932231$

$\log r = 0{,}3207462 \qquad 0{,}3207462$

$\log\cos s = \bar{1},9998468 \qquad \bar{1},9998468$

$\log\sin(\mathcal{L} -$ ♁$)\Delta\cos\lambda = \bar{1},5643507 \qquad \log\rho = 0{,}3138161$

$\log(\rho - R) = 0{,}0229243 \qquad \rho = 2{,}0597571$

$\log\tan(\mathcal{L} -$ ♁$) = \bar{1},5414264 \qquad R = 1{,}0055540$

$\mathcal{L} -$ ♁ = 19° 10′ 53″,893 $\qquad \rho - R = 1{,}0542031$

♁ = 350 22 44 ,493

$\mathcal{L}$ = 9 33 38 ,386

$\log\sin(\mathcal{L} -$ ♁$)\Delta\cos\lambda = \bar{1},5643507 \qquad \log r = 0{,}3207462$

$\log\sin(\mathcal{L} -$ ♁$) = \bar{1},5166199 \qquad \log\sin s = \bar{2},4242539$

$\log\Delta\cos\lambda = 0{,}0477308 \quad \log\Delta\sin\lambda = \bar{2},7450001$

$\log\Delta\sin\lambda = \bar{2},7450001$

$\log\tan\lambda = \bar{2},6972693$

$\lambda = 2°\,51'\,4'',45$ Sud

$\log\cos\lambda = \bar{1},9994621$

$\log\Delta\cos\lambda = 0{,}0477308$

$\log\Delta = 0{,}0482687$

Correction de la latitude λ.

$\log R = 0{,}0024054$

$\log\cos\lambda = \bar{1},9994621$

$\log R\cos\lambda = 0{,}0018675$

$c^{t}\log\Delta = \bar{1},9517313$

$\log\dfrac{R}{\Delta}\cos\lambda = \bar{1},9535988$ nomb. corresp. = 0,898

$\log l = \bar{1},1461280$ latitude du Soleil

$\log\dfrac{R}{\Delta}\cos\lambda \times l = \bar{1},0997268$

correction = 0″,1257 négat. comme la latit.

$\lambda = 2°\,51'\,4'',45$

d'où $\lambda = 2°\,51'\,4'',576$ Sud.

332. Pour passer de là à l'ascension droite Æ et à la déclinaison D, on se servira des formules (3), (4) et (5) paragraphe 128. — La suite de notre exemple y est calculé, et nous avons trouvé

$$Æ = 0^h\,39^m\,37^s{,}173 \qquad D = 1^\circ 10' 10'',442$$
$$\text{et } \log \cos E = \bar{1},5940028$$

Les quantités Æ et D ont encore besoin d'être corrigées de l'aberration pour être les ascension droite et déclinaison *apparentes* de la planète le $12^{\text{septembre}},5$.

Lorsque l'on calcule une éphéméride et qu'on a obtenu

les ascensions droites,	$Æ_0,\ Æ_1,\ Æ_2 \ldots\ldots$
et les déclinaisons	$D_0,\ D_1,\ D_2 \ldots\ldots$
pour les époques	$t_0,\ t_1,\ t_2 \ldots\ldots$

on peut avoir les corrections que doivent subir ces coordonnées *vraies* pour devenir apparentes.

Nous savons que la *position apparente* à une époque t_0 est donnée par la position *vraie* à l'époque $t_0 - (8^m\,17^s,7)\,R$; R étant la distance de la planète à la Terre.

Posons

$$\theta = -(8^m\,17^s,7)\,R$$

En ne considérant que l'ascension droite $Æ_\theta$, on aura, d'après la formule d'interpolation,

$$Æ_\theta = Æ_0 + \Delta Æ \cdot \frac{\theta}{\Delta t} + \Delta^2 Æ \cdot \frac{\theta(\theta - \Delta t)}{2 \cdot \Delta t^2} + \Delta^3 Æ\, \frac{\theta(\theta - \Delta t)(\theta - 2\Delta t)}{2 \cdot 3 \Delta t^3}$$

ou, en négligeant les termes en θ^2 et au-dessus,

$$Æ_\theta = Æ_0 + \Delta Æ \cdot \frac{\theta}{\Delta t} - \frac{\Delta^2 Æ}{2}\, \frac{\theta}{\Delta t} + \frac{\Delta^3 Æ}{3}\, \frac{\theta}{\Delta t}.$$

En posant la correction $Æ_0 - Æ_\theta = \delta Æ$, il vient

$$\delta Æ = \frac{\theta}{\Delta t}\left(\Delta Æ - \frac{\Delta^2 Æ}{2} + \frac{\Delta^3 Æ}{3} \ldots\ldots\right)$$

ou

$$\delta Æ = -\frac{(8^m\,17^s,7)}{\Delta t} \cdot R \left(\Delta Æ - \frac{\Delta^2 Æ}{2} + \frac{\Delta^3 Æ}{3} \ldots\ldots\right).$$

Par analogie, on obtient aussi

$$\delta D = -\frac{(8^m\,17^s,7)}{\Delta t} \cdot R \left(\Delta D - \frac{\Delta^2 D}{2} + \frac{\Delta^3 D}{3} - \ldots\ldots\right).$$

Les expressions $\Delta Æ$, $\Delta^2 Æ$, $\Delta^3 Æ$..... et ΔD, $\Delta^2 D$, $\Delta^3 D$..... sont les différences premières, secondes, troisièmes, etc., des ascensions droites et déclinaisons vraies ; la quantité Δt représente l'intervalle des époques de l'éphéméride que l'on calcule.

333. *La Terre est une planète.* — L'analogie du mouvement de la Terre autour du Soleil avec le mouvement des planètes autour de cet astre a fait reconnaître que notre globe *est une planète* dont le mouvement est soumis aux mêmes lois que les autres ; nous reconnaissons même, *que la troisième loi lui est applicable.*

334. *Série de Titius.* — *Les distances des planètes principales* au Soleil suivent *une sorte de loi* assez remarquable donnée par Titius et reproduite par Bode en 1778.

Si l'on écrit la suite des nombres : 0, 3, 6, 12, 24, 48, 96, 192..., que l'on ajoute 4 à chaque terme et que l'on divise chaque somme par 10, on aura la distance approchée de la plupart des planètes au Soleil, en prenant pour unité *la distance moyenne de la Terre au Soleil.*

Il vient ainsi, en effet :

	Mercure,	*Vénus,*	*la Terre,*	*Mars,*	*petites planètes,*
Distances,	0,4,	0,7,	1,0,	1,6,	2,8,
	Jupiter,	*Saturne,*	*Uranus,*	*Neptune,*	
Distances,	5,2,	10,0,	19,6,	38,8.	

Quand, en 1778, Bode reproduisit cette série, il existait *une lacune entre Mars et Jupiter ;* cette lacune a été comblée par la découverte des *petites planètes.*

D'après les observations, la distance de *Neptune* au Soleil est de 30,04 ; la série de Titius se trouve donc en défaut, puisqu'elle donne 38,8 pour distance de cette planète. Cette soi-disant loi ne peut donc servir que de moyen *mnémonique* pour se rappeler les distances des planètes au Soleil.

EXPLICATION DES MOUVEMENTS APPARENTS DES PLANÈTES EN AYANT ÉGARD AU MOUVEMENT PROPRE DE LA PLANÈTE ET AU MOUVEMENT DE LA TERRE.

Station et rétrogradation des planètes.

335. *Planètes inférieures.* — Dans le premier et le second mode d'observation, nous avons reconnu le phénomène de la *station et de la rétrogradation des planètes dans la voûte céleste, tant pour les planètes inférieures que pour les planètes supérieures.*

A l'aide de la troisième loi des mouvements planétaires, nous allons, maintenant, expliquer ce phénomène.

Considérons une planète inférieure (fig. 194), lorsqu'elle se trouve à sa conjonction inférieure en V, la Terre étant en T.

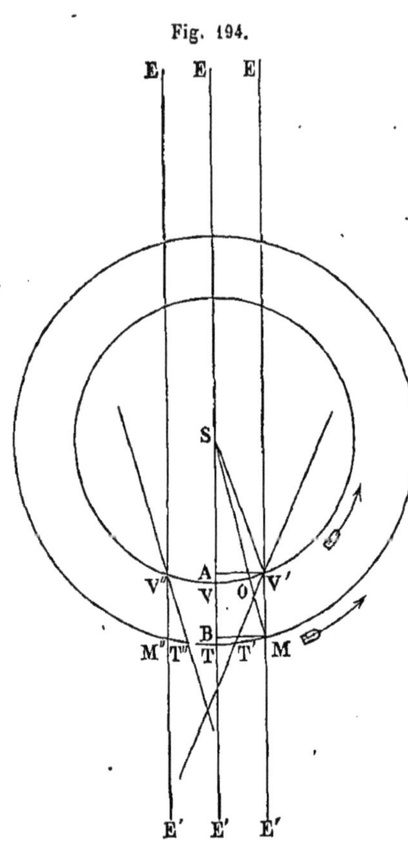

Fig. 194.

Appelons u le mouvement angulaire de la planète V, et u' celui de la Terre dans l'unité de temps; r et r' les rayons vecteurs SV et ST que nous supposerons égaux aux demi-grands axes des orbites, eu égard à la petite excentricité de ces orbites en général.

Si T et T' représentent les temps de révolution de la planète et de la Terre, on aura

$$u = \frac{360}{T}, \quad u' = \frac{360}{T'},$$

d'où

$$\frac{u'^2}{u^2} = \frac{T^2}{T'^2}.$$

En raison de la *troisième loi* des mouvements planétaires, on a donc

$$\frac{u'^2}{u^2} = \frac{r^3}{r'^3}.$$

On en déduit

$$u' = u\left(\frac{r}{r'}\right)^{\frac{3}{2}}.$$

Telle est la relation qui lie *les deux mouvements angulaires dans l'unité de temps*.

Supposons que dans *cette unité de temps* la planète inférieure vienne en V', et menons V'E parallèle à VE. Si au bout de cette *même unité de temps* la Terre est en M, il est clair que la planète paraîtra *sur la même étoile* E, que lorsqu'elle était en V, eu *égard à l'immense distance des étoiles;* mais, si la Terre se trouve en deçà de M, la planète aura eu *un mouvement rétrograde* sur les étoiles.

En joignant SV' et SM et en abaissant les perpendiculaires V'A et MB sur SE, on déduit des triangles V'SA et MSB,

$$V'A = r \sin u,$$

et

$$MB = r' \sin MST,$$

d'où

$$r \sin u = r' \sin \text{MST},$$

ou bien, sensiblement,

$$\text{MST} = u\left(\frac{r}{r'}\right);$$

mais nous avons trouvé

$$u' = u\left(\frac{r}{r'}\right)^{\frac{3}{2}},$$

et comme $\frac{r}{r'}$ est une fraction, $\left(\frac{r}{r'}\right)^{\frac{3}{2}}$ est plus petit que $\frac{r}{r'}$; ainsi, MST est plus grand que u'. Nous pouvons remarquer que MST eût été plus petit que u' si on eût eu $\left(\frac{r}{r'}\right)^{\frac{2}{3}}$ au lieu de $\left(\frac{r}{r'}\right)^{\frac{3}{2}}$; c'est-à-dire si la troisième loi eût été: *les cubes des temps des révolutions sont entre eux comme les carrés des demi-grands axes.*

On voit donc que lorsque la planète inférieure est arrivée en V', la Terre n'est pas encore en M, et par suite, on doit apercevoir la planète à droite de l'étoile E; il y a donc eu *rétrogradation.*

Ce mouvement de rétrogradation se continue jusqu'à ce que la vitesse de la projection du mouvement de la planète sur la voûte céleste se trouve égale à la vitesse de la projection du mouvement de la Terre; à ce moment la planète paraît stationnaire et reprend ensuite son mouvement direct.

Si nous considérons la position V'' de la planète avant d'arriver en V, la Terre devait alors se trouver en T'' entre M'' et T; on apercevait donc la planète à gauche de l'étoile E; et par suite, puisqu'en T la Terre aperçoit la planète sur cette étoile, il y a eu *rétrogradation avant d'arriver à la conjonction inférieure.*

Ainsi, la rétrogradation des planètes inférieures a lieu avant et après leur conjonction inférieure.

Planètes supérieures. — Si nous supposons un observateur situé sur la planète inférieure, il a *dû voir la Terre* de V'' en V' rétrograder sur les étoiles; car en T, la planète V voyait la Terre sur l'étoile E', en V' elle a dû voir la Terre à droite de l'étoile E', donc, il y a eu *rétrogradation.*

Or, une planète inférieure est, *par rapport à la Terre*, dans la même situation que la *Terre par rapport aux planètes supérieures;* donc la rétrogradation des planètes supérieures est expliquée, et l'on voit que, pour ces planètes, *le mouvement est rétrograde avant et après les oppositions.*

336. Il est facile d'obtenir les formules donnant *l'amplitude angulaire* de rétrogradation.

Considérons une plante *supérieure* M (fig. 195), et prenons pour origine des temps le moment où la planète était en opposition.

Fig. 195.

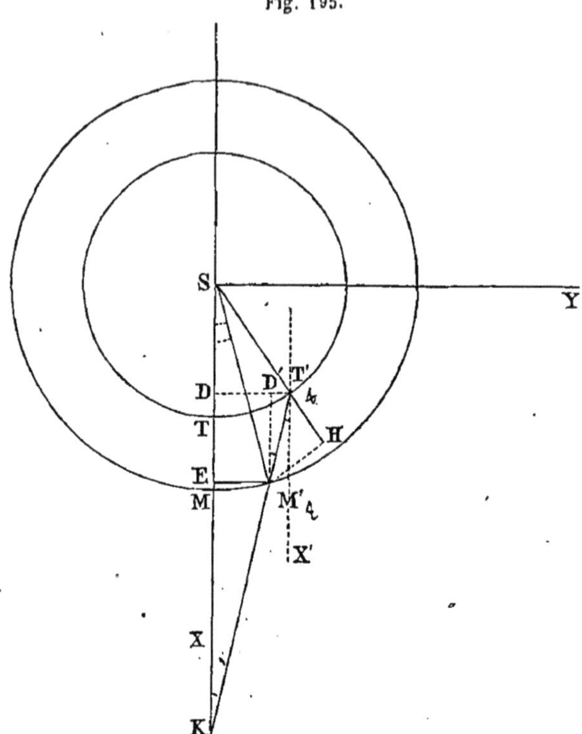

Nous supposons les orbites de la Terre et de la planète circulaires et situées dans le même plan, ce qui est peu éloigné de la vérité.

Au bout d'un temps t la planète sera en M' et la Terre en T'.

Désignons toujours par u le mouvement angulaire de la planète dans l'unité de temps, et par r son rayon vecteur; par u' le mouvement angulaire de la Terre et r' son rayon vecteur.

Au moment de l'opposition de la planète le rayon visuel TM allant de la Terre à la planète se confondait avec la ligne SX; au bout du temps t, ce rayon visuel est devenu T'M' et fait avec une parallèle T'X' à l'axe SX un angle $\alpha = \text{M'T'X'} = \text{D'M'T'}$.

Du triangle D'M'T' on déduit

$$\tan \alpha = \frac{\text{D'T'}}{\text{D'M'}} = \frac{\text{DT'} - \text{EM'}}{\text{SE} - \text{SD}}$$

ou

$$(1) \qquad \tan \alpha = \frac{r' \sin u't - r \sin ut}{r \cos ut - r' \cos u't}.$$

La planète arrivera évidemment à sa *station* quand α atteindra son *maximum*; pour trouver le temps t qui y correspond, il suffit évidemment de chercher la valeur de t qui rend maximum tang $\alpha = y$.

De la relation (1) on déduit :

$$\frac{dy}{dt} = \frac{(r\cos ut - r'\cos u't')(u'r'\cos u't - ur\cos ut) + (r'\sin u't - r\sin ut)(ru\sin ut - r'u'\sin u't)}{(r\cos ut - r'\cos u't)^2}.$$

L'équation qui donnera t relatif au maximum sera donc

$$(r\cos ut - r'\cos u't)(u'r'\cos u't - ur\cos ut) + (r'\sin u't - r\sin ut)(ru\sin ut - r'u'\sin u't) = 0,$$

d'où l'on déduit facilement

$$(2) \qquad \cos(u' - u)t = \frac{r'^2 u' + r^2 u}{rr'(u + u')},$$

u' est plus grand que u, donc $(u' - u)t$ a le signe de t, et comme à un même cosinus correspondent deux arcs égaux et de signes contraires, les deux valeurs t et $-t$, déduites de l'équation (2), satisferont à la question; c'est-à-dire qu'il y a deux instants à égale distance du moment de l'opposition, l'un *avant*, l'autre après, pendant lequel la planète paraîtra stationnaire.

L'angle $(u'-u)t$ déterminé par l'équation (2) est égal à l'angle $M'ST' = \gamma$, c'est-à-dire à l'angle nommé *commutation;* c'est la distance angulaire *héliocentrique* de la Terre et de la planète.

Pour obtenir l'angle $ST'M' = \varepsilon$, appelé *élongation*, menons $M'H$ perpendiculaire sur le prolongement de ST'; nous aurons alors

$$\text{tang } M'T'H = \frac{M'H}{T'H}$$

ou

$$(3) \qquad -\text{tang } \varepsilon = \frac{r\sin\gamma}{r\cos\gamma - r'},$$

en élevant cette équation au carré, on trouve

$$\text{tang}^2 \varepsilon = \frac{r^2(1 - \cos^2\gamma)}{(r\cos\gamma - r')^2}$$

et en substituant à cos γ sa valeur (2) et réduisant, on trouve

$$(4) \qquad \text{tang}^2 \varepsilon = \frac{r'^2 u'^2 - r^2 u^2}{(r^2 - r'^2)u^2}.$$

Les formules (2) et (3) pourraient se simplifier par la considération que $\left(\frac{u'}{u}\right) = \frac{r^{\frac{3}{2}}}{r'^{\frac{3}{2}}}$, ainsi que nous l'avons vu plus haut.

La formule (2) donne, en effet,

$$\cos\gamma = \frac{r'^2\dfrac{u'}{u} + r^2}{rr'\left(1 + \dfrac{u'}{u}\right)} = \frac{r'^2\dfrac{r^{\frac{3}{2}}}{r'^{\frac{3}{2}}} + r^2}{rr'\left(1 + \dfrac{r^{\frac{3}{2}}}{r'^{\frac{3}{2}}}\right)}$$

ou

$$\cos\gamma = \frac{(r'r)^{\frac{1}{2}}\left(r'^{\frac{1}{2}} + r^{\frac{1}{2}}\right)}{r'^{\frac{3}{2}} + r^{\frac{3}{2}}}$$

ou

$$\cos\gamma = \frac{(r'r)^{\frac{1}{2}}}{r' - (rr')^{\frac{1}{2}} + r}$$

et la formule (4) devient

$$\tan^2\varepsilon = \frac{r^2}{r'(r + r')}. \qquad (5)$$

L'arc de rétrogradation effectué depuis l'opposition, est évidemment égal à l'angle X'T'M', en supposant que T' et M' soient les positions de la Terre et de la planète au moment de station ; mais on a évidemment

$$X'T'M' = X'T'S - M'T'S = 180 - u't - \varepsilon,$$

et par suite l'arc entier de rétrogradation étant partagé en *deux* par le point d'opposition, on aura pour arc total β *de rétrogradation*

$$\beta = 2(180 - u't - \varepsilon),$$

et $2t$ sera la *durée* de la *rétrogradation*.

D'après la formule (5) on voit qu'en *observant* l'angle d'élongation d'une planète au moment de sa station, et en supposant le rayon de l'orbite terrestre égal à l'unité, on peut facilement obtenir une valeur approchée du rayon de l'orbite (supposée circulaire) de la *planète ;* cette formule (5) donne en effet

$$r = \frac{1}{2}\tan^2\varepsilon + \tan\varepsilon\sqrt{1 + \frac{1}{4}\tan^2\varepsilon}.$$

337. La durée de la rétrogradation varie pour

Mercure entre.	21^{jours},5	et	23^{jours},5
Vénus.	41	»	43 ,5
Mars.	61	»	81 ,5
Jupiter.	117	»	122 ,5
Saturne.	135	»	139
Uranus.	150	»	153

L'arc de rétrogradation varie pour

Mercure entre.	9°	et	16°
Vénus.	14°	»	17°
Mars..	10°	»	20°
Jupiter..	9°,8	»	10°
Saturne.	6°,7	»	6°,9
Uranus.	3°,5	»	4°

La rétrogradation commence pour les planètes inférieures un peu avant leur conjonction inférieure, et pour les planètes supérieures un peu avant leur opposition.

DÉTERMINATION DE LA PARALLAXE DU SOLEIL PAR L'OBSERVATION DES PASSAGES DE VÉNUS.

338. D'après ce que nous avons dit des phases de *Vénus,* il arrive que lorsque cette planète, étant en *conjonction inférieure,* se trouve voisine de l'écliptique, elle produit une sorte d'*éclipse annulaire du Soleil* et s'aperçoit sur la surface de cet astre, sous la forme d'un *disque noir* distinct des taches solaires dont nous avons parlé (191).

Les passages de Vénus sur le disque solaire, qui se calculent *comme ceux d'une éclipse de Soleil,* en substituant *Vénus à la Lune,* fournissent le moyen le plus exact pour déterminer la parallaxe horizontale du Soleil. Donnons d'abord un aperçu de la méthode que l'on emploie.

Soient S le Soleil (fig. 196), V Vénus et T la Terre au moment du passage de Vénus sur le disque du Soleil.

Fig. 196.

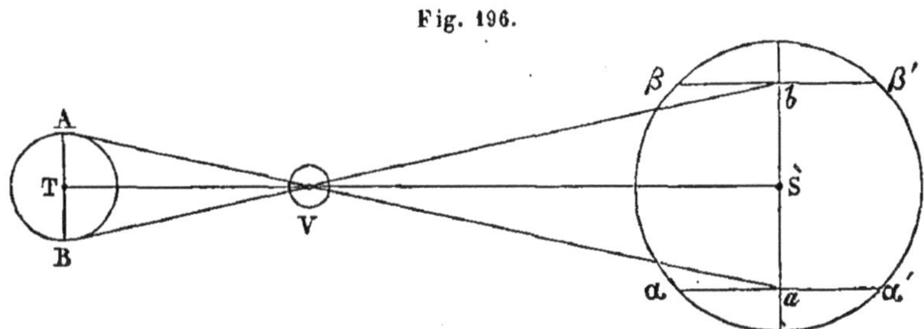

Un observateur situé en A voit Vénus en a sur le disque solaire, et un autre observateur situé en B voit cette planète en b.

Si nous supposons que ces observateurs se trouvent aux deux extrémités du diamètre perpendiculaire au plan de l'écliptique, les triangles semblables AVB et aVb donnent la relation

$$\frac{AB}{AV} = \frac{ab}{aV},$$

ou

$$\frac{aV}{AV} = \frac{ab}{AB} = \frac{VS}{VT};$$

mais, sans connaître les distances absolues de *Vénus et du Soleil à la Terre*, on connaît le rapport de ces distances au moment du *passage*, puisque ce rapport se déduit *du rayon vecteur* de l'ellipse que décrit *Vénus* et de celui de l'orbite terrestre, et que nous avons déjà dit (315) dans quel rapport sont les axes de ces ellipses; on trouve ainsi que

$$\frac{VS}{VT} = \frac{5}{2},$$

et, par suite,

$$ab = \frac{5}{2} . AB = 5 . TB = \textit{cinq fois le rayon terrestre.}$$

Donc, l'angle sous lequel on verrait de la Terre la ligne ab est égal à cinq fois le rayon terrestre; d'où l'on conclut que *l'angle sous lequel on verrait du Soleil le rayon terrestre, c'est-à-dire la parallaxe horizontale du Soleil, est le cinquième de l'angle sous lequel on voit ab.*

Mais ab peut se déduire de la grandeur des cordes $\alpha\alpha'$ et $\beta\beta'$ décrite par Vénus, pour chaque observateur, sur le disque solaire.

Connaissant, en effet, la vitesse relative de Vénus par rapport au Soleil au moment de l'observation, on peut obtenir le temps que cet astre met à traverser le diamètre du Soleil. En déterminant alors par l'observation le temps que cet astre emploie à décrire les cordes $\alpha\alpha'$ et $\beta\beta'$, on obtient le rapport de ces cordes au diamètre du Soleil, et, par suite, leur grandeur; il est alors facile d'obtenir *la distance de ces deux cordes.*

Mais nous venons de trouver que $ab = \frac{5}{2}$ de AB ou égal à cinq fois le rayon terrestre environ, on a donc *la grandeur du rayon terrestre vu de la distance de la Terre au Soleil*, c'est-à-dire la parallaxe horizontale du Soleil.

Si les deux lieux A_1 et A'_1 (fig. 197), n'étaient pas aux extrémités d'un diamètre perpendiculaire à *l'écliptique*, mais seulement aux extrémités d'une corde perpendiculaire à ce plan, le rapport $\frac{VS}{Vt}$ serait encore sensiblement égal à $\frac{5}{2}$ et l'on aurait $\frac{A_1A'_1}{ab} = \frac{5}{2}$; mais connaissant les latitudes et longitudes des points d'observation A_1 et A'_1 on aura facilement la grandeur de leur corde en fonction de AA' *ou du rayon terrestre;* par suite, on connaîtra encore l'angle sous lequel on verrait le rayon terrestre à la distance de la Terre au Soleil, c'est-à-dire la parallaxe horizontale de cet astre.

La méthode que nous venons d'indiquer semble exiger que les deux observateurs soient placés au moins sur une corde perpendiculaire au plan de l'écliptique; or il n'en est point ainsi.

Fig. 197.

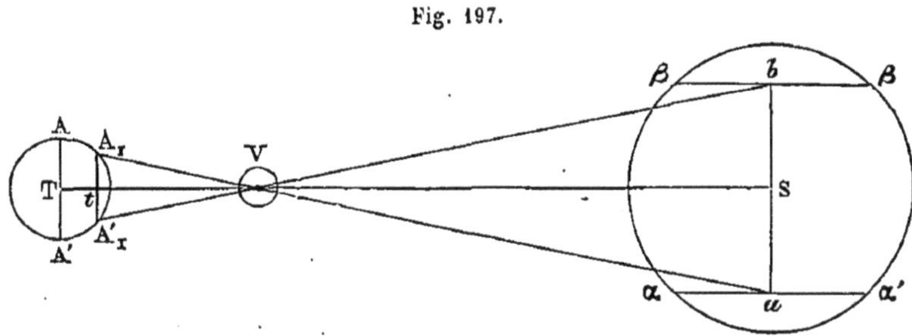

En déterminant deux lieux du globe tels que les erreurs commises sur les moments des contacts aient le moins d'influence possible sur les résultats cherchés, et en observant, en ces lieux, l'intervalle de temps que Vénus met à décrire les cordes $\alpha\alpha'$ et $\beta\beta'$; par des considérations analytiques que nous développerons tout à l'heure, on peut obtenir exactement pour l'époque considérée, la différence $d = P - p$ entre la parallaxe de *Vénus* et la parallaxe du *Soleil*.

Or, pour cette époque, on connaît aussi (314) le rapport entre le rayon vecteur r de l'orbite de Vénus et le rayon R de l'orbite terrestre; la distance du Soleil à la Terre à ce moment étant R, et celle de Vénus à la Terre étant $R - r$, on a

$$\frac{\pi}{P} = \frac{R - r}{R}.$$

Les deux équations

$$P - \pi = d,$$
$$\frac{\pi}{P} = \frac{R - r}{R},$$

donnent immédiatement la parallaxe de *Vénus*

$$P = \frac{d \times R}{r} = d \times \frac{R}{r},$$

et la parallaxe *du Soleil*

$$\pi = \frac{d\,(R - r)}{r} = d\left(\frac{R}{r} - 1\right).$$

Ce procédé est dû à *Halley*, astronome anglais.

Les passages de Vénus sur le Soleil sont très-rares; ils n'ont lieu que 16 fois en mille ans, et n'ont encore été observés que trois fois: en 1639, en 1761 et en 1769.

Pour calculer la parallaxe horizontale du Soleil à l'aide du passage de

1769, quarante-cinq observateurs se répandirent dans vingt stations choisies du globe.

Toutes les nations de l'Europe voulurent prendre part à la détermination importante de la distance de la Terre au Soleil. Non-seulement tous les observatoires d'Europe et d'Amérique coopérèrent à l'observation du phénomène, mais encore des astronomes furent détachés sur différents points de la Terre. La France envoya l'abbé La Chappe en Californie et Pingré à Saint-Domingue. Les astronomes anglais Dymond et Wales établirent leur observatoire au Fort-du-Prince-de-Galles, près de la baie d'Hudson; et le capitaine Cook et l'astronome Green observèrent à Taïti. Le suédois Planman s'établit à Cajanebourg dans la Finlande; le roi de Danemark envoya à Wardhus l'astronome allemand Hell, et enfin plusieurs missionnaires observèrent les phases du passage en Chine et en Russie.

Toutes les observations de 1769, discutées et combinées de manières différentes, ont fourni des résultats assez discordants.

Voici le tableau des résultats obtenus :

Calculateurs.	Parallaxe solaire.
Pingré.	8″,88
Hell.	8 ,70
Harnsby.	8 ,87
Lexell.	8 ,68
Lalande.	8 ,5
Encke.	8 ,577
Littrow.	8 ,571

Un astronome allemand, M. Powalky, vient de faire une nouvelle discussion des observations effectuées par trente-huit observateurs dans différentes stations pour quelques-unes desquelles il a corrigé la longitude.

Le résultat de M. Powalky est que la parallaxe solaire est de 8″,832, ce qui donne, pour distance moyenne de la Terre au Soleil, 23353 rayons terrestres. Ce résultat a encore besoin d'être vérifié.

Le plus prochain passage de Vénus n'aura lieu que le 8 *décembre* 1874. Il y en aura un autre le 6 *décembre* 1882; puis il n'y en aura plus avant le 7 *juin de l'an* 2004. Le passage de 1874 ne sera visible qu'en Asie.

En calculant *le lieu géocentrique de Vénus et le lieu géocentrique du Soleil, Delambre* prouve que Vénus se retrouve en conjonction inférieure tous les 584 jours environ.

Or, dans cette période de temps, la Terre a fait une révolution entière plus 216° environ.

Au bout de cinq conjonctions, la Terre aura fait 5 révolutions $+ 5 \times 216° = 1080° = 3 \times 360°$ ou 8 révolutions; d'où l'on pourrait conclure qu'au bout de huit ans les conjonctions reviennent *au même jour et au même endroit du Ciel, à fort peu près.*

Ainsi, quand un passage a eu lieu, on devrait toujours en attendre un autre *huit ans* plus tard; mais, d'un passage à l'autre, c'est-à-dire en *huit ans*, la latitude de Vénus croît de 20 à 24'; donc, en *seize ans*, elle croîtra de 40 à 48', ce qui est plus grand que le diamètre du Soleil; par suite, il faut attendre que la latitude de Vénus, qui varie entre 3° 24' boréale et 3° 23' australe, ne soit pas trop grande au moment d'une *conjonction inférieure*, pour qu'il puisse y avoir passage.

D'après Delambre, le passage *peut* se reproduire après une période de 121 ± 8 ans, ou 243 ± 8 ans.

Les passages de *Mercure*, qui se calculent du reste comme ceux de Vénus, ne servent pas à la détermination de la parallaxe horizontale du Soleil, parce que Mercure étant trop près du Soleil, les observations de ces passages sont entachées de grandes erreurs.

339. Pour montrer comment on peut obtenir la différence $P - \pi$, nous allons déterminer d'abord les formules servant à obtenir pour *un lieu donné* l'heure temps moyen relative aux différentes phases du phénomène, c'est-à-dire l'instant *des contacts* intérieurs et extérieurs du disque de Vénus avec le disque du Soleil.

En raison de la grande distance à laquelle Vénus et le Soleil se trouvent de la Terre, ces instants diffèrent très-peu de ceux auxquels se présenterait le phénomène à un observateur situé au centre de la Terre; nous pouvons donc d'abord chercher les formules donnant *toutes les circonstances du passage pour le centre de la Terre.*

Pour *savoir* d'abord s'il y a *passage* on cherche à l'aide des tables du *Soleil* et de *Vénus*, l'époque T. M. de Paris, par exemple, d'une *conjonction inférieure en longitude* de ces deux astres; c'est-à-dire l'époque θ à laquelle la *longitude géocentrique* de Vénus est égale à *la longitude géocentrique* du Soleil.

Si, à cette époque la *latitude* géocentrique de la planète est plus petite que le *demi-diamètre apparent* du Soleil, il y a PASSAGE.

Pour l'époque θ T. M. de Paris de *la conjonction écliptique*, on calcule

L' la latitude géocentrique de Vénus;
m son mouvement horaire géocentrique en longitude;
n son mouvement horaire géocentrique en latitude;
m' mouvement horaire géocentrique du Soleil en longitude.

Cette dernière quantité est considérée comme *positive*.

Au moment d'une conjonction inférieure, m est toujours *négatif*, et n est *positif* ou *négatif* selon que l'astre s'approche du pôle boréal de l'écliptique ou s'en éloigne.

Soient S (fig. 198), le centre du disque du Soleil, SX la trace de l'écliptique, et SY un grand cercle perpendiculaire.

Soit aussi V_0 la position de Vénus sur le disque du Soleil à une époque $\theta + t$; t étant assez petit.

Fig. 198.

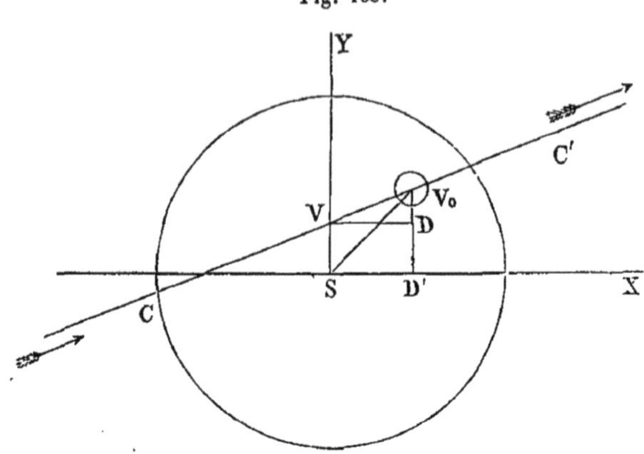

Si l'on mène l'arc de grand cercle V_0D', perpendiculaire à SX, ainsi que le grand cercle SV_0, on formera un triangle sphérique rectangle SV_0D' que l'on peut considérer comme rectiligne.

En désignant par Δ la distance SV_0 des centres des deux astres à ce moment, on aura évidemment, en ayant égard au signe de m,

$$\Delta^2 = (m + m')^2 t^2 + (L' + nt)^2. \tag{1}$$

Si nous appelons α l'inclinaison de la corde CC' décrite par Vénus, nous aurons aussi, à cause du triangle VV_0D,

$$\operatorname{tang}\alpha = \frac{-n}{m + m'}. \tag{2}$$

De ces deux équations, on déduit

$$\Delta^2 = \frac{n^2 t^2}{\operatorname{tang}^2\alpha} + (L' + nt)^2 = \frac{n^2 t^2 \cos^2\alpha + (L' + nt)^2 \sin^2\alpha}{\sin^2\alpha},$$

d'où

$$n^2 t^2 + 2L'nt \sin^2\alpha + L'^2 \sin^2\alpha = \Delta^2 \sin^2\alpha.$$

Équation qui, résolue par rapport à t, donne

$$t = \frac{-L'\sin^2\alpha \pm \sin\alpha\sqrt{\Delta^2 - L'^2\cos^2\alpha}}{n}. \tag{3}$$

Il est clair que les valeurs *positives* de t seront *postérieures* à la conjonction et que les valeurs *négatives* lui seront *antérieures*.

Pour avoir les valeurs de t correspondantes des contacts extérieurs V_1

et V_4 (fig. 199), il suffit de faire, dans la formule (3), $\Delta = D + d$. D et d

Fig. 199.

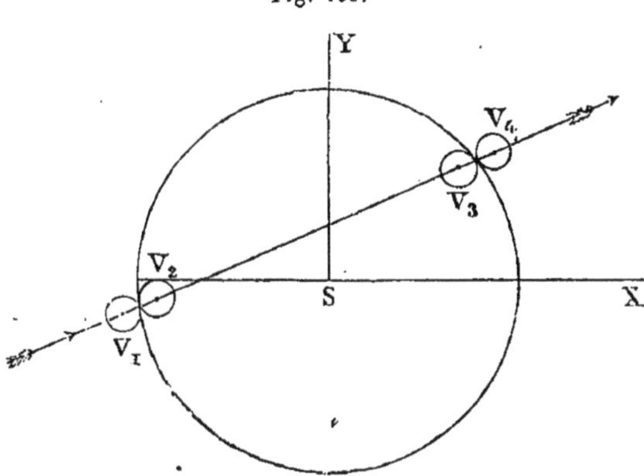

étant les demi-diamètres *apparents* du Soleil et de Vénus, on aura ainsi

1er contact,
commencement du passage. $t_1 = \frac{-L'\sin^2\alpha - \sin\alpha\sqrt{(D+d)^2 - L'^2\cos}}{n}$

4e contact, fin du passage. $t_4 = \frac{-L'\sin^2\alpha + \sin\alpha\sqrt{(D+d)^2 - L'^2\cos^2\alpha}}{n}$.

Si l'on fait dans la même formule

$$\Delta = D - d,$$

on aura les instants des contacts intérieurs V_2 et V_3

1er contact intérieur.. . . . $t_2 = \frac{-L'\sin^2\alpha - \sin\alpha\sqrt{(D-d)^2 - L'^2\cos^2\alpha}}{n}$,

2e contact intérieur. . . . . $t_3 = \frac{-L'\sin^2\alpha + \sin\alpha\sqrt{(D-d)^2 - L'^2\cos^2\alpha}}{n}$.

Les quantités m, n, m' sont affectées de l'*aberration* du Soleil et de la planète, parce qu'ils se déduisent des positions des deux astres données dans les tables, positions qui sont affectées de l'*aberration*; c'est du reste ce qui doit avoir lieu, puisqu'on doit avoir ces données telles qu'on les observe.

Les valeurs que nous venons de donner ne seraient qu'approchées si l'on supposait ne pas pouvoir considérer n, m, m' comme *constants* dans l'intervalle de 6 ou 7 heures que peut durer le phénomène. Dans ce cas, on corrigerait chacun des instants t_1, t_2, t_3, t_4, de la manière suivante :

Si l'on a commis une erreur Δt_1 sur t_1, les lieux géocentriques $\odot_1$, L'_1

et λ'_1 du Soleil et de la planète, calculés pour l'instant t_1, seront affectés d'erreurs et par suite on aura

$$(\odot_1 - \lambda'_1)^2 + L'^2 > \quad \text{ou} \quad < (D + d)^2.$$

On calculera les lieux géocentriques des deux astres pour des instants voisins de t_1 et quand on trouvera deux instants $t_1 + h$ et $t_1 + h'$ tels que les lieux qui en résulteront donnent

$$\text{pour } t_1 + h. \ldots \quad (\odot_1 - \lambda'_1)^2 + L'^2_1 < (D + d)^2,$$
$$\text{pour } t_1 + h'. \ldots \quad (\odot_1 - \lambda'_1)^2 + L'^2_1 > (D + d)^2;$$

on aura, par une simple interpolation, la valeur $t_1 + \Delta t_1$ comprise entre $t_1 + h$ et $t_1 + h'$.

Voyons maintenant comment on peut obtenir les instants des quatre contacts pour un lieu quelconque de la surface de la Terre.

Supposons que pour le *centre* de la Terre, le 1er *contact intérieur* arrive à l'époque

$$T_2 = 0 + t_2,$$

heure T. M. de Paris.

Pour un lieu dont la latitude est L et la longitude G, l'instant de la même phase sera

$$T_2 + t'.$$

Il s'agit de déterminer t' qui a une très-petite valeur.

A l'instant $T_2 + t'$, les coordonnées géocentriques des deux astres seraient $\odot_2 + m't'$ pour le *Soleil*, $\lambda'_2 + mt'$, $L'_2 + nt'$ pour Vénus.

En désignant par

$$\odot_2, \lambda'_2, L'_2,$$

les coordonnées du Soleil et de Vénus pour l'époque T_2.

Ces coordonnées ne sont pas rigoureusement exactes parce que les tables ont des erreurs.

Appelons

x' l'erreur qui existe sur la longitude du *Soleil;*
x celle qui existe sur la longitude de *Vénus;*

et enfin y celle qui affecte la latitude de cette planète; les coordonnées exactes seront alors

$$\odot_2 + m't' + x',$$
$$\lambda'_2 + mt' + x,$$
$$L'_2 + nt' + y.$$

Pour avoir maintenant ces coordonnées pour *un observateur* situé à la surface du globe, il faut leur ajouter les parallaxes de longitude et de latitude.

Pour cela nous nous servirons des formules simplifiées données (212) et nous appellerons a et b, a' et b' les coefficients de la parallaxe horizontale dans ces formules, c'est-à-dire que nous posons

$$\text{pour Vénus.}\ldots\begin{cases} a = \dfrac{\cos\nu \sin(\lambda'_2 - \varepsilon)}{\cos L'_2}, \\ b = \cos L'_2 \sin\nu - \sin L'_2 \cos\nu \cos(\lambda'_2 - \varepsilon), \end{cases}$$

$$\text{pour le Soleil.}\ldots\begin{cases} a' = \cos\nu \sin(\odot_2 - \varepsilon), \\ b' = \sin\nu. \end{cases}$$

Les parallaxes de longitude et de latitude seront donc, en désignant par P la parallaxe horizontale de Vénus,

$$Pa \quad \text{et} \quad Pb;$$

et en désignant par π la parallaxe horizontale du Soleil, les parallaxes en longitude et en latitude de cet astre seront

$$\pi a' \quad \text{et} \quad \pi b'.$$

Les quantités ν et ε sont données par les formules (α') et (β') du même paragraphe (212).

On aura donc pour coordonnées écliptiques apparentes *du lieu* considéré :

	Longitude apparente.	*Latitude apparente.*
pour le Soleil. . . .	$\odot_2 + m't' - \pi a' + x'$,	$-\pi b'$,
pour Vénus.	$\lambda'_2 + mt' - Pa + x$,	$L'_2 + nt' - Pb + y$.

Nous négligeons l'effet parallactique dans les quantités m', m, n.

Appelons δ_2 l'erreur commise sur la distance Δ_2, par suite de l'incertitude qui règne sur la valeur rigoureuse des demi-diamètres.

La distance apparente des centres est alors $\Delta_2 + \delta_2$, et par suite le petit triangle analogue à V_0SD' (fig. 198), donne

$$[\lambda'_2 - \odot_2 + (m - m')t' - (Pa - \pi a') + x - x']^2$$
$$+ [L'_2 + nt' - (Pb - \pi b') + y]^2 = (\Delta_2 + \delta_2)^2;$$

remarquons qu'on peut écrire

$$\begin{aligned} Pa - \pi a' &= Pa - Pa' + Pa' - \pi a' \\ &= a'(P - \pi) + P(a - a'), \\ Pb - \pi b' &= b'(P - \pi) + P(b - b'), \end{aligned}$$

ou, comme a' diffère très-peu de a, ainsi que b' de b, on peut écrire

$$\begin{aligned} Pa - \pi a' &= a'(P - \pi), \\ Pb - \pi b' &= b'(P - \pi), \end{aligned}$$

et par suite l'équation précédente devient

$$[(\lambda'_2 - \odot_2) + (m - m')t' - a'(P - \pi) + (x - x')]^2 + [L'_2 + nt' - b'(P - \pi) + y]^2 = (\Delta_2 + \delta_2)^2;$$

en développant les carrés, négligeant les termes en a'^2, b'^2, x^2, x'^2, y^2 et δ^2, et tous les termes du deuxième ordre, et en remarquant que $\odot_2$, λ'_2 et L'_2 ont été déterminés par la condition que

$$(\lambda'_2 - \odot_2) + L'^2_2 = \Delta^2_2,$$

on aura

$$t' = \frac{(\lambda'_2 - \odot_2)[a'(P - \pi) - (x - x')] - L'_2[b'(P - \pi) - y] + \Delta_2\delta_2}{(\lambda'_2 - \odot_2)(m - m') + L'_2 n}.$$

En négligeant dans cette expression les termes $(x - x')$ et y qu'on ne connaît pas, et en prenant pour P et π leurs valeurs approchées, on aurait, en ajoutant t' à T_2, l'heure approchée de la phase.

Voyons maintenant comment on peut obtenir la différence $P - \pi$ en observant les contacts. Si nous posons

$$A_2 = \frac{(\lambda'_2 - \odot_2)}{(\lambda'_2 - \odot_2)(m - m') + L'_2 n},$$

$$B_2 = \frac{L'_2}{(\lambda'_2 - \odot_2)(m - m') + L'_2 n},$$

on aura, pour l'instant du 1er contact intérieur dans le lieu considéré,

$$\left.\begin{matrix}\text{Instant}\\ \text{du 1}^{\text{er}}\text{ contact}\\ \text{intérieur.}\end{matrix}\right\} H_2 = T_2 + A_2[a'(P - \pi) - (x - x')] + B_2[b'(P - \pi) + y] + \frac{B_2\Delta_2\delta_2}{L'_2}.$$

On trouverait de même par analogie pour l'instant du 2e contact intérieur :

$$\left.\begin{matrix}\text{Instant}\\ \text{du 2}^{\text{e}}\text{ contact}\\ \text{intérieur.}\end{matrix}\right\} H_3 = T_3 + A_3[a''(P - \pi) - (x - x')] + B_3[b''(P - \pi) + y] + \frac{B_3\Delta_3\delta_3}{L'_3}.$$

On déduit de là pour *temps que* Vénus *met à parcourir la corde solaire qui réunit les deux contacts intérieurs*

$$I = H_3 - H_2 = T_3 - T_2 + (P - \pi)[A_3 a'' - A_2 a' + B_3 b'' - B_2 b'] - (A_3 - A_2)(x - x') - (B_3 - B_2)y + \frac{B_3\Delta_3\delta_3}{L'_3} - \frac{B_2\Delta_2\delta_2}{L'_2}.$$

Nous remarquons que les 4 derniers termes sont comme $T_3 - T_2$ *indépendants* de la position de l'observateur sur la surface de la Terre, puisque toutes ces quantités se rapportent à un observateur situé au centre du globe. Si donc un second observateur observe les *mêmes contacts* dans un autre lieu, on aura la seconde équation

$$I' = H'_3 - H'_2 = T_3 - T_2 + (P - \pi)(A_3 a''_1 - A_2 a'_1 + B_3 b''_1 - B_2 b'_1) - \dots \text{ etc.}$$

De ces deux équations on déduit

$$I - I' = (P - \pi)[A_3(a'' - a''_1) + B_3(b'' - b''_1) - A_2(a' - a'_1) - B_2(b' - b'_1)];$$

d'où finalement on a la *différence* des parallaxes des deux astres *Vénus* et le *Soleil*.

$$P - \pi = \frac{I - I'}{A_3(a'' - a''_1) + B_3(b'' - b''_1) - A_2(a' - a'_1) - B_2(b' - b'_1)}.$$

Comme on voit, les quantités I et I' sont bien *les temps* qui s'écoulent, dans chaque lieu, entre les instants *précis* des *deux* contacts intérieurs.

ÉTUDE DES PLANÈTES CONSIDÉRÉES EN ELLES-MÊMES.

340. MERCURE ☿. — L'observation de Mercure est très-difficile, ainsi que nous l'avons déjà dit, parce que, en raison de sa proximité du Soleil, cette planète se trouve presque toujours *dans l'atmosphère solaire*, dont l'éclat empêche de l'apercevoir.

Grandeur de Mercure. — Son diamètre apparent varie entre 4",4 et 12", et atteint, d'après *Lindenau*, la valeur 6",75 lorsque sa distance à la Terre est égale à la distance moyenne de la Terre au Soleil. Or on sait que, à cette distance moyenne, la parallaxe horizontale du Soleil est de 8",6 environ. En représentant par r le rayon de la Terre, R cette distance moyenne et r' le rayon de l'astre, on a

$$8'',6 = \frac{r}{R} \quad \text{et} \quad 6'',46 = \frac{2r'}{R},$$

d'où l'on déduit

$$r' = r \times \frac{6'',46}{2 \times 8'',6} = r \times 0,35,$$

c'est-à-dire que le rayon de Mercure est à peu près les 0,35 du rayon terrestre.

De là on conclut que le volume de *Mercure* est les 0,043 du volume de notre globe.

Rotation de Mercure. — A l'aide d'un très-bon télescope, on peut reconnaître les phases de cette planète. Son croissant présente périodiquement; à l'une de ses extrémités, une *troncature* que l'on attribue à un effet de la lumière du Soleil interceptée, en ce point, par la présence d'une haute montagne.

Cette troncature a fait découvrir à *Shroëter* que Mercure tourne sur lui-même d'*Occident en Orient* en 24 heures moyennes plus 4 ou 5 minutes autour d'un axe faisant un angle de 70° environ avec le plan de l'écliptique. Cette supposition est en quelque sorte confirmée par l'existence de *bandes transversales* perpendiculaires à l'axe supposé de rotation, observées par *Harding* et *Shroëter* sur le disque de Mercure.

En mesurant les diamètres équatorial et polaire de Mercure, M. Hind a trouvé un aplatissement de $\frac{1}{150}$, et M. Dawes un aplatissement de $\frac{1}{27}$.

341. Vénus ♀. — D'après le manque de netteté que l'on observe dans la ligne de séparation d'ombre et de lumière quand cette planète est *dichotome*, on a conclu qu'elle est comme la Terre, douée *d'une atmosphère*.

Grandeur de Vénus. — Le diamètre apparent de cet astre varie, ainsi que nous l'avons déjà dit, de 9″,6 à 61″,2; ce diamètre, d'après Delambre, est égal à 16″,5 quand la planète est à une distance de la Terre égale à la distance moyenne du Soleil à la Terre; on en déduit, d'après cela, comme pour Mercure, que son rayon est les 0,962 du rayon terrestre, et que *son volume* est les 0,891 du volume de notre *planète*.

Rotation de Vénus. — Des taches périodiques que l'on observe sur le disque de Vénus ont fait découvrir que cette planète est animée d'un mouvement de rotation, d'Occident en Orient, s'effectuant dans 23h 21m 19s environ, autour d'un axe formant un angle de 75° avec le plan de l'écliptique.

On n'a pas encore mesuré d'un manière suffisamment exacte les diamètres de Vénus lorsqu'elle passe sur le Soleil pour déterminer si elle a ou non un aplatissement.

342. Mars ♂. — La planète supérieure la plus voisine de nous est *Mars;* sa distance à la Terre, à un certain moment, n'est que la moitié de la distance du Soleil à la Terre.

Cette planète paraît, à l'œil nu, comme une belle étoile *d'une teinte rougeâtre.*

Grandeur de Mars. — Le diamètre apparent de Mars varie entre 3″,3 et 23″,5; il est égal à 8″,9 d'après *Littrow*, quand cette planète se trouve à la distance moyenne de la Terre au Soleil; d'où l'on déduit que le rayon de cet astre est les 0,519 de celui de la Terre, et son volume les 0,136 du volume de *notre globe.*

Rotation de Mars. — D'après les observations d'*Herschel* sur les taches permanentes de cette planète, il a trouvé qu'elle tourne sur elle-même *d'Occident en Orient* en $24^h\,39^m\,21^s,7$.

Son équateur est incliné de 28° 42′ sur le plan de son orbite.

Donc, sur cette planète, il doit y avoir des saisons analogues aux nôtres.

Herschel pense que Mars est enveloppée d'une *très-grande atmosphère.*

A cause de la proximité de cette planète à la Terre, elle nous présente quelques commencements de *phases.*

Lorsque *Mars* est en opposition, elle se présente sous la forme d'un sphéroïde aplati.

M. Hind a trouvé que son aplatissement est égal à $\frac{1}{50}$ environ.

Mars présente *deux taches blanches* dans les régions qui avoisinent les pôles de cette planète; ces taches sont probablement des *amas de neige* analogues à ceux qui existent sur la Terre.

Selon les positions que l'axe de rotation de la planète prend par rapport au Soleil, les *deux taches augmentent ou diminuent alternativement de grandeur;* phénomène complétement analogue à celui qui *doit se passer vers les pôles de notre globe aux solstices d'été et d'hiver.*

La figure 200 représente, d'après M. John Philips, professeur de géologie à l'université d'Oxford, la planète Mars avec la *tache blanche* de son

Fig. 200.

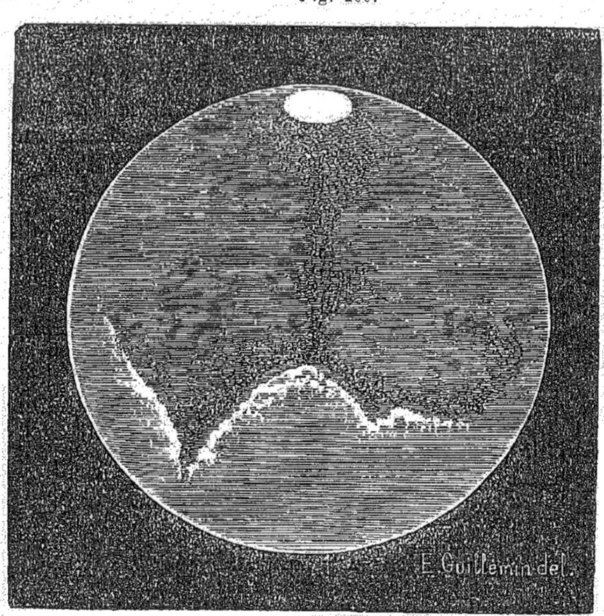

pôle nord, telle qu'elle a été vue par cet observateur le 27 septembre 1862, époque d'une opposition de la planète. On aperçoit sur le disque les continents et les mers de ce corps céleste.

La figure 201 représente l'autre hémisphère de Mars, d'après le même observateur.

Fig. 201.

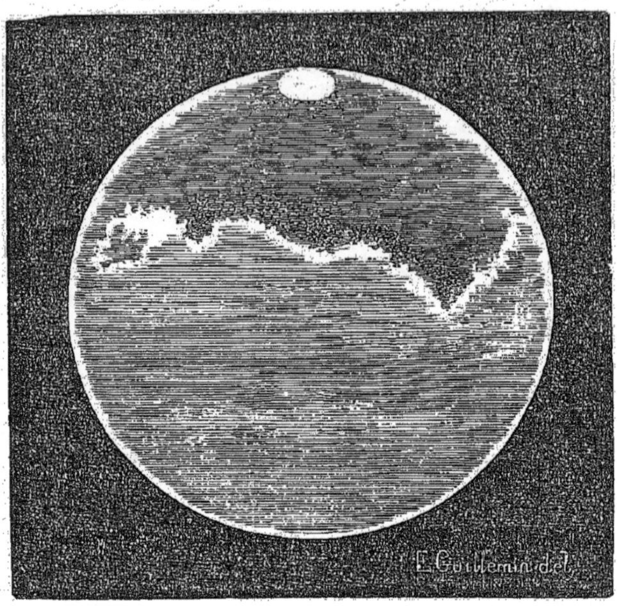

343. *Planètes télescopiques situées entre Mars et Jupiter.* — Presque toutes les petites planètes situées entre *Mars* et *Jupiter*, à l'exception des suivantes, présentent l'aspect d'étoiles de 9ᵉ à 10ᵉ grandeur.

Vesta, représentée par le signe ④ (ce chiffre indiquant le numéro d'ordre de la découverte), peut être aperçue à l'œil nu, puisqu'elle a l'éclat d'une étoile de 5ᵉ à 6ᵉ grandeur.

Cérès ①, *Pallas* ② et *Junon* ③ brillent comme des étoiles de 7ᵉ à 8ᵉ grandeur.

Les petites planètes qui ont une intensité variable et plus faible que les autres sont :

Phocéa ㉔,	dont l'éclat varie entre celui d'une étoile de		9ᵉ à 12ᵉ	gr.
Thémis ㉕	*id.*	*id.*	11ᵉ à 12ᵉ	*id.*
Polymnie ㉝	*id.*	*id.*	9ᵉ à 13ᵉ	*id.*
Atalante ㊱	*id.*	*id.*	11ᵉ à 14ᵉ	*id.*

Cérès et *Junon* paraissent rouges, *Pallas* jaune et *Victoria* bleue. La lumière des autres est généralement blanche.

Jusqu'à présent, on n'a pu déterminer, d'une manière exacte, la grandeur de ces corps célestes, et l'on trouve dans certaines mesures fournies par quelques astronomes des différences énormes.

Ainsi, *J. Herschel* donne 45 lieues pour grandeur du diamètre de *Pallas* et 65 lieues pour grandeur du diamètre de *Cérès; Shroëter* indique 765 lieues pour le diamètre du premier de ces deux astres et 185 pour le diamètre du second. Ces mesures sont, comme on le voit, loin de s'accorder; on peut toutefois en conclure que ces planètes sont fort petites, que *leur forme est très-irrégulière* et qu'elles ont un mouvement de rotation sur elles-mêmes. On pourrait alors expliquer ces différences, en admettant que les astronomes, ayant fait leurs observations à des instants différents, n'ont pas mesuré le même diamètre.

Fig. 202.

Plusieurs de ces astres paraissent enveloppés d'une atmosphère très-dense et assez considérable.

344. JUPITER ♃. — Cette planète se montre à l'œil nu comme une étoile très-brillante; son éclat est à peu près le même que celui de Vénus.

En observant *Jupiter* à l'aide d'un télescope, on remarque que sa surface présente des bandes transversales à peu près parallèles à l'écliptique. *Herschel* attribue ces bandes à des courants atmosphériques analogues à nos vents alizés.

La figure 202 représente le disque de Jupiter dessiné par M. Bulard. Les bandes transversales dont nous venons de parler y sont nettement indiquées.

Rotation de Jupiter. — D'après les taches que W. Herschel a observées sur le disque de *Jupiter*, taches qu'il suppose être dues à des nuages qui flottent dans l'atmosphère de cette planète, il a conclu que cet astre est doué d'un mouvement de rotation *d'Occident en Orient* qui s'effectue dans une période de temps qui varie entre $9^h 50^m 48^s$ et $9^h 55^m 40^s$.

L'équateur de Jupiter fait un angle de 2 à 3 degrés avec le plan de son orbite, son *aplatissement* est très-grand; d'après M. Hind, il est d'environ $\frac{1}{18}$.

Grandeur de Jupiter. — Le diamètre apparent de cette planète varie entre 30″ et 40″. — D'après la distance de cet astre au Soleil, on trouve que son diamètre équatorial serait vu sous un angle de 199″,4 si la planète se trouvait à une distance de la Terre égale à la distance moyenne de la Terre au Soleil.

Par suite, le rayon de *Jupiter* est environ 11^fois^,661 plus grand que celui de la Terre, et son volume 1585,56 fois le volume de notre globe.

345. Saturne ♄. — Cette planète est, par sa forme, la plus remarquable de toutes les planètes.

En observant attentivement cet astre, *Huyghens* a reconnu qu'il est un globe, à peu près sphérique, *entouré d'un anneau circulaire et aplati* qui l'enveloppe sans le toucher par aucun point.

La figure 203 fait voir la forme de cet anneau qui se présente toujours à nous obliquement, quelle que soit l'époque à laquelle on observe *Saturne*.

Les deux parties latérales, qui débordent de part et d'autre, s'appellent les *anses de Saturne*.

Phases de l'anneau. — Dans le mouvement de la planète autour du Soleil, *l'anneau se transporte parallèlement à lui-même;* il s'ensuit que son obliquité par rapport à la ligne suivant laquelle nous le voyons varie d'une *époque à l'autre*.

Fig. 203.

Nous devons donc apercevoir des changements dans la forme sous laquelle il se présente à nous.

Si l'ellipse qui termine le contour extérieur de l'anneau est vue assez perpendiculairement, elle enveloppe complétement le globe de la planète, laquelle ne nous apparaît plus que comme *une ellipse.*

C'est ce qui peut avoir lieu en A (fig. 204).

Fig. 204.

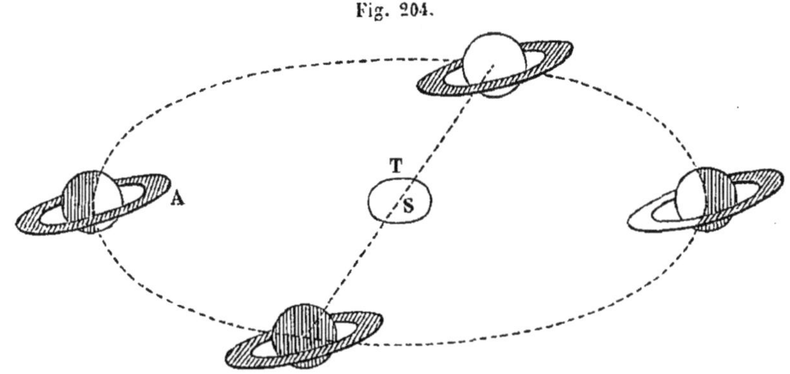

Si la Terre se trouve dans le plan de l'anneau, celui-ci ne se voit que par sa tranche, et il paraît comme une ligne éclairée qui passe par le centre de l'astre et s'étend à droite et à gauche du disque, ou comme *un diamètre de ce disque si les parties extrêmes ne sont pas éclairées.*

Lorsque le plan de *l'anneau* passe entre le Soleil et nous, il tourne vers nous l'une de ses faces qui n'est pas éclairée par le Soleil; nous ne pouvons alors l'apercevoir.

Rotation de Saturne. — D'après certaines taches observées par Herschel, cet astronome a reconnu que *Saturne* tourne sur lui-même *d'Occident en Orient* et qu'il fait un *tour entier* en $10^h\,30^m$; son aplatissement serait, d'après M. Hind, de $\frac{1}{10,3}$, et son équateur incliné sur l'écliptique d'environ 28° 30′.

Sa grandeur. — Le diamètre apparent de Saturne varie entre 15″ et 20″. — A la distance *moyenne* de la Terre au Soleil, le diamètre équatorial de Saturne sous-tendrait un angle de 162″,212. Le rayon de la Terre étant 1, celui de Saturne est donc de **9,471**; d'où l'on déduit que le volume de Saturne est 849,655 fois le volume de la Terre.

L'anneau est à peu près dirigé dans le plan de *l'équateur; le rayon intérieur de l'anneau* est 1,66 et celui extérieur 2,37 en prenant celui de *l'équateur de Saturne pour unité.*

A l'aide de télescopes puissants, on a découvert que l'anneau de Saturne n'est pas simple et se compose de plusieurs anneaux concentriques dont on aperçoit vers les *anses* les lignes de séparation.

L'anneau de Saturne est animé d'un mouvement de rotation dans son plan, *d'Occident en Orient;* ce mouvement s'effectue en $10^h\,32^m\,15^s$, et par conséquent, dans un temps plus *long* que celui dans lequel le globe principal fait sa révolution sur lui-même.

346. Uranus ♅. — Uranus est encore visible à l'œil nu et a l'apparence d'une étoile de cinquième grandeur.

Sa grandeur. — Son diamètre apparent sous-tend en moyenne un angle de 4″ environ. — A la *distance moyenne de la Terre au Soleil,* son diamètre apparent serait de 78″,4. En prenant donc pour unité le rayon de la Terre, celui de la planète est 4,57 ; d'où l'on déduit que le volume *d'Uranus* est 95,914 fois celui de notre globe.

Rotation d'Uranus. — A l'aide de puissants instruments, *Herschel* a reconnu que le disque d'Uranus est un peu aplati ; ce qui indique, par analogie, que cette planète est douée d'un mouvement de *rotation* sur elle-même, mouvement qui a lieu perpendiculairement à *l'écliptique,* puisque le plus petit diamètre serait, d'après cet astronome, dirigé dans le *plan de l'écliptique.*

347. Neptune ♆. — Neptune n'est pas visible à l'œil nu.

Sa grandeur. — Le diamètre de Neptune sous-tend en moyenne un angle de 2″,7. — A la distance moyenne de la Terre au Soleil, son diamètre apparent serait de 76″,6, de sorte que le rayon de la Terre étant 1, celui de Neptune est 4,46 ; d'où l'on déduit que le volume de la planète Neptune est 88,761 fois celui de la Terre.

NOTIONS SUR LES SATELLITES DES PLANÈTES.

Définition. — On appelle *satellite* d'une planète, tout astre qui paraît circuler autour de la *planète* de la même manière que ce dernier astre se meut autour du Soleil.

D'après cette définition, la *Lune* est le satellite de la Terre ; nous avons déjà indiqué les lois de son mouvement ; occupons-nous maintenant des satellites des autres corps célestes.

PREMIER MODE D'OBSERVATION.

348. En observant *Jupiter, Saturne, Uranus* et *Neptune* avec une lunette, on aperçoit *un ou plusieurs points brillants* qui se déplacent assez

rapidement par rapport à chacun de ces astres; ce sont *les satellites* de ces planètes.

Dans l'étude du mouvement de ces satellites, ne considérons, par exemple, que ceux de *Jupiter qui sont au nombre de quatre* et que l'on désigne sous le nom de *premier, deuxième, troisième et quatrième satellite.*

Un certain jour, un de ces points brillants paraît à *l'Orient de Jupiter*, s'en écarte pendant quelques jours, paraît un instant stationnaire par rapport à la planète, puis se *rapproche d'elle*, passe du côté de *l'Ouest*, s'en écarte encore pendant quelque temps, reste un instant stationnaire, revient vers Jupiter, et ainsi de suite.

Dans ce mouvement, dont *la vitesse est variable*, ce point brillant reste *sensiblement sur une ligne droite dirigée à peu près dans le plan de l'écliptique.*

La découverte des satellites est due à *Galilée*, le 7 janvier 1610.

Simon Marius prétend avoir fait cette découverte quelques jours plus tôt que *Galilée.*

Dans un ouvrage intitulé : *Mundus Jovialis*, après avoir décrit *sa lunette et l'historique* de sa découverte, il expose, ainsi qu'il suit, les *sept* phénomènes différents qu'il a constamment observés :

1° *Les satellites changent constamment de place, et relativement à Jupiter, ils sont tantôt à l'Orient et tantôt à l'Occident ;*

2° *Chaque satellite a, dans ses élongations, des limites qu'il ne passe jamais ;*

3° *Leurs mouvements sont plus sensibles quand ils approchent de Jupiter, plus lents ou nuls, en apparence, quand ils sont dans leurs digressions ;*

4° *Les révolutions sont plus longues pour les satellites qui s'éloignent le plus ;*

5° *Le centre de leurs mouvements est Jupiter, et avec cet astre, ils tournent autour du Soleil et non autour de la Terre ;*

6° *Dans certaines circonstances, la ligne qui passe par les points des deux digressions est parallèle à l'écliptique ; mais dans le cours de leurs révolutions, ils s'écartent au Nord et au Sud de cette ligne ;*

7° *Les satellites ne paraissent pas toujours de la même grosseur.*

Dans le résumé des observations qu'il a faites, *Simon Marius* oublie un phénomène bien remarquable et propre à faire saisir immédiatement le mouvement du satellite. Ce phénomène est celui-ci :

Quand le Soleil est à l'Orient de Jupiter, on voit, à certains intervalles, un satellite situé à l'Occident de cette planète, *disparaître subitement* pendant quelque temps, pour reparaître ensuite à l'Orient de la planète. *Quelquefois même, pour les deux satellites qui ont les plus grandes digressions on voit le satellite reparaître à l'Occident de Jupiter.* Ceci n'arrive que lorsque les satellites ont leur mouvement dirigé d'Occident en Orient.

On comprend immédiatement que ce fait remarquable doit provenir du passage du satellite *dans le cône d'ombre* qui doit exister derrière Jupiter par rapport au Soleil.

Une autre *remarque que l'on peut encore faire, c'est que les trois premiers satellites ne sont jamais éclipsés à la fois.*

Par analogie *du mouvement des satellites de Jupiter avec les mouvements de Mercure et de Vénus autour du Soleil,* on conclut de ces observations que ces points brillants sont des astres qui ont un mouvement de *translation autour de la planète.*

DEUXIÈME MODE D'OBSERVATION.

349. Les satellites de *Jupiter,* et *à fortiori des autres planètes,* ne paraissant s'écarter que de quelques minutes de l'astre autour duquel ils gravitent, le second mode d'observation que nous avons employé pour le Soleil, la Lune et les planètes, ne nous apprendrait rien sur le mouvement du satellite, puisque la courbe qu'il décrit sur le globe céleste doit se confondre, à très-peu près, avec la courbe que décrit sa *planète;* nous ne nous arrêterons donc pas à ce second mode d'observation.

TROISIÈME MODE D'OBSERVATION.

350. Le dernier mode d'observation qui, dans l'étude que nous avons faite de chaque astre, nous a permis de découvrir *les lois de son mouvement,* ne peut encore servir ici. On a recours à d'autres moyens que nous allons indiquer.

Du cône d'ombre. — En appliquant à Jupiter ce que nous avons dit du *cône d'ombre de la Terre,* on conçoit que Jupiter doit projeter un cône d'ombre beaucoup plus large et beaucoup plus long.

En effet, il a d'abord pour base, à fort peu près, un grand cercle du globe de *Jupiter,* et l'on sait que le rayon de ce globe est 11,66 fois plus gros que celui de la Terre.

Ensuite, si, comme nous l'avons fait pour la Terre, nous déterminons la grandeur de l'axe de ce cône, nous trouverons qu'elle est de 0,5888 ou les six dixièmes, environ, de la distance *moyenne de la Terre au Soleil,* quantité beaucoup plus grande que celle que nous avons trouvée pour l'axe du côde d'ombre terrestre.

351. *L'éclipse des satellites de Jupiter est possible.* — La plus grande digression des satellites de Jupiter ne dépasse pas 8′16″, la distance de *Jupiter* au Soleil est, en moyenne, 5,20279 fois la distance *moyenne de*

la Terre au Soleil; donc le rayon de l'orbite des satellites de Jupiter est à peu près égal à $4,20279 \times \sin 8' 16''$.

En divisant 0,5888 par le produit $4,20279 \times \sin 8' 16''$, on trouve que l'axe du cône d'ombre s'étend à une distance environ 57 fois plus grande que le rayon de l'orbite la plus grande.

De là, nous concluons que tous les *satellites de Jupiter,* dans leur *conjonction supérieure,* doivent traverser le cône d'ombre et, par suite, s'éclipser; à moins que leurs latitudes ne les écartent assez de ce cône, pour qu'ils continuent à recevoir la lumière du Soleil, ce qui n'a lieu que pour le *quatrième satellite dans ses plus grandes latitudes.*

352. *Révolutions synodiques et sidérales.* — L'intervalle qui s'écoule entre deux immersions consécutives d'un même satellite se nomme *révolution synodique du satellite.*

Si *la planète* restait immobile dans l'espace, la révolution synodique serait évidemment égale à la *révolution sidérale,* c'est-à-dire à l'intervalle de temps que met le satellite à se retrouver sur la ligne qui joint le centre de la planète à une étoile particulière. Mais, en raison du déplacement angulaire de la planète autour du Soleil, la révolution synodique se compose, évidemment, de la révolution sidérale augmentée du mouvement de la planète autour du Soleil. Comme l'on connaît ce dernier mouvement, on comprend que lorsque l'on aura déterminé le temps de la révolution synodique il sera facile d'avoir celui de la révolution sidérale.

Pour déterminer le temps de la *révolution synodique* d'un satellite, on compte le nombre K d'immersions observées pendant un grand nombre de jours n; en divisant n par K on a la révolution synodique, de laquelle on peut alors conclure la révolution sidérale t.

353. *Mouvement moyen du satellite.* — En divisant 360° par t, on a le *mouvement moyen* du satellite.

En comparant entre eux les mouvements moyens sidéraux m_1, m_2, m_3 des trois premiers satellites de Jupiter, on trouve cette relation remarquable et qui est invariable :

$$(\alpha) \qquad m_1 + 2m_3 = 3m_2.$$

La même relation existe entre les *mouvements* moyens *synodiques.*

Désignons en effet par j le mouvement sidéral de Jupiter dans l'intervalle auquel se rapportent les mouvements moyens m_1, m_2, m_3. Il est clair que

$$m_1 - j, \quad m_2 - j \quad \text{et} \quad m_3 - j$$

seront les trois mouvements moyens synodiques des trois premiers satellites.

Or si nous retranchons $3j$ des deux membres de l'équation (α), nous aurons

$$m_1 + 2m_3 - 3j = 3m_2 - 3j$$

ou

$$(\beta) \qquad (m_1 - j) + 2(m_3 - j) = 3(m_2 - j),$$

qui montre bien qu'il existe entre les *mouvements moyens synodiques* la même relation qu'entre les *mouvements moyens* sidéraux.

On trouve aussi pour les trois premiers satellites de Jupiter une autre loi remarquable.

Désignons par L_1, L_2, L_3 les longitudes *moyennes* des trois satellites à une époque quelconque; on a toujours la relation suivante :

$$(\delta) \qquad L_1 + 2L_3 = 3L_2 + 180^\circ.$$

Cette relation fait voir que les trois premiers satellites de Jupiter ne peuvent pas être éclipsés tous les trois à la fois, car on aurait dans ce cas $L_1 + 2L_3 - 3L_2 =$ à une quantité très-peu différente de zéro et non pas égale à 180° comme l'exige la relation (δ).

354. C'est la considération des éclipses des satellites qui va nous permettre de déduire, d'une manière approchée, les lois du mouvement des satellites de Jupiter.

Nous appellerons *coordonnées jovicentriques* les coordonnées polaires du satellite rapportées *au centre de Jupiter*.

L'éclipse des satellites sera-t-elle visible de la Terre? — Supposons que T'ATB (fig. 205) représente l'orbite terrestre, S le Soleil, J Jupiter, *b*IE l'orbite de l'un de ses satellites. Lorsque la Terre parcourra l'arc ATB,

Fig. 205.

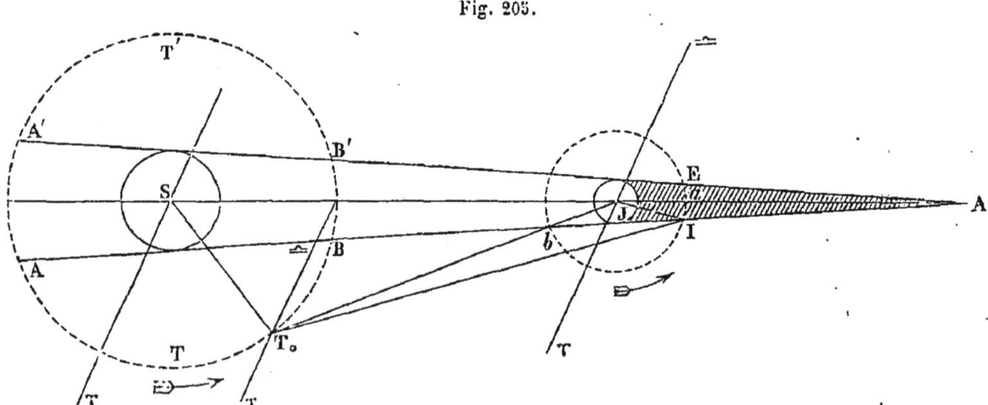

c'est-à-dire avant les oppositions de Jupiter, nous verrons les *immersions* des satellites, et lorsqu'elle parcourra l'arc B'T'A', nous pourrons voir les *émersions*.

Quand la Terre se trouvera en T, l'on ne pourra observer le plus souvent les *émersions du premier et du deuxième satellite, et en* T' *on ne pourra observer les immersions de ces mêmes satellites.*

Il est évident que lorsque la Terre parcourra les arcs AA' et BB', on ne pourra observer ni *immersion* ni *émersion.*

355. *Lois du mouvement.* — Supposons que le mouvement du satellite s'effectue dans le plan de l'écliptique, ce qui est seulement vrai, sensiblement, pour les satellites de *Jupiter.*

Soient I (fig. 205) et (fig. 206) la position d'un satellite au moment de son immersion, et T_0 celle de la Terre.

Appelons θ l'époque de l'immersion.

A cette époque on peut mesurer $JT_0I = d$, distance micrométrique du satellite au centre de sa planète.

Fig. 206.

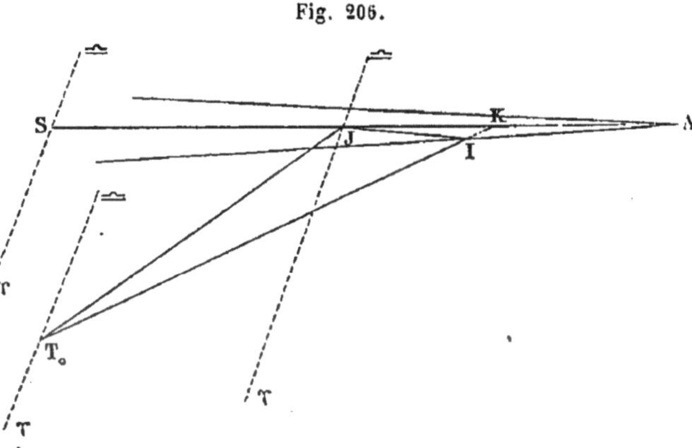

Les tables donnent pour l'époque θ :

1° l'angle $SJT_0 = p$, *parallaxe annuelle de Jupiter;*
2° $♈T_0J$, *longitude géocentrique de la planète;*
3° JA, *grandeur du cône d'ombre;*
4° JT_0, *distance de la planète à la Terre.*

Nous pouvons déterminer par le calcul :

1° $♈JI$, *longitude jovicentrique du satellite;*
2° JI, *grandeur de son rayon vecteur.*

En effet, prolongeons T_0I en K.

Dans le triangle KJT_0, nous connaissons $KJT_0 = 180 - p$, $JT_0K = d$ et la distance JT_0; nous pouvons donc calculer JK, lequel retranché de JA que nous connaissons, nous donnera KA. Dans le triangle IKA nous connaissons KA, l'angle $AKI = 180 - (p - d)$ et l'angle KAI, moitié de l'angle du cône d'ombre; nous pouvons donc calculer IA. Enfin, dans le triangle IAJ, nous connaissons IA, JA et l'angle IAJ, nous pouvons obtenir :

JI *grandeur du rayon vecteur,*

et l'*angle* KJI, qui, retranché de l'angle ♈SJ, longitude *héliocentrique* de Jupiter, nous donnera l'angle ♈JI, longitude *jovicentrique du satellite.*

A l'immersion suivante, le cône d'ombre aura marché; par conséquent, en faisant une détermination analogue à celle que nous venons de faire, nous trouverons *la longitude et le rayon vecteur jovicentriques* pour une autre position du *satellite dans son orbite.* En continuant ainsi, pour un grand nombre de positions et en plaçant sur *une feuille de papier ces différentes longitudes et ces rayons vecteurs,* ainsi que nous l'avons fait pour les autres astres, nous reconnaîtrons :

1° *Que les courbes décrites par les satellites sont des ellipses dont la planète occupe un des foyers;*

2° *Que les aires décrites par le rayon vecteur sont proportionnelles aux temps employés à les parcourir;*

3° *Enfin, si nous comparons les temps de révolution des satellites d'une même planète à leurs demi-grands axes, nous reconnaîtrons que les carrés des temps de révolution sont entre eux comme les cubes des demi-grands axes.*

Nous pourrions, ainsi que nous l'avons fait pour les planètes, et après avoir déterminé, par des moyens analogues, l'époque du passage du satellite au *périjove, son excentricité et son demi-grand axe, vérifier l'ellipticité de la courbe.*

Nous ne nous occuperons pas davantage *des mouvements des satellites,* mouvements qui deviennent de plus en plus difficiles à suivre à mesure que l'on considère des planètes plus éloignées du Soleil, et pour lesquels l'application de la théorie générale de l'attraction permet de déterminer toutes les circonstances.

356. *Particularités sur les satellites.* — *Jupiter* possède quatre satellites; la durée de révolution est de $1^j,77$ pour le plus près de la planète, sa distance étant 6,05, et de $16^j,69$ pour le plus éloigné, sa distance étant 27,00.

On prend pour unité de distance, *le rayon de l'équateur de la planète.*

Saturne possède *huit satellites;* la durée de révolution est de $0^j,94$ pour le plus près de Saturne, sa distance étant 3,36, et de 79^j33 pour le plus éloigné, sa distance étant 64.

Uranus a huit satellites; la durée de révolution est de $2^j,52$ pour le plus voisin, sa distance étant 7,44, et de $107^j,69$ pour le plus éloigné, sa distance étant 91,01.

Neptune n'est accompagné que d'un satellite dont la durée de révolution est de $5^j,87$, sa distance à la planète est 12.

DÉCOUVERTE DE LA VITESSE DE LA LUMIÈRE.

357. *Roëmer* reconnut, en 1675, que les éclipses des satellites de Jupiter arrivaient plus tôt que n'indiquait le résultat moyen des observations, lorsque Jupiter était voisin de *son opposition*, et, au contraire, *qu'elles arrivaient plus tard* lorsque cette *planète était voisine de sa conjonction.*

Il en conclut que cette avance et ce retard provenaient de la distance à la Terre à laquelle se trouvait *Jupiter* au moment du phénomène, et, par suite, que *la lumière ne nous arrive pas instantanément.*

Soient t l'instant réel d'une immersion, lorsque Jupiter est voisin de l'opposition, t_1 l'instant où nous voyons le phénomène; $t_1 - t = \theta$ *exprime le temps que la lumière met à venir du lieu de l'eclipse à la surface de la Terre.*

Lorsque *Jupiter* est en conjonction, on a une relation analogue

$$t'_1 - t' = \theta'.$$

Observons de nouveau l'immersion lorsque *Jupiter* revient à peu près en *opposition* au même point de départ que précédemment; on a

$$t_1'' - t'' = \theta.$$

De ces trois relations, on déduit :

$$t_1' - t_1 = (t' - t) + (\theta' - \theta),$$
$$t_1'' - t_1' = (t'' - t') - (\theta' - \theta),$$

d'où :

$$(t_1' - t_1) - (t_1'' - t_1') = 2(\theta' - \theta) + (t' - t) - (t'' - t').$$

Mais $(t' - t)$ et $(t'' - t')$ sont des quantités sensiblement égales, puisque ce sont les temps qui séparent deux mêmes positions de *Jupiter*, on a donc :

$$(\theta' - \theta) = \frac{(t_1' - t_1) - (t_1'' - t_1')}{2}.$$

On déterminera ainsi $(\theta' - \theta)$ *qui est le temps que la lumière met à parcourir une corde de l'orbite terrestre.*

On a trouvé, d'après cela, que la lumière parcourt le *rayon moyen de l'orbite terrestre en* $8^m 17^s,7$, *ce qui fait* 77 000 *lieues environ par seconde.*

Dans ces derniers temps, M. *Fizeau* a déterminé la vitesse de la lumière avec un appareil de son invention, et sans considérer la lumière des astres. Les résultats qu'il a obtenus s'accordent en grande partie avec celui que nous venons d'indiquer. Il en est de même des déterminations qui ont aussi été faites, à ce sujet, par M. Léon Foucault.

NOTIONS SUR LES COMÈTES.

358. On appelle *comète*, d'après l'étymologie du mot grec κομήτης, qui veut dire *étoile chevelue*, un des astres qui apparaissent dans la voûte céleste et dont l'aspect, très-différent des autres astres, présente *trois parties distinctes*.

1° Le *noyau*, qui est un point lumineux plus ou moins éclatant qui s'aperçoit vers le centre de l'astre ;

2° La *chevelure*, espèce d'auréole lumineuse entourant le noyau et formant avec lui ce qu'on appelle *la tête de la comète;*

3° Enfin, la *queue*, sorte de traînée lumineuse plus ou moins longue dont le noyau est accompagné.

La *queue* manque quelquefois à certaines *comètes*.

La *chevelure* et la *queue* sont diaphanes.

PREMIER MODE D'OBSERVATION.

359. Une comète ne paraît, en général, que pendant quelque temps ; le premier mode d'observation nous apprend seulement que cet astre a un mouvement propre sur les *étoiles;* ce mouvement, qui a lieu quelquefois d'*Occident en Orient, a lieu d'Orient en Occident pour certaines comètes.*

DEUXIÈME MODE D'OBSERVATION.

360. A l'aide du second mode d'observation, nous ne pourrions tracer sur notre globe céleste qu'une petite partie de la courbe sinueuse que la comète paraît décrire.

Nous sommes alors conduits à rapporter le mouvement des comètes *au centre du Soleil, à l'aide du troisième mode d'observation.*

TROISIÈME MODE D'OBSERVATION.

361. Les comètes n'étant visibles que pendant une faible partie de leur révolution, on ne peut suivre, pour l'*étude de leur mouvement*, la marche indiquée pour les *planètes*.

Aussi, admet-on immédiatement, *par analogie, le mouvement elliptique des comètes autour du Soleil.*

On commence alors par déterminer les éléments elliptiques de la comète à l'aide de trois observations, puis on prédit la position de l'astre dans son orbite pour quelques jours après son apparition, et l'on voit que l'observation vérifie la prédiction.

Donc, *la loi des mouvements planétaires s'applique aussi aux comètes.*

Presque toujours, en calculant la position et la forme de l'orbite cométaire par la méthode que nous avons indiquée (323) pour le calcul des *éléments elliptiques des planètes, on trouve que l'excentricité diffère très-peu de l'unité.*

Les astronomes supposent alors que l'orbite de la comète est une *parabole* et calculent ses éléments dans cette hypothèse.

Le calcul est évidemment simplifié, et trois observations d'ascension droite et de déclinaison suffisent pour déterminer les éléments paraboliques de la comète, éléments qui sont au nombre de cinq :

1° *La longitude du nœud ascendant;*
2° *L'inclinaison du plan de l'orbite;*
3° *L'angle que fait l'axe de la parabole avec la ligne des nœuds;*
4° *La distance périhélie;*
5° *Enfin, le sens du mouvement et l'époque du passage de la comète à son périhélie.*

Si nous admettons maintenant que les éléments paraboliques d'une comète aient été calculés à l'aide de trois observations, on pourra, comme pour les planètes, prédire sa position dans la voûte céleste pour plusieurs jours après; on verra alors que la comète occupe en effet cette position, et l'on pourra conclure, ainsi que nous venons déjà de le dire, que son mouvement est bien soumis aux mêmes lois que les mouvements planétaires.

Modification apportée dans l'énoncé de la troisième loi pour qu'elle puisse s'appliquer aux comètes.

362. Puisque nous sommes amenés à supposer *parabolique* la courbe décrite par la *comète*, nous ne pouvons comparer le temps de révolution de ces astres autour du Soleil, aux demi-grands axes de leurs ellipses inconnues. La troisième loi subit alors une modification.

Soit T le temps de révolution d'une *planète*. Son rayon vecteur décrit l'aire A dans le temps t et $\pi a^2\sqrt{1-e^2}$ dans le temps T, de telle sorte que l'on a

$$\frac{T}{t}=\frac{\pi a^2\sqrt{1-e^2}}{A} \quad \text{ou} \quad \frac{T^2}{a^3}=\frac{\pi^2 a(1-e^2)}{A^2}t^2.$$

Pour une autre planète, on a aussi, en supposant t le même,

$$\frac{T'^2}{a'^3} = \frac{\pi^2 a'(1 - e'^2)}{A'^2} t^2.$$

Par conséquent, en vertu de la troisième loi, on peut écrire

$$\frac{a(1 - e^2)}{a'(1 - e'^2)} = \frac{A^2}{A'^2},$$

ou bien

$$\frac{A}{A'} = \frac{\sqrt{2a(1 - e^2)}}{\sqrt{2a'(1 - e'^2)}}.$$

Mais $2a(1 - e^2)$ est le *paramètre* d'une ellipse dont le grand axe est a et l'*excentricité* e; donc la troisième loi peut s'énoncer :

Les aires décrites dans le même temps par les rayons vecteurs de deux planètes sont proportionnelles aux racines carrées de leurs paramètres; et par extension, cette loi s'applique aux orbites paraboliques des comètes.

Pour *certaines comètes*, on trouve que le calcul des positions observées donne *une ellipse* au lieu d'*une parabole*; dans ce cas, les éléments de son orbite sont les mêmes que ceux que nous avons indiqués (322) pour les planètes en y ajoutant toutefois *le sens du mouvement*.

DE LA PÉRIODICITÉ DES COMÈTES.

363. Pendant le temps qu'une comète reste visible, *sa chevelure et sa queue* changent de forme; par conséquent, lorsqu'une comète se montre et paraît semblable à une autre bien antérieurement aperçue, on ne peut assurer que c'est le même astre.

Pour savoir si la comète que l'on aperçoit s'est déjà montrée, on détermine ses éléments paraboliques, et si l'on trouve qu'ils sont identiques ou même approchés de ceux d'une autre dont on a enregistré les éléments, on peut en conclure que c'est la *même comète*.

On peut de là déduire, évidemment, le temps approché de la *périodicité de cet astre, et, par suite, l'époque de son retour*.

Comme *l'hypothèse parabolique* est incompatible avec toute idée *de retour périodique*, l'observation peut vérifier certains phénomènes des *mouvements cométaires*, mais le calcul ne peut pas prédire la réapparition de la plupart des comètes.

Aussi, comme l'a dit Auguste Comte, la Géométrie céleste, *suffisamment complète quant à la théorie des monuments planétaires, ne sera établie d'une manière satisfaisante, en ce qui regarde le système solaire, que lorsque pour chaque comète on aura déterminé l'orbite elliptique qui lui correspond; en admettant toutefois que ces comètes appartiennent à notre système solaire.*

364. *Comètes périodiques.* — Les comètes dont la périodicité a été constatée, sont actuellement au nombre de six.

Ces comètes sont désignées par les noms de :

1° *Comète de Halley*,
2° *Comète de Encke*,
3° *Comète de Gambart*,
4° *Comète de Faye*,
5° *Comète de Brorsen*,
6° *Comète de d'Arrest*.

365. *Comète de Halley.* — En 1681, Halley calcula, d'après les observations de *la Hire* et *Picard*, les éléments paraboliques d'une comète qui venait de se montrer.

Or, les mêmes méthodes de calcul employées aux observations d'une comète, faites en 1607 par *Képler* et *Longomontanus*, donnèrent, à très-peu près, les mêmes résultats.

Halley pensa que ces deux comètes n'en formaient qu'une seule dont la période était de 74, 75 ou 76 ans. Remontant à l'année 1531, il calcula les éléments paraboliques d'une comète aperçue par *Apian* à *Ingolstadt;* il trouva encore des éléments à peu près semblables à ceux obtenus précédemment.

De ces résultats, il n'hésita pas à prédire que vers la fin de 1758 ou le commencement de 1759, une comète se montrerait.

La prédiction se réalisa. Seulement, *Clairaut* calcula que, d'après les perturbations que le système planétaire pouvait apporter dans la marche de la comète, elle ne paraîtrait qu'en avril 1759.

Les événements justifièrent complétement la prédiction.

En remontant encore dans les temps passés, on retrouve la preuve de l'apparition de cette comète jusqu'en 1378.

Dans un ouvrage chinois, il est fait mention, à cette date, d'une comète dont la route est bien tracée.

En se servant de la traduction du texte chinois, donnée par M. *Édouard Biot*, M. *Laugier* a calculé les éléments paraboliques de cette comète observée en 1378 par *les Chinois*.

Ces éléments s'accordent complétement avec ceux de la comète de Halley.

Nous avons donné, dans notre introduction, les éléments elliptiques de l'orbite de cette comète ainsi que des cinq autres comètes périodiques.

366. *Comète de Encke.* — La comète qui porte le nom de M. *Encke, de Berlin*, a été découverte par *Pons*, à Marseille, le 26 novembre 1818.

Les éléments paraboliques, calculés par *Bouvard*, dit *Arago*, furent reconnus par un des membres du Bureau des longitudes pour être semblables à ceux d'une comète observée en 1805.

La durée de révolution de cet astre a été déterminée par M. *Encke*, qui prouva, par des calculs excessivement rigoureux, que cette durée est de 3 ans et 3 dixièmes.

En cherchant dans les collections astronomiques, on trouve les preuves d'observations de cette comète dans les années 1786 et 1795.

367. *Comète de Gambart.* — Le 27 février 1826, cette comète fut aperçue à *Johannisberg* par *Biéla*, et dix jours après *Gambart* la vit à Marseille et calcula immédiatement ses *éléments paraboliques.*

Il reconnut, alors, que cette comète avait déjà été observée en 1805 et en 1772.

Reconnaissant la périodicité de cette comète, il passa des éléments paraboliques aux éléments elliptiques et trouva que la durée de sa révolution autour du Soleil était d'environ 7 ans.

Damoiseau, en calculant l'époque du retour de cette comète, trouva que le 29 octobre 1832 vers minuit, la comète devait traverser le plan de l'écliptique, ce qui mit en émoi bien des gens.

Mais, par les calculs du même savant, on reconnut que la comète devait passer dans le plan de l'écliptique en dedans de notre orbite et à une distance de quatre rayons terrestres et deux tiers.

Du reste, la *Terre* ne devant arriver sur ce rayon vecteur du nœud de la comète qu'un mois après, se trouvait, au moment où cet astre était à son nœud, à plus de 20 millions *de lieues* de lui.

368. *Comète de Faye.* — Le 22 novembre 1843, M. Faye, astronome de l'observatoire de Paris, a découvert une comète dont il a calculé d'abord les éléments paraboliques et ensuite les éléments elliptiques, à l'aide desquels il a conclu la périodicité de la comète.

Les calculs de M. Faye ont été confirmés par d'autres calculateurs.

Cet astre a été revu en 1850 à l'observatoire de Cambridge (Angleterre) par M. *Challis*.

369. *Comète de Brorsen.* — M. *Brorsen* a découvert le 26 février 1846 une comète dont les positions, observées jusqu'au 22 avril, n'ont paru convenir qu'à une orbite elliptique, d'après les calculs de MM. Brunnow, Goujon et Hind, et le docteur Galen.

La période de cette comète elliptique devait être de $5^{ans},58$ environ.

Le docteur Galen avait fixé le retour au périhélie au 10 novembre 1851. Les astronomes la cherchèrent vainement vers cette époque d'après les positions indiquées dans les éphémérides publiées par M. Galen, et comprenant des positions s'étendant du 10 septembre 1851 au 10 janvier 1852.

Le 18 mars 1857, M. Bruhns découvrit une comète dont les éléments parurent s'accorder avec ceux de la comète du 26 février 1846.

M. Pape a montré la parfaite identité des deux astres en déduisant des éléments de la comète de *Brorsen* des positions qui représentent d'une manière satisfaisante les positions observées de la comète de M. Brunhs.

La détermination incomplète des premiers éléments et l'action perturbatrice des planètes a produit une différence d'environ *trois mois* dans le retour au périhélie.

Ainsi, d'après les calculs du docteur Galen, le passage au périhélie en 1857 devait avoir lieu le $25^{\text{juin}},77$; le passage au périhélie de la comète Bruhns a eu lieu le $29^{\text{mars}},19$.

A l'apparition de 1862, la comète a été observée à Vienne par M. Edmond Weiss, le 22 décembre.

370. *Comète de d'Arrest.* — Cette comète a été découverte à Leipzig par M. d'Arrest, le 27 juin 1851.

On reconnut immédiatement que son orbite était elliptique et sa période $6^{\text{ans}},4$ environ.

M. Y. Villarceau avait déduit de ses calculs que cette comète, à son retour en 1857, ne serait visible que dans l'hémisphère Sud et que son éclat serait très-faible.

Grâce aux éphémérides publiées par ce savant astronome, M. Maclear, directeur de l'observatoire du *Cap de Bonne-Espérance,* trouva immédiatement, au lieu et à l'époque désignés, l'astre dont l'éclat était en effet excessivement faible.

Une *comète périodique* dont nous n'avons pas parlé parce qu'elle n'a pas encore été retrouvée, est celle découverte à Rome le 22 août 1844 par le *père Vico.*

La durée de sa révolution est de $5^{\text{ans}},47$.

DÉTERMINATION DE LA POSITION D'UNE COMÈTE.

371. Puisqu'une comète ne se montre que pendant quelques jours, on comprend que les astronomes *des observatoires du globe* peuvent ne pas l'apercevoir si, pendant son apparition, le Ciel reste, pour ces observateurs, constamment couvert.

C'est ce qui est arrivé pour la comète aperçue en mars 1843; *l'observatoire de Paris,* en raison de l'état du Ciel, n'a pu déterminer la position de cet astre.

Les officiers de marine, par leur séjour dans les différents points du globe et le plus souvent dans des régions dans lesquelles le Ciel est toujours dégagé, peuvent rendre des services à l'astronomie, en déterminant la position d'une comète qu'ils aperçoivent.

Trois *observateurs* prennent simultanément, à l'aide d'instruments à réflexion, l'un, la distance du *noyau* de la comète à une *étoile zodiacale* connue, l'autre, la hauteur *du noyau* au-dessus de l'horizon et le troisième la hauteur de *l'étoile;* on note exactement l'heure du chronomètre qui correspond à cette observation, et on en conclut l'heure de Paris, *temps moyen.*

On peut supposer au noyau de la comète une parallaxe égale à celle du Soleil.

On fait le calcul de la *distance vraie de l'étoile à la comète.* (Voir mon Cours de navigation.)

Soient, maintenant, Z le zénith (fig. 207), P le pôle, E l'étoile, C la comète. Dans le triangle sphérique ZEC, dans lequel on connaît ZC, ZE et EC, on calculera ZEC.

Fig. 207.

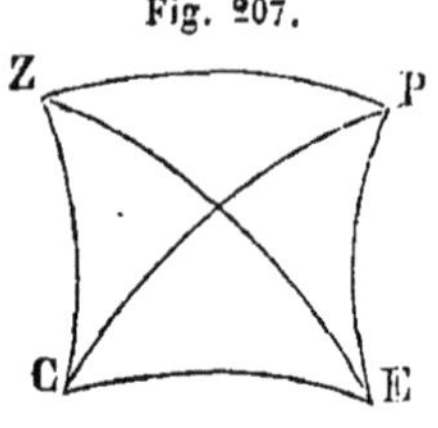

Dans le triangle sphérique ZPE, dans lequel on connaît ZE, PE, et PZ, on obtiendra l'angle PEZ.

La somme ou la différence de ces deux angles donnera l'angle PEC du triangle PCE dans lequel on connaît en outre, le côté PE et la distance CE; on aura donc *la distance polaire* PC *de la comète* et l'angle CPE *différence en ascension droite de cet astre et de l'étoile* E.

Connaissant l'ascension droite de cette étoile, on pourra en conclure *l'ascension droite de la comète.*

A quelques jours d'intervalle, on fera deux ou plusieurs autres observations analogues, ce qui permettra d'obtenir au moins *trois ascensions droites* et *trois déclinaisons* correspondantes de l'astre.

Il faudra aussi avoir soin de noter la grandeur de l'arc embrassé par la queue de la comète, son gisement et toutes les particularités que l'on pourra observer sur le *noyau*, la *chevelure* ou la *queue*. On pourra alors adresser ces observations à l'Observatoire impérial; ou bien, faire le calcul de l'orbite de la comète, en employant soit la méthode de Gauss, soit la méthode d'Olbers dont j'ai donné le développement dans les notes qui suivent ma traduction du « Theoria motus » de Gauss.

PARTICULARITÉS SUR LES COMÈTES.

372. Lorsque l'on veut étudier les comètes en elles-mêmes, c'est-à-dire en dehors de leur mouvement, le problème n'offre pas la même simplicité que pour les autres corps célestes en général.

Étudier un astre en lui-même, c'est essayer de découvrir, autant que les moyens d'observations le permettent :

1° *La forme;*

2° *La grandeur;*

3° Enfin, *la nature et la constitution probables de ce corps céleste.*

Dans les astres que nous avons considérés jusqu'ici, la constance apparente des quantités que nous venons d'énumérer, et la permanence de l'astre dans la voûte céleste ont permis d'obtenir des résultats, sinon très-complets, du moins suffisamment précis.

Pour les *comètes*, il en est autrement, et les résultats obtenus jusqu'ici sont encore tout aussi incertains que variés.

Une cause prédominante qui vient mettre obstacle à toute suite d'observations sur les comètes, c'est le peu de durée de leur apparition dans la voûte céleste.

On sait, en effet, qu'une comète n'est généralement visible que pendant l'époque de son passage au périhélie, ce qui n'a lieu que pendant quelque temps.

Dans le *noyau*, dans la *chevelure* et dans la *queue* des *comètes*, on remarque une grande variété d'aspect et d'éclat. Ainsi la comète de *Halley*, qui s'est montrée vers la fin de 1835, a pris des formes excessivement variées pendant le temps qu'on l'a aperçue. Cette variété d'aspect ne résulte pas seulement du mouvement de la comète autour du Soleil; les formes successives que prennent quelquefois ces astres pendant la durée de leur apparition, sont dues à des causes inconnues jusqu'à présent.

Les observations faites sur le *noyau* n'ont pu prouver d'une manière certaine que cette partie *d'une comète est opaque*.

Les résultats obtenus par MM. Struve, Pons et Valz feraient plutôt croire à la diaphanéité du noyau, puisque cette partie, qui, dans certaines comètes, paraissait opaque, a été trouvée diaphane lorsque l'on a employé des lunettes d'un fort grossissement.

Les diamètres des noyaux des comètes atteignent des dimensions très-différentes. D'après *Arago*, le plus fort diamètre observé est celui de la 3e comète de 1845, qui est de 3200 lieues, et le plus faible est celui de la comète de 1798, qui n'est que de 11 lieues.

Ainsi que nous l'avons déjà dit, on observe des changements dans la chevelure ou nébulosité qui entoure le noyau d'une comète. L'étendue de ces nébulosités, qui, par suite, est très-variable, va quelquefois jusqu'à 450000 lieues.

On remarque généralement dans la chevelure d'une comète, une augmentation d'intensité lumineuse du bord au centre, ce qui indique une forme sphérique.

Hévélius croyait avoir remarqué que les dimensions des nébulosités augmentent à mesure que les comètes s'éloignent du Soleil, ce qui semblait justifié par les variations du diamètre de la nébulosité de la comète de *Encke*. Mais on a observé, au contraire, certaines comètes dont les changements de dimensions ont eu lieu en sens inverse, c'est-à-dire que les diamètres de ces nébulosités ont diminué à mesure que les comètes se sont éloignées du *Soleil*.

L'axe de la queue des comètes est, en général, dirigée suivant le rayon vecteur du point de la courbe où se trouve la comète. Ce qui a lieu pour les chevelures se produit aussi pour la *queue*, et la forme de cette partie varie quelquefois complétement pendant la durée de la visibilité de l'astre.

Certaines comètes n'ont pas de queue, d'autres en ont plusieurs. La queue la plus longue qui ait été observée, est celle de la comète du mois de mars 1843; elle embrassait un arc de 60°, dans la sphère céleste.

D'après *Arago*, la queue des comètes aurait la forme d'un cône ou d'un cylindre *creux*.

Un des faits les plus remarquables observés sur les changements d'aspect d'une comète est celui de la *séparation en deux parties* de la comète de *Gambart*, séparation observée par M. Struve vers la fin de février 1846 et confirmée par d'autres astronomes.

Cette comète se divisa en deux parties formant *deux comètes distinctes* avec noyau et chevelure, et suivant deux routes différentes, quoique dans le même sens et à petite distance. La plus grande distance des deux parties a été trouvée égale à 40 rayons terrestres. En 1852, lors de la réapparition de la même comète, ses deux éléments ont encore été observés à une petite distance l'un de l'autre.

Certaines comètes ont présenté des phases, ce qui fait penser que ces astres n'ont pas de lumière propre, mais empruntent au *Soleil* celle qu'elles nous envoient. C'est, du reste, la conclusion à laquelle on est conduit par les résultats obtenus sur la lumière des comètes à l'aide de la *lunette polariscope d'Arago*.

RÉSUMÉ DES NOTIONS ACQUISES PAR LA GÉOMÉTRIE CÉLESTE.

373. D'après les théories astronomiques que nous venons d'ébaucher, nous voyons :

1° Que le *Soleil est le centre autour duquel les planètes et les comètes effectuent leur mouvement*, mouvement dont le sens est, pour toutes les planètes, d'Occident en Orient, et d'Orient en Occident pour un grand nombre de comètes.

2° *Que les planètes*, dont la Terre fait partie, sont les centres autour desquels de *petits astres appelés satellites* effectuent leur mouvement de translation, mouvements qui ont aussi lieu, en général, d'Occident en Orient.

3° Que tous les astres que leur grosseur et leur proximité de nous ont permis de considérer attentivement, sont reconnus pour être doués d'un mouvement de *rotation* sur eux-mêmes, dans le *même sens* que leur mouvement de translation *autour de l'astre central*.

4° Et enfin, *que ces mouvements de translation* sont soumis aux trois lois suivantes :

1° *Les orbites décrites sont des ellipses dont le Soleil (ou la planète pour son satellite) occupe un des foyers;*

2° *Les aires décrites par le rayon vecteur sont proportionnelles aux temps employés à les parcourir ;*

3° *Les carrés des temps de révolution sont approximativement entre eux comme les cubes des demi-grands axes.*

Ces trois lois, qui sont, comme nous l'avons vu, la base fondamentale des *prédictions astronomiques, sont dues à l'immortel* KÉPLER, *né à Weil*, dans le duché de *Wittemberg*, le 27 décembre 1571.

Aussi sont-elles connues sous le nom de *Lois de Képler*.

DES MÉTÉORES COSMIQUES.

En dehors des astres dont nous venons d'étudier le mouvement d'une manière succincte, on aperçoit *quelquefois* dans la voûte céleste des globes de feu; et *chaque nuit*, quand le Ciel est pur, des traînées lumineuses dont l'apparition ne dure que quelques secondes.

Ces météores connus sous le nom de *bolides* et d'*étoiles filantes*, ne paraissent, jusqu'à présent, soumis à aucune loi analogue à celles qui régissent les mouvements des corps célestes.

374. *Des Bolides.* — On désigne sous le nom de *bolides* des globes de feu, ayant un diamètre apparent, qui brillent tout à coup dans la voûte céleste et qui s'éteignent subitement, en laissant quelquefois, pendant un court instant, une traînée lumineuse, ou en se divisant en plusieurs petits globes *dont l'éclat d'une fusée* peut donner l'idée.

On a déjà enregistré, depuis le commencement de notre ère, plus de 800 bolides, qui amènent à conclure que l'on aperçoit plus de ces météores de juillet à janvier que de janvier à juillet.

375. *Des étoiles filantes.* — On désigne sous le nom d'*étoiles filantes* des traînées lumineuses qui font l'effet d'une étoile qui se détache de la voûte céleste et qui disparaît au bout de quelques secondes.

On aperçoit souvent des masses d'étoiles filantes. Le nombre de ces météores est immense, puisqu'il n'est pas de nuit, pour ainsi dire, dans laquelle, lorsque le Ciel est dégagé, on ne puisse compter soit plusieurs étoiles filantes simples, soit plusieurs étoiles filantes en masse.

En comparant toutes les observations faites jusqu'à ce jour, on trouve encore que ces météores se montrent plus de juillet en décembre que de décembre en juillet.

Deux observateurs A et B (fig. 208), placés à une assez grande distance l'un de l'autre, peuvent en observant l'étoile de la constellation dans laquelle une même étoile filante a paru s'éteindre, obtenir la distance de l'étoile filante à la Terre.

Car, si pour l'observateur A l'étoile filante a paru s'éteindre sur l'étoile réelle E, elle se trouvait à ce moment sur la ligne AE; de même, si pour l'observateur B la même étoile filante a paru s'éteindre sur l'étoile réelle E', elle se trouvait, à ce moment, sur la ligne E'B. Elle se trouvait donc, par suite, en *e*; comme on peut avoir les distances angulaires E'BA et EAB, ainsi que la distance linéaire AB; on peut déterminer les distances A*e* et B*e*.

Fig 208.

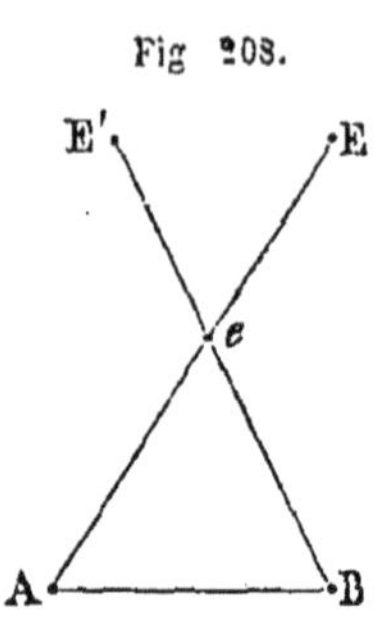

En se servant de cette méthode, on a pu s'assurer que ces météores se montrent généralement sur les limites que l'on donne habituellement à notre atmosphère, c'est-à-dire à une petite distance de la Terre.

376. *Des aérolithes.* — Les bolides ont quelquefois déterminé des chutes de *pierres* sur la Terre, pierres qui ont reçu le nom d'*aérolithes*. En dehors des pierres tombées à la suite de l'apparition d'un bolide, on a enregistré plus de 200 chutes d'aérolithes bien constatées; quelques-uns de ces météores ont même déterminé des accidents graves.

Les substances qui composent les aérolithes sont, généralement : *le chrome, le fer magnétique, le nickel, le feldspath, l'olivine, le chromate, le fer, le soufre.*

Ainsi qu'on l'a remarqué pour *les bolides et les étoiles filantes*, on observe plus d'aérolithes de *juin* en *décembre* que de *décembre* en *juin*.

L'origine de ces météores cosmiques est encore complétement inconnue, et la seule hypothèse qui semble admissible, c'est qu'il existe dans l'espace des milliers de petits corps soumis à la loi de la gravitation universelle et circulant autour du Soleil.

Dans sa route autour de l'astre radieux, la Terre traverse des zones plus ou moins étendues de ces petits corps célestes qui s'enflamment par le frottement en entrant dans notre atmosphère, et dont quelques-uns finissent par rencontrer la Terre. Cela expliquerait en partie l'état incandescent observé dans certains aérolithes à leur arrivée sur notre globe.

NOTIONS HISTORIQUES SUR LA GÉOMÉTRIE CÉLESTE.

377. Il a fallu bien des siècles à l'esprit humain pour arriver à la découverte des lois approximatives des mouvements des astres, lois que l'on peut maintenant déduire logiquement des observations faites dans un observatoire.

Avant d'arriver à l'admirable simplicité qui caractérise ces lois, les astronomes ont dû passer par bien des hypothèses, évidemment toujours beaucoup plus compliquées que la réalité. Sans remonter à *Cléanthe d'Assos*, qui vivait vers l'an 260 avant *Jésus-Christ* et qui serait, d'après

Plutarque, le premier qui ait eu l'idée du mouvement de rotation de la Terre et de son mouvement de translation autour du Soleil, nous allons donner de courtes notions sur les trois systèmes *planétaires* qui font époque dans *l'histoire de la géométrie céleste :*

1° *Celui de Ptolémée* (*Claude*), astronome de l'école d'Alexandrie, qui vivait l'an 140 avant l'ère chrétienne;

2° *Celui de Copernic* (*Nicolas*), astronome, né à *Thorn, en Prusse, le* 19 *février* 1473;

3° *Celui de Tycho-Brahé*, *né en Scanie* (*Danemark*), *le* 13 *décembre* 1546.

Cet astronome, dont les travaux ont été si utiles à l'astronomie moderne, a surtout la gloire d'avoir été *le maître et le protecteur de Képler.*

378. *Système de Ptolémée.* — Dans l'ouvrage intitulé *Almageste,* que nous a transmis Ptolémée, cet astronome indique la Terre (T ♁) (fig. 209), comme le centre des mouvements du Soleil, des planètes et des étoiles.

Fig. 209.

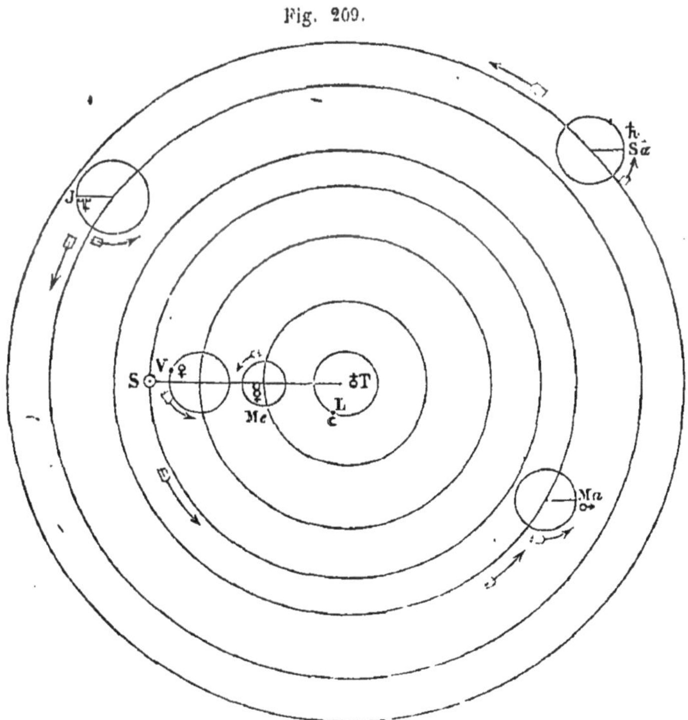

D'après lui, tous les astres faisaient, autour de la Terre, une révolution entière dans l'espace de 24 heures, d'Occident en Orient.

Ensuite, autour du même centre, se mouvaient, à peu près dans le même plan, *les sept astres ou planètes : la Lune* (L. ☾), *Mercure* (Me ☿), *Vénus* (V ♀) *le Soleil* (So ☉), *Mars* (Ma ♂), *Jupiter* (J ♃) *et Saturne* (Sa ♄).

Mercure, Vénus, Mars, Jupiter et Saturne décrivaient des circonférences appelées *épicycles*, dont les centres décrivaient eux-mêmes autour de la Terre des circonférences appelées *déférents*.

Les lois du mouvement étaient celles-ci :

1° *Les rayons des déférents de Mercure et de Vénus devaient toujours être dirigés* VERS LE SOLEIL.

2° *Les rayons menés de Mars, Jupiter et Saturne aux centres de leurs épicycles respectifs devaient rester toujours parallèles à la ligne joignant le* CENTRE DU SOLEIL *à la Terre.*

Nous ne chercherons pas à démontrer si, à l'aide de ces lois, on peut expliquer les mouvements apparents des astres tels que nous les voyons ; nous ferons seulement remarquer que, dans ce système, les lois du mouvement indiquent déjà *l'influence du Soleil sur les autres planètes.*

Fig. 210.

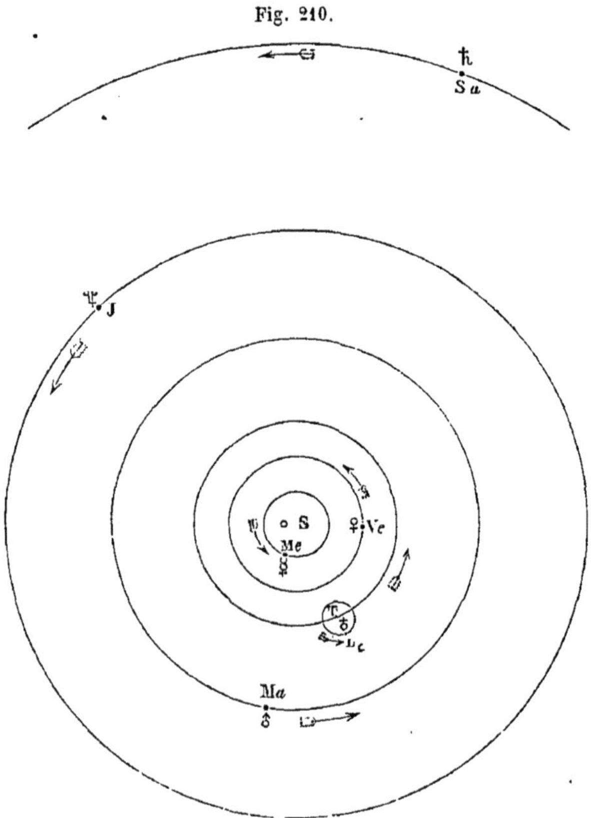

Ce système, combattu par *Pythagore* et *Aristarque*, est tellement encombré d'erreurs, qu'il ne souffre même pas maintenant *la discussion; et ces lois du mouvement qui n'ont pas de raison d'être*, ne furent admises pendant longtemps par les anciens, que parce que le préjugé en faveur *de l'immobilité de la Terre était trop enraciné dans l'esprit humain et trop*

conforme à l'apparence, pour y substituer une vérité que le génie *seul devinait*.

379. *Système de Copernic.* — Copernic, dans son ouvrage : *Des révolutions célestes*, suppose les planètes et la Terre circulant d'Occident en Orient autour du Soleil, et la Terre emportant la Lune dans son mouvement, ainsi qu'on le voit figure 210.

Seulement, pour expliquer les irrégularités des *mouvements du Soleil et des planètes, il emploie encore des épicycles et des déférents.*

Il supposait aussi à la Terre *trois mouvements :*

1° Le premier ayant lieu autour de son axe dans l'espace d'un jour, *d'Occident en Orient ;*

2° Le second, de translation autour du Soleil, *d'Occident en Orient ;*

3° Et enfin, le troisième, *d'Orient en Occident*, afin que l'axe de la Terre, dans son transport autour du Soleil, *restât toujours parallèle à lui-même.*

Fig. 211.

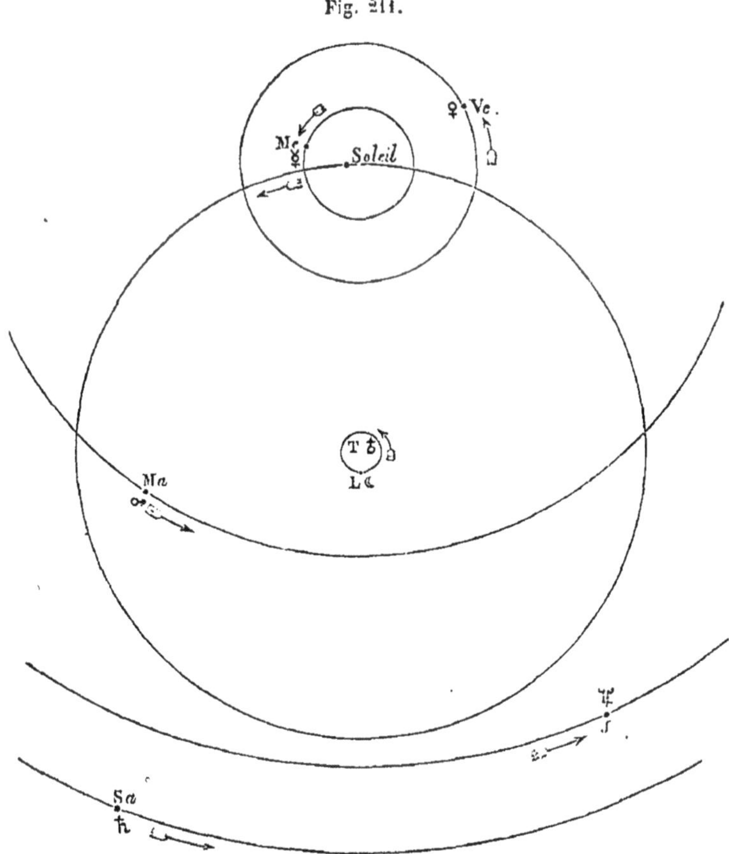

Ce troisième mouvement avait pour but de mettre d'accord son système avec les idées admises alors, qu'une sphère ne pouvait pas tourner autour d'un centre sans présenter toujours à ce centre le même hémisphère.

380. *Système de Tycho-Brahé.* — Dans son système, *Tycho-Brahé* revient, pour ainsi dire, à celui de Ptolémée, en supposant la Terre immobile au centre du monde (fig. 211).

D'après lui, toutes les planètes circulaient autour du Soleil *d'Occident en Orient*, et le Soleil tournait lui-même autour de la Terre *d'Occident en Orient*, autour de laquelle se mouvait directement *la Lune*.

C'est donc à Képler que revient la gloire d'avoir véritablement constitué la *Géométrie céleste*. En reprenant les idées de Copernic, mais en supprimant le troisième mouvement de la Terre, ainsi que le système des *épicycles*, Képler reconnut, après un grand nombre de tentatives qu'il a rapportées en détail dans son ouvrage : *De Stella Martis*, et dont on trouve un exposé dans l'*Histoire de l'astronomie moderne de Delambre* et dans l'*Astronomie physique de M. Biot*, tome V, chapitre IV, que l'orbe de *Mars est une ellipse dont le Soleil occupe un des foyers, et que le rayon vecteur de la planète est soumis, dans ce mouvement, à la loi des aires.*

NOTIONS ÉLÉMENTAIRES

DE

MÉCANIQUE CÉLESTE.

---

381. Maintenant que l'étude de la géométrie céleste nous a appris à trouver *les lois des mouvements planétaires*, nous pouvons nous demander si ces lois ne sont pas les conséquences *d'un principe actif général qui force tous les corps célestes* à suivre un mouvement déterminé.

Newton a résolu cette grande question, et nous allons voir quelles sont les conséquences qu'il *a déduites des lois de Képler.*

Conséquences des lois de Képler. — Rappelons d'abord l'énoncé de ces trois lois en les classant dans l'ordre suivant :

1° *Les aires décrites par le rayon vecteur dans des temps égaux sont égales;*

2° *L'orbite de la planète est une ellipse dont le Soleil occupe un des foyers;*

3° *Les carrés des temps de révolution des planètes sont entre eux comme les cubes des demi-grands axes.*

382. *Conséquence de la première loi.* — Soit mm' (fig. 212), l'élément rectiligne décrit par la planète dans le temps dt.

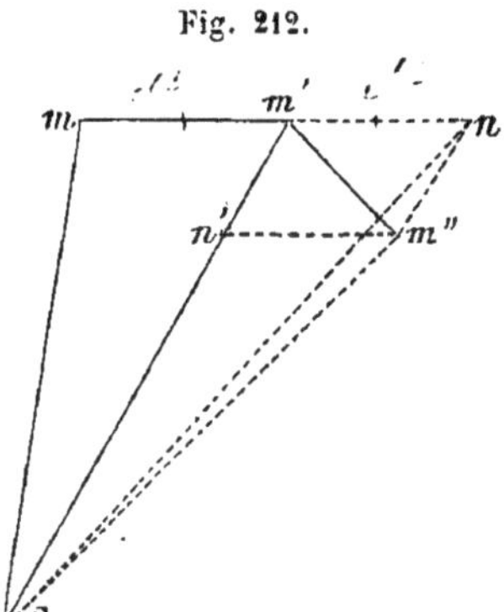

Fig. 212.

Si la planète n'éprouvait aucune force perturbatrice, dans l'instant dt qui suit, elle décrirait $m'n = mm'$; de telle sorte que les triangles mSm', $m'Sn$ seraient équivalents.

Mais, dans le second instant, la planète décrit l'élément $m'm''$, de manière toutefois que le triangle $m'm''S = mSm' = m'Sn$. (*Loi des aires.*)

Les triangles $m'Sm''$ et $m'Sn$ ont même base $m'S$; or ils sont équivalents, donc ils ont même hauteur; donc nm'' est parallèle à $n'm'$.

Mais $m'm''$ représente, en grandeur et en direction, la force résultante qui agit dans le second instant; l'une des composantes est évidemment représentée par l'élément $m'n$, donc, l'autre composante est dirigée suivant $n'm'$; c'est-à-dire qu'elle passe *par le Soleil.*

Donc, *la force qui retient la planète dans son orbite est dirigée vers le centre du Soleil.*

Nous allons arriver au même résultat en nous servant des équations générales du mouvement *dans un plan.*

Soient S le Soleil (fig. 213), oo' une portion de l'orbite que décrit la planète.

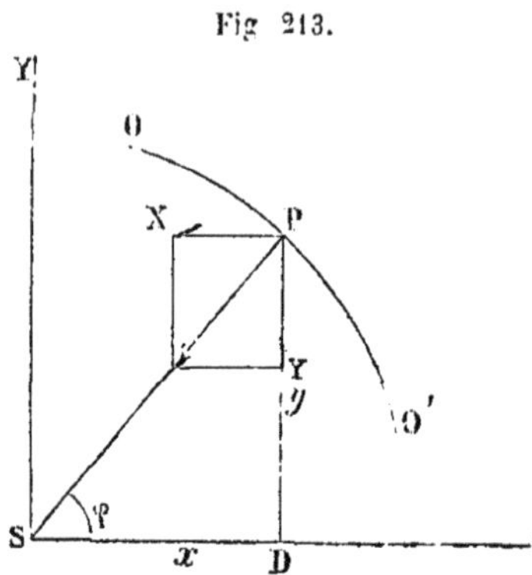

Fig. 213.

Prenons deux axes rectangulaires SX et SY passant par le Soleil, l'axe des X se confondant en outre avec la ligne des apsides.

Les coordonnées d'une position P de la planète seront

$$SD = x, \quad PD = y.$$

Considérons les composantes PX = X et PY = Y de la *force* qui retient la planète dans son orbite.

Si m représente la masse de la planète, les équations générales du mouvement seront

$$(a) \qquad X = m\frac{d^2x}{dt^2}, \quad Y = m\frac{d^2y}{dt^2}.$$

Multiplions la première de ces équations par y et la seconde par x, et faisons-en la différence, on aura

$$Yx - Xy = m\frac{xd^2y - yd^2x}{dt^2} = m\frac{d(xdy - ydx)}{dt^2}.$$

Mais on démontre, en analyse, que $xdy - ydx$ est le double de l'aire décrite dans l'instant dt; c'est alors *une quantité constante, d'après la première loi de Képler;* donc sa différentielle est nulle, et, par suite, on a

$$Yx - Xy = 0 \quad \text{ou} \quad \frac{Y}{X} = \frac{y}{x}.$$

La résultante des deux composantes X et Y est donc dirigée suivant PS; c'est-à-dire *passe par le Soleil.*

383. *Conséquence de la deuxième loi.* — En multipliant la première des équations générales du mouvement (a) par dx et la seconde par dy, et en faisant leur somme, on a

$$(b) \qquad Xdx + Ydy = m\frac{dxd^2x + dyd^2y}{dt^2} = \frac{m}{2}d.\frac{dx^2 + dy^2}{dt^2}.$$

Si nous appelons φ l'angle PSX et F la force dirigée vers le Soleil et dont les composantes sont X et Y, on a, en représentant PS par ρ

$$x = \rho\cos\varphi, \qquad X = -F\cos\varphi,$$
$$y = \rho\sin\varphi, \qquad Y = -F\sin\varphi.$$

De ces équations on déduit

$$dx^2 + dy^2 = d\rho^2 + \rho^2 d\varphi^2, \qquad Xdx + Ydy = -Fd\rho.$$

Substituant dans l'équation (b), on a

$$(c) \qquad -Fd\rho = \frac{m}{2}\, d.\, \frac{d\rho^2 + \rho^2 d\varphi^2}{dt^2}.$$

Si l'on appelle C l'aire constante décrite par le rayon vecteur dans l'unité de temps, on aura la relation

$$\frac{1}{2}\rho^2 d\varphi = Cdt,$$

d'où

$$dt = \frac{\rho^2 d\varphi}{2C}.$$

Substituant dans (c), il vient

$$-Fd\rho = 2mC^2 d\, \frac{d\rho^2 + \rho^2 d\varphi^2}{\rho^4 d\varphi^2},$$

ou

$$(d) \qquad -Fd\rho = 2mC^2 d\left[\left(\frac{d\rho}{\rho^2 d\varphi}\right)^2 + \frac{1}{\rho^2}\right].$$

Or, d'après la seconde loi de Képler, on a, en supposant que SX se confonde avec la ligne des apsides,

$$(e) \qquad \rho = \frac{a(1-e^2)}{1 + e\cos\varphi}.$$

De laquelle on déduit, par une différentiation,

$$\left(\frac{d\rho}{\rho^2 d\varphi}\right)^2 = \frac{e^2\sin^2\varphi}{a^2(1-e^2)^2} = \frac{e^2 - e^2\cos^2\varphi}{a^2(1-e^2)^2}.$$

Mais de cette même relation (e) on déduit aussi,

$$e^2\cos^2\varphi = \left(\frac{a(1-e^2)}{\rho} - 1\right)^2 = \frac{a^2(1-e^2)^2}{\rho^2} - \frac{2a(1-e^2)}{\rho} + 1.$$

On a donc

$$\left(\frac{d\rho}{\rho^2 d\varphi}\right)^2 = \frac{e^2}{a^2(1-e^2)^2} - \frac{1}{\rho^2} + \frac{2}{a(1-e^2)} \cdot \frac{1}{\rho} - \frac{1}{a^2(1-e^2)^2},$$

ou

$$(f) \qquad \left(\frac{d\rho}{\rho^2 d\varphi}\right)^2 = -\frac{1}{\rho^2} + \frac{2}{a(1-e^2)} \times \frac{1}{\rho} - \frac{1}{a^2(1-e^2)}.$$

Substituant cette valeur dans l'équation (d), il vient

$$-\mathrm{F}d\rho = 2m\mathrm{C}^2 d\left(\frac{2}{a(1-e^2)} \times \frac{1}{\rho} - \frac{1}{a^2(1-e^2)}\right),$$

c'est-à-dire, en effectuant la différentiation et divisant les deux membres par $d\rho$,

$$\mathrm{F} = \frac{4m\mathrm{C}^2}{a(1-e^2)} \cdot \frac{1}{\rho^2} \quad \text{ou} \quad \frac{\mathrm{F}}{m} = \frac{4\mathrm{C}^2}{a(1-e^2)} \times \frac{1}{\rho^2}.$$

Mais C, a, e, m sont constants, donc la force accélératrice $\frac{\mathrm{F}}{m}$ varie en *raison inverse du carré de la distance de la planète au centre du Soleil.*

Telle est la deuxième conséquence.

384. *Conséquence de la troisième loi.* — Nous venons de trouver la relation

$$\frac{\mathrm{F}}{m} = \frac{4\mathrm{C}^2}{a(1-e^2)} \times \frac{1}{\rho^2}$$

Or il est clair que puisque C est l'aire décrite dans l'unité de temps, en appelant T le temps de révolution de la planète, on aura l'expression

$$\mathrm{C} \times \mathrm{T} = \pi ab = \pi a^2 \sqrt{1-e^2},$$

d'où

$$\frac{\mathrm{C}^2}{a(1-e^2)} = \frac{\pi^2 a^3}{\mathrm{T}^2},$$

et, par suite, il vient

$$\frac{\mathrm{F}}{m} = 4\pi^2 \frac{a^3}{\mathrm{T}^2} \times \frac{1}{\rho^2}.$$

Pour une autre planète, on a aussi

$$\frac{\mathrm{F}'}{m'} = 4\pi^2 \frac{a'^3}{\mathrm{T}'^2} \times \frac{1}{\rho'^2},$$

d'où, en remarquant que d'après la *troisième loi de Képler* $\frac{a^3}{\mathrm{T}^2} = \frac{a'^3}{\mathrm{T}'^2}$, on a

$$\frac{F}{F'} = \frac{m}{m'} \times \frac{\rho'^2}{\rho^2},$$

c'est-à-dire *que la force qui retient une planète dans son orbite, varie en raison directe de sa masse et en raison inverse du carré de sa distance au Soleil.*

Cette conséquence s'applique aussi aux comètes.

Reprenons, en effet, l'expression $\frac{F}{m} = \frac{4C^2}{a(1-e^2)} \times \frac{1}{\rho^2}$.

Si nous considérons la courbe décrite par la comète comme une *parabole* dont le paramètre serait $2p$, on aura par extension

$$\frac{F}{m} = \frac{4\,C^2}{p} \times \frac{1}{\rho^2}.$$

Pour une autre comète, on aurait aussi

$$\frac{F'}{m'} = \frac{4\,C'^2}{p'} \times \frac{1}{\rho'^2}.$$

D'où, en vertu de la troisième loi de Képler qui s'exprime pour les comètes par

$$\frac{C^2}{p} = \frac{C'^2}{p'},$$

il vient

$$\frac{F}{F'} = \frac{m}{m'} \times \frac{\rho'^2}{\rho^2}.$$

Donc la troisième conséquence s'étend aussi aux comètes.

Conclusion.

Nous sommes donc ainsi conduits aux *conséquences suivantes des lois de Képler :*

1° *La force qui retient les planètes et les comètes dans leur orbite est dirigée vers le Soleil;*

2° *Cette force agit en raison directe de la masse;*

3° *Cette force agit en raison inverse du carré de la distance de l'astre au Soleil.*

Les conséquences que nous venons de déduire s'appliquent aussi *aux satellites des planètes,* puisque le mouvement de ces corps est soumis aux lois de Képler.

Ainsi, pour chaque planète :

1° *La force qui retient le satellite dans son orbite est dirigée vers le centre de sa planète;*

2° *Cette force agit en raison directe de la masse et en raison inverse du carré de la distance du satellite à sa planète.*

DÉCOUVERTE DE LA GRAVITATION UNIVERSELLE.

385. Les astronomes et géomètres, *Copernic*, *Tycho-Brahé*, *Képler*, *Fermat*, *Roberval*, *Hook*, supposaient que les mouvements des corps célestes et leur forme sphérique provenaient d'une force résidant dans la *matière*, et agissant suivant des lois inconnues.

Le docteur *Hook*, en parlant de *l'attraction mutuelle* de tous les corps célestes, dit « *que cette force est d'autant plus puissante que le corps sur* « *lequel elle l'exerce est d'autant plus près du centre d'attraction; mais,* » ajoute-t-il, « *pour ce qui est de la proportion suivant laquelle ces forces* « *diminuent à mesure que la distance augmente, j'avoue que je ne l'ai pas* « *vérifiée.*

« *Je donne cette ouverture à ceux qui ont assez de loisir et de connaissances* « *pour cette recherche!.....* »

Il était réservé à *Isaac Newton*, né le 25 décembre 1642, à *Woolstrop, dans le Lincolnshire, en Angleterre*, de trouver cette fameuse *proportion*.

Voici, d'après Laplace, comment il parvint à trouver que la force qui retient une planète dans son orbite et la force de la pesanteur qui agit à la surface de la Terre, sont de la même nature.

Il remarqua d'abord que la pesanteur que nous observons à la surface de la Terre se fait sentir *aux points les plus élevés du globe;* il en conclut que la Lune devait éprouver l'effet de cette pesanteur.

Il entrevit alors que ce devait être cette pesanteur qui faisait dévier notre satellite *de la ligne droite* et lui faisait décrire une ellipse apparente dont la Terre occupe un des foyers.

Fig. 214.

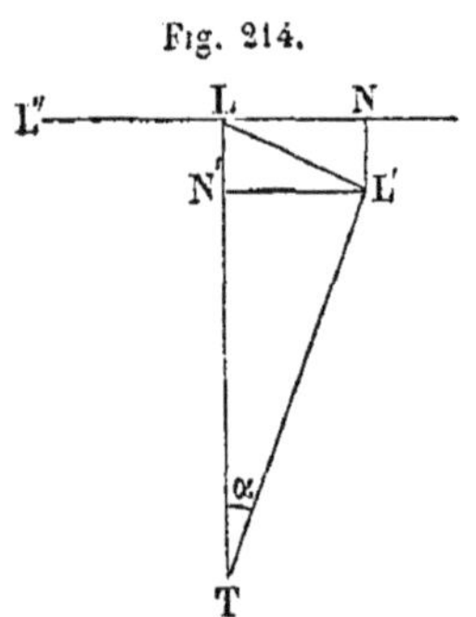

Il chercha donc à déterminer quelle valeur on trouverait pour g, en la déduisant de la quantité dont la Lune tombe vers la Terre dans un temps très-petit t, et en supposant que la pesanteur agisse en raison inverse du carré de la distance; voici une idée de sa méthode.

Soient T la Terre (fig. 214), L″L et LL′ deux éléments consécutifs de l'orbite lunaire. Pendant le temps t que la Lune met à aller de L en L′, on peut admettre que la force d'attraction de la Terre est constante et parallèle à LT.

Si nous construisons le parallélogramme LN′L′N, on aura, d'après la relation donnée en mécanique, $e = \frac{gt^2}{2}$, et en appelant g' ce que devient g

à la distance de la Lune

$$N'L = \frac{g't^2}{2}, \qquad \text{d'où} \qquad g' = \frac{2N'L}{t^2}.$$

Mais

$$N'L = LT - N'T = R(1 - \cos\alpha)$$

en posant

$$LT = R, \text{ et l'angle } LTL' = \alpha;$$

on trouve donc

$$g' = \frac{2R(1 - \cos\alpha)}{t^2} = \frac{R\alpha^2}{t^2},$$

puisque l'angle α est très-petit.

Mais si T représente le temps de révolution de la Lune, en admettant que le mouvement de cet astre dans son orbite soit uniforme, on a

$$\frac{\alpha}{t} = \frac{2\pi}{T}.$$

Substituant cette valeur dans g', il vient

$$g' = \frac{4R\pi^2}{T^2}.$$

Or, *si la force décroît en raison du carré de la distance*, g a dû varier dans le même rapport ; on devra donc avoir

$$\frac{\frac{4R\pi^2}{T^2}}{g} = \frac{r^2}{R^2},$$

ou

$$\frac{4R^3\pi^2}{r^2T^2} = g.$$

En remplaçant R par $60r$, r par 6360000 mètres et T par $(27,3) \times 24 \times 3600^s$, on trouve

$$g = 9^m,8096.$$

La valeur de g trouvée à la surface de la Terre est $9^m,80896$.

Il y a une petite différence, parce que nous n'avons pas tenu compte des masses M et m de la Terre et de la Lune, et de l'action du Soleil sur ces corps.

Newton conclut donc que la force qui retient la Lune dans son orbite n'est *autre chose que la pesanteur qui se fait sentir à la surface de la Terre.*

En généralisant ses recherches, l'immortel auteur du *Livre des Principes fit voir qu'un mobile peut se mouvoir dans une section conique en vertu d'une force dirigée vers un des foyers et réciproque au carré des distances de ce mobile au foyer.*

EN ADMETTANT COMME PRINCIPES GÉNÉRAUX LES TROIS CONSÉQUENCES DE NEWTON, ON RETROUVE LES LOIS DE KÉPLER.

386. Considérons une planète de masse m (fig. 215), en mouvement suivant une direction quelconque indiquée par la flèche aa', et supposons que cette planète soit attirée vers le Soleil dont la masse est M, et que cette attraction (réciproque du reste) *agisse en raison directe des masses et en raison inverse du carré de la distance.*

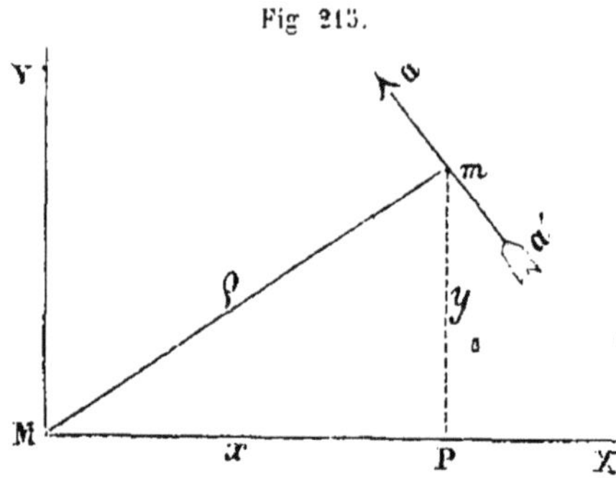

Fig 215.

Comme c'est le mouvement relatif de la planète m que nous voulons déterminer, nous allons supposer le Soleil fixe en M, et nous prendrons son *centre de gravité* comme origine des coördonnées rectangulaires MX et MY, choisies arbitrairement dans le plan des deux directions aa' et mM, et auxquelles nous allons rapporter le mouvement de la planète m dont le centre de gravité ne doit évidemment pas sortir du plan YMX.

Représentons par f *l'intensité d'attraction*, c'est-à-dire *la force d'attraction de l'unité de masse sur l'unité de masse à l'unité de distance.*

En désignant par ρ la distance mM, il est clair, d'après les principes de *Newton*, que la force qui agit sur l'unité de masse du mobile m, eu égard à l'attraction du Soleil, est

$$\frac{fM}{\rho^2},$$

et que la force réciproque qui agit sur l'unité de masse du Soleil, eu égard à l'attraction développée par la planète, est

$$\frac{fm}{\rho^2}.$$

Si *l'on suppose le Soleil immobile*, l'unité de masse de la planète m tend donc vers le centre M, en raison d'une force

$$\frac{f(M+m)}{\rho^2},$$

et par suite, la force qui agit sur le mobile m tout entier est

$$\frac{fm(M+m)}{\rho^2}.$$

Les composantes de cette force suivant les deux axes rectangulaires MX et MY, sont

$$\frac{-fm(M+m)x}{\rho^3} \quad \text{et} \quad \frac{-fm(M+m)y}{\rho^3}.$$

Les *équations générales du mouvement* deviennent alors

$$\frac{d^2x}{dt^2}=\frac{-f(M+m)x}{\rho^3}, \qquad \frac{d^2y}{dt^2}=\frac{-f(M+m)y}{\rho^3},$$

ou, en désignant $f(M+m)$ par f',

$$(1) \quad \frac{d^2x}{dt^2}=\frac{-f'x}{\rho^3}, \qquad (2) \quad \frac{d^2y}{dt^2}=\frac{-f'y}{\rho^3}.$$

ON RETROUVE LA PREMIÈRE LOI DE KÉPLER.

387. Multiplions l'équation (1) par y et l'équation (2) par x, il vient

$$\frac{yd^2x}{dt^2}=\frac{-f'xy}{\rho^3}, \qquad \frac{xd^2y}{dt^2}=\frac{-f'yx}{\rho^3}.$$

Retranchons la première de ces équations de la seconde, on a

$$\frac{xd^2y}{dt^2}-\frac{yd^2x}{dt^2}=0.$$

En intégrant une première fois cette équation différentielle, on obtient

$$\frac{xdy}{dt}-\frac{ydx}{dt}=C,$$

C désignant une constante arbitraire.

Cette dernière équation peut s'écrire

$$xdy-ydx=Cdt;$$

mais on sait déjà que $xdy-ydx$ représente le double de l'aire décrite dans l'instant dt, par le rayon vecteur ρ; en coordonnées polaires, cette aire est

$$\frac{\rho^2d\varphi}{2},$$

on a donc,

$$\rho^2d\varphi=Cdt.$$

Ainsi, nous retrouvons cette première loi de Képler : *les aires décrites par le rayon vecteur sont proportionnelles aux temps employés à les décrire.* Nous voyons que la constante C représente le double de l'aire décrite dans l'unité de temps.

ON RETROUVE LA SECONDE LOI DE KÉPLER.

388. Multiplions l'équation (1) par dx et l'équation (2) par dy, puis ajoutons-les, on obtient

$$(\alpha) \qquad \frac{dxd^2x}{dt^2} + \frac{dyd^2y}{dt^2} = -f'\left(\frac{xdx + ydy}{\rho^3}\right).$$

Mais on a évidemment la relation

$$x^2 + y^2 = \rho^2,$$

qui, différentiée, donne

$$xdx + ydy = \rho d\rho.$$

L'équation (α) devient donc

$$\frac{dxd^2x}{dt^2} + \frac{dyd^2y}{dt^2} = \frac{-f'd\rho}{\rho^2},$$

ou

$$(\alpha)' \qquad \frac{dxd^2x + dyd^2y}{dt^2} = \frac{-f'd\rho}{\rho^2}.$$

Appelons V la vitesse du mobile sur sa trajectoire, lorsque le rayon vecteur est ρ.

On sait qu'on a les deux relations

$$V = \frac{ds}{dt} \quad \text{et} \quad ds^2 = dx^2 + dy^2,$$

on a donc

$$V^2 = \frac{dx^2 + dy^2}{dt^2},$$

d'où, par différentiation,

$$VdV = \frac{dxd^2x + dyd^2y}{dt^2}.$$

L'équation (α)' devient donc

$$VdV = \frac{-f'd\rho}{\rho^2},$$

d'où, en intégrant,

$$\frac{V^2}{2} = \frac{f'}{\rho} + \frac{C'}{2},$$

et par suite,

$$(\beta) \qquad V^2 = \frac{2f'}{\rho} + C'.$$

Pour déterminer la constante C′, il suffit de considérer la vitesse V_0 du mobile à l'origine du temps, c'est-à-dire, quand la distance du mobile m au centre attirant était ρ_0; on obtient alors

$$(\varepsilon) \qquad C' = V_0^2 - \frac{2f'}{\rho_0}.$$

L'équation (β) peut se mettre sous la forme

$$\frac{ds^2}{dt^2} = \frac{2f'}{\rho} + C',$$

et comme en coordonnées polaires, on a

$$ds^2 = d\rho^2 + \rho^2 d\varphi^2,$$

il vient

$$(\beta)' \qquad \frac{d\rho^2 + \rho^2 d\varphi^2}{dt^2} = \frac{2f'}{\rho} + C'.$$

Nous avons aussi trouvé

$$\rho^2 d\varphi = C dt.$$

On en déduit

$$dt = \frac{\rho^2 d\varphi}{C},$$

par suite, l'équation (β)′ devient

$$\frac{(d\rho^2 + \rho^2 d\varphi^2)C^2}{\rho^4 d\varphi^2} = \frac{2f'}{\rho} + C'.$$

Résolvant cette équation par rapport à $d\varphi$, on trouve

$$(\gamma) \qquad d\varphi = \frac{C \, . \, d\rho}{\rho\sqrt{\rho^2 C' + 2f'\rho - C^2}}.$$

Dans cette équation, on doit considérer $d\varphi$ comme positif; quant à $d\rho$, il sera *positif* quand le rayon vecteur ρ *diminuera* lorsque φ *augmentera*, et sera négatif dans le cas contraire.

Pour intégrer l'équation (γ), nous pouvons la mettre sous la forme

$$d\varphi = \frac{C d\rho}{\rho^2\sqrt{C' + \frac{2f'}{\rho} - \frac{C^2}{\rho^2}}},$$

ou bien, en remarquant que $d\frac{1}{\rho} = -\frac{d\rho}{\rho^2}$,

$$d\varphi = \frac{-\mathrm{C}d\frac{1}{\rho}}{\sqrt{\frac{-\mathrm{C}^2}{\rho^2} + \frac{2f'}{\rho} + \mathrm{C}'}}.$$

Divisant les deux termes du second membre par C, on a

$$(\gamma') \qquad d\varphi = \frac{-d\frac{1}{\rho}}{\sqrt{-\frac{1}{\rho^2} + \frac{2f'}{\mathrm{C}^2} \times \frac{1}{\rho} + \frac{\mathrm{C}'}{\mathrm{C}^2}}}.$$

Posons

$$\frac{f'}{\mathrm{C}^2} = \frac{1}{a(1-e^2)},$$

et

$$\frac{\mathrm{C}'}{\mathrm{C}^2} = -\frac{1}{a^2(1-e^2)},$$

a et e étant deux nouvelles constantes; on en déduit

$$-a\mathrm{C}' = f',$$

d'où

$$\mathrm{C}' = \frac{-f'}{a}, \qquad (m)$$

et

$$\mathrm{C} = \sqrt{af'(1-e^2)}. \qquad (n)$$

L'équation (γ) devient, en introduisant les constantes a et e,

$$d\varphi = \frac{-d\frac{1}{\rho}}{\sqrt{-\frac{1}{\rho^2} + \frac{2}{a\rho(1-e^2)} - \frac{1}{a^2(1-e^2)}}},$$

laquelle équation intégrée donne

$$\varphi = \alpha + \arccos\frac{1}{e}\left(\frac{a(1-e^2)}{\rho} - 1\right),$$

de laquelle on déduit, enfin,

$$\rho = \frac{a(1-e^2)}{1 + e\cos(\varphi - \alpha)}, \qquad (\mu)$$

équation dans laquelle nous reconnaissons *l'équation polaire d'une section conique.*

DISCUSSION.

Nous avons trouvé

$$C' = V_0^2 - \frac{2f'}{\rho_0},$$

nous avons aussi

$$C' = \frac{-f'}{a};$$

on déduit de ces deux relations

$$\frac{-f'}{a} = V_0^2 - \frac{2f'}{\rho_0},$$

d'où

$$a = -\frac{f'}{V_0^2 - \frac{2f'}{\rho_0}}.$$

Des relations (n) et (m) on déduit aussi

$$e = \sqrt{1 + \frac{C^2 C'}{f'^2}}.$$

Ainsi, le demi-grand axe a et l'excentricité e de la section conique sont déterminés en fonction de

V_0, vitesse initiale de la planète m;
ρ_0, distance initiale de cet astre au corps attirant M;
f', quantité qui dépend de *l'intensité de l'attraction* et des masses m et M.

Nous voyons que si C' est < 0, on a $e < 1$.

Donc la section conique décrite est une *ellipse.* Comme $C' = V_0^2 - \frac{2f'}{\rho_0}$, il s'ensuit que la constante a est positive, ainsi que cela doit être pour que l'equation (μ) représente une ellipse, et pour que C *soit réel.*

Si C' est égal à zéro, c'est-à-dire si $V_0^2 = \frac{2f'}{\rho_0}$, on a $e = 1$ et $a = \infty$, la *section conique* représente une *parabole.*

Enfin, si C' est $>$ zéro, c'est-à-dire si $V_0^2 > \frac{2f'}{\rho_0}$, on a $e > 1$ et *a négatif*, l'équation (μ) est donc

$$\rho = -\frac{a(1 - e^2)}{1 + e\cos(\varphi - \alpha)}.$$

Cette équation ne représente évidemment qu'une *seule branche d'hyperbole*, celle dans l'intérieur de laquelle se trouve le foyer M.

La relation (n)

$$C = \sqrt{af'(1-e^2)}$$

nous montre, en effet, que, dans ce cas, C ne peut être réel que lorsque a est négatif.

Toutefois, nous pouvons remarquer que si *l'attraction* se changeait en *répulsion agissant suivant les mêmes lois*, f' devenant négatif, a serait *positif* et, dans ce cas, e étant toujours plus grand que 1, la courbe décrite ne pourrait plus être ni une *ellipse* ni une *parabole*, mais *l'autre branche d'hyperbole* représentée par l'équation

$$\rho = \frac{a(1-e^2)}{1+e\cos(\varphi-\alpha)},$$

et qui est celle dont le foyer n'est plus dans l'intérieur de la courbe.

Ainsi, selon que le *carré de la vitesse initiale de la planète*, multiplié par sa *distance initiale* au centre du Soleil et divisé par le double *de la somme des masses* de ces deux corps célestes, est plus *petit*, *égal* ou plus *grand* que l'intensité de l'attraction, l'orbite de la planète est une *ellipse*, une *parabole* ou une *branche d'hyperbole*.

Ce qui exprime d'une manière générale la seconde loi de Képler.

Ce que nous venons de dire du mouvement *d'une planète* autour du *Soleil*, s'applique évidemment au mouvement *d'un satellite* autour de sa planète.

389. *On ne retrouve la troisième loi de Képler qu'en supposant la différence des masses planétaires insensible par rapport à la masse solaire.*

Nous avons trouvé l'équation (n)

$$C = \sqrt{af'(1-e^2)},$$

dans laquelle, d'après ce que nous venons de dire,

C représente le double de l'aire décrite dans l'unité de temps,
a le demi-grand axe,
et e l'excentricité.

Si nous désignons par T le temps de révolution de la planète, l'aire décrite dans ce temps T par le rayon vecteur de l'ellipse est

$$\pi a^2 \sqrt{1-e^2};$$

l'aire décrite dans l'unité de temps est donc

$$\frac{\pi a^2 \sqrt{1-e^2}}{T};$$

on a, par suite

$$C = \frac{2\pi a^2 \sqrt{1-e^2}}{T^2},$$

et à cause de la relation (n)

$$\frac{2\pi a^2 \sqrt{1-e^2}}{T^2} = \sqrt{af'(1-e^2)},$$

en simplifiant et élevant au carré les deux termes, on a

$$\frac{4\pi^2 a^3}{T^2} = f';$$

mais nous savons que $f' = f(M+m)$.

On a donc

$$\frac{4\pi^2 a^3}{T^2} = f(M+m),$$

d'où

$$\frac{a^3}{T^2} = \frac{f(M+m)}{4\pi^2}.$$

Pour une autre planète, on trouverait de même

$$\frac{a'^3}{T'^2} = \frac{f(M+m')}{4\pi^2};$$

on a donc

$$\frac{T^2}{T'^2} = \frac{a^3}{a'^3} \times \frac{M+m'}{M+m} = \frac{a^3}{a'^3} \times \frac{M+(m'-m)+m}{M+m},$$

ou, enfin,

$$\frac{T^2}{T'^2} = \frac{a^3}{a'^3} \times \frac{1+\frac{m}{M}+\left(\frac{m'-m}{M}\right)}{1+\frac{m}{M}}.$$

Par conséquent, pour que la troisième loi de Képler soit admise, il faut supposer la différence $(m'-m)$ des masses planétaires infiniment petite par rapport à la masse solaire M.

En ayant égard à la même hypothèse, cette troisième loi s'applique aussi *aux satellites d'une même planète.*

390. *Principe de la gravitation universelle.* — Les lois approximatives de Képler ne sont, d'après cela, que les *conséquences* du principe d'attraction *réciproque de la masse solaire et des masses planétaires.* Newton admit donc, d'après le principe de *l'action égale et contraire à la réaction,* que le Soleil est attiré par les planètes, que celles-ci sont attirées par leurs satellites et que la Terre est attirée par tous les corps qui l'environnent.

Il fut donc amené à conclure : *que cette propriété d'attraction est inhérente à la matière; qu'elle agit sur chaque molécule, qu'elle pénètre les parties intimes des corps, et il énonça alors son grand principe de la gravitation universelle :*

CHAQUE MOLÉCULE DE MATIÈRE ATTIRE TOUTES LES AUTRES EN RAISON DE SA MASSE ET RÉCIPROQUEMENT AU CARRÉ DE SA DISTANCE A LA MOLÉCULE ATTIRÉE.

DÉTERMINATION DES RAPPORTS DES MASSES PLANÉTAIRES A LA MASSE DU SOLEIL.

391. *Masses des planètes accompagnées de satellites.* — Soient M la masse du Soleil, m la masse de la planète, μ la masse de son satellite.

Soient aussi T le temps de révolution de la planète, A son demi-grand axe, t le temps de révolution du satellite, a son demi-grand axe.

Nous aurons les deux relations trouvées précédemment,

$$\frac{4\pi^2 A^3}{T^2} = f(M + m),$$

$$\frac{4\pi^2 a^3}{t^2} = f(m + \mu),$$

d'où

$$\frac{A^3 t^2}{a^3 T^2} = \frac{M + m}{m + \mu}.$$

Mais, en supposant que *le rapport* $\frac{m}{\mu}$ soit égal au *rapport* $\frac{M}{m}$, ce qui peut s'admettre sans trop d'erreur pour toute planète *autre que la Terre,* il vient

$$\frac{M}{m} = \frac{A^3 t^2}{a^3 T^2}.$$

Les quantités A, T, a, t étant déterminées, on peut donc obtenir le rapport de M à m.

Newton a trouvé, de cette manière, $\frac{1}{1067}$ pour le rapport de la *masse de Jupiter* à celle du Soleil. Des procédés plus précis, basés sur les perturbations réciproques que les *masses* planétaires déterminent dans le mouvement elliptique de chacun de ces astres, ont donné $\frac{1}{1050}$ pour rapport de la masse de *Jupiter* à celle du *Soleil.*

Par la même méthode, on a trouvé que la masse de *Saturne* est égale à $\frac{1}{3359,7}$ de celle du *Soleil* et la masse d'*Uranus* à $\frac{1}{19497}$.

392. *Détermination de la masse de la Terre.* — Le rapport de la masse lunaire à la masse terrestre n'est pas assez petit pour permettre de se servir du même procédé.

Mais on peut employer la méthode suivante :

L'attraction que la Terre exerce sur les corps situés à sa surface se compose :

1° *De la pesanteur observée ;*

2° *De la composante verticale de la force centrifuge.*

Mais cette pesanteur varie eu égard à l'aplatissement de la Terre.

Or Laplace a démontré que l'attraction de la Terre (sphéroïde aplati), supposée formée de couches elliptiques dont la densité varie d'une manière quelconque de la surface au centre, est la même que si elle était *sphérique* et qu'elle eût pour rayon *la distance du centre de la Terre au parallèle dont le sinus de la latitude* $= \frac{1}{\sqrt{3}}$.

Cette distance $= 6364551^{m}$ environ ; désignons-la par r.

Ainsi, nous pouvons considérer la Terre comme *sphérique*, en supposant son rayon égal à r, et son attraction la même que celle qui existe sur ce parallèle particulier.

Il faut actuellement augmenter cette attraction particulière de la composante verticale de la force centrifuge qui, sous ce parallèle, est les $\frac{2}{867}$ de la gravité.

Or la gravité sur ce parallèle est représentée par $9^{m},79586$; donc, en ayant égard à la force centrifuge, elle devient

$$G = 9,79586\left(1 + \frac{2}{867}\right) = 9,81645.$$

Si maintenant on désigne par m la masse de la Terre et par f l'attraction mutuelle de *deux unités de masse, à l'unité de distance,* on aura

$$G = \frac{fm}{r^2} = 9,81645,$$

d'où l'on déduit

$$f = \frac{Gr^2}{m}.$$

Substituant cette valeur de f dans l'expression

$$\frac{4\pi^2 a^3}{T^2} = f(M+m),$$

on a

$$\frac{4\pi^2 a^3}{T^2} = \frac{Gr^2}{m}(M+m) = Gr^2\left(\frac{M}{m}+1\right),$$

d'où

$$\frac{M}{m} = \frac{4\pi^2 a^3}{T^2 G r^2} - 1.$$

En remplaçant T par sa valeur exprimée en secondes, a par $23964r$, r par 6364551^m et G par $9^m,81645$, on trouve

$$\frac{M}{m} = 354592.$$

Tel est le rapport de la masse solaire à celle de notre globe.

393. *Densité moyenne des corps célestes.* — Connaissant le rapport des masses planétaires, y compris la Terre, à la masse solaire, on peut obtenir la densité moyenne de chaque planète en prenant pour unité la densité *moyenne de la Terre,* que l'on sait avoir été déterminée par *Cavendish* et trouvée égale à 5,44.

Si l'on appelle, en effet, V le volume d'un corps, D sa densité, M sa masse, on a la relation

$$M = VD.$$

Appelons, maintenant, m la masse de la Terre, r son rayon, d sa densité moyenne, m' la masse d'une planète, r' son rayon, d' sa densité. On peut considérer les planètes comme étant sensiblement sphériques; on a, dans cette hypothèse,

$$m = \frac{4}{3}\pi r^3 d, \qquad m' = \frac{4}{3}\pi r'^3 d',$$

d'où

$$\frac{d}{d'} = \frac{m}{m'} \times \left(\frac{r'}{r}\right)^3.$$

Mais, comme d est *l'unité de densité,* il vient

$$d' = \frac{m'}{m}\left(\frac{r}{r'}\right)^3.$$

En substituant à m, m', r, r', leurs valeurs numériques, on aura d.

C'est ainsi qu'on a trouvé pour *densité moyenne des différents astres :*

Soleil,	= 0,2543.	*Terre,*	= 1.	*Jupiter,*	= 0,2589.
Mercure,	= 2,782.	*Lune,*	= 0,615.	*Saturne,*	= 0,1016.
Vénus,	= 0,9434.	*Mars,*	= 0,1293.	*Uranus,*	= 0,2796.
				Neptune,	= 0,222.

DE LA MASSE ET DE LA DENSITÉ DES COMÈTES.

394. La détermination des masses cométaires n'a pu être effectuée jusqu'à ce jour, et cela, en raison de la petitesse de ces masses.

Nous avons dit que l'on pouvait déterminer la masse d'un corps céleste, eu égard au principe *d'attraction universelle,* en observant *les perturbations* que cet astre faisait éprouver à un autre corps céleste dans le mouvement elliptique que celui-ci doit décrire autour de son centre d'attraction. Or, jusqu'à présent, l'observation n'a signalé aucune perturbation dans le mouvement *des planètes* ou de leurs *satellites* près desquels une *comète* a passé. Ainsi, la comète de 1770, désignée sous le nom de *comète de Lexell,* qui a passé à 600000 lieues de la Terre, n'a pas diminué *d'une seconde* la durée de notre année; et cependant, d'après les calculs de *Laplace,* la Terre causa à la marche de cette comète une sensible perturbation, en augmentant de *deux jours* la durée de sa révolution. Ce qui indique que la masse de cette comète n'était qu'une très-faible partie de la masse de la Terre; car si la masse de la comète eût *été égale* à la masse terrestre, la durée de l'année, en 1770, eût été augmentée de $2^h\ 53^m$ environ.

Une nouvelle preuve de la petitesse de la masse de cette comète, c'est qu'elle a traversé *deux fois* le système des *satellites de Jupiter,* sans causer à ces satellites la plus petite perturbation.

M. *Babinet,* dans un mémoire inséré dans les *Comptes rendus de l'Académie des sciences,* séance du 23 février 1857, a essayé de donner une idée de l'extrême petitesse de la masse d'une comète. Tout ingénieuses que soient les considérations sur lesquelles s'appuie son raisonnement, il ne fait, en résumé, que démontrer la petitesse des masses de certaines comètes, et entre autres de celle de *Encke.*

Tout ce raisonnement est, en effet, basé sur ce que cette comète *sans noyau* est *diaphane,* et que les étoiles de 11e grandeur sont vues au travers. Or, la diaphanéité de tous les noyaux cométaires, bien que probable, n'est pas encore démontrée d'une manière irrécusable.

En outre, de cette observation certaine qu'une étoile de onzième grandeur est vue au travers de la comète, le savant académicien conclut que l'illumination de l'atmosphère par la *Lune* est plus *intense* que l'illumination de la substance cométaire par le *Soleil.* Or, cette conclusion, vraie pour la comète de Encke, ne s'applique évidemment pas aux comètes que *l'on voit en plein jour;* il faut nécessairement que l'illumination de ces dernières comètes soit même *plus grande* que l'illumination de l'atmosphère par le Soleil, laquelle est 800 000 fois plus intense que l'illumination de l'atmosphère par la Lune.

Ainsi, lorsque M. Babinet conclut qu'une lame d'air ordinaire de $0^m,001$ d'épaisseur transportée dans la région d'une comète et éclairée par le Soleil serait beaucoup plus *brillante que la comète,* cette conclusion ne peut évidemment pas s'appliquer aux comètes telles que celle de 1843, qui, comme on le sait, était visible en plein jour.

PESANTEUR A LA SURFACE DU SOLEIL ET DES PLANÈTES.

395. La pesanteur à la surface d'un astre est évidemment l'attraction totale de l'astre sur l'unité de masse. Elle est donc représentée par $\frac{f\mu}{\rho^2} = g$; en appelant toujours f l'attraction de *l'unité de masse sur l'unité de masse à l'unité de distance*, μ la masse de l'astre considéré et ρ son rayon au parallèle dont le sinus est $\frac{1}{\sqrt{3}}$.

En appelant r le rayon analogue de la Terre, m sa masse et G la pesanteur à la surface, on a

$$G = \frac{fm}{r^2}.$$

On a donc

$$\frac{G}{g} = \frac{m}{\mu}\left(\frac{\rho}{r}\right)^2.$$

Or, on connaît m, μ, ρ et r, on peut donc avoir le rapport de G à g.

On trouve ainsi, d'après Arago, en prenant la pesanteur de la Terre à sa surface pour unité :

Soleil, = 28,3.	*Terre,* = 1.	*Jupiter,* = 2,456.
Mercure, = 0,51.	*Lune,* = 0,167.	*Saturne,* = 1,09.
Vénus, = 0,91.	*Mars,* = 0,50.	*Uranus,* = 1,05.
		Neptune, = 1,10.

DES PERTURBATIONS PLANÉTAIRES.

---

396. S'il n'y avait, dans l'univers, d'autre corps que le *Soleil et une planète*, celle-ci décrirait autour du Soleil une ellipse *parfaite*, en suivant la *première loi de Képler*.

Mais en raison de la *gravitation universelle*, les autres *planètes* exercent une attraction sur la première et la font dévier de sa route.

De sorte que *les lois de Képler ne sont qu'approximatives*.

Définition. — *Les différences variables* qui existent entre *la trajectoire réelle d'une planète* et le mouvement *elliptique* qu'indiquent les *lois de Képler* prennent le nom *d'inégalités* ou *perturbations*.

Ces perturbations, quoique très-petites dans un court espace de temps, finiraient à la longue par *s'accumuler* et donner des différences notables dans les éléments elliptiques primitivement déterminés.

Il faut donc savoir déterminer *ces perturbations*, de manière que l'on puisse corriger *au fur et à mesure qu'ils varient*, *les éléments elliptiques*, éléments dont la connaissance est, comme nous l'avons vu, *la base des prédictions astronomiques*.

Il n'entre pas dans le plan de cet ouvrage de donner le développement du calcul des *perturbations*. Nous renvoyons à ce sujet, ou à la *Mécanique Céleste* de LAPLACE, ou aux *Annales de l'Observatoire impérial* de M. LE VERRIER.

Nous allons cependant tâcher de donner un *aperçu de la marche* de ce calcul, en mettant sous les yeux du lecteur les équations différentielles qui servent de point de départ et les formules qui représentent les variations que subissent les éléments elliptiques d'une planète sous l'influence attractive d'un corps céleste autre que le Soleil.

Ces formules qui, pour être comprises, n'exigent que les connaissances mathématiques dont on a déjà fait usage dans ce volume, montreront mieux que tous les raisonnements la distinction que l'on doit faire entre les perturbations ou inégalités *périodiques* et les inégalités *séculaires*. Cet *aperçu* facilitera en outre, je l'espère, l'Étude du calcul des perturbations à ceux qui voudraient aborder cette intéressante question.

Détermination des équations différentielles du mouvement d'une planète m *autour du Soleil, en ayant égard à l'attraction développée sur cette planète par une seconde planète* m'.

C'est ce que l'on nomme le problème des TROIS CORPS.

397. Soit S (fig. 216), le *Soleil* considéré comme réduit à un point matériel de masse M ; soient m et m' deux planètes de masses m et m', agissant l'une sur l'autre suivant les lois de la GRAVITATION ; il s'agit de déterminer l'*équation* de la *trajectoire* décrite par la planète m.

Fig. 216.

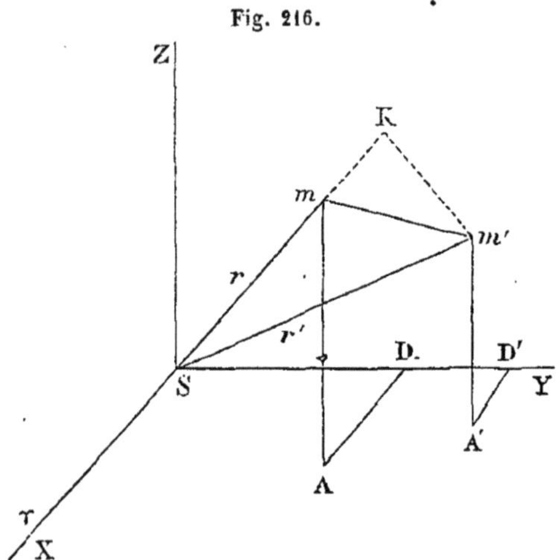

Le centre de gravité du Soleil est pris pour origine des coordonnées se rapportant à trois axes rectangulaires SZ, SY et SX ; ce dernier étant supposé parallèle à la ligne des équinoxes à une époque donnée.

Appelons r la distance mS, r' la distance m'S et ω l'angle mSm'.

Désignons par f l'intensité de l'attraction de l'unité de *masse* sur l'unité de *masse* à *l'unité* de distance. Nous prenons pour unité de masse la masse solaire.

Considérons maintenant les différentes attractions développées par les trois corps S, m et m'.

En raison du principe de la *gravitation*, $\frac{f}{r^2}$ est l'attraction développée par la *masse solaire* sur une molécule de la planète m.

Cette planète agit aussi sur le Soleil avec l'intensité $\frac{fm}{r^2}$, (force qui déplace l'origine des coordonnées auxquelles on rapporte la planète m ; ce corps céleste est donc, en réalité, soumis à une force

$$\frac{f(1+m)}{r^2}$$

dirigée suivant mS. La composante de cette force, suivant l'axe SX, est en appelant x, y, z les trois coordonnées de m,

$$(1) \qquad \frac{f(1+m)}{r^2} \cos m\text{SX} = \frac{f(1+m)x}{r^3}.$$

La planète m', en agissant sur m, développe aussi l'attraction élémentaire

$$\frac{f.m'}{(mm')^2} = \frac{fm'}{r^2 + r'^2 - 2rr' \cos \omega}.$$

Pour avoir la projection de cette force sur l'axe des x, nous pouvons d'abord la projeter sur Sm et projeter ensuite cette projection sur SX.

Menons m'K perpendiculaire sur le prolongement de Sm.

La projection de

$$\frac{fm'}{(mm')^2}$$

sur Sm est

$$\frac{fm'}{mm'^2} \cos \mathrm{K}mm' = \frac{fm'}{mm'^2} \times \frac{m\mathrm{K}}{mm'},$$

ou

$$\frac{fm'(r' \cos \omega - r)}{(r^2 + r'^2 - 2r'r \cos \omega)^{\frac{3}{2}}}$$

La *projection* de cette *projection* sur l'axe des x est, en ayant égard au signe,

$$(2) \qquad - \frac{fm'(r' \cos \omega - r)}{(r^2 + r'^2 - 2rr' \cos \omega)^{\frac{3}{2}}} \times \frac{x}{r}$$

Nous ne devons pas considérer l'attraction de m sur m' parce que cette attraction déplace m' et ne déplace pas m; autrement dit lorsque deux planètes libres s'attirent elles cèdent chacune à l'attraction développée par l'autre.

Enfin, l'attraction de m' sur le *Soleil*, déplaçant aussi l'origine doit être considérée ; cette attraction est égale à

$$\frac{fm'}{r'^2};$$

la projection de cette force sur l'axe des x est obtenue en projetant d'abord cette force sur Sm, ce qui donne

$$\frac{fm'}{r'^2} \cos \omega$$

et ensuite cette projection sur S X, ce qui donne

$$(3) \qquad \frac{fm'}{r'^2} \cos \omega \ \frac{x}{r}.$$

En faisant la somme des trois forces (1), (2), (3) on a la force totale qui agit sur l'unité de masse de la planète et qui est dirigée suivant l'axe des x.

Cette force est évidemment égale et de signe contraire à l'accélération $\frac{d^2x}{dt^2}$ et l'on a par suite, en faisant $(1+m)=\mu$, la relation suivante

$$(4) \quad \frac{d^2x}{dt^2} = -\frac{f\mu x}{r^3} + fm'\left(\frac{r'\cos\omega}{(r^2+r'^2-2rr'\cos\omega)^{\frac{3}{2}}}\cdot\frac{x}{r} - \frac{r}{(r^2+r'^2-2rr'\cos\omega)^{\frac{3}{2}}}\cdot\frac{x}{r} - \frac{\cos\omega}{r'^2}\cdot\frac{x}{r}\right)$$

Posons $\cos\omega = s$ et

$$(5) \quad R = (r^2+r'^2-2rr's)^{-\frac{1}{2}} - \frac{r}{r'^2}s$$

En vertu de la relation

$$r^2 = x^2 + y^2 + z^2$$

on a, relativement aux différentielles partielles,

$$\frac{dr}{dx} = \frac{x}{r}.$$

On a aussi

$$\frac{dR}{dx} = \frac{dR}{dr}\cdot\frac{dr}{dx} = \frac{dR}{dr}\cdot\frac{x}{r}$$

Au moyen de la relation (5) déduisons $\frac{dR}{dr}$; il vient

$$\frac{dR}{dr} = -\frac{1}{2}(r^2+r'^2-2rr's)^{-\frac{3}{2}}(2r-2r's) - \frac{s}{r'^2}$$

d'où l'on a

$$\frac{dR}{dx} = \frac{r's}{(r^2+r'^2-2rr's)^{\frac{3}{2}}}\cdot\frac{x}{r} - \frac{r}{(r^2+r'^2-2rr's)^{\frac{3}{2}}}\frac{x}{r} - \frac{s}{r'^2}\cdot\frac{x}{r}.$$

L'équation (4) peut donc s'écrire

$$(4) \quad \frac{d^2x}{dt^2} + \frac{f\mu x}{r^3} = fm'\frac{dR}{dx}$$

Si l'on agit, comme nous venons de le faire, pour les composantes suivant les axes des Y et des Z, on aura finalement les trois équations différentielles suivantes :

$$(6) \quad \begin{cases} \dfrac{d^2x}{dt^2} + \dfrac{f\mu x}{r^3} = fm' \dfrac{dR}{dx} \\ \dfrac{d^2y}{dt^2} + \dfrac{f\mu y}{r^3} = fm' \dfrac{dR}{dy} \\ \dfrac{d^2z}{dt^2} + \dfrac{f\mu z}{r^3} = fm' \dfrac{dR}{dz} \end{cases}$$

Si l'on considérait l'action de différentes planètes sur la planète m, chacune d'elle introduirait dans le second membre des termes analogues à ceux qui résultent de la considération de la planète m' et de la fonction R.

Les équations (6) ne peuvent pas s'intégrer directement, avec les moyens dont dispose l'analyse; mais à cause de la petitesse des masses planétaires relativement à la masse du Soleil on effectue cette intégration par le moyen *d'approximations successives*.

Première approximation. En intégrant les équations (6) en négligeant d'abord les seconds membres (*), on obtient par cette intégration 6 *constantes arbitraires* (puisque les équations différentielles sont du deuxième ordre) qui sont les *éléments de l'orbite* (section conique) fournis par les méthodes de *Gauss* ou autres.

Ces éléments sont :

a Le demi-grand axe ;
ε La longitude moyenne à une époque donnée nommée l'*Époque;*
e L'excentricité ;
π La longitude du périhélie ;
φ L'inclinaison de l'orbite ;
θ La longitude du nœud ascendant.

L'intégration des équations (6) *en ne négligeant plus les seconds membres*, donne des résultats DE MÊME FORME que l'intégration que nous venons d'indiquer, *à la condition que l'on considère les 6 constantes arbitraires*, c'est-à-dire les 6 éléments elliptiques (a, ε, e, π, φ et θ) comme DEVANT VARIER AVEC LE TEMPS.

C'est la détermination de cette *variation* des éléments elliptiques qui constitue par le fait ce que l'on nomme le *Calcul des perturbations planétaires.*

398. Au moyen de la méthode connue sous le nom de Méthode de la VARIATION DES CONSTANTES ARBITRAIRES, on trouve les variations différentielles des éléments elliptiques en fonction des *dérivées partielles* de la FONCTION PERTURBATRICE

$$R = (r^2 + r'^2 - 2rr's)^{-\frac{1}{2}} - \frac{r}{r'^2} s.$$

(*) Voir le chapitre II des *Annales de l'Observatoire impérial*, tome Ier.

Ces variations différentielles sont, en nommant n le *mouvement moyen*.

$$
X\left\{
\begin{aligned}
&(1)\quad \frac{da}{dt}=2a^2n\,\frac{m'}{\mu}\cdot\frac{dR}{d\varepsilon},\\
&(2)\quad \frac{d\varepsilon}{dt}=-2a^2n\frac{m'}{\mu}\cdot\frac{dR}{da}+\frac{ane\sqrt{1-e^2}}{1+\sqrt{1-e^2}}\cdot\frac{m'}{\mu}\cdot\frac{dR}{de}+\frac{an\operatorname{tang}\frac{\varphi}{2}}{\sqrt{1-e^2}}\cdot\frac{m'}{\mu}\cdot\frac{dR}{d\varphi},\\
&(3)\quad \frac{de}{dt}=-\frac{an\sqrt{1-e^2}}{e}\cdot\frac{m'}{\mu}\cdot\frac{dR}{d\pi}-\frac{ane\sqrt{1-e^2}}{1+\sqrt{1-e^2}}\cdot\frac{m'}{\mu}\cdot\frac{dR}{d\varepsilon},\\
&(4)\quad \frac{d\pi}{dt}=\frac{an\sqrt{1-e^2}}{e}\cdot\frac{m'}{\mu}\cdot\frac{dR}{de}+\frac{a.n\operatorname{tang}\frac{\varphi}{2}}{\sqrt{1-e^2}}\cdot\frac{m'}{\mu}\cdot\frac{dR}{d\varphi},\\
&(5)\quad \frac{d\varphi}{dt}=-\frac{an}{\sqrt{1-e^2}\sin\varphi}\cdot\frac{m'}{\mu}\cdot\frac{dR}{d\theta}-\frac{an\operatorname{tang}\frac{\varphi}{2}}{\sqrt{1-e^2}}\cdot\frac{m'}{\mu}\left(\frac{dR}{d\varepsilon}+\frac{dR}{d\pi}\right),\\
&(6)\quad \frac{d\theta}{dt}=\frac{a.n}{\sqrt{1-e^2}\sin\varphi}\cdot\frac{m'}{\mu}\cdot\frac{dR}{d\varphi}.
\end{aligned}
\right.
$$

On peut substituer à ε la nouvelle variable

$$l=nt+\varepsilon,$$

l étant la longitude moyenne à l'époque t.

Par suite de certaines considérations analytiques l'équation (2) peut être remplacée par la relation

$$\frac{dl}{dt}=n+\frac{d\varepsilon}{dt},$$

c'est-à-dire qu'on peut négliger le terme $t.\frac{dn}{dt}$, *à condition qu'en formant la dérivée* $\frac{dR}{da}$, *qui entre dans* $\frac{d\varepsilon}{dt}$, *on n'ait pas égard à la variation du coefficient* n dans la longitude moyenne $nt+\varepsilon$.

Ou bien en attachant à $\frac{dR}{da}$ ce sens restrictif, on conserve l'ensemble des équations X et l'on pose

$$l=\rho+\varepsilon,$$

c'est-à-dire $\rho=nt$; d'où, d'après la relation $n=a^{\frac{3}{2}}$,

$$\frac{d^2\rho}{dt^2}=\frac{dn}{dt}=\frac{3}{2}\;{}^{\frac{1}{2}}\frac{da}{dt};$$

ρ est donc déterminé par l'équation

$$(7) \qquad \frac{d^2\rho}{dt^2} = -3an^2 \frac{m'}{\mu} \frac{dR}{d\varepsilon}.$$

Les équations différentielles (1) à (6) précédentes et cette dernière (7) forment un système de *sept* équations différentielles, relatif au mouvement de la planète m, et qui devra être considéré avec le système d'équations du même genre relatives à la planète m'. Pour cette dernière planète la fonction perturbatrice sera

$$R' = (r^2 + r'^2 - 2rr'.s)^{-\frac{1}{2}} - \frac{r'}{r^2} s.$$

Les équations différentielles des variations des éléments elliptiques de la planète m', troublée par la planète m, se déduiront de celles que nous venons d'indiquer en substituant dans ces relations

$$(a', \varepsilon', e', \pi', \theta' \text{ et } R') \quad \text{à} \quad (a, \varepsilon, e, \pi, \varphi, \theta \text{ et } R).$$

Si nous remplaçons, dans les équations différentielles écrites ci-dessus, e par $\sin\psi$, ψ étant l'arc dont le sinus est e, on obtient

$$X' \left\{ \begin{aligned}
&(1) \quad \frac{da}{dt} = +\frac{2m'}{\mu} a^2 n \frac{dR}{d\varepsilon}, \qquad (1)\ bis \quad \frac{d^2\rho}{dt^2} = -\frac{3m'}{\mu} an^2 \frac{dR}{d\varepsilon},\\
&(2) \quad \frac{d\varepsilon}{dt} = -\frac{2m'}{\mu} an\left(a\frac{dR}{da}\right) + \frac{m'}{\mu} an\cos\psi \operatorname{tang}\frac{\psi}{2}\cdot\frac{dR}{de} + \frac{m'}{\mu}\cdot\frac{an \operatorname{tang}\frac{\varphi}{2}}{\cos\psi}\cdot\frac{dR}{d\varphi},\\
&(3) \quad \frac{de}{dt} = -\frac{m'}{\mu}\cdot\frac{an}{\operatorname{tang}\psi}\cdot\frac{dR}{d\pi} - \frac{m'}{\mu} an\cos\psi \operatorname{tang}\frac{\psi}{2}\cdot\frac{dR}{d\varepsilon},\\
&(4) \quad \frac{d\pi}{dt} = +\frac{m'}{\mu}\cdot\frac{an}{\operatorname{tang}\psi}\cdot\frac{dR}{de} + \frac{m'}{\mu}\cdot\frac{an\operatorname{tang}\frac{\varphi}{2}}{\cos\psi}\cdot\frac{dR}{d\varphi},\\
&(5) \quad \frac{d\varphi}{dt} = -\frac{m'}{\mu}\cdot\frac{an}{\cos\psi\sin\varphi}\cdot\frac{dR}{d\theta} - \frac{m'}{\mu}\cdot\frac{an\operatorname{tang}\frac{\varphi}{2}}{\cos\psi}\left(\frac{dR}{d\varepsilon} + \frac{dR}{d\pi}\right),\\
&(6) \quad \frac{d\theta}{dt} = \frac{m'}{\mu}\cdot\frac{an}{\cos\psi\sin\varphi}\cdot\frac{dR}{d\varphi}.
\end{aligned} \right.$$

Avant de pouvoir effectuer l'intégration de ces *sept* équations différentielles, il faut donc avoir les *dérivées partielles* de la *fonction perturbatrice* R, relativement à a, e, ε, π, φ et θ.

Nous devons avant tout remarquer que cette fonction perturbatrice, contenant comme première partie l'inverse de la distance mutuelle des deux planètes, doit évidemment dépendre des éléments elliptiques de chaque planète et des positions de ces astres sur leur orbite. Pour pouvoir obtenir ces *dérivées partielles* de R, dont on a besoin, il faut donc mettre en évidence dans R toutes les quantités dont cette expression dépend. C'est ce que l'on nomme le DÉVELOPPEMENT DE LA FONCTION PERTURBATRICE.

399. Nous allons essayer de faire comprendre, brièvement, comment s'effectue ce développement.

Nous remarquerons d'abord que l'expression

$$(8)\qquad R=(r^2+r'^2-2rr's)^{-\frac{1}{2}}-\frac{r.s}{r'^2}$$

se compose de deux parties, dont l'une

$$R_1=(r^2+r'^2-2rr's)^{-\frac{1}{2}}$$

est symétrique par rapport à r et à r', et, par conséquent, resterait la même si l'on considérait la fonction perturbatrice relative à l'action de m sur m'; c'est le développement de cette première partie que l'on obtient d'abord. Celui de $R_1-R=\dfrac{r.s}{r'^2}$ se déduit ensuite de celui de R_1, et l'on a finalement celui de R par la somme des deux développements

$$R_1+(R-R_1)=R.$$

Soient ♈♎ (fig. 217), l'écliptique à une époque donnée, Nm l'orbite de m et N'm' l'orbite de m'.

Fig. 217.

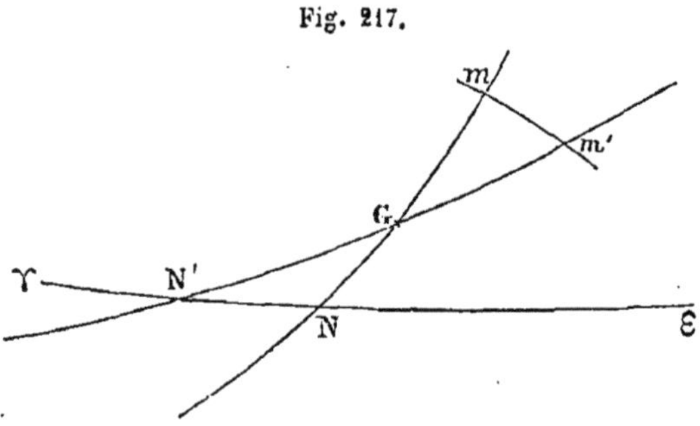

Posons

$$♈N+NG=\tau$$
$$♈N'+N'G=\tau'$$

et

$$mGm'=\gamma.$$

Connaissant la situation des *orbites approchées* des deux planètes m et m' relativement à l'écliptique, on peut facilement calculer, par la trigonométrie, *l'inclinaison mutuelle* γ des orbites, la longitude τ du *nœud ascendant* de m sur m' et la longitude τ' du *nœud descendant* de m' sur m.

La longitude héliocentrique de m, à un moment donné, est

$$\Upsilon N + Nm = v,$$

celle de m', au même instant, est

$$\Upsilon N' + N'm' = v'.$$

Pour simplifier l'écriture, à la place de v qui détermine la position de m sur son orbite, on prend

$$\Upsilon N' + N'G + Gm = u,$$

c'est-à-dire que l'on fait

$$u = v + \tau' - \tau;$$

et l'on substitue aussi aux trois quantités

l longitude moyenne,
ε longitude moyenne de l'*époque*,
π longitude du périhélie,

que l'on considère habituellement, les trois autres variables

$$\begin{aligned} \lambda &= l + \tau' - \tau \\ E &= \varepsilon + \tau' - \tau \\ \omega &= \pi + \tau' - \tau. \end{aligned}$$

Le triangle mGm' (fig. 217) donne, en remarquant que $mm' = \omega$,

$$s = \cos(v' - \tau')\cos(v - \tau) + \cos\gamma \sin(v' - \tau')\sin(v - \tau).$$

Posons $\sin\frac{\gamma}{2} = \eta$, on aura

$$\cos\gamma = 1 - 2\sin^2\frac{\gamma}{2} = 1 - 2\eta^2,$$

et, par suite,

$$s = \cos(v' - v - \tau' + \tau) - 2\eta^2 \sin(v' - \tau')\sin(v - \tau);$$

ou, en introduisant la variable u,

$$s = \cos(v' - u) - 2\eta^2 \sin(v' - \tau')\sin(u - \tau').$$

Si l'on pose maintenant

$$\begin{aligned} r &= a(1 + x), \qquad & u &= \lambda + y, \\ r' &= a'(1 + x'), \qquad & v' &= l' + y'; \end{aligned}$$

on remarquera que x et x' sont généralement, du moins pour les planètes principales, des quantités *très-petites*, et qu'il en est de même des *équations du centre* y et y'.

En substituant ces valeurs de r, r', u, v' dans l'expression de R_1, on obtient

$$(9)\quad R_1 = \{ a^2(1+x)^2 + a'^2(1+x')^2 - 2aa'(1+x)(1+x')[\cos(l'-\lambda+y'-y) - 2\eta^2 \sin(l'+y'-\tau')\sin(\lambda+y-\tau')]\}^{-\frac{1}{2}}.$$

On commence d'abord par négliger x, x', y et y'. En désignant par R_0 cette valeur approchée de R_1, on a

$$(10)\quad R_0 = [a^2 + a'^2 - 2aa'\cos(l'-\lambda) + 4\eta^2 aa'\sin(l'-\tau')\sin(\lambda-\tau')]^{-\frac{1}{2}}.$$

En considérant

$$a^2 + a'^2 - 2aa'\cos(l'-\lambda)$$

comme un terme et

$$4\eta^2 aa'\sin(l'-\tau')\sin(\lambda-\tau')$$

comme un autre terme, on développe l'expression R_0 en série d'après le binôme de Newton.

En s'arrêtant au terme en η^6, ce qui suffit généralement *quand les orbites ont une faible inclinaison mutuelle*, on obtient ainsi un développement dont chaque terme peut être représenté par

$$N\eta^{2i}a^i a'^i[a^2 + a'^2 - 2aa'\cos(l'-\lambda)]^{-\frac{2i+1}{2}} \sin^i(l'-\tau')\sin^i(\lambda-\tau')$$

en donnant successivement à i les valeurs

$$0,\ 1,\ 2,\ 3.$$

En développant les fonctions radicales

$$a^i a'^i[a^2 + a'^2 - 2aa'\cos(l'-\lambda)]^{-\frac{2i+1}{2}}$$

en séries procédant suivant les *cosinus* des multiples de l'angle $(l'-\lambda)$, et en changeant en *sommes* de *cosinus* les produits

$$\sin^i(l'-\tau')\sin^i(\lambda-\tau'),$$

on arrive enfin, après avoir effectué tous les produits, à une expression de R_0 qu'on obtient aussi simple que possible en ramenant tous les termes à pouvoir être représentés par le symbole

$$K^{(i,h)}\cos(il' - h\lambda - (i-h)\tau'),$$

c'est-à-dire que l'on a

$$(11) \qquad R_0 = \Sigma K^{(i,h)} \cos(il' - h\lambda - (i-h)\tau').$$

i devant prendre toutes les valeurs entières positives et négatives, *zéro* compris, mais $(i-h)$ devant *successivement* être égal à

$$0,\ 2,\ 4,\ 6.$$

Dans ces quatre cas, le symbole

$$K^{(i,h)}$$

devient alors

$$M^{(i)},\ N^{(i)},\ P^{(i)},\ Q^{(i)};$$

ces quatre nouveaux *symboles* sont des fonctions de η^2 et des *coefficients* de

$$\cos i\,(l' - \lambda)$$

dans le développement des fonctions radicales indiquées plus haut, *coefficients* que l'on désigne respectivement par

$$A^{(i)},\ B^{(i)},\ C^{(i)},\ D^{(i)},$$

suivant que l'*indice* du radical est

$$-\frac{1}{2},\ -\frac{3}{2},\ -\frac{5}{2},\ -\frac{7}{2}.$$

Le calcul des coefficients

$$A^{(i)},\ B^{(i)},\ C^{(i)},\ D^{(i)}$$

se ramène à celui des *coefficients* du développement du radical

$$(1 + \alpha^2 - 2\alpha\cos\theta)^{-s},$$

suivant les cosinus des multiples de θ, s devant recevoir successivement les valeurs

$$\frac{1}{2},\ \frac{3}{2},\ \frac{5}{2},\ \frac{7}{2}.$$

Pour avoir le développement de R_1, quand on a obtenu celui de R_0, on remplace dans le développement (11)

$$\begin{array}{lcl} a & \text{par} & a + x, \\ a' & \text{»} & a' + x', \\ \lambda & \text{»} & \lambda + y, \\ \lambda' & \text{»} & \lambda' + y'. \end{array}$$

En se servant de la série de Taylor, on arrive à un développement de R_1 qui, en s'arrêtant aux puissances du 7e ordre de x, y et des produits de ces quantités, contient 15 termes dont les 14 premiers renferment alternativement

$$\cos(il' - h\lambda - (i-h)\tau'),$$

ou

$$\sin(il' - h\lambda - (i-h)\tau'),$$

ayant tous deux pour coefficients $K_0^{(i,h)}$ d'abord, puis $K_1^{(i,h)}$, $K_2^{(i,h)}$..... $K_6^{(i,h)}$.

Chacun de ces quatorze premiers termes renferme aussi comme facteur une *somme* de termes qui sont les produits des expressions

$$x^{p-q}\cos hy, \qquad x^{p-q}\sin hy$$

par les deux autres expressions

$$\frac{x'^q\cos iy'}{(1+x')^{p+1}}, \qquad \frac{x'^q\sin iy'}{(1+x')^{p+1}};$$

le 15e terme est de la forme

$$+K_7^{(i,h)}F(x, x')\cos(il' - h\lambda - (i-h)\tau'),$$

$F(x, x')$ est une fonction déterminée de x et de x'.

Remarquons maintenant que

$$x = \frac{r-a}{a}, \qquad x' = \frac{r'-a'}{a'}$$

et les équations du centre y et y' dépendent des excentricités e, e' et des anomalies moyennes

$$\zeta = l - \pi = \lambda - \omega$$
$$\zeta' = l' - \pi'.$$

Le développement de R_1 s'obtient donc en fonction de

$$K_n^{(i,h)}, (il' - h\lambda - (i-h)\tau'), e, e', (\lambda - \omega), (l' - \pi').$$

En effectuant les produits des lignes trigonométriques, on obtient des produits de *cosinus* et des produits de *sinus* que l'on peut transformer en *sommes* ou en *différences* de *cosinus*.

Pour former le développement de $R - R_1$, il suffit de changer dans le développement obtenu pour R_1

$$A^{(1)} \quad \text{en} \quad -\frac{a}{a'^2}$$

et

$$B^{(0)} \quad \text{en} \quad -2\frac{a}{a'^2},$$

et de négliger tous les termes qui dépendent des autres *coefficients*.

En faisant la somme des deux développemenls de R_1 et $R - R_1$, on obtient enfin pour la *fonction perturbatrice* une *série* dont les termes ont *deux formes* particulières. Nous pouvons représenter d'une manière générale ce développement de la manière suivante :

$$(12) \qquad R = \sum \frac{1}{a'} M e^h e'^{h'} \eta^f \cos(k'\pi' + k\omega + u\tau') \ldots\ldots$$
$$+ \sum \frac{1}{a'} N e^h e'^{h'} \eta^f \cos(il' + i\lambda + k'\pi' + k\omega + u\tau').$$

Dans cette expression, i et i' doivent prendre toutes les valeurs entières positives et négatives, mais ne peuvent être simultanément nuls; i est habituellement compris entre -10 et $+10$; h, h', k', k, u, f sont des nombres entiers déterminés.

M et N sont des expressions des quantités $A^{(i)}$, $B^{(i)}$, $C^{(i)}$, $D^{(i)}$.

Ces derniers coefficients s'expriment facilement au moyen des coefficients

$$b^{(i)}, \quad c^{(i)}, \quad e^{(i)}, \quad f^{(i)},$$

qui sont ceux du développement de l'expression

$$[1 + \alpha^2 - 2\alpha\cos(l' - \lambda)]^{-s},$$

quand on fait respectivement

$$s = \frac{1}{2}, \quad s = \frac{3}{2}, \quad s = \frac{5}{2}, \quad s = \frac{7}{2}.$$

Les quantités π', ω et τ' qui se trouvent dans R ne contiennent pas le temps implicitement; il n'y a que les longitudes moyennes

$$l' = \varepsilon' + n't$$

et

$$\lambda = \varepsilon + nt + \tau' - \tau.$$

On sait que e et e' sont les excentricités des deux planètes, et que $\eta = \sin\gamma$.

Ce développement (12) de *la fonction perturbatrice* une fois obtenu, il est facile d'avoir, à cause des équations X', les *dérivées partielles* de R

$$\frac{dR}{d\varepsilon}, \quad \left(\frac{dR}{da}\right), \quad \frac{dR}{de}, \quad \frac{dR}{d\varphi}, \quad \frac{dR}{d\pi}, \quad \frac{dR}{d\theta}.$$

Comme $\lambda = \varepsilon + nt + \tau' - \tau$, il est clair que $\frac{dR}{d\varepsilon} = \frac{dR}{d\lambda}$. M et N contiennent a, donc, pour avoir $\left(\frac{dR}{da}\right)$, il n'y a qu'à prendre les dérivées $\frac{dM}{da}$, $\frac{dN}{da}$, puisqu'on ne doit pas avoir égard à la variation de n.

Comme e est en évidence dans le développement de R, on obtient tout de suite $\frac{dR}{de}$; il en sera de même de $\frac{dR}{d\pi}$, puisque, d'après la relation

$$\pi = \omega + \tau' - \tau,$$

on a

$$\frac{dR}{d\pi} = \frac{dR}{d\omega}.$$

Enfin, d'après les relations trigonométriques qui existent entre

$$\gamma,\ \tau',\ \theta',\ \tau,\ \theta,\ \varphi \text{ et } \varphi',$$

on trouve facilement

$$\frac{dR}{d\varphi} \quad \text{et} \quad \frac{dR}{d\theta},$$

en fonction de

$$\frac{dR}{d\gamma},\ \frac{dR}{d\tau'},\ \frac{dR}{d\varepsilon},\ \frac{dR}{d\pi},$$

que l'on déduit facilement du développement R; on comprend donc comment on peut obtenir les *dérivées partielles de la fonction perturbatrice.*

Comme $\sin\varphi$ entre dans le dénominateur des équations (5) et (6) de X', on obtiendrait, si φ était très-petit, des expressions très-grandes pour les termes qui contiennent $\sin\varphi$; on substitue alors à φ et à θ deux autres variables p et q établies par les deux relations

$$p = \tang\varphi \sin\theta$$
$$q = \tang\varphi \cos\theta.$$

De ces deux relations, on obtient facilement

$$\frac{dp}{dt} \quad \text{et} \quad \frac{dq}{dt},$$

en fonction de

$$\frac{d\varphi}{dt} \quad \text{et} \quad \frac{d\theta}{dt},$$

c'est-à-dire, d'après les équations X', en fonction des différentielles partielles

$$\frac{dR}{d\theta},\ \frac{dR}{d\varepsilon},\ \frac{dR}{d\pi},\ \frac{dR}{d\gamma},\ \frac{dR}{d\tau'},$$

dont on détermine les valeurs d'après le développement (12).

On obtient donc finalement pour

$$\frac{da}{dt}, \frac{d\varepsilon}{dt}, \frac{de}{dt}, \frac{d\pi}{dt}, \frac{dp}{dt}, \frac{dq}{dt},$$

des expressions qui ne contiennent le temps explicitement que dans les facteurs

$$\cos(i'l' + i\lambda + k'\pi' + k\omega + u\tau')$$

et

$$\sin(i'l' + i\lambda + k'\pi' + k\omega + u\tau'),$$

qui, relativement au temps, ont la forme

$$\cos(gt + c)$$
$$\sin(gt + c).$$

L'intégration des expressions telle que

$$\int \cos(gt + c)dt = \frac{1}{g}\sin(gt + c)$$
$$\int \sin(gt + c)dt = -\frac{1}{g}\cos(gt + c)$$

se fera donc très-facilement.

L'intégration des équations différentielles des éléments elliptiques

$$a, \varepsilon, e, \pi, p, q$$

étant effectuée, avec cette condition qu'à l'origine du temps ces éléments aient une *valeur déterminée*, on aura

$a_1 = a + m' \times$ par une série de termes de la forme $\mathrm{S}\cos(i'l' + i\lambda + k'\pi' + k\omega + u\tau')$

$l_1 = \varepsilon + nt + m' \times$ par une série de termes de la forme $\begin{cases} \mathrm{S}\cos(i'l' + i\lambda + k'\pi' + k\omega + u\tau') \\ \mathrm{S}\sin(i'l' + i\lambda + k'\pi' + k\omega + u\tau') \\ \mathrm{T}t\cos(k'\pi' + k\omega + u\tau') \\ \mathrm{T}t\sin(k'\pi' + k\omega + u\tau') \end{cases}$

$e_1 = e + m' \times$ par une série de termes de la forme $\begin{cases} \mathrm{S}\cos(i'l' + i\lambda + k'\pi' + k\omega + u\tau') \\ \mathrm{T}t\sin(k'\pi' + k\omega + u\tau') \end{cases}$

$\pi_1 = \pi + m' \times$ par une série de termes de la forme $\begin{cases} \mathrm{S}\cos(i'l' + i\lambda + k'\pi' + k\omega + u\tau') \\ \mathrm{S}\sin(i'l' + i\lambda + k'\pi' + k\omega + u\tau') \\ \mathrm{T}.t\cos(k'\pi' + k\omega + u\tau') \\ \mathrm{T}.t\sin(k'\pi' + k\omega + u\tau') \end{cases}$

. . . .

Il en sera de même de p_1 et q_1.

Les coefficients S et T sont des fonctions des *éléments*, supposés *constants*, des orbites des planètes. Les coefficients tels que S contiennent en outre au dénominateur $i'\nu + i$ qui est au carré dans certains termes. ν égal $\frac{n'}{n}$, rapport des mouvements moyens.

D'après les *expressions* que nous venons d'indiquer, nous voyons que les *variations* des éléments elliptiques de la planète troublée dépendent de deux sortes de termes : les uns tels que

$$S_{\sin}^{\cos}(i'l' + i\lambda + k'\pi' + k\omega + u\tau'),$$

ne contiennent le temps que dans l' et λ; et les autres tels que

$$T.\, t_{\sin}^{\cos}(k'\pi' + k\omega + u\tau')$$

contiennent le temps t *explicitement*.

Les premiers qui reprennent *périodiquement* la même valeur donnent lieu aux *inégalités périodiques;*

Les seconds qui augmentent avec le temps t donnent lieu aux *inégalités séculaires.*

La *variation annuelle* se calculera au moyen d'expressions telles que

$$T.{}_{\sin}^{\cos}(k'\pi' + k\omega + u\tau').$$

On voit que le *grand axe* a_1 ne contient aucune *inégalité séculaire*, du moins quand on s'arrête à la première puissance de la masse perturbatrice. Ainsi, l'action de la planète m' sur la planète m fait seulement varier *périodiquement* le demi grand axe de cette dernière planète entre des limites que le *calcul* montre être très-étroites; à condition, toutefois, que les *moyens mouvements* des deux planètes ne soient pas entre eux dans des rapports simples, afin que $i'\nu + i$ qui entre au dénominateur dans les coefficients S ne devienne pas *nul.*

Les éléments l_1, e_1, π_1, p et q_1 contiennent, dans leurs variations, des *termes périodiques* et des termes *séculaires* qui changent progressivement la forme et la position des orbites.

Toutefois, le calcul numérique fait voir que pour les planètes principales de notre système planétaire les *inclinaisons* φ_1 et les *excentricités* e_1 ne dépassent pas certaines limites peu différentes du reste de e et de φ.

En ce qui concerne l_1, on voit qu'en laissant de côté les termes *périodiques* qui n'ont pour effet que de faire osciller la valeur des perturbations, le *mouvement moyen* de la planète troublée est égal à

$$n + [m'\mathrm{T}\cos(k'\pi' + k\omega + u\tau')\ldots + m'\mathrm{T}\sin(k'\pi' + k\omega + u\tau')\ldots],$$

ou, en désignant cette série de termes *constants* par σ, le *mouvement moyen troublé* est égal à

$$n + \sigma = n_0;$$

n_0 est évidemment le mouvement moyen que doit donner l'*observation*.

Lorsqu'on déduit le demi-grand axe a_0 du *moyen mouvement* observé n_0, on n'a pas évidemment le demi-grand axe a qui est la constante de a_1.

a se rapporte au cas où il n'y aurait pas de planète troublante, et entre a et n on a la relation

$$a^3n^2 = \mu.$$

Or c'est à l'aide d'une relation analogue qu'on détermine a_0 connaissant n_0; on doit donc avoir

$$a^3n^2 = a^3_0 n^2_0$$

ou

$$a^3(n_0 - \sigma)^2 = a^3_0 n^2_0,$$

d'où

$$a = a_0 \left(\frac{n_0}{n_0 - \sigma}\right)^{\frac{2}{3}},$$

et en s'arrêtant à la première puissance de la masse perturbatrice

$$a = a_0 + \frac{2}{3} a_0 \frac{\sigma}{n_0}.$$

Ainsi, en négligeant les *termes* périodiques de a_1 et de l_1, on a

$$a_1 = a_0 + \frac{2}{3} a_0 \frac{\sigma}{n_0}$$

$$l_1 = \varepsilon + n_0 t,$$

n_0 étant le mouvement moyen déduit de l'observation et a_0 le demi grand axe qui s'en déduit par la relation

$$a_0{}^3 n_0{}^2 = \mu.$$

Comme nous n'avons voulu donner qu'un aperçu de la *marche* du calcul des perturbations, nous croyons inutile d'indiquer comment on peut obtenir les *expressions générales* des inégalités *seculaires*, qui résultent de l'intégration complète des équations différentielles.

400. Troisième approximation. — Lorsque l'on veut avoir égard aux perturbations du deuxième ordre par rapport aux masses, on doit d'abord déterminer le mouvement de la planète m' troublé par la planète m, c'est-à-dire déterminer par une marche complétement analogue à celle que nous venons d'indiquer, les *perturbations* de la planète m'

produites par l'action de la planète m. Ainsi, dans ce cas, le calcul des perturbations est d'abord *réciproque*.

Pour obtenir ensuite les perturbations du second ordre, par rapport aux masses, des éléments elliptiques de la planète m, voici comment on agit :

Nous ne prendrons comme exemple que la variation du demi grand axe a_1.

En remplaçant n par $\frac{\sqrt{\mu}}{a^{\frac{3}{2}}}$, nous avons dit qu'on trouvait pour dérivée $\frac{da}{dt}$,

$$\frac{da}{dt} = \sum \left[-\frac{2m'}{\sqrt{\mu}} \frac{\sqrt{a}}{a'} i\mathrm{N}e^{h}e'^{h'}\eta^{f} \sin(i'l' + i\lambda + k'\pi' + k\omega + u\tau') \right].$$

Dans la première approximation nous avons supposé *constants* les éléments *variables* des deux orbites, qui se trouvent dans le second membre de cette expression ; pour obtenir une seconde approximation on ajoute à ces éléments les valeurs de leurs perturbations déduites de la première approximation.

En désignant par la caractéristique δ_1 les expressions analytiques des perturbations obtenues, on remplacera dans l'expression de $\frac{da}{dt}$, donnée ci-dessus,

$$\begin{array}{lcl} a & \text{par} & a + \delta_1 a \\ a' & » & a' + \delta_1 a' \\ e & » & e_1 + \delta_1 e \\ e' & » & e' + \delta_1 e' \\ \vdots & & \vdots \quad \vdots \end{array}$$

et ainsi de suite.

On développera le second membre par rapport *aux puissances* de $\delta_1 a$, $\delta_1 a'$..... etc..... dont on ne conservera que les premières, et l'expression de $\frac{da}{dt}$, ainsi modifiée, permettra d'obtenir les *perturbations* de a qui sont du second ordre par rapport aux masses.

401. M. Encke a donné, il y a quelques années, une méthode nouvelle pour le calcul des perturbations planétaires (*).

Dans ce mémoire, le savant astronome de Berlin fait voir comment en dehors de toute considération restrictive sur la nature de l'orbite de la

(*) Voir la traduction française de MM. O. Terquem et Lafon.

planète *troublante* et sur celle de la planète *troublée,* on peut arriver, sans de très-longs calculs, à déterminer les perturbations éprouvées par une planète m soumise à l'influence perturbatrice d'une autre planète m', depuis une époque θ jusqu'à une autre époque $\theta + T$.

Sa méthode consiste à déterminer pour des époques $\theta + t$, $\theta + 2t$, $\theta + 3t \ldots\ldots \theta + T$, les différences qui existent entre les coordonnées rectangulaires

$$x, y, z$$

de la planète troublée m et les coordonnées

$$x^0, y^0, z^0$$

d'une planète *idéale* qui, après s'être trouvée à l'époque θ au point de l'espace où se trouvait la planète m, et avoir aussi été animée en ce point d'une vitesse *en tout égale* à celle de cette dernière planète, aurait décrit l'*ellipse de Képler* autour du Soleil sans ressentir l'influence attractive de la planète perturbatrice.

M. Encke transforme les équations différentielles connues (397) de manière à y introduire les différences

$$x - x^0 = \xi,\ y - y^0 = \eta,\ z - z^0 = \zeta,$$

et les différentielles du second ordre

$$\frac{d^2\xi}{dt^2},\quad \frac{d^2\eta}{dt^2},\quad \frac{d^2\zeta}{dt^2}$$

à la place de

$$\frac{d^2x}{dt^2},\quad \frac{d^2y}{dt^2},\quad \frac{d^2z}{dt^2}.$$

Il effectue ensuite l'intégration de ces intégrales doubles par la méthode des quadratures, après avoir calculé pour les époques choisies les coordonnées x^0, y^0, z^0 de la planète idéale, celles x', y', z' de la planète troublante, les distances r^0, r' de ces deux planètes au Soleil et la distance ρ de la planète perturbatrice à la planète troublée.

402. La considération des perturbations planétaires permet de résoudre le problème inverse des *trois corps,* c'est-à-dire, étant donnée une planète de masse m dont on connaît le mouvement elliptique et par suite la position à un instant quelconque, trouver pour cet instant la position d'une autre planète qui produit sur la première des perturbations accusées par l'observation.

C'est ce problème que M. Le Verrier directeur, de l'Oservatoire impérial, a complétement résolu en déterminant en 1846 l'existence et la position de la planète Neptune, d'après les perturbations qu'elle faisait éprouver à *Uranus.*

Nous allons essayer de faire comprendre la marche suivie par M. Le Verrier dans cette question, dont l'heureuse solution est venue couronner de la manière la plus brillante le principe de Newton sur l'attraction universelle et les travaux d'Euler, de Lagrange et de Laplace sur les perturbations planétaires.

403. La planète Uranus, découverte par W. Herschel en 1781, éprouvait des écarts extraordinaires dans la marche que lui assignaient dans la voûte céleste les théories astronomiques.

Le nombre considérable d'observations de cette planète avait permis de calculer avec la dernière précision son orbite elliptique. L'astronomie possédait en effet, en 1820, *quarante années* d'observations méridiennes d'Uranus et dix-neuf observations faites de 1690 à 1771 sur cet astre, regardé comme une étoile de sixième grandeur avant la découverte d'Herschel.

De plus, en s'appuyant sur les expressions analytiques, données par Laplace, des perturbations qu'Uranus doit éprouver sous l'action attractive de *Jupiter* et de *Saturne*, Bouvard avait construit des tables astronomiques de la planète d'Herschel.

Les tables de Bouvard ne purent représenter avec exactitude les positions observées de l'astre depuis 1690 jusqu'à 1845.

Ces tables qui convenaient assez bien pour les observations faites de 1781 à 1820 ne s'accordaient nullement ni avec les observations anciennes ni avec celles faites en 1845.

Les astronomes furent vivement préoccupés de ces anomalies singulières et l'opinion la *plus générale* fut qu'il existait une planète inconnue *extra-Uranienne* ayant une masse assez considérable et qui devait par son attraction produire les écarts observés sur Uranus.

Arago engagea vivement M. Le Verrier, déjà connu dans le monde savant par des travaux astronomiques importants, à s'occuper de la recherche de l'astre perturbateur.

« Dans le courant de l'été dernier, dit M. Le Verrier (*Comptes rendus* « *de l'Académie des sciences*, séance du 10 novembre 1845), M. Arago « voulut bien me représenter que l'importance de cette question imposait « à chaque astronome le devoir de concourir, autant qu'il était en lui, à en « éclairer quelque point. J'abandonnai donc momentanément, pour m'oc- « cuper d'Uranus, les recherches que j'avais entreprises sur les comètes, « et dont plusieurs fragments ont déjà été publiés. »

On voit donc que M. Le Verrier n'hésita pas à aborder un travail sans précédents et qui, mené à bonne fin, devait donner à son auteur la gloire la plus éclatante qu'un astronome puisse rêver.

Le travail de M. Le Verrier se divise en quatre parties principales :

1° Reprise de la théorie d'Uranus, c'est-à-dire détermination des perturbations du mouvement elliptique d'Uranus dues aux actions de Saturne et de Jupiter;

2° Comparaison de la théorie précédente avec les observations;

3° Les anomalies observées dans le mouvement d'Uranus peuvent être expliquées par l'action perturbatrice d'une nouvelle planète. Première détermination de la position que le nouvel astre occupe dans le ciel.

4° Détermination plus précise des éléments de l'orbite et de la position actuelle de la planète troublante au moyen de l'ensemble des observations d'Uranus.

Examinons brièvement les méthodes suivies par M. Le Verrier dans chacune de ces trois parties.

1° *Reprise complète de la théorie d'Uranus.*

Dans cette première recherche, M. Le Verrier, en s'appuyant sur les équations différentielles X′ (page 487) dans lesquelles il posa $\frac{anm'}{\mu} = k$, calcula à nouveau la *forme* et la *grandeur* des termes que les actions perturbatrices de JUPITER et de SATURNE introduisent dans les expressions des coordonnées héliocentriques d'*Uranus*.

Il reprit entièrement, sur de *nouvelles bases*, l'action de SATURNE sur URANUS (cette action est la plus forte de celles que les planètes de notre système exercent sur cet astre), c'est-à-dire que pour obtenir *simultanément* toutes les *inégalités*, il eut recours aux méthodes qui servent à déduire le développement d'une fonction périodique des valeurs particulières de cette fonction, correspondant à des valeurs convenablement choisies des variables. Il tint compte, dans la position de Saturne, des inégalités qu'y introduit l'action de Jupiter, chose que l'on avait omise jusqu'alors, et il calcula les perturbations d'Uranus produites par Saturne, en poussant les approximations aussi loin qu'il était nécessaire, de manière à prouver qu'il n'avait négligé aucune inégalité supérieure à un vingtième de seconde.

Enfin, pour vérifier cette partie de son travail, il détermina les mêmes inégalités, en employant le développement de la fonction perturbatrice que nous avons indiqué. Ces deux méthodes le conduisirent par deux routes *différentes* et *indépendantes* aux mêmes inégalités séculaires de l'orbite d'URANUS dépendant de l'action de SATURNE.

M. Le Verrier calcula ensuite avec le plus grand soin les perturbations dues à l'action de Jupiter. Mais le mouvement de Saturne éprouvant, de la part de Jupiter, de grandes perturbations, il crut devoir commencer par calculer les inégalités sensibles de l'orbite de *Saturne*, c'est-à-dire celles du grand axe du mouvement moyen, de la longitude de l'époque, de l'excentricité et du périhélie. On voit que, par le fait, la reprise de la théorie d'*Uranus* entraîna le savant astronome à traiter en grande partie la théorie de Saturne.

De ce premier travail il résulta que la longitude héliocentrique d'Uranus pour l'opposition de 1845, déduite des tables astronomiques publiées en 1821, *devait surpasser* de 32",8 celle calculée d'après la nouvelle théorie d'Uranus.

2° *Comparaison de la nouvelle théorie avec les observations.*

Ayant ainsi constaté qu'on avait négligé, en déterminant les perturbations d'Uranus produites par JUPITER et SATURNE, des termes nombreux et très-notables dont l'omission empêchait de représenter exactement la *marche théorique* d'Uranus, M. Le Verrier chercha si ces corrections portées dans les tables de cette planète feraient disparaître les différences énormes qui existaient entre les positions observées et les positions calculées. Il reconnut que ces corrections diminuaient notablement les erreurs, mais que les différences qui existaient encore, après ces corrections, étaient très-considérables et *supérieures* aux erreurs *probables des observations.*

M. LE VERRIER s'étant aperçu que les tables d'Uranus calculées par BOUVARD contenaient plusieurs causes d'erreur dont il lui était impossible d'apprécier exactement l'influence, il n'hésita pas, pour que cette seconde partie de son travail fût exempte de toute incertitude, à laisser de côté les tables d'*Uranus* et à reprendre sur de *nouvelles bases* et en son entier, la comparaison de presque toutes les positions *observées* de la planète avec celles déduites de sa théorie. Il calcula d'abord une éphéméride d'*Uranus* contenant 434 longitudes héliocentriques théoriques de cette planète, les 434 longitudes héliocentriques de la Terre correspondantes ainsi que les longitudes des rayons vecteurs de ces corps célestes.

De là il passa aux 434 positions géocentriques d'*Uranus.*

Parmi toutes les observations faites sur Uranus, le savant astronome choisit, pour faire un tableau de comparaison :

1° Dix-neuf observations anciennes faites de 1690 à 1771 par FLAMSTEED, BRADLEY, MAYER et LEMONNIER ; il réduisit de nouveau ces dix-neuf observations ;

2° Deux cent-soixante observations modernes faites principalement aux instants des *oppositions et des quadratures,* par les observatoires de GREENWICH et de PARIS.

En s'appuyant alors sur les éléments elliptiques d'URANUS, déjà connus avec une grande approximation, M. LE VERRIER calcula, au moyen de l'interpolation, les positions héliocentriques de la planète aux 279 époques correspondant aux observations, et il y ajouta les *expressions* des *perturbations* telles qu'elles résultaient de son premier travail.

De ces 279 positions *héliocentriques* ainsi obtenues, et au moyen des lieux correspondants du Soleil déduits des tables les plus exactes, il obtint les 279 positions *géocentriques* équatoriales de la planète.

Retranchant alors des coordonnées calculées les coordonnées observées, il obtint les écarts qu'affectait la théorie par rapport aux observations, lorsqu'on *s'appuyait sur les éléments elliptiques en usage*, et qu'on ne supposait la planète soumise qu'aux actions des planètes connues.

Ces écarts ainsi constatés, M. Le Verrier examina la cause qui pouvait les produire. Venaient-ils des *erreurs* des éléments elliptiques sur lesquels reposait tout ce second travail, ou bien étaient-ils la conséquence de quelque force secondaire inconnue?

M. Le Verrier chercha donc d'abord s'il était possible de faire disparaître les écarts déterminés, par des changements dans les éléments de l'ellipse de départ.

Il choisit pour cela *quatre longitudes* exactes de la planète, prises à des époques très-distantes les unes des autres et pour la détermination de chacune desquelles il fit concourir plusieurs observations méridiennes concordantes entre elles.

Avec ces quatre longitudes il calcula les éléments de l'ellipse de manière qu'ils satisfassent rigoureusement à ces quatre longitudes. A l'aide de ces éléments et en tenant compte des perturbations, il calcula plusieurs positions de la planète. Ayant comparé une de ces positions, celle de 1838, avec la position observée à la même époque, il trouva encore un écart en longitude de 2′ 4″,98.

Cette erreur ne pouvait décidément provenir que de trois causes :

1° De l'erreur de la nouvelle observation comparée;

2° De l'erreur des longitudes ayant servi de base à la détermination des éléments elliptiques;

3° Ou enfin d'une force secondaire agissant sur la planète inconnue.

La première cause était *inadmissible;* quant à la seconde, M. Le Verrier fit voir qu'en supposant que les longitudes fondamentales influaient toutes dans le même sens sur l'erreur de la longitude calculée pour 1838, et en supposant sur ces quatre longitudes les plus fortes erreurs possibles d'observation, on n'arrivait encore qu'à un écart de 30″ au plus; de sorte que sur les 125″ d'erreurs constatées, il en restait encore 95 complétement nexpliquées et qu'on devait forcément attribuer à l'action *inconnue*, troisième cause d'erreur.

Cette seconde partie du travail de M. Le Verrier lui démontra donc qu'il était impossible de représenter les mouvements *observés* d'Uranus avec *les théories ordinaires de la Mécanique Céleste* et la seule hypothèse que cet astre n'était soumis qu'aux actions du Soleil et des autres planètes.

Après avoir passé en revue toutes les hypothèses qui avaient été émises depuis longtemps pour expliquer les écarts d'Uranus M. Le Verrier, dans la séance du 1er juin 1846, déclara à l'Académie des sciences, dont il faisait déjà partie, qu'il ne restait d'autre hypothèse que celle d'un *corps* agissant d'une manière continue sur Uranus et changeant son mouvement d'une manière très-lente.

Ce corps, ajouta-t-il, ne saurait être, d'après ce que nous connaissons de la constitution de notre système solaire, qu'une planète encore ignorée. Il démontra que la planète perturbatrice devait être située au delà d'Uranus, et crut pouvoir admettre que ce devait être à une distance à peu près égale à celle assignée par la série de Titius, et ensuite que son orbite devait être peu inclinée sur l'écliptique puisque les *écarts* éprouvés par la planète d'Herschel étaient presque tous en *longitude* et peu ou point en *latitude*.

3° *Les anomalies observées dans le mouvement d'Uranus peuvent être expliquées par l'action perturbatrice d'une nouvelle planète. — Première détermination de la position que le nouvel astre occupe dans le ciel.*

Dans les deux dernières parties de son travail, M. Le Verrier se posa le problème suivant :

*Est-il possible que les inégalités non expliquées d'Uranus soient dues à l'action d'une planète située dans l'écliptique à une distance moyenne à peu près double de celle d'*Uranus ? *Et s'il en est ainsi, où est actuellement située cette planète? Quelle est sa masse? Quels sont les éléments de l'orbite qu'elle parcourt?*

M. Le Verrier comprit tout d'abord que pour résoudre ce difficile problème il n'y avait qu'une route à suivre :

1° Former les expressions analytiques des perturbations dues au nouveau corps, en fonctions de sa *masse* et des éléments *inconnus* de l'ellipse qu'il décrit;

2° Introduire ces perturbations dans les coordonnées d'Uranus, calculées au moyen des éléments *inconnus* de l'ellipse que cette planète parcourt autour du soleil;

3° Égaler les coordonnées *ainsi obtenues* aux coordonnées *observées*, et prendre pour inconnues, dans les équations de condition qui devaient en résulter, non-seulement les éléments de l'ellipse décrite par Uranus, mais encore les éléments de l'ellipse décrite par la planète troublante dont on veut la position;

4° Enfin éliminer, en toute rigueur (chose possible d'après la forme des équations) les éléments de l'orbite d'Uranus.

Indiquons d'abord comment M. Le Verrier fit pour ainsi dire un premier travail d'essai. Nous représentons par a' le demi grand axe de la planète cherchée, n' son mouvement moyen, e' son excentricité, π' la longitude du périhélie et ε' la longitude de l'époque; posons aussi $\alpha = \frac{a}{a'}$.

Pour établir l'expression analytique des principales perturbations de la longitude héliocentrique d'*Uranus* dues à l'action de la planète cherchée, il considère :

1° Les perturbations périodiques indépendantes des excentricités, représentées symboliquement par

$$(1) \qquad m'\Sigma P^{(i)} \sin[(n'-n)it + i(\varepsilon' - \varepsilon)]$$

dans laquelle $P^{(i)}$ représente une fonction fractionnaire très-compliquée de α. Il fit varier l'expression (1) depuis $i=1$ jusqu'à $i=3$ seulement.

2° Les perturbations dépendantes de la première puissance de l'excentricité d'*Uranus*, représentées symboliquement par

$$(2) \qquad m'\Sigma N^{(i)} \sin\{[in' - (i-1)n]t + i\varepsilon' - (i-1)\varepsilon - \pi\}$$

dans laquelle $N^{(i)}$ est une fonction très-compliquée de α multipliée par e; il s'arrêta aussi pour ces perturbations à $i=3$.

3° Les perturbations dépendantes de la première puissance de l'excentricité de la planète cherchée, représentées symboliquement par

$$(3) \qquad m'e'\Sigma M^{(i)} \sin\{[in' - (i-1)n]t + i\varepsilon' - (i-1)\varepsilon - \pi'\}$$

dans laquelle $M^{(i)}$ est aussi une fonction très-compliquée de α.

Ayant négligé les perturbations dues aux puissances supérieures des excentricités, ainsi que les inégalités séculaires à cause du peu d'intervalle (155 ans) embrassé par l'ensemble des observations d'*Uranus*, M. Le Verrier, en réunissant les expressions (1), (2), (3) et en développant dans (3)

$$\sin\{[in' - (i-1)n]t + i\varepsilon' - (i-1)\varepsilon - \pi'\} =$$
$$\sin\{[in' - (i-1)n]t + i\varepsilon' - (i-1)\varepsilon\}\cos\pi' - \cos\{[in' - (i-1)n]t +$$
$$+ i\varepsilon' - (i-1)\varepsilon\}\sin\pi',$$

il arriva, pour la principale perturbation en longitude d'Uranus, à une expression de la forme

$$\delta v = Am' + Hm'e'\sin\pi' + Lm'e'\cos\pi',$$

et en posant

$$h' = e'\sin\pi'$$
$$l' = e'\cos\pi'$$

à la relation

$$(4) \qquad \delta v = Am' + Hm'h' + Lm'l',$$

dans laquelle on a, i étant 1, 2, 3 :

$$A = \Sigma P^{(i)} \sin[(n'-n)it + i(\varepsilon'-\varepsilon)] + \Sigma N^{(i)} \sin\{[in'-(i-1)n]t + i\varepsilon' - (i-1)\varepsilon - \pi\},$$
$$H = -\Sigma M^{(i)} \cos\{[in'-(i-1)n]t + i\varepsilon' - (i-1)\varepsilon\},$$
$$L = +\Sigma M^{(i)} \sin\{[in'-(i-1)n]t + i\varepsilon' - (i-1)\varepsilon\}.$$

L'expression (4), comme on le voit, est une expression excessivement compliquée de $\alpha = \frac{a}{a'}$, ε, π, ε', π' et t.

Comme les *perturbations* signalées par l'observation dans la longitude d'*Uranus* provenaient aussi des corrections

$$\delta\varepsilon,\ \delta n,\ \delta e,\ \delta\pi$$

que devaient subir les éléments de cette planète, M. Le Verrier forma ses équations de condition en établissant que les écarts v_1 en longitude devaient être égaux à δv due aux perturbations déterminées par la planète cherchée, *augmentée* de l'erreur en longitude due aux corrections des éléments d'Uranus. Cette erreur en longitude est donnée par l'expression

$$(5) \qquad (1+2e\cos\zeta)\delta\varepsilon + (1+2e\cos\zeta)t\delta n + 2\sin\zeta\delta e - 2\cos\zeta e\delta\pi$$

dans laquelle ζ est l'anomalie moyenne d'Uranus à l'époque t.

Négligeant dans l'expression (5) les termes en $e\delta\varepsilon$ et $e\delta n$, il obtint pour *forme* de ses équations de condition

$$(6) \quad \delta\varepsilon + k\tau\delta n + 2\sin(\zeta + kn\tau)\delta e - 2\cos(\zeta + kn\tau)e\delta\pi + P^{(k+1)} + v_{k+1} = 0,$$

dans laquelle ζ est l'anomalie moyenne d'Uranus à l'origine du temps (1747,7), τ un intervalle de 14 années et k un coefficient prenant la valeur 0 pour la première équation de condition, 1 pour la seconde, 2 pour la troisième, etc. On a aussi

$$P^{(k+1)} = A^{(k+1)}m' + H^{(k+1)}m'h' + L^{(k+1)}m'l',$$

c'est-à-dire le second membre de l'équation (4) considéré à 14 ans d'intervalle à partir de 1747,7.

On voit donc que les équations de condition telles que (6), contenaient comme inconnues $\delta\varepsilon$, δe, δn, $\delta\pi$, h', l' m' entrant linéairement dans ces équations; α y entrant à un ordre très-élevé et même sous forme de série, et ε' entrant d'une manière transcendante. Pour ces neuf inconnues il fallait neuf équations, mais nous allons voir plus loin comment il s'affranchit de l'inconnue α.

Comme de 1747,7 à 1845,7 il y a 98 ans, M. Le Verrier se proposa, n'ayant alors que huit inconnues à trouver, c'est-à-dire $\delta\varepsilon$, δn, δe, $\delta\pi$, h', l', m' et ε', d'établir huit équations de condition analogue à (6) et également espacées, quant au temps. L'intervalle de $14^{ans} = \tau$ donnait à peu près $n\tau = 60°$, ce qui lui permit d'établir des relations très-simples entre les différences secondes des *perturbations* de la longitude dues à l'action de la planète cherchée et les *différences secondes* des perturbations en longitude accusées par l'observation. A ces huit équations (6), M. Le Verrier en joignit six autres que l'on déduisait des huit premières en formant *les différences secondes de ces équations.*

De la manière dont entrait α et ε' dans les équations de condition ainsi trouvées, le problème devenait réellement *inextricable.* Pour s'affranchir de l'inconnue α, M. Le Verrier admit *la série de Titius* et posa $\alpha = 0{,}5$, ce qui lui permit d'obtenir *numériquement* les coefficients $P^{(i)}$, $N^{(i)}$ et $M^{(i)}$, et réduisit *définitivement* à huit le nombre des ses équations. Il n'y avait donc plus que ε' qui entrait d'une manière transcendante dans ses huit équations, car au moyen des différences secondes de ces équations il put, par la considération de $n\tau = 60°$, ainsi que je l'ai déjà dit, obtenir des équations linéaires par rapport à m', $m'h'$ et $m'l'$.

Toute la solution du problème résidait donc dans la détermination de ε'.

M. Le Verrier ne crut pas pouvoir établir l'*équation finale* contenant ε', en raison de la complication avec laquelle cette inconnue se présentait dans les équations, et il eut recours à des *essais successifs.*

Il attribua à ε' des valeurs particulières, en *déduisit, au moyen* des équations qu'il avait déduites de ses équations de condition et qui donnaient les valeurs des sept inconnues en fonction de ε', différents *systèmes* de valeurs pour toutes les inconnues, et chercha celui de ces systèmes qui paraissait satisfaire aux huit équations (6).

M. Le Verrier dressa ensuite un tableau des valeurs de A, H, L développées suivant les sinus et cosinus des multiples successifs de ε', dont les coefficients numériques furent calculés pour 18 époques choisies entre 1690,98 et 1845,7.

Afin d'écarter de ses essais les valeurs de ε' qui pourraient donner lieu à une valeur négative de m', ou même à des valeurs positives de m' surpassant 3 ou 4 unités, valeur qui était inadmissible relativement aux perturbations que, dans ce cas, devrait éprouver la longitude héliocentrique de Saturne, M. Le Verrier forma la valeur analytique de m' en fonction des coefficients a, b, c, d; a', b', c', d'; a'', b'', c'', d'', des trois équations linéaires que l'on obtient quand, en supposant ε' connu, on élimine des équations (6) les inconnues $\delta\varepsilon$, δn, δe et $\delta\pi$.

Cette valeur analytique de m' est de la forme

$$m' = \frac{d(b'c'' - c'b'') + d'(cb'' - bc'') + d''(bc' - cb')}{a(b'c'' - c'b'') + a'(cb'' - bc'') + a''(bc' - cb')} = \frac{N}{D}.$$

Pour examiner la forme de N et celle de D avec plus de facilité, M. Le Verrier posa $\operatorname{tang} \frac{\varepsilon'}{2} = x$ et put ramener ainsi ses calculs, qui se présentaient sous la forme trigonométrique, à s'effectuer sous la forme de polynômes entiers.

Il obtint N en fonction de tang $\frac{\varepsilon'}{2} = x$, par l'expression

$$N = \frac{-(6942 + 2876x + 5892x^2 + 4951x^3 + 5797x^4)10^5}{(1 + x^2)^2}.$$

A l'aide du théorème de STURM, M. Le Verrier apprit qu'il n'existait pas de valeur de x pouvant rendre *nulle* la quantité entre parenthèse *au numérateur* de N, quantité toujours positive; donc m' ne pouvait pas devenir *zéro*. (Chose assez évidente d'elle-même, disons-le en passant.)

En formant l'expression de D d'une manière analogue à N, il trouva la relation

$$D = -\frac{-10^5(1+0.086.767x)(x+1.127.48)(x+0,011.491)(x-1.123.707)F^{(6)}}{(1+x^2)^5}$$

dans laquelle

$$F^{(6)} = 3447x^6 + 14560x^5 + 22430x^4 + 25857x^3 + 29193x^2 + 11596x + 5602.$$

Le théorème de STURM lui apprit encore que l'expression $F^{(6)}$ restait positive pour toutes les valeurs réelles de x, et comme N était toujours négatif pour toutes les valeurs de x, M. Le Verrier ne put admettre pour cette quantité que les valeurs rendant positif *le produit* des quatre facteurs du premier degré qui se trouvent au numérateur de D.

Il trouva ainsi que ε' devait être compris entre 96° 40′ et 189° 55′ ou bien entre 263° 8′ et 358° 41′.

M. Le Verrier remarqua, d'après la valeur numérique des quantités

$$(bc' - cb'), \ (bc'' - cb''), \ (b'c'' - b''c'),$$

que ces valeurs étant très-petites par rapport à b, c, b', c', b'', c'', la valeur qu'on en déduirait pour m' ne pouvait pas être d'une grande *exactitude*.

Ayant ainsi obtenu les limites entre lesquelles ε' devait être compris, il calcula les valeurs de a, b, c, a', b', c', a'', b'', c'' pour des valeurs de ε' s'étendant de 9 en 9 degrés de 0° à 351°.

Puis, en prenant les valeurs de ε' comprises depuis 99° jusqu'à 180° de 9 en 9°, il trouva 10 *systèmes de valeurs* de m', $m'h'$ et $m'l'$; et pour 10 autres valeurs de ε' comprises de 270 à 351, il trouva 10 autres systèmes de valeurs de m', $m'h'$ et $m'l'$.

En rejetant les valeurs de m' trop considérables, c'est-à-dire supérieures à 4, M. Le Verrier crut pouvoir conclure que ε' devait nécessairement être compris entre 108° et 162° d'une part, ou entre 297° et 333° de l'autre part.

Dans les coefficients d, d', d'', M. Le Verrier crut devoir ne tenir compte que des erreurs P' et Q' des observations en 1715 et 1775 qui paraissaient seules pouvoir être entachées d'erreurs sensibles.

Les erreurs de la théorie en 1690 et en 1747 lui furent données par les expressions

$$1690. \ . \ . \ a_0m' + b_0m'h' + c_0m'l' - 182'',6 - 1,913P' + 0,904Q'$$
$$1747. \ . \ . \ a_1m' + b_1m'h' + c_1m'l' - 263'',3 - 2,745P' + 3,351Q'$$

$a_0, b_0, c_0, a_1, b_1, c_1$ ayant été calculés pour différentes valeurs de ε'.

Au moyen des trois équations linéaires contenant $m, m'h'$ et $m'l'$, M. Le Verrier put obtenir $m'h'$ et $m'l'$ en fonction de m', P' et Q', et par suite former, en fonction de ces trois variables :

1° L'expression de la somme des erreurs de la théorie en longitude aux quatre époques 1747, 1754, 1761, 1768;

2° L'erreur en longitude en 1690;

3° L'erreur en 1747.

Ces expressions furent calculées pour 40 valeurs de ε' équidistantes de 0 à 360°.

M. Le Verrier chercha alors si par des valeurs convenables attribuées à m', P' et Q' on pouvait réduire ces trois erreurs à devenir, *pour une même valeur de ε', inférieures aux erreurs d'observations.*

Le savant calculateur remarqua que les erreurs de la théorie allaient sans cesse en diminuant, pour les trois époques considérées, à mesure que ε' augmentait à partir de 189° et que ces erreurs devenaient *simultanément* fort petites quand ε' atteignait 243° à 252°.

Ainsi pour $\varepsilon' = 252°$ il trouvait, en supposant $m' = 0,8$, $P' = -15''$, $Q = -10''$,

Erreur de la théorie en	1758.	— 6''
Id.	1690.	— 13''
Id.	1747.	— 2''

Il lui sembla donc qu'une valeur de ε' comprise entre 243° et 252° convenait au problème.

M. Le Verrier se crut alors autorisé à poser

$$\varepsilon' = 252° + 6.$$

En remplaçant ε' par cette valeur dans tous ses calculs, il eût pu développer suivant les puissances de 6 :

1° Les expressions des perturbations;

2° Les coefficients des équations de condition;

3° Les valeurs des éléments de l'orbite;

4° La longitude vraie de la planète cherchée.

Mais il préféra recourir à des valeurs particulières de ces fonctions calculées successivement pour

$$\varepsilon' = 234^\circ,\ 243^\circ,\ 252^\circ,\ 261^\circ \text{ et } 270,$$

et il put, au moyen de ses équations de condition et de ses 3 équations linéaires en m', $m'h'$, $m'l'$, calculer les erreurs Δ de la théorie en fonction de m', P′ et Q′ pour 18 époques différentes et relativement aux 5 valeurs de ε' que nous venons d'indiquer.

Les expressions des erreurs théoriques qu'il obtint ainsi semblèrent ne pas permettre de prendre $m' < 1$ ni $> 3{,}5$, et le tableau des erreurs qu'il détermina en supposant $\varepsilon' = 252^\circ$ lui montra définitivement qu'on pouvait représenter tous les *écarts* dans la longitude d'*Uranus*, au moyen de l'*action d'une planète, dont la longitude* moyenne devait être au 1er janvier 1800, d'environ 252° et qu'en tout cas cette longitude devait être comprise entre 243° et 270°.

Enfin, relativement à la détermination de v basée sur la limite de ε' qui venait d'être trouvée, M. Le Verrier déduisit que cette longitude v de la planète inconnue devait être donnée au 1er janvier 1847, *époque*, par l'expression

$$v = 314^\circ{,}5 + 12^\circ{,}15\alpha + \frac{1}{m}\left(20^\circ{,}82 - 10^\circ{,}79\alpha - 1^\circ{,}14\alpha^2\right)$$

dans laquelle m' représente la masse de la planète cherchée, en prenant toujours pour unité la *dix-millième partie* de la masse solaire, et α une *indéterminée* dont les limites comme celles de m' se trouvaient déterminées par les valeurs que devait acquérir la longitude pour satisfaire aux observations.

D'après ces limites, M. Le Verrier annonça qu'en assignant 325° de longitude héliocentrique à la planète, au 1er janvier 1847, on ne commettait pas une erreur de 10°.

4° *Détermination plus précise de la position de la planète troublante.*

Pour faire disparaître les imperfections que contenait ce premier travail, relativement à la masse m' de la planète et à son temps de révolution périodique (conséquence de la valeur gratuite attribuée au demi-grand axe), M. Le Verrier reprit sur une plus grande échelle la recherche des éléments de la planète.

Il posa

$$\alpha = 0{,}51 + 0{,}02\gamma$$

et

$$\varepsilon' = 252^\circ + 18\delta,$$

γ et δ étant deux nouvelles variables; et il se proposa de voir ce que devenaient les résultats en supposant pour ces deux nouvelles variables les systèmes

(1)	$\gamma = -1$ et	$\beta = 0$
(2)	$\gamma = 0$	$\beta = 1$
(3)	$\gamma = 0$	$\beta = 0$
(4)	$\gamma = 0$	$\beta = 1$
(5)	$\gamma = 1$	$\beta = -1$
(6)	$\gamma = 1$	$\beta = 0$

Ayant déterminé les coefficients A, H, L, pour les trois valeurs $\gamma = -1$, $\gamma = 0$, $\gamma = +1$, il forma d'abord les perturbations périodiques de l'ordre *zéro* et du *premier* ordre de la longitude héliocentrique et du rayon vecteur, ainsi que les inégalités séculaires. Il voulut aussi tenir compte des inégalités du second ordre dont l'argument dépend de la *longitude moyenne* d'Uranus *diminuée de trois fois la longitude moyenne* de la planète cherchée ; il introduisit cette inégalité dans ses équations. Mais par un artifice de calcul basé sur la longueur de la période de cette inégalité, il put ramener finalement toutes ces équations de condition à être du premier degré par rapport aux variables m', $m'h'$ et $m'l'$.

Ayant déduit ensuite les perturbations de la longitude géocentrique, il dressa un tableau des coefficients de m', $m'h'$, $m'l'$ dans les perturbations *de la longitude* héliocentrique, du rayon vecteur et de la longitude géométrique, pour 114 époques d'observations comprises de 1690,98 à 1845, 74, en supposant successivement les 6 hypothèses indiquées plus haut sur γ et β.

D'après ces coefficients ainsi déterminés et en employant les coefficients de $\delta\varepsilon$, δn, δe, $e\delta\pi$ et le terme tout connu dont il s'était servi dans son premier travail, puisque ces coefficients ne dépendaient pas de β ni de γ, il put former ses équations de condition qui se trouvèrent du premier degré par rapport aux corrections des éléments de l'orbite d'*Uranus*, du premier degré par rapport à la *masse* m' et aux inconnues $m'h'$ et $m'l'$, et telles que les coefficients de ces trois dernières quantités se trouvèrent des fonctions du deuxième ordre relativement aux corrections des deux autres éléments.

Pour résoudre ces équations, M. Le Verrier les réduisit à 33, c'est-à-dire qu'il les groupa convenablement de manière à former des *équations moyennes*, dont les constantes étaient d'autant plus exactes qu'elles résultaient d'un plus grand nombre d'observations.

Sur ces 33 équations, sept se rapportaient aux observations anciennes, c'est-à-dire faites de 1690 à 1771, et les vingt-six autres résultaient d'une combinaison convenable des 260 équations qu'il avait établies sur les observations effectuées de 1781 à 1845.

Pour résoudre ce système de 33 équations de condition contenant 9 inconnues, il commença par en éliminer 6, que les équations permettaient d'obtenir très-nettement en fonction des 3 autres.

Ces 6 inconnues sont les éléments de l'orbite d'Uranus, et les inconnues $m'h'$ et $m'l'$ relatifs à la planète cherchée.

Les trois autres étaient donc m', γ et β.

Pour effectuer cette première élimination, M. Le Verrier employa la méthode des moindres carrés, bien que cette méthode présentât de grandes difficultés, puisque trois des coefficients se trouvaient être des fonctions du second ordre par rapport à deux variables.

Dans l'emploi de la méthode des moindres carrés, M. le Verrier tint compte du *nombre d'observations* sur lesquelles se basait chaque équation, et aussi de *l'exactitude* relative de ces observations.

Les valeurs des 6 inconnues qu'il obtint ainsi en fonction des 3 autres contenaient la masse m' au premier degré. Il développa les fonctions de γ et β que renfermaient ces valeurs, par rapport aux puissances croissantes de ces variables, en se bornant aux termes du deuxième ordre.

Substituant enfin ces résultats dans le premier membre des équations de condition, en conservant toujours le même degré d'approximation, il put exprimer les écarts moyens de l'observation par rapport aux positions calculées, en fonction de m', γ et β.

A l'aide de ces expressions il put alors fixer les limites entre lesquelles devait rester compris chacun des éléments. Ayant résolu son dernier système d'équations, il trouva les valeurs à attribuer à m', β et γ; et en transportant les valeurs trouvées dans les expressions donnant $m'h'$ et $m'l'$ en fonction de ces quantités, il obtint les valeurs de ces variables, et par suite, à l'aide de m', les éléments

$$e' \text{ et } \pi'.$$

C'est de cette manière qu'il trouva pour éléments de la *planète* inconnue, pour le 1er janvier 1847,

$$a' = 36{,}154$$
$$T' = 217^{\text{ans}}{,}387$$
$$e' = 0{,}10761$$
$$\pi' = 284^\circ\, 45'$$
$$\mu' = \frac{1}{9300}$$

Bien que ces éléments soient très-différents des véritables éléments de la planète, la position que M. Le Verrier en déduisit pour le 1er janvier 1847 se trouva, par une heureuse coïncidence, à peu de chose près la position réelle de l'astre.

M. Le Verrier annonça en effet, le 31 août 1846, que la planète se trouverait le 1er janvier 1847 par une longitude vraie $= 326^\circ\, 32'$ et à une distance égale à 33,06, ce qui la plaçait dans la voûte céleste à peu près à 5° *à l'Est de δ du Capricorne.*

Cette annonce était justifiée par le grand accord que la planète théorique de M. Le Verrier introduisait dans les perturbations d'Uranus.

Dans un tableau dont M. Le Verrier fit suivre tout son travail, il montra, en effet, combien sa nouvelle théorie sur Uranus était satisfaisante, puisque les écarts qui en résultaient relativement aux observations de cette planète faites de 1781 à 1845 ne dépassaient pas 5",4.

Le plus grand écart se rapportait à l'observation de Flamsteed, en 1790, et atteignait 19",9.

A la séance du 5 octobre 1846, M. Le Verrier eut la gloire de faire connaître à l'Académie des sciences que M. Galle, de Berlin, avait aperçu la planète cherchée, *sensiblement à la place assignée par lui;* elle avait l'apparence d'une étoile de huitième grandeur.

« J'avais écrit le 18 septembre à M. Galle, dit M. Le Verrier, pour réclamer son bienveillant concours; cet habile astronome a vu la planète le jour même où il a reçu ma lettre. »

La longitude héliocentrique au 1er janvier 1847, conclue des observations de M. Galle, était.	327° 24'
Celle donnée par M. Le Verrier.	326° 32'
	0° 52'

La longitude avait donc été prévue à moins de 1° près.

404. Les *éléments* de la planète de M. Le Verrier, déduits de ses calculs, s'accordant si peu avec ceux déduits des observations de Neptune effectuées depuis sa découverte, il pourra peut-être sembler assez extraordinaire que M. Galle, de Berlin, ait pu apercevoir la planète à peu près à la place assignée par M. Le Verrier.

Mettons en regard ces deux systèmes d'éléments au 1er janvier 1847.

Eléments de M. Le Verrier.	*Eléments réels.*
$a = 36{,}154$	$a = 30{,}03697$
$T = 217^{\text{ans}}{,}387$	$T = 164^{\text{ans}}{,}78$
$e = 0{,}10761$	$e = 0{,}0087195$
$\pi = 284° 45'$	$\pi = 47° 14'$
$\mu = \frac{1}{9300}$	$\mu = \frac{1}{20000}$ environ.

Pour expliquer cette différence, nous ferons d'abord remarquer que *le problème* attaqué par M. Le Verrier est évidemment, ainsi qu'on peut le comprendre à la seule inspection des expressions analytiques compliquées des perturbations planétaires, un problème devant donner lieu à *plusieurs solutions,* c'est-à-dire qu'il doit être possible d'expliquer les perturbations éprouvées par Uranus, *par différents systèmes d'éléments elliptiques* s'appliquant à une planète de masse *plus ou moins grande.*

Si au lieu de supposer la planète inconnue à la distance 38, assignée par la série de Titius, M. Le Verrier avait pris une tout autre distance, il eût obtenu une orbite différente de celle qu'il a trouvée, et *la masse* n'eût pas été égale à $\frac{1}{9300}$.

Plus il supposait la distance *grande*, plus évidemment il devait trouver une masse *forte;* et la distance qu'il prenait comme point de départ pouvait sans doute varier entre des limites *assez étendues* sans nuire à l'accord de sa théorie avec les observations.

Mais ce que toutes ces planètes théoriques devaient pourtant avoir de commun, c'était une situation *à peu près semblable* sur leur orbite; c'est-à-dire que pour produire les perturbations *observées*, en tant qu'on considère *leur signe*, elles devaient toutes forcément se trouver à peu près suivant les mêmes longitudes *héliocentriques*.

Il est évident, en effet, qu'une accélération signalée par l'observation dans le mouvement en longitude *d'Uranus* devait placer la planète théorique, son ellipse étant supposée peu excentrique, *en avant* du mouvement d'Uranus et non *en arrière*. A l'inspection du tableau de la comparaison des observations d'Uranus avec la théorie admise, donné par M. Le Verrier dans son mémoire « sur les mouvements de la planète HERSCHEL, » on voit bien (page 134), surtout si l'on ne tient compte que des *perturbations en longitude indépendantes* des excentricités et de celles *dépendantes de la première puissance* de l'excentricité d'Uranus, on voit bien, dis-je, que la planète inconnue, quelle que fût sa masse et la situation du grand axe de son orbite, supposée peu excentrique, devait se trouver vers 1822 ou 1823 en CONJONCTION avec Uranus.

Ce que nous venons de dire explique donc, en quelque sorte, comment la longitude *réelle* de Neptune s'est trouvée à très-peu près *celle assignée* par M. Le Verrier, bien que l'ellipse trouvée par ce savant ne fût pas la solution *vraie* du problème.

M. Le Verrier a donc résolu le grand problème qu'il s'était posé, de la seule manière qu'on pût le résoudre analytiquement, et c'est ce qui a fait dire à M. Encke, dans une lettre à Schumacher :

« En fait de découvertes de planètes, rien de plus splendide que le tra-
« vail de M. Le Verrier. »

C'est aussi pour cette raison que l'illustre Arago, répondant à l'Académie des sciences aux injustes attaques dont était l'objet la découverte de *Neptune*, a dit, avec cette grande justice qui caractérisait ce savant :

« Aux yeux de tout homme impartial, cette découverte restera un des
« plus magnifiques triomphes des théories astronomiques, une des gloires
« de l'Académie, un des plus beaux titres de notre pays à la reconnais-
« sance et à l'admiration de la postérité ! »

PREUVES DE LA ROTATION DE LA TERRE.

405. Certes, le mouvement de rotation de la Terre est rendu assez évident par le mouvement général de toute la sphère céleste d'Orient en Occident, et tout esprit judicieux n'élèvera aucune contestation à ce sujet; toutefois, en dehors du mouvement des astres et en ne prenant ses moyens d'observation que sur notre globe, on peut trouver des phénomènes qui ne sont que des conséquences de ce mouvement de rotation, et qui font pour ainsi dire assister le spectateur à ce mouvement.

Une première preuve de ce mouvement est d'abord la diminution observée dans la longueur du pendule battant la seconde à mesure que l'on s'approche de *l'équateur*, diminution constatée d'une manière rigoureuse par *Richer, à Cayenne*, en 1672; ce raccourcissement du pendule est facile à expliquer.

En effet, une fois la forme générale de la Terre plus exactement déterminée à l'aide des mesures faites dans quelques parties du globe, et *en admettant que cette forme générale* est celle d'un sphéroïde aplati, on peut facilement connaître la grandeur des différents parallèles du globe, et par conséquent obtenir, *dans le cas de rotation de la Terre :*

1° *La valeur de la force centrifuge sur un certain parallèle, et par suite, la composante de cette force suivant la verticale du lieu;*

2° *La distance du parallèle au centre de la Terre.*

Ces deux quantités déterminées en des points se rapprochant de plus en plus de l'équateur, peuvent faire connaître la diminution de la gravité qui doit résulter en chaque lieu : 1° *de l'éloignement progressif du centre de la Terre;* 2° *de l'augmentation de la force centrifuge.*

Ainsi, *la force centrifuge,* pour sa part, doit contribuer à la diminution à donner au pendule qui doit battre la seconde, à mesure que l'on s'approche de l'équateur.

Mais l'observation indique nettement une diminution dans la longueur du pendule; on peut donc réciproquement en conclure, par le calcul, la valeur et surtout *l'existence de la force centrifuge,* c'est-à-dire *la preuve du mouvement de rotation de la Terre.*

406. M. Foucault a donné une seconde preuve peut-être plus frappante que celle dont nous venons de parler, et qui fait, pour ainsi dire, suivre des yeux le mouvement de rotation de la Terre, et par conséquent annule à tout jamais les anciennes hypothèses sur l'immobilité de notre globe.

Du plan d'oscillation d'un pendule. — Si un fil flexible Ap (fig. 218), fixé en A, supporte un poids p, tel qu'une boule de cuivre par exemple, et si, après avoir écarté Ap de la position verticale, on abandonne le poids p à l'action de la pesanteur, nous savons que le pendule Ap va osciller à peu près suivant un plan passant par la verticale AV et par le point duquel on a abandonné le poids p. Ce plan est désigné sous le nom de *plan d'oscillation.*

Fig. 218.

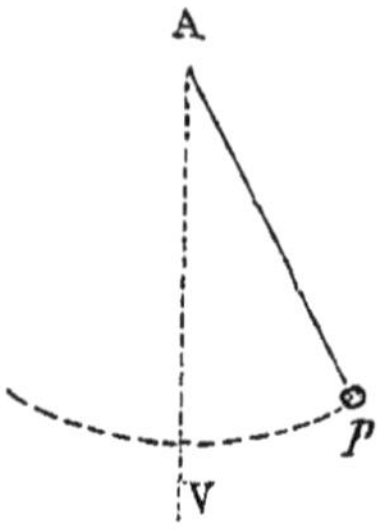

Si, le poids p *étant en mouvement*, le point A se déplace *d'une manière continue* suivant une direction quelconque, il est facile de constater *que le plan d'oscillation se transporte parallèlement à lui-même.*

Ceci posé, soient T la Terre (fig. 219), QQ′ l'équateur et PP′ l'axe de notre globe.

Fig. 219.

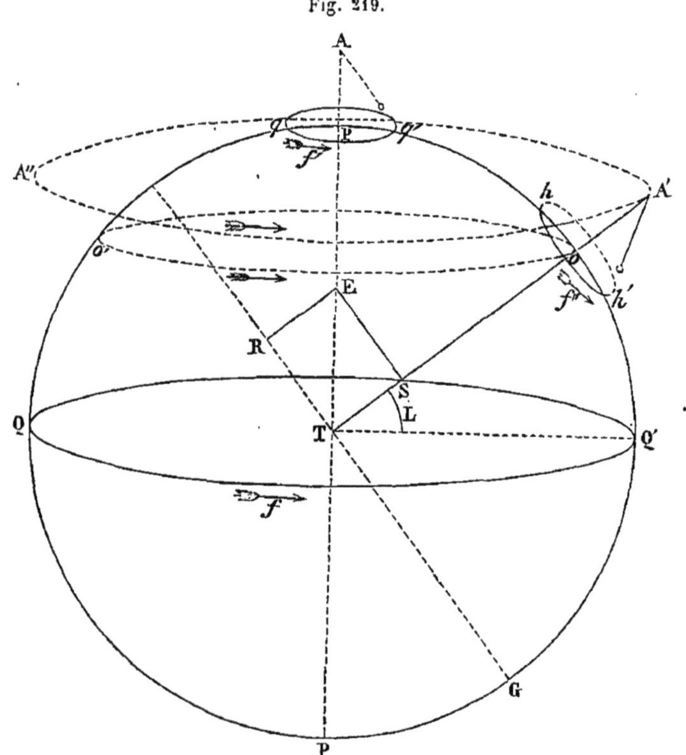

Supposons qu'au-dessus du pôle P on ait déterminé un point fixe A d'une manière quelconque, et qu'en ce point on ait fixé un pendule.

Imaginons, de plus, que dessous ce pendule on ait placé un cercle qq' tangent au pôle, c'est-à-dire parallèle à l'équateur.

En admettant que la rotation du globe se fasse dans le sens de la flèche f, il est clair que le petit cercle qq' tournera dans le même sens et avec la même *vitesse angulaire*. Mais un observateur situé près de ce cercle, tournant aussi, lui, dans le même sens, avec la même vitesse, ne s'apercevra pas de ce mouvement de rotation.

Or si, après avoir écarté le pendule Ap de la position verticale, on l'abandonne à la pesanteur, ce pendule va osciller à peu près dans *un plan qui va rester invariable*, et, par conséquent, l'observateur prenant encore *l'apparence pour la réalité*, verra successivement le plan d'oscillation se déplacer *d'Orient en Occident* par rapport à un diamètre du cercle qq'; si le pendule est disposé de manière à pouvoir osciller pendant 24 heures sidérales, au bout de cet intervalle le plan d'oscillation aura fait un tour complet par rapport à l'axe AP. Mais il est évident, puisque le plan d'oscillation doit rester invariable, que c'est le cercle qq', et par suite la *Terre*, *qui a fait dans 24 heures un tour entier sur son axe*.

Supposons maintenant que le pendule, au lieu d'être placé au pôle P de la Terre, soit en un point quelconque O dont la latitude est L.

En supposant que le mouvement de la Terre ait toujours lieu dans le sens de la flèche f, il est clair que dans 24 heures sidérales, les points O et A' décriront, dans le même sens, les cercles OO' et A''A'.

Le couple qui fait décrire au cercle OO' un tour en 24 heures peut être considéré comme ayant pour axe TP. Admettons que la longueur TE représente l'intensité de ce couple.

Décomposons ce couple en deux autres dont les axes soient, en grandeur et en direction, TR et TS ce dernier étant dirigé suivant OA', verticale du lieu.

Le couple dont l'axe est TR a pour effet de faire tourner tout le plan méridien autour de la ligne TG, et par suite, si l'on a fait osciller le pendule dans ce plan méridien, le plan d'oscillation ne paraîtra pas varier, eu égard à ce couple, par rapport au petit cercle hh', parallèle à l'horizon, parce que la pesanteur maintient le pendule dans un plan vertical.

Mais le couple dont l'axe est TS a évidemment pour effet de faire tourner le petit cercle $h'h$ dans le sens de la flèche avec une intensité représentée par

$$\mathrm{TS} = \mathrm{TE} \sin \mathrm{L},$$

L étant la latitude du lieu.

Par conséquent le plan d'oscillation du pendule paraîtra se déplacer, par rapport au cercle hh', avec une intensité qui sera représentée par TS, c'est-à-dire que l'arc a de déplacement qui, au pôle, doit être de 15° dans une heure, sera dans le même temps de

$$a = 15° \times \sin \mathrm{L}.$$

Pour Paris on trouve, d'après cette formule,

$$a = 15° \sin 48° 50' = 11° 17' 4'',$$

déplacement du plan d'oscillation en une heure.

407. Le phénomène ne se passe plus tout à fait de cette manière, quand le plan d'oscillation n'est pas celui du *méridien*, c'est-à-dire que sauf le cas où l'observateur est supposé au pôle de la Terre, et ensuite que le pendule a reçu une impulsion qui le fait passer par la verticale, le mouvement du plan d'oscillation n'est pas *uniforme*.

Considérons le mouvement du pendule, en supposant que le mouvement d'oscillation commence dans un plan *azimutal donné* en un lieu quelconque du globe.

Soient C (fig. 220), le centre de la Terre, A A′ A″ le parallèle que décrit le point de suspension A du pendule autour de l'axe PC du globe, en raison du mouvement de rotation de la Terre.

Fig. 220.

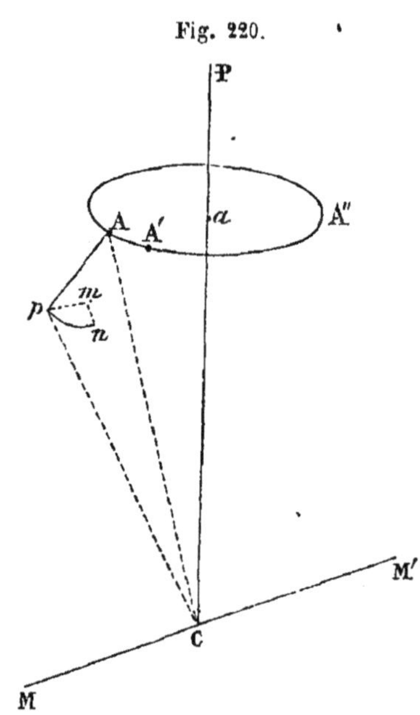

Supposons qu'on ait écarté le pendule Ap de la verticale AC, dans un plan vertical dont l'intersection avec l'horizon rationnel du lieu soit la ligne MM′ passant par le centre de la Terre, que nous supposons sphérique.

En réalité, par suite de la rotation de la Terre, la verticale n'est pas dirigée suivant le rayon AC, la *force centrifuge* simple lui donne, en effet, une direction un peu différente, et le point C ne devrait plus être considéré comme le centre du globe, mais bien comme le point où la *normale* à la surface terrestre au point A rencontre l'axe de rotation du globe; toutefois, pour le but que nous nous proposons, nous pouvons regarder le point C comme étant le centre de la Terre.

Dans le premier instant dt, le pendule peut être considéré comme étant sous l'influence de deux mouvements : un, pm, parallèle à la ligne MM′, et l'autre, mn, sensiblement parallèle à la ligne AC (car, eu égard à la dimension du globe, on peut considérer la ligne pC (fig. 221) comme *parallèle* à AC).

Le mouvement d'entraînement du point A, dans l'instant dt, mouvement déterminé par la rotation de la Terre, ne change rien à la direction de ces deux mouvements, car, au moment où le pendule p a été abandonné à lui-même, *il était animé de la même vitesse que le point* A, vitesse que l'on peut, pour ce dernier point, supposer constante de direction dans l'instant dt, et même pendant toute la première oscillation; il n'y a donc pas, à proprement parler, de mouvement d'entraînement jusque-là.

Dans l'instant qui suit le premier instant dt, la pesanteur agissant comme force accélératrice, va déterminer une petite accélération ayant une direction un peu différente de celle imprimée dans le premier instant *dt*, puisque la direction de la pesanteur n'est plus AC, mais bien A'C, en supposant que dans l'intervalle le point A ait parcouru la distance AA'; il est néanmoins évident que cette accélération va modifier *infiniment peu* la direction du mouvement *pm déjà acquis*, ainsi que la direction du mouvement *mn*. Il en sera de même pour les instants *dt* qui suivront pendant la durée entière de l'oscillation, que nous ne supposons être, bien entendu, que de quelques secondes.

Ainsi, pendant toute une oscillation, on peut admettre que le pendule est animé de deux mouvements ; un qui est *sensiblement parallèle* à la direction MM' du mouvement initial, et l'autre dirigé *suivant la verticale du lieu*.

Le pendule décrit donc, *en apparence*, un plan qui passe par *la verticale* du lieu, et *par la ligne fixe* MM', *intersection du plan d'oscillation de départ avec l'horizon rationnel*.

En réalité, la ligne de suspension A*p* (fig. 220) décrit une surface conique, mais s'écartant très-peu du plan dont nous venons de parler.

Soient QQ' (fig. 221) l'équateur, HH' l'horizon rationnel, AA' A''... le parallèle décrit par le point de suspension du pendule et AM le vertical du plan d'oscillation à l'origine du mouvement.

Fig. 221.

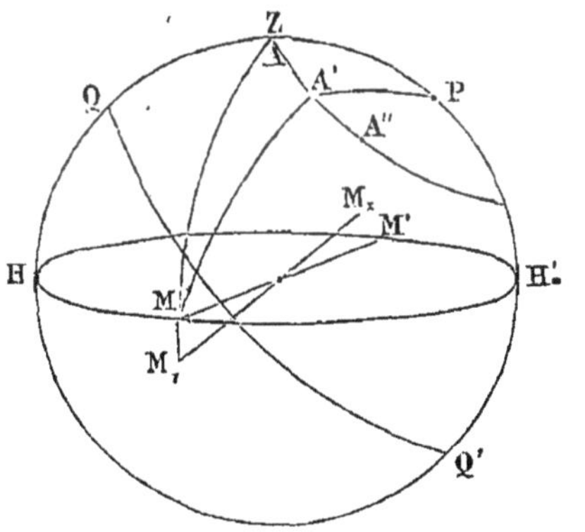

En raison du mouvement de rotation de la Terre, le plan d'oscillation du pendule qui passe donc par la *ligne fixe* MM' (fig. 222), et par les différentes positions de la *verticale* du lieu ne fait plus, avec le méridien *mobile* le même angle au *commencement* et à la *fin* de l'oscillation.

Au commencement de l'oscillation, le point de suspension était en A, par exemple, à la fin il est en A'. L'angle que fera donc à ce moment le plan d'oscillation avec le méridien sera PA'M, tandis qu'il était PAM au commencement de l'oscillation.

Au moment de la seconde oscillation, le point de suspension A' n'est plus animé, *quant à la direction*, de la vitesse qu'il avait en A, *vitesse que le pendule* p *a conservée;* il s'ensuit que ce dernier va subir un petit mouvement d'entraînement; ce petit mouvement d'entraînement va transporter, *parallèlement à eux-mêmes*, les *mouvements élémentaires* produits par la seconde oscillation, et qui s'effectuent, dans un plan passant par la verticale du lieu et par la direction $M_1 M'_1$ du nouveau mouvement initial; cette ligne $M_1 M'_1$ étant l'intersection du plan vertical $A' M_1 M'_1$ avec la nouvelle position de l'horizon rationnel.

La seconde oscillation va donc s'effectuer dans un *plan vertical* passant par la nouvelle ligne $M_1 M'_1$, et ainsi de suite.

Il s'ensuit donc qu'en raison du mouvement de rotation de la Terre, le plan d'oscillation du pendule fait, avec le méridien du lieu, les angles successifs PAM, PA'M, PA″M_1, etc.

Voyons maintenant comment on peut obtenir l'azimut du plan d'oscillation, *à la fin de chaque oscillation.*

Appelons Z l'angle azimutal QAM (fig. 222) que fait, avec le méridien, le plan d'oscillation de départ.

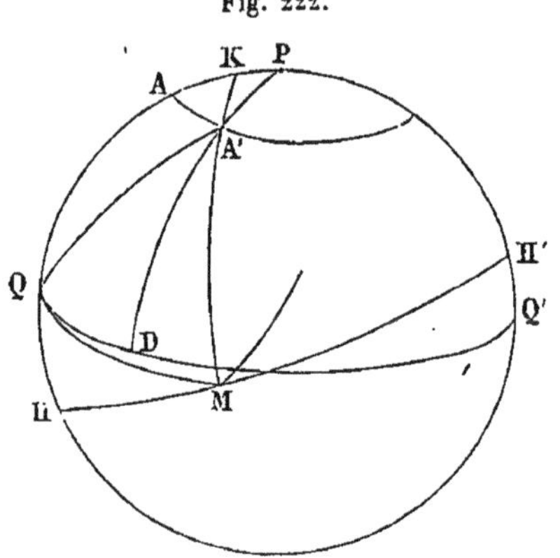

Fig. 222.

Soit t le temps d'une oscillation; on sait que, en ne considérant pas des amplitudes trop considérables, on a

$$t = \pi \sqrt{\frac{l}{g}};$$

l est la longueur du fil du pendule.

Au bout du temps t, par suite de la rotation du globe, le point A est venu en A'; l'azimut du plan d'oscillation est alors l'angle DA'M = KA'P.

Cherchons cet angle, dont la différence avec l'angle azimutal Z de départ est, d'après les considérations qui précèdent, sensiblement l'angle décrit par le plan d'oscillation, dans le temps d'une oscillation.

Posons PA'K = Z — δ, appelons P l'angle décrit par le méridien dans l'intervalle t, et L la latitude du lieu.

Le triangle sphérique PA'K donne

$$(1) \qquad \text{cotang}\,(Z-\delta) = \frac{\text{tang}\,(L + AK)\cos L - \sin L \cos P}{\sin P}.$$

Pour trouver AK, j'imagine l'arc de grand cercle AA'.

En supposant l'arc de grand cercle AA' le triangle isocèle AA'P donne

$$(2) \qquad \sin\frac{AA'}{2} = \cos L \sin\frac{1}{2}P.$$

Menons les arcs de grand cercle QA' et QM; le triangle rectangle A'QD donne

$$(3) \qquad \cos A'Q = \cos L \cos P$$

et

$$(4) \qquad \text{tang}\,A'QD = \frac{\text{tang}\,L}{\sin P}$$

Du triangle rectangle QHM, on déduit

$$(5)\qquad \cos QM = \sin L \cos Z,$$

$$(6)\qquad \operatorname{cotang} DQM = \operatorname{tang} MQH = \frac{\operatorname{tang} Z}{\cos L}.$$

Nous avons aussi l'angle

$$A'QM = A'QD + DQM$$

et le triangle A'QM donne

$$\cos A'M = \cos A'Q \cos QM + \sin A'Q \sin QM \cos A'QM,$$

formule qui rendue logarithmique, établit les deux relations

$$(7)\qquad \operatorname{tang} \varphi' = \operatorname{tang} A'Q \cos A'QM.$$

$$(8)\qquad \cos A'M = \frac{\cos A'Q \cos(\varphi' - QM)}{\cos \varphi'}.$$

Dans le triangle AA'M, dont un des côtés AM est de 90°, et dont on connaît les deux autres par les relations (2) et (8), on a

$$(9)\qquad \cos AMA' = \cos AMK = \frac{\cos AA'}{\sin A'M}.$$

Enfin, dans le triangle AKM, on a

$$(10)\qquad \operatorname{cotang} AK = \sin Z \operatorname{cotang} AMK.$$

Connaissant l'arc AK, la formule (1) donnera l'angle $Z - \delta$, et par suite δ, *mouvement du plan pendant la première oscillation.*

Pour avoir le mouvement du plan pendant la deuxième oscillation, il faudra remplacer dans les formules (1), (2), ... (10), Z par $Z - \delta = Z'$, et ainsi de suite.

Si nous supposons l'observateur au pôle, on a $L = 90°$, la formule (1) devient, en introduisant cette hypothèse,

$$\operatorname{cotang}(Z - \delta) = -\operatorname{cotang} P,$$

ou

$$Z - \delta = -P.$$

Comme au pôle le plan vertical est un méridien, on doit prendre $Z = 0°$, et l'on a alors

$$\delta = P,$$

c'est-à-dire que le mouvement du plan d'oscillation est égal au mouvement du méridien.

On voit que nous supposons que la direction initiale du mouvement du pendule passe par la projection du point de suspension. Ainsi nous retrouvons bien, avec nos formules, l'uniformité qu'indiquent les équations différentielles générales, dans la même hypothèse.

Si l'on suppose l'observateur placé à l'équateur, on a $L = 90°$; les formules ci-dessus deviennent, dans cas

$$AA' = P,$$
$$A'Q = P,$$
$$A'QD = 0,$$
$$DQM = 90 - Z,$$
$$A'QM = 90 - Z.$$
$$\cos A'M = \sin P \sin Z,$$
$$\cos AMK = \frac{\cos P}{\sin A'M},$$
$$\text{cotang}\, AK = \sin Z \,\text{cotang}\, AMK,$$
$$\text{cotang}\,(Z - \delta) = \frac{\text{tang}\, AK}{\sin P}.$$

Ainsi quand, à *l'équateur même,* on commence à faire osciller le pendule dans un plan azimutal Z, *le plan d'oscillation a un mouvement* δ. Toutefois, si l'on a $Z = 0$, c'est-à-dire si l'on commence à faire osciller le pendule dans le *plan méridien,* les formules se réduisent à

$$\text{cotang}\, AK = 0, \quad \text{d'où} \quad AK = 90$$

et

$$\text{cotang}\,(0 - \delta) = \infty,$$

d'où

$$0 - \delta = 0,$$

et par suite $\delta = 0$, c'est-à-dire que le mouvement du *plan est nul.*

Si l'on suppose $Z = 90°$, c'est-à-dire si l'on commence à faire osciller le pendule dans le plan de l'équateur, les formules ci-dessus donnent

$$A'M = 90 - P,$$
$$\cos AMK = 1, \quad \text{d'où} \quad AMK = 0,$$
$$\text{cotang}\, AK = \infty, \quad \text{d'où} \quad \text{tang}\, AK = 0,$$

et par suite

$$\text{cotang}\,(90 - \delta) = 0,$$

d'où

$$90 - \delta = 90°,$$

et par suite

$$\delta = 0°,$$

le mouvement du plan d'oscillation est donc encore *nul*. On voit donc qu'à l'équateur nos formules indiquent un mouvement du plan d'oscillation, dès que l'oscillation se fait dans un plan autre que l'*équateur* et le *méridien*.

Quand on ne considère qu'un intervalle peu considérable, tel que celui pendant lequel on peut faire généralement l'observation du plan d'oscillation du pendule, on voit, par la figure 223, que le point A' n'a décrit que le sixième ou le huitième du demi cercle AB; les points M', M'', M'''....., etc., que nous venons de considérer s'écartent alors d'autant moins du point M que le vertical AM est moins écarté du *méridien*; il s'ensuit que *pendant cet intervalle* on peut admettre que les plans d'oscillation successifs passent tous, à fort peu près, par la ligne initiale MM'.

Fig. 223.

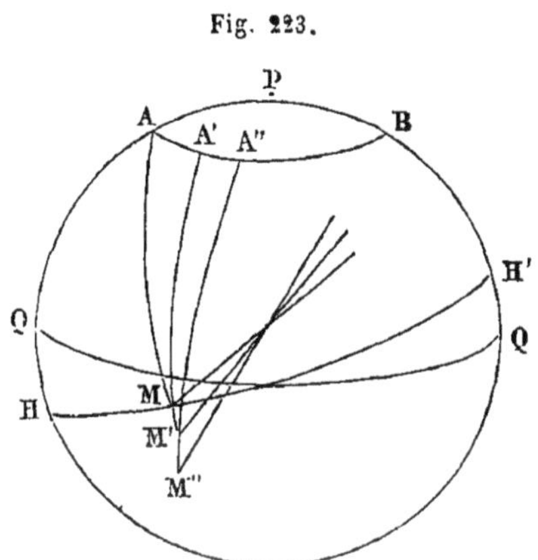

Dans l'hypothèse que nous venons de faire on peut alors calculer, *d'une manière approximative*, le mouvement de déplacement du plan d'oscillation pour le cas où l'on part du plan méridien, au moyen de la formule

$$\text{cotang}\,\delta = \frac{\text{cotang L} \cos \text{L} + \sin \text{L} \cos \text{P}}{\sin \text{P}} \qquad \text{(M)}$$

que l'on obtient en faisant $Z = 0$ dans les formules (1), (2)... (10).

Dans cette formule si nous faisons $P = 15°$, c'est-à-dire égal à l'arc décrit par le méridien dans *une heure sidérale*, et si nous prenons $L = 48° 50'$, latitude *de Paris*, on trouve, en effectuant les calculs,

$$\delta = 11° 14',$$

qui, comme on le voit s'écarte peu, *dans ce cas*, du nombre

$$11° 17'$$

donné par la formule $\delta = P \sin L$, relative à la loi du sinus.

Pour calculer δ plus rigoureusement, il faudrait employer les formules (1) à (10) en faisant $P = \frac{1}{4}\pi \sqrt{\frac{l}{g}}$ et en déterminant le mouvement δ pour chaque oscillation.

En cherchant, au moyen de la formule (M) et pour la latitude de Genève $= 46° 12'$ le temps au bout duquel l'arc décrit par le plan d'oscillation est 25°, en *supposant que l'oscillation initiale ait lieu dans le plan méridien,* on trouve

$$2^{h}\ 22^{m}\ 14^{s},8 \text{ en temps moyen.}$$

Les expériences du général Dufour lui ont donné

$$2^{h}\ 22^{m}\ 31^{s},6.$$

On voit le grand accord qui existe entre ces deux résultats. — En calculant rigoureusement, ainsi que je viens de le dire plus haut, les différentes valeurs de δ, pour cette latitude, et en employant l'interpolation, on arriverait sans doute à un accord plus complet.

La formule relative à *la loi du sinus* donne

$$2^{h}\ 20^{m}\ 00^{s},7,$$

résultat très-différent de celui du général Dufour.

M. *Foucault* a inventé un autre appareil (fondé à peu près sur les mêmes principes) auquel il a donné le nom de *gyroscope* et avec lequel on peut encore vérifier le mouvement de rotation de la Terre.

Dans ces derniers temps, on a enregistré ou indiqué plusieurs phénomènes relatifs à la physique générale du globe, et qui sont complétement dus à notre mouvement de rotation (*).

408. *Hypothèse sur la cause de l'aplatissement de notre globe.* — D'après toutes les déductions logiques que l'on peut tirer des faits *astronomiques et géologiques* acquis à la science, tout porte à croire qu'originairement la Terre a été fluide. L'augmentation de chaleur que l'on trouve en creusant le sol, augmentation accusée par une élévation de température de 1° pour chaque augmentation de 30 ou 33 mètres de profondeur, permet de supposer qu'à une profondeur insignifiante par rapport au diamètre de notre globe, la chaleur doit être telle que tous les corps *sont en fusion,* par suite, que nous ne vivons que sur une *croûte solide,* et que l'intérieur de la Terre est une matière liquide, dont nous avons des spécimens certains dans la lave des volcans.

Il est alors probable que la Terre, primitivement en fusion *comme est encore son noyau,* s'est peu à peu refroidie à sa surface dont les *différents règnes de la nature* ont successivement pris possession.

S'il en a été ainsi, il est clair qu'une masse fluide sphéroïdale, *en mouvement de rotation autour d'un de ses axes,* a dû se *déformer* en raison de la force *centrifuge* et prendre la *forme d'un ellipsoïpe aplati,* forme que nous voyons actuellement à notre globe.

(*) Voir notre *Étude historique et philosophique sur les mouvements du Globe.* — Arthus Bertrand, éditeur.

MOUVEMENTS DE L'AXE TERRESTRE.

409. *Cause de la précession des équinoxes et de la nutation de l'axe.*

« Tout est lié dans la nature, dit LA PLACE (*) et ses lois générales en-
« chaînent les uns aux autres les phénomènes qui semblent le plus dis-
« parates; ainsi, la rotation du sphéroïde terrestre l'aplatit à ses pôles; et
« cet aplatissement, combiné avec l'action du Soleil et de la Lune, donne
« naissance à la précession des équinoxes qui, avant la découverte de
« la pesanteur universelle, ne paraissait avoir aucun rapport au mouve-
« ment diurne de la Terre. »

Voici, en effet, l'explication donnée par NEWTON sur la cause de la précession des équinoxes.

Si l'on considère une petite masse m (fig. 224) du renflement équatorial, on peut la regarder comme un petit satellite de notre globe décrivant autour de la Terre une circonférence en vingt-quatre heures sidérales, et se mouvant dans le plan de l'équateur.

Fig. 224.

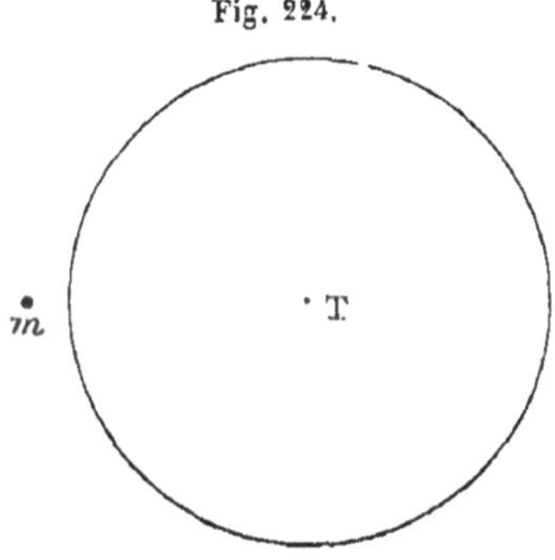

L'orbite de ce satellite imaginaire est dans l'équateur et a, par conséquent pour ligne des nœuds la ligne des équinoxes elle-même.

Mais on sait que les nœuds de la Lune ont un mouvement de rétrogradation dû à l'action du Soleil sur notre satellite; cette action doit donc aussi se faire sentir sur l'orbite de la masse m, et par suite, les nœuds de l'orbite de la masse m supposée non adhérente à la Terre devraient rétrograder.

En considérant la protubérance équatoriale comme composée d'une série de petites masses telles que m, on comprend que cette protubérance doit éprouver, par l'action du Soleil, une tendance à faire rétrograder les nœuds, c'est-à-dire la ligne des équinoxes.

Comme la protubérance est liée à la Terre, l'effet se produit tout entier sur notre globe et l'équateur éprouve ce mouvement rétrograde qui est connu sous le nom de *précession des équinoxes* et qui fait que le pôle terrestre tourne autour du pôle de l'écliptique en 25765 ans.

On voit donc que si la Terre était un globe parfaitement sphérique, les attractions du Soleil et de la Lune passant alors par le centre de la Terre

(*) *Exposition du système du monde*, chapitre XIII, page 342.

ne produiraient aucun changement dans le mouvement de l'axe de notre globe, qui se transporterait parallèlement à lui-même dans l'espace. Il n'y aurait alors *ni précession ni nutation.*

Mais, la Terre étant renflée vers *l'équateur* et son axe étant incliné sur l'écliptique, le point d'application de la résultante des attractions *lunaires et solaires* ne passe plus par le centre de la Terre, et il en résulte alors des *couples* qui, *en raison de la rotation de notre globe*, produisent les phénomènes de *la précession et de la nutation.*

Les formules de précession et de nutation que nous avons données (300) résultent des *équations générales du mouvement* d'un solide et en particulier de la Terre autour de *son centre de gravité.*

Ces équations, qui servent de point de départ à la théorie de la précession et de la nutation telle que d'Alembert l'a primitivement établie, se trouvent dans la *Mécanique* de M. Delaunay, page 446. En transformant ces équations de manière à y introduire les quantités θ, inclinaison de l'équateur sur l'écliptique, ψ longitude du nœud de l'équateur, et les actions du Soleil et de la Lune proportionnelles à leur masse et inversement proportionnelles au carré de leur distance, on peut obtenir les quantités $\frac{d\theta}{dt}$ et $\frac{d\psi}{dt}$ en fonction du temps t; l'intégration des quantités différentielles $d\theta$ et $d\psi$ permet d'obtenir les valeurs de l'obliquité de l'équateur sur l'écliptique supposé fixe, ainsi que *la longitude du nœud* aprè un intervalle t.

Dans les formules auxquelles conduit cette intégration, on voit très-bien comment dans le phénomène de précession l'action de la *Lune* a une influence beaucoup plus considérable que celle du Soleil, et cela parce que dans les formules dont nous parlons, l'action des deux astres est exprimée, pour chacun d'eux, par leur masse divisée par *le cube de leur distance.*

Donc, en désignant par M et m les masses du Soleil et de la Lune, par R et r les distances moyennes de ces astres à la Terre, le rapport de l'action lunaire à l'action solaire dans le phénomène dont nous parlons est égal à

$$\frac{m}{M} \times \frac{R^3}{r^3}.$$

D'après les valeurs numériques de m, M, R et r, ce rapport est environ 2,15.

Le travail de d'Alembert exposé dans la *Mécanique* céleste de Laplace, livre I, chapitre VII, a été repris avec une plus grande rigueur théorique par Poisson, en 1827. Les résultats numériques fournis par cette nouvelle théorie et par les observations astronomiques relativement aux valeurs des constantes qui entrent dans les formules de *précession* et de *nutation,* ont été obtenus par Bessel d'abord, et par M. Péters ensuite.

DE LA PARALLAXE ANNUELLE DES ÉTOILES.

410. Nous avons vu comment, à l'aide d'instruments précis donnant la déclinaison et l'ascension droite des étoiles, on pouvait déterminer les variations connues sous les noms de *précession, nutation et aberration.* Ces variations, soumises à des lois que nous venons d'indiquer, peuvent réciproquement être calculées à l'avance, et la position de chaque étoile peut être alors *rigoureusement prédite.*

Or, en ne se rendant pas parfaitement compte du rapport qui existe entre le rayon moyen de l'orbite terrestre et la distance à laquelle nous nous trouvons des étoiles, il semble extraordinaire, *à priori,* que le mouvement de translation de la Terre dans l'espace ne vienne pas changer, pour un observateur quelconque du globe, *la position apparente des étoiles.*

Cependant, avec les instruments dont nous nous sommes servis jusqu'à présent, *on a toujours trouvé la même distance entre les étoiles,* et la parallaxe annuelle de ces astres, c'est-à-dire l'angle sous lequel, d'une étoile, on apercevrait perpendiculairement le rayon moyen de l'orbite terrestre, a toujours été trouvée à peu près nulle.

On peut du reste facilement obtenir le changement que peut déterminer dans les coordonnées des étoiles le mouvement de translation du Soleil autour de la Terre.

Du phénomène *de l'aberration* des étoiles et des *aberrations en longitude et latitude* que nous avons données, nous pouvons, en effet, passer aux phénomèmes dus à *la parallaxe annuelle* des étoiles, c'est-à-dire aux changements que doivent subir *la longitude* et *la latitude* d'une étoile en raison du mouvement de translation de la Terre autour du Soleil.

Si l'on se rapporte à la figure 171, on voit que lorsqu'on suppose l'orbite terrestre circulaire, c'est-à-dire la vitesse de la Terre *constante,* les phénomènes d'aberration en latitude et en longitude dépendent de la rencontre avec la sphère céleste d'une ligne T_0c, qui est la diagonale d'un parallélogramme bT_0ac, dont les deux côtés T_0b et T_0a ont une grandeur *constante;* la direction de T_0b est toujours parallèle à elle-même, et la direction T_0a est perpendiculaire au rayon T_0s.

Le rapport des côtés T_0a et bT_0, c'est-à-dire de la *vitesse de la Terre à celle de la lumière,* est obtenue par l'aberration moyenne du Soleil, et est égale à 20″,445.

Dans le phénomène de la parallaxe annuelle, c'est-à-dire quant aux changements que peuvent produire sur *la latitude* et *la longitude* géocentriques d'une étoile le mouvement de translation de la Terre autour du Soleil, on voit qu'ils résultent de la rencontre avec la sphère céleste d'une ligne TE (fig. 225) qui tourne autour d'une ligne TE' toujours parallèle à SE.

Cette ligne TE est la diagonale d'un parallélogramme E'TSE, dont les côtés TE' et TS ont une grandeur constante, et dont le RAPPORT est *la parallaxe annuelle p.*

On voit donc que la différence qui existe dans le mouvement conique de la ligne TE (fig. 225) et celui de la ligne T_0c (fig. 171), c'est que la première est *toujours dans un plan passant* par le *rayon de l'orbite terrestre*, tandis que l'autre est toujours dans *un plan passant par la tangente* à l'orbite terrestre. En laissant de côté *la différence* qui existe entre la constante p et la constante 20",445, ou plutôt en supposant la constante d'aberration égale à p, on voit que la *direction* du rayon lumineux en T est la même que celle du rayon lumineux en T_1, la ligne T_1S étant perpendiculaire à TS, puisque ces deux droites font un angle de 90°. Il suffira donc d'ajouter 90° à la longitude du Soleil ☉, dans les formules d'*aberration*, puis de substituer p à 20",445 pour avoir les formules relatives à *la parallaxe annuelle*; on trouve ainsi :

Fig. 225.

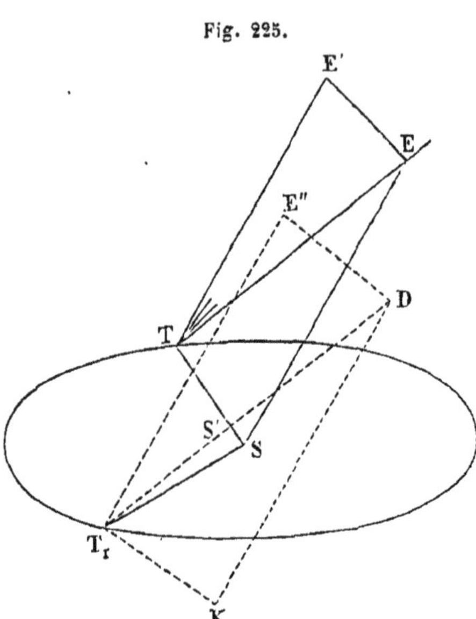

$$\text{parallaxe annuelle en longitude} = \frac{p \sin(\odot - l')}{\cos \lambda'},$$

$$\text{parallaxe annuelle en latitude} = p \sin \lambda' \cos(\odot - l').$$

On voit, d'après cela, que la parallaxe annuelle est *la plus grande* quand l'aberration est la plus petite et réciproquement. Dans ces formules l' et λ' sont les *coordonnées héliocentriques*.

Pour déterminer, par la méthode des lieux absolus, si une étoile a une parallaxe sensible, on l'observe *le plus possible* pendant le cours *d'une année*.

Comme *la parallaxe* en longitude est nulle quand on a $\odot = l'$, ou $\odot - l' = 180°$, c'est-à-dire à *la conjonction* ou à *l'opposition*, on prendra pour l' la longitude *observée* à *l'un de ces* instants; comme la parallaxe en latitude est nulle quand on a $\odot - l' = 90°$, ou $\odot - l' = 270°$, c'est-à-dire aux *quadratures*, on prendra pour λ' la latitude observée à l'instant des quadratures.

Si nous désignons par l et λ une longitude et une latitude observées dans le cours de l'année, $l - l'$ et $\lambda - \lambda'$ devront être considérées comme *les parallaxes annuelles en longitude et en latitude;* si donc les corrections de *réfraction*, de *précession*, de *nutation* et d'*aberration* ont été bien effectuées dans la détermination de ces coordonnées, on aura la parallaxe annuelle de l'étoile par les formules

$$p = \frac{(l - l') \cos \lambda'}{\sin(\odot - l')},$$

ou

$$p = \frac{-(\lambda - \lambda')}{\sin \lambda' \cos(\odot - l')}.$$

Ainsi que nous l'avons déjà dit, la petite *valeur de p*, n'a pas permis jusqu'à présent de tirer un parti convenable de cette méthode.

Une autre méthode indiquée par Galilée a permis, dans ces derniers temps, de constater d'une manière certaine la *parallaxe annuelle* de quelques étoiles.

Cette méthode, reprise et indiquée successivement par *Grégory* et *Huygens*, consiste à observer, pendant le cours d'une année, la distance angulaire de deux étoiles très-voisines, d'un éclat très-différent et qui situées dans les mêmes régions du Ciel sont, par conséquent, affectées des mêmes erreur *de réfraction et d'aberration.*

Il est évident que si les deux étoiles sont à des distances très-inégales de nous, leur distance angulaire doit varier périodiquement pendant l'année.

Mais, toutes les tentatives faites pour déterminer, par l'observation, cette variation périodique de la distance angulaire de deux étoiles, restèrent sans succès tant que les instruments d'observation ne furent pas assez précis pour obtenir avec certitude des angles de 0″,3, 0″,2..... etc.

La perfection réalisée dans les instruments d'observation a permis de résoudre en partie, depuis 1832, cette intéressante question.

Fig. 226.

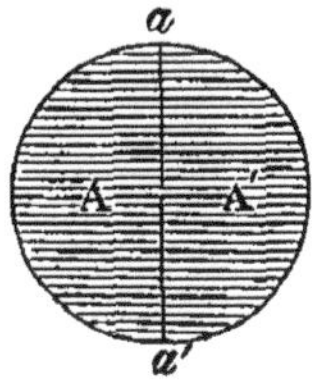

L'instrument dont se servent les astronomes pour observer ces faibles distances angulaires est l'héliomètre de Bouguer, modifié par Dollond.

Cet héliomètre se compose d'une lunette astronomique ordinaire, montée sur un pied parallactique. L'objectif de cette lunette, au lieu d'être une lentille entière, se compose de deux moitiés de lentille A et A′ (fig. 226) ayant la *même distance focale.*

Si l'on enlève une des moitiés d'objectif, A′ par exemple, l'image d'un astre, à l'aide de la moitié A qui agit comme une lentille entière, se forme au foyer commun; l'intensité de l'image est seulement moitié de celle qu'on obtient quand les deux demi-lentilles sont réunies. Ainsi, chaque moitié d'objectif donne une image au foyer commun, et ces deux images sont superposées quand les deux parties A et A′ sont réunies ainsi que le montre la figure 226.

L'une des moitiés d'objectif, A par exemple, est fixée à la lunette, l'autre est mobile le long de aa' à l'aide d'une vis que l'observateur peut faire marcher au moyen de tringles disposées à cet effet.

Les deux moitiés A et A′ peuvent donc prendre la position indiquée figure 227.

Dans cette position, les deux images ne sont plus en contact et l'on peut facilement déterminer quel est l'écart angulaire des deux images pour une fraction quelconque d'un tour de vis.

Fig. 227.

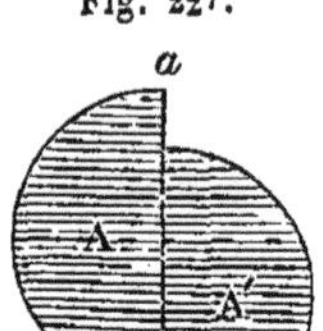

On se sert, pour cela, d'un disque blanc sur fond noir que l'on place sur le terrain à une grande distance de la lunette; connaissant la grandeur des disques et la distance à laquelle ils se trouvent, on peut obtenir les différentes valeurs des écarts angulaires effectués pour amener les bords des deux images en contact; comparant cet écart angulaire au nombre de tours de vis et de fraction de tour, on a l'écart angulaire qui correspond à une certaine fraction de tour de vis.

C'est au moyen de cet instrument que l'on peut déterminer les variations annuelles de la distance angulaire de deux étoiles très-voisines a et b et d'intensités différentes. Il suffit, en effet, de faire marcher le demi-objectif mobile de manière que la seconde image a' de a vienne sur b (fig. 228), et par conséquent que la seconde image de l'étoile b vienne en b' (fig. 229).

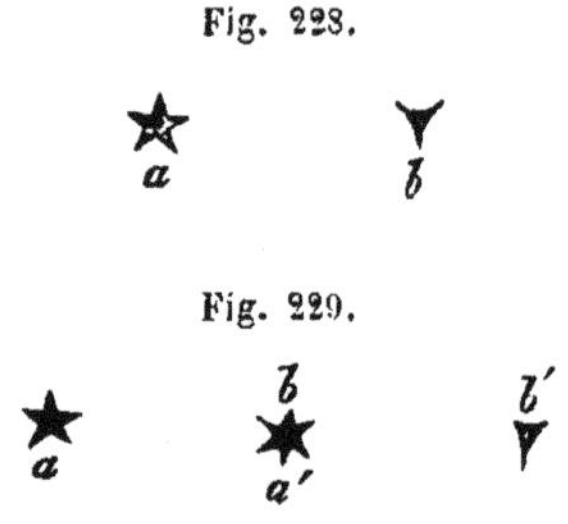

Il est clair que l'écart angulaire aa' est égal à la distance ab.

Nous allons voir maintenant comment la connaissance de cette distance angulaire peut faire connaître la parallaxe annuelle de l'étoile a.

MÉTHODE DES LIEUX RELATIFS.

411. Soient a et b (fig. 230) les deux étoiles soumises à la comparaison. Admettons que l'étoile la plus brillante soit en a et l'étoile la plus faible en b.

Soit aussi T_1T_3 le diamètre de l'orbite terrestre situé dans le plan du Soleil S et des deux étoiles.

Posons

$$D = aT_1b,$$
$$d = aT_3b,$$

distances angulaires des deux étoiles mesurées, à six mois d'intervalle, aux points T_1 et T_3.

Fig. 230.

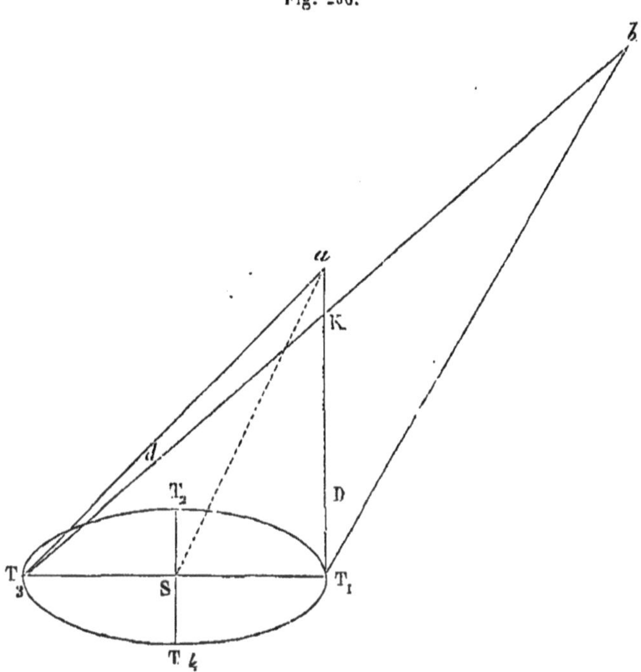

Désignons aussi les angles T_1aT_3 et T_3bT_1 par π et ε. A cause des triangles aKT_3 et bKT_1 qui ont l'angle K commun, on aura

$$\pi + d = \varepsilon + D,$$

ou

$$\pi = D - d + \varepsilon.$$

Mais si l'étoile de comparaison b est réellement beaucoup plus éloignée de la Terre que n'en est l'étoile a, on pourra négliger ε et l'on aura

Fig. 231.

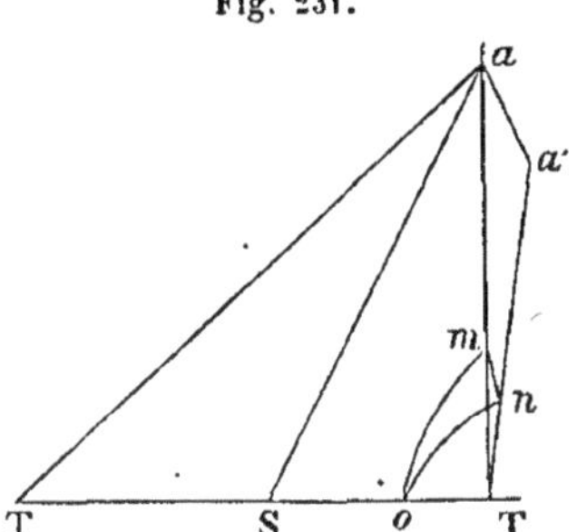

$$\pi = D - d,$$

Soient $\odot$ la longitude du Soleil quand la Terre est en T_1 (fig. 231), l, λ, l_1, λ_1 les longitudes et latitudes géocentriques des étoiles au même moment, et a' la projection de l'étoile a sur l'écliptique.

En désignant par R le rayon de l'orbite terrestre, on aura, en considérant le petit triangle sphérique mno, et en désignant par α l'angle aT_1T_3,

$$(1) \qquad \cos\alpha = \cos\lambda \cos(l - \odot).$$

On aura aussi

$$\frac{\sin\pi}{2R} = \frac{\sin\alpha}{aT_3} = \frac{\sin(\alpha+\pi)}{aT_1},$$

d'où

$$\frac{R}{aT_3} = \frac{\sin\pi}{2\sin\alpha} = \frac{\pi\sin 1''}{2\sin\alpha},$$

$$\frac{R}{aT_1} = \frac{\sin\pi}{2\sin(\alpha+\pi)} = \frac{\pi\sin 1''}{2\sin(\alpha+\pi)}.$$

Mais la parallaxe annuelle, égale à p, est donnée par la relation

$$\operatorname{tang} p = \frac{R}{aS} = p\sin 1'';$$

il est donc clair que l'on aura

$$\frac{\pi\sin 1''}{2\sin\alpha} < p\sin 1'' < \frac{\pi\sin 1''}{2\sin(\alpha+\pi)},$$

et comme π est très-petit par rapport à α, on peut écrire

$$p = \frac{\pi}{2\sin\alpha},$$

ou

(2) $$p = \frac{D-d}{2\sin\alpha}.$$

Les formules (1) et (2) permettront donc d'obtenir la parallaxe annuelle.

Pour déterminer les époques des observations qui répondent au moment où la Terre est dans le plan du Soleil et des deux étoiles, en appelant I l'inclinaison de ce plan sur le plan de l'écliptique, il suffit de remarquer qu'on devra avoir pour chaque étoile

$$\operatorname{tang} I = \frac{\operatorname{tang}\lambda}{\sin(\odot - l)},$$

$$\operatorname{tang} I = \frac{\operatorname{tang}\lambda_1}{\sin(\odot - l_1)},$$

d'où

$$\frac{\operatorname{tang}\lambda}{\operatorname{tang}\lambda_1} = \frac{\sin(\odot - l)}{\sin(\odot - l_1)}.$$

On en déduit facilement

$$\operatorname{tang}\odot = \frac{\sin l_1 \operatorname{tang}\lambda - \sin l \operatorname{tang}\lambda_1}{\cos l_1 \operatorname{tang}\lambda - \cos l \operatorname{tang}\lambda_1}.$$

Pour obtenir aussi exactement que possible les distances angulaires D et d, on fera un grand nombre de mesures à des intervalles très-rapprochés et également éloignés, de part et d'autre des époques correspondantes aux valeurs de $\odot$ et de $180° + \odot$.

Comme cette méthode ne donne qu'une parallaxe relative, il faudra refaire les mêmes déterminations avec une autre étoile de comparaison b'; si l'on trouve des résultats réguliers et concordants, on pourra conclure que l'étoile a a une parallaxe sensible dont la formule (2) fournira une valeur très-approchée.

D'après cette méthode, MM. Henderson et Macléar ont trouvé que *α du Centaure* a une parallaxe annuelle égale à 0″,91 et que celle de *Sirius* est de 0″,15.

Bessel a trouvé que la parallaxe annuelle de la 61e du *Cygne* est égale à 0″,35.

MM. Struve et Peters, à l'observatoire de Pulkowa, ont obtenu 0″,207 pour parallaxe annuelle de *Wéga*.

Voici, d'après Arago, la parallaxe annuelle de quelques étoiles, déterminée par ces deux derniers astronomes :

Parallaxe annuelle de	*i de la Grande-Ourse*	= 0″,133,
id.	*α du Bouvier*	= 0″,127,
id.	*la Polaire*	= 0″,106,
id.	*α du Cocher*	= 0″,046.

La petitesse de ces parallaxes indique l'immense distance à laquelle nous sommes des étoiles.

Cette distance est telle, que *la seule unité de longueur que l'on puisse prendre pour avoir une idée de ces immenses distances est le chemin parcouru par la lumière en une seconde, qui, comme nous l'avons vu* (308), *est d'environ* 77000 *lieues*.

On trouve alors facilement que la lumière met :

3^ans^,6	*pour venir de*	*α du Centaure*	*à la Terre*,
9 ,4	*id.*	61e *du Cygne* . .	*id.*
12 ,6	*id.*	*de Wéga* . . .	*id.*
21 ,9	*id.*	*de Sirius* . . .	*id.*
24 ,8	*id.*	*i de la Gr.-Ourse*	*id.*
31 ,1	*id.*	*de la Polaire* . .	*id.*
71 ,7	*id.*	*de α du Cocher*	*id.*

D'après cela, nous ne voyons l'étoile *la Chèvre*, par exemple, que telle qu'elle était il y a 71 ans; réciproquement, cette étoile ne doit apercevoir notre Soleil, et par suite la Terre, que tels qu'ils étaient à cette époque.

Nous remarquons aussi, que la distance du centre du Soleil à la Terre n'étant que de 0″,91, pour un observateur qui se trouverait sur l'étoile *α du Centaure*, notre globe doit disparaître par *l'éclat de notre Soleil* qui ne doit paraître égal tout au plus qu'à une étoile de deuxième ou troisième grandeur.

Il serait donc impossible à un observateur placé sur *α du Centaure*, étoile la plus voisine de nous, de s'apercevoir de la présence de la Terre circulant autour du Soleil, et même des planètes *Jupiter, Saturne, Uranus et Neptune;* car bien que *la parallaxe annuelle de α du Centaure*, relative à cette *dernière planète*, puisse aller jusqu'à 27″, la petitesse de Neptune relativement au Soleil et le peu d'intensité de sa lumière réfléchie empêcheraient certainement de l'apercevoir.

Tout porte donc à croire que les étoiles sont autant de *Soleils* situés dans l'espace, autour desquels gravitent très-probablement, pour ne pas dire certainement, des *planètes* comme celles de notre système solaire, planètes que nous ne pouvons apercevoir.

MOUVEMENT GÉNÉRAL DE NOTRE SYSTÈME SOLAIRE.

412. Nous avons dit que parmi les causes faisant varier à la longue les coordonnées des étoiles, et par suite leurs positions relatives, on pouvait considérer le mouvement général de tout notre *système solaire*. Voyons donc si cette cause peut réellement exister.

Nous avons reconnu (194) d'une manière certaine le mouvement *de rotation* du Soleil autour d'un de ses axes, mouvement qui a lieu dans vingt-cinq jours et demi environ. Or, ce mouvement ne peut évidemment provenir que d'une force agissant sur cet astre et ne passant pas par son *centre de gravité*. Cette force, transportée à ce centre, donne naissance à un couple qui produit le mouvement de rotation que nous observons et doit produire elle-même un mouvement de translation du Soleil dans l'espace. Ainsi, du mouvement de rotation du Soleil, on doit forcément présumer qu'il y a un mouvement de translation. Toutes les planètes doivent participer à ce mouvement, et la trajectoire séculaire que nous décrivons dans l'espace doit être analogue à celle que nous voyons décrire à la Lune autour de notre orbite supposée une ellipse fixe.

Si le Soleil et tout son cortége de planètes ont un mouvement de translation dans l'espace suivant une certaine direction, nous devons finir par nous apercevoir de ce mouvement par une déformation lente de certaines constellations. Ainsi, en faisant la part des variations de positions des étoiles dues *à leurs mouvements propres, à la parallaxe annuelle, à l'aberration de la lumière et aux perturbations de l'axe terrestre*, nous devons trouver que toutes les étoiles ont, en outre, d'autres variations tendant à suivre un *même sens général*.

On comprend immédiatement combien il est difficile de démêler, dans la variation résultante que donne l'observation, la partie qui provient de l'effet de notre mouvement de translation, surtout lorsque l'on opère sur des dixièmes de seconde, attendu qu'il doit nécessairement se faire entre les différentes causes de variations des compensations qui ne permettent guère d'apercevoir exactement la part afférente à chacune. Toutefois, si tout notre système a un mouvement de translation dans l'espace, les dimensions de la constellation vers laquelle est dirigé ce mouvement *doivent augmenter*, et celles de la constellation diamétralement opposée *doivent diminuer*. Or les astronomes sont généralement d'accord sur *l'augmentation sensible* des dimensions de la constellation d'*Hercule*, et sur la *diminution* de la constellation opposée *le Lièvre*.

En discutant les mouvements propres de près de 400 étoiles et en déterminant la part qui peut, dans ces mouvements, provenir du mouvement de translation de notre système, MM. *Struve* et *Argelander* ont trouvé que notre système planétaire marche, en effet, vers la constellation d'Hercule.

Le premier de ces deux astronomes indique comme coordonnées du point vers lequel nous nous dirigeons

(en 1790),

Ascension droite . . . . 261° 12′,
Déclinaison Nord . . . . 27° 36′.

M. Argelander, directeur de l'Observatoire de Bonn (Prusse rhénane), a trouvé que, pour 1800, ces coordonnées étaient

(en 1800),

Ascension droite. . . . . 260° 50′ 48″,
Déclinaison Nord . . . . 31° 17′ 18″.

D'autres astronomes ont obtenu, à très-peu près, les mêmes valeurs. D'après cela, *le point de la voûte céleste vers lequel se dirige notre système planétaire est situé un peu au Nord de λ de la constellation d'Hercule.*

D'après les calculs de MM. Struve et Peters, la vitesse de ce mouvement, c'est-à-dire du mouvement de translation du *Soleil* dans l'espace, serait environ de *deux lieues* par seconde.

NOTIONS SUCCINCTES SUR LES MARÉES.

---

413. *Résultat de l'observation du phénomène.* — Sur les côtes qui bordent les mers d'une grande étendue, on observe que la surface des eaux de la mer est, alternativement, plus élevée et plus basse *qu'une hauteur moyenne;* ce mouvement d'oscillation se produit deux fois dans 25 heures environ.

Lorsque la surface des eaux arrive à sa plus grande élévation, on dit qu'il y a *haute mer ou pleine mer.*

Lorsqu'elle arrive à son élévation *minimum,* on dit qu'il y a *basse mer.*

Du flot. — Dans l'intervalle de *la basse mer à la haute mer,* la surface des eaux éprouve donc un mouvement *ascensionnel* que l'on nomme *flux ou flot.*

Du jusant. — Dans l'intervalle de *la haute mer à la basse mer,* la surface des eaux éprouve un mouvement d'abaissement que l'on nomme *reflux ou jusant.*

Mer étale. — La surface des eaux reste quelques moments stationnaire avant de changer le sens de son mouvement; on dit, dans ce cas, que la mer est *étale.*

De la marée. — La hauteur des eaux au moment de la *pleine mer n'est pas constamment la même.*

On appelle *marée* la différence qui existe entre la hauteur de la surface des eaux quand la *mer est basse et cette hauteur quand la mer est pleine.*

Comme pour deux pleines mers consécutives, la hauteur des eaux n'est pas la même, on appelle *marée totale la moyenne des élévations de ces deux hautes mers consécutives au-dessus de la basse mer intermédiaire*

Ce *phénomène* des marées est resté sans explication, tant que le principe d'attraction universelle n'a pas été connu.

Descartes est le premier qui ait eu l'idée de chercher dans les astres la cause de ce phénomène, mais il appartenait à *Newton* d'en donner, le premier, une *théorie rationnelle.*

414. *Correspondance permanente de la période des marées au jour lunaire.* — En continuant nos observations sur le phénomène des marées, nous remarquons une particularité qui fait immédiatement supposer que la Lune a une influence directe sur le phénomène.

Nous savons, en effet, que le passage de la *Lune au méridien* retarde sur celui de la veille de 50 minutes environ; or nous remarquons aussi que l'heure d'une *pleine mer retarde sur l'heure de la pleine mer de la veille de* 50 *minutes environ.*

Pour un même lieu, on observe que lorsque *la Lune est en syzygie l'heure de la pleine mer est toujours à peu près la même.*

415. *Correspondance des hauteurs de la mer avec les positions de la Lune et du Soleil.* — Lorsque la *Lune* est à son périgée, les marées sont plus fortes qu'à toute autre époque, et elles sont plus faibles quand la Lune est *à son apogée.*

Lorsque la *déclinaison de la Lune* est près de zéro, les marées augmentent.

Dans chaque lunaison les plus *fortes marées* arrivent aux époques des *syzygies* et les plus *faibles* aux époques des *quadratures.*

Lorsque le Soleil est à son *périgée*, c'est-à-dire vers la fin de décembre, on remarque une augmentation dans la marée.

Enfin, les plus grandes marées de l'année ont lieu vers les équinoxes, et elles sont d'autant plus grandes que *la Lune* est plus près de *l'équateur* et plus voisine de son *périgée.*

Conclusion. — De ces observations, nous sommes portés à conclure que le *Soleil et la Lune surtout*, ont une influence considérable sur le phénomène des marées, et que de la position de ces deux astres dans la voûte céleste résultent l'heure de la *pleine mer et la grandeur de la marée.*

On comprend immédiatement, en effet, d'après le *principe de la gravitation*, que les attractions luni-solaires doivent déplacer périodiquement les molécules aqueuses du globe.

Ne considérons que *l'un de ces deux astres* et voyons comment l'attraction peut agir sur les *eaux de la mer.*

416. *Effet général de l'attraction de la Lune sur les eaux de la mer.* — Soient T la Terre (fig. 232), A un point de sa surface, L la Lune dont la masse est m.

Fig. 232.

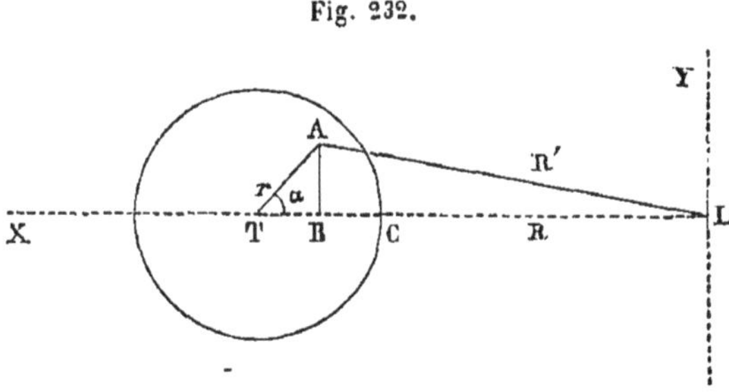

Appelons r le rayon de la Terre, R la distance TL, R' la distance AL, et α l'angle ATL.

Le centre T de la Terre éprouve de la part de la Lune une attraction représentée par $\frac{fm}{R^2}$.

L'attraction que subit le point A est représentée par $\frac{fm}{R'^2} = F$.

Du point A abaissons AB perpendiculaire sur TL et considérons deux axes rectangulaires passant par le point L et parallèles à AB et à TL; posons

$$LB = x \qquad \text{et} \qquad AB = y.$$

Décomposons l'attraction F en deux autres parallèles aux axes LX et LY; appelons X et Y ces composantes, on a

$$X = \frac{Fx}{R'} \qquad Y = \frac{Fy}{R'}.$$

Mais $x = R - r\cos\alpha$, $y = r\sin\alpha$; donc, en mettant à la place de F sa valeur, il vient

$$X = \frac{fm}{R'^3}(R - r\cos\alpha) \qquad Y = \frac{fm}{R'^3} r\sin\alpha.$$

Tâchons d'exprimer R′ en fonction de R.

Le triangle TAL donne

$$R'^2 = R^2 + r^2 - 2Rr\cos\alpha,$$

d'où

$$\frac{1}{R'^3} = \frac{1}{(R^2 + r^2 - 2Rr\cos\alpha)^{\frac{3}{2}}}.$$

Posons cette quantité $= \varphi$, et comme elle est fonction de r, développons-la suivant les puissances croissantes de r, au moyen du théorème de *Maclaurin*,

$$\varphi = \varphi_0 + \left(\frac{d\varphi}{dr}\right)_0 r + \left(\frac{d^2\varphi}{dr^2}\right) \frac{r^2}{1.2} \cdots\cdots;$$

pour $r = 0$, on a

$$\varphi_0 = \frac{1}{R^3}.$$

En différentiant l'expression

$$\varphi = \frac{1}{(R^2 + r^2 - 2Rr\cos\alpha)^{\frac{3}{2}}},$$

on trouve

$$\left(\frac{d\varphi}{dr}\right)_0 = \frac{3\cos\alpha}{R^4} \cdots\cdots$$

En nous arrêtant au premier coefficient différentiel, il vient donc

$$\frac{1}{R'^3} = \frac{1}{R^3} + \frac{3r\cos\alpha}{R^4} + \dots,$$

les composantes X et Y de la force F deviennent alors

$$X = fm(R - r\cos\alpha)\left(\frac{1}{R^3} + \frac{3r\cos\alpha}{R^4} + \dots\right.$$

$$Y = fmr\sin\alpha\left(\frac{1}{R^3} + \frac{3r\cos\alpha}{R^4} + \dots\right.$$

ou bien

$$X = \frac{fm}{R^2} - \frac{fmr\cos\alpha}{R^3} + \frac{3fmr\cos\alpha}{R^3} - \frac{3fmr^2\cos^2\alpha}{R^4},$$

$$Y = \frac{f.m.r\sin\alpha}{R^3} + \frac{3fmr^2\sin\alpha\cos\alpha}{R^4}\dots$$

En nous arrêtant aux termes en R^3 et en simplifiant la valeur de X, nous avons enfin

$$X = \frac{fm}{R^2} + \frac{2fmr\cos\alpha}{R^3},$$

$$Y = \frac{fm.r\sin\alpha}{R^3}\dots$$

Donc la composante de la force F qui attire le point A se compose de deux parties :

L'une $\frac{fm}{R^2}$ qui est égale à celle qui attire le centre de la Terre et qui, par conséquent, ne change rien aux positions relatives du point A et du centre, et l'autre qui agit sur le point A parallèlement à TL.

Ainsi le point A se trouve soumis aux deux forces

$$\frac{2fmr\cos\alpha}{R^3},\quad \text{suivant la direction LT,}$$

et

$$\frac{fmr\sin\alpha}{R^3},\quad \text{suivant une direction perpendiculaire.}$$

Ce sont ces deux forces qui, eu égard au peu de cohésion de la masse fluide, produisent les marées, lorsqu'elles agissent sur une grande masse d'eau.

Les composantes de ces deux forces suivant le rayon TA et suivant la tangente en A à la sphère sont : pour la force parallèle à LT,

$$\frac{2fmr\cos\alpha}{R^3}\times\cos\alpha,\qquad \frac{2fmr\cos\alpha}{R^3}\times\sin\alpha,$$

et pour l'autre,

$$\frac{fmr \sin \alpha}{R^3} \times \sin \alpha, \qquad \frac{fmr \sin \alpha}{R^3} \times \cos \alpha.$$

On a donc enfin, pour la force dirigée suivant le rayon TA,

$$\frac{fmr}{R^3}(2\cos^2\alpha - \sin^2\alpha) = \frac{fmr}{R^3}(3\cos^2\alpha - 1),$$

et pour celle dirigée suivant la tangente,

$$\frac{3}{2}\frac{fmr \sin 2a}{R^3}.$$

La force dirigée suivant TA a pour effet de diminuer ou d'augmenter la pesanteur, excepté pour les lieux dans lesquels on a

$$3\cos^2\alpha = 1 \qquad \text{ou} \qquad \cos a = \pm \frac{1}{\sqrt{3}},$$

c'est-à-dire dans les lieux pour lesquels α est compris entre $+ 55°$ et $+ 125°$ environ.

La force dirigée suivant TL a pour effet de faire glisser les molécules vers le point de rencontre de TL avec la sphère, c'est-à-dire vers le lieu qui a la Lune au *zénith* à ce moment, pour les points dans lesquels α est compris entre $\pm 90°$; et vers le lieu antipode de celui-là, pour les points dans lesquels α est plus grand que $\pm 90°$.

447. *Résultat de l'attraction de la Lune et du mouvement de rotation de la Terre.* — Voyons maintenant ce qui doit se passer eu égard aux forces que nous venons de déterminer et qui sollicitent les molécules aqueuses de notre globe.

Supposons, pour plus de simplicité, la Lune toujours située dans le plan de l'équateur.

Soient T la Terre, que nous supposons sphérique (fig. 233), ABA'B' l'équateur, L la Lune.

Représentons par $aba'b'$ le cercle intersection avec la surface des eaux d'un plan passant par la Lune et le centre de la Terre, lorsque l'on suppose la Lune sans attraction.

Eu égard à la force normale $\frac{fmr}{R^3}(3\cos^2\alpha - 1)$ et à la force tangentielle $\frac{3}{2}\frac{fmr \sin 2\alpha}{R^3}$, les points de la couche liquide située en Aa et $A'a'$, pour lesquels on a $\alpha = 0$ et $\alpha = 180$, ne seront soumis qu'à la force normale $\frac{fmr \times 2}{R^3}$.

En remplaçant m par $\frac{M}{84}$ (résultat fourni par la théorie de l'attraction), M étant la masse de la Terre, R par $60r$, on trouve que cette force est

$$\frac{fM \times 2}{84 \times 60^3 r^2} = \frac{fM}{r^2} \times \frac{1}{9072000} = g \times \frac{1}{9072000}.$$

Ainsi la force normale qui agit en A et en A′ n'a pour effet que de diminuer de $\frac{1}{9072000}$ la force de la pesanteur qui agit sur chaque molécule aqueuse ; cette quantité est insignifiante et n'altère en rien l'effet de *la pesanteur*.

Mais en vertu de la force tangentielle $\frac{3}{2} \frac{fmr}{R^3} \sin 2\alpha$ qui agit sur chaque molécule des parties *ba* et *ab′*, force qui n'a pas, comme *la force normale*, d'opposante 9000000 de fois plus grande qu'elle, les grandes masses d'eau situées dans ces parties du globe se rapprocheront de A′*a*′ et de A*a*, points où le liquide s'accumulera jusqu'à ce que la force tangentielle produite par le dénivellement soit égale à la force tangentielle accélératrice due à la Lune.

Fig. 233.

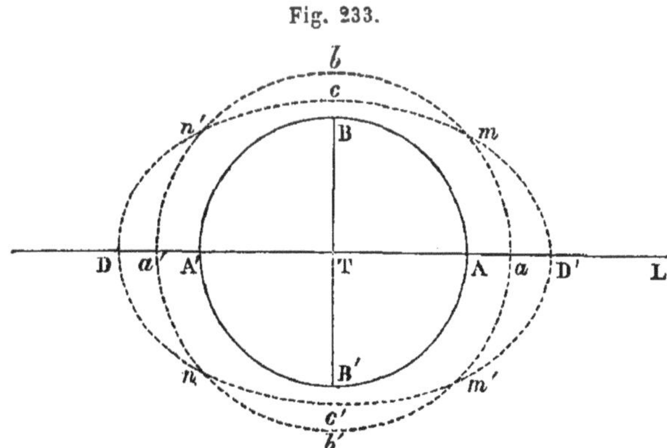

Il se formera donc sur la ligne *a*′L deux protubérances aqueuses en D et D′.

Les points *b* et *b*′ éprouveront par suite un mouvement d'abaissement en raison de l'écoulement des eaux vers les points A et A′.

Donc il y a élévation des eaux en A et A′ et abaissement en B et B′.

Si le mouvement de rotation de la Terre a lieu dans le sens *aba′b′*, la durée de cette rotation par rapport *à la Lune* sera de 25 heures environ, comme nous l'avons vu. Donc, 6 heures 1/4 après, le méridien BB′ passera par *la Lune*, et il y aura alors protubérance aqueuse aux points B et

B′, c'est-à-dire *pleine mer*, et diminution des eaux en A et A′, c'est-à-dire *basse mer;* 6 heures 1/4 plus tard le méridien AA′ sera encore revenu suivant TL, il y aura encore pleine mer aux points A et A′; et ainsi de suite. D'où l'on voit que le mouvement de rotation de la Terre combiné avec le mouvement relatif de translation de la Lune, détermine, eu égard à l'*attraction lunaire*, en un lieu A de l'équateur, un mouvement alternatif d'élévation et d'abaissement des eaux, c'est-à-dire *de pleine mer et de basse mer;* ce mouvement alternatif a lieu dans un intervalle de 6 heures 1/4 environ.

Tout ce que nous venons de dire de l'attraction lunaire peut se conclure aussi de l'attraction solaire; nous allons voir, toutefois, que l'action du Soleil sur les marées est beaucoup moins forte que celle de la Lune.

418. *L'influence de la Lune sur le phénomène des marées est plus grande que celle du Soleil.* Considérons seulement la force tangentielle. Nous venons de trouver que cette force est représentée par

$$\frac{3}{2} \cdot \frac{fmr \sin 2\alpha}{R^3} = \varphi.$$

La force tangentielle qui résulte de l'attraction *solaire* sera, en supposant la même valeur à α,

$$\frac{3}{2} \cdot \frac{fMr \sin 2\alpha}{R'^3} = \varphi',$$

en appelant M la masse solaire et R′ sa distance à la Terre.

On déduit de ces relations

$$\frac{\varphi}{\varphi'} = \frac{m}{M} \left(\frac{R'}{R}\right)^3.$$

Or on trouve que la masse m de la Lune par rapport à celle de la Terre est $\frac{1}{84}$ environ, et que celle de la Terre par rapport au Soleil est $\frac{1}{354592}$; par suite $\frac{m}{M} = \frac{1}{354592 \times 84}$.

Mais

$$\frac{R'}{R} = \frac{24000\ r}{60 r} = (400);$$

donc,

$$\frac{\varphi}{\varphi'} = \frac{(400)^3}{354592 \times 84} = \frac{64000000}{354592 \times 84} = 2,14 \text{ environ.}$$

Par des observations précises, faites dans le port de Brest, on pense avoir déterminé que le rapport de la marée lunaire à la marée solaire, dans un même lieu, est environ 2,35333.

419. *Résultat des deux attractions.* — *Le Soleil et la Lune développant leurs attractions simultanément*, il doit en résulter un effet moyen. Nous voyons d'abord que l'intervalle de deux pleines mers consécutives dues *à l'action solaire* seulement, serait de 12 heures, tandis que celui de deux pleines mers *lunaires* est de 12^h 30 environ; ainsi, eu égard aux actions de ces deux astres, les *pleines mers luni-solaires* devront se succéder à un intervalle compris entre 12 et 12^h 30, mais plus près de 12^h 30 que de 12 heures, en raison de l'action *prédominante de la Lune.*

Les positions des deux astres par rapport à un lieu constituent les valeurs de α et de α'; les marées lunaires et solaires devront donc s'ajouter ou se nuire suivant les valeurs de α et α'.

On voit immédiatement, qu'aux syzygies, les marées doivent être les plus fortes, puisque alors *le Soleil et la Lune* étant à peu près sur la même ligne, les pleines mers *solaires et lunaires* doivent arriver en même temps.

Les marées les plus faibles doivent avoir lieu aux *quadratures*, puisque alors *la pleine mer lunaire* arrive en même temps que *la basse mer solaire et réciproquement.*

Enfin à l'aide de l'expression de la force tangentielle $\frac{3}{2}\frac{fmr \sin 2\alpha}{R^3}$, on voit que les plus fortes marées doivent avoir lieu *quand la distance des deux astres à la Terre est minimum.*

420. *Problème général des marées.* — Puisque nous voyons que le phénomène des marées est la conséquence des attractions combinées de la *Lune et du Soleil*, en écartant, bien entendu, l'action infiniment petite *des planètes*, on doit pouvoir, déduire des positions de ces deux astres *les circonstances du phénomène.*

Or, les positions des astres étant prédites *à l'avance*, on doit de plus pouvoir prédire *à l'avance* le phénomène.

Tel est le problème qui a occupé les géomètres modernes et qui consiste en ceci :

1° *Déterminer l'heure de la pleine mer ou de la basse mer en un lieu donné pour un jour donné;*

2° *Déterminer la hauteur de l'eau au-dessus d'un niveau donné au moment de la pleine mer ou de la basse mer considérée.*

Si la Terre était une sphère solide recouverte en tout point d'une couche liquide, le problème des marées offrirait moins de difficultés à résoudre; mais, *la forme irrégulière de la couche liquide et de la masse solide que recouvre cette couche, les grands courants de l'Océan, l'action des vents et l'état de l'atmosphère,* viennent compliquer tellement le problème, qu'à l'heure qu'il est, la solution qui en a été donnée a encore besoin de perfectionnements.

421. *Particularités sur l'heure de la pleine mer.* — Si l'action de la Lune et du Soleil produisait instantanément son effet sur les eaux de la mer, la pleine mer arriverait à fort peu près, dans un lieu, quand la Lune passe au méridien de ce lieu.

Ainsi, la plus haute mer qui a lieu lors d'une *syzygie* devrait arriver au moment où le *Soleil et la Lune* passent au méridien.

Or l'observation prouve que cette plus haute mer n'arrive pour les côtes de la Manche que *trente-six heures* environ après le moment où les deux astres, à peu près en conjonction ou en opposition, passent au méridien.

Donc, l'action du Soleil et de la Lune ne produit pas son effet *instantanément* sur les molécules aqueuses du globe, et cet effet n'a lieu, en raison de *l'inertie de la matière, de la cohésion des molécules liquides, du frottement.....*, etc., qu'environ un jour et demi après.

422. *Soleil et Lune fictifs.* — On peut alors considérer le phénomène des marées comme étant produit par un Soleil et une Lune fictifs, situés à une distance constante des deux astres réels, telle que la conjonction de ces deux astres n'arrive qu'un jour et demi après la *syzygie* réelle.

Chaque localité éprouve, en outre, *dans l'heure de la pleine mer*, un retard qui provient de circonstances propres à la localité, telles que la *configuration de la côte, l'ouverture du port, la profondeur de l'eau, l'inégalité du fond*, et enfin de la position plus ou moins avancée du *lieu* dans les terres.

Les circonstances *variables* qui peuvent modifier, dans un lieu, le phénomène des marées, sont les *vents et la pression atmosphérique.*

423. *Établissement d'un port.* — En laissant de côté ces dernières circonstances, on comprend qu'en dehors du retard général de 36 heures, que l'on admet pour tous les lieux, *l'heure d'une pleine mer dans un lieu est une quantité toute locale.*

On appelle *Établissement d'un port, l'heure temps vrai de la pleine mer, en ce lieu, le jour d'une syzygie lorsque l'on suppose le Soleil et la Lune sur l'équateur et à leurs distances moyennes à la Terre.*

Or, le jour d'une syzygie, la Lune passe au méridien à midi ou à minuit suivant qu'elle est *nouvelle ou pleine;* donc, la pleine mer devrait avoir lieu 36 heures plus tard, à *minuit ou à midi;* et par suite, l'établissement d'un port est le retard de la pleine mer sur le passage de la *Lune fictive* au méridien le jour de la *syzygie.*

Déterminer, par l'observation, l'établissement d'un port. — Pour déterminer, par l'observation, l'établissement d'un port, on place une *échelle verticale graduée* dans un lieu à l'abri du mouvement de *la mer et des vents.*

On note avec soin, à l'époque des *syzygies*, les hauteurs de la marée, à des intervalles assez rapprochés, au moment de la pleine mer et de la basse mer.

En prenant la moyenne entre les deux heures qui correspondent à deux hauteurs égales voisines de la pleine mer et en déterminant *la moyenne de ces moyennes*, on aura, avec assez de précision, *l'heure de la pleine mer*.

En répétant ces observations à toutes les syzygies, pendant un certain nombre d'années, et prenant une moyenne entre toutes les heures obtenues, on aura l'heure de la pleine mer pour une *syzygie moyenne*, c'est-à-dire *l'établissement du port*.

C'est ainsi que l'on a trouvé que l'établissement du port est, à Brest, $3^h\ 33^m$.

Grandeur de la marée. — Si l'on agit de la même manière pour l'heure de la *basse mer* et qu'on prenne sur *l'échelle* la différence entre *la haute et la basse mer*, on aura ce l'on appelle *la grandeur de la marée*.

Cette grandeur de la marée est *très-variable avec les localités*.

Nous avons dit, en effet, que l'action du *Soleil et de la Lune*, quoique se faisant sentir sur toutes *les molécules aqueuses du globe, ne pouvait produire d'effet réellement sensible que dans les mers d'une grande étendue*.

Dans les mers de petites dimensions, telles que la *Méditerranée, la mer Noire, la mer Caspienne*, et à plus forte raison dans les *grands lacs, les oscillations des eaux sont peu prononcées*.

Le détroit de Gibraltar n'est pas assez large pour que les oscillations de l'Océan puissent se *propager* dans la Méditerranée.

Les marées de l'océan Atlantique déterminent, au contraire, de très-fortes marées dans la *Manche*; de telle sorte que, lorsque la mer est pleine aux environs de *Brest*, le flot de la pleine mer s'avance dans la Manche graduellement, et les eaux se trouvant resserrées brusquement dans certaines parties, entre autres par la *presqu'île du Cotentin*, il en résulte des marées très-grandes sur les côtes de la baie de Cancale et particulièrement à *Granville*.

Le flot, en continuant son mouvement, détermine une pleine mer successivement à Cherbourg, au Havre, à Dieppe, à Calais, etc.

Les marées que l'on observe sur le littoral de *l'océan Atlantique* doivent être plus fortes que celles de la *mer du Sud*, parce que l'océan Atlantique entouré des côtes d'*Europe et d'Afrique* d'une part, et de l'*Amérique* de l'autre, est renfermé, pour ainsi dire, entre deux barrières qui forcent les eaux à s'arrêter dans leur mouvement d'oscillation qui a lieu tantôt de l'Ouest à l'Est et tantôt de l'Est à l'Ouest.

Du reste, les *deux Océans* communiquant librement, les marées observées dans chacun d'eux sont le résultat des oscillations produites directement pas les actions du Soleil et la Lune sur l'un de ces Océans, et des oscillations produites par *l'action de ces deux astres sur l'autre*.

424. *Expression de la hauteur de la mer en fonction du temps.* — Appelons N le niveau moyen des eaux dans un lieu, c'est-à-dire la *hauteur moyenne des eaux entre la haute mer et la basse mer*, en supposant la pression atmosphérique 0,760.

Soit maintenant H la hauteur de l'eau à l'heure sidérale t du lieu considéré.

Cette hauteur H se composera d'abord de la hauteur N, ensuite, de la quantité h provenant de l'action de la Lune, et de la quantité h' provenant de l'action du Soleil.

On aura donc la relation

$$H = N + h + h'.$$

Essayons de déterminer successivement h et h' en fonction des quantités dont elles dépendent.

Détermination de h. — Puisque h est fonction de la position de la Lune, en appelant m la valeur maximum de h et A un angle qui dépend de la position de la Lune, on peut écrire

$$h = m \cos A.$$

Appelons α l'angle horaire de la Lune, à l'instant sidéral t.

D'après ce que nous avons vu, on aura évidemment les relations suivantes, abstraction faite du retard de 36 heures dont nous avons parlé, et des influences locales :

Pour	$\alpha = 0$	la hauteur est	maximum,	d'où	$h = m$,
	$\alpha = 90$	»	minimum	»	$h = -m$,
	$\alpha = 180$	»	maximum	»	$h = m$,
	$\alpha = 270$	»	minimum	»	$h = -m$.

Or, ces quatre valeurs particulières de h sont données par la formule

$$h = m \cos A,$$

si l'on pose $A = 2\alpha$.

En admettant donc que les valeurs *intermédiaires* de h soient données par la même formule, on peut écrire

$$h = m \cos 2\alpha.$$

Or, on sait qu'on a la relation

$$t = \alpha + Æ,$$

t étant réduit en degrés.

Il vient donc,

$$\alpha = t - Æ,$$

d'où

$$h = m \cos 2\,(t - Æ).$$

Le coefficient m exprimant la plus grande valeur de h, on peut admettre que cette valeur maximum est proportionnelle à la force $\frac{f\text{M}r}{\text{R}^3}$, en appelant M la masse de la Lune, r le rayon de la Terre et R la distance de la Lune au centre de la Terre.

En posant donc

$$m = \frac{f\text{M}r}{\text{R}^3}\text{B},$$

B étant un certain coefficient, on obtient

$$h = \text{B}\frac{f\text{M}r}{\text{R}^3}\cos 2(t - \text{Æ}).$$

Détermination de h'. — Si l'on représente par M' la masse solaire, R' la distance de cet astre à la Terre, Æ' son ascension droite à l'instant sidéral t, on aura, par analogie, la relation

$$h' = \frac{\text{B}'f\text{M}'r}{\text{R}'^3}\cos 2(t - \text{Æ}').$$

Par conséquent, la hauteur de l'eau au-dessus du niveau moyen, à l'instant sidéral t d'un lieu, est donnée par l'équation

$$\text{H} = \frac{\text{B}f\text{M}r}{\text{R}^3}\cos 2(t - \text{Æ}) + \frac{\text{B}'f\text{M}'r}{\text{R}'^3}\cos 2(t - \text{Æ}').$$

Détermination du niveau moyen. — A l'aide de l'échelle de marée dont nous avons déjà parlé, on peut obtenir le niveau moyen N.

Fig. 234.

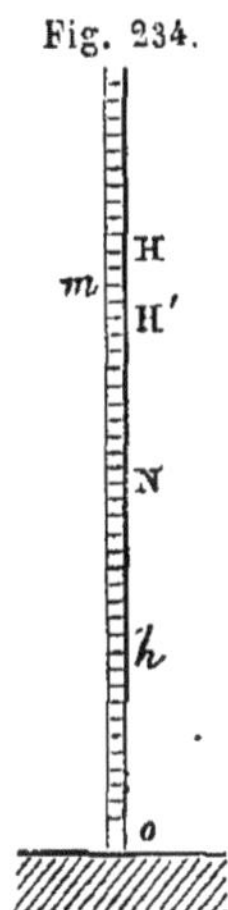

Soient, en effet, H et H' les hauteurs de deux pleines mers consécutives, h la hauteur de la basse mer intermédiaire.

Si m est le milieu de HH' (fig. 234), hm sera ce que nous avons appelé *la marée totale*.

Donc N milieu de hm est la position du *niveau moyen*.

On a donc, o étant le zéro de l'échelle,

$$o\text{N} = oh + h\text{N} = oh + \frac{hm}{2};$$

mais

$$hm = om - oh = \frac{o\text{H} + o\text{H}'}{2} - oh = \frac{o\text{H} + o\text{H}' - 2oh}{2}.$$

Donc,

$$o\text{N} = oh + \frac{(o\text{H} + o\text{H}' - 2oh)}{4},$$

ou, en représentant simplement par N, h, H, H'... les nombres fournis par l'échelle,

$$N = \frac{1}{4}(H + H' + 2h).$$

Influence de la pression atmosphérique. — Lorsque l'on fait la détermination de ce niveau moyen, il peut se faire que la pression atmosphérique ne soit pas 0,760.

Or, il est évident que cette pression doit agir sur la valeur des différentes hauteurs des eaux.

M. Daussy a déduit d'un grand nombre d'expériences, *qu'une variation de 1 millimètre dans la hauteur du baromètre, produit une différence inverse de 14*^{mm}*,7 dans la hauteur de la mer;* par conséquent, pour tenir compte des variations de la pression *atmosphérique*, il faudra avoir soin d'ajouter à chaque hauteur observée H, h, H'... la correction

$$0^{m},0147(B - 0^{m},760),$$

dans laquelle B *représente la hauteur barométrique qui convient à chaque observation.*

Table de M. Chazallon. — M. Chazallon a calculé, d'après cette formule, une table qui donne immédiatement le nombre de décimètres et centimètres que l'on doit retrancher, en raison de la hauteur du baromètre, des hauteurs des plus hautes et des plus basses mers calculées.

Cette table est donnée dans l'*Annuaire des marées des côtes de France.*

425. *Détermination d'une formule approximative donnant l'heure de la pleine mer dans un lieu.* — Considérons la formule trouvée plus haut, formule qui donne la hauteur H de la mer dans un lieu, à un instant sidéral t, au-dessus du niveau moyen N.

H est évidemment une fonction de t.

Cherchons donc, au moyen de la relation

$$(1) \qquad H = \frac{BfMr}{R^3}\cos 2(t - Æ) + \frac{B'fM'r}{R'^3}\cos 2(t - Æ'),$$

la valeur de t qui rend H maximum.

Différentions la relation (1) par rapport à H et à t, égalons à zéro le coefficient différentiel $\frac{dH}{dt}$ et simplifions, nous obtenons

$$(2) \qquad \frac{BM}{R^3}\sin 2(t - Æ) + \frac{B'M'}{R'^3}\sin 2(t - Æ') = 0.$$

Pour résoudre cette équation par rapport à t, posons

$$\frac{BM}{R^3} = A \quad \text{et} \quad \frac{B'M'}{R'^3} = A'.$$

Nous pouvons mettre la relation (2) sous la forme

$$A \sin 2(t - Æ) + A' \sin 2[(t - Æ) + (Æ - Æ')] = 0.$$

En développant, on a

$$A \sin 2(t - Æ) + A' \sin 2(t - Æ) \cos 2(Æ - Æ') + \\ + A' \cos 2(t - Æ) \sin 2(Æ - Æ') = 0,$$

d'où l'on déduit

$$\text{tang}\, 2(t - Æ) = \frac{A' \sin 2(Æ - Æ')}{A + A' \cos 2(Æ - Æ')},$$

ou bien

$$\text{tang}\, 2(t - Æ) = \frac{\sin 2(Æ - Æ')}{\frac{A}{A'} + \cos 2(Æ - Æ')}.$$

Remplaçant A et A' par leurs valeurs, on a, enfin

$$\text{(3)} \qquad \text{tang}\, 2(t - Æ) = \frac{\sin 2(Æ - Æ')}{\frac{BMR'^3}{B'M'R^3} + \cos 2(Æ - Æ')}.$$

Æ et Æ' sont les ascensions droites de la Lune et du Soleil calculées pour l'heure sidérale t ou plutôt pour 36 heures avant, eu égard à ce que nous avons dit.

Si la Lune agissait seule sur les eaux de la mer, l'instant sidéral t de la pleine mer lunaire serait égal *sensiblement* à Æ heure sidérale du passage de la Lune au méridien (toujours abstraction faite des influences locales); t — Æ donné par la formule (3) est donc le temps sidéral qui s'écoule entre l'instant *de la pleine mer lunaire* et l'instant de la pleine mer réelle, eu égard aux actions combinées de la Lune et du Soleil.

Nous pouvons alors donner à (t — Æ) le nom de *retard de la marée* et le représenter par α.

De même Æ — Æ' représente, à peu près, l'heure vraie du passage de la Lune au méridien; en désignant cette heure par φ, la formule (3) devient enfin

$$\text{(4)} \qquad \text{tang}\, 2\alpha = \frac{\sin 2\varphi}{\frac{BMR'^3}{B'M'R^3} + \cos 2\varphi}.$$

Pour avoir la hauteur de la marée au-dessus du niveau moyen au moment de la pleine mer, il suffit d'introduire dans la formule (1) la valeur de α que nous venons de trouver.

La formule (1) peut évidemment s'écrire de la manière suivante :

$$H = \frac{BfMr}{R^3} \cos 2\alpha + \frac{B'fM'r}{R'^3} \cos (2\alpha + 2\varphi),$$

et l'on a pour hauteur de la pleine mer au-dessus du zéro de l'échelle des marées

$$H' = N + \frac{BfMr}{R^3} \left(\cos 2\alpha + \frac{B'M'R^3}{BMR'^3} \cos (2\alpha + 2\varphi) \right).$$

Les coefficients B et B' doivent se déterminer par *l'observation.*

Laplace, dans sa Mécanique céleste, tome II, donne les formules complètes à l'aide desquelles on détermine l'heure et la hauteur de la *pleine mer.*

La relation que nous venons de donner est une de ces formules, mais simplifiée.

Ces expressions, dans lesquelles entrent tous les éléments qui peuvent influer sur le phénomène des marées, sont trop compliquées pour trouver *place ici;* aussi nous n'en parlerons pas.

426. *Formules de Daniel Bernoulli.* — On comprend que le phénomène des marées étant basé sur une foule de circonstances propres à chaque localité, toute formule qui donnera l'heure et la hauteur de la pleine mer ne pourra être qu'empirique et ne peut être établie mathématiquement *à priori.*

Daniel Bernoulli, voulant arriver à une formule simple, a négligé, ainsi que nous l'avons fait pour la détermination des formules que nous venons d'obtenir, les changements de déclinaison des astres.

En appelant toujours α, *le temps qui s'écoule entre le passage de la Lune au méridien du lieu et l'instant de la haute mer;*

φ, *l'arc de distance en ascension droite du Soleil à la Lune à l'instant qu'on considère;*

Et B *un arc auxiliaire négatif et* > 1,

la formule de Daniel Bernoulli est

$$B = \frac{4\sin^2\varphi - 7}{2\sin\varphi\cos\varphi}, \qquad \sin\alpha = \sqrt{\frac{1}{2}\left(1 + \frac{B}{\sqrt{4 + B^2}}\right)}.$$

Francœur, pour rendre ces formules calculables par logarithmes, leur donne la forme

$$(y) \qquad \tang \psi = \frac{2,5 + \cos 2(\varphi - 20^\circ)}{\sin 2(\varphi - 20^\circ)},$$

$$(z)\qquad \alpha = 45^\circ - \frac{1}{2}\psi.$$

Ces deux formules donnent d'abord

$$\psi = 90 - 2\alpha,$$

et par suite

$$\operatorname{cotg} 2\alpha = \frac{2,5 + \cos 2(\varphi - 20^\circ)}{\sin 2(\varphi - 29^\circ)},$$

d'où

$$\operatorname{tang} 2\alpha = \frac{\sin 2(\varphi - 20^\circ)}{2,5 + \cos 2(\varphi - 20^\circ)};$$

c'est donc la même que celle (4) que nous avons obtenue précédemment.

On réduit les arcs φ et α en temps.

φ exprime sensiblement *l'heure solaire du passage de la Lune au méridien et α' la durée du retard de la haute mer sur celle de ce passage;* on a retranché 20° de φ, parce que la marée du jour considérée est celle qui aurait dû avoir lieu 36 heures avant, et qu'en 36 heures la Lune avance de 19° et quelques minutes, ou 20° en nombre rond.

Les formules (y) et (z) sont suffisamment exactes lorsque la Lune est dans ses moyennes distances.

D'après *Daniel Bernoulli*, il faut prendre les $\frac{5}{6}$ du résultat lorsque la Lune est périgée, et les $\frac{5}{4}$ quand elle est apogée.

Eu égard à ce que nous avons dit sur la marche du *phénomène* des marées dans chaque localité, il faudra encore tenir compte, dans la véritable valeur de α, du retard r particulier dû à chaque lieu.

La formule de l'heure de la pleine mer sera donc, d'après *Daniel Bernoulli*,

$$H = \varphi + \alpha + r.$$

Si nous déterminons par l'observation l'heure de la pleine mer le jour d'une syzygie, on a à ce moment $\varphi = 0$, et des formules (y) et (z), on déduit alors

$$\alpha = 22^m\, 16',1.$$

Donc, l'heure de la pleine mer, le jour d'une syzygie, est donnée par la formule

$$H' = r + 22^m\, 16'',1.$$

Mais on sait que nous avons appelé cette heure *établissement du port;* on a donc, en représentant cette quantité par E,

$$E = r + 22^m\ 16^s,1,$$

d'où

$$r = E - (22^m\ 16^s,1)$$

et par suite il vient

$$H = \varphi + E + \alpha - (22^m\ 16^s,1) = \varphi + E + x,$$

en appelant x la valeur $\alpha - (22^m\ 16^s,1)$. On a donc la formule

Heure de la pleine mer = heure pass. Lune au mérid. +
+ établiss. du port + une correction.

La quantité $\alpha - (22^m\ 16^s,1)$ a été mise en table.

Réciproquement, on peut trouver *l'établissement d'un port* en observant plusieurs jours *l'heure de la pleine mer*; on a en effet

Établiss. du port = heure pleine mer — heure pass. Lune au mérid. — correction.

On devra prendre la moyenne des valeurs de E déterminées pendant plusieurs jours à l'aide de cette formule.

427. Bien qu'au point de vue pratique on puisse dire que la question des marées est résolue d'une manière satisfaisante, il n'en n'est pas moins vrai qu'au point de vue théorique cette difficile question a encore besoin de perfectionnements.

Dans un mémoire présenté à l'Académie des sciences le 7 mars 1842, M. Chazallon a signalé plusieurs anomalies que n'indique nullement la théorie de Laplace. Voici, d'après cet ingénieur hydrographe, ce qui résulte de ses observations sur les côtes de France :

1° Le niveau moyen n'est pas *constant;* à Goury, près le cap de la Hogue, il varie d'environ 70 centimètres.

2° Les marées ne sont pas dans un rapport constant avec celles de Brest; à Dieppe, ce rapport varie de 1,3 à 1,8.

3° La différence des heures des pleines mers de deux ports n'est pas constamment égale à la *différence* des établissements de ces ports.

4° La loi suivant laquelle la mer s'élève et s'abaisse s'écarte quelquefois beaucoup de la théorie donnée par *Laplace;* ainsi la durée du flot, bien loin d'être égale à celle du jusant, en diffère quelquefois de $2^h\ 15^m$.

5° L'expression analytique donnée par Laplace pour calculer les hauteurs de la mer est incomplète, car outre l'ondulation semi-diurne (dont la période est 1/2 jour lunaire) et la petite ondulation diurne qui constituent sa formule, *il existe d'autres ondulations* qui produisent des marées considérables, et dont la somme s'élève dans certains ports *au quart* de la marée semi-diurne.

6° Ces ondulations, soupçonnées seulement par M. Savary, ont une période de $\frac{1}{4}$, $\frac{1}{6}$, $\frac{1}{8}$, $\frac{1}{10}$ de jour.

En complétant la formule de Laplace au moyen de ces ondulations, on représente avec une précision très-grande, dit M. Chazallon, le mouvement ascensionnel et descensionnel de la mer, dans tous les ports pour lesquels il lui a été possible d'avoir des observations, et pour lesquelles il a construit près de 400 courbes.

FIN.

TABLE DES MATIÈRES (*).

*INTRODUCTION A L'ÉTUDE DE L'ASTRONOMIE.

*Description succincte de l'Univers astronomique.

Pages.

*Considérations sur l'espace et les mouvements relatifs. I
*Des nébuleuses. II
*Des étoiles de notre groupe stellaire. IV
*De notre soleil. V
*Du système planétaire ou des satellites du Soleil. VI
*Perturbations planétaires. XIV
*Mercure. XVIII
*Vénus. XVIII
*La Terre. XIX
*Du satellite de la Terre. XXI
*Mars. XXV
*Les planètes télescopiques. XXVI
*Jupiter. XXVI
*Des satellites de Jupiter. XXVII
*Saturne et ses satellites. XXXI
*Uranus. XXXIII
*Neptune et son satellite. XXXIV
*Des comètes. XXXV

ASTRONOMIE.

ÉTUDE DES PHÉNOMÈNES APPARENTS.

Premières notions sur la forme de la Terre.

Numéros.

1. La surface des mers est convexe. 1
2. La portion terrestre du globe est convexe. 1
3. La Terre est isolée dans l'espace. 2

Définitions astronomiques.

4. Des astres. 2
5. De la sphère céleste. 3

(*) L'astérisque indique les questions traitées dans cette seconde édition et qui ne l'ont pas été dans la première.

Numéros. Pages.
6. De la verticale 3
7. Des antipodes 3
8. Du zénith et du nadir 3
9. *But général de l'Astronomie* 4
10. Des horizons 4

MOUVEMENT GÉNÉRAL DE LA SPHÈRE CÉLESTE.

11. Du lever et du coucher apparents 5
12. Remarques sur le mouvement des étoiles 5
13. Ordre dans lequel on étudie le mouvement diurne 6
14. Lois du mouvement 6
15. Remarques relatives aux astres qui ont un mouvement propre 7
16. Détermination de l'axe PP' en un lieu 7
17. De l'équatorial 8
18. Les étoiles dans leur mouvement décrivent des circonférences dont les plans sont perpendiculaires à l'axe PP' 9
19. L'axe de rotation passe par le centre de la terre 10
20. Des pôles 10

Des plans de coordonnées astronomiques.

21. Les plans de coordonnées découlent des deux lignes fixes : la *ligne des pôles* et la *verticale du lieu* 10
De l'équateur. — Des hémisphères. — Des méridiens. — Des cercles de déclinaison ou plans horaires. — Du méridien supérieur et du méridien inférieur. — Des parallèles. — De l'horizon rationnel 11
De l'almicantarat. — Du cercle vertical 12

Coordonnées servant à déterminer la position d'un lieu sur notre globe.

22. De la latitude. — De la colatitude. — De la longitude. - Du premier méridien. 12
23. Construction d'un globe terrestre 15

Coordonnées servant à déterminer la portion d'un astre dans la voûte céleste.

24. Différents systèmes de coordonnées 15
25. *Premières coordonnées astronomiques* 15
De la déclinaison. — De la distance polaire. — De l'ascension droite.
26. *Deuxièmes coordonnées astronomiques* 16
De la hauteur d'un astre. — De la distance zénithale. — La hauteur varie constamment. — De l'azimuth. — De l'amplitude 16
27. Influence de la position de l'observateur sur l'aspect du mouvement de la sphère céleste 18
28. Uniformité du mouvement diurne 20
29. Pourquoi les cercles de déclinaison prennent aussi le nom de plans horaires. Différentes sortes d'angles horaires 21
30. Relation entre le temps écoulé et l'angle décrit par le plan horaire d'une étoile en raison du mouvement diurne 22
31. Cause du mouvement diurne 23

NOTIONS PLUS PRÉCISES SUR LA FORME DE LA TERRE.

Numéros. Pages.

32. Latitude géographique. — De la forme ellipsoïdale du globe. — Courtes notions historiques sur la détermination de la grandeur de la Terre. — Longueur de l'arc de 1° par différentes latitudes. 24
33. De l'aplatissement. 28
34. Anomalies qui se sont présentées. 28

RÉFRACTIONS ATMOSPHÉRIQUES.

Premières notions sur la Parallaxe.

35. Division générale de l'Astronomie. 30
36. Notions sur les réfractions atmosphériques. 31
37. Réfractions astronomiques. 32
38. Détermination des réfractions. 33
39. Comment on passe des réfractions déterminées pour un état atmosphérique à celles qui conviennent à un autre état. 35
40. Réfractions moyennes. 35
41. Réfractions pour un état atmosphérique quelconque. 37
*42. Comment on peut déterminer par l'observation des distances zénithales des étoiles circompolaires, les coefficients A_0, B_0 de la réfraction R_0. . . 42
43. Réfractions terrestres. 43
44. Du coefficient de réfraction terrestre. 44
*45. Réfractions en ascension droite et en déclinaison. 45
46. Effet de la réfraction atmosphérique sur le demi-diamètre des astres. . . . 45

De la Parallaxe.

47. Expression de la parallaxe en fonction de la distance zénithale. 51
48. Parallaxe horizontale. 51
49. Détermination approchée de la distance d'un astre à la Terre. 52
50. Du demi-diamètre apparent d'un astre ayant un disque. 53

INSTRUMENTS D'OBSERVATION.

51. A quoi se réduisent toutes les observations astronomiques. 55

Instruments propres à mesurer le temps.

52. Considérations générales sur les instruments propres à mesurer le temps. . 55
53. De la pendule astronomique. — Du moteur. — Du rouage. — Du régulateur. Du pendule. — De l'échappement. — Régler une horloge. — De la combinaison des roues dentées d'une horloge. — Remontage d'une horloge astronomique à poids. 56

Instrument des passages méridiens.

Numéros. Pages.

54. De la lunette méridienne. 63
Description. — Rectifications.
55. Usage de la lunette méridienne. 68
56. Détermination des ascensions droites des astres. 70
*57. Installation de la lunette méridienne de l'Observatoire impérial. 71
*58. Division des opérations. 72
*59. Faire un nivellement. 72
*60. Déterminer la position du fil sans collimation. 73
*61. Observation du passage d'une étoile. 74
*62. Comment on réduit chaque passage observé à un fil à celui effectué au fil moyen. 76
*63. Comment on déduit l'heure sidérale du passage de l'étoile au méridien. . . 77

Instrument propre à mesurer les distances polaires.

64. Du cercle mural. 81
65. Rectifications du cercle mural. 85
66. Usage du cercle mural. 86
*67. Corrections des lectures faites au cercle mural. 87
68. Détermination de la latitude géographique d'un lieu. 89
69. Détermination de la distance polaire des astres. 89

Instrument servant à déterminer simultanément l'ascension droite d'un astre et sa déclinaison.

70. L'équatorial sert pour cette détermination. 90
71. Description et installation d'un équatorial portatif. 93
72. Rectifications que doit subir la position de l'équatorial. 94

GÉOMÉTRIE CÉLESTE.

73. Ordre suivi dans l'Étude de la géométrie céleste. 97

ÉTUDE DES ÉTOILES.

74. Construction d'un globe céleste. 97
75. Des catalogues d'étoiles. 98
76. Classification des étoiles. 98
77. Moyen de se reconnaître dans la sphère étoilée. 99
78. Des planisphères ou cartes célestes. 99
79. Projection de Lorgna. 99
80. Projections orthogonales. 100
81. Constellations principales de l'hémisphère Nord. 101

Numéros. Pages.
82. Constellations principales de l'hémisphère Sud 102
83. Méthode des alignements 103
84. Détermination de certaines étoiles de l'hémisphère Nord en partant de la constellation de la grande Ourse 104
85. Détermination des mêmes étoiles en partant de la constellation de Pégase 106
86. Détermination de certaines étoiles de l'hémisphère Sud en partant, soit de Pégase, soit de la grande Ourse 107
87. Détermination des mêmes étoiles en se servant de la croix du Sud 107
88. Du mouvement des étoiles 108
89. Du mouvement propre des étoiles 109
90. Prédiction de la position d'une étoile 110
91. Des étoiles multiples 114
92. Du mouvement des étoiles multiples 115
*93. Du compagnon de l'étoile Sirius 117
94. Des étoiles considérées en elles-mêmes 117
*95. De la scintillation 118
96. Intensité relative de différentes étoiles 118
97. Étoiles dont l'éclat diminue 118
98. Étoiles dont l'éclat augmente 119
99. Étoiles perdues 119
100. Étoiles variables 119
101. Étoiles temporaires 120
102. Étoiles colorées 121
103. De la voie lactée 121
104. Des nébuleuses. — *Aspect de certaines nébuleuses 123
105. Des nuées de *Magellan* 124

ÉTUDE DU SOLEIL.

106. De la parallaxe du Soleil 127
107. Table de parallaxe du Soleil 128
108. Corrections que doit subir toute distance zénithale du Soleil données par l'observation 128
109. Distance approchée du Soleil à la Terre 129

Étude du mouvement apparent du Soleil.

110. Ordre que nous suivrons dans l'étendue du mouvement des corps célestes 129
111. *Premier mode d'observation*, relativement à l'horizon, au méridien, aux étoiles. — Conclusion 130
112. *Deuxième mode d'observation*. Courbe décrite par les différentes positions du Soleil sur le globe céleste. — Conclusion 132
113. La hauteur *méridienne* du Soleil n'est pas sa hauteur *maximum* 134
114. Du jour solaire 136
115. Des heures civile et astronomique 136
116. Différence des heures solaires comptées simultanément dans les différents lieux du globe 138
117. Remarque à ce sujet 139
118. Réciproque ou problème des longitudes 140
119. Tropiques. — Zodiaque. — Constellation zodiacale 140

Numéros. Pages.
120. Des signes du zodiaque. 141
121. Des saisons. 141
122. Déterminer l'époque des différentes saisons. 143
123. Des climats. 146
124. Origine du jour sidéral pour chaque méridien. 147
125. Vérification par le calcul que la courbe annuelle du Soleil sur la voûte céleste est plane. 148
126. Déterminer l'ascension et la déclinaison d'un astre à un instant quelconque. 149
127. Troisièmes coordonnées astronomiques. — Latitude; longitude. — *Déterminer les coordonnées *écliptiques* connaissant les coordonnées *équatoriales*. — Exemple numérique. 150
128. *Réciproque. Connaissant les coordonnées *écliptiques*, trouver les coordonnées *équatoriales*. — Exemple numérique. 152
129. *Deuxième manière de résoudre cette question. — Remarque relativement au Soleil. 154
130. Précession. — Nutation. — Aberration. 155
131. Le mouvement angulaire du Soleil n'est pas uniforme. 157
132. Troisième mode d'observation. Le disque du Soleil est circulaire. 158
133. Diamètre maximum du Soleil. 158
134. Remarque sur le diamètre moyen. 159
135. Courbe annuelle apparente décrite par le Soleil. — Forme elliptique de la courbe. 159
136. Valeur de l'excentricité. 161
137. Vérification de l'ellipticité. 162
138. Conclusion. — Loi des aires. 163

MOUVEMENT RÉEL DE LA TERRE.

139. Son mouvement de translation annuel autour du Soleil supposé fixe. 164
140. La courbe décrite par la Terre est une ellipse dont le Soleil occupe un foyer. 165
141. Ce mouvement rend compte de tous les phénomènes de mouvement apparent du Soleil. 166

Du mouvement elliptique.

142. On peut substituer au mouvement vrai de la Terre *le mouvement apparent du Soleil*. 168
143. Théorie générale des anomalies. — Définition. 169
144. Relation entre l'anomalie moyenne et l'anomalie excentrique 170
145. Relation entre le rayon vecteur et l'anomalie excentrique. 173
146. Relation entre les anomalies vraie et excentrique. 175
*147. Relations donnant à la fois r et V en fonction de u. 176
148. Expression donnant la longitude vraie du Soleil en fonction de la longitude moyenne. 179
149. De l'équation du centre. 180
150. Détermination de la valeur maximum de l'équation du centre. 182

Détermination de l'ellipse apparente que le Soleil décrit autour de la Terre.

151. Parties distinctes que comporte la question. 184
152. Détermination de l'excentricité. 184

Numéros. Pages.
153. Détermination de la longitude du périgée 186
154. Mouvement annuel du périgée. 186
155. Méthode de KÉPLER pour déterminer la longitude du périgée. 187
156. Détermination de la grandeur de l'ellipse. 188
157. Maximum de l'équation du centre relative au Soleil. 189
158. Mouvements du Soleil vrai et du Soleil fictif sur l'écliptique. . . . .

Mesure du temps par le mouvement du Soleil.

159. Différentes sortes d'années. — Jour sidéral. — Jour vrai. 190
160. Les jours vrais ne sont pas égaux. 192
161. Du Soleil moyen. 194
162. Équation du temps. 194
163. Sa valeur en fonction de la longitude vraie du Soleil. 194
164. L'équation du temps est nulle à quatre époques. 196
*165. Courbes de *l'équation du centre,* de *la réduction à l'équateur* et de *l'équation du temps*. 201
166. Du jour moyen. 202
167. Valeur *moyenne* de l'année *tropique* en jours moyens. 203
168. Valeur moyenne de l'année sidérale en jours moyens. 204
169. Valeur moyenne de l'année anomalistique en jours moyens. 204
170. Mouvement en ascension droite du Soleil moyen en un jour moyen. 204
*171. Détermination du nombre de jours qui sépare un grand intervalle de temps. . 205
172. Relation entre le jour moyen et le jour sidéral. 206
173. Relation entre le jour vrai et le jour moyen. 207
174. Relations entre les différentes espèces de temps. 208
175. Remarque à ce sujet. 210
176. Relation entre les heures astronomiques et les ascensions droites de deux astres. 210
177. Connaissant le temps sidéral au midi moyen de Paris, trouver le temps sidéral au midi moyen d'un autre lieu. 211
178. Passer de l'heure sidérale à l'heure moyenne et réciproquement. 213
179. Passer de l'heure sidérale à l'heure vraie et réciproquement. 215
180. Notions sur le calendrier. 215
181. Calendrier Julien. 217
182. Calendrier grégorien. 219
183. Calendrier russe. 219
184. Réduction d'une date grégorienne à la date julienne correspondante. 220
185. De la lettre dominicale. 220
186. Détermination de la lettre dominicale pour une année quelconque N. 221

Prédiction de la position du Soleil dans la voûte céleste pour une époque donnée.

187. Comment on obtient d'abord l'anomalie vraie V et le rayon vecteur *r* et les coordonnées équatoriales. 222
188. Détermination de la longitude moyenne et de l'anomalie moyenne pour des *époques* successives. 223
189. Exemple numérique. 225
190. Résumé et comparaison des quantités obtenues avec celles inscrites dans la Connaissance des temps. 229

ÉTUDE DU SOLEIL CONSIDÉRÉ EN LUI-MÊME.

191. Des taches solaires. 230
192. Mouvement des taches solaires. 231
193. Le Soleil est un globe sphérique. 232
194. Rotation du Soleil. 233
195. Courbe décrite par une tache solaire. 235
196. Particularités sur les taches. 235
197. Grandeur du Soleil. 236
198. Aire de la surface solaire. 236
199. Solidité du volume du Soleil. 236
200. Hypothèse sur la constitution physique du Soleil. 236
201. Nature de la matière incandescente du Soleil. 237
202. De la lumière zodiacale. 238

ÉTUDE DE LA LUNE.

203. *Premier mode d'observation* relativement à ses levers et couchers, à sa position par rapport aux étoiles, au Soleil, au méridien, et relativement à son aspect. 242
204. Parallaxe horizontale équatoriale de la Lune. 243
205. La parallaxe horizontale de la Lune peut être exprimée par la relation $p = P \sin N$. 247
206. Corrections que doit subir une distance zénithale de la Lune. 249
207. Construction de la table intitulée : *Parallaxe de la Lune, moins la réfraction*. 250
208. Comment doit rigoureusement s'effectuer la correction de la parallaxe. 250
209. Détermination de la parallaxe horizontale de la Lune. 253
210. Distance moyenne de la Lune à la Terre. 255
211. Des parallaxes d'ascension droite et de déclinaison. 255
212. Des parallaxes de latitude et de longitude. 260
213. *Deuxième mode d'observation*. 263
214. Courbe décrite par la Lune sur le globe céleste. 264
215. Des nœuds. 264
216. Rétrogradation de la ligne des nœuds. 265
217. Déterminer *à posteriori* l'instant du passage de *la Lune par ses nœuds*. . . . 265
218. Détermination de l'inclinaison de l'orbite lunaire. 266
219. Influence de la rétrogradation des nœuds sur la déclinaison maximum de la Lune. 266
220. Le mouvement de la Lune sur un grand cercle de la sphère céleste rend compte de tous les phénomènes observés. 268
221. Le mouvement de la Lune autour de la Terre n'est pas uniforme. 269
222. *Troisième mode d'observation*. 269
223. Relation entre le demi-diamètre apparent de la Lune et le demi-diamètre horizontal. 269
224. Réciproque. 271
225. Forme de l'orbite lunaire. 273
226. Calcul de l'excentricité. 274
227. Loi des aires. 275

Numéros. Pages.
228. Détermination de la longitude du périgée lunaire. 276
229. Mouvement de la ligne des apsides. 276
230. Variation du maximum de l'équation du centre de la Lune. 276
231. Variation du temps de révolution de la Lune dans son orbite. 277
232. Équations séculaires. 277
233. Prédiction de la position de la Lune sur la sphère céleste à un instant quelconque. 279
234. Inégalités périodiques du mouvement de la Lune 279
235. Inégalités périodiques de la longitude. 279
236. Inégalités périodiques de la latitude. 281
237. Inégalités périodiques du rayon vecteur. 281
238. Explication des phases de la Lune. 281
239. Calcul approché de l'époque d'une phase en longitude. 283
240. Calcul approché de l'époque d'une phase en ascension droite. 287
241. Lumière cendrée. 289
242. Différentes périodes lunaires. 290
*243. La courbe décrite par la Lune dans l'espace n'a pas de points d'inflexion. . 291

ÉTUDE DE LA LUNE CONSIDÉRÉE EN ELLE-MÊME.

244. Taches de la Lune. 294
245. Rotation de la Lune. 294
246. Libration. 294
247. Libration en longitude. 295
248. Libration en latitude. 295
249. Inclinaison de l'axe de rotation de la Lune sur l'écliptique. 295
250. L'axe de rotation de la Lune ne reste parallèle à lui-même que pendant une révolution de la Lune autour de la Terre. 296
251. Libration diurne. 296
252. Notions sur la constitution physique de la Lune. 297
253. Détermination de la hauteur des montagnes lunaires. 297
254. Carte de la Lune. 298
255. Absence probable d'atmosphère. 300

NOTIONS SUR LES ÉCLIPSES DE LUNE ET DE SOLEIL.

256. Considérations générales. 305

Éclipses de Lune.

257. De leur possibilité. 306
258. Possibilité d'une éclipse de Lune totale. 307
259. Limites entre lesquelles doit se trouver comprise la latitude de la Lune. . . 308
260. De la pénombre. 309
261. Détermination de la grandeur des rayons des disques d'ombre et de pénombre. 310
262. Détermination de l'orbite relative. 311
263. Calcul de l'instant du milieu de l'éclipse. 312
264. Calcul des instants des différentes phases du phénomène. 313
265. Construction graphique. 314
266. Détermination des lieux de la Terre où une éclipse est visible. 314

Numéros. Pages.

267. Récapitulation des opérations nécessaires à la détermination de toutes les circonstances d'une éclipse de Lune. 316
268. Détermination de la quantité de Lune éclipsée. 319

Éclipses de Soleil.

269. Limites entre lesquelles doit être comprise la latitude de la Lune. 320
270. De la pénombre. 322
271. Partie principale que comporte le calcul d'une éclipse de Soleil. 323
272. Calcul des différentes phases du phénomène général. 323
273. Détermination des angles au Soleil et à la Lune pour différents instants. . . . 326
274. Détermination du lieu qui voit commencer l'éclipse. 327
275. Application numérique à l'éclipse de Soleil du 15 mars 1858. 330
276. Ce qu'on entend par éclipse de un, deux, trois,....., douze doigts. 333
277. Comment on trouve la position des lieux qui ont un simple contact dans le vertical. 334
278. Comment on trouve la position des lieux qui voient l'éclipse de *n* doigts. . . . 335
279. Détermination des lieux qui voient l'éclipse centrale. 336
280. Calcul des phases d'une éclipse de Soleil pour un lieu particulier. 337
281. Détermination des positions du nonagésime. 339
282. Détermination des demi-diamètres apparents. 341
283. Calcul de la distance apparente des centres des deux astres. 344
*284. Détermination du point du disque solaire sur lequel la Lune fait son immersion. 344
*285. Application de la méthode précédente au calcul des phases de l'éclipse partielle de Soleil observée à Brest le 18 juillet 1860. 346
286. Aspect d'une éclipse totale de Soleil. — Observations à cet égard.. 349
287. Périodes astronomiques. 353
288. Révolution synodique du nœud de la Lune. 354
289. Du Saros ou Période Chaldéenne.. 354
290. Du cycle lunaire ou de Méton. 355
291. Du nombre d'or. 355
292. Age de la Lune. — Épacte. 355
293. Notions sur les occultations d'étoiles par la Lune 356
*294. Méthode de Bessel. 357

PHÉNOMÈNES DUS A L'ABERRATION DE LA LUMIÈRE.

295. Déplacement apparent des astres 365
296. Phénomène de l'aberration. 365
297. Aberration moyenne du Soleil. 366
298. Explication de l'effet de l'aberration sur la position apparente des astres. . . 367
299. Aberration en latitude et en longitude. 368
300. Les différentes positions de la Terre dans son orbite font décrire à l'étoile une ellipse apparente. 369
*301. Phénomène d'*aberration annuelle* considéré d'une manière plus générale.. . 370
*302. Le lieu *vrai* de l'étoile n'est pas le *centre* de l'ellipse que décrit la position apparente.. 376
303. Comment on devrait tenir compte de tout ce qui peut influer sur le phénomène d'aberration. 377
*304. Aberration produite par le mouvement diurne. 378
*305. Aberration des planètes et des comètes. 379

FORMULES DE PRÉCESSION ET DE NUTATION.

Numéros. Pages.

*306. Variations que subissent avec le temps la position des deux plans, *écliptique* et *équateur*. 380
*307. Remarque sur les formules précédentes. 382
*308. Détermination des changements qu'éprouvent les coordonnées écliptiques d'une étoile. 383
*309. Détermination des changements qu'éprouvent les coordonnées équatoriales. . 385

ÉTUDE DES PLANÈTES.

310. Classification. 388

ÉTUDE DU MOUVEMENT DES PLANÈTES INFÉRIEURES.

311. Premier mode d'observation. — Par rapport aux levers, aux couchers, aux passages méridiens, aux étoiles, au Soleil. 388
312. Explication des phases de Vénus. 391
313. Deuxième mode d'observation. 392
314. Troisième mode d'observation. 393
315. Recherche de la courbe décrite par la planète autour du Soleil. 393
316. Détermination de la longitude héliocentrique des nœuds. 393
317. La courbe décrite par la planète est sensiblement plane. 395
*318. Comment on peut définir exactement l'inclinaison φ d'une planète sur le plan de l'écliptique. 396
319. Détermination de l'angle que fait, à un instant quelconque, le rayon vecteur avec la ligne des nœuds. 397
320. Détermination de l'excentricité. 399
321. Comment, connaissant la longitude du Nœud et l'inclinaison de l'orbite, on peut avoir les autres éléments au moyen de trois observations. 399
322. Détermination de l'époque du passage de la planète au périhélie. 400
323. Remarque sur les déterminations faites précédemment. 401

ÉTUDE DU MOUVEMENT DES PLANÈTES SUPÉRIEURES.

324. Premier mode d'observation. 402
325. Deuxième mode d'observation. 403
326. Troisième mode d'observation. 403
327. Détermination des éléments elliptiques. 404

Calcul d'une éphéméride de planète.

*328. Détermination de l'anomalie *excentrique* u, application numérique 404
*329. Calcul de l'anomalie vraie V, du rayon vecteur r, des latitude et longitude héliocentriques s et v_1. — Application numerique. 407

Numéros. Pages.
*330. Calcul des latitude et longitude géocentriques ainsi que de la distance de la planète à la Terre. — Application numérique. 410
*331. Correction à faire subir à la *latitude*. — Application numérique. 411
*332. Passer des coordonnées héliocentriques aux coordonnées équatoriales. — Comment on a égard à l'aberration. 414
333. La Terre est une planète. 415
334. Série de *Titius*. 415
335. Explication de la station et de la rétrogradation des planètes. 415
*336. Formule donnant l'amplitude angulaire de rétrogradation. 417
*337. Tableaux donnant la durée de la rétrogradation, et la grandeur de l'arc de rétrogradation pour les principales planètes. 421

Détermination de la parallaxe du Soleil par l'observation des passages de Vénus.

338. Premier aperçu de la méthode.. 421
*339. Détermination de la formule donnant la différence $P - \pi$ entre la parallaxe de Vénus et celle du Soleil. 425

ÉTUDE DES PLANÈTES CONSIDÉRÉES EN ELLES-MÊMES.

340. Mercure. 431
341. Vénus. 432
342. Mars. 432
343. Planètes télescopiques. 434
344. Jupiter. 435
345. Saturne. 336
346. Uranus. 438
347. Neptune. 438

NOTIONS SUR LES SATELLITES DES PLANÈTES.

348. Premier mode d'observation. 438
349. Deuxième mode d'observation. 440
350. Troisième mode d'observation.. 440
351. L'éclipse des satellites de Jupiter est possible. 440
352. Révolution synodique et sidérale. 441
353. Mouvement moyen du satellite.— Relation remarquable entre les mouvements moyens des trois premiers satellites. 441
354. La considération des éclipses des satellites permet de déduire, d'une manière approchée, les lois du mouvement des satellites. 442
355. Lois du mouvement. 443
356. Particularités sur les satellites. 444
357. Découverte de la vitesse de la lumière. 445

NOTIONS SUR LES COMÈTES.

358. Définition 446
359. Premier mode d'observation. 446
360. Deuxième mode d'observation. 446
361. Troisième mode d'observation. 446

Numéros. Pages.
362. Modification apportée dans l'énoncé de la troisième loi de Képler pour qu'elle puisse s'appliquer aux comètes. 447
363. De la périodicité des comètes. 448
364. Comètes périodiques. 449
365. Comète de HALLEY. 449
366. Comète de ENCKE. 449
367. Comète de GAMBART. 450
368. Comète de FAYE. 450
*369. Comète de BRORSEN. 450
*370. Comète de D'ARREST. 451
371. Détermination de la position d'une comète. 451
372. Particularités sur les comètes. 452
373. Résumé des notions acquises par la géométrie céleste. 454
374. DES MÉTÉORES COSMIQUES. — Des bolides. 455
375. Des étoiles filantes. 455
376. Des aérolithes. 456
377. Notions historiques sur la géométrie céleste. 456
378. Système de PTOLÉMÉE. 457
379. Système de COPERNIC. 459
380. Système de TYCHO-BRAHÉ. 460

NOTIONS ÉLÉMENTAIRES DE MÉCANIQUE CÉLESTE.

381. Énoncé des conséquences des lois de KÉPLER. 461
382. Conséquence de la première loi. 461
383. Conséquence de la deuxième loi. 462
384. Conséquence de la troisième loi. 464
385. Découverte de la GRAVITATION UNIVERSELLE. 466
386. En admettant comme principes généraux les trois conséquences de NEWTON, on retrouve les lois de KÉPLER. 468
387. Comment on retrouve la première loi. 469
388. Comment on retrouve la deuxième loi. 470
389. On ne retrouve la troisième loi qu'en supposant la différence des masses planétaires insensible par rapport à la masse solaire. 474
390. Principe de la gravitation universelle. 476
391. Détermination des masses planétaires. 476
392. Détermination de la masse de la Terre. 477
393. Densité moyenne des corps célestes. 478
394. De la masse et de la densité des comètes. 479
395. Pesanteur à la surface du Soleil et des planètes. 480

DES PERTURBATIONS PLANÉTAIRES.

396. En quoi consiste le calcul des perturbations. 481
397. Établissement des équations différentielles relatives au problème des TROIS CORPS. 482
398. Équations différentielles des éléments de l'orbite variables avec le temps, auxquelles conduit la méthode de la VARIATION DES CONSTANTES ARBITRAIRES. 485
399. Aperçu de la méthode suivie dans le développement de la FONCTION PERTURBATRICE, et forme de la valeur analytique des éléments de l'orbite. 488

Numéros. Pages.
400. Comment on a égard aux perturbations du deuxième ordre par rapport aux masses. 497
401. Notion sur la méthode de M. Encke pour le calcul des perturbations planétaires. 498
402. Problème réciproque des perturbations planétaires ou recherches de M. Le Verrier sur la planète qui troublait *Uranus*. 499
403. Parties principales du travail de M. Le Verrier. — Exposé de la méthode employée par cet astronome. 500
404. Pourquoi M. Le Verrier n'a pas trouvé l'orbite vraie que parcourt Neptune, et pourquoi il a cependant assez exactement indiqué le lieu où devait se trouver l'astre. 513

PREUVES DE LA ROTATION DE LA TERRE.

405. Preuve tirée de l'accourcissement du pendule battant la seconde à l'équateur. 515
406. Mouvement du plan d'oscillation du pendule signalé et expérimenté par M. FOUCAULT. 515
407. Remarque au sujet du mouvement de ce plan d'oscillation. — Formules trigonométriques pour calculer son mouvement angulaire. 518
408. Hypothèse sur la cause de l'aplatissement de notre globe. 524
409. Cause de la précession des équinoxes et de la nutation de l'axe. 525

De la Parallaxe annuelle des Étoiles.

410. Méthode des lieux absolus. 527
411. Méthode des lieux relatifs. 530
412. Mouvement général de notre système solaire. 534

NOTIONS SUCCINCTES SUR LES MARÉES.

413. Résultats de l'observation du phénomène. 536
414. Correspondance permanente de la période des marées au jour lunaire. . . 536
415. Correspondance des hauteurs de la mer avec les positions de la Lune et du Soleil. 537
416. Effet général de l'attraction de la Lune sur les eaux de la mer. 537
417. Résultat de l'attraction de la Lune et du mouvement de rotation de la Terre. 540
418. L'influence de la Lune sur le phénomène des marées est plus grande que celle du Soleil. 542
419. Résultat des deux attractions. 543
420. Problème général des marées; en quoi il consiste. 543
421. Particularités sur l'heure de la pleine mer. 544
422. Soleil et Lune fictifs. 544
423. Établissement d'un port. 544
424. Expression de la hauteur de la mer en fonction du temps. 546
425. Détermination d'une formule approximative donnant l'heure de la pleine mer dans un lieu. 548
426. Formules de Daniel Bernoulli. 550
427. Remarques au sujet de la solution du problème des marées. 552

FIN DE LA TABLE DES MATIÈRES.

Paris. — Imprimé par E. THUNOT et Ce, rue Racine, 26.

www.ingramcontent.com/pod-product-compliance
Ingram Content Group UK Ltd.
Pitfield, Milton Keynes, MK11 3LW, UK
UKHW021838190726
13855UKWH00001B/41

9 782013 404259